普通高等教育“十一五”国家级规划教材
“十二五”普通高等教育本科国家级规划教材
普通高等教育农业农村部“十三五”规划教材
全国高等农林院校教材经典系列
全国高等农林院校教材名家系列

兽医外科学

第五版

王洪斌　主编

中国农业出版社

图书在版编目（CIP）数据

兽医外科学/王洪斌主编．—5版．—北京：中国农业出版社．2011.6（2018.12重印）
普通高等教育“十一五”国家级规划教材　全国高等农林院校“十一五”规划教材
ISBN 978-7-109-16415-4

Ⅰ.①兽…　Ⅱ.①王…　Ⅲ.①兽医学：外科学—高等学校—教材　Ⅳ.①S857.1

中国版本图书馆CIP数据核字（2011）第265846号

中国农业出版社出版
（北京市朝阳区农展馆北路2号）
（邮政编码100125）
策划编辑　武旭峰
文字编辑　武旭峰

北京万友印刷有限公司印刷　新华书店北京发行所发行
1980年10月第1版　2011年6月第5版
2018年12月第5版北京第7次印刷

开本：787mm×1092mm 1/16　印张：28.5
字数：680千字
定价：54.50元

第五版修订者

主　编　王洪斌（东北农业大学）
副主编　齐长明（中国农业大学）
　　　　侯加法（南京农业大学）
参　编　（以姓名笔画为序）
　　　　丁明星（华中农业大学）
　　　　马卫明（山东农业大学）
　　　　马玉忠（河北农业大学）
　　　　刘焕奇（青岛农业大学）
　　　　祁克宗（安徽农业大学）
　　　　李　林（沈阳农业大学）
　　　　李云章（内蒙古农业大学）
　　　　李守军（华南农业大学）
　　　　李宏全（山西农业大学）
　　　　李建基（扬州大学）
　　　　杨德吉（南京农业大学）
　　　　林德贵（中国农业大学）
　　　　周昌芳（吉林大学）
　　　　赵生才（湛江海洋大学）
　　　　徐在品（贵州大学）
　　　　高　利（东北农业大学）
　　　　彭广能（四川农业大学）
审　稿　王春璈（山东农业大学）

第四版修订者

主　编　王洪斌（东北农业大学）
副主编　齐长明（中国农业大学）
参　编　（以姓名笔画为序）
丁明星（华中农业大学）
刘　云（东北农业大学）
祁克宗（安徽农业大学）
孙大丹（解放军军需大学）
李宏全（山西农业大学）
李建基（山东农业大学）
杨德吉（南京农业大学）
林德贵（中国农业大学）
赵生才（湛江海洋大学）
主　审　汪世昌（东北农业大学）

第三版修订者

主　编　汪世昌（东北农业大学）

陈家璞（中国农业大学）

编写者　（以姓名笔画为序）

王云鹤（东北农业大学）

王洪斌（东北农业大学）

孙大丹（解放军农牧大学）

林立中（福建农业大学）

审稿者　邹万荣（新疆农业大学）

张幼成（南京农业大学）

方尚文（四川农业大学）

王光华（贵州农学院）

王云鹤（东北农业大学）

陈家璞（中国农业大学）

汪世昌（东北农业大学）

第二版修订者

主　编　郭　铁（北京农业大学）

汪世昌（东北农学院）

编写者　（以姓名笔画为序）

王云鹤（东北农学院）

王光华（贵州农学院）

朱祖德（江苏农学院）

李代杰（中国人民解放军兽医大学）

邹万荣（新疆八一农学院）

张幼成（南京农业大学）

陈家璞（北京农业大学）

秦和生（甘肃农业大学）

审稿者　王云鹤（东北农学院）

叶　浩（华南农业大学）

汪世昌（东北农学院）

邹万荣（新疆八一农学院）

张幼成（南京农业大学）

陈家璞（北京农业大学）

郭　铁（北京农业大学）

绘图者　雷克敬（北京农业大学）

第一版编写者

主　编　郭　铁（北京农业大学）

　　　　　汪世昌（东北农学院）

编写者　陈家璞（北京农业大学）

　　　　　卢正兴（北京农业大学）

　　　　　王云鹤（东北农学院）

　　　　　邹万荣（八一农学院）

　　　　　赵国荣（山东农学院）

　　　　　吴清源等（长春兽医大学）

　　　　　秦和生（甘肃农业大学）

　　　　　朱祖德（江苏农学院）

　　　　　叶　浩（华南农学院）

　　　　　王光华（贵州农学院）

　　　　　张幼成（南京农学院）

第五版前言

《兽医外科学》教材首次和大家见面了。其实编写第四版时，鉴于兽医外科方面的进展和研究对象的拓宽，兽医临床所面对的已经是“家畜”难以包容了，多数专家建议把经过修订的教材由原《家畜外科学》改为《兽医外科学》，既适合我国国情，又同国际接轨。然而由于当时中国农业出版社的系列教材多数还沿用传统的名称，所以出版社最终决定仍沿用《家畜外科学》。为适应兽医外科学的发展，本版教材再次加大了修改力度，在适当增加了国内外兽医外科新理论、新技术、新成果和新知识的基础上，进一步增加了小动物和多种动物外科疾病的内容，正式更名为《兽医外科学》。

兽医外科学是研究动物外科疾病的发生、发展、诊治和预防规律的一门科学，是高等农业院校兽医专业主要专业课之一。随着国内外兽医科学的进展和发展趋势，社会和行业对高校兽医专业毕业生的需求，日益重视专业能力和临床诊疗技能，本课程就显得更为重要。国内许多高校从兽医专业具有职业性、技能性的特点出发，结合社会对人才的需求，都增加了本课程的学时数，重在培养适应社会需求的兽医专业人才，同时也有利于同世界接轨。本版教材的编写广泛征求了全国多数高校的意见，得到了全国兽医外科领域同仁的大力支持和帮助，很多学者和老师提出了非常好的建议。教材充分考虑和体现了这些意见，例如有些章节增加了局部解剖和生理的内容，主要针对目前各校兽医专业基础课学时数有限，一些与兽医外科直接相关的内容不能通过解剖学和生理学获得，增加这部分内容是为适应学生学习的需要，以便能顺利学习大纲所要求的课程内容。实际上在《家畜外科学》的第一版、第二版中，有些章节曾包含局部解剖和生理的内容；第三版和第四版因为考虑按照学时设定教材字数，这部分内容只能忍痛舍弃，使得老师教学和学生学习感到不便，所以本版教材增加了该部分内容。此外，本版教材在原有的基础上新增加了两个章节，部分章节做了一些必要的增加和删减。同时对有些章节的内容作了一些必要的调整，加重了提高学生对大小动物临床诊疗和实际动手能力方面的内容，以满足学生对兽医外科基本素养的需求。

王春璈教授对整部书稿进行了审阅，并提出了很多重要的修改意见。同时主编王洪斌教授、副主编齐长明教授、参编高利教授对书稿进行了多次审校和修改。在审校过程中，还多次征求了编委的意见，经过逐章逐节地讨论和审定，对教材进行了最后定稿。

根据全国高等农业院校动物医学专业兼有四年制和五年制的特点，而且不同高校《兽医外科学》学时数差别很大，对教材内容的需要不尽相同，为此各所高校可根据学制和学时的不同而选择和取舍教学内容。

本版教材编委、审校来自于全国17所高校，而且21名编审者都是目前活跃在教学、科研、临床第一线的顶尖兽医外科专家。然而编委多、难以集中撰写等因素给教材的统一和谐方面带来了很大的难度。尽管编委们都很认真严谨，主审、主编、副主编认真审校，严格把关，但是不足和错误之处在所难免，诚恳希望全国高校广大师生提出宝贵意见，以便使《兽医外科学》教材更臻完善。

主编　王洪斌

2010年12月

注：本教材于2017年12月被列入普通高等教育农业部（现更名为农业农村部）“十三五”规划教材［农科（教育）函〔2017〕第379号］。

第四版前言

根据高等教育“面向21世纪课程教材”的出版规划，《兽医外科学》（原《家畜外科学》）于2000年年末被教育部正式批准为21世纪课程教材。2001年4月份全国高等农业院校动物医学专业教学指导委员会第三次会议在重庆召开，《家畜外科学》被确定为“十五”规划教材，并被列入中国农业出版社2001年选题计划之内，同时批准了《家畜外科学》第四版编委会名单。

2001年8月，在东北农业大学召开了《家畜外科学》第四版全体编委会议。会议主要审议和讨论了《家畜外科学》教材编写大纲，修订方案，组织分工等。在会议上，本版教材主审（《家畜外科学》第三版教材主编）汪世昌教授对本次修订提出了许多重要意见，并介绍了多次编写和修订教材的宝贵经验，为顺利完成教材的编写和修订工作奠定了基础。

教材脱稿后，首先由主编和主审进行了审稿，对书稿的最后审定提出了修改意见，有些章节还多次征求了第二、三版编者和本版修订者的意见。审稿完成后，于2001年7月份在东北农业大学定稿，参加人员除了主编王洪斌、副主编齐长明外，还邀请了编委李建基和刘云以及王林安教授。经过逐章逐节地讨论和审定，对教材进行了最后定稿。

本次修订，根据全国高等农业院校动物医学专业兼有四年制和五年制的特点，字数上有所增加，各校可根据学制和学时的不同而选择内容。按照出版规划，本版教材是在第三版的基础上进行修订，鉴于近几年来兽医外科方面的进展，适当增加国内外新成果和新知识，并对有些章节做了一些必要的删减和调整。

由于我们水平有限，加之全体编委都是各校教学第一线骨干教师，修订时间仓促，不足和错误之处在所难免，诚恳希望广大老师和同学提出宝贵意见，以便使教材更加完善。

《家畜外科学》第四版编委会

2002年8月

第三版前言

本教材第二版已经应用了10年。根据农业部的高等农业教材修订精神，为了及时补充和更新教材内容，以适应当前教学改革的需要，我们承担了第三版的修订任务。

这次修订的步骤，首先由主编结合10年来各兄弟院校师生应用第二版教材提出的宝贵意见，制定了详细的第三版修订计划，又向全国多数高等农业院校外科教研室征求意见。将修订计划又一次修改后，由参加修订的同志分章节修订编写。编写脱稿后，分别请原一、二版编者审阅，提出修改意见。最后由主编根据审稿者意见，又做了全面整理、删减、增订、加工，最后定稿。由主审人又做了审定。

全书确定为：外科感染；损伤；肿瘤；风湿病；眼病；头部疾病；枕、颈部疾病；胸、腹壁及脊柱疾病；直肠及肛门疾病；泌尿、生殖器官疾病；跛行诊断；四肢疾病；蹄病等14章。

这次修订，从第二版43万字削减为39万字。与第二版比较，第三版删除的内容占26%，新增加的内容占18%。

第三版修订的目的是充实和更新，删除过时的理论、诊治技术和用药，冗长的描述，与基础课重复的内容（如微生物的描述、解剖生理等）。增加国内外兽医外科方面的新成就，小动物外科方面的新内容。

我国地域广大，畜种差别明显，在全国教材编写体系上，不可能完全适合各个地区的情况，老师们在教学上可选择应用本教材，不足之处，可另作补充。

由于我们水平有限，错误和不足之处难免，希望老师和同学们应用本教材后，提出宝贵意见，以供下次修订时参考。

编　者

1996年8月

第二版前言

本书出版五年以来承蒙各院校外科教师、学生和外科临床工作者的关心和支持，提出了不少改进意见。鉴于家畜外科学领域的理论和实践都有发展，国内和国外在大动物和小动物的临床诊断和治疗技术上，都有显著的进步，有必要对本书加以修订。

家畜外科学是研究家畜外科疾病的发生、发展、诊治和预防的一门科学，是高等农业院校兽医专业主要专业课之一。兽医临床各学科均有密切联系和相互渗透的关系，如家畜的肠梗阻、肠变位、肠结石及皱胃移位，在发病早期药物治疗阶段是内科疗法，当发展到晚期需要手术治疗阶段，便需要外科疗法。外科临床实践中为了识别某一外科疾病和确定病性，必须与其他各临床学科疾病进行鉴别诊断，方能得出正确结论，孤立的外科学观点，缺乏多临床学科的广泛基本理论、知识和实践技能，既不会学好家畜外科学，也不能成为具备防治畜禽疾病能力的临床兽医。

学习掌握家畜外科学理论与实践技能，要求具备雄厚的专业基础学科知识：只有在熟知解剖（特别是局部解剖学）和手术技术的基础上，才能够合理和有效地施行外科手术，达到恢复组织器官功能，防治外科疾病的目的；掌握了病理生理学和病理学的广泛知识，有助于了解外科疾病的发生机理、病理变化过程及病的性质；微生物学是研究诱发外科疾病的原因，又是防治和消灭外科感染的理论基础；药理学、物理治疗学是治疗外科疾病的重要手段；生理学、动物生物化学是在临床上鉴别生理和疾病的标准，对正确的认识疾病，提高外科临床诊疗水平具有重大关系；遗传学、营养学是识别与探索遗传外科病和许许多多营养外科病的基础理论，某些尚未阐明的病因，有赖于该学科为指导思想深入研究；临床诊断学是本学科的重要基础，新诊断仪器的研制和先进科学诊断方法的发展，为外科疾病诊断提供了有利条件。所有这些，充分显示出学习提高外科临床技术水平与专业基础课的重大关系。

学习家畜外科学要求树立局部与整体的观点，机体的局部疾病与全身各系统器官的正常生理功能密切相关，如蹄（趾）的角质病，可涉及氨基酸和常量与微量元素的改变，瘤胃酸中毒可成为牛蹄叶炎的主要病因；树立理论联系实际的观点，也就是既要通晓各系统器官外科疾病的发生机理、症状、防治方法，又要有熟练临床实践技能；树立防治兼顾的观点，家畜外科疾病与其他科疾病一样是可以预防的；树立提高生产性能、经济效益和恢复器官功能的观点。只有树立了上述四个观点，才能胜任兽医外科临床的艰巨任务。

本书修订遵照来自各方面的宝贵意见和建议，做了相应的修订和增删，书中共分14章，即外科感染、损伤、肿瘤、风湿病、眼病、头部疾病、枕及颈部疾病、鬐甲胸壁部疾病、腹部疾病、直肠及肛门疾病、泌尿生殖器官疾病、跛行诊断、四肢疾病及蹄病。上述章节变动是因为兽医外科学内容比较复杂，初学者不易抓住中心，另外某些内容与其他学科重复，再有新的教学改革增添了若干选修课，故删去原书炎症一章。为了概念清楚，内容系统，将休克、溃疡与瘘管两章作为损伤并发症并入损伤章节中。此外，在某些重要章节中，重点增加了牛病的比重以及若干新的诊疗方法。

随着我国人民生活水平的提高和业余爱好，小动物外科病的防治需要虽有日益增加趋势，由于篇幅所限，不能列入本书，不足之处，期待由选修课解决。

本书第一版时包含兽医外科手术部分，分上、下两册出版。近年来，农业高等院校的兽医专业都把兽医外科手术作为独立的一门课程开设，为了顺乎实际情况，再版时兽医外科学与兽医外科手术学将分别出版。

编　者

1986年6月

第一版前言

《家畜外科学》是高等农业院校兽医专业教材。全书分手术与外科两大篇，共三十四章，分为上、下两册。本书由北京农业大学、东北农学院主编。参加编写的有：新疆八一农学院、山东农学院、解放军兽医大学、江苏农学院、华南农学院、甘肃农业大学、南京农学院、贵州农学院共十三人。经新疆八一农学院、山东农学院、解放军兽医大学、四川农学院、东北农学院、北京农业大学、内蒙古农牧学院、甘肃农业大学、西北农学院、江西共产主义劳动大学、江苏农学院、华中农学院、华南农学院、沈阳农学院、南京农学院、浙江农业大学、贵州农学院、湖南农学院等十八个院校的同志审查。最后由北京农业大学、东北农学院、华南农学院、新疆八一农学院定稿。

本书编写的具体分工是：

王云鹤　15、19、21、24章又31章（5、6、7、8、9、10节）

王光华　5、6、30章

叶　浩　1、3、4章

卢正兴　18章

张幼成　23、26、27、29章

汪世昌　33章（2、4、5、6节）

朱祖德　31章（1、2、3、4节）、33章（1节）

吴清源等　20、28章

陈家璞　2、7、32章

赵国荣　12、13、16章

郭　铁　绪言、9、10、11、14、22章

秦和生　33章（3、7节）、34章

邹万荣　8、17、25章

参加绘图的有北京农业大学雷克敬、江苏农学院潘瑞荣等。

本书由于编写时间仓促，我们的水平有限，内容不成熟的地方和错误在所难免，希望读者多提出意见，以备今后修正。

编　者

1979年3月25日

目　录

第一章 损 伤

损伤（trauma）是由各种不同外界因素作用于机体，引起机体组织器官在解剖上的破坏或生理上的紊乱，并伴有不同程度的局部或全身反应。

损伤的分类如下：

（一）按损伤组织和器官的性质分类

1. 软部组织损伤　为机体软部组织和器官的损伤，根据皮肤及黏膜的完整性是否受到破坏，又分为软组织开放性损伤和软组织非开放性损伤。

2. 硬部组织损伤　为机体硬部组织和器官的损伤，如关节和骨损伤、关节脱位和骨折等。

（二）按损伤的病因分类

1. 机械性损伤　系机械性刺激作用所引起的损伤，包括开放性损伤和非开放性损伤。

2. 物理性损伤　系物理性因素引起的损伤，如烧伤、冻伤、电击及放射性损伤等。

3. 化学性损伤　系化学因素引起的损伤，如化学性热伤及强刺激剂引起的损伤等。

4. 生物性损伤　系生物性因素引起的损伤，如各种细菌和毒素引起的损伤等。

第一节　开放性损伤——创伤

一、创伤的概念

创伤（wound）是因锐性外力或强烈的钝性外力作用于机体组织或器官，使受伤部位皮肤或黏膜出现伤口及深在组织与外界相通的机械性损伤。

创伤一般由创缘、创口、创壁、创底、创腔、创围等部分组成。创缘为皮肤或黏膜及其下的疏松结缔组织；创缘之间的间隙称为创口；创壁由受伤的肌肉、筋膜及位于其间的疏松结缔组织构成；创底是创伤的最深部分，根据创伤的深浅和局部解剖特点，创底可由各种组织构成；创腔是创壁之间的间隙，管状创腔称为创道；创围指围绕创口周围的皮肤或黏膜（图 1-1）。

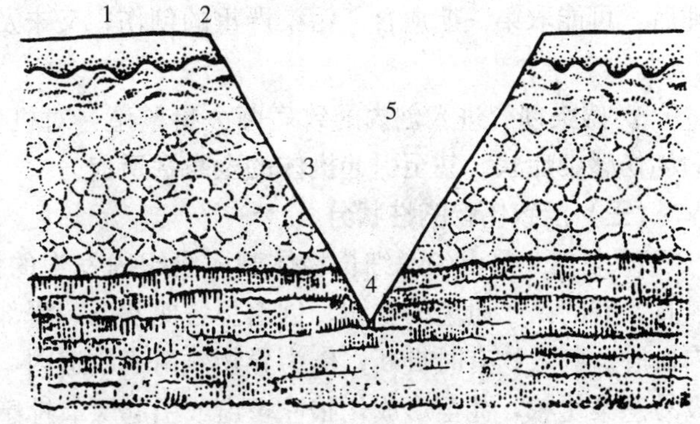

图 1-1　创伤各部名称

1. 创围　2. 创缘　3. 创面　4. 创底　5. 创腔

二、创伤的症状

（一）出血

出血量的多少取决于受伤的部位、组织损伤的程度、血管损伤的状况和血液的凝固性等。出血可分为原发性出血和继发性出血；内出血和外出血；动脉性出血、静脉性出血和毛细血管性出血等。

（二）创口裂开

创口裂开是因受伤组织断离和收缩而引起。创口裂开的程度取决于受伤的部位，创口的方向、长度和深度，以及组织的弹性。活动性较大的部位，创口裂开比较明显；长而深的创伤比短而浅的创口裂开大；肌腱的横创比纵创裂开宽。

（三）疼痛及机能障碍

疼痛是因为感觉神经受损伤或炎性刺激而引起。疼痛的程度取决于受伤的部位、组织损伤的性状、动物种属和个体差异。富有感觉神经分布的部位如蹄冠、外生殖器、肛门和骨膜等处发生创伤时，疼痛显著。由于疼痛和受伤部组织解剖结构的破坏，常出现肢体机能障碍。

三、创伤的分类及临床特征

（一）按伤后经过的时间分

1. 新鲜创 伤后的时间较短，创内尚有血液流出或存有血凝块，且创内各部组织轮廓仍能识别，有的虽被严重污染，但未出现创伤感染症状。

2. 陈旧创 伤后经过时间较长，创内各组织轮廓不易识别，出现明显的创伤感染症状，有的排出脓汁，有的出现肉芽组织。

（二）按创伤有无感染分

1. 无菌创 通常将在无菌条件下所做的手术创称为无菌创。

2. 污染创 创伤被细菌和异物所污染，但进入创内的细菌仅与损伤组织发生机械性接触，并未侵入组织深部发育繁殖，也未呈现致病作用。污染较轻的创伤，经适当的外科处理后，可能取第一期愈合。污染严重的创伤，又未及时而彻底地进行外科处理时，常转为感染创。

3. 感染创 进入创内的致病菌大量繁殖，对机体呈现致病作用，使伤部组织出现明显的创伤感染症状，甚至引起机体的全身性反应。

（三）按致伤物的性状分

1. 刺创 是由尖锐细长物体刺入组织内发生的损伤。创口小，创道狭而长，一般创道较直，有的由于肌肉的收缩，创道呈弯曲状态，深部组织常被损伤；并发内出血或形成组织内血肿。刺入物有时折断，作为异物残留于创道内，再加上致伤物体带入创道的污物，刺创极易感染化脓，甚至形成化脓性窦道或引起厌氧性感染。

发生于体腔部的刺创，往往成为透创，应特别注意。

2. 切创 是因锐利的刀类、铁片、玻璃片等切割组织发生的损伤。切创的创缘及创壁比较平整，组织受挫灭轻微，出血量多，疼痛较轻，创口裂开明显，污染较少。一般经适当的外科处理和缝合，能迅速愈合。

3. 砍创　是由柴刀、马刀等砍切组织发生的损伤。因致伤物体重，致伤力量强，故创口裂开大，组织损伤严重，出血量较多，疼痛剧烈。

4. 挫创　是由钝性外力的作用（如打击、冲撞、蹴踢等）或动物跌倒在硬地上所致的组织损伤。挫创的创形不整，常存有明显的被血液浸润的挫灭破碎组织，出血量少，创内常存有创囊及血凝块，创伤多被尘土、沙石、粪块、被毛等污染，极易感染化脓。

5. 裂创　是由钩、钉等钝性牵引作用，使组织发生机械性牵张而断裂的损伤。裂创的创形不规整，组织发生撕裂或剥离，创缘呈不正锯齿状，创内深浅不一，创壁及创底凸凹不平，并存有创囊及严重破损组织碎片。出血较少，创口裂开很大，疼痛剧烈。有的皮肤呈瓣状撕裂，有的并发肌肉及腱的断裂，撕裂组织容易发生坏死或感染。

6. 压创　是由车轮碾压或重物挤压所致的组织损伤。压创的创形不整，存有大量的挫灭组织、压碎的肌腱碎片，有的皮肤缺损或存在粉碎性骨折。压创一般出血少，疼痛不剧烈，创伤污染严重，极易感染化脓。

7. 搔创　被猫和犬爪搔抓致伤，皮肤常被损伤，呈线形，一般比较浅表。被熊爪抓伤时可形成广泛的组织缺损。

8. 缚创　由于用绳，特别是粗糙的新绳缚捆时，可引起缚创，如马系部、跗部常发。缚创易感染。

9. 咬创　是由动物的牙咬所致的组织损伤，猪和马较多见。被咬部呈管状创、近似裂创或组织缺损创。创内常有挫灭组织，出血少，常被口腔细菌所污染，可继发蜂窝织炎。

10. 毒创　是被毒蛇咬、毒蜂刺蜇等所致的组织损伤。被咬刺部位呈点状损伤，常不易被发现。但毒素进入组织后，患部疼痛剧烈，迅速肿胀，以后出现坏死和分解。毒素引起的全身性反应迅速而严重，可因呼吸中枢和心血管系统的麻痹而死亡。

11. 复合创　具备上述两种以上创伤的特征。常见者有挫刺创、挫裂创等。

12. 火器创　是由枪弹或弹片致伤所造成的开放性损伤，与一般开放性损伤不同，有其本身的特殊性。火器创按致伤物不同可分为枪弹创、弹片创及高速小弹片创。按创道的不同可分为：①盲管创，只有入口而无出口，体内有异物存留。②贯通创，既有入口又有出口。③切线创，创道在体表，呈沟槽状。创伤弹道的入口与出口的大小和形状，随着投射物的大小、形状、撞击体表时的接触面积、速度和撞击部位等不同而有很大差异。火器创又根据创道是否穿透体腔而分为穿透创和非穿透创。火器创的主要特点有：①损伤严重，受伤部位多，范围广。②污染严重，感染快。

四、创伤愈合

（一）创伤愈合的种类

创伤愈合分为第一期愈合、第二期愈合和痂皮下愈合。

1. 第一期愈合　创伤第一期愈合是一种较为理想的愈合形式。其特点是创缘、创壁整齐，创口吻合良好，无肉眼可见的组织间隙，临床上炎症反应较轻微。创内无异物、坏死灶及血凝块，组织保有生活能力，失活组织较少，没有感染，具备这些条件的创伤可完成第一期愈合。无菌手术创绝大多数可达第一期愈合。新鲜污染创如能及时做清创术处理，也可以期待达到此期愈合。

第一期愈合的经过过程是从伤口停止出血时开始。在伤口内有少量血液、血浆、纤维蛋白及白细胞等将伤口黏合。这些黏合物质刺激创壁组织，毛细血管扩张充血，渗出浆液，白细胞等渐渐地侵入黏合的创腔缝隙内，进行吞噬、溶解和搬运，以清除创腔内的凝血及死亡组织，使创腔净化。经过 1～2d 后，创内有结缔组织细胞及毛细血管内皮细胞分裂增殖，以新生的肉芽组织将创缘连接起来，同时创缘上皮细胞增生，逐渐覆盖创口。新生的肉芽组织逐渐转变为纤维性结缔组织，这样的伤口愈合，其形态学和生化变化均不显著，仅留下线状疤痕，有时甚至不留疤痕，这个过程需时 6～7d。所以无菌手术创切口可在术后 7d 左右拆线。经 2～3 周后完全愈合。

2. 第二期愈合 特征是伤口增生多量的肉芽组织，充填创腔，然后形成疤痕组织被覆上皮组织而愈合。一般当伤口大、伴有组织缺损、创缘及创壁不整、伤口内有血液凝块、细菌感染、异物、坏死组织以及由于炎性产物刺激、代谢障碍等致使组织丧失第一期愈合能力时，要通过第二期愈合而愈合。临床上多数创伤病例取此期愈合。

取第二期愈合的创伤，在其愈合过程中受伤组织内表现一系列的形态、生物、物理、胶体化学等方面的复杂变化。此愈合过程，分为两个阶段，即炎性净化阶段和组织修复阶段，此两个阶段不能截然分开，是由一个阶段逐渐过渡到另一个阶段，而在表现形式上各有其侧重特点。

炎性净化是通过炎性反应达到创伤的自家净化。临床上主要表现是创伤部发炎、肿胀、增温、疼痛，随后创内坏死组织液化，形成脓汁，从伤口流出。

创伤净化过程的特点，各种动物不尽相同。马和狗以浆液性渗出为主，液化过程完全，胶原膨胀明显，清除坏死组织迅速，但易引起吸收中毒。牛、羊、猪以浆液-纤维素性渗出为主，液化过程较弱，是通过形成化脓性分离线使坏死组织脱离的，净化过程慢，但不易引起吸收性中毒。

组织修复阶段的核心是肉芽组织的新生。它是由新生的成纤维细胞和毛细血管构成的。其中成纤维细胞是由伤口周围的原始结缔组织细胞分裂增生而来，体积较大，细胞核也较大，呈椭圆形并有核仁。这种细胞在伤后的初期增生快，由伤口边缘及底部逐渐向中心生长。与此同时，有大量毛细血管混杂在成纤维细胞之间，自伤口周围向中心靠拢而产生伤口收缩，使创面缩小，有利于伤口愈合。

肉芽组织除有成纤维细胞和毛细血管外，还有多少不定的嗜中性粒细胞、巨噬细胞及其他炎性细胞，但无神经纤维，故肉芽组织本身并无感觉，触之不痛。

健康肉芽组织呈红色，较坚实，表面湿润，呈颗粒状并附有很少的一层黏稠、灰白色脓性物，对肉芽组织起保护作用。肉芽组织是坚强的创伤防卫面，可防止感染蔓延，所以诊疗创伤时，保护肉芽面不受损伤，合理选用促进肉芽正常生长的药物十分重要。

肉芽组织成熟过程，在伤后 5～6d，增生的成纤维细胞开始产生胶原纤维，胞体变长，胞核变小变长，到 2 周左右胶原纤维形成最旺盛，以后逐渐慢下来，至 3 周以后胶原纤维的增生就很少了，此时成纤维细胞转化为长梭形的纤维细胞。与此同时，肉芽组织中大量毛细血管闭合、退化、消失，只留下部分毛细血管及细小的动脉和静脉营养该处，至此肉芽组织逐渐成熟为纤维组织疤痕。肉眼观察疤痕为灰白色，硬韧。

在肉芽组织开始生长的同时，创缘的上皮组织增殖，由周围向中心逐渐生长新生的上皮。当肉芽组织增生高达皮肤面时，新生的上皮再生完成，覆盖创面而愈合。当创面较大，由创缘生长的上皮不足以覆盖整个创面时，则以上述的疤痕形成、取代而告终。如此可能引起伤部的损伤和功能障碍。愈合的疤痕组织无毛囊、汗腺和皮脂腺。

创伤在愈合过程中，可看到皮肤的缺损面有缩小现象，如在动物背腰部切除一小块皮肤，大多数动物经 2～3d 后，创面发生迅速缩小过程，这称为创伤收缩。皮下疏松结缔组织多和肌肉比较丰富的部位，创面收缩的多，反之则收缩的少。

3. 痂皮下愈合　特征是表皮损伤，典型病例为擦伤，创面浅在并有少量出血及渗出液，以后血液或渗出的浆液逐渐干燥而结成痂皮，覆盖在创伤的表面，具有保护作用，痂皮下损伤的边缘再生表皮而愈合。若感染细菌时，于痂皮下化脓取第二期愈合。

（二）影响创伤愈合的因素

创伤愈合的速度常受许多因素的影响，这些因素包括外界条件方面的、人为的和机体方面的。创伤诊疗时，应尽力消除妨碍创伤愈合的因素，创造有利于愈合的良好条件。

1. 创伤感染　创伤感染化脓是延迟创伤愈合的主要因素，由于病原菌的致病作用，一方面使伤部组织遭受更大的破坏，延长愈合时间；另一方面机体吸收了细菌毒素和有害的炎性产物，降低机体的抵抗力，影响创伤的修复过程。

2. 创内存有异物或坏死组织　当创内特别是创伤深部存留异物或坏死组织时，炎性净化过程不能结束，化脓不会停止，创伤就不能愈合，甚至形成化脓性窦道。

3. 受伤部血液循环不良　创伤的愈合过程是以炎症为基础的过程，受伤部血液循环不良，既影响炎性净化过程的顺利进行，又影响肉芽组织的生长，从而延长创伤愈合时间。

4. 受伤部不安静　受伤部经常进行有害的活动，容易引起继发损伤，并破坏新生肉芽组织的健康生长，从而影响创伤的愈合。

5. 处理创伤不合理　如止血不彻底，施行清创术过晚和不彻底，引流不畅，不合理的缝合与包扎，频繁地检查创伤和不必要的换绷带，以及不遵守无菌规则、不合理地使用药剂等，都可延长创伤的愈合时间。

6. 机体维生素缺乏　维生素 A 缺乏时，上皮细胞的再生作用迟缓，皮肤出现干燥及粗糙；维生素 B 缺乏时，能影响神经纤维的再生；维生素 C 缺乏时，由于细胞间质和胶原纤维的形成发生障碍，毛细血管的脆弱性增加，致使肉芽组织水肿、易出血；维生素 K 缺乏时，由于凝血酶原的浓度降低，致使血液凝固缓慢，影响创伤愈合时间。

7. 氨基酸和蛋白质缺乏　某些氨基酸例如含硫氨基酸，是肉芽组织生长不可或缺的基本氨基酸，严重的蛋白质缺乏尤其是含硫氨基酸缺乏时，肉芽组织及胶原形成不良。如长期饲喂无蛋白质或蛋白质含量低的饲料，将延长动物伤口的愈合期，并使纤维组织增生减慢和张力强度减退。血浆蛋白含量降低也将影响纤维组织的形成。

8. 微量元素缺乏　锌作为 DNA 聚合酶和 RNA 聚合酶的辅助成分，与细胞分裂和蛋白质合成都有密切关系。微量元素锌缺乏时使胶原合成不充分，创伤难愈合。而损伤后，尿锌排除增加，易引起低血锌，如在伤部涂抹氧化锌软膏，会使创伤的愈合速度加快。此外，铜、铁、锰、碘等微量元素也参与了机体蛋白质合成过程。

9. 其他影响因素　某些抗炎类、激素类药物的大剂量使用可抑制伤口的愈合，如大剂量使用保泰松、消炎痛、阿司匹林可降低创伤张力强度。皮质类固醇可降低蛋白质合成，抑制正常的炎性反应，大剂量使用时可限制毛细血管新生，抑制成纤维细胞增生和降低上皮组织增生的速度。另外，环境温度也影响伤口愈合，创伤愈合速度在环境温度30℃要比环境温度20℃时快。在适宜温度范围内，一般温度每升高10℃，创伤的愈合速度会增加1倍。环境温度过低会延缓创伤愈合的速度，故冬季应注意创口处的保温。

五、创伤的检查方法

创伤检查的目的是在对创伤进行治疗之前了解创伤的性质、决定治疗措施，在治疗过程中观察愈合情况及验证治疗方法。

（一）一般检查

从问诊开始，了解创伤发生的时间，致伤物的性状，发病当时的情况和病畜的表现等。然后检查病畜的体温、呼吸、脉搏，观察可视黏膜颜色和病畜的精神状态。检查受伤部位和救治情况，以及四肢的机能障碍等。

（二）创伤外部检查

按由外向内的顺序，仔细地对受伤部位进行检查。先视诊创伤的部位、大小、形状、方向、性质，创口裂开的程度，有无出血，创围组织状态和被毛情况，有无创伤感染现象。继而观察创缘及创壁是否整齐、平滑，有无肿胀及血液浸润情况，有无挫灭组织及异物。然后对创围进行柔和而细致的触诊，以确定局部温度的高低、疼痛情况、组织硬度、皮肤弹性及移动性等。

（三）创伤内部检查

应胆大心细，并遵守无菌规则。首先在创围剪毛、消毒。检查创壁时，应注意组织的受伤情况、肿胀情况、出血及污染情况。检查创底时，应注意深部组织受伤状态，有无异物、血凝块及创囊的存在。必要时可用消毒的探针、硬质胶管等，或用戴消毒乳胶手套的手指进行创底检查，摸清创伤深部的具体情况。

对于有分泌物的创伤，应注意分泌物的颜色、气味、黏稠度、数量和排出情况等。必要时可进行酸碱度测定、脓汁象及血液检查。对于出现肉芽组织的创伤，应注意肉芽组织的数量、颜色和生长情况等。创面可做按压标本的细胞学检查，有助于了解机体的防卫机能状态，客观地验证治疗方法的正确性。

（四）辅助检查

在创伤检查中，可以根据需要进行实验室检查、影像学检查等辅助检查。例如可通过血常规和血细胞比容判断失血或感染情况，通过尿常规检查分析泌尿系统损伤等；也可通过X射线检查是否有硬组织损伤，通过B超检查有无胸腹腔积血和内脏破裂情况等。

六、创伤的治疗

（一）创伤治疗的一般原则

创伤治疗的基本原则是积极抢救，防治休克，防止感染，纠正水与电解质紊乱，促进创口愈合和功能恢复。

1. 紧急救护 对于严重损伤，在难以进行正式治疗之前，在受伤现场应采取一系列紧急措施，进行紧急救护。可采用临时止血、包扎及固定等措施，防止创伤再度感染或再度损伤，然后送往兽医院治疗。紧急救护既是现场抢救受伤动物的必要措施，又是系统治疗创伤的基础。

2. 抗休克 一般是先抗休克，待休克好转后再行清创术，但对大出血、胸壁穿透创及肠脱出，则应在积极抗休克的同时，进行手术治疗。

3. 防止感染 灾害性创伤，一般不可避免被细菌等所污染，伤后应立即开始使用抗生素，预防化脓性感染，同时进行积极的局部治疗，使污染的伤口变为清洁伤口并进行缝合。但对战时火器创的处理，原则上只做清创不做缝合。

4. 纠正水与电解质失衡 创伤失血后会使机体严重脱水和发生后期的电解质失衡，积极合理的补液和补充电解质是治疗的关键。

5. 消除影响创伤愈合的因素 影响创伤愈合的因素很多，在创伤治疗过程中，注意消除影响创伤愈合的因素，可使肉芽组织生长正常，促进创伤早期治愈。

6. 加强饲养管理 增强机体抵抗力，能促进伤口愈合，对严重的创伤，应给予高蛋白及富有维生素的饲料。

（二）创伤治疗的基本方法

1. 创围清洁法 清洁创围的目的在于防止创伤感染，促进创伤愈合。清洁创围时，先用数层灭菌纱布块覆盖创面，防止异物落入创内。后用剪毛剪将创围被毛剪去，剪毛面积以距创缘周围10cm左右为宜。创围被毛如被血液或分泌物黏着时，可用3%过氧化氢和氨水（200∶4）混合液将其除去。再用70%酒精棉球反复擦拭紧靠创缘的皮肤，直至清洁干净为止。离创缘较远的皮肤，可用肥皂水和消毒液洗刷干净，但应防止洗刷液落入创内。最后用5%碘酊或5%酒精福尔马林溶液以5min的间隔，两次涂擦创围皮肤。

2. 创面清洗法 揭去覆盖创面的纱布块，用生理盐水冲洗创面后，持消毒镊子除去创面上的异物、血凝块或脓痂。再用生理盐水或防腐液反复清洗创伤，直至清洁为止。创腔较浅且无明显污物时，可用浸有药液的棉球轻轻地清洗创面；创腔较深或存有污物时，可用洗创器吸取防腐液冲洗创腔，并随时除去附于创面的污物，但应防止过度加压形成的急流冲刷创伤，以免损伤创内组织和扩大感染。清洗创腔后，用灭菌纱布块轻轻地擦拭创面，以便除去创内残存的液体和污物。

3. 清创手术 用外科手术的方法将创内所有的失活组织切除，除去可见的异物、血凝块，消灭创囊、凹壁，扩大创口（或做辅助切口），保证排液畅通，力求使新鲜污染创变为近似手术创伤，争取创伤的第一期愈合。

根据创伤的性质、部位、组织损伤的程度和伤后经过的时间，对每个创伤施行清创手术的内容也不同。一般于手术前均需进行彻底的消毒和麻醉。

修整创缘时，用外科剪除去破碎的创缘皮肤和皮下组织，造成平整的创缘以便缝合；扩创时，是沿创口的上角或下角切开组织，扩大创口，消灭创囊、龛壁，充分暴露创底，除去异物和血凝块，以便排液通畅或便于引流。对于创腔深、创底大和创道弯曲不便于从创口排液的创伤，可选择创底最低处且靠近体表的健康部位，尽量于肌间结缔组织处做适当长度的辅助切口一至数个，以利排液；创伤部分切除时，除修整创缘和扩大创口外，还应切除创内所有失活破碎组织，造成新创壁。失活组织一般呈暗紫色，刺激不收缩，切割时不出血，无明显疼痛反应。为彻底切除失活组织，在开张创口后，除去离断的筋膜，彻底切除失活组织，直至显露健康组织为止。随时止血，并彻底除去异物和血凝块。对暴露的神经和健康的血管应注意保护。清创手术完毕，用防腐液清洗创腔，按需要用药、引流、缝合和包扎。

4. 创伤用药 创伤用药的目的在于防止创伤感染，加速炎性净化，促进肉芽组织和上皮新生。药物的选择和应用决定于创伤的性状、感染的性质、创伤愈合过程的阶段等。对清创手术比较彻底的创伤，在创面涂布碘酊或用0.25%普鲁卡因青霉素溶液向创内灌注或行创围封闭即可；如创伤污染严重、外科处理不彻底、不及时和因解剖特点不能施行外科处理时，为了消灭细菌，防止创伤感染，早期应用广谱抗菌性药物，可向创内撒布青霉素粉、碘仿磺胺粉（1∶9）等；对创伤感染严重的化脓创，为了消灭病原菌和加速炎性净化的目的，应用制菌性药物和加速炎性净化的药物，可用10%盐水、硫呋液（硫酸镁20.0g、0.01%呋喃西林溶液加至100.0mL）湿敷；如果创内坏死组织较多，可用蛋白溶解酶（纤维蛋白溶酶30IU、脱氧核糖核酸酶2万IU，调于软膏基质中）创内涂布；对肉芽创应使用保护肉芽组织和促进肉芽组织生长，以及加速上皮新生的药物，可选用10%氧化锌软膏、生肌散（制乳香、制没药、煅象皮各6g，煅石膏12g、煅珍珠1g、血竭9g、冰片3g，共研成极细末。）或20%龙胆紫溶液等涂布创面；对赘生肉芽组织，可用硝酸银棒、硫酸铜或高锰酸钾粉腐蚀。总之，适用于创伤的药物，应具有既能制菌，又能抗毒与消炎，且对机体组织细胞损害作用小者为最佳。

5. 创伤缝合法 根据创伤情况可分为初期缝合、延期缝合和肉芽创缝合。

初期缝合是对受伤后数小时的清洁创或经彻底外科处理的新鲜污染创施行缝合，其目的在于保护创伤不受继发感染，有助于止血，消除创口裂开，使两侧创缘和创壁相互接着，为组织再生创造良好条件。适合于初期缝合的创伤条件是：创伤无严重污染，创缘及创壁完整，且具有生活力，创内无较多的出血和较大的血凝块，缝合时创缘不致因牵引而过分紧张，且不妨碍局部的血液循环等。临床实践中，常根据创伤的不同情况，分别采取不同的缝合措施。有的施行创伤初期密闭缝合；有的施行创伤部分缝合，于创口下角留一排液口，便于创液的排出；有的施行创口上下角的数个疏散结节缝合，以减少创口裂开和弥补皮肤的缺损；有的先用药物治疗3～5d，无创伤感染后，再施行缝合，称此为延期缝合。经初期缝合后的创伤，如出现剧烈疼痛、肿胀显著，甚至体温升高时，说明已出现创伤感染，应及时部分或全部拆线，进行开放疗法。

肉芽创缝合又叫二次缝合，用以加速创伤愈合，减少疤痕形成。创内应无坏死组织，肉芽组织呈红色平整颗粒状，其上被覆的少量脓汁内无厌氧菌存在。对肉芽创行适当的外科处理后，根据创伤的状况施行接近缝合或密闭缝合。

6. 创伤引流法 当创腔深、创道长、创内有坏死组织或创底潴留渗出物时，以使创内炎性渗出物流出创外为目的。常用引流疗法以纱布条引流最为常用，多用于深在化脓感染创的炎性净化阶段。纱布条引流具有毛细管引流的特性，只要把纱布条适当地导入创底和弯曲的创道，就能将创内的炎性渗出物引流至创外。作为引流物的纱布条，根据创腔的大小和创道的长短，可做成不同的宽度和长度。纱布条越长，则其条幅也应宽些。因细长的纱布条导入创内时，其易形成圆球而不起引流作用。引流纱布是将适当长、宽的纱布条浸以药液（如青霉素溶液、中性盐类高渗溶液、奥立夫柯夫氏液、魏氏流膏等），用长镊子将引流纱布条的两端分别夹住，先将一端疏松地导入创底，另一端游离于创口下角。

临床上除用纱布条作为主动引流之外，也常用胶管、塑料管做被动引流。换引流物的时间，决定于炎性渗出的数量、病畜全身性反应和引流物是否起引流作用。炎性渗出物多时应常换。当创伤炎性肿胀和炎性渗出物增加，体温升高、脉搏增数时是引流受阻的标志，应及时取出引流物做创内检查，并换引流物。引流物也是创伤内的一种异物，长时间使用能刺激组织细胞，妨碍创伤的愈合。因此，当炎性渗出物很少，应停止使用引流物。对于炎性渗出物排出通畅的创伤、已形成肉芽组织坚强防卫面的创伤、创内存有大血管和神经干的创伤以及关节和腱鞘创伤等，均不应使用引流疗法。

7. 创伤包扎法　创伤包扎，应根据创伤具体情况而定，一般经外科处理后的新鲜创都要包扎；当创内有大量脓汁、厌氧性及腐败性感染，以及炎性净化后出现良好肉芽组织的创伤，一般可不包扎，采取开放疗法。创伤包扎不仅可以保护创伤免于继发损伤和感染，且能保持创伤安静、保温，有利于创伤愈合。创伤绷带用 3 层，即从内向外由吸收层（灭菌纱布块）、接受层（灭菌脱脂棉块）和固定层（卷轴带、三角巾、复绷带或胶绷带等）组成。对创伤作外科处理后，根据创伤的解剖部位和创伤的大小，选择适当大小的吸收层和接受层放于创部，固定层则根据解剖部位而定。四肢部用卷轴带或三角巾包扎；躯干部用三角巾、复绷带或胶绷带固定。

创伤绷带的更换时间应按具体情况而定，当绷带已被浸湿而不能吸收炎性渗出物时，脓汁流出受阻时，以及需要处置创伤时等，应及时更换绷带；否则可以适当延长时间。更换绷带时，应轻柔、仔细、严密消毒，防止继发损伤和感染。创伤换绷带包括取下旧绷带、处理创伤和包扎新绷带三个环节。

8. 创伤物理疗法　合理应用物理疗法可加速创伤的炎性净化和组织再生，有利于创伤的修复。常用方法有红外线、紫外线、激光等光疗法，也可用直流电药物离子透入法、短波、超短波及微波等电疗法，还可使用特定电磁波治疗仪照射。

9. 全身性疗法　受伤病畜是否需要全身性治疗，应按具体情况而定。许多受伤病畜因组织损伤轻微、无创伤感染及全身症状等，可不进行全身性治疗。当受伤病畜出现体温升高、精神沉郁、食欲减退、白细胞增数等全身症状时，则应施行必要的全身性治疗，防止病情恶化。例如，对污染较轻的新鲜创，经彻底的外科处理以后，一般不需要全身性治疗；对伴有大出血和创伤愈合迟缓的病畜，应输入血浆代用品或全血；对严重污染而很难避免创伤感染的新鲜创，应使用抗生素或磺胺类药物，并根据伤情的严重程度，进行必要的输液、强心措施，注射破伤风抗毒素或类毒素；对局部化脓性炎症剧烈的病畜，为了减少炎性渗出和防止酸中毒，可静脉注射 10%氯化钙溶液 100～150mL 和 5%碳酸氢钠溶液 500～1 000mL，必要时连续使用抗生素或磺胺类制剂以及进行强心、输液、解毒等措施。

七、不同部位创伤的特征

（一）头部创伤的特征

头部创伤按致伤物的种类，有切创、刺创、挫创、裂创及复合创；按发生的部位，有舌创伤、颊透创、牛豁鼻、口角及唇裂创、鼻翼裂创、面颌创伤、眼睑裂创、耳裂创和腮腺创伤等。

颊透创在病畜采食和饮水时，经创口排出食块或流水。由于易受口腔细菌和异物的污染，常为化脓性感染创。对小透创可施行荷包缝合，对大的创孔可经外科处理后采用圆枕缝合，且缝线不可露于颊黏膜上，以免感染。

牛豁鼻常因穿鼻太浅或强拉缰绳引起。若从两鼻孔下缘豁开，则豁鼻下垂游离；若从鼻上缘豁开，则豁鼻向上游离翘起。治疗时可行豁鼻修补术。

口角及唇裂创常出现流涎和采食困难，裂开部组织下垂或回卷，创伤常被污染。久之则伤部形成深的愈合困难的裂隙。治疗时应尽量施行对位密闭缝合和圆枕缝合。

鼻翼裂创时鼻翼被撕裂成瓣状，并下垂于鼻孔，有时影响呼吸。治疗时应做整形术后对位密闭缝合。

面颌部创伤时，一般多伤及皮肤及皮下组织，严重者出现骨损伤。由于面颌部血液循环良好，清创手术时不可过多切除皮肤，尽量施行密闭缝合。

眼睑裂创时，眼睑被撕裂成瓣状创，血液常流入眼内。上眼睑撕裂瓣常下垂于眼球前，影响视力。下眼睑撕裂瓣下垂常使睑裂增大。治疗时应施行对位密闭缝合。

耳裂创时，耳的一部或全部离断，由于皮肤的缩回，有时耳壳软骨暴露于创外。治疗时，常将游离的断裂部切除，将露出创外的耳壳软骨切除，并将创缘两侧皮肤包裹软骨断面后，施行密闭缝合。

腮腺及其导管创伤时，除有一般创伤症状外，特点是从创口不断排出唾液，采食时唾液排出量增多。唾液的经常排出是创口经久不愈和形成腮腺瘘管的原因。

（二）颈部创伤的特点

颈部创伤有切创、刺创、咬创等。由于颈部活动性大，创道常改变方向。颈腹侧创伤常为几种器官的合并伤。

气管创伤易引起呼吸困难或使血液、异物流进肺内。有窒息危险时，应于受伤部的后方施行气管切开术，以解除呼吸障碍。于受伤部取出异物，整复或除去塌陷的气管软骨，剪除撕裂的气管内黏膜，消除黏膜下血肿等。注意防止异物性肺炎。

食道创伤时，病畜饮水时从食管创口向外喷水。对食道壁的小创口和纵创可施行食道缝合，肌肉创伤行开放疗法。

颈静脉创伤时，有大量血液从创口涌出。此时应迅速用手压迫止血，特别是压迫远心端。并限制头部活动，以减少出血。然后应尽可能地用止血钳夹住出血的颈静脉断端，施行结扎止血。

（三）四肢创伤的特征

四肢因负重和运动常与外界物体接触，故受伤和创伤感染的机会较多。四肢受伤后常出现机能障碍，影响病畜的活动和使役能力。

四肢创伤的种类甚多，受伤的组织器官也不一样，机能障碍的程度也有差别。常见者有切创、砍创、刺创、挫创、裂创、压创、咬创、挫刺创、挫裂创等。

役马或乘骑马跌倒后被拖行所引起的挫裂创，在前肢的腕关节、肩端、前臂部、肘关节、球节和后肢的膝关节等是常见的受伤部位。有时一处受伤，有时多处同时受伤。此种创伤具有挫创、裂创，甚至压创的特点，创形不整，创口裂开，组织被撕裂、剥离和挫灭的情况也不相同。创面常被大量的砂石、泥土等污染。有时多在腕关节的前面、肩端的外侧面和膝关节前外侧面出现轻度的挫创和皮肤擦伤。有时在腕关节前面出现严重的挫裂创，前臂部皮肤严重撕裂，肌腱被挫断，肘关节和肩端外侧出现严重的挫创和擦伤，膝关节外侧也出现挫创和擦伤。更为严重时，由于组织被严重挫灭，发生关节透创，甚至骨的突出部被摩擦引起骨损伤，此时给清创手术带来极大的困难，不可避免地引起严重的创伤感染，有的因组织过分缺损而废役。

腕（跗）关节下部的创伤，由于局部的解剖学关系，皮下缺少肌肉组织，仅为腱、韧带和筋膜，血液循环处于末梢，加上四肢长期处于不安静状态、污染机会又多等特点，创伤不易行第一期愈合，肉芽组织赘生最为多见，治疗时可采用压迫绷带，限制肉芽生长，促进上皮增生。

第二节　软组织的非开放性损伤

软组织的非开放性损伤是指由于钝性外力的撞击、挤压、跌倒等而致伤，伤部的皮肤和黏膜保持完整，而有深部组织的损伤。非开放性损伤因无伤口，感染机会较少，但有时伤情较为复杂，不能忽视，常见的有挫伤、血肿和淋巴外渗。

一、挫　伤

挫伤（contusion）是机体在钝性外力直接作用下，引起组织的非开放性损伤。如被马踧踢、棍棒打击、车辆冲撞、车辕砸压，犬猫从高处坠落、跳落于硬地上或相互撕咬等都容易发生挫伤。其受伤的组织或器官可能是皮肤、皮下组织、筋膜、肌肉、肌腱、腱鞘、韧带、神经、血管、骨、骨膜、关节、胸腹腔及内脏器官。机体的各种组织对外力作用具有不同程度的抵抗力。皮下疏松结缔组织、小血管和淋巴管抵抗力最弱；中等血管稍强；肌肉、筋膜、腱和神经抵抗力强；皮肤则具有很大的弹性和韧性，抵抗力最强。

（一）分类与症状

1. 皮下组织挫伤　多由皮下组织的小血管破裂引起。少量的出血常发生局限性的小出血斑（点状出血），出血量大时，常发生溢血。皮下出血后小部分血液成分被机体吸收，大部分发生凝固，血色素发生溶解，红细胞破裂后被吞噬细胞吞噬，经血液循环和淋巴循环吸收，挫伤部皮肤初期呈黑红色，逐渐变成紫色、黄色后恢复正常。

2. 皮下裂伤　发生皮下裂伤时，皮肤仍完整，但皮下组织与皮肤发生剥离，常有血液和渗出液等积聚皮下。如为肋骨骨折，其断端伤及肺部时，在发生裂创的皮下疏松结缔组织间可形成皮下气肿。

3. 皮下深部组织挫伤　家畜发生的挫伤多为深部组织的挫伤，常见的有以下几种：

（1）肌肉的挫伤：常由钝性外力直接作用引起，轻度的肌肉挫伤常发生淤血或出血，重度的肌肉挫伤肌肉常发生坏死，挫伤部肌肉软化呈泥样，治愈后形成瘢痕，因瘢痕挛缩常引起局部组织的机能障碍。重症患畜不能起立，长时间趴卧后压迫挫伤部的皮肤和肌肉，渐渐地皮肤也发生损伤，进而形成湿性坏疽。

（2）神经的挫伤：神经的挫伤多为末梢性的，末梢神经多为混合神经，损伤后神经所支配的区域发生感觉和运动麻痹，肌肉呈渐进性萎缩。中枢神经系统中脊髓发生挫伤时，因受挫伤的部位不同可发生呼吸麻痹、后躯麻痹、尿失禁等症状。

（3）腱的挫伤：腱的挫伤多由过度的运动、腱的剧烈的伸展使一束腱纤维发生断裂或分离，多见于马的屈肌腱。

（4）滑液囊的挫伤：滑液囊挫伤后常形成滑液囊炎，滑液大量渗出，局部显著肿胀，初期热痛明显，形成慢性炎症后，呈无痛的水样潴留。

（5）关节的挫伤：详见关节疾病。

（6）骨的挫伤：多见于骨膜的局限性损伤。局部肿胀、有压痛，易形成骨赘。

4. 破裂 挫伤的同时常伴有内脏器官破裂和筋膜、肌肉、腱的断裂。肝脏、肾脏、脾脏较皮肤和其他组织脆弱，在强烈的钝性外力作用下更易发生破裂。脏器破裂后形成严重的内出血，常易导致休克的发生。

5. 皮下挫伤的感染 严重的挫伤，若发生感染时，全身及局部症状加重，可形成脓肿或蜂窝织炎。有的部位反复发生挫伤，可形成淋巴外渗、黏液囊炎及患部皮肤肥厚、皮下结缔组织硬化。

（二）治疗

治疗原则：制止溢血和渗出，促进炎性产物的吸收，镇痛消炎，防止感染，加速组织的修复。

在治疗过程中，应注意加强功能锻炼，并及时治疗并发症和继发性疾病。如果受到强烈外力的挫伤时要注意全身状态的变化。

1. 冷疗和热疗 挫伤初期有热痛时实施冷疗法，使动物安定，消除急性炎症缓解疼痛。热痛肿胀特别重时给予冰袋冷敷。为促进炎性渗出物的吸收，2～3d后可改用温热疗法（酒精绷带温敷、四肢末端温水浴）、中波、超短波及红外线疗法等，以恢复机能。

2. 刺激疗法 炎症慢性化时可应用刺激疗法。涂氨擦剂（氨：蓖麻油 1∶4）、樟脑酒精、5%鱼石脂软膏或复方醋酸铅散（醋酸铅100g、明矾50g、樟脑20g、薄荷脑10g、白陶土820g混合而成）等，这些药物可引起一过性充血，促进炎性产物吸收，对促进肿胀的消退有良好的效果。或用中药山栀子粉加淀粉或面粉，以黄酒调成糊状外敷；也可用七厘散以黄酒调成糊状外敷。

3. 其他疗法 严重挫伤时，可应用镇痛剂，或施行神经阻滞术，并服用跌打丸或云南白药等舒筋活血药。关节挫伤伴发高度跛行时，可用夹板绷带固定3～7d，以保持局部的安静。

二、血　肿

血肿（hematoma）是指由于各种外力作用，导致血管破裂，溢出的血液分离周围组织，形成充满血液的腔洞。

（一）病因及病理

血肿常见于软组织非开放性损伤，但骨折、刺创、火器创也可形成血肿。马的血肿经常发生于胸前、鬐甲、股部、腕和跗部。牛的血肿常发生于胸前和腹部。犬、猫血肿可发生在耳部、颈部、胸前和腹部等。血肿可发生于皮下、筋膜下、肌间、骨膜下及浆膜下。根据损伤的血管不同，血肿分为动脉性血肿、静脉性血肿和混合性血肿。

血肿形成的速度较快，其大小取决于受伤血管的种类、粗细和周围组织性状，一般均呈局限性肿胀，且能自然止血。较大的动脉断裂时，血液沿筋膜下或肌间浸润，形成弥漫性血肿。较小的血肿，由于血液凝固而缩小，其血清部分被组织吸收，凝血块在蛋白分解酶的作用下软化、溶解和被组织逐渐吸收。其后由于周围肉芽组织的新生，使血肿腔结缔组织化。较大的血肿周围，可形成较厚的结缔组织囊壁，其中央仍储存未凝的血液，时间较久则变为褐色甚至无色。

（二）症状

血肿的临床特点是肿胀迅速增大，呈明显的波动感或饱满有弹性。4～5d后肿胀周围坚实，并有捻发音，中央部有波动，局部增温。穿刺时，可排出血液。有时可见局部淋巴结肿大和体温升高等全身症状。

血肿感染可形成脓肿，注意鉴别。

（三）治疗

治疗重点应从制止溢血、防止感染和排除积血着手。可于患部涂碘酊，装压迫绷带。经4～5d后，可穿刺或切开血肿，排除积血或凝血块和挫灭组织。如发现继续出血，可行结扎止血。清理创腔后，再行创口缝合或开放疗法。

三、淋巴外渗

淋巴外渗（lympho-extravasation）是指在钝性外力作用下，由于淋巴管断裂，致使淋巴液聚积于组织内的一种非开放性损伤。其原因是钝性外力在动物体上强行滑擦，致使皮肤或筋膜与其下部组织发生分离，淋巴管发生断裂。淋巴外渗常发生于淋巴管较丰富的皮下结缔组织，而筋膜下或肌间则较少。马常发生于颈部、胸前部、鬐甲部、腹侧部、臂部和股内侧部等，奶牛常发生于乳房前的腹侧部，小动物常发生于颌下、颈部、肩前、腹背部及股内侧部等。

（一）症状

淋巴外渗在临床上发生缓慢，一般于伤后3～4d出现肿胀，并逐渐增大，有明显的界限，呈明显的波动感，皮肤不紧张，炎症反应轻微。穿刺液为橙黄色稍透明的液体，或其内混有少量的血液。时间较久，析出纤维素块，如囊壁有结缔组织增生，则呈明显的坚实感。

（二）治疗

首先使动物安静，有利于淋巴管断端的闭塞。较小的淋巴外渗可不切开，于波动明显部位，用注射器抽出淋巴液，然后注入95%酒精或酒精福尔马林溶液（95%酒精100mL，福尔马林1mL，碘酊数滴，混合备用），停留片刻后，将其抽出，以期淋巴液凝固堵塞淋巴管断端，而达到制止淋巴液流出的目的。应用一次无效时，可行第二次注入。

较大的淋巴外渗，可行切开，排出淋巴液及纤维素，用酒精福尔马林溶液冲洗，并将浸有上述药液的纱布填塞于腔内，做假缝合。当淋巴管完全闭塞后，可按创伤治疗。

治疗时应当注意，长时间的冷敷能使皮肤发生坏死；温热、刺激剂和按摩疗法，均可促进淋巴液流出和破坏已形成的淋巴栓塞，都不宜应用。

第三节 物理化学损伤

由物理和化学因素所致的损伤其内容甚为广泛，本节着重叙述由高温、低温、某些化学物质和放射性物质所引起的烧伤、冻伤、化学性烧伤、β射线皮肤损伤和放射性复合伤。

一、烧 伤

(一) 病因和发病机理

烧伤是由于高温（火焰、热液、蒸汽）作用于组织，且超过组织细胞所耐受的温度，使细胞内的蛋白质（包括酶）发生变性而引起的热损伤（热液所引起的，又称为烫伤）。热损伤的程度取决于温度和作用的时间，70℃作用 1s 或 50℃ 3min 可造成表皮组织的坏死，42℃作用 6h 可引起皮肤全层的坏死。

轻度过热可引起不明显的可逆性细胞损伤，过热的程度加剧时，不可逆的损伤细胞灶遍布活组织中，热损伤超过临界水平，整块组织便发生坏死。作用于机体局部组织的温度高于58℃可发生液化坏死，高于 65℃则发生凝固性坏死。在液化的初期，组织结构看似正常，一段时间后，由于细胞酶的消化作用，核仁和细胞解体，坏死组织液化。凝固性坏死时，是由于热损伤因子使细胞内的蛋白质凝固，多肽呈随机排列，蛋白质结构消失，细胞内蛋白质变得无功能。根据热源的温度和加热的时间，不同量的组织被毁坏，被毁坏组织的四周和其下方的组织虽仍然存活，但亦受到部分损伤，组织表面形成厚厚的凝固性痂壳。深部的热损伤，坏死组织与健康组织之间无明显的分界线，但有一条逐渐变化较宽的中间损伤带，皮肤和其他组织的再生从部分损伤的组织开始，而不是从健康组织开始，这是热损伤的愈合比同样深度的机械创伤愈合慢的原因之一。

热损伤的严重程度取决于损伤的面积、深度、部位、有无感染及机体状况等。小面积或轻度烧伤容易治愈，大面积、重度或有并发症的烧伤，预后不良，往往丧失经济和使役价值。

(二) 分类与症状

烧伤程度主要决定于烧伤深度和烧伤面积，但也与烧伤部位、家畜的年龄和体质等有关。临床上常依烧伤深度和烧伤面积来判断烧伤的预后和制定治疗措施。

1. 烧伤深度 烧伤深度是指局部组织被损伤的深浅。烧伤深度越深，伤情越重。根据烧伤的深度，有三度、四度和六度分类法。其中以三度分类法为较常用。

(1) 一度烧伤：皮肤表皮层被损伤。伤部被毛烧焦，留有短毛，动脉性充血，毛细血管扩张，有局限性轻微的热、痛、肿，呈浆液性炎症变化。一般 7d 左右自行愈合，不留疤痕。

(2) 二度烧伤：皮肤表皮层及真皮层的一部分（即浅二度烧伤）或大部分（即深二度烧伤）被损伤。伤部被毛烧光或烧焦，留有短毛，拔毛时能连表皮一起拔下（浅二度）或只有被毛易拔掉（深二度）。伤部血管通透性显著增加，血浆大量外渗，积聚在表皮与真皮之间，呈明显的带痛性水肿，并向下沉积。牛及水牛可见有水疱，而马可偶见水疱。浅二度者，一般经 2～3 周而愈合，不留疤痕。深二度者，痂皮脱落后，创面残留有散在的未烧坏的皮岛，通过它们的生长，经 3～5 周创面愈合，常遗留轻度的疤痕。深二度创面，常因发生感染而变成三度创面。

(3) 三度烧伤：为皮肤全层或深层组织（筋膜、肌肉和骨）被损伤。此时，组织蛋白凝固，血管栓塞，形成焦痂，呈深褐色干性坏死状态，有时出现皱褶。三度烧伤因神经末梢和血液循环遭到破坏，创面疼痛反应不明显或缺乏。创面温度下降。伤后 1～2 周之内，死灭组织开始溃烂、脱落，露出红色的创面，极易感染化脓。小面积的三度烧伤，其创面修复靠创缘上皮细胞向中心生长而愈合。如创面较大时，应进行植皮促使愈合。三度烧伤愈合后，遗留疤痕（图 1-2）。

较大面积的二度和三度烧伤，除了局部变化外，常常伴发不同程度的全身性紊乱，其程度取决于烧伤面积的大小、烧伤的深度、病畜年龄、体质以及治疗和护理的好坏等。烧伤程度较重的病例，由于剧烈的疼痛，可在烧伤当时或伤后1～2h之内发生原发性休克，其特点是生活机能显著降低，表现精神高度沉郁，反应迟钝，脉弱小，呼吸快而浅，可视黏膜苍白，瞳孔散大，耳、鼻及四肢末端发凉，股内及腹下出冷汗，拒食、拒饮，牛则反刍停止。若病理过程继续发展，从伤后6h开始，由于伤部血管通透性增高，血浆及血液蛋白大量渗出，伤后36～48h达高峰，造成微循环障碍，从而引起继发性休克。此时，血液显著浓稠，红细胞可达1 000万～1 100万个/μL，血沉缓慢，白细胞增数，少尿或无尿。伤后48h左右，血浆渗出逐渐停止，并开始吸收。此时，由于坏死组织的分解产物及其毒素等被机体吸收，又可发生中毒性休克。所以在治疗大面积烧伤时，应重视早期防治休克。伤后14d左右，由于存留在创面的病原菌发育繁殖，机体抵抗力下降，引起创面较严重的化脓性感染，渗出物和坏死组织的分解产物被吸收，细菌容易侵入血液并发育繁殖，进而发生败血症。败血症的先兆征候是精神状态突然改变（兴奋或沉郁），饮、食欲突然降低或废绝，体温开始升高，脉搏增数，伤口分泌增多，肉芽组织生长不良。此时应尽早进行防治，一旦症状明显，往往不易救治。此外，重症烧伤于伤后可出现血尿或血红蛋白尿、肝脏解毒功能减退、酸中毒、胃肠机能紊乱、肺水肿、心力衰竭及进行性贫血等，在治疗中应予注意。当呼吸道被烧伤时，引起上呼吸道和肺的炎症变化。当唇烧伤时，唇部高度水肿，患畜不能饮食、流涎等。眼部烧伤时，结膜充血，流出浆液性或脓性分泌物，甚至睑裂不能闭合，似兔眼。

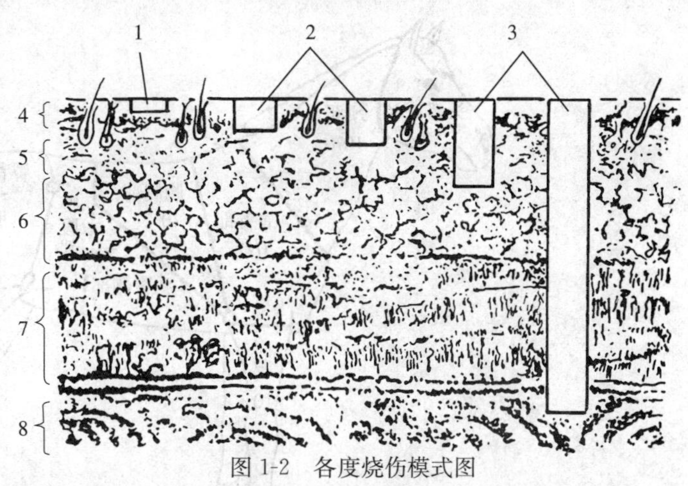

图 1-2　各度烧伤模式图
1. 一度烧伤　2. 二度烧伤　3. 三度烧伤
4. 表皮　5. 真皮　6. 皮下脂肪　7. 肌肉　8. 骨

2. 烧伤面积　因为烧伤面积越大，伤情越重，全身反应也越重，所以烧伤面积的确定，不仅对疾病的发展和预后的判定有直接关系，而且对如何正确治疗也有一定意义。临床上计算烧伤面积的方法有多种，一般采用烧伤部位占动物体表总面积的百分比来表示，这里介绍马、犬、猫的估计法和马的测量法，供参考。

（1）*估计法*：十分法所划分的体表各部面积，部位界线清楚，都是10%或其倍数，容易记忆，应用方便，能较迅速、准确地估计烧伤面积（图1-3）。也可以用单耳估计法，马单耳外表面积占全身总面积的0.4%，以此估计烧伤面积。

对于犬和猫等小动物烧伤面积的计算，可用百分比估计法：

$$烧伤面积的百分比（\%）＝烧伤皮肤面积（cm^2）/总体表面积（cm^2）$$

烧伤皮肤面积可用米尺测量，总体表面积＝体重（kg）$^{0.425}$×体高（m）$^{0.725}$×0.007 184，或总体表面积＝0.1×体重（kg）$^{2/3}$。

（2）*测量法*：是测量病马体高，并于表1-1中找出每平方厘米占体表总面积的百分比，再测出实际烧伤面积数值，将此两数相乘，即可求出烧伤面积占体表面积的百分数。

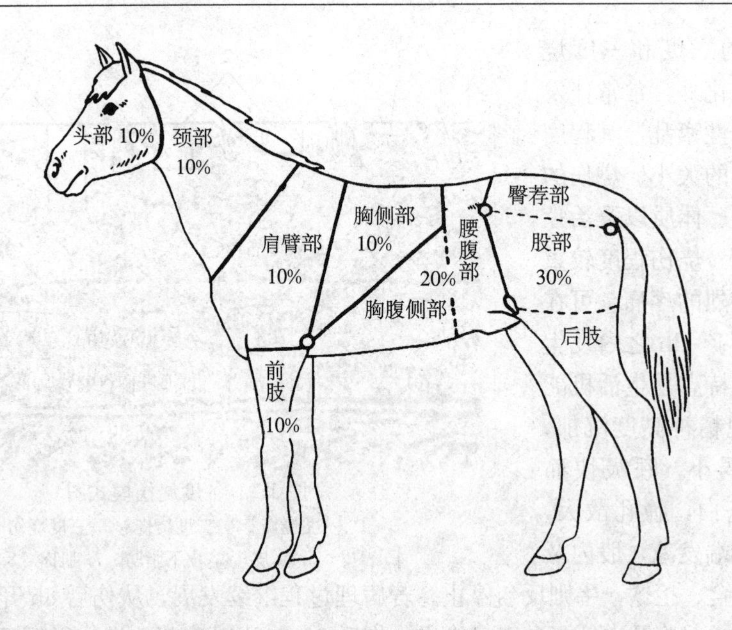

图 1-3 马体表各部划分及面积百分比

头部：环椎翼前缘，腮腺后缘

颈部：后界为肩胛结节向肩胛骨前角的连线

肩臂部：后界为肩胛骨后角向肘突连线（包括胸部），下界为桡外侧韧带结节上缘水平线，再以下为前肢部

胸侧部：后界为最后肋骨后缘的两侧连线，下界为第一腰椎横突顶端凹陷处向肘突连线

下胸腹侧部（包括剑状软骨部）：后界为最后肋骨弓最突出部的垂直线，下界为腹白线

腰腹部：后界为由背中线上的腰荐结合部

向髋结节前缘，膝盖骨前缘连线（包括阴囊）

臀荐部：下界为膝盖骨下缘水平线（包括会阴部），再以下为后肢

关于烧伤程度和烧伤面积之间的对应关系见表 1-2。

表 1-1 马、骡体表 $1cm^2$ 占体表面积百分比表

型号	马		骡		$1cm^2$ 占体表总面积的百分比
	体高（cm）	平均（cm）	体高（cm）	平均（cm）	
1			113～122	117	0.003 3
2	121～127	125	123～130	128	0.002 9
3	128～132	129	131～136	135	0.002 5
4	133～144	139	137～144	140	0.002 2
5	148	148	145～154	146	0.002 0

表 1-2 烧伤程度判定表

烧伤程度	Ⅰ°、Ⅱ°面积	Ⅲ°面积	总面积	其他
轻度烧伤	10%以内	3%以内	10%以内，其中Ⅲ°不超过 2%	—
中度烧伤	11%～30%	4%～5%	11%～20%，其中Ⅲ°不超过 4%	—
重度烧伤	31%～50%	6%～10%	21%～50%，其中Ⅲ°不超过 6%	头部、鞍部和四肢关节部为Ⅲ°者，呼吸道烧伤、重度休克及其他并发症
特重烧伤	—	10%以上	50%以上	—

（三）急救与治疗

1. 现场急救　主要任务是灭火和清除畜体上的致伤物质，保护创面，抢救窒息病畜，有条件者注射止痛药物等进行防休克措施。

对火燃烧伤，首先要将病畜牵离火场，使其安静，防止乱跑助长火势，防止病畜再次冲入火场。同时也要防止病畜啃咬身上的火焰，以免发生口唇、鼻端及眼部烧伤。对畜体上的火焰，可就地取材，用水或用某些覆盖物灭火。

对凝固汽油的火焰（红色火焰并带有大量黑烟），可用湿布覆盖或用水来灭火，但不可扑打灭火。

灭火时，要注意保护创面。呼吸道烧伤并有严重呼吸困难者，可进行气管切开。有条件者，应注射吗啡止痛。

2. 防治休克　中等度以上的烧伤，病畜都有发生休克的可能，尤其体质衰弱、幼龄和老龄家畜更易发生，应及早防治。伤后使病畜安静，注意保温，肌肉注射氯丙嗪，皮下注射哌替啶、吗啡，静脉内注射0.25%盐酸普鲁卡因溶液200～300mL。为了维护心脏，可静脉注射樟脑磺酸钠等。

为了增高血压，维护血容量，改善微循环，应补充液体，如病畜能经口饮水，可加适量的食盐，可减少静脉内给予的数量。如病畜拒饮，可经静脉补以大剂量的液体，其数量可根据临床和血液化验决定。补液种类为胶体液、血浆代用品及电解质溶液。有酸中毒倾向时，可静脉注射5%碳酸氢钠溶液。

3. 创面处理　及时合理地处理创面是防治感染、预防败血症和促进创伤愈合的重要环节，一般应在抗休克之后进行。

首先剪除烧伤部周围的被毛，用温水洗去沾染的泥土，继续用温肥皂水或0.5%氨水洗涤伤部（头部烧伤不可使用氨水），再用生理盐水洗涤、拭干，最后用70%酒精消毒伤部及周围皮肤。眼部宜用2%～3%硼酸溶液冲洗。

一度烧伤创面经清洗后，不必用药，保持干燥，即可自行痊愈。

二度烧伤创面可用5%～10%高锰酸钾溶液连续涂布3～4次，使创面形成痂皮。也可用5%鞣酸或3%龙胆紫液等涂布，或用紫草膏等油类药剂纱布覆盖创面，隔1～2d换药一次，如无感染可持续应用，直至治愈。用药后，一般行开放疗法，对四肢下部的创面可行绷带包扎。

紫草膏处方：紫草、当归、白芷、忍冬藤各50g，白蜡35g，冰片10g，香油（或其他植物油）500g。先将香油加热到130℃左右，然后加忍冬藤、当归、紫草、白芷，继续加热到150℃，持续30min，当药炸焦（以白芷变焦黄为标准），滤过去渣后放入白蜡融化。候温，加入研细的冰片，搅匀备用。一般隔1～2d换药一次，如无感染，可持续应用至治愈。

烧伤膏八号处方：大黄、地榆炭、五倍子、赤石脂、炉甘石（水飞）各250g，冰片25g，香油（或其他植物油）2 500g，蜂蜡250～300g。先将蜂蜡放在香油内，加热融化至沸腾，候温至50～60℃时，再将上述研为极细末的各药加入油内搅匀，装瓶备用。此药用法同紫草膏。

大黄地榆膏处方：大黄、地榆等量，共为细末，以香油调匀，其中加入少量冰片、黄连更好。

创面的晚期处理，仍可控制感染，加速创面愈合。为了加速坏死组织脱落，特别是干痂脱落，可应用上述油膏。对三度烧伤的焦痂，可采用自然脱痂、油剂软化脱痂和手术切痂的方法。焦痂除去后，可用0.1%新洁尔灭溶液等清洗，干燥后涂布上述油膏。

如有绿脓杆菌感染，可用2%春雷霉素溶液湿敷或2%苯氧乙醇溶液、烧伤宁、10%磺米隆溶液，或用枯矾冰片溶液（枯矾0.75～1g，冰片0.25g，水加至100mL）、4%硼酸溶液、食醋湿敷。

三度烧伤面积较大，创面自然愈合时间较长，并因疤痕挛缩，使机体变为畸形，影响机体功能。因此对其肉芽创面应早期实行皮肤移植手术，以加速创面愈合，减少感染机会和防止疤痕挛缩。

4. 防治败血症　良好的抗休克措施，及时的创面处理，合理的饲养管理是预防全身性感染的重要措施，应予重视。对中度以上烧伤的病畜，应在伤后2周内，应用大剂量抗生素，以控制全身性感染。青霉素和链霉素联合应用，一般能收到良好的效果，必要时也可应用广谱抗生素。有败血症症状时，按败血症治疗。为增强机体抵抗力，应注意加强营养，供给适量能量和氨基酸。

5. 皮肤移植术　在皮肤移植术中，以皮片移植最为常用。皮片按其厚度分为薄层皮片、中厚皮片和全厚皮片，其中以中厚皮片较为常用。中厚皮片包含表皮和真皮的一部分，相当于颈部皮肤全厚（2.5～3mm）的1/3～2/3，此皮片较易成活，成活后质地较柔软，经得起一般的摩擦和挤压，取皮区能自行愈合。

（1）创面准备：适用于植皮的创面，应是肉芽坚实、平坦、色泽红润、分泌物较少及没有水肿。如肉芽面尚有感染倾向，可用生理盐水湿敷，控制感染，促进肉芽生长。如有赘生肉芽或肉芽老化，可行切除，待肉芽创面合乎要求后才能植皮。

（2）取皮：供皮区一般选在病畜的颈部两侧或臀股后部和臂、股外侧部等。植皮前一天，对供皮区进行剃毛、清洗。取皮前，用0.1%新洁尔灭液或75%酒精对供皮区消毒，以0.25%盐酸普鲁卡因溶液进行皮下浸润麻醉，使供皮区高出皮肤表面。病畜站立保定。取皮时，术者和助手各持一灭菌木板（8cm×6cm×1cm），压在供皮区的两侧，或不用木板，术者一手固定皮肤，使供皮区皮肤紧张而平坦，一手持灭菌过的取皮刀（或剃头刀等），与皮肤约呈45°角，切开皮肤达到需要的厚度，然后使刀刃与皮肤平行，以拉锯动作缓慢运刀切下皮片。当在运刀中如能隔着皮肤见到刀刃所在的部位，或所取的皮片呈灰色或褐色，或取皮后的创面呈较稀疏的点状出血时，就证明取下的皮片即为中厚皮片。取下的皮片用灭菌过的镊子夹入青霉素生理盐水中（含3 000IU/mL以上）。对供皮区创面涂碘酊后，敷以纱布或棉花，包扎绷带，令其自行愈合。

（3）移植：皮肤移植的方法较多，常用的有小块皮片栽植法和邮票状皮片移植法。小块皮片栽植时，将皮片剪成底为0.4cm，高为0.70cm的三角形小块。用灭菌过的小宽针或其他尖刃刀，在待植皮的肉芽创面上，以1cm左右的间距，由上向下斜刺成0.5～1cm的创囊。用镊子夹起皮片，使其顶尖向下，表皮层向外，将皮片的2/3栽植入肉芽创囊中。邮票状皮片移植时，将取下的皮片剪成大约为$2cm^2$（或更大一些也可）的小方片。以0.5～1cm的间距，平坦地贴敷于植皮创面上。在贴皮前，必须用灭菌的刀轻轻地刮植皮创面的肉芽组织表面，刮至见有浆液渗出后，才能贴皮片。栽植和移植后，一律开放，植皮创面每日多次轻轻涂布灭菌石蜡油（500mL内混油剂青霉素10mL）、或土霉素鱼肝油（土霉素500mg，加鱼肝油100g），以防皮片干翘脱落，并预防植皮感染，连续应用7d。待皮片成活后（植皮后7～10d)，用生理盐水湿敷植皮，每日涂布烧伤油膏，直至痊愈。植皮后的创面也可以用灭菌的抗生素软膏纱布覆盖，1～3d 内每天换一次灭菌的抗生素软膏纱布，第四天后可 2～3d 换一次，15d 后可开放，28d 创面后完全愈合并长出被毛。

微粒植皮在我国兽医界也有报道。微粒植皮是将自体中厚皮片制成微粒皮浆，其方法是将皮片用锐利剪刀剪成微小碎粒（无菌操作下），加入少量自体血浆或自体血清，再加入 Hank 氏生理溶液，使之成为皮浆。植皮时，将此皮浆均匀地涂抹在健康肉芽创面上，植皮后 7～10d，即可见到微粒皮岛，1 个月后，白色皮岛上有色素出现，并开始互相融合。用皮面积按植皮区面积的 1∶10 采取。

二、冻 伤

冻伤（congelation）是一定条件下由于低温引起的组织损伤。

（一）病因和发病机理

寒冷是冻伤的直接原因，冻伤的程度与寒冷的强度成正比。潮湿可促进寒冷的致伤力，风速、局部血流障碍和抵抗力下降、营养不良是间接引起冷损伤的原因。一般而言，温度越低，湿度越高，风速越大，暴露时间越长，发生冷损伤的机会越大，亦越严重。机体远端的血运较差，表面温度低，相对体积而言，散热面积大，故易发生冻伤。

冻伤常发生于东北、华北和西北地区，可分为全身性和局部性。全身性冷损伤（冻僵），是机体功能障碍，在临床上较为少见。局部性冷损伤是指局部组织在冰点下发生的损伤。常见于机体末梢、缺乏被毛或被毛发育不良以及皮肤薄的部位，马阴茎发生冻伤最为多见，其次为阴囊、蹄冠及下唇；母牛的乳房和乳头，公牛的阴囊底部，猪的尾部和耳壳，犬，猫的四肢和耳尖，鸡的肉冠、肉髯和两足，鸭的蹼均易发生冻伤。过度的低温作用于全身可致全身体温过低，生命重要器官发生抑制而引起死亡。

（二）分类及症状

目前认为，受冻组织的主要损伤是原发性冻融损伤和继发性血液循环障碍。根据冷损伤的范围、程度和临床表现，可将冻伤分为三度。

1. 一度冻伤 以发生皮肤及皮下组织的疼痛性水肿为特征。皮肤与皮下组织轻度水肿和充血，患部呈现淤血性红斑。受冷引起麻木和知觉消失，但可随复温而恢复。随后血管显著扩张，局部充血、发热、疼痛，血管渗透性增加，组织水肿。若冻伤不继续加重，数日后局部反应消失，其症状表现轻微，在家畜常不易被发现。

2. 二度冻伤 皮肤和皮下组织呈弥漫性水肿，并扩延到周围组织，有时在患部出现水疱，其中充满乳光带血样液体。血浆通过损伤和麻痹的血管渗出，进入冻伤组织内，使表皮与真皮分离，形成大小不一的水疱。水疱液呈浆液性，水疱周围的组织有深红色至紫红色的严重水肿。水疱液被吸收后逐渐变干，可形成痂皮脱落，一般不发生坏死。水疱自溃后，形成愈合迟缓的溃疡，有时也可引起感染而延缓愈合。

3. 三度冻伤 以血液循环障碍引起的不同深度与距离的组织干性坏死为特征。患部冷厥而缺乏感觉，皮肤先发生坏死，有的皮肤与皮下组织均发生坏死，或达骨部引起全部组织坏死。通常因静脉血栓形成、周围组织水肿以及继发感染而出现湿性坏疽。坏死组织沿分界线与肉芽组织离断，愈合变得缓慢，易发生化脓性感染，特别易招致破伤风和气性坏疽等厌氧性感染。

（三）急救与治疗

重点在于消除寒冷作用，使冻伤组织复温，恢复组织内的血液和淋巴循环，并采取预防感染措施。为此，应将病畜脱离寒冷环境，移入厩舍内，用肥皂水洗净患部，然后用樟脑酒精擦拭或进行复温治疗。

复温治疗时，传统的复温治疗最初用18～20℃的水进行温水浴，在25min内不断向其中加热水，使水温逐渐达到38℃，如在水中加入高锰酸钾（1∶500），并对皮肤无破损的伤部进行按摩更为适宜。当冻伤的组织刚一变软和组织血液循环开始恢复时，即达到复温目的。在不便于温水浴复温的部位，可用热敷复温，其温度与温水浴时相同。复温后用肥皂水轻洗患部，用75％酒精涂擦，然后进行保暖绷带包扎和覆盖。

近年来，多数学者主张复温治疗应该使用快速复温法，开始就将伤部浸泡于40～42℃温水中，并随时加入热水，保持水温恒定，这样的复温方法可以防止伤部组织继续冻伤，因为温度低于42℃融化效果降低，难以达到快速复温。当然快速复温并非温度越高越好，因为温度太高可能发生烫伤。要求皮肤温度能在5～10min内迅速越过15～20℃达到正常，达到冻结处软化、皮肤出现潮红为止，浸泡时间过长反而有害。在快速复温时有时发生剧烈疼痛，可给予止痛剂。浸泡后轻轻擦干，装保温绷带，防治损伤和感染。

复温时决不可用火烤，火烤使局部代谢增加，而血管又不能相应地扩张，反而加重局部损害。用雪擦患部也是错误的，因其可加速局部散热与损伤。

治疗一度冻伤时，必须恢复血管的紧张力，消除淤血，促进血液循环和水肿的消退。先用樟脑酒精涂擦患部，然后涂布碘甘油或樟脑油，并装着棉花纱布软垫保温绷带。或用按摩疗法和紫外线照射。

二度冻伤治疗的主要任务是促进血液循环、预防感染、提高血管的紧张力、加速瘢痕和上皮组织的形成。为解除血管痉挛，改善血液循环，可用盐酸普鲁卡因封闭疗法，根据患病部位的不同，可选用静脉内封闭、四肢环状封闭疗法。为了减少血管内凝集与栓塞，改善微循环，可静脉注射低分子右旋糖酐和肝素。广泛的冻伤需早期应用抗生素疗法。局部可用5％龙胆紫溶液或5％碘酊涂擦露出的皮肤乳头层，并装以酒精绷带或行开放疗法。

治疗三度冻伤主要是预防发生湿性坏疽。对已发生的湿性坏疽，应加速坏死组织的断离，促进肉芽组织的生长和上皮的形成，预防全身性感染。为此，在组织坏死时，可行坏死部切开，以利排出组织分解产物，可切除、摘除和截断坏死的组织。早期注射破伤风类毒素或抗毒素，并施行对症疗法。

三、化学性损伤

化学性烧伤是由于具有烧灼作用的化学物质（强酸、强碱和磷等），直接作用于家畜有机体而发生的损伤。通常可造成局部损害，损害的情况与化学物质的种类、浓度以及与皮肤接触的时间等均有关系。化学物质的性质不同，局部损害的方式也不同。有些化学物质也可造成全身损害，可从创面、正常皮肤、呼吸道和消化道黏膜等吸收，引起中毒和内脏继发性损伤，甚至死亡。

1. 酸类烧伤 常由硫酸、硝酸和盐酸等所引起。由酸类化学物质引起的烧伤，在氢离子作用下，可引起蛋白质凝固，形成厚痂，呈致密的干性坏死，故可防止酸类向更深层组织侵蚀，所以常局限于皮肤，一般界限明显。在临床上可根据焦痂的颜色，大致判断酸的种类，黄色为硝酸烧伤，黑色或棕褐色为硫酸烧伤，白色或灰黄色为盐酸或碳酸烧伤。烧伤程度因酸类强弱、接触时间和面积不同而异，从皮肤肿痛，直至皮肤和肌肉的坏死。轻者出现剧痛、潮红或水疱，重者形成痂皮或溃烂。痂皮的柔软度，亦为判断酸烧伤深浅的方法之一。浅度者较软，深度者较韧，往往为斑纹样、皮革样痂皮。

急救时，立即用大量清水冲洗，然后用5%碳酸氢钠溶液中和。也有研究认为冲洗后一般不需用中和剂，因为中和剂在中和过程中产生中和热及后产物。如果是石炭酸烧伤时，由于石炭酸不易溶于水，可用酒精、甘油或蓖麻油涂于伤部，使石炭酸溶于酒精及甘油中，再用大量清水冲洗。蓖麻油则能减缓石炭酸的吸收，从而便于除掉石炭酸和保护皮肤及黏膜。洗后创面治疗方法与烧伤相同。由于酸烧伤后形成的痂皮完整，宜采用暴露疗法。如确定为深度烧伤，亦应争取早期切痂植皮。

2. 碱类烧伤 常由生石灰、苛性钠或苛性钾所引起。碱类对组织破坏力及渗透性强，除立即作用外，还能皂化脂肪组织，吸出细胞内水分，溶解组织蛋白，形成碱性蛋白化合物。碱类烧伤虽然局部疼痛较轻，但能烧伤深部组织，所以损伤程度较酸性烧伤重。

急救时，立即用大量水冲洗，冲洗时间越长，效果越好。或用食醋、6%醋酸溶液中和。如为苛性钠烧伤时，也可用5%氯化铵溶液冲洗。若为生石灰烧伤时，在冲洗前必须扫除伤部的干石灰，以免因冲洗产生热量，加重烧伤的程度。冲洗干净后，创面应用1%磺胺嘧啶银盐冷霜包扎。深度烧伤应及早进行切痂植皮。

3. 磷烧伤 磷在工业上用途甚为广泛，如制造染料、火药、火柴、农药杀虫剂和制药等。因此，在化学烧伤中，磷烧伤仅次于酸、碱烧伤，居第三位。在现代战争中，磷弹的应用增多，如含磷的凝固汽油弹、手榴弹、炮弹和炸弹等，故磷烧伤的发生率在战时也增多，常在磷手榴弹、磷炸弹炸伤时并发磷烧伤。磷烧伤后可由创面和黏膜吸收磷，引起肝、肾等主要脏器损害，导致死亡。无机磷暴露在空气中自燃（34℃时即可自燃）发生热烧伤，在氧化时形成五氧化二磷，对皮肤和黏膜有脱水夺氧的作用，并释放出热能，对皮肤有腐蚀和烧灼作用。五氧化二磷吸收组织中的水分，形成磷酸酐，再遇较多的水分形成磷酸，溶于水和脂肪，这是引起创面损伤继续加深的主要原因。当其大量吸收进入血液循环时，可引起全身性磷中毒。如黄磷是强烈的胞质毒，迅速从创面或黏膜被吸收，由血液带至各脏器，引起损害及中毒，也可因磷蒸气经气道黏膜吸收，引起中毒。磷烧伤实际上是热及化学物质的复合烧伤。创面一般均较深，有时可达骨骼。磷在空气中燃烧时，发出白色烟雾，有火柴燃烧味和大蒜样的臭味（如果口腔与呼吸道沾染有磷时，亦有此现象）。患部沾染的磷微粒，在暗室或夜间发绿色荧光。严重时有全身表现，如全身乏力、肝区压痛、黄疸和肝肿大，多数有少尿、血红蛋白尿及各种管型。有时出现低钙、高磷血症。

由于磷及其化合物可由创面或黏膜吸收、引起全身中毒，故不论磷烧伤的面积大小，都应十分重视。急救时应立即扑灭火焰，用大量清水冲洗创面及其周围的正常皮肤。冲洗水量应够大。在现场缺水的情况下，应用浸透的湿布掩覆创面，以隔绝磷与空气接触，防止其继续燃烧。转送途中切勿让创面暴露于空气中，以免复燃。用浸透冷水或高锰酸钾溶液的手帕或湿布掩护口鼻，防止其吸收，以预防肺部并发症。清创前，将伤部浸入冷水中，持续浸浴，浸浴最好是流水。进一步清创可用1%硫酸铜溶液清洗创面，磷即变为黑色的磷化铜，此时用镊子仔细除去，以大量水冲洗，再以5%碳酸氢钠溶液湿敷，包扎1～2h，以中和磷酸，最后按烧伤治疗。对新鲜的磷烧伤，不可应用油脂敷料，以免磷溶于脂内及渗入深层组织，应积极开展早期手术切除烧伤创面。同时结合全身治疗，主要是促进磷的排出和保护各重要脏器的功能。有呼吸困难或肺水肿时，应及时做气管切开，必要时应用呼吸机辅助呼吸，并注意输入液体量不可过多。当出现低钙、高磷血症时可静脉注射10%葡萄糖酸钙。

四、放射性损伤

由于某些物质的原子核不稳定，当其转变为稳定的原子核时，能自发地放出α、β、γ射线，由这类物质引起机体的损伤为放射性损伤（radiationdamage）。

放射性损伤主要是由早期核辐射而引起，即在核爆炸时，最初十几秒钟内放出来的γ射线和中子流，具有很强的穿透力，当穿透人、畜体组织而产生电离作用，使其致伤。其次为核裂变碎片、感生放射性物质和未反应的核装料等，也能引起放射性损伤。

放射性落下灰放出的γ射线，可引起全身外照射，可使人、畜发生急性放射病。放射性落下灰若经消化道和呼吸道进入体内时，可使人、畜受到内照射的危险。当皮肤受到严重沾染而又未及时洗消时，可发生皮肤β射线损伤。当急性放射病合并光辐射烧伤、冲击伤时，则引起放射性复合伤。外科常见有β射线皮肤损伤和放射性复合伤。

1. β射线皮肤损伤 放射性落下灰在衰变过程中，放出的β射线能穿透皮肤数厘米，因很大一部分能量被皮肤吸收，其辐射剂量即使不大，也能引起皮肤严重损伤。

放射性物质落于动物体表时，经数日后，皮肤轻度疼痛，被毛易于拔脱，尤其绵羊出现成块的脱毛，经20～30d光秃部位强烈充血和疼痛，发生放射性皮肤炎。当马（驴）在污染区停留数日后，出现知觉过敏，尤其四肢内侧皮肤紧缩，有渗出液出现，干燥后形成痂皮，因剧痒而摩擦和啃咬患部，继发外伤和出血，或形成出血性溃疡，但并不化脓。当大量放射性物质落于马体表面时，由于大剂量β射线的照射，能引起皮肤烧伤，常于背部和头顶，出现散在的不正圆形的小溃疡和脱毛，这些损伤部的被毛，需在两个月后，才能完全恢复生长。若创面混有放射性物质时，愈合缓慢，难以治愈。救治时，应及时对局部和全身洗消，发生的局部损伤按烧伤治疗。

2. 放射性复合伤 核爆炸所引起家畜的损伤，大多为复合伤。复合伤是由两种以上杀伤因素同时作用而引起的，其中凡合并放射病的复合伤，称为放射性复合伤。

通常根据家畜受照射剂量大小和病情轻重不同，将放射病分为四度：轻度、中度、重度和极重度。轻度急性放射病症状轻微，病程分期不明显，预后良好。中度和重度急性放射病，病程发展有明显的四期。

（1）初期反应期：于伤后数小时出现精神沉郁，疲乏无力，呼吸及脉搏增数，结膜潮红，肌肉震颤，体温升高。重度者多于此期（伤后3～5d）死亡。

（2）假愈期：初期反应期的症状基本消失，病马表面情况良好，但造血功能障碍仍继续发展，白细胞数、淋巴细胞绝对数和血小板数都减少。中度者此期维持3周，重度者维持1～2周。

（3）极期：病马萎靡不振，食欲明显减退，体重下降，可视黏膜出现不同程度的出血，体温上升，白细胞数显著下降。重度者还出现感染，伴有胃肠机能紊乱、神经功能障碍及代谢失调。中度者维持 4 周，重度者维持 10～15d，如症状不断发展时，病马多于伤后 2～3 周死亡。

(4) 恢复期：中度者此期各种症状开始减轻，血象回升，如无并发症则预后良好，经 1.5～2 个月基本恢复健康，如合并肺炎、支气管炎时，多在伤后 6～8 周死亡。极重度急性放射病，于伤后出现极其严重的神经症状或胃肠功能紊乱，多于 1～3d 内死亡。

放射性复合伤的临床特点，是各损伤之间的相互加重作用。烧伤或冲击伤都能使放射病的发展加速，病情加重，而放射病又可使烧伤和冲击伤的经过加重，愈合延缓。由于放射性复合伤相互加重的特点，致使病畜容易发生休克、并发感染、出血和组织再生能力降低。

复合烧伤的临床特点：动物常因休克和并发感染而早期死亡。在初期反应期中，烧伤局部呈现急性炎症反应，周围组织水肿，白细胞减少。一、二度烧伤能在假愈期愈合，严重的烧伤创面焦痂因溶解、破溃而继发感染。极期时创面溃烂，炎症反应微弱，坏死组织脱落缓慢，新生的肉芽组织充血、脆弱、易出血，上皮形成延缓，新生的被毛为白色或灰白色。

复合冲击伤的临床特点：主要取决于放射病的程度，但与放射病经过的时间也有一定的关系。在假愈期以前影响不大，在极期可以看到炎症反应受到抑制或完全不出现，创伤出血和感染严重，坏死组织净化缓慢，肉芽组织生长很慢，上皮形成被抑制，创缘内翻。进入恢复期后，坏死组织逐渐溶解脱落，出现肉芽组织，上皮的形成仍缓慢。形成的瘢痕不坚固，常破溃，延迟创伤愈合。

放射性复合伤的治疗主要着重治疗放射病。加强对感染、出血的防治，注意改善造血功能和纠正水、电解质平衡紊乱。急救冲击伤，防治内出血、心力衰竭以及并发症等。光辐射烧伤按烧伤治疗，冲击伤按创伤治疗。

五、电击性损伤

雷击、触电引起的损伤称为电击性损伤（lightning lesion)。

(一) 原因

动物触电的主要原因是动物与电线破损端接触，仪器或导线漏电以及雷击等。因电压的高低、电流的强弱、通过机体的时间和方向、皮肤干湿程度、动物品种及个体的不同而受损伤的程度不同。牛、马对电最为敏感，100～110V 的电压即很危险，120V 的电压对犬也会引起严重的后果。不同组织的电阻有差异，由大到小依次为骨骼、脂肪、肌腱、皮肤、肌肉、血液和神经。骨骼电阻大，所以局部产生的热能也大，被电击时损伤也严重。低压电流沿电阻最小的路径通行，通常沿血管，使血液形成血栓，可造成组织坏死。一般电流通过脑、心脏及整个躯干时以及触电部位潮湿，均会增大电损伤的危险性。电击性损伤往往因引起呼吸麻痹和心室纤颤而使动物迅速死亡。但并不是所有触电的动物均死亡，这与触电时的电流及电压有关，电压越高，电流越强，损伤越严重；也与电流的种类有关，交流电是直流电危险性的三倍，一般触及直流电仅有温热的感觉，而触及交流电对机体将造成严重的后果。电流通过机体时间越长，危害越重，故在发现触电时，要迅速进行脱离电源的处置。

(二) 症状

电损伤时，损伤部表皮剥离、干燥和炭化。一般在电流流入部（有时也在流出部）的附近，有灰白色或红褐色树枝状电纹，也可看到同样颜色的电流斑，大小呈米粒状或豆粒大。

如在黏膜下，可见出血和热伤。电击伤可产生灰白色溃疡，因有严重的血液循环障碍而久不愈合。电击伤后，动物突然倒地，身体处于虚脱的强直状态，可能发生呕吐、排便样全身痉挛性动作，意识丧失，严重时完全麻痹，死于心室纤颤和呼吸中枢麻痹。

（三）治疗

首先要切断电源，如果找不到电源或难以将电源断绝时，要用非导电体（如木棒、橡胶棒等）将电线挑离触电动物或用草绳等将触电动物拉离电源。随即注射强心剂，并采取人工呼吸。苏醒后，对患畜采取对症治疗。如发生肺水肿，可使用利尿剂。

第四节　损伤并发症

家畜发生外伤，特别是重大外伤时，由于大出血和疼痛，很容易并发休克和贫血；临床常见的外伤感染、严重组织挫灭发生毒素的吸收、机体抵抗力减弱和营养不良以及治疗不当，往往发生溃疡、瘘管和窦道等晚期并发症，轻者影响病畜早期恢复健康，重者甚至导致死亡。故外科临床必须注意外伤并发症的预防和治疗。本节着重叙述早期并发症休克和晚期并发症溃疡、瘘管和窦道。

一、休　克

（一）概念

休克（shock）不是一种独立的疾病，而是神经、内分泌、循环、代谢等发生严重障碍时在临床上表现出的症候群。其中以循环血液量锐减，微循环障碍为特征的急性循环不全，是一种组织灌注不良，导致组织缺氧和器官损害的综合征。

在外科临床，休克多见于重剧的外伤和伴有广泛组织损伤的骨折、神经丛或大神经干受到异常刺激、大出血、大面积烧伤、不麻醉进行较大的手术、胸腹腔手术时粗暴的检查、过度牵张肠系膜等。所以，要求外科工作者对休克要有一个基本的认识，并能根据情况，有针对性地加以处理，挽救和保护家畜生命。

（二）休克的病因与分类

按病因分类比较适用于临床，在临床上将休克分为：低血容量性休克、创伤性休克、中毒性休克、心源性休克、过敏性休克。

外科上常见的休克原因有以下几方面：

1. 失血与失液　大量失血可引起失血性休克（hemorrhagic shock），见于外伤、消化道溃疡、内脏器官破裂引起的大出血等。失血性休克的发生取决于失血量和出血的速度。慢性出血即使失血量较大，但通过机体代偿可使血容量得以维持，故一般不发生休克。休克往往是在快速、大量（超过总血量20%～30%）失血而又得不到及时补充的情况下发生的。

失液是指大量的体液的丢失。大量体液丢失后导致脱水，可引起血容量减少而发生休克。见于剧烈呕吐、严重腹泻、肠梗阻等引起的严重脱水，其中低渗性脱水最易发生休克。

2. 创伤　严重创伤可导致创伤性休克（traumatic shock），创伤引起休克与出血和疼痛有关。

3. 烧伤　大面积烧伤常可引起烧伤性休克（burn shock）。烧伤早期，休克发生与创面大量渗出液致血容量减少以及疼痛有关。晚期可因继发感染而发生感染性休克。

4. 感染　严重感染特别是革兰氏阴性细菌感染常可引起感染性休克（infectious shock）。在革兰氏阴性细菌感染引起的休克中，内毒素起着重要作用，故亦称为内毒素性休克（endotoxic shock）或中毒性休克。感染性休克常伴有败血症，故又称为败血症性休克（septic shock）。感染性休克按其血液动力学特点可分为低动力型休克和高动力型休克。

5. 心泵功能障碍　急性心泵功能严重障碍引起心输出量急剧减少所导致的休克，称为心源性休克（cardiogenic shock），常见于大面积急性心肌梗死、急性心肌炎、严重心律失常及心包填塞等心脏疾患。

6. 过敏　具有过敏体质的动物接受某些药物（如青霉素）、血清制剂（如破伤风抗毒素）等治疗时可引起过敏性休克（anaphylactic shock）。过敏性休克属Ⅰ型变态反应。当致敏的机体再次接触同一过敏原时，抗原与结合于肥大细胞和嗜碱性粒细胞表面上的IgE结合，并促使细胞合成和释放组胺等生物活性物质，引起血管扩张和微血管通透性增加，从而导致血管容积增加和血容量减少而引起休克。

7. 强烈的神经刺激及损伤　剧烈疼痛、高位脊髓麻醉或损伤，可引起神经源性休克（neurogenic shock），其发生与血管运动中枢抑制或交感缩血管纤维功能障碍引起血管扩张，以致血管容积增加有关。

（三）休克的发生机理

1. 休克发生的始动环节　尽管引起休克的原因很多，引起休克的机理也不尽相同，但组织的有效血液灌流量严重减少是休克发病的共同基础（图1-4）。正常的组织有效血液灌流量取决于正常的有效循环血量，而后者则有赖于足够的血容量、正常的血管容积和正常的心泵功能三个基本因素的共同维持。因此，绝大多数休克的原因不外乎是通过以上三个环节引起有效循环血量减少，从而引起组织有效血液灌流量减少而导致休克发生。

（1）血容量减少：血容量减少引起的休克称为低血容量性休克（hypovolemic shock），见于失

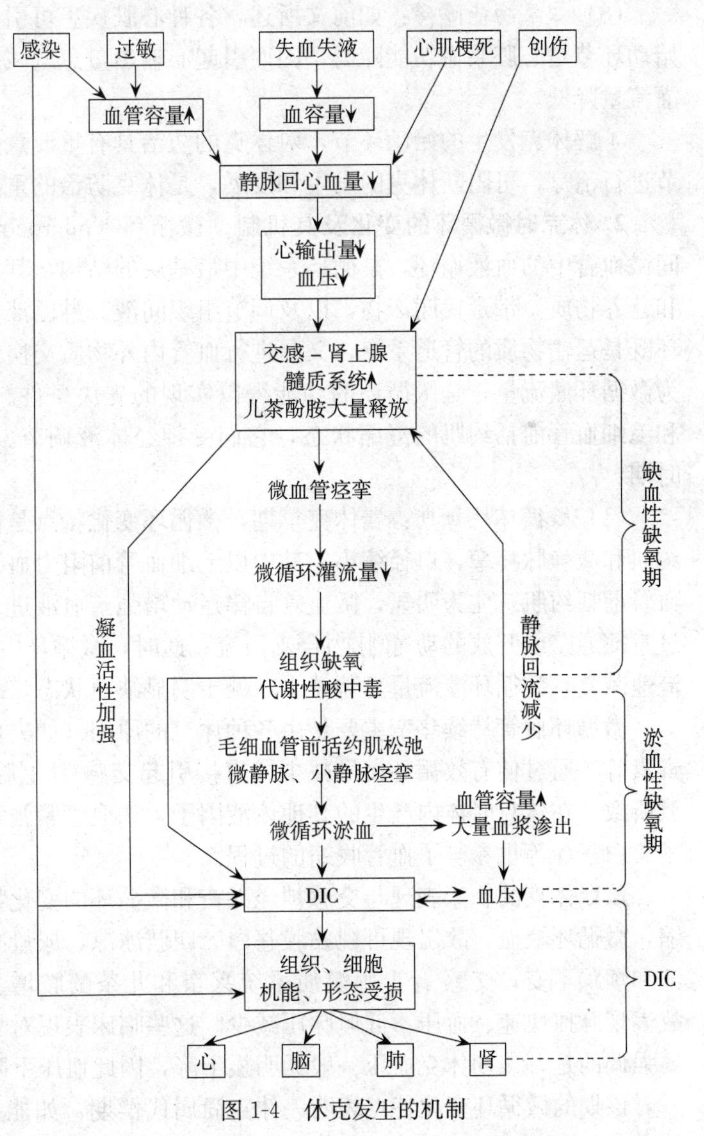

图1-4　休克发生的机制

血、失液、烧伤或创伤等情况。血容量减少导致回心血量减少，从而使心输出量降低和血压下降，因而减压反射抑制，交感神经兴奋，外周血管收缩，结果组织血液灌流量减少。

（2）*血管容积增加*：动物体血管全部舒张及充盈，所能容纳的量称为血管容积。动物体的血管容量很大，生理情况下，由于神经体液的调节，血管保持一定的紧张性，大部分毛细血管处于关闭状态，使血管的实际容积大为减少，与全血量处于相对平衡状态，以致在心泵的作用下维持一定的血管内压力，促使血液在血管内不断流动和循环，从而保证了有效循环血量。血管容积增加是指正常时的实际血管容量扩大，是由血管扩张所引起。过敏、感染时，由于组胺等生物活性物质释放，使血管扩张，血管容积增加，导致有效循环血量减少，从而引起微循环淤血和灌流量减少。创伤所引起的剧烈疼痛、脊髓麻醉或损伤等使血管运动中枢抑制或交感缩血管纤维功能障碍，导致血管扩张和血管容积增加，因而引起有效循环血量减少，以致组织血液灌流不足。可见，多种原因可通过血管容积增加这一环节引起休克发生。

（3）*心泵功能障碍*：如前文所述，各种心脏疾患可引起心源性休克，其引起休克发生的始动环节是心脏泵血功能障碍，因而引起心输出量急剧减少，导致有效循环血量和组织血液灌流量降低。

了解休克发生的始动环节，对休克的防治具有重要意义。临床上针对休克发生的始动环节进行治疗，可阻断休克的发生和发展，是休克防治的重要原则之一。

2. 休克时微循环的变化及其机制 微循环（microcirculation）是指微动脉和微静脉之间微血管中的血液循环，是循环系统中最基层的结构，其基本功能是向组织和细胞运送氧气和营养物质，带走代谢产物，以及调节组织间液、淋巴液和血管内液之间的平衡。可见微循环既是运输物质的管道系统，又是进行血管内外物质交换的场所。流经微循环的血流量又称为微循环灌流量，是微循环的功能得以实现的先决条件。微循环灌流量取决于微循环血管和毛细血管前括约肌的舒缩状态，它们受神经体液调节。一般把休克的发展过程分为三个时期：

（1）*微循环缺血期*：属休克早期，微循环变化特点是微动脉、后微动脉、毛细血管前括约肌和微静脉痉挛，口径缩小，其中以毛细血管前阻力血管（包括微动脉、后微动脉和毛细血管前括约肌）尤为明显，微血管自律运动增强，血液进入真毛细血管网减少，血流限于通过直捷通路或开放的动-静脉吻合支回流。此时，微循环中开放的毛细血管减少，血流减少，流速减慢，微循环灌流量显著减少，处于明显缺血状态，故称此期为微循环缺血期。

微循环血管持续痉挛主要是由各种休克的原因（如失血、失液、创伤、烧伤、疼痛、内毒素等）通过使有效循环血量减少或直接引起交感-肾上腺髓质系统兴奋和儿茶酚胺大量释放所致。在休克时体内产生的其他体液因子，如血管紧张素、加压素、血栓素、心肌抑制因子、白三烯等也参与了血管收缩的过程。

该期休克的临床表现与交感神经兴奋和微循环的变化特点有关，由于皮肤、肾的血管收缩，微循环缺血，故出现可视黏膜苍白、四肢冰凉、尿量减少；交感神经兴奋可使病畜出冷汗和烦躁不安；交感-肾上腺髓质系统兴奋和儿茶酚胺增多，使心率加快，外周阻力增加，故表现脉搏快速、血压不低但脉压减少。这些临床表现对早期休克的诊断具有重要意义。需要强调的是，该期休克血压一般无明显下降，因此血压下降并不是判断早期休克的指标。

该期的微循环变化特点表明，休克尚属代偿期，如能及时诊断，尽早消除休克的动因，控制病情发展的条件，补充血容量以打断有效循环血量不足这一休克发展的主导环节，可阻止休克向失代偿期发展。

（2）*微循环淤血期*：如果休克在早期未能得到控制，微循环缺血、缺氧持续一定时间后，微循环血管的自律运动首先消失，终末血管床对儿茶酚胺的反应性降低，微动脉、后微动脉、毛细血管前括约肌收缩逐渐减弱，于是血液不再限于通过直捷通路，而是经毛细血管前括约肌大量涌入真毛细血管网，此时微静脉也扩张，但由于血液细胞流变学的改变如红细胞和血小板聚集，白细胞贴壁、嵌塞，血液黏度增加，使毛细血管后阻力增高，因此微循环灌大于流，以致大量血液淤滞在微循环血管内，故休克由微循环缺血期发展为微循环淤血期。由于血管对儿茶酚胺的反应性降低而扩张，微循环中血液淤滞，故早期的代偿反应已不复存在，甚至回心血量越来越少，因此又称此期为失代偿期。微循环淤血在各组织器官之间并非一致，主要见于肝、肠、胰腺，晚期出现于肺、脾、肾上腺，皮肤、肌肉和肾则更迟或一直处于缺血状态。

本期微循环的改变，使休克由代偿进入失代偿，导致病情进行性恶化。由于微循环血管床大量开放，大量血液淤滞在微循环中，造成回心血量锐减，心输出量降低，因而有效循环血量进一步减少，加上此时血管扩张，外周阻力降低，故动脉血压显著下降。动脉血压的降低，一方面使心、脑重要生命器官的血液供应严重不足，另一方面导致微循环灌流量进一步减少，因而组织缺氧、酸中毒愈加严重，如此形成恶性循环，使病情进行性恶化。

由于上述变化，该期休克的主要临床表现是：血压进行性下降，因脑血流减少而出现神志淡漠，因肾血流严重不足而出现少尿甚至无尿，因微循环淤血，血容量严重不足而出现皮肤花斑、发绀，静脉塌陷，脉搏细弱而快速。

（3）*微循环衰竭期*：属休克晚期。在微循环淤血期即失代偿期，休克的发展已形成恶性循环，病情更趋严重，如持续较长时间则可进入微循环衰竭期。此期由于微循环淤血和灌流量减少更加严重，组织器官长时间严重缺氧而发生损伤和功能障碍，即使采取多种抗休克措施也难以治愈，病死率极高，故又称为难治期或不可逆期。本期的微循环变化特点可概括如下：

①微血管反应性显著下降：该期的微动脉、后微动脉、毛细血管前括约肌、微静脉均发生松弛，甚至麻痹，毛细血管中血流停滞，微循环灌流量严重减少，亦即微循环衰竭。本期血管反应性降低的机理尚未完全清楚，已知严重酸中毒是重要原因之一。

②弥散性血管内凝血（DIC）形成：休克晚期，由于血液流变学的改变、严重缺氧、酸中毒、内毒素以及某些休克动因的作用，常可发生DIC。DIC一旦发生，又加重微循环的障碍，从而加速微循环衰竭的发生。

③毛细血管出现无复流现象：无复流现象是微循环衰竭期微循环变化的另一特点，是难治性休克发生的原因之一。无复流现象的发生是白细胞黏着和嵌塞微血管和血管内皮细胞因缺氧发生肿胀而引起微血管阻塞所致。休克患者发生DIC时，微血栓堵塞管腔也是无复流现象发生的原因之一。

由于微循环发生上述改变亦即微循环衰竭，使组织灌流量持续性严重减少，引起更为严重的缺氧和酸中毒，加上此时许多体液因子，特别是溶酶体酶、活性氧、细胞因子释放，可导致组织、细胞及重要生命器官发生不可逆性损伤，甚至发生多系统和器官功能衰竭。本期的临床表现除有淤血期的表现外，还可有DIC和重要器官衰竭的表现。

综上所述，休克时微循环变化的三个时期，各有其特征而又相互联系。微循环灌流量减少是各期变化的共点，但其发生的机制不尽相同。在微循环缺血和淤血期，休克是可逆性的，如采取正确的防治措施，休克可被纠正；若微循环变化发展到衰竭期，休克则已从可逆性向不可逆性阶段转化，目前尚难以治疗。因此，了解休克时各阶段的微循环变化及其机制，对休克的防治具有重要意义。

3. 休克时内脏器官的继发性损害

(1) 肺：低灌注和缺氧可损伤肺毛细血管的内皮细胞和肺泡上皮细胞。前者引起血管壁通透性增加和肺间质水肿；而后者受损后则导致肺泡表面活性物质生成减少，引起肺泡的表面张力升高，继发肺泡萎陷并出现局限性肺不张。临床表现为进行性呼吸困难，成为急性呼吸窘迫综合征，常发生于休克期或稳定后48～72h。

(2) 肾：休克是由于肾血管收缩、血流量减少，肾小球滤过率锐减。可引起急性肾衰竭，表现为少尿，严重者无尿。

(3) 心：除心源性休克引起原发性心功能障碍外，其他型休克早期一般无心功能异常。但是，舒张压下降时，冠脉血流减少，缺血、缺氧导致心肌损害。

(4) 脑：休克早期，儿茶酚胺释放增加对脑血管作用很小，故对脑血流的影响不大。但动脉血压持续进行性下降，最终也会使脑灌注压和血流量下降导致脑缺氧；酸中毒会引起脑细胞肿胀、血管通透性增强，继发脑水肿和颅内压增高。

(5) 胃肠道：当有效循环血量不足和血压降低时，胃肠等内脏和皮肤、骨骼肌等外周的血管首先收缩，以保证心、脑等重要生命器官的灌注。由于胃肠道在休克时处于严重缺血和缺氧状态下，黏膜缺血可使正常黏膜上皮细胞功能受损。结果导致肠道内的细菌或其毒素跨越肠壁移位，经淋巴或门静脉途径侵害机体的其他部位，随休克继续发展，并促使多器官功能不全综合征的发生。

(6) 肝：休克时，肝因缺血、缺氧和血流淤滞而受损。肝血窦和中央静脉内有微血栓形成，致使肝小叶中心坏死。结果，受损肝脏的解毒功能和代谢能力均下降，导致内毒素血症的发生，加重已有的代谢紊乱和酸中毒。

(四) 外科休克的特点

外科休克是指外科疾病引起的休克，主要有失血失液性休克、损伤性休克和感染性休克，其中损伤性休克包括创伤性休克和烧伤性休克。

1. 失血失液性休克 失血失液性休克属低血容量性休克，其原因如前文所述。这里所说的失血失液性休克是指单纯性失血和失液引起的休克，损伤如创伤、烧伤常有失血、失液，但它有比单纯的失血、失液更为复杂的致休克因素，故其特点不同，于损伤性休克中讨论。失血、失液是否引起休克发生，不但与丢失、血液或液体的量有关，而且与丢失的速度密切相关。由于机体对血容量的减少有很强的调节和代偿作用，如果是慢性丢失，即使丢失量较大也不会引起休克。相反，如果是快速丢失，由于机体来不及代偿，则容易引起休克。另外，失液性休克的发生与丢失液体的性质也有关，丢失高渗性液体即低渗性脱水时，由于主要是细胞外液减少，以致血容量显著减少，故较高渗性脱水易引起休克。

2. 损伤性休克 损伤性休克包括创伤性休克和烧伤性休克。损伤引起休克，一般都有血容量减少，例如严重创伤时肝脾破裂、血管损伤、挤压伤、大面积撕裂伤等可引起大量的内、外出血；大面积Ⅱ度烧伤时，大量血浆外渗。因此，损伤性休克亦归属于低血容量性休克，其发生、发展规律与失血、失液性休克相似，多为低排高阻型。然而，损伤性休克的发生，除了失血或失血浆引起血容量减少的原因外，还有其他原因参与，故有其自身的特点和规律。

（1）创伤和烧伤均可引起剧烈的疼痛，刺激交感神经兴奋致使儿茶酚胺增多，引起血管收缩而导致微循环发生缺血性变化，因此创伤或烧伤时，血液或血浆的丢失量常在未达到引起休克的常规丢失量时即可发生休克。如果血容量丧失较严重，上述变化则可加速休克的发生、发展。过度剧烈的疼痛，可使心血管中枢抑制，血管扩张，使微循环发生血液淤滞。创伤和烧伤均有组织的严重损伤，组织细胞的破坏可使大量组织因子释放入血，加之组织损伤可使血小板激活使血液处于高凝状态，因而引发微血栓形成，故损伤性休克时 DIC 发生率高，且发生早，可在微循环淤血期就出现 DIC。因此损伤性休克是最易伴发 DIC 的休克之一，DIC 一旦发生，又会加重微循环障碍，从而促进休克发展。严重创伤或烧伤常使机体抵抗力降低，伤口或创面也为细菌生长繁殖提供了良好的条件，故常伴有伤口或创面的感染，如果是革兰氏阴性细菌感染，内毒素进入血液，可通过多种途径加重休克过程。当然，严重感染又可引起感染性休克，这不属于损伤性休克的范畴。

（2）创伤的部位或器官不同，常可影响休克的发生、发展。例如，胸部伤造成气胸或血胸，使胸内压增高，影响肺的呼吸功能及心脏的功能；头部损伤可使脑功能障碍，如果累及血管运动中枢，可造成血管扩张及血压下降；管形骨骨折，骨髓腔内的脂肪颗粒进入血液，引起脂肪栓塞，可累及肺、脑等重要器官；严重挤压伤时，大量血红蛋白和肌红蛋白进入血流，引起急性肾功能障碍。可见，上述创伤直接引起的病理变化，一方面可促进休克的发生发展，另一方面能引起或促进重要生命器官的功能障碍。因此，损伤性休克往往较为严重，其器官衰竭发生率也高于单纯性失血失液性休克，应在治疗时密切观察和及时防治。

（3）烧伤性休克的发生、发展，除了上述与创伤性休克共有的特点外，也还有其他的特点。烧伤性休克发病原因主要是大量血浆从创面渗出，导致血容量减少，但除此以外还可通过以下途径引起血容量减少：①创面水分蒸发增加。据估测，烧伤创面对水分的蒸发压可由正常的 399.97～666.61Pa（3～5mmHg）上升到3 999.66～4 666.27Pa（30～35mmHg），以致每平方米体表面积每日因蒸发而丧失水分可达4 000mL。②烧伤部位深层的毛细血管极度扩张，通透性增高，甚至发现烧伤区以外的毛细血管通透性也增高，因而大量血浆渗到组织间隙。③有人认为烧伤后组织间隙中的胶原大分子吸附水和钠的能力增强，使大量水和钠进入组织间隙并被胶原大分子吸附，出现组织间液被封闭或隔离现象，亦即第三间隙丢失（third spaceless）。因此，大面积严重烧伤时血容量常严重减少，极易引起休克发生。烧伤时因红细胞膜烧伤受损导致变形能力降低而阻塞微血管，甚至发生溶血，释出血红蛋白促进肾功能衰竭。还有人认为烧伤后溶酶体不稳定而释放溶酶体酶，引起细胞损伤并生成组胺、激肽等血管活性物质，使血管扩张和通透性增加，加重微循环障碍。以上变化均可使休克加重。

总之，严重损伤常因失血或丢失血浆而发生低血容量性休克，具有低血容量性休克的特点，但因它又具有上述病因发病学特点，所以损伤性休克常较单纯性失血失液性休克发病急骤而发展迅速，死亡率高，预后差。此外，损伤性休克的原因一般难以在短时间内消除，原因的持续存在和作用，使休克继续加重，给临床治疗带来很大困难，这也是损伤性休克的重要特点之一。

3. 感染性休克 感染性休克或称中毒性休克，在外科又称为脓毒性休克，包括败血症休克和内毒素性休克。在外科感染性休克多见于腹腔内感染、烧伤和创伤脓毒血症、泌尿系统和胆管感染、蜂窝组织炎、脓肿、急性乳腺炎、化脓性子宫炎等并发的菌血症或败血症；有时亦见于手术、导管置入及输液污染引起的严重感染。感染性休克的发病机制较为复杂，目前尚未完全清楚。一般认为，感染引起休克与细菌释放毒素的作用有关。迄今研究和了解较多的是内毒素与休克的关系。细菌感染时，感染灶的细菌释放大量毒素入血，这些细菌毒素尤其是内毒素作用于血小板、白细胞、血管内皮细胞及补体等，产生一系列体液因子，包括组胺、激肽、5-羟色胺、血栓素 A_2（TXA_2）、血小板活化因子（PAF）、白三烯（LTs）、前列腺素（PG）、补体成分 C_{3a} 和 C_{5a}、心肌抑制因子（MDF）、溶酶体酶、自由基、肿瘤坏死因子（TNF）、白介素 1（IL-1）等等。这些体液因子通过多方面和多环节作用而引起休克的发生和发展。

（五）症状及诊断

通常在发生休克的初期，主要表现兴奋状态，这是畜体内调动各种防御力量对机体的直接反应，也称为休克代偿期。动物表现兴奋不安，血压无变化或稍高，脉搏快而充实，呼吸增加，皮温降低，黏膜发绀，无意识地排尿、排粪。这个过程短则几秒钟即能消失，长者不超过 1h，所以在临床上往往被忽视。

继兴奋之后，动物出现典型沉郁、食欲废绝、不思饮、家畜反应微弱，或对痛觉、视觉、听觉的刺激全无反应，脉搏细而间歇，呼吸浅表，快而不规则，肌肉张力极度下降，反射微弱或消失，此时黏膜苍白、四肢厥冷、瞳孔散大、血压下降、体温降低、全身或局部颤抖、出汗、呆立不动、行走如醉，此时如不抢救，能导致死亡。

待休克完全确立之后，根据临床表现，诊断并不困难。但必须了解，休克的治疗效果取决于早期诊断，待患畜已发展到明显阶段，再去抢救，为时已晚。若能在休克前期或更早地实行预防或治疗，不但能提高治愈率，同时还可以减少经济上的损失。但理论上强调的早期诊断的重要意义，在实际临床要做到很困难，首先从技术上早期诊断要有丰富的临床经验。另外在临床上遇到的病例，往往处于休克的中、后期，病畜已到相当程度，抢救已十分困难了。为此兽医人员必须从思想上认识到任何重病，都不是静止不变的，都有其发生、发展的过程，对重症患畜要十分细致，不断观察其变化，对有发生休克可疑的病畜要早期预防，确认已发生休克时，积极抢救。

现将临床检查和生理生化测定指标作为休克的诊断和不断评价患畜机体对疾病应答反应的能力，作为预防和治疗的依据。

1. 观察血液循环状况和精神状态 在临床上除注意结膜和舌的颜色变化之外，要特别注意齿龈和舌边血液灌流情况。通常采用手指压迫齿龈或舌边缘的方法，记载压迫这些部位后毛细血管再充盈时间。在正常情况下毛细血管再充盈时间是小于 1s，这种办法只作为测定微循环的大致状态。如果再充盈时间过长，提示有效循环血量不足和神经中枢缺氧。观察动物精神状态可提示脑灌注情况，如是否发生不安、兴奋、沉郁、昏迷等。

2. 测定血压 血压测定是诊断休克的重要指标，休克病畜血压一般降低。但血压并不是反映休克程度最敏感的指标，在判断病情时，应和其他参数进行综合分析。

3. 测定体温 除某些特殊情况体温增高之外，一般休克时低于正常体温。特别是末梢的变化最为明显。

4. 呼吸次数 在休克时，呼吸次数增加，用以补偿酸中毒和缺氧。

5. 心率 是很敏感的参数，心率加快而血压不断下降，提示心搏无力趋向衰竭。在马心率长时间超过 110 次/min，牛心率长时间超过 100 次/min，是预后不良的提示。

6. 心电图检查 心电图可以诊断心律不齐、电解质失衡。酸中毒和休克结合能出现大的 T 波。高血钾症时 T 波突然向上、基底变狭，P 波低平或消失，ST 段下降，QRS 波幅宽增大，PQ 延长。

7. 观察尿量 肾功能是诊断休克的另一个参数，尿量可反映肾脏的血液灌注情况及其功能。尿少通常是早期休克和休克复苏不完全的表现，血压正常但尿量减少且比重偏低者，提示有急性肾衰竭的可能。正常体重 400kg 左右的马的尿量是 200mL/h，休克时肾灌流量减少，当大量投给液体，尿量能达正常的两倍。

8. 测定有效血容量 血容量的测定，对早期休克诊断很有帮助，也是输液的重要指标。

9. 血液生化分析 测定血清钾、钠、氯、二氧化碳结合力和非蛋白氮等有助于了解休克时水电解质和酸碱平衡的情况，对诊断和治疗休克有一定价值。

以上的临床观察和生理、生化各种指标的测定，可能帮助诊断休克、确定休克程度和作为合理治疗的依据，所有的参数都需要反复检查或测定多次，才能得到正确的结论。

（六）休克治疗

休克是一种危急症，治疗人员必须分秒必争，认真抢救。因为各种休克的起因不同，必然各有其特点。败血性休克时微循环阻滞和代谢性酸中毒比其他休克为严重。心源性休克则以心收缩力减退最为突出。创伤性休克时，体内分解特别旺盛，组织破坏严重，加以渗血、溶血、组织内凝血活酶释出，更容易发生播散性血管内凝血。低血容量性休克，血液、体液丢失较重，要求补充血容量等。在治疗上，要抓住主要矛盾，对患畜的血液动力学和血液化学的变化做具体分析。低血容量性、创伤性休克，应以补充血容量，增加回心血量为主。中毒性休克，在补充有效循环血量的同时，应注意纠正酸中毒，为了使血液分布从异常向正常转化，要使用解痉扩血管药来解除微循环阻滞。心源性休克则应以增强心肌收缩力防治心律紊乱为主，辅之以补充有效循环血量。

掌握休克的共同性和特殊性，熟悉各种休克矛盾发展的阶段性，正确处理局部和整体的关系，就能使休克得到较为妥善的处理。现将休克治疗方法介绍如下。

1. 消除病因 要根据休克发生不同的原因，给以相应的处置。如为出血性休克，关键是止血，只有止好血才能预防休克的发生，终止其发展，并能巩固休克纠正后的成果。当然在止血的同时也必须迅速地补充血容量。如为中毒性休克，要尽快消除感染原，对化脓灶、脓肿、蜂窝织炎要切开引流。对马的急腹症（肠扭转、肠阻塞、肠箝闭等）情况就比较复杂了，休克可能由强烈的疼痛而引起，也可能是继发于中毒性休克，为了消除原因应尽快施行手术，但应了解手术过程本身就是个强的刺激，对休克患畜没有得到纠正之前，急忙进行手术，往往不会有好的结果。事先必须调整水和电解质平衡和酸碱平衡，补充血容量，改善心脏机能，争取尽快施行手术，方能解除造成休克的根本原因，挽救病畜。

2. 补充血容量 在贫血和失血的病例，输给全血是需要的，因为全血有携氧能力，补充血量以达到正常血细胞压积水平为度，还不足的血容量，根据需要补给血浆、生理盐水或右旋糖酐等。这样做既可防止携氧能力不足，又能降低血液黏稠度，改善微循环，新鲜全血中含有多种凝血因子，可补充由于休克带来的凝血因子不足。

在休克当中，清蛋白从血管或消化管大量丢失，腹膜炎、大面积烧伤和出血也能丢失大量血浆，补充血浆在兽医临床上是较好的清蛋白来源。右旋糖酐能提高血浆胶体渗透压，是血浆的良好的代用品，它还能产生中等程度的利尿作用，但在手术切口部位或其他损伤区域，会有毛细血管出血的倾向。低分子右旋糖酐在治疗中毒性休克时很有作用，它使微循环内血液黏稠度减低，使凝聚的红细胞分散开，从而改善微循环血管内血液淤滞状态，有疏浚微循环和扩充血容量的效用。

电解质溶液是晶体溶液，注入后不能较长时间停留在血管内维持容量，通过毛细管壁渗透到组织间隙，引起间质水肿。因为休克病畜电解质多有紊乱，补充电解质还是十分重要的。早期休克乳酸钠、复方氯化钠列为首选，因为它比较接近体液离子浓度，性质稳定。但在严重休克时，能使乳酸值升高，一般不采用。

葡萄糖溶液主要提供能量，减少消耗，若大量补充不含电解质的葡萄糖液，会导致血内低渗状态，使细胞水肿，故用量应加以限制。

补充血容量的指标是体内电解质失衡得到改善，表现在病情开始好转，末梢皮温由冷变温，齿龈由紫变红，口腔湿润而有光泽，血压恢复正常，心率减慢，排尿量逐渐增多等。

血压可作为休克进入低血压的一个重要指标，但不应作为唯一的指标。中心静脉压对输液量能有一定指导意义。

3. 改善心脏功能 当静脉灌注适当量液体之后，患畜情况没有好转，中心静脉压反而增高，应该增添直接影响血管和强心的药物。当中心静脉压高、血压低，为心功能不全的表示，采用提高心肌收缩力的药物，β受体兴奋剂如异丙肾上腺素和多巴胺是应选药物。多巴胺除加强心肌收缩力外，并有轻度收缩皮肤和肌肉血管，还具有选择肾血管扩张的作用，在抗休克中有其独特的作用。

洋地黄能增强心肌收缩，缓慢心率，在休克的早期很少需要洋地黄支持，于长期休克和心肌有损伤时使用。

大剂量的皮质类固醇，能促进心肌收缩，降低周围血管阻力，有改善微循环的作用，并有中和内毒素作用，较多用于中毒性休克。

中心静脉压高，血压正常，心率正常，是容量血管（小静脉）过度收缩的结果，用α受体阻断药如氯丙嗪，可解除小动脉和小静脉的收缩，纠正微循环障碍，改善组织缺氧，从而使休克好转，适用于中毒性休克、出血性休克。使用血管扩张剂，要同时进行血容量的补充。

4. 调节代谢障碍 休克发展到一定阶段，矫正酸中毒十分重要，纠正代谢性酸中毒可增强心肌收缩力；恢复血管对异丙肾上腺素、多巴胺等的反应性；除去产生播散性血管内凝血的条件。从根本上改变酸中毒主要是改善微循环的血流障碍，所以应合理地恢复组织的血液灌注，解除细胞缺氧，恢复氧代谢，使积聚的乳酸迅速转化。

轻度的酸中毒给予生理盐水，中度酸中毒则需用碱性药物，如碳酸氢钠、乳酸钠等，严重的酸中毒或肝受损伤时，不得使用乳酸钠。

患畜的补钾问题，要参考血清钾的测定数值，并结合临床表现，如肌无力、心动过速、肠管蠕动弛缓而定，因为血钾的测定只能说明细胞外液的数字，对细胞内液钾的情况的了解必须结合临床。对休克尚未解除的患畜，而同时又无尿的，多数钾量偏高，不要造成人工的高血钾症。

外伤性休克常合并有感染，因此在休克前期或早期，一般常给广谱抗生素。如果同时应用皮质激素时，抗生素要加大用量。

休克病畜要加强管理，指定专人护理，使家畜保持安静，要注意保温，但也不能过热，保持通风良好，给予充分饮水。输液时使液体保持同体温相同的温度。

二、溃　疡

皮肤（或黏膜）上经久不愈合的病理性肉芽创称为溃疡（ulcer）。从病理学上来看，溃疡是有细胞分解物、细菌，有时有脓样腐败性分泌物的坏死病灶，并常有慢性感染。溃疡与一般创口不同之点是愈合迟缓，上皮和瘢痕组织形成不良。

（一）病因

发生溃疡的原因有多种，包括血液循环、淋巴循环和物质代谢的紊乱；由于中枢神经系统和外周神经的损伤或疾病所引起的神经营养紊乱；某些传染病、外科感染和炎症的刺激；维生素不足和内分泌的紊乱；伴有机体抵抗力降低和组织再生能力降低的机体衰竭、严重消瘦及糖尿病等；异物、机械性损伤、分泌物及排泄物的刺激；防腐消毒药的选择和使用不当；急性和慢性中毒和某些肿瘤等。

溃疡与正常愈合过程伤口的主要不同点是创口的营养状态。如果局部神经营养紊乱和血液循环、物质代谢受到破坏，降低了局部组织的抵抗力和再生能力，此时任何创口都可以变成溃疡。反之，如果对溃疡消除病因进行合理治疗，则溃疡即可迅速地生长出肉芽组织和上皮组织而治愈。

（二）分类、症状及治疗

临床上常见的有下述几种溃疡：

1. 单纯性溃疡　溃疡表面被覆蔷薇红色、颗粒均匀的健康肉芽。肉芽表面覆有少量黏稠黄白色的脓性分泌物，干涸后则形成痂皮。溃疡周围皮肤及皮下组织肿胀，缺乏疼痛感。

溃疡周围的上皮形成比较缓慢，新形成的幼嫩上皮呈淡红色或淡紫色。上皮有时也在溃疡面的不同部位上增殖而形成上皮突起，然后与边缘上皮带汇合。与此同时肉芽组织则逐渐成熟并形成瘢痕而治愈。当溃疡内的肉芽组织和上皮组织的再生能力恢复时，则任何溃疡都能变成单纯性溃疡。

治疗的着眼点是精心的保护肉芽，防止其损伤，促进其正常发育和上皮形成，因此在处理溃疡面时必须细致，防止粗暴。禁止使用对细胞有强烈破坏作用的防腐剂。为了加速上皮的形成，可使用加2%～4%水杨酸的锌软膏、鱼肝油软膏等。

2. 炎症性溃疡　临床上较常见，是由于长期受到机械性、理化性物质的刺激及生理性分泌物和排泄物的作用，以及脓汁和腐败性液体潴留的结果。溃疡呈明显的炎性浸润。肉芽组织呈鲜红色，有时因脂肪变性而呈微黄色。表面被覆大量脓性分泌物，周围肿胀，触诊疼痛。

治疗时，首先应除去病因，局部禁止使用有刺激性的防腐剂。如有脓汁潴留时应切开创囊排净脓汁。溃疡周围可用青霉素盐酸普鲁卡因溶液封闭。为了防止从溃疡面吸收毒素亦可用浸有20%硫酸镁或硫酸钠溶液的纱布覆于创面。

3. 坏疽性溃疡　见于冻伤、湿性坏疽及不正确的烧烙之后。组织的进行性坏死和很快形成溃疡是坏疽性溃疡的特征。溃疡表面被覆软化污秽无构造的组织分解物，并有腐败性液体浸润。常伴发明显的全身症状。

此溃疡应采取全身和局部并重的综合性治疗措施。全身治疗的目的在于防止中毒和败血症的发生。局部治疗在于早期剪除坏死组织，促进肉芽生长。

4. 水肿性溃疡 常发生于心脏衰弱的病畜及局部静脉血液循环被破坏的部位。肉芽苍白脆弱呈淡灰白色，且有明显的水肿。溃疡周围组织水肿，无上皮形成。

治疗主要应消除病因。局部可涂鱼肝油、植物油或包扎血液绷带、鱼肝油绷带等。禁止使用刺激性较强的防腐剂。应用强心剂调节心脏机能活动并改善病畜的饲养管理。

5. 蕈状溃疡 常发生于四肢末端有活动肌腱通过部位的创伤。其特征是局部出现高出于皮肤表面、大小不同、凸凹不平的蕈状突起，其外形恰如散布的真菌故称蕈状溃疡。肉芽常呈紫红色，被覆少量脓性分泌物且容易出血。上皮生长缓慢，周围组织呈炎性浸润。

治疗时，如赘生的蕈状肉芽组织超出于皮肤表面很高，可剪除或切除，亦可充分搔刮后进行烧烙止血。亦可用硝酸银棒、苛性钾、苛性钠、20%硝酸银溶液烧灼腐蚀。有人使用盐酸普鲁卡因溶液在溃疡周围封闭，配合紫外线局部照射取得了较好的治疗效果。近年来，有人使用 CO_2 激光聚焦烧灼和气化赘生的肉芽取得了较为满意的治疗效果。

6. 褥疮及褥疮性溃疡 褥疮是局部受到长时间的压迫后所引起的因血液循环障碍而发生的皮肤坏疽。常见于畜体的突出部位。

褥疮后坏死的皮肤即暴露在空气中，水分被蒸发，腐败细菌不易大量繁殖，最后变得干涸皱缩，呈棕黑色。坏死区与健康组织之间因炎性反应带而出现明显的界限。由于皮下组织的化脓性溶解遂沿褥疮的边缘出现肉芽组织。坏死的组织逐渐剥离最后呈现褥疮性溃疡。表面被覆少量黏稠黄白色的脓汁。上皮组织和瘢痕的形成都很缓慢。

平时应尽量预防褥疮的发生。已形成褥疮时，可每日涂擦3%～5%龙胆紫酒精或3%煌绿溶液。夏天应当多晒太阳，应用紫外线和红外线照射可大大缩短治愈的时间。

7. 神经营养性溃疡 溃疡愈合非常缓慢，可拖延一年至数年。肉芽苍白或发绀见不到颗粒。溃疡周围轻度肿胀，无疼痛的感觉，不见上皮形成。

条件允许时可进行溃疡切除术，术后按新鲜手术创处理。亦可使用盐酸普鲁卡因周围封闭，配合使用组织疗法或自家血液疗法。

8. 胼胝性溃疡 不合理使用能引起肉芽组织和上皮组织坏死的药品、不合理的长期使用创伤引流，以及患部经常受到摩擦和活动而缺乏必要的安静（如肛门周围的创伤），均能引起胼胝性溃疡的发生。其特征是肉芽组织血管微细，苍白、平滑无颗粒，并过早地变为厚而致密的纤维性瘢痕组织，不见上皮组织的形成。

条件许可时，切除胼胝，以后按新鲜手术创处理。亦可对溃疡面进行搔刮，涂松节油并配合使用组织疗法。

三、窦道和瘘

窦道（sinus）和瘘（fistula）都是狭窄不易愈合的病理管道，其表面被覆上皮或肉芽组织。窦道和瘘不同的地方是前者可发生于机体的任何部位，借助于管道使深在组织（结缔组织、骨或肌肉组织等）的脓窦与体表相通，其管道一般呈盲管状。而后者可借助于管道使体腔与体表相通或使空腔器官互相交通，其管道是两边开口。

（一）窦道

窦道常为后天性的，见于臀部、鬐甲部、颈部、股部、胫部、肩胛、前臂部和乳腺等。

1. 病因 引起窦道的病因有以下几类：

（1）异物：常随同致伤物体一起进入体内，或手术时将其遗忘于创内，如弹片、沙石、木屑、谷芒、钉子、被毛、金属丝、结扎线、棉球及纱布等。

（2）化脓坏死性炎症：包括脓肿、蜂窝织炎、开放性化脓性骨折、腱及韧带的坏死、骨坏疽及化脓性骨髓炎等。

创伤深部脓汁不能顺利排出，而有大量浓汁潴留的脓窦，或长期不正确的使用引流等都容易形成窦道。

2. 症状 从体表的窦道口不断地排出脓汁。当窦道口过小，位置又高，脓汁大量潴留于窦道底部时，常于自动或他动运动时，因肌肉的压迫而使脓汁的排出量增加。窦道口下方的被毛和皮肤上常附有干涸的脓痂。由于脓汁的长期浸渍而形成皮肤炎，被毛脱落。

窦道内脓汁的性状和数量等因致病菌的种类和坏死组织的情况不同而异。当深部存在脓窦且有较多的坏死组织，并处于急性炎症过程时，脓汁量大而较为稀薄并常混有组织碎块和血液。病程拖长，窦道壁已形成瘢痕，且窦道深部坏死组织很少时，则脓汁少而黏稠。

窦道壁的构造、方向和长度因病程的长短和致病因素的不同而有差异。新发生的窦道，管壁肉芽组织未形成瘢痕，管口常有肉芽组织赘生。陈旧的窦道因肉芽组织瘢痕化而变得狭窄而平滑。一般因子弹和弹片所引起的窦道细长而弯曲。

窦道在急性炎症期，局部炎症症状明显。当化脓坏死过程严重，窦道深部有大量脓汁潴留时，可出现明显的全身症状。陈旧性窦道一般全身症状不明显。

3. 诊断 除对窦道口的状态、排脓的特点及脓汁的性状进行细致的检查外，还要对窦道的方向、深度、有无异物等进行探诊。探诊时可用灭菌金属探针、硬质胶管，有时可用消毒过的手指进行。探诊时必须小心细致，如发现异物时应进一步确定其存在部位、与周围组织的关系、异物的性质、大小和形状等。探诊时必须确实保定，防止病畜骚动。要严防感染的扩散和人为的窦道发生。必要时亦可进行X射线诊断。

4. 治疗 窦道治疗的主要着眼点是消除病因和病理性管壁，通畅引流以利愈合。

（1）对疖、脓肿、蜂窝织炎自溃或切开后形成的窦道，可灌注10%碘仿醚、3%过氧化氢等以减少脓汁的分泌和促进组织再生。

（2）当窦道内有异物、结扎线和组织坏死块时，可搔刮窦道引流或用手术方法将其除去。搔刮窦道时先以探针（条）探清窦道方向及深浅后，用刮匙伸入窦道将其中的坏死组织及异物清除，再放入引流物并保持引流通畅。经多次搔刮仍经久不愈且超过3个月以上的腹壁窦道，可行手术切除窦道。在手术前最好向窦道内注入除红色、黄色以外的防腐液如可用美蓝，使窦道管壁着色，然后沿着色方向切除窦道。也可向窦道内插入探针或进行窦道造影，以利于手术的进行。

（3）当窦道口过小、管道弯曲，由于排脓困难而潴留脓汁时，可扩开窦道口，根据情况造反对孔或做辅助切口，导入引流物以利于脓汁的排出。

（4）窦道管壁有不良肉芽或形成瘢痕组织者，可用腐蚀剂腐蚀，或用锐匙刮净，或用手术方法切除窦道。

(5) 当窦道内无异物和坏死组织块，脓汁很少且窦道壁的肉芽组织比较良好时，可填塞铋碘蜡泥膏（次硝酸铋 10.0g，碘仿 20.0mL，石蜡 20.0g）。

(二) 瘘

先天性瘘是由于胚胎期间畸形发育的结果，如脐瘘、膀胱瘘及直肠-阴道瘘等。此时瘘管壁上常被覆上皮组织。后天性瘘较为多见，是由于腺体器官及空腔器官的创伤或手术之后发生的。在家畜常见的有胃瘘、肠瘘、食道瘘、颊瘘、腮腺瘘及乳腺瘘等。

1. 分类及症状 可分为以下两种：

(1) 排泄性瘘：其特征是经过瘘的管道向外排泄空腔器官的内容物（尿、饲料、食糜及粪等）。除创伤外，也见于食道切开、尿道切开、瘤胃切开、肠管切开等手术化脓感染之后。

(2) 分泌性瘘：其特征是经过瘘的管道分泌腺体器官的分泌物（唾液、乳汁等）。常见于腮腺部及乳房创伤之后。当动物采食或挤乳时，有大量唾液和乳汁呈滴状或线状从瘘管射出时，是腮腺瘘和乳腺瘘的特征。

2. 治疗

(1) 对肠瘘、胃瘘、食道瘘、尿道瘘等排泄性瘘管必须采用手术疗法。其要领是：用纱布堵塞瘘管口，扩大切开创口，剥离粘连的周围组织，找出通向空腔器官的内口，除去堵塞物，检查内口的状态，根据情况对内口进行修整手术、部分切除术或全部切除术，密闭缝合，修整周围组织，缝合。手术中一定要尽可能防止污染新创面，以争取第一期愈合。

(2) 对腮腺瘘等分泌性瘘，可向管内灌注 20%碘酊、10%硝酸银溶液等。或先向瘘内滴入甘油数滴，然后撒布高锰酸钾粉少许，用棉球轻轻按摩，用其烧灼作用以破坏瘘的管壁。一次不愈合者可重复应用。上述方法无效时，对腮腺瘘可先向管内用注射器在高压下灌注融化的石蜡，后装着胶绷带。亦可先注入 5%～10%的甲醛溶液或 20%的硝酸银溶液15～20mL，数日后当腮腺已发生坏死时进行腮腺摘除术。

四、坏死与坏疽

坏死（necrosis）是指生物体局部组织或细胞失去活性。坏疽（gangrene）是组织坏死后受到外界环境影响和不同程度的腐败菌感染而产生的形态学变化。引起坏死和坏疽的主要原因如下：

1. 外伤 严重的组织挫灭、局部的动脉损伤等。

2. 持续性的压迫 如褥疮、鞍伤、绷带的压迫、嵌顿性疝、肠捻转等。

3. 物理、化学性因素 见于烧伤、冻伤、腐蚀性药品及电击、放射线、超声波等引起的损伤。

4. 细菌及毒物性因素 多见于坏死杆菌感染、毒蛇咬伤等。

5. 其他 血管病变引起的栓塞、中毒及神经机能障碍等。

(一) 症状与分类

1. 凝固性坏死 坏死部组织发生凝固、硬化，表面上覆盖一层灰白至黄色的蛋白凝固物。见于肌肉的蜡样变性、肾梗死等。

2. 液化性坏死 坏死部肿胀、软化，随后发生溶解。多见于热伤、化脓灶等。

3. 干性坏疽 多见于机械性局部压迫、药品腐蚀等。坏死组织初期表现苍白，水分渐渐失去后，颜色变成褐色至暗黑色，表面干裂，呈皮革样外观。

4. 湿性坏疽 多见于坏死部腐败菌的感染。初期局部组织脱毛、水肿，暗紫色或暗黑色，表面湿润，覆盖有恶臭的分泌物。

干性坏疽与湿性坏疽的区别见表 1-3。

表 1-3 干性坏疽与湿性坏疽的区别

	干性坏疽	湿性坏疽
原因	外伤、物理因素、化学损伤、压迫等	褥疮、细菌感染、血管和神经疾病等
皮肤颜色变化	初期苍白，既而呈黑褐色	表面污秽不洁，呈灰白、黑褐色
容积	变小	多数为先肿胀后缩小
硬度	初期软、干化后变硬	软而多汁
分界线	与健康部界线明显	与健康组织分界线不明显
周围的皮肤	正常	伴发蜂窝织炎、水肿
疼痛	疼痛不明显	初期疼痛显著
愈后	坏死部组织脱落后，组织渐渐愈合	坏死部易向四周蔓延，愈后慎重

(二) 治疗

首先要除去病因。

(1) 局部进行剪毛、清洗、消毒，防止湿性坏疽进一步恶化。使用蛋白分解酶除去坏死组织，等待生出健康的肉芽。还可以用硝酸银或烧烙阻止坏死恶化，或者用外科手术摘除坏死组织。

(2) 对湿性坏疽应切除其患部（切除尾部、小家畜四肢下端），应用解毒剂进行化学疗法。注意保持营养状态。

（王洪斌 李 林）

第二章 外科感染

第一节 外科感染概述

一、外科感染的概念

外科感染（surgical infection）是动物有机体与侵入体内的致病微生物相互作用所产生的局部和全身反应。它是有机体对致病微生物的侵入、生长和繁殖造成损害的一种反应性病理过程，也是有机体与致病微生物之间感染和抗感染斗争的结果。在外科领域中最常见，约占所有外科疾病的1/3～1/2，多发生在创伤或手术后。

外科感染是一个复杂的病理过程。侵入体内的病原菌根据其致病力的强弱、侵入门户以及有机体局部和全身的状态而出现不同的结果。

外科感染一般具有以下特点：①绝大部分外科感染是由外伤所引起。②多数外科感染是由几种细菌引起的混合感染，一部分即使开始时是单种细菌引起，但在病程中，常发展为几种细菌的混合感染。③外科感染一般具有明显的局部症状。④病变常比较集中在某个局部，发展后常引起化脓、坏死等，使组织遭到破坏，愈合后形成瘢痕组织，并影响功能。病变严重的可发展为败血症，导致死亡。

二、外科感染的分类

（一）按病变性质分类

1. 非特异性感染（nonspecific infection）　由非特异性病原体引起的感染，又称化脓性感染或一般感染，如疖、痈、脓肿、蜂窝织炎等。常见致病菌有葡萄球菌、链球菌、大肠杆菌、绿脓杆菌等。其特点是：同一种致病菌可以引起几种不同的化脓性感染，如金黄色葡萄球菌能引起疖、痈、脓肿、伤口感染等；而不同的致病菌又可引起同一种疾病，如金黄色葡萄球菌、链球菌和大肠杆菌都能引起急性蜂窝织炎、软组织脓肿、伤口感染等，有化脓性炎症的共同特征，即红、肿、热、痛和功能障碍，防治上也有共同性。

2. 特异性感染（specific infection）　由特异性病原体引起的感染，如结核病、破伤风、气性坏疽和念珠菌病等。其致病菌因各有不同的致病作用，可引起较为独特的病变，其防治方法也都与非特异性感染不同。

（二）按感染途径分类

1. 外源性感染（exogenous infection）　致病菌通过皮肤或黏膜面的伤口侵入有机体某部，随循环带至其他组织或器官内的感染过程。

2. 内源性感染（endogenous infection）　是侵入有机体内的致病菌当时未被消灭而隐藏存活于某部（腹膜粘连部位、形成瘢痕的溃疡病灶和脓肿内、组织坏死部位、做结扎和缝合的缝合线上、形成包囊的异物等），当有机体全身和局部的防卫能力降低时则发生此种感染。

（三）按病程分类

1. 急性感染（acute infection）　病变以急性炎症为主，病程进展较快，一般在发病后3周以内。

2. 慢性感染（chronic infection）　病变持续达2个月或更久的感染。一部分急性感染迁延日久，炎症可能转为慢性的，但在某种条件下又可急性发作。

3. 亚急性感染（subacute infection）　病程介于急性和慢性感染之间。一部分是由于急性感染迁延形成，另一部分是由于病毒的毒力虽然稍弱，但有相当的耐药性，或宿主的抵抗力较低所致。

（四）按感染的程度和范围分类

1. 局部感染（local infection）　局部感染是指病原菌侵入机体后，在一定部位定居下来，生长繁殖，产生毒性产物，不断侵害机体的感染过程。这是由于机体动员了一切免疫功能，将入侵的病原菌限制于局部，阻止了它们的蔓延扩散。如化脓性球菌引起的毛囊炎、疖、痈和脓肿等。

2. 全身感染（systemic infection）　机体与病原菌相互作用过程中，由于机体的免疫力低下，不能将病原菌限于局部，以致病原菌及其毒素经淋巴管或血液循环扩散，引起全身感染，如菌血症（bacteremia）、毒血症（toxemia）、败血症（septicemia）和脓毒血症（pyo-septicemia）。

（五）按感染的先后分类

1. 原发性感染（primary infection）　由原发性病原微生物引发的感染。

2. 继发性感染（secondary infection）　动物感染了一种病原微生物之后，在机体抵抗力减弱的情况下，又由新侵入的或原来存在于体内的另一种病原微生物引起的感染，又称为次发性感染。

3. 再感染（reinfection）　原发性病原菌反复感染时则称为再感染。

此外，还可以按感染病原微生物的种类和数量来分类，如外科感染是由一种病原菌引起的则称为单一感染；由多种病原菌引起的则称为混合感染。在原发性病原微生物感染后，经过若干时间又并发它种病原菌的感染，则称为继发性感染；被原发性病原菌反复感染时则称为再感染。

三、外科感染常见病原体

外科感染常见的致病菌有需氧菌、厌氧菌和兼性厌氧菌。但常见的化脓性致病菌多为需氧菌，它们常存在于动物的皮肤和黏膜表面，也存在于圈舍、饲养器具及其他物体上。这些细菌有的是在碱性环境中易于生长、繁殖，如大肠杆菌（pH7.0～7.6以上）；也有些细菌是喜好在酸性环境中生长繁殖的，如化脓性链球菌（pH6.0）。

引起外科感染常见的化脓性致病菌有葡萄球菌、链球菌、大肠杆菌、绿脓杆菌和变形杆菌等。由于抗生素的广泛应用，一般的化脓性致病菌在外科感染中所占的比例和重要性有了较大的改变。耐药性金黄色葡萄球菌感染虽然仍属严重问题，但由革兰氏染色阴性杆菌引起的感染更成为另一个严重问题。例如，原来的非致病或致病力低的某些革兰氏染色阴性杆菌，如克雷伯菌、肠杆菌和沙雷菌等因对一般的抗生素具有耐药性，而逐渐变为重要的致病菌。还发现了厌氧菌如拟杆菌和梭形杆菌等与外科感染有关系。真菌感染已成为一种重要的、继发于大量抗生素治疗后的严重感染。接受复杂的大手术、器械检查和插管、免疫抑制性疾病和重症病畜，由于接触细菌的机会增多或抵抗力的削弱，也往往容易发生感染。也有一些兽医人员过分依赖抗菌药物，忽视无菌操作或违反外科操作原则，引起一些本可避免的外科感染。

常见的与外科感染有重要关系的化脓性致病菌有以下几类：

1. 葡萄球菌 革兰氏染色阳性。常存在于动物的鼻、咽部黏膜和皮肤及其附属的腺体。金黄色葡萄球菌的致病力较强，主要产生溶血素、杀白细胞素和血浆凝固酶等，造成许多种感染，如疖、痈、脓肿、急性骨髓炎、伤口感染等；白色葡萄球菌、表皮葡萄球菌也能引起化脓性感染，但致病力较弱；而柠檬色葡萄球菌则无致病性。

葡萄球菌感染的特点是局限性组织坏死，脓液稠厚、黄色或黄白色、无异味。也能引起全身性感染，由于局限化的特性，常伴有转移性脓肿。

2. 链球菌 革兰氏染色阳性。存在于口、鼻、咽、肠腔和皮肤及其附属的腺体中。链球菌的种类很多，溶血性链球菌、化脓性链球菌和粪链球菌（肠球菌）是三种常见的致病菌。一些厌氧链球菌和微量嗜氧链球菌也能致病。溶血性链球菌能产生溶血素和多种酶，如透明质酸酶、链激酶等，能溶解细胞间质的透明质酸、纤维蛋白和其他蛋白质，破坏纤维所形成的脓肿壁，使感染容易扩散而缺乏局限化的倾向。典型的感染是急性蜂窝织炎、淋巴管炎等。也易引起败血症，但一般不并发转移性脓肿。脓液的特点是比较稀薄，淡红色，量较多。

绿色链球菌是一些胆管感染和亚急性心内膜炎的致病菌。粪链球菌则是肠道穿孔引起急性腹膜炎的混合致病菌之一，也常引起泌尿道的感染。

3. 大肠杆菌 革兰氏染色阴性。大量存在于肠道内，每克粪内约有 10^8 个大肠杆菌。对维生素 K 的合成有重要作用。它的单独致病力并不大。

纯大肠杆菌感染产生的脓液并无臭味，但因常和其他致病菌一起造成混合感染，产生的脓液稠厚，有恶臭或粪臭味。

4. 绿脓杆菌 革兰氏染色阴性。常存在于肠道内和皮肤上。它对大多数抗菌药物不敏感，故成为继发感染的重要致病菌，特别是大面积烧伤的创面感染和久不愈合的溃疡病面。有时能引起严重的败血症。脓液的特点是淡绿色，有特殊的甜腥臭味。

5. 变形杆菌 革兰氏染色阴性。存在于肠道和前尿道，为尿路感染、急性腹膜炎和大面积烧伤感染的致病菌之一。变形杆菌对大多数抗菌药物有耐药性，故在抗菌药物治疗后，原来的混合感染可以变为单纯的变形杆菌感染，脓液具有特殊的恶臭味。

6. 克雷伯菌、肠杆菌、沙雷菌 革兰氏染色阴性。存在于肠道内。往往和葡萄球菌、大肠杆菌或绿脓杆菌等一起造成混合感染，甚至形成败血症。

7. 拟杆菌 革兰氏染色阴性的专性厌氧菌。存在于口腔、胃肠道和外生殖道，而以结肠内的数量最多，每克粪中约有 10^{10} 个。它是腹膜炎和胃肠道手术后感染的致病菌，并常和其他需氧菌和厌氧菌一起形成混合感染。它还可引起浅表感染、深部脓肿、化脓性血栓性静脉炎和败血症等。脓液的特点是有恶臭，涂片可见到革兰氏染色阴性的杆菌，但普通培养无细菌生长。

四、外科感染发生、发展的因素

在外科感染的发生、发展过程中，存在着两种相互制约的因素，即有机体的防卫机能和促进外科感染发生、发展的基本因素。这两种过程始终贯穿着感染和抗感染、扩散和反扩散的相互作用。由于不同动物个体的内在条件和外界因素不同而出现相异的结局，有的主要出现局部感染症状，有的则局部和全身的感染症状都很严重。

（一）有机体的防卫机能

在动物的皮肤表面、被毛、皮脂腺和汗腺的排泄管内，在消化道、呼吸道、泌尿生殖器及泪管的黏膜上，经常有各种微生物（包括致病能力很强的病原微生物）存在。在正常的情况下，这些微生物并不呈现任何有害作用，这是因为有机体具有很好的防卫机能，足以防止其发生感染。

1. 皮肤、黏膜及淋巴结的屏障作用　皮肤表面被覆角质层及致密的复层鳞状上皮，pH5.2～5.8。黏膜的上皮也由排列致密的细胞和少量的间质组成，表面常分泌酸性物质，某些黏膜表面还具有排出异物能力的纤毛，因此在正常的情况下皮肤及黏膜不仅具有阻止致病菌侵入机体的能力，而且还分泌溶菌酶、抑菌酶等杀死细菌或抑制细菌生长繁殖的抗菌性物质。淋巴结和淋巴滤泡可固定细菌，阻止它们向深部组织扩散或将其消灭。

2. 血管及血脑的屏障作用　血管的屏障是由血管内皮细胞及血管壁的特殊结构所构成。它可以一定程度地阻止进入血液内的致病菌进入组织中。血脑屏障则由脑内毛细血管壁、软脑膜及脉络丛等构成。该屏障可以阻止致病菌及外毒素等从血液进入脑脊液及脑组织。

3. 体液中的杀菌因素　血液和组织液等体液中含有补体等杀菌物质。它们或单独对致病菌呈现抑菌或杀菌作用，或同吞噬细胞、抗体等联合起来杀死细菌。

4. 吞噬细胞的吞噬作用　网状内皮系统细胞和血液中的嗜中性粒细胞等均属机体内的吞噬细胞，它们可以吞噬侵入体内的致病菌和微小的异物并进行溶解和消化。

5. 炎症反应和肉芽组织　炎症反应是有机体与侵入体内的致病因素相互作用而产生的全身反应的局部表现。当致病菌侵入机体后局部很快发生炎症充血以提高局部的防卫机能。充血发展成为淤血后便有血浆成分的渗出和白细胞的游出。炎症区域的网状内皮细胞也明显增生。这些变化都有利于防止致病菌的扩散和毒素的吸收，又有利于消灭致病菌和清除坏死组织。当炎症进入后期或慢性阶段，肉芽组织则逐渐增生，在炎症和周围健康组织之间构成防卫性屏障，从而更好地阻止致病菌的扩散并参与损伤组织的修复，使炎症局限化。肉芽组织是由新生的成纤维细胞和毛细血管所组成的一种幼稚结缔组织。它的里面常有许多炎性细胞浸润和渗出液，并表现明显的充血。渗出的细胞和增生的巨噬细胞主要在肉芽组织的表层。通过它们的吞噬分解和消化作用使肉芽组织具有明显的消除致病菌的作用。

6. 透明质酸　透明质酸是细胞间质的组成成分，而细胞间质是由基质和纤维成分所组成。结缔组织的基质是无色透明的胶质物质。基质有黏性，故在正常情况下能阻止致病菌沿着结缔组织间隙扩散。透明质酸参与组织和器官的防卫机能，它能对许多致病菌所分泌的透明质酸酶有抑制作用。

（二）促使外科感染发展的因素

1. 病原微生物的致病力 在外科感染的发生、发展过程中，致病菌是重要的因素，其中细菌的数量和毒力尤为重要。细菌的数量越多，毒力越大，发生感染的机会亦越大。所谓细菌的毒力，是指病原菌侵入机体穿透、繁殖和形成毒素或胞外酶的能力。

（1）细菌可产生黏附因子，能附着于动物体组织细胞，有些细菌有荚膜或微荚膜，能抗拒吞噬细胞的吞噬或杀菌作用，因而病菌得以在组织内生长繁殖。

（2）病菌的毒素常见的有胞外酶、外毒素和内毒素等。胞外酶为细菌所释放的蛋白酶类、磷脂酶、胶原酶等，可侵蚀组织细胞；透明质酸酶可分解组织内的透明质酸，使感染容易扩散。此外，某些细菌产生的酶可以使创面分泌物（脓液）具有某些特殊性状（如臭味、脓栓、含气等）。外毒素是在菌体内产生后释放，或菌体崩解后游离出的。其毒性各不相同，如多种病菌的溶血素可破坏血细胞；肠毒素可损害肠黏膜；破伤风痉挛毒素作用于神经引起肌痉挛。内毒素是细菌细胞壁的脂多糖成分，在菌体崩解后作用于机体可引起发热、白细胞增多或减少、休克等全身反应。

2. 局部条件 外科感染的发生与局部环境条件有很大关系。皮肤黏膜破损使病菌入侵组织，局部组织缺血、缺氧或伤口存在异物、坏死组织、血液、血凝块和渗出液均有利于细菌的生长繁殖。

进入体内的致病菌在条件适宜的情况下，经过一定的时间即可大量生长繁殖以增强其毒害作用，进而突破机体组织的防卫屏障，随之即表现出感染的临床症状。感染发生、发展过程与很多因素有关，如外伤的部位、外伤组织和器官的特性、创伤的安静是否遭到破坏、肉芽组织是否健康和完整、致病菌的数量和毒力、单一感染还是混合感染、有机体有无维生素缺乏、内分泌系统机能紊乱以及病畜神经系统机能状态等。这些因素都在外科感染的发生和发展上起着一定的作用。

五、外科感染的病理和病程演变

（一）外科感染的病理

感染实质上是微生物入侵而引起的炎症反应。微生物侵入组织并繁殖，产生多种酶和毒素，可以激活凝血、补体、缓激肽系统以及血小板和巨噬细胞等，导致炎症介质诸如补体活化成分、缓激肽、肿瘤坏死因子（TNF-α）、白介素-1、血小板活化因子（PAF）、血栓素（TXA_2）等的生成，引起血管通透性增加及血管扩张，病变区域的血流增加，白细胞和吞噬细胞进入感染部位，中性粒细胞主要发挥吞噬作用，单核/巨噬细胞通过释放促炎因子协助炎症及吞噬过程。上述局部炎症反应的作用是使入侵微生物局限化并最终被清除，并引发相应的效应症状，出现炎症的特征性表现红、肿、热、痛和机能障碍等。由于病菌毒性和感染部位的不同，临床表现有所差异。

（二）外科感染的病程演变

外科感染的病程演变是动态变化的过程。致病菌的毒力、机体抵抗力以及治疗措施三方面的消长决定了在不同时期，感染可以向不同的方向发展。外科感染发生后受致病菌毒力、局部和全身抵抗力及治疗措施等影响，可有以下三种结局：

1. 局限化、吸收或形成脓肿 当动物机体的抵抗力占优势，或者经过有效地药物治疗，吞噬细胞和免疫成分能够较快地制止细菌生长繁殖，清除组织细胞的崩解产物，炎症消退，使感染局限化。还有的自行吸收，有的形成脓肿。小的脓肿也可自行吸收，较大的脓肿在破溃或经手术切开引流后，转为恢复过程，病灶逐渐形成肉芽组织、瘢痕而愈合。

2. 转为慢性感染 当动物机体的抵抗力与致病菌的致病力处于相持状态，感染病灶局限化，形成溃疡、瘘、窦道或硬结，由瘢痕组织包围，不易愈合。此病灶内仍有致病菌，一旦机体抵抗力降低时，感染可重新发作，炎症又重新转变为急性过程。

3. 感染扩散 在致病菌毒力超过机体抵抗力的情况下，感染不能局限，可迅速向四周扩散，或经淋巴、血液循环引起严重的全身感染。

六、外科感染的诊断与防治

（一）外科感染诊断

一般根据临床表现可做出正确诊断，必要时可进行一些辅助检查。

1. 临床检查 临床检查包括局部检查和全身检查。

（1）*局部症状*：红、肿、热、痛和机能障碍是化脓性感染的五个典型症状，但这些症状并不一定全部出现，而随着病程迟早、病变范围及位置深浅而异。病变范围小或位置深的，局部症状不明显。深部感染可仅有疼痛及压痛、表面组织水肿等。如果有伤口存在，应注意创面的浓汁、肉芽组织的形态，初步估计病原菌的种类和感染情况。

（2）*全身症状*：观察体温、意识、呼吸、心率、血压和营养状态等。感染轻微的可无全身症状；感染较重的有发热、心跳和呼吸加快、精神沉郁、食欲减退等症状。感染较为严重的、病程较长时可继发感染性休克、器官衰竭等。感染严重的甚至出现败血症。

2. 实验室检查 一般均有白细胞计数增加和核左移，但某些感染，特别是革兰氏阴性杆菌感染时，白细胞计数增加不明显，甚至减少；免疫功能低下的患畜，也可表现类似情况。其他化验项目如血常规、血浆蛋白、肝功能等，可根据初诊结果选择；泌尿系统感染者需要检查尿常规、肌酐、尿素氮等；疑有免疫功能缺陷者需检查淋巴细胞、免疫球蛋白等。

感染部位的脓汁应做细菌培养及药敏试验，有助于正确选用抗生素。怀疑全身感染，可做血液细菌培养检查，包括需氧培养及厌氧培养，以明确诊断。

B超、X射线检查、CT和MRI检查等有助于诊断深部脓肿或体腔内脓肿，如肝脓肿、脓胸、脑脓肿等。

（二）防治原则

对外科感染的预防和治疗不能局限于应用抗生素及单一的外科手术（包括切除病灶及引流脓肿），而是要有一个整体概念，即要消除外源性因素、切断感染源，同时要及早预防和注意营养支持，充分调动机体的防御功能，提高畜体免疫力等，对控制和预防外科感染具有积极的临床意义。

（三）治疗措施

外科感染要积极采取局部和全身治疗并重的方法。

1. 局部治疗 治疗感染病灶的目的是使化脓感染局限化，减少组织坏死，减少毒素的吸收。

（1）*休息和患部制动*：使动物充分安静，以减少疼痛刺激和恢复动物的体力。同时限制动物活动，避免刺激患部，在进行细致的外科处理后，根据情况决定是否包扎。

(2) 外部用药：有改善血液循环、消肿、加速感染病灶局限化，以及促进肉芽组织生长的作用，适用于浅部组织感染。如鱼石脂软膏用于疖等较小的感染，50%硫酸镁溶液湿敷用于蜂窝织炎。

(3) 物理疗法：有改善局部血液循环，增强局部抵抗力，促进炎症消散吸收及感染病灶局限化的作用，除用热敷外，微波、频谱、超短波及红外线治疗对急性局部感染病灶的早期有较好疗效。

(4) 手术治疗：包括脓肿切开术和感染病灶的切除。急性外科感染形成脓肿应及时手术切开。局部炎症反应剧烈，迅速扩散，或全身中毒症状严重，虽未形成脓肿，也应尽早局部切开减压，引流渗出物，以减轻局部和全身症状，阻止感染继续扩散。若脓肿虽已破溃，但排脓不畅，则应人工引流，只有引流通畅，病灶才能较快愈合。

2. 全身治疗

(1) 抗菌药物：合理适当应用抗菌药物是治疗外科感染的重要措施。

用药原则：尽早分离、鉴定病原菌并做药敏试验，尽可能测定联合药敏。预防用药的剂量应占正常使用抗菌药物总量的30%～40%，以防止产生耐药性和继发感染。联合应用抗菌素必须有明确的适应症和指征。值得注意的是抗生素疗法并不能取代其他治疗方法，因此对严重外科感染必须采取综合性治疗措施。

(2) 支持治疗：患病动物严重感染导致脱水和酸碱平衡紊乱，应及时补充水、电解质及碳酸氢钠。化脓性感染易出现低钙血症，给予钙制剂，也可调节交感神经系统和某些内分泌系统的机能活动。应用葡萄糖疗法可补充糖源以增强肝脏的解毒机能和改善循环。注意饲养管理，给病畜饲喂营养丰富的饲料和补给大量维生素（特别是维生素A、维生素B族、维生素C）以提高机体抗病能力。

(3) 对症疗法：根据病畜的具体情况进行必要的对症治疗，如强心、利尿、解毒、解热、镇痛及改善胃肠道的功能等。

第二节 外科局部感染

一、疖

疖（furuncle）是细菌经毛囊和汗腺侵入引起的单个毛囊及其所属的皮脂腺、汗腺的急性化脓性感染。若仅限于毛囊的感染称毛囊炎；同时散在或连续发生在动物全身各部位的疖称为疖病（furunculosis）。

（一）病因和病理

疖的直接病因是由于皮肤受到摩擦、刺激、汗液的浸渍及污染，多为感染金黄色葡萄球菌或白色葡萄球菌而引起，偶可由表皮葡萄球菌或其他致病菌致病。动物被毛不洁，毛囊及其所属的皮脂腺、汗腺排泄障碍，维生素缺乏、气候炎热和动物对感染的抵抗力下降均能促使疖的发生，常继发为疖病，各类动物均可发生。

动物的毛囊及其所属皮脂腺、汗腺发生炎性浸润后，不久在病灶中央部形成已坏死的毛囊、皮脂腺及其临接的组织，与崩解的白细胞和大量的葡萄球菌构成的疖心，并逐渐形成小脓肿。

（二）临床症状

疖和疖病在役用家畜特别是瘦弱的役用家畜，常发生在鞍挽具容易摩擦的部位。如牛最常见于后躯易被粪尿污染的部位及跗关节与髋关节外侧骨突起部位，其他动物主要发生于四肢，其次见于颈部、肩胛部、背部、腰部及臀部等易受摩擦的部位。

由于动物种类不同和皮肤厚薄不一，所表现的症状各异。发生于皮薄部位的疖，最初局部出现温热而又剧烈疼痛的圆形肿胀结节，界限明显，呈坚实样硬度，继而病灶顶端出现明显的小脓疱，中心部有被毛竖立（图 2-1）。以后逐步形成小脓肿，波动明显并突出于皮肤的表面。在皮肤较厚部位的疖，病初肿胀不显著，触诊有剧痛，以后逐渐增大，但不突出于皮肤表面；而是在毛囊周围的组织形成炎性浸润，并迅速向周围及深部蔓延，很快亦形成小脓肿。

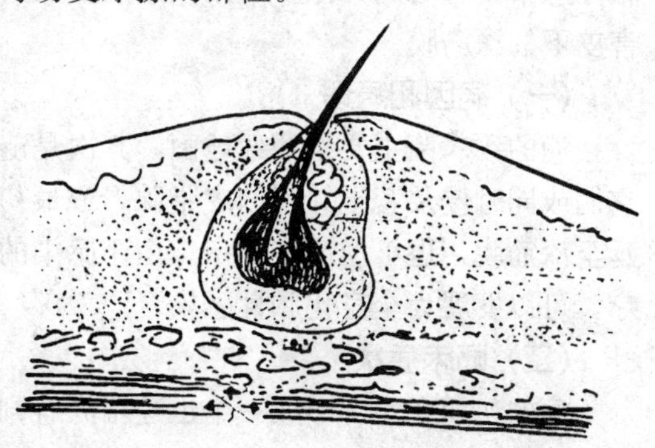

图 2-1　疖子的纵切面

病程经数日后，病灶区的脓肿可自行破溃，流出乳汁样微黄白色脓汁，局部形成小的溃疡，炎症随之消退，溃疡表面被覆肉芽组织和脓性痂皮，最后创面被肉芽组织填充并新生上皮组织而自愈。

但是如果致病菌的毒力很强，机体抵抗力下降时，疖可以继发疖病、痈、蜂窝织炎甚至败血症，使病情恶化。

单个疖常无全身症状，但发生疖病时，病畜常出现体温升高、食欲减退等全身症状。

（三）治疗

1. 早期促使炎症消退　即局部表现是炎性硬肿，触诊有剧痛的时期，可采用如下治疗方法：

（1）青霉素、普鲁卡因病灶周围封闭，必要时可结合热敷、透热、红外线、氦氖激光照射、超短波等物理疗法，效果更好，以此促进炎症消散吸收。

（2）局部涂擦鱼石脂或 20％以上的鱼石脂软膏，也可涂擦 5％碘软膏或 2.5％碘酊及其他普通刺激剂，以促使炎症消散或加速疖的成熟。

（3）也可用中药玉露散或金黄散外敷。

2. 局部化脓时及早切开排脓　已有脓液和脓栓形成的，局部消毒切开。出脓后用 0.1％高锰酸钾、0.1％利凡诺（又名雷佛奴尔、依沙吖啶）、0.1％呋喃西林、0.1％新洁尔灭、洗必泰、5％～20％氯化钠、双氧水等防腐消毒液清洗创腔。在排脓时，严禁对疖进行挤压，以防止感染扩散。

3. 肉芽组织生长期抗菌消炎，促进肉芽生长　局部外涂既能抗菌消炎，又没有刺激性或刺激性很小，并能促进肉芽生长的药物。常用的有抗生素软膏（四环素、金霉素、红霉素等）和 0.5％～2％碘甘油等。

4. 全身治疗　全身给予青霉素、复方磺胺甲基异噁唑（SMZ-TMP）等抗生素，也可以用中药仙方活命饮、普济消毒饮、防风通圣散或三黄丸等，加强饲养管理和消除引起疖病发生的各种因素。

二、痈

痈（carbuncle）是由致病菌同时侵入多个相邻的毛囊、皮脂腺或汗腺所引起的急性化脓性感染。有时痈为许多个疖或疖病发展而来，实际上是疖和疖病的扩大，其发病范围已侵害皮下的深筋膜。

（一）病因和病理

痈的致病菌主要是葡萄球菌，其次是链球菌，有时则是葡萄球菌和链球菌的混合感染。它们或同时侵及若干并列的皮脂腺，或最初只侵及一个皮脂腺而发生疖，此时感染可向下蔓延至深筋膜，也可形成多头疖。由于感染的继续发展而形成痈。如果痈未得到有效及时的治疗，可以发展为全身化脓性感染。

（二）临床症状

痈的初期在患部形成一个迅速增大有剧烈疼痛的化脓性炎性浸润，此时局部皮肤紧张、坚硬、界限不清（图 2-2）。继而在病灶中央区出现多个凸出的脓点，破溃后呈蜂窝状。以后病灶中央部皮肤、皮下组织坏死脱落，期间皮肤可因组织坏死呈紫褐色。在其自行破溃或手术切开后形成大的蜂窝状的脓腔。痈深层的炎症范围超过外表脓灶区。除局部疼痛外，病畜常有寒战、高热等全身症状。痈常伴有淋巴管炎、淋巴结炎和静脉炎。病情严重者可引起全身化脓性感染，病畜血常规检查白细胞明显升高。

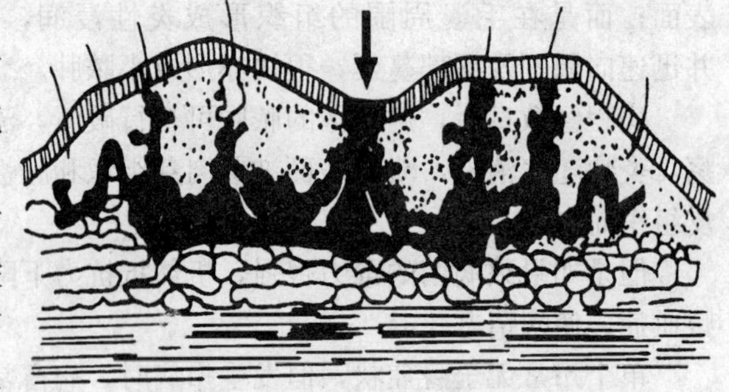

图 2-2 痈的切面（黑色代表脓汁）

（三）治疗

应注重局部和全身治疗相结合。

1. 全身治疗 尽早使用抗菌药物，可选用青霉素类、红霉素类或其他广谱抗生素类药物，以后根据细菌培养和药物敏感性试验结果选药，或者连用 5～7d 后更换药物种类。中药应辨证处方，选用清热解毒方剂，以及其他对症治疗药物。病畜患部制动、适当休息和补充营养。

2. 局部处理 初期仅有红肿时，可用鱼石脂或鱼石脂软膏、金黄散、碘伏贴敷或涂敷，每日 3～4 次。病灶周围普鲁卡因封闭疗法可获得较好的疗效。同时全身用药，争取缩小病变范围。对于已出现多个脓点、破溃流脓或者动物患病局部肿胀和疼痛剧烈，表面呈现青紫色或紫褐色，全身症状明显，动物食欲废绝时，应该及时做十字形或双十形切开（图 2-3），并且一直切到健康组织（图 2-4），尽量清除已化

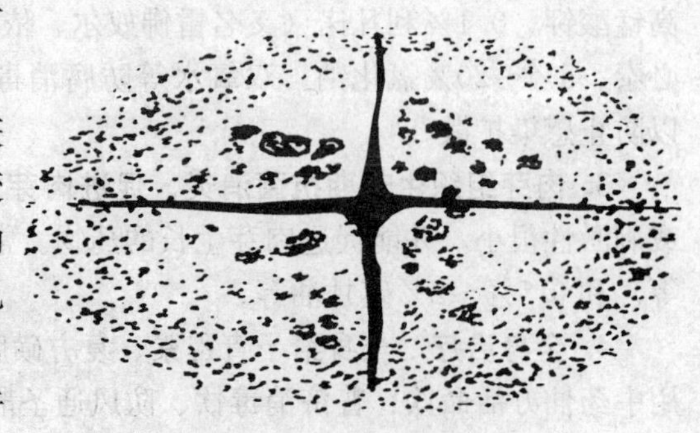

图 2-3 痈的十字形切开（黑色代表脓头）

脓或尚未成脓、却已失活的组织；然后用高渗的中性盐溶液或者硫呋液反复冲洗，并用浸有这些高浓度盐类液体的纱布填塞引流，以吸出肿胀组织内部的炎性渗出液（图 2-5），减轻局部肿胀和疼痛，改善全身症状。当炎症基本消退后，改用疖的治疗方法进行治疗。

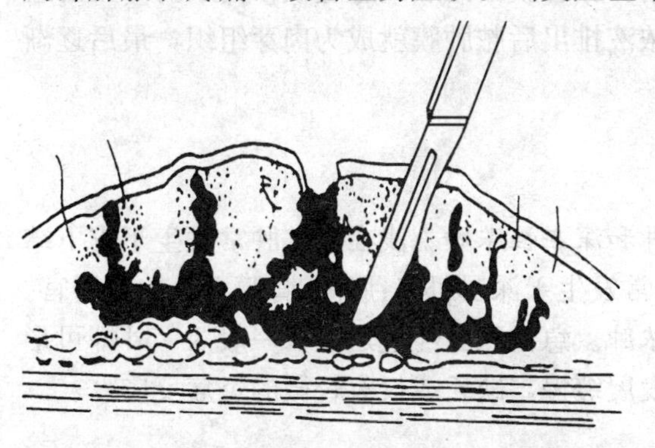

图 2-4 切口超过炎症范围少许，深达筋膜

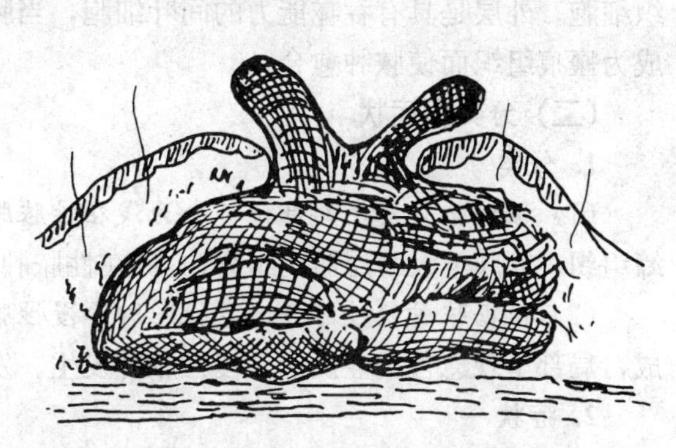

图 2-5 伤口内填塞纱布条引流

三、脓 肿

在任何组织或器官内形成的外有脓肿膜包裹、内有脓汁潴留的局限性脓腔称为脓肿（abscess）。它是致病菌感染后所引起的局限性炎症过程，如果在解剖腔内（胸膜腔、喉囊、关节腔、鼻窦）有脓汁潴留时则称之为蓄脓，如关节蓄脓、上颌窦蓄脓、胸膜腔蓄脓等。

（一）病因和病理

1. 病因 大多数脓肿是由感染引起，最常继发于急性化脓性感染的后期。致病菌侵入的主要途径是皮肤的伤口。引起脓肿的致病菌主要是葡萄球菌，其次是化脓性链球菌、大肠杆菌、绿脓杆菌和腐败菌。犬及猪的脓肿绝大部分是感染了金黄色葡萄球菌的结果。在牛有时可见因分枝杆菌、放线杆菌感染形成的冷性脓肿。此外，由于动物种类不同，对同一致病菌的感受性亦有差异。

除感染因素外，静脉注射各种刺激性的化学药品，如水合氯醛、氯化钙、高渗盐水及砷制剂等，若将它们误注或漏注到静脉外也能发生脓肿。其次是注射时不遵守无菌操作规程而引起的注射部位脓肿。也有的是由于血液或淋巴循环将致病菌由原发病灶转移至某一新的组织或器官内所形成的转移性脓肿，如牛分枝杆菌、放线杆菌的感染。

2. 病理 在致病菌的作用下，患畜机体出现一系列的应答性反应。化脓感染初期，首先在炎性病灶的局部呈现酸度增高、血管壁扩张、血管壁的渗透性增高等反应。然后伴有以嗜中性粒细胞为主经血管壁大量渗出。由于病灶局部体液循环障碍及炎性细胞浸润，使局部组织代谢紊乱，导致细胞大量坏死和有毒产物及毒素的积聚，后者又加重细胞的坏死。嗜中性粒细胞分泌蛋白分解酶以促进坏死组织细胞溶解，随后在炎症病灶的中央形成充满脓汁的腔洞。腔洞的周围有肉芽组织构成的脓肿膜，随着脓肿膜的形成，脓肿成熟。

脓肿内的脓汁由脓清、脓球和坏死分解的组织细胞三部分组成。脓清一般不含纤维素，因此不易凝固。脓球的组成随病程的进展而有明显的不同，一般是由多种细胞组成，以分叶核嗜中性粒细胞为最多；其次是淋巴细胞、嗜酸性粒细胞、嗜碱性粒细胞、单核细胞及巨噬细胞；有的还含有少量红细胞。组织分解产物包括组织细胞的分解碎片、坏死组织碎块、骨碎粒、软骨碎片等。病灶的周围形成的脓肿膜是脓肿与健康组织的分界线，它具有限制脓汁扩散和减少病畜从脓肿病灶吸收有毒产物的作用。脓肿膜由两层细胞组成，内层为坏死的组织细胞，外层是具有吞噬能力的间叶细胞，当脓液排出后脓肿膜就成为肉芽组织，最后逐渐成为瘢痕组织而使脓肿愈合。

（二）分类和症状

1. 分类

（1）根据脓肿发生的部位可分为浅在性脓肿和深在性脓肿。浅在性脓肿常发生于皮下结缔组织、筋膜下及表层肌肉组织内。深在性脓肿常发生于深层肌肉、肌间、骨膜下及内脏器官。

（2）根据脓肿经过可分为急性脓肿和慢性脓肿。急性脓肿经过迅速，一般3～5d即可形成，局部呈现急性炎症反应。慢性脓肿发生、发展缓慢，缺乏或仅有轻微的炎症反应。

2. 症状

（1）浅在急性脓肿：初期局部肿胀，无明显的界限，触诊局温增高、坚实，有疼痛反应。以后肿胀的界限逐渐清晰成局限性，最后形成坚实样的分界线；随着病情的继续发展，在肿胀的中央部位开始软化，形成具有波动感的脓肿。脓肿成熟之后可自溃排脓。但常因皮肤溃口过小，脓汁不易排尽。浅在慢性脓肿一般发生缓慢，虽有明显的肿胀和波动感，但缺乏温热和疼痛反应或非常轻微。

（2）深在急性脓肿：由于部位深在，加之被覆较厚的组织，局部增温不易感知。常出现皮肤及皮下结缔组织的炎性水肿，触诊时有疼痛反应并常有指压痕。在压痛和水肿明显处穿刺，抽出脓汁即可确诊。

当较大的深在性脓肿未能及时治疗，脓肿可穿破脓肿膜的薄弱点而自溃，并可向深部组织扩散引起感染扩散而呈现较明显的全身症状，严重时还可能引起败血症。特别是位于疏松结缔组织附近和肌间筋膜下的脓肿，在压力小的薄弱点破溃，破溃后可沿阻力最小的地方上行或下沉形成新的脓肿，甚至转变成蜂窝织炎或者经血液或淋巴循环转移到其他组织，形成转移性脓肿。所以，脓肿成熟后提倡及时切开、排脓和引流，脓腔最后可由肉芽组织填充而愈合。

内脏器官的脓肿常常是转移性脓肿或败血症的结果，严重地妨碍发病器官的功能，如牛创伤性心包炎，心包、膈肌以及网胃和膈连接处常见到多发性脓肿，病牛慢性消瘦，体温升高，食欲和精神不振，血常规检查时白细胞数明显增多，最终导致心脏衰竭而死亡。

（三）诊断

浅在性脓肿根据临床表现就可以诊断，深在性脓肿可经穿刺诊断和超声波、CT、MRI检查后确诊。超声波、CT、MRI不但可确诊脓肿是否存在，还可确定脓肿的部位和大小。当肿胀尚未成熟或脓腔内脓汁过于黏稠时常不能排出脓汁，但在后一种情况下针孔内常有干涸黏稠的脓汁或脓块附着。根据脓汁的性状并结合细菌学检查，可进一步确定脓肿的病原菌。

脓肿诊断需要与外伤性血肿、淋巴外渗、挫伤和某些疝相区别。

（四）治疗

1. 消炎、止痛及促进炎症产物消散吸收 当局部肿胀正处于急性炎性细胞浸润阶段，可局部涂擦樟脑软膏，或用冷疗法（如复方醋酸铅溶液冷敷，鱼石脂酒精、栀子酒精冷敷），以抑制炎性渗出，并具有止痛的作用。当炎性渗出停止后，可用温热疗法、短波透热疗法、超短波疗法等物理疗法以促进炎症产物的消散吸收。局部治疗的同时，可根据病畜的情况配合应用抗生素、磺胺类药物并采用对症疗法。

2. 促进脓肿的成熟　当局部炎症产物已无消散吸收的可能时，局部可用鱼石脂软膏、鱼石脂樟脑软膏、超短波疗法、温热疗法等物理疗法以促进脓肿的成熟。待局部出现明显的波动时，应立即进行手术治疗。

3. 手术疗法　脓肿形成后其脓汁常不能自行消散吸收，只有当脓肿自溃排脓或手术排脓后经过适当地处理才能治愈。因此，脓肿成熟后提倡及时切开、排脓和引流。

脓肿发生时常用的手术疗法有以下几种：

（1）脓汁抽出法：适用于深部组织较小的脓肿和关节部位脓肿膜形成良好的小脓肿。其方法是利用注射器将脓肿腔内的脓汁抽出，然后用生理盐水反复冲洗脓腔，抽净腔中的液体，最后灌注混有青霉素的溶液。

（2）脓肿切开法：脓肿成熟出现波动后立即切开。切口应选择波动最明显且容易排脓的部位。按手术常规对局部进行剪毛消毒后再根据情况做局部或全身麻醉。切开前为了防止脓肿内压力过大，脓汁向外喷射，可先用粗针头将脓汁排出一部分。切开时一定要防止外科刀损伤对侧的脓肿膜。切口要有一定的长度并做纵向切口以保证在治疗过程中脓汁能顺利地排出。深在性脓肿切开时除进行确实麻醉外，最好进行分层切开，并对出血的血管进行仔细的结扎或钳夹止血，以防引起脓肿的致病菌进入血液循环，而被带至其他组织或器官发生转移性脓肿。脓肿切开后，脓汁要尽力排尽，但切忌用力压挤脓肿壁（特别是脓汁多而切口过小时），或用棉纱等用力擦拭脓肿膜里面的肉芽组织，这样就有可能损伤脓肿腔内的肉芽性防卫面而使感染扩散。如果一个切口不能彻底排空脓汁时亦可根据情况做必要的辅助切口。对浅在性脓肿可用防腐液或生理盐水反复清洗脓腔。最后用脱脂纱布轻轻吸出残留在腔内的液体。切开后的脓肿创口可按化脓创进行外科处理。

（3）脓肿摘除法：常用以治疗脓肿膜完整的浅在性小脓肿。手术时要小心地把整个脓肿连同脓肿壁完整的分离下来，注意勿刺破脓肿膜，要求形成新鲜的无菌手术创，术后缝合包扎。

4. 全身疗法　对于已经出现全身症状的深在性脓肿，还应该在局部治疗的同时及时进行全身治疗，治疗方法同疖病。

四、蜂窝织炎

蜂窝织炎（phlegmon）是疏松结缔组织发生的急性弥漫性化脓性感染。其特点是：常发生在皮下、筋膜下、肌间隙或深部疏松结缔组织内；病变不易局限，扩散迅速，与正常组织无明显界限；常累及病变附近的淋巴结，并伴有明显的全身症状。

（一）病因和病理

1. 病因　引起蜂窝织炎的致病菌主要是溶血性链球菌，其次为金黄色葡萄球菌，亦可为大肠杆菌、厌氧菌及其他链球菌等。

一般多由皮肤或黏膜的微小创口的原发病灶感染引起；也可因邻近组织的化脓性感染扩散或通过血液循环和淋巴道的转移。偶见继发于某些传染病或刺激性强的化学制剂误注或漏入皮下疏松结缔组织内。

2. 病理 蜂窝织炎的发生、发展主要是由机体的防御机能、局部解剖学特点或致病菌的种类、毒力和数量所决定。当机体维生素缺乏，营养不良，特别是患有腺疫、副伤寒等传染病或局部发生淤血、肿胀等情况下，动物体防御机能显著下降，此时皮肤或黏膜发生创伤，创内存有大量凝血块、坏死组织、异物，引起化脓感染；治疗不及时或治疗不当，导致肉芽防卫面被破坏，使感染向周围蔓延扩散而发生蜂窝织炎。在蜂窝织炎的发生和发展上，致病菌，特别是链球菌产生的透明质酸酶和链激酶能加速结缔组织基质和纤维蛋白的溶解，有助于致病菌和毒素向周围组织扩散而导致化脓性感染，沿着疏松结缔组织的间隙向周围扩散。

蜂窝织炎的初期，在感染的疏松结缔组织内首先发生急性浆液性渗出，由于渗出液大量积聚而出现水肿。渗出液最初透明，以后因白细胞，特别是嗜中性粒细胞渗出增加而逐渐变为浑浊。白细胞（主要是嗜中性粒细胞）游走至发炎组织后不断死亡、崩解，释放出蛋白溶解酶；同时致病菌和局部坏死组织细胞崩解时，也释放出组织蛋白酶等溶解酶，它们共同溶解坏死的发炎组织，最后就形成化脓性浸润。化脓性浸润约经两天即可转变为化脓灶，以后化脓浸润的疏松结缔组织呈弥漫性化脓性溶解或形成蜂窝织炎性脓肿，甚至导致急性型败血症而造成病畜死亡。

（二）分类和症状

1. 分类

（1）按蜂窝织炎发生部位的深浅可分为浅在性蜂窝织炎（皮下、黏膜下蜂窝织炎）和深在性蜂窝织炎（筋膜下、肌间、软骨周围、腹膜下蜂窝织炎）。

（2）按蜂窝织炎的病理变化可分浆液性、化脓性、厌氧性和腐败性蜂窝织炎，如化脓性蜂窝织炎伴发皮肤、筋膜和腱的坏死时则称为化脓坏死性蜂窝织炎；在临床上也常见到化脓菌和腐败菌混合感染而引起的化脓腐败性蜂窝织炎。

（3）按蜂窝织炎发生的部位可分为关节周围蜂窝织炎、食管周围蜂窝织炎、淋巴结周围蜂窝织炎、股部蜂窝织炎、直肠周围蜂窝织炎等。

2. 症状 当动物发生蜂窝织炎时，病程发展迅速。局部症状主要表现为大面积肿胀，局部增温，疼痛剧烈和机能障碍。全身症状主要表现为病畜精神沉郁，体温升高，食欲不振，并出现各系统（循环、呼吸和消化系统等）的机能紊乱。

（1）皮下蜂窝织炎：常发于四肢（特别是后肢），主要是由外伤感染而引起。病初局部出现弥漫性渐进性肿胀，触诊时热痛反应非常明显，初期肿胀呈捏粉状，有指压痕，后则变为稍坚实感。局部皮肤紧张，无可动性。

（2）筋膜下蜂窝织炎：常发生于前肢的前臂筋膜下、鬐甲部的深筋膜和棘横筋膜下，以及后肢的小腿筋膜下和阔筋膜下的疏松结缔组织中。其临床特征是患部热痛反应剧烈，机能障碍明显，患部组织呈坚实性炎性浸润。

（3）肌间蜂窝织炎：常继发于开放性骨折、化脓性骨髓炎、关节炎及腱鞘炎之后。有些是由于皮下或筋膜下蜂窝织炎蔓延的结果。感染可沿肌间和肌群间大动脉及大神经干的径路蔓延。首先是肌外膜，然后是肌间组织，最后是肌纤维。先发生炎性水肿，继而形成脓性浸润并逐渐发展成为化脓性溶解。患部肌肉肿胀、肥厚、坚实、界限不清，机能障碍明显，触诊和他动运动时疼痛剧烈。表层筋膜因组织内压增高而高度紧张，皮肤可动性受到很大的限制。肌间蜂窝织炎时全身症状明显，体温升高，精神沉郁，食欲不振。局部已形成脓肿时，切开后可流出灰色、常带血样的脓汁。有时由化脓性溶解可引起关节周围炎、血栓性血管炎和神经炎。

当颈静脉注射刺激性强的药物时，若漏入到颈部皮下或颈深筋膜下，能引起筋膜下的蜂窝织炎。注射后经1～2d局部出现明显的渐进性的肿胀，有热痛反应，但无明显的全身症状。当并发化脓性或腐败性感染时，则经过3～4d后局部即出现化脓性浸润，继而出现化脓灶。若未及时切开则可自行破溃而流出微黄白色较稀薄的脓汁，它能继发化脓性血栓性颈静脉炎。当动物采食时由于饲槽对患部的摩擦或其他原因，常造成颈静脉血栓的脱落而引起大出血。

（三）治疗

治疗原则是减少炎性渗出、抑制感染扩散、减轻组织内压、改善全身状况、增强机体抗病能力，要采取局部和全身疗法并举的原则。

早期较浅表的蜂窝织炎以局部治疗为主，部位深、发展迅速、全身症状明显者应尽早全身应用抗菌药物。

1. 局部疗法

（1）*控制炎症发展，促进炎症产物消散吸收*：最初24～48h以内，当炎症继续扩散，组织尚未出现化脓性溶解时，为了减少炎性渗出可用冷敷，涂敷醋调制的复方醋酸铅散。当炎性渗出已基本平息，为了促进炎症产物的消散吸收可用上述溶液温敷。局部治疗常用50%硫酸镁湿敷，也可用20%鱼石脂软膏或雄黄散外敷。有条件的地方可做超短波、微波、中波、红外线或氦氖激光等理疗。为了阻止炎症的扩散，可用0.5%的盐酸普鲁卡因青霉素溶液做病灶周围封闭。

（2）*手术切开*：蜂窝织炎一旦形成化脓性坏死，应早期做广泛切开，切除坏死组织并尽快引流；或者冷敷后炎性渗出不见减轻，组织出现增进性肿胀明显，疼痛剧烈，并有明显的全身症状时，说明感染已相当严重，此时已没有溶解消散的可能，炎症正在向周围扩散，也应该早期做广泛切开，以减轻组织内压，排出渗出液，防止感染恶化。

手术切开时应根据情况做局部或全身麻醉。浅在性蜂窝织炎应充分切开皮肤、筋膜、腱膜及肌肉组织等。为了保证渗出液的顺利排出，切口必须有足够的长度和深度，做好纱布引流。必要时应造反对口，四肢应做多处切口，最好是纵切或斜切。伤口止血后可用中性盐类高渗溶液做引流液以利于组织内渗出液外流。亦可用2%过氧化氢液冲洗和湿敷创面。

如经上述治疗后体温暂时下降复而升高，肿胀加剧，全身症状继续恶化，则说明可能有新的病灶形成，或存有脓窦及异物，或引流纱布干涸堵塞而影响排脓，或引流不当所致。此时应迅速扩大创口，消除脓窦，去除异物，更换引流纱布，保证渗出液或脓汁能顺利排出。待局部肿胀明显消退，体温恢复正常，局部创口可按化脓创处理。

2. 全身疗法　早期应用抗生素疗法、磺胺疗法及盐酸普鲁卡因封闭疗法；对病畜要加强饲养管理，特别是多给予富含维生素的饲料。

第三节　厌气性和腐败性感染

一、厌气性感染

厌气性感染是一种严重的外科感染，一旦发生，预后多为慎重或不良，因此在临床上必须预防厌气性感染的发生。

(一) 病因

引起厌气性感染的致病菌主要有产气荚膜梭菌、恶性水肿杆菌、溶组织杆菌、水肿杆菌及腐败弧菌等。

这些致病菌均属革兰氏阳性菌，广泛存在于人畜粪便及施肥的土壤中。这些致病菌都能形成芽胞并需在不同程度的缺氧条件下才能生长繁殖。在生长繁殖过程中产气荚膜梭菌能产生大量气体，而恶性水肿杆菌能产生少量气体，其他均不产生气体。混合感染要比单一感染严重。战时较平时多发，因为火器创时有许多因素能助长厌气性感染的发生。

1. 缺氧的条件 所有厌气性感染的致病菌均在缺氧的条件下容易生长繁殖。因此由弹片及子弹所引起的盲管创、深刺创、有死腔的创伤、创伤切开和坏死组织切除不彻底、紧密的棉纱填塞、创伤的密闭缝合等就成为厌气性感染发生的有利条件。在混合感染时，特别是需氧菌和厌氧菌混合感染时，因需氧菌消耗了病灶局部仅有的少量的氧，这就给厌氧菌的生长繁殖创造了有利条件。

2. 软组织，尤其是肌肉组织的大量挫灭 厌气性感染主要发生在软组织，特别是肌肉组织内。肌肉组织含有丰富的葡萄糖及蛋白质，当它们挫灭坏死而丧失血液供应时，厌氧菌则易于生长繁殖，并容易感染。

3. 局部解剖学的特点 臂部、肩胛部、颈部肌肉的肌肉层很厚，外面又有致密的深筋膜覆盖，因此当这些部位发生较严重的损伤时，就容易造成缺氧的条件，再加上大量的肌肉组织挫灭，这就给厌氧菌的生长繁殖创造了极为有利的条件。

4. 常被厌氧菌污染的部位 肛门附近、阴囊周围及后肢发生损伤，创内留有被土壤菌污染的异物时容易发生厌气性感染。

5. 有机体的防卫机能降低 大失血、过劳、营养不良、维生素不足及慢性传染病所致的全身性衰竭是容易发生厌气性感染的内因。

(二) 分类

临床上常将厌气性感染分为厌气性脓肿、厌气性（气性）坏疽、厌气性（气性）蜂窝织炎、恶性水肿及厌气性败血症，其中常见的是厌气性坏疽及厌气性蜂窝织炎。

(三) 症状

厌气性感染和急性化脓性感染的主要区别是前者是以组织坏死为主要特征，而后者则主要是出现炎症反应。

厌气性感染时局部的典型症状是组织（主要是肌肉组织）的坏死及腐败性分解、水肿和气体的形成（大部分厌气性感染）、血管栓塞造成局部血液循环障碍和淋巴循环障碍。局部肌肉呈煮肉样，切割时无弹性，不收缩，几乎不出血。血管栓塞是厌气性感染的一个重要的病理解剖学症状，血栓是由于毒素对脉管壁的影响（结果可发生脉管壁的坏死）以及血液易于凝固等原因所引起。

水肿的组织开始有热感，疼痛剧烈，但以后局部变凉，疼痛的感觉也降低甚至消失，这可能是由于神经纤维及其末梢发生坏死的结果。

厌气性（气性）坏疽时，初期局部出现疼痛性肿胀，并迅速向外扩散，以后触诊肿胀部则出现气性捻发音。从创口流出少量红褐色或不洁带黄灰色的液体。肌肉呈煮肉样，失去其固有的结构，最后由于坏死溶解而呈黑褐色。病畜出现严重的全身紊乱。

当发生厌气性蜂窝织炎时，患部可出现急性增进性有弹性的肿胀，肿胀初期有热痛反应，随着气体的产生，肿胀变凉，疼痛减轻，触诊有气性捻发音，叩诊呈鼓音，从创口流出混有气泡、浑浊、稀薄的脓性液体。当有腐败菌混合感染时则流出红褐色混有气泡、带腐臭味的脓汁，病畜出现严重的全身症状。

当恶性水肿时，损伤部初期呈现温热微痛性急剧增进性肿胀，后期局部变凉而无痛，一般无气性捻发音（有产气荚膜梭菌混合感染时例外），从创口流出无味、无气泡、稀薄的脓样液体，病畜全身症状严重。

上述几种厌气性感染的组织分解产物、致病菌及其毒素很容易被有机体吸收而发生厌气性败血症。

（四）治疗

病灶应广泛切开，以利于空气的流通，尽可能地切除坏死组织，用氧化剂、氯制剂及酸性防腐液处理感染病灶。

（1）手术治疗是最基本的治疗方法。一经确诊为厌气性感染后，对患部应立即进行广泛而深的切开，一直达到健康组织部分。尽可能地切除所有的坏死组织，去除异物，消除脓窦，切开筋膜及腱膜。手术的目的是减低组织内压，消除静脉淤血，改善血液循环，排出毒素，并造成一个不利于厌气性致病菌生长繁殖的条件。

（2）用大量的3%过氧化氢溶液、0.5%高锰酸钾溶液等氧化剂以及中性盐类高渗溶液、酸性防腐液冲洗创口。

（3）创口不缝合，实施开放疗法。

（4）全身应用大量的抗生素、磺胺类药物、抗菌增效剂及其他防治败血症的有效疗法和对症疗法。

（五）预防

厌气性感染常能造成严重的后果，因此必须重视该病的预防工作。其要点是手术时必须严格地遵守无菌操作规程。凡有可能被厌气菌污染的敷料和器械必须严格消毒。术野和手也要做好消毒工作。对深的刺创必须进行细致的外科处理，必要时应扩开创口，通畅引流，尽可能地切除坏死组织，并用上述氧化剂冲洗创口。此外，应对病畜加强饲养管理以提高有机体的抗病能力。

二、腐败性感染

腐败性感染的特点是局部坏死，发生腐败性分解，组织变成黏泥样无构造的恶臭物。表面被浆液性血样污秽物（有时呈褐绿色）所浸润，并流出初呈灰红色、后变为巧克力色、发恶臭的腐败性渗出物。

（一）病因

引起本病的致病菌主要有变形杆菌、产芽胞杆菌、腐败杆菌、大肠杆菌及某些球菌等。葡萄球菌、链球菌及上述的厌氧菌常与之发生混合感染。内源性腐败性感染可见于肠管损伤、直肠炎及肠管陷入疝轮而被箝闭时。外源性腐败性感染常发生于创内含有坏死组织，深创囊或有可阻断空气流通的弯曲管道的创伤。

(二) 症状

初期，创伤周围出现水肿和剧痛。水肿是由于腐败性感染的炎症区内大静脉发生栓塞性静脉炎，有时继发腐败性分解，因而血液循环受到严重破坏的结果。创伤表面分泌液呈红褐色，有时混有气泡，具有坏疽恶臭。创内的坏死组织变为灰绿色或黑褐色，肉芽组织发绀且不平整。因毛细血管脆弱故接触肉芽组织时，容易出血。有时因动脉管壁受到腐败性溶解而发生大出血。腐败性感染时常伴发筋膜和腱膜的坏死以及腱鞘和关节囊的溶解。

腐败性感染时，由于病畜经感染灶吸收了大量腐败分解有毒产物和各种毒素，因而体温显著升高，并出现严重的全身性紊乱。

(三) 治疗

同厌气性感染治疗。

(四) 预防

腐败性感染的预防在于早期合理扩创，切除坏死组织，切开创囊，通畅引流，保证脓汁和分解产物能顺利排出，并保证空气能自由地进入创内。

第四节 全身化脓性感染

全身化脓性感染是有机体从败血病灶吸收致病菌（主要是化脓菌）及其生活活动产物和组织分解产物所引起的全身性病理过程。一般来说全身化脓性感染都是继发的，它是开放性损伤、局部炎症和化脓性感染过程以及手术后的一种最严重的并发症。在兽医临床上，若发现患畜出现全身化脓性感染的征兆，必须早期诊断和治疗，否则病畜常因发生感染性休克而死亡。

全身化脓性感染包括败血症和脓血症等多种情况，败血症（septicemia）是指致病菌（主要是化脓性致病菌）侵入血液循环，持续存在，迅速繁殖，产生大量毒素及组织分解产物而引起的严重的全身性感染。脓血症（pyemia）是指局部化脓病灶的细菌栓子或脱落的感染血栓，间歇性进入血液循环，并在机体其他组织或器官形成转移性脓肿。败血症和脓血症同时存在者，又称为脓毒败血症（pyosepticemia）。

除了败血症、脓血症和脓毒败血症外，很多资料都把菌血症和毒血症也归类为全身感染。但也有一些学者认为，菌血症和毒血症并不算为全身感染。因为菌血症（bacteremia）只是少量致病菌侵入血液循环内，迅速被机体的防御系统所消除，不引起或仅引起短暂而轻微的全身反应。毒血症（toximia）则是由于大量的毒素进入血液循环所致，可引起剧烈的全身反应。毒素可来自细菌、严重损伤或感染后组织破坏分解的产物；致病菌留居在局部感染病灶处，并不侵入血液循环。

临床上，败血症、脓血症、毒血症等有时难以区分，多呈混合型。如败血症本身已包含毒血症，脓毒败血症既包含败血症，又包含脓血症。因而，目前临床上把急性全身性感染多统称为败血症。近年来，有人主张将严重的化脓性感染引起明显全身反应，有显著中毒症状的称为脓毒症（sepsis）。

(一) 病因和病理

多种致病菌均可引起全身化脓性感染，如金黄色葡萄球菌、溶血性链球菌、大肠杆菌、绿脓杆菌和厌氧性病原菌等。有时呈单一感染，有时是数种致病菌混合感染，其中革兰氏阴性杆菌引起的败血症更为常见。随着诊断技术的进步，厌氧菌败血症的检出率也日趋增多。而在使用广谱抗生素治疗全身化脓性感染的过程中，也有继发真菌性败血症的危险。

除病原菌的因素外，局部感染治疗不及时或处理不当，如脓肿引流不及时或引流不畅、清创不彻底等均可引起全身性化脓性感染。

此外，长期使用糖皮质激素、免疫抑制剂等药物导致机体正常免疫机能改变，或者是慢性消耗性疾病、营养不良、贫血、低蛋白血症等其他原因导致免疫机能低下的病畜，还可并发内源性感染，尤其是肠源性感染，肠道细菌及内毒素进入血液循环，导致本病发生。

当机体内存在化脓性、厌氧性、腐败性感染或混合性感染时，则构成了发生全身化脓性感染的基础。但是，有的只发生疖、痈和脓肿等局部感染，有的则发生蜂窝织炎，甚至有时局部感染较严重，亦不致引起全身化脓性感染。这一方面决定于病畜的防卫机能，而另一方面也取决于致病菌的数量和毒力。致病菌繁殖快、毒力大，病畜抵抗力降低则容易诱发全身化脓性感染。

有机体的防卫机能在全身化脓性感染的发生上具有极其重要的意义。在病畜的免疫机能降低时，病原菌在感染灶内可大量生长繁殖。如局部化脓病灶处理不当或止血不良等，感染病灶的细菌通过栓子或被感染的血栓进入血液循环而被带到各种不同的器官和组织内，它们遇到有利于生长繁殖的条件时，即在这些器官和组织内形成转移性脓肿。若畜体抵抗力高度下降，病程进一步发展，感染病灶的局部代谢和分解产物及致病菌本身可以随着血液及淋巴流入体内，大量致病菌和各种毒素可使病畜心脏、血管系统、神经系统、实质器官呈现毒害作用，导致一系列的机能障碍，最后发生败血症。

经验证明，如果败血病灶成为细菌大量生长繁殖和制造的场所，即使机体有较强的抵抗力，也往往容易发生败血症。因此，治疗败血症应从原发败血病灶着手。

（二）症状

1. 脓血症　其特征是致病菌本身通过栓子或被感染的血栓进入血液循环而被带到各种不同的器官和组织内，在它们遇到有利于生长繁殖的条件时，即在这些器官和组织内形成转移性脓肿。转移性脓肿由粟粒大到成人拳头大，可见于有机体的任何组织和器官，如肺、肝、肾、脾、脑及肌肉组织内。常发生于牛、犬、家禽、猪及绵羊，少发于马（主要见于腺疫）。当创伤性全身化脓性感染时，首先在创伤的周围发生严重的水肿、疼痛剧烈，以后组织即发生坏死。肉芽组织肿胀、发绀，也发生坏死。脓汁初呈微黄色黏稠，以后变稀薄并有恶臭。病灶内常存有脓窦、血栓性脉管炎及组织溶解。随着感染和中毒的发展，病畜出现明显的全身症状。最初精神沉郁，恶寒战栗，食欲废绝，但喜饮水，呼吸加速，脉弱而频，出汗。体温升高（马可达 40℃以上），有时呈典型的弛张热型，有时则呈间歇热型或类似间歇热型。在体温显著升高前常发生战栗，体温下降后则出汗。倘若转移性败血病灶不断有热源性物质被机体吸收则可出现稽留热，病畜卧地不起而发生褥疮。每次发热都可能和致病菌或毒素进入血液循环有关。在脓肿和蜂窝织炎的吸收热期也可见到体温升高，但在 24h 内并无显著变化。若病畜体温有明显的变化，且血压下降，常常是全身化脓性感染的特征。当长时期发高热，而间歇不大，且其他全身症状加重时，则说明病情严重，常可导致动物的死亡。

当肝脏发生转移性脓肿时眼结膜可出现高度黄染。肠壁发生转移性脓肿时可出现剧烈的腹泻、腹痛。当肺内发生转移性脓肿时，呼气中带有腐臭味并有大量的脓性鼻漏。当病畜脑组织内发生了转移性脓肿时，病畜出现痉挛，甚至是痉挛性抽搐，尿的比重降低，并出现病理产物，血液出现明显的变化。

血液检查，可见到血沉加快，白细胞数增加（马可达22 000～35 000个/μL），核左移，嗜中性粒细胞中幼稚型占优势。在血检时如见到淋巴细胞及单核细胞增加时，常为康复的标志。但如红细胞及血红素显著减少，而白细胞中的幼稚型嗜中性粒细胞占优势，此时淋巴细胞增加往往是病情恶化的象征。在检查败血病灶创面的按压标本的脓汁象时，在严重的病例，则见不到巨噬细胞及溶菌现象，但脓汁内却有大量的细菌出现，此乃病情严重的表现。如脓汁象内出现静止游走细胞和巨噬细胞，则表明有机体尚有较强的抵抗力和反应能力。

2. 败血症 原发性和继发性败血病灶的大量坏死组织、脓汁以及致病菌毒素进入血循后引起患畜全身中毒症状。病畜体温明显增高（马可达 40℃以上），一般呈稽留热，恶寒战栗，四肢发凉，脉搏细数，动物常躺卧，起立困难，运步时步态蹒跚，有时能见到中毒性腹泻，在马还出现疝痛症状，可见肌肉剧烈颤抖，有时出汗。随病程发展，可出现感染性休克或神经系统症状，病畜可见食欲废绝，结膜黄染，呼吸困难，脉搏细弱，病畜烦躁不安或嗜睡，尿量减少并含有蛋白质或无尿，皮肤黏膜有时有出血点，血液学指标有明显的异常变化，死前体温突然下降，最终器官衰竭而死。

（三）诊断

在原发感染灶的基础上出现上述临床症状，诊断败血症常不困难。但临床表现不典型或原发病灶隐蔽时，诊断可发生困难或延误诊断。因此，对一些临床表现如畏寒、发热、贫血、脉搏细速、皮肤黏膜有瘀点、精神改变等，不能用原发病来解释时，即应提高警惕，密切观察和进一步检查，以免漏诊败血症。

确诊败血症可通过血液细菌培养。但已接受抗菌药物治疗的病畜，往往影响到血液细菌培养的结果。对细菌培养阳性者应做药敏试验，以指导抗生素的选用。同时，配合开展血液电解质、血气分析、血尿常规检查以及反应重要器官功能的监测，对诊治败血症具有积极的临床意义。

（四）治疗

全身化脓性感染是严重的全身性病理过程，因此必须早期地采取局部感染病灶处理、全身疗法和对症疗法等综合性治疗措施。

1. 局部感染病灶的处理 因为感染病灶是细菌及毒素的制造和储存的场所，是败血症的发源地，必须从原发和继发的败血病灶着手，以消除感染和中毒的来源，消灭败血症的发病基础，去掉病根，否则再好的全身性用药，疗效也不理想。为此，必须彻底清除所有的坏死组织，切开创囊、流注性脓肿和脓窦，摘除异物，排除脓汁，畅通引流，用刺激性较小的防腐消毒剂彻底冲洗败血病灶，然后局部按化脓性感染创进行处理。感染病灶周围用混有青霉素的盐酸普鲁卡因溶液封闭。

2. 全身疗法 为了抑制感染的发展可早期应用抗生素疗法。根据病畜的具体情况可以大剂量地使用青霉素、头孢类或四环素等。在兽医临床上使用磺胺增效剂常取得良好的治疗效果，常用的是三甲氧苄氨嘧啶（TMP）。注射剂有增效磺胺嘧啶注射液、增效磺胺甲氧嗪注射液、增效磺胺-5-甲氧嘧啶注射液。恩诺沙星作为广谱抗菌药，已被广泛应用。为了增强机体的抗病能力，维持循环血容量和中和毒素，可进行输血和补液。为了防治酸中毒可应用碳酸氢钠疗法。应当补给维生素和大量给予饮水。为了增强肝脏的解毒机能和增强机体的抗病能力，可应用葡萄糖疗法。

3. 对症疗法　目的在于改善和恢复全身化脓性感染时受损害的系统和器官的机能障碍。当心脏衰弱时可应用强心剂，肾机能紊乱时可应用乌洛托品，败血性腹泻时静脉注射氯化钙。

第五节　外科感染选用抗菌药物的原则

抗菌药物的应用在防治外科感染中起到了不可替代的作用，但是，近年来在兽医临床上滥用抗生素的种种不良反应已日渐严重。外科感染常需外科处理，抗菌药物不能取代外科处理，更不可依赖药物而忽视无菌操作，这是必须重视的一条外科原则。

（一）适应症

当发生较为严重的急性病变时需要应用抗生素治疗，如急性蜂窝织炎、痈、疖病和急性骨髓炎等，至于一些浅表的、局限的感染，如毛囊炎、疖、伤口表面的感染等则不需要应用。对多种特异性感染如破伤风、结核病等则需要选用有效抗菌药。

必须重视正确的预防性用药。需要预防性用药者包括：怀疑有较大感染可能性的损伤，如严重污染的软组织创伤、开放性骨折、火器伤、腹腔脏器破裂、结肠手术等；或一旦继发感染后果严重者，如风湿病、人工材料体内移植术等。

手术的预防性抗菌药应用（围术期用药）应根据手术的局部感染或污染的程度，选择用药的时机，并缩短用药时间。有效及合理的用药应在术前1h或麻醉开始时自静脉输入；如肌肉注射则应在术前2h给予。如果手术时间较长，术中还可以追加一次剂量。

（二）药物的选择和使用

1. 药物选择　理想的方法是及时收集有关的体液、分泌物，进行微生物检查和药物敏感性试验，据此选择或调整抗菌药物品种（表2-1所列药物可供选择参考）。

表2-1　抗菌药物的选用

病原菌	首选药物	可用药物
葡萄球菌	青霉素，磺胺甲噁唑＋甲基苄啶，苯唑西林，氯唑西林（用于耐药菌株），万古霉素（用于多重耐药菌株）	红霉素，头孢菌素，克林霉素，环丙沙星
链球菌	青霉素，磺胺甲噁唑＋甲基苄啶，氨苄西林＋氨基糖苷类（用于肠球菌）	红霉素，头孢菌素，万古霉素
大肠杆菌	哌拉西林＋庆大霉素，阿米卡星，新头孢菌素，诺氟沙星（用于尿路感染）	氨苄西林，头孢菌素，吡哌酸（用于尿路感染）
铜绿假单胞菌	羧苄西林＋庆大霉素（或妥布霉素），环丙沙星，多黏菌素	羧苄西林，阿米卡星，新头孢菌素
变形杆菌	庆大霉素（用于奇异变形杆菌），哌拉西林（用于奇异变形杆菌和其他变形杆菌）	羧苄西林，新头孢菌素，氨基糖苷类
克雷伯菌，肠杆菌，沙雷菌	氨基糖苷类	新头孢菌素，哌拉西林，阿米卡星
拟杆菌	甲硝唑，头孢菌素（用于脆弱拟杆菌），青霉素，氯霉素（用于其他拟杆菌）	克林霉素，氯霉素（用于脆弱拟杆菌），头孢菌素（用于其他拟杆菌）
真菌	两性霉素B（全身性感染），氟康唑，制霉菌素（局部感染）	氟胞嘧啶，酮康唑，克霉唑（局部感染）

(1) 葡萄球菌：轻度感染选用青霉素、复方磺胺甲基异噁唑（SMZ-TMP）或红霉素、麦迪霉素等大环内酯类抗生素；重症感染选用苯唑青霉素或头孢唑啉钠与氨基糖苷类抗生素合用。其他抗生素不能控制的葡萄球菌感染可选用万古霉素。

(2) 溶血性链球菌：首选青霉素，其他可选用红霉素、头孢唑啉钠等。

(3) 大肠杆菌及其他肠道革兰氏阴性菌：选用氨基糖苷类抗生素、喹诺酮类或头孢唑啉钠等。

(4) 绿脓杆菌：首选药物为哌拉西林，另外，环丙沙星、头孢他啶及头孢哌酮对绿脓杆菌亦有效。上述药物常与丁胺卡那霉素或妥布霉素合用。

(5) 类杆菌及其他梭状芽孢杆菌：甲硝唑以其有效、价廉为首选，此外可选用大剂量青霉素或哌拉西林、氯霉素、氯林可霉素等。

微生物检验需要一定的时间和设备，而药物的最佳疗效在感染的早期。为此还需要经验性用药，特别是对一些危重病畜，不能错失治疗时机。下列情况可作为经验性用药的参考：

(1) 感染部位：兽医应熟悉身体不同部位和其邻近组织的常在菌，例如皮肤、皮下组织的感染以革兰氏阳性球菌居多，如链球菌、葡萄球菌等；腹腔、会阴、大腿根部的感染时，常见肠道菌，包括厌氧菌。

(2) 局部情况：局部情况依据感染的病原菌的种类不同而有不同表现。如链球菌感染，炎症反应较明显，炎症扩散快，易形成创周蜂窝织炎、淋巴管炎等，脓汁较稀薄，有时带有血色。葡萄球菌感染，化脓反应较明显，脓汁稠厚，黄色或黄白色，无异味。铜绿假单胞菌感染，敷料可见绿染，脓汁呈灰绿色，与坏死组织共存时有霉腥味。厌氧菌感染时因蛋白质分解发酵，常有硫化氢、氨等特殊粪臭味，有些厌氧菌有产气作用而致出现皮下气肿。

(3) 病情发展：病情急剧较快发展为低体温、低白细胞、低血压、休克者以革兰氏阴性杆菌居多。病情发展相对较缓，以高热为主、有转移性脓肿者，以金黄色葡萄球菌为多。病程迁延，口腔黏膜出现霉斑，对一般抗生素治疗反应差时，应考虑真菌感染。

(4) 根据药物分布情况：除选用敏感抗生素外，还应该根据药物在有关组织的分布情况进行选择。例如由于“血脑屏障”，脑脊液中的药物浓度往往明显低于血清中的浓度。不同种类的抗菌药物穿透“血脑屏障”的能力更有明显的区别：庆大霉素、卡那霉素、多黏菌素B即使在体外实验中对颅内感染的致病菌高度敏感，但是药物基本不能穿透至脑脊液中。相比之下，氯霉素、四环素、磺胺嘧啶、氨苄西林、头孢菌素等则较好。胆管感染时，临床上乐于用氨苄西林，因为此药可进入“肝肠循环”，在胆管无阻塞的情况下，胆汁浓度可达到血清浓度的数倍。头孢菌素在骨与软组织感染时，疗效较好，也与其对上述组织的弥散作用较好有关。

因为外科感染多数为混合感染，危重情况下可联合用药，较好的组合是第三代头孢菌素加氨基糖苷类抗生素，必要时加抗厌氧菌的甲硝唑。一般情况下，可单用的不联合，可用窄谱的不用广谱。

2. 药物剂量 一般按体重计算，还要结合年龄和肾功能、感染部位而综合考虑，幼龄动物肾功能发育未完善，老龄动物肾功能趋向衰退，使用一般剂量都有过量的危险。对于肾功能障碍的病畜更要注意减量和延长两次用药的间隔时间。感染部位如在颅内，除选用较易透过血脑屏障的药物外，如所选药物的用量不大应予增量。浆膜腔、滑液囊等部位的抗生素浓度一般只为血清浓度的一半，亦应适当增大剂量。至于尿路感染，因为抗菌药物均自肾脏排泄，在尿液中的浓度常数倍于血液中的浓度，以较小剂量就可以满足需要。

3. 给药方法　对轻症和较局限的感染，一般可局部用药或肌肉注射。对危重、病情急剧的全身性感染，给药途径应选静脉注射。除个别的抗菌药物外，分次静脉注射法较好，与静脉滴注相比，它产生的血清内和组织内的药物浓度较高。

4. 停药时间　一般认为在全身情况和局部感染灶好转后 3～4d，即可停药。但严重全身感染停药不能过早，以免感染复发。

（刘焕奇）

第三章 肿瘤

第一节 肿瘤概论

肿瘤（tumor）是动物机体在各种始动和促进因素长期作用下，器官、组织的细胞在基因水平上失去对其生长的正常调控，导致克隆性异常增生或凋亡不足而形成的病理性新生物。应该指出，这种病理性新生物与受累组织的生理需要无关，即使在致瘤因素停止作用后，该新生物仍能持续性生长，具有相对的自主性。

肿瘤细胞不具有正常细胞的形态、代谢和功能，并在不同程度上失去了分化成熟的能力，持续性生长常可破坏原器官、组织结构，与组织再生或炎性增殖时的组织增殖现象有质的不同。机体在正常生理状态下或在炎症、损伤修复时的病理状态下，组织、细胞的增生属于正常新陈代谢，细胞更新或是在一定的刺激而发生的反应性增生，是机体生存所需要的。增生的组织能分化成熟，基本上具有原来正常组织的结构及功能，且增生的原因消除后就不再继续增生。

肿瘤是机体整体性疾病的一种局部表现，其生长有赖于机体的血液供应，受机体的营养和神经状态的影响，并且耗损机体大量的营养，同时还产生某些有害物质损害机体。动物肿瘤已引起动物和人类医学界的共同重视，国内外已有关于动物肿瘤的研究专著。现已证明马、牛、羊、猪、犬、猫、兔、鸡、鸭、鹅、火鸡、鱼类等，以及狮、虎、熊、豹、鹿、水貂、雉、天鹅等野生动物都可发生肿瘤。

一、肿瘤的一般形态和结构

（一）形态

1. 肿瘤的外观形态 肿瘤的肉眼外观形态多种多样，在一定程度上可反映出肿瘤是良性的还是恶性的。

2. 肿瘤的数目和大小 肿瘤的大小不一、数目不等，通常为一个，有时可为多个。小的肿瘤甚至在显微镜下才能发现，如原位癌（carcinoma in situ），大的肿瘤可重达数千克乃至数十千克。肿瘤的大小通常与肿瘤的性质（良、恶性）、生长时间和发生部位有一定的关系。生长于体表或大的体腔（如腹腔）内的肿瘤有时可长得很大，生长于狭小腔道（如颅腔、椎管）内的肿瘤则一般较小。大的肿瘤通常生长缓慢，生长时间较长，且多为良性；恶性肿瘤生长迅速，短期内即可造成不良后果，故一般不致长得很大。

3. 肿瘤的形状 肿瘤的形状有乳头状、菜花状、绒毛状、蕈状、息肉状、结节状、分叶状、浸润性包块状、弥漫性肥厚状、溃疡状和囊状等（图 3-1）。肿瘤形状上的差异一般与其发生部位、组织来源、生长方式和性质密切相关。

4. 肿瘤的颜色　肿瘤的切面多呈灰白或灰红色，但可因其有无变性、坏死、出血以及是否含有色素等而呈现不同的颜色。

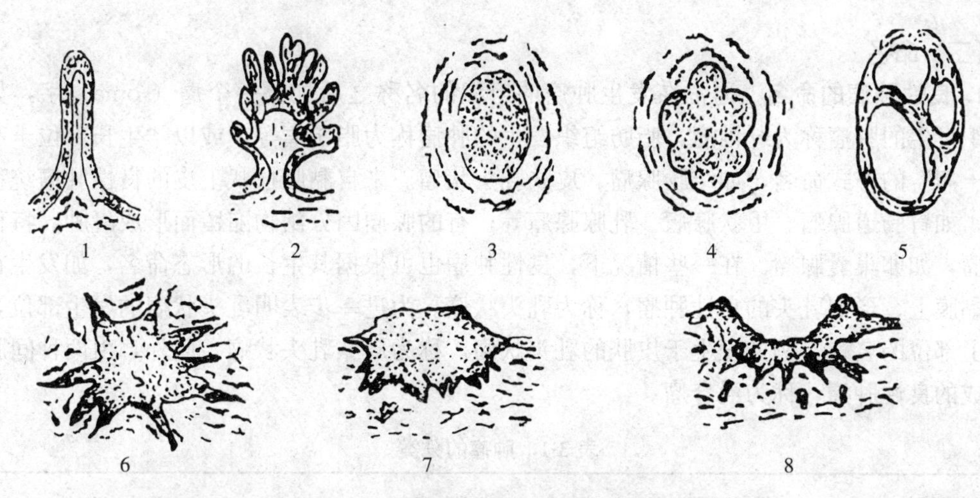

图 3-1　肿瘤的外形和生长方式模式图

1. 息肉状（外生性生长）　2. 乳头状（外生性生长）　3. 结节状（膨胀性生长）
4. 分叶状（膨胀性生长）　5. 囊状（外生性生长）　6. 浸润性包块状（浸润性生长）
7. 弥漫性肥厚状（外生伴浸润性生长）　8. 溃疡状（浸润性生长）

5. 肿瘤的硬度　肿瘤的硬度与其种类、瘤实质与间质的比例以及有无变性坏死等有关，实质多于间质的肿瘤一般较软，反之则较硬；瘤组织发生坏死时变软，有钙质沉着（钙化）或骨质形成（骨化）时则变硬。

（二）肿瘤的组织结构

虽然肿瘤的组织多种多样，但任何一个肿瘤的组织成分都可概括为实质和间质两部分。

1. 肿瘤的实质　肿瘤细胞的总称，是肿瘤的主要成分。肿瘤的生物学特点以及每种肿瘤的特殊性都是由肿瘤的实质决定的。机体内几乎任何组织都可发生肿瘤，因此肿瘤实质的形态也多种多样。通常根据肿瘤的实质形态来识别各种肿瘤的组织来源，进行肿瘤的分类、命名和组织学诊断，并根据其分化成熟程度和异型大小来确定肿瘤的良恶性。

2. 肿瘤的间质　肿瘤的间质起支持和营养肿瘤实质的作用，其成分不具特异性，一般由结缔组织和血管组成，有时还可有淋巴管。通常生长快的肿瘤其间质中血管较多而结缔组织较少，生长缓慢的肿瘤其间质中血管则较少。此外，肿瘤间质内往往有或多或少的淋巴细胞等单个核细胞浸润，这是机体对肿瘤组织的免疫反应。

二、肿瘤的分类和命名

（一）分类

动物机体任何部位的任何组织都有发生肿瘤的可能，因此肿瘤种类繁多、特性各异。肿瘤分类的目的在于明确肿瘤的部位、性质和组织来源，有助于确定正确的诊断名称、选择治疗方案并揭示预后。肿瘤的分类原则与命名是相同的，依据组织来源和性质分类（表3-1）。临床上，根据肿瘤对患病动物危害程度的不同，通常分为良性肿瘤和恶性肿瘤；在诊断病理学中，根据肿瘤的组织来源、组织形态和性质不同，可分为上皮组织肿瘤、间叶组织肿瘤、淋巴及造血组织肿瘤、神经组织肿瘤和其他类型肿瘤。在实际工作中，常常把两者结合起来。

（二）命名

1. 良性肿瘤的命名 通常在发生肿瘤的组织的名称之后加上一个瘤（-oma）字，如纤维组织发生的肿瘤称为纤维瘤，脂肪组织发生的肿瘤称为脂肪瘤等，或以“生长部位＋起源组织＋瘤”的方式命名，如结肠腺瘤、皮肤乳头状瘤。来自黏膜柱状上皮的良性肿瘤统称为腺瘤，如胃肠道腺瘤、甲状腺瘤、乳腺腺瘤等；有的腺瘤因分泌物潴留而形成囊肿，特称为囊腺瘤，如卵巢囊腺瘤。在一些情况下，良性肿瘤也可根据其生长的形态命名，如发生在皮肤或黏膜上、形似乳头的良性肿瘤，称为乳头状瘤。为进一步表明乳头状瘤的发生部位，还可加上部位的名称，例如发生于皮肤的乳头状瘤，称为皮肤乳头状瘤。此外，由两种间胚组织构成的良性肿瘤，称为混合瘤。

表 3-1 肿瘤的分类

组织类别	组织来源	良性肿瘤	恶性肿瘤
上皮组织	鳞状上皮	乳头状瘤	鳞状细胞癌（乳头状癌）
	腺上皮	囊腺瘤、腺瘤、混合瘤	腺癌、囊腺癌、混合癌
	移行上皮	乳头状瘤	移行上皮癌
	基底细胞		基底细胞癌
间叶组织	脂肪	脂肪瘤	脂肪肉瘤
	平滑肌	平滑肌瘤	平滑肌肉瘤
	纤维组织	纤维瘤	纤维肉瘤
	横纹肌	横纹肌瘤	横纹肌肉瘤
	血管、淋巴管	血管瘤、淋巴管瘤	血管肉瘤、淋巴管肉瘤
	骨组织、软骨组织	骨瘤、软骨瘤	骨肉瘤、软骨肉瘤
	滑膜	滑膜瘤	滑膜肉瘤
神经组织	胶质细胞	胶质细胞瘤（星形细胞瘤）	多形胶质母细胞瘤、髓母细胞瘤（成髓细胞瘤）
	神经鞘	神经鞘瘤	恶性神经鞘瘤
	神经节	神经节细胞瘤	成神经节细胞瘤
	脑膜	脑膜瘤	脑膜肉瘤
淋巴及造血组织	淋巴组织	淋巴瘤	恶性淋巴瘤（淋巴肉瘤）
	造血组织		白血病、多发骨髓瘤等
其他	绒毛组织	葡萄胎	绒毛上皮癌、恶性葡萄胎
	生殖细胞		胚胎性癌、精原细胞瘤
	多胚叶组织	畸胎瘤	恶性畸胎瘤
	成黑色素细胞瘤	黑色素瘤	恶性黑色素瘤

2. 恶性肿瘤的命名

（1）癌（carcinoma）：来自各种上皮组织的恶性肿瘤称为癌。起源于不同上皮组织的癌，命名方式为“生长部位＋起源组织＋癌”，或在“癌”前冠以其发生的组织名称，如鳞状细胞癌、食道癌等。其中，由黏膜柱状上皮或腺上皮发生的癌，根据其分化程度的高低可分为两型：癌细胞分化较高呈腺体状排列的，称为腺癌，如胃腺癌、直肠腺癌等；癌细胞分化低不做腺体排列的，称为单纯癌。有时癌细胞和起源组织间差别很大，分辨不出究竟来源于那一种上皮，则称为“未分化癌”。

在临诊习惯上，常常将“癌瘤”（cancer）一词作为所有恶性肿瘤的泛称。

（2）肉瘤（sarcoma）：来自间叶组织的恶性肿瘤称为肉瘤，这一类肿瘤一般质地较软，切面细嫩，呈粉红色，形如鱼肉，故名肉瘤。起源于不同间叶组织的肉瘤的命名方式为“生长部位＋起源组织＋肉瘤”，或在“肉瘤”前冠以其发生的组织名称，如背部脂肪肉瘤、胃平滑肌肉瘤、颈淋巴结淋巴肉瘤，或淋巴肉瘤、骨肉瘤等。

（3）其他命名：除上述的良性瘤、恶性瘤一般命名原则和方法外，还有一些特殊的命名，主要有以下几种情况：

起源于胚胎组织或未成熟组织的一些恶性肿瘤，通常在发生肿瘤的器官或组织的名称前加上一个“成”字，后面加一个“瘤”字（或在组织名称之后加“母细胞瘤”字样），如成肾细胞瘤又称肾母细胞瘤，成神经细胞瘤又称神经母细胞瘤。来自神经组织的某些恶性肿瘤也称为××母细胞瘤，如神经母细胞瘤、神经胶质母细胞瘤、视网膜母细胞瘤等。此外，也有少数良性肿瘤以“母细胞瘤”的名称命名，如肌母细胞瘤等。

起源于造血细胞组织的一类恶性肿瘤习惯称为“白血病”，如髓细胞性白血病、淋巴细胞性白血病等。

起源于胎盘组织的良性瘤称为葡萄胎，恶性瘤称为绒毛膜上皮癌。

有些恶性肿瘤沿用习惯名称，如鸡马立克病（Marek's disease）等。

部分恶性肿瘤因组织来源和成分复杂或不能肯定，所以既不能称为癌，也不能称为肉瘤，属混合瘤，一般就在传统的名称前加上“恶性”二字。这些肿瘤的实质成分来自三种胚叶，属于特殊类型的肿瘤，如畸胎瘤、恶性黑色素瘤等。

（三）良性肿瘤与恶性肿瘤的区别

一般情况下，良性肿瘤生长缓慢，呈膨胀性生长而不侵蚀或破坏周围组织，瘤体界限清楚，除乳头状瘤外，均有结缔组织包膜包裹。良性肿瘤的结构与其起源组织相似，瘤细胞分化良好，与起源组织的成熟细胞基本相同。恶性肿瘤则呈浸润性快速生长，并侵蚀和破坏周围组织，因而恶性肿瘤的外形不整齐，缺乏完整包膜，与周围组织界限不清楚。恶性肿瘤细胞在形态结构、胞核大小及染色性等方面与正常成熟组织不同，均显示高度异型性，甚至同一个肿瘤不同部位的细胞类型也可因分化程度不同而表现差异。恶性肿瘤细胞常见其染色体发生破坏或分散，胞核增大，由于胞浆中 RNA 含量增多，其嗜碱性染色常比正常细胞加深。

恶性肿瘤最重要的特性是具有转移的能力，瘤细胞能通过血管和淋巴管转移到其他器官组织形成继发瘤，常是造成宿主死亡的原因。而良性瘤则不会转移，所以极少引起患病动物死亡，一般通过手术可以根治。良性肿瘤与恶性肿瘤的主要区别见表 3-2。

必须指出，上述良性肿瘤与恶性肿瘤的区别并不是绝对的，而是相对的。不但在一定条件之下，有些良性肿瘤可以发生恶变，转化成为恶性肿瘤，而且极少数恶性肿瘤偶尔也有停止生长或自行消退的可能。此外，在区别一个肿瘤的良性或恶性时，对表 3-2 中所列各点必须做全面的观察分析，不能仅从某一点来得出结论，例如血管瘤为良性肿瘤，但并无包膜。当然，有的行为如转移性，只要存在即可得出恶性肿瘤的诊断，因为良性肿瘤不可能发生转移。

表 3-2 良性肿瘤和恶性肿瘤的临床病理特征鉴别

	良性肿瘤	恶性肿瘤
生长速度	缓慢，可能自然停止或退化	迅速，多为无限制生长
包膜形成	有	常无
生长方式	多为膨胀性生长，无侵蚀性和破坏性	多为浸润性生长，有侵蚀性和破坏性
细胞分裂	分化良好，细胞及组织结构与起源的正常组织相似	分化不良或不分化，细胞为多形性，与起源的正常组织差异性大
核分裂相	很少或不见	很多或显非典型性
核染色质	正常	增多，染色增深
转移	不转移，切除后极少再发	常转移，切除不彻底容易再发生
对机体的影响	一般无严重的影响，极少致死，如果发生在重要部位，可产生阻塞、压迫等症状，影响全身	影响极大，对局部组织产生直接破坏作用，常引起出血、贫血、继发感染、疼痛、发热及恶病质，往往致死

（四）恶性肿瘤的分级和分期

肿瘤的分级和分期对临床上制订治疗方案和估计预后有参考价值，特别是肿瘤的分期更为重要，但是必须结合各种恶性肿瘤的生物学特性以及患病动物的全身情况等综合考虑。

1. 肿瘤的分级（grading） 国际尚无统一标准，三级分类法是当前国内外普遍采用的，即Ⅰ级为分化良好的，属低度恶性；Ⅱ级为分化中等的，属中度恶性；Ⅲ级为分化低的，属高度恶性。以皮肤鳞状细胞癌为例，Ⅰ级（低度分化）：癌细胞排列仍显示皮肤各层细胞的相似形态，可见到基底细胞、棘细胞、角化细胞，并有细胞间桥及角化珠；Ⅱ级（中度分化）：细胞分化较差，各层细胞区别不明显，仍可见到个别角化不良的细胞；Ⅲ级（高度分化）：无棘细胞、无细胞间桥、无角化珠，少数细胞略具鳞状细胞形态。各种腺癌也可根据其腺管结构、腺细胞形态粗略地分为三级。其他恶性肿瘤根据上述范例进行相应类推分级。但是，应该注意到即使是同一个癌，各个部分的组织变化也可以存在相当大的差别。临诊上有时采取一个部位的活检材料进行分级，其结果不一定能完全代表整个肿瘤的分化程度，所以在进行分级时还应当考虑到整体变化，例如肿瘤的时间长短，有无转移及患病动物的年龄等因素。

2. 恶性肿瘤的分期（staging） 恶性肿瘤的分期一般按原发肿瘤的体积、浸润的深度和范围、是否侵犯邻近器官、有无局部和远处淋巴结转移、有无血液循环远处转移等进行综合分期，即按肿瘤的早、中、晚而将恶性肿瘤分为3～4期。人类医学目前应用最广泛的是由国际抗癌联盟（International Union Against Cancer，UIAC）以及美国癌症协会（American Joint Commission for Cancer Staging，AJCC）制订的TNM分期系统，绝大多数实体肿瘤均采用此种分期方法，如肺癌、乳腺癌、大部分消化道肿瘤等。此外，还有国际妇产科联盟（International Federation of Gynecology and Obstetrics，IFGO）妇癌委员会制订的FIGO分期系统；用于结、直肠癌分期的Duke分期系统；用于霍奇金病和非霍奇金淋巴瘤分期的Ann Arbor分期系统；用于前列腺癌病理学分期的American/Whitmore分期系统等。

TNM分期系统是描述肿瘤解剖学范围的分期方法，由“T”“N”“M”三个要素构成的，T（primartumor）表示原发肿瘤的大小，N（regional lymph nodes）表示淋巴结转移情况，M（distant metastasis）表示有无远处转移。TNM分为临床分期（clinical TNM classification，cTNM）和病理分期（pathological TNM classification，pTNM）两类。临床分期

是治疗前分期，即根据首次治疗前所获得的临床资料（如体检、影像学、内窥镜、活检、手术探查及其他相关检查）做出的分期判断，用以选择和评价治疗方案。病理分期是手术后组织病理学分期，通过手术标本的病理检查对术前的临床资料进行补充或修正，为判断预后和评价疗效提供最准确的资料。

三、肿瘤的病因

引起肿瘤发生的病因称为致癌因素或致癌原（carcinogen），辅助或促进肿瘤发生的因素称为辅致癌原（co-carcinogen）或促癌因素，但肿瘤的病因迄今尚未完全清楚，很多在形态上和临诊上极其相似的肿瘤，可能由不同的致癌因素引起；同一种致癌因素也可能引发数种不同类型的肿瘤。根据大量流行病学统计分析、实验研究和临床观察，认为肿瘤的发生与机体内外的诸多因素有关，其中最重要的是外界环境因素。外界环境因素中主要是化学因素，其次是病毒和放射线。现在已知的病理学说和某些致瘤因子只能解释不同肿瘤的发生，而不能用一种学说来解释各种肿瘤的病因。

（一）外界的致癌因素

1. 化学性因素　据估计，外界环境中的致癌因素大约90%以上是化学性的。它们可以在环境中自发产生，也可以人工合成。通过动物实验，现在已知有致癌作用的化合物达1 000种以上。根据其化学结构分为下述的几种类型，以便研究各类化合物致癌的作用原理及预见新化合物致癌的可能性。

（1）*多环芳香烃类*：是指由多个苯环缩合而成的化合物及其衍生物。这类化合物在一般情况下相当稳定，3，4-苯并芘、1，2，5，6-二苯蒽及甲基胆蒽等是这类致癌化合物的代表。早在1915年，日本学者用煤焦油涂擦兔身诱发出皮肤鳞状细胞癌。随后人们从煤焦油中鉴定出多种有致癌作用的多环芳香烃类化合物，它们对多种动物均有致癌性，皮肤涂擦可导致鳞状细胞癌，皮下注射可导致纤维肉瘤，注射入不同器官，也可相应引起各器官某些特定的肿瘤。

3，4-苯并芘在自然界分布极广，除煤焦油外，沥青燃烧物、烟草燃烧物、不完全燃烧的脂肪、煤和石油以及烟熏制食品均可产生苯并芘。人类肿瘤（特别是肺癌）的增多与工业污染导致环境中多环芳香烃类致癌物的增多有明显的相关性。这种污染与某些动物，特别是猫、犬等伴侣动物的肿瘤发生可能也有一定的关系。萘蒽、苯蒽等化合物的化学结构与体内某些激素（如雌激素、孕酮、睾酮及皮质酮等）相似，所以有人认为当体内激素代谢紊乱时，这类致癌化合物也可能是内源性形成的。

（2）*芳香胺类*：这类化合物主要用作工业染料。重要的芳香胺类染料有α-萘胺、联苯胺、4-硝基联苯及4-氨基联苯等，其中以α-萘胺和α-乙酰氨基芴（AAF）为代表。α-萘胺有强致癌性，经过任何途径进入体内均可致膀胱癌。动物实验证明，苯胺染料可诱发犬的膀胱癌，α-乙酰氨基芴（AAF）可引起多种动物不同部位的肿瘤（主要是膀胱癌和肝癌）。芳香胺类致癌物诱发的肿瘤发生在远离致癌物进入的部位，说明这些化合物需要经过代谢转化才有致癌作用。

（3）*亚硝胺类*：在近100种亚硝胺类化合物中已有70种以上被证明有致癌作用，主要是肝癌和食管癌。亚硝胺类化合物在自然界分布很广，广泛存在于水、土壤及食物中的亚硝胺前体物硝酸盐、亚硝酸盐等在一定条件下也能转变为亚硝胺化合物，例如亚硝酸盐进入动物体内后可在胃内与二级胺合成亚硝胺而发挥致癌作用。亚硝胺不稳定，易被氧化剂破坏，在紫外线下分解。维生素C可防止亚硝胺化合物的体内合成，但当亚硝胺已在胃内合成之后，维生素C即不能阻止其致癌作用。

（4）*霉菌毒素*：自然界霉菌种类繁多，绝大多数对人畜有益无害，但某些霉菌能产生有致癌性的代谢产物，有的则有一定的促癌作用。其中，黄曲霉毒素（aflatoxins）是已知的致癌性最强的物质之一。据估计，黄曲霉毒素B1对大鼠的致肝癌强度比奶油黄大900倍，比二甲基亚硝胺大75倍。黄曲霉毒素经胃肠吸收后作用的主要靶器官是肝脏，肝的含毒量比其他器官可高出20～200倍，且主要分布于线粒体，大剂量的黄曲霉毒素可使动物发生急性致死性肝中毒综合征，而摄入水平较低时则可抑制动物的免疫反应及诱发肿瘤。黄曲霉毒素污染的谷物是我国某些地区猪、鸭肝癌高发的原因。

其他一些被认为有致癌的可能性霉菌毒素或霉菌培养物主要有：杂色曲霉素、黄米毒素及环氯素、棕曲霉毒素、灰黄霉素、细皱青霉素、展青霉素和青霉素等。此外，白色念珠菌产生的念珠菌毒素、某些镰刀菌的培养物、纯绿青霉及沙氏柏干酪青霉白色变种的培养物在小实验动物中也显示出一定的致癌性。

（5）*植物致癌原*：有些植物不仅对动物具有毒性，而且具有致畸甚至致癌性。例如蕨属植物中的欧洲蕨、尾叶蕨及毛叶蕨。实验证实欧洲蕨可在多种动物的不同部位诱发出多种组织学类型的肿瘤，其主要致癌物是所含的原蕨苷。在牛的饲草中混入蕨属植物或在富蕨草场上放牧，可使牛发生膀胱肿瘤。其他的植物致癌原有苏铁素、黄樟素、千里光碱等。

2. 物理性因素

（1）*电离辐射*：任何一种放射性物质，不论发射任何射线（α、β或γ射线），只要有电离作用，不论是外照射还是内照射，均可引起动物和人类的各种肿瘤，其中以白血病、骨肉瘤、皮肤癌及肺癌等多见。试验证明，进入体内的放射性同位素（如^{32}P、^{90}S、^{226}Ra或^{239}Pu等）标记物可使犬发生肉瘤。

（2）*紫外线*：270～340nm的紫外光谱对动物或人的皮肤有致癌作用。皮肤癌发生前常可见皮肤的萎缩、干燥、脱屑、黑色皮斑、过度角化及乳头状瘤等。在世界的某些地区以及我国西北高原地区，由于紫外线的强烈照射，山羊会阴部皮肤因经常暴露在紫外线照射下致使皮肤癌的发生率较高，其中又以白山羊的易感性较高。

（3）*异物*：将塑料片等片形异物埋植于动物皮下可诱发肉瘤。石棉等纤维状物进入机体后可引起肺癌及间皮细胞瘤，其致癌性与石棉纤维的大小和形状等物理性状有关，而与纤维的化学成分无关。有研究表明，在少数情况下，长期的慢性刺激也是引发肿瘤的一个因素，如慢性胃溃疡的癌变（约5%）、胆囊结石并发胆囊癌等。

3. 生物性因素

（1）*病毒*：早在1908年和1910年即相继发现鸡白血病和鸡肉瘤的无细胞滤液能够诱发鸡的白血病及肉瘤；将正常细胞置于鸡肉瘤无细胞滤液中培养，可使细胞发生恶变，而且这种恶变细胞也可移植到动物身上。其后的许多研究证实了病毒在动物肿瘤中的病因学意义。现已发现的600多种动物病毒中，约1/4以上的病毒具有致肿瘤性，其中大约1/3是DNA病毒，2/3是RNA病毒，可引起包括两栖类、鸟类及哺乳类动物的多种肿瘤，如鸡马立克病、鸡白血病、牛白血病及牛乳头状瘤等。

DNA 致瘤病毒约有 50 种，一般为水平感染。在病毒诱发的肿瘤细胞中通常不产生病毒。致瘤的 DNA 病毒主要包括以下 4 个科（表 3-3）：

表 3-3　具有致瘤作用的 DNA 病毒

代表性病毒	在自然宿主中的致瘤性	在实验宿主中的致瘤性
乳多空病毒		
人乳头状瘤病毒	＋（人）	＋（人）
马乳头状瘤病毒	＋（马）	＋（马）
牛乳头状瘤病毒	＋（牛）	＋（牛）
兔乳头状瘤病毒	＋（兔）	＋（兔）
犬乳头状瘤病毒	＋（犬）	＋（犬）
多型瘤病毒	－（小鼠）	＋（地鼠、大鼠、小鼠、兔、豚鼠）
猴空泡形成病毒	－（猴）	＋（地鼠、猿猴）
疱疹病毒		
鸡马立克病毒	＋（鸡）	＋（鸡）
蛙肾腺癌病毒	＋（豹蛙）	＋（豹蛙）
乙肝病毒	?（人）	＋（狨猴、枭猴）
人类疱疹病毒(EB病毒)	?（人）	＋（猴）
人类单纯疱疹病毒-2	?（人）	＋（地鼠、小鼠）
腺病毒		
人腺病毒	－（人）	＋（地鼠、大鼠、小鼠）
猴腺病毒	－（猴）	＋（地鼠、大鼠、小鼠）
牛腺病毒	－（牛）	＋（地鼠、大鼠、小鼠）
禽腺病毒	－（鸡）	＋（地鼠、大鼠、小鼠）
痘病毒		
传染性软疣病毒	＋（人）	＋（人）
猴亚巴病毒	＋（猴）	＋（猴）
兔纤维瘤病毒	＋（兔）	＋（兔）
兔黏液瘤病毒	＋（兔）	＋（兔）

乳多空病毒属（*Papovaviridae*）：由乳头状瘤病毒、多型瘤病毒和空泡形成病毒组成的病毒群。此属致瘤病毒包括人、牛、马、兔及犬的乳头状瘤病毒、多型瘤病毒及猴空泡病毒 40（SV 40）等。乳头状瘤病毒仅引起良性肿瘤，很少恶变。多型瘤病毒及 SV 40 常被作为研究肿瘤病毒与细胞转化的材料。

疱疹病毒属（*Herpesviridae*）：鸡马立克病毒为此属的一个典型代表，在自然及实验条件下均可诱发鸡的淋巴性肿瘤。疱疹病毒有长期潜伏的特点，只有当宿主细胞与病毒所处的平衡发生紊乱而感染后，才呈现出致瘤的结果。因此，有可能鸡群中 MDV 的感染率很高，而仅见一部分鸡出现淋巴瘤。

腺病毒属（*Adenoviridae*）：该属病毒在自然情况下并不致瘤，但可实验性诱发地鼠、大鼠或小鼠出现未分化肉瘤，可使细胞转化，并且在肿瘤细胞中无完整病毒，仅有病毒的核酸片段和由病毒基因决定的 T 抗原存在。

痘病毒属（*Poxviridae*）：此属的兔纤维瘤病毒和兔黏液瘤病毒可分别引起兔的 Shope 氏纤维瘤病及黏液瘤病。猴亚巴病毒可引起猴的皮下组织细胞瘤。

RNA 致瘤病毒约有 100 种，在动物界分布极广，可垂直或水平感染，能引起包括哺乳动物在内的多种脊椎动物的自发性肿瘤（表 3-4）。它们的共同特点是含有反转录酶，能以病毒RNA为模板合成DNA并整合到宿主细胞的DNA分子中去，形成所谓前病毒（provirus）。病毒在宿主细胞的胞浆内复制，成熟时从细胞膜芽生出包有宿主细胞膜的新病毒。体外培养对细胞不产生致病作用而形成无细胞毒性稳定状态的感染。电镜下可将RNA致瘤病毒分为A型、B型和C型。其中A型是B型的未成熟型，不具致瘤性。B型病毒含有由RNA与蛋白质结合形成不规则的类核体，位于病毒颗粒的一侧，小鼠乳腺瘤病毒及猴乳腺瘤病毒即为B型病毒。C型病毒的类核体位于病毒颗粒中心，致密，近圆形，周围有一层电子透明的脂质层包绕而似靶环状。大部分C型病毒引起种特异性的白血病或肉瘤等间叶性肿瘤。

表3-4 具有致瘤作用的RNA病毒

代表性病毒	在自然宿主中的致瘤性	在实验宿主中的致瘤性
C型病毒		
禽白血病病毒	+（鸡）	+（鸡、火鸡）
Rous肉瘤病毒	+（鸡）	+（鸡、啮齿类、猴、蛇等）
小鼠白血病病毒	+（小鼠）	+（小鼠、大鼠、地鼠）
小鼠肉瘤病毒	+（小鼠）	+（小鼠、大鼠、地鼠）
猫白血病病毒	+（猫）	+（猫、犬）
猫肉瘤病毒	+（猫）	+（猫、犬、大鼠、兔、绵羊、猴等）
猴白血病病毒	+（猿猴）	+（猴）
猴肉瘤病毒	+（猿猴）	
豚鼠白血病病毒	+（豚鼠）	+（豚鼠）
地鼠白血病病毒	+（地鼠）	
牛白血病病毒	+（牛）	+（绵羊）
蛇肉瘤病毒	+（蝮蛇）	
B型病毒		
小鼠乳腺瘤病毒	+（小鼠）	+（小鼠）
猴乳腺瘤病毒	+（猴）	

（2）寄生虫：某些肿瘤较多地出现在某些寄生虫病流行的地区，或较多地出现在被寄生虫侵袭的器官，例如肝吸虫病似乎与人或动物的肝内胆管癌有关，血吸虫病似乎与人类的大肠癌和膀胱癌的发生有联系等，但目前并未完全阐明其间的因果关系。

大量的临床病例观察及尸检结果表明，华支睾吸虫和后睾吸虫的感染与人类原发性肝内胆管癌（二级胆管癌）的发生密切相关，分析认为肝内胆管癌的发生可能与虫体的机械刺激、虫体的酶及胆汁的化学刺激有关。类似的情况也见于肝片吸虫感染的山羊及绵羊，剖检中发现有肝内胆管腺瘤样增生病例，增生物呈颗粒状、乳头状或绒毛状，虽然并未观察到明显的癌变，但这也可能与羊被过早地屠宰有关。在血吸虫病流行的地区，感染病人并发的癌组织间质中发现有血吸虫卵的沉积，提示血吸虫卵的沉积与癌的发生之间可能存在着一定的因果关系。此外，有报告指出大口柔线虫可在马胃壁中导致肿瘤，旋尾线虫可引起犬的食管肉瘤，致瘤筒线虫则可在大鼠食管壁上形成癌肿。

4. 营养性因素 在一定程度上，机体的营养水平及食物营养成分的改变可能影响肿瘤的发生和发展。有证据表明，人类某些肿瘤的发生与饮食习惯、膳食结构之间有直接或间接的关系。某些维生素能影响动物肿瘤的发生与发展。例如，饲料中维生素A的缺乏可导致动物易于被化学致癌物诱发出肿瘤；维生素C可阻断机体内亚硝胺的合成，因而可有效地预防某些肿瘤的发生；维生素E能抑制甲基胆蒽诱发的实验性肿瘤，可能与其阻止自由基形成、抑制脂质过氧化以及抑制某些前致癌物的激活有关；核黄素缺乏时，偶氮还原酶的活性受到抑制，使偶氮基团活化增多而促使肝癌的发生。另外，某些微量元素，特别是微量元素硒，与肿瘤的发生和发展有着密切的关系。研究证明，动物血硒水平降低容易发生某些恶性肿瘤，若在饲料或饮水中添加硒则能够抑制多种致癌物包括亚硝胺、二甲基苯蒽、黄曲霉毒素、病毒以及通过移植的方式（如小鼠腹水瘤等）引起的肿瘤。

（二）内部因素

在相同外界条件下，有的动物发生肿瘤，有的却不发生，说明外界因素只是致瘤条件，外因必须通过内因起作用。

1. 机体的免疫状态　在机体免疫功能正常的情况下，小的肿瘤可能自消或长期保持稳定，尸体剖检发现肿瘤而生前无症状表现的病例可能与此有关。实验性肿瘤研究证实，机体的体液免疫和细胞免疫均与肿瘤发生有关，但以细胞免疫为主。在肿瘤抗原的刺激下，体内出现免疫淋巴细胞并释放淋巴毒素和游走抑制因子等，破坏相应的瘤细胞或抑制肿瘤生长。因此，肿瘤组织中若含有大量淋巴细胞是预后良好的标志。在机体存在免疫缺陷或免疫功能低下时，肿瘤细胞就有可能逃避免疫细胞监视而大量增殖，导致肿瘤无限制地生长。因此，机体的免疫状态与肿瘤的发生、扩散和转移有重大关系。

2. 内分泌系统　实验证明，性激素平衡紊乱、长期使用过量的激素均可引起肿瘤或对其发生有一定的影响。肾上腺皮质激素、甲状腺素的紊乱，也对癌的发生起一定的作用。

3. 遗传因子　已有很多实验证明遗传因子与肿瘤的发生有关。不同种属的动物对肿瘤的易感性存在十分明显的差异，即使是同种动物，因其品种或品系的不同，肿瘤的发生率也有很大的差异。如牛的眼癌多发生于海福特牛，黑色素瘤多发生于阿拉伯马，会阴鳞状细胞癌多见于白色或灰色山羊，不同品种或品系的鸡对白血病的敏感性差异极大。这在一定程度上反映了动物不同的遗传特性在肿瘤发生上的意义，提示利用遗传育种途径培育抗癌品种或品系的可能性。目前，国外已经培育出抗鸡马立克病的品系，显示了遗传抗癌育种的良好前景。但也有人认为肿瘤发生中不存在遗传因子。

4. 其他因素　包括动物的种类、年龄、性别等，也有很大影响。

四、肿瘤的流行病学

肿瘤的流行病学是研究肿瘤在动物或人群中的分布，探索肿瘤分布的要素，目的在于识别与肿瘤发生有关的各种因素，以便采取措施预防肿瘤的发生。

（一）种类与品种

动物肿瘤发生的易感性在种属间差异很大。一般而言，马、犬和鸡的肿瘤发生率比较高，牛和羊则相对比较低。不同种属动物常发肿瘤的类型也不一样，例如鸡易发生马立克病、白血病和卵巢癌，马属动物常见纤维瘤、纤维肉瘤、黑色素瘤及鳞状细胞癌，牛好发淋巴肉瘤、纤维肉瘤及皮肤乳头状瘤，猪易发肝癌和淋巴肉瘤，绵羊常见肺腺瘤，兔高发肾母细胞瘤，犬的乳腺癌和肛周腺肿瘤几乎占犬全部肿瘤的1/3。同种属不同品系和品种动物间肿瘤的发生率也存在很大差异，例如不同品种的鸡对马立克病的感染性存在差别，现已育成抗马立克病的品系。

（二）性别

某些肿瘤的发生与动物性别有关，例如公猫白血病的发病率高于母猫。某种激素水平的高低对某种肿瘤发生率的高低可能具有直接影响，当改变某种肿瘤的某种激素环境时，该肿瘤的发展可得到缓解，例如雌激素能抑制前列腺癌的生长和转移，而乳腺癌的发生则与雌激素的过多有关。整体上分析，雄性动物的肿瘤发生率比雌性动物高。例如，雌鸭的原发性肝癌的发生率仅为雄鸭的1/3，再如公犬肛周腺肿瘤的发生率比母犬高5～10倍。也有些肿瘤的发生率是雌性高于雄性动物，例如母鸡白血病的发生率比公鸡高3倍。

（三）年龄

虽然任何年龄的动物都有肿瘤的发生，但绝大多数肿瘤都发生于老龄动物。这可能是由于宿主细胞随着年龄增长而表现出一种潜在恶变趋势，或是由于细胞长期接触到未知的环境致癌因子的结果。但有些恶性肿瘤在幼龄动物的发生率比成年动物高，例如急性白血病、骨肉瘤、肾母细胞瘤以及中枢神经系统的肿瘤等。有些肿瘤的发生率有两个年龄高峰，即幼年期和老年期均为高发期。如牛的造白细胞组织增生病（白血病），1.5岁以下的犊牛和青年牛是其高发期，老龄牛的发生率也很高，主要表现为淋巴肉瘤。

（四）环境因素

外界环境中存在有各种致癌因子或致癌原，特别是化学致癌因子。动物生活在不同外界环境中，接触到的致癌因子的种类和数量不同，因而肿瘤的总发生率和某种特殊肿瘤的发生率也必然存在很大差异。因此，在动物肿瘤流行病学研究中，就特别要注意到动物所处环境中的各种因子，包括空气、温湿度、水源、土壤、植被以及饲料等，通过对这些因子的分析检测，就有可能找出导致某种肿瘤高发的病因和辅因。例如，若某地区动物群肝癌的发生率高，而该地区水源和土壤中硝酸盐或亚硝酸盐含量过高，则肝癌高发的原因极有可能就是因为动物摄入硝酸盐或亚硝酸盐的量较多，在体内合成亚硝胺化合物所致；在气候温暖潮湿的地区，饲料容易霉变，有可能被霉菌毒素污染，消化器官的恶性肿瘤也容易发生。

在动物肿瘤的流行病学调查中，必须对各种环境因素做深入和周密的分析研究，找出可疑因子。有些还必须进行动物试验，以确定其致癌作用的强弱，并区别其致癌作用的主次。一种恶性肿瘤的高发，往往是多种环境因素综合作用的结果，因此必须对各种因素做具体分析，才能提出有效的综合防治措施。

（五）地理分布

长时期的流行病学调查和动物实验结果表明，人和动物的某些高发恶性肿瘤在不同地理区域之间的发生率有很大差别，存在一定的地理分布。例如，我国西北高海拔地区山羊会阴皮肤癌和黄牛瞬膜癌的发生率很高；西南丘陵山区牛的膀胱肿瘤极为高发。再如人的原发性肝癌高发区主要分布在东南沿海地区，而向内陆地区则其发生率逐渐降低，在西北干旱地区的发生率就很低；非洲儿童的恶性淋巴瘤（Burkitt淋巴瘤）的高发区域主要在低纬度和高温多雨地带的国家，这些地区恶性淋巴瘤的发生率约占儿童肿瘤的50%，显示出明显的地理分布特点。

恶性肿瘤的发生率存在地理分布差别的原因很复杂，但最主要的原因必然与高发地区的环境因素有关，包括海拔高度、地质、土壤、气温、水源、植被等。在这些高发地区可能存在一种或多种导致某种恶性肿瘤高发的致癌和促癌因素。例如我国东南沿海地区鸭和猪肝癌高发主要是因为气候温暖潮湿，有利于霉菌孳生和饲料污染黄曲霉毒素所致；西北高海拔地区山羊和黄牛皮肤癌高发的主要原因是日光中紫外线的强烈照射。

近年来的流行病学研究表明，区域性的硒生物利用度与当地人群的恶性肿瘤死亡率之间存在着明显的联系，即土壤、谷物中的硒水平越低，恶性肿瘤死亡率就越高。我国一些缺硒地区人群恶性肿瘤总的死亡率与当地人群血硒水平呈负相关，说明地区性缺硒与某些恶性肿瘤高发之间的关系。

（六）多原发性易感因素

多原发性肿瘤是动物肿瘤发生的一个特殊性，即在一个患病动物个体上同时发生几种肿瘤。有资料报道两只拳师犬身上分别生长 10 种和 9 种不同的肿瘤。在对我国猪群进行肿瘤普查时，曾发现在检出的 41 个恶性肿瘤病猪中，多原发性肿瘤占病例总数的 26.8%。多原发性肿瘤对研究肿瘤的病因、发生发展和防治具有非常重要的意义。

五、肿瘤的症状

肿瘤的症状决定于其性质、发生组织、部位和发展程度。肿瘤早期多无明显临床症状。但如果发生在特定的组织器官上，可能有明显症状出现。

（一）局部症状

1. 肿块（瘤体） 肿块是体表或浅在肿瘤的主要症状，常伴有相关静脉的扩张、增粗；肿块位于深在组织或内脏器官时，不易触及，但可表现相关功能异常。良性肿瘤所形成的肿块生长较慢，表面光滑，界限清楚，活动度好；恶性肿瘤一般生长较快，表面不平，活动性差。

2. 疼痛 肿块的膨胀生长、损伤、破溃、感染等可使神经受到刺激或压迫，表现出不同程度的疼痛。肿瘤引起疼痛的原因不同，因而发生疼痛的早晚及性质也有所不同。某些来源于神经的肿瘤及生长较快的肿瘤如骨肉瘤，常早期出现疼痛；而某些肿瘤晚期由于包膜紧张、脏器破裂、肿瘤转移或压迫浸润神经造成的疼痛则出现较晚。

3. 溃疡 体表、消化道肿瘤生长过快时，引起供血不足而继发坏死或感染导致溃疡。恶性肿瘤呈菜花状，肿块表面常有溃疡，并有恶臭和血性分泌物。

4. 出血 肿瘤易损伤、破溃、出血。消化道肿瘤可能引起呕血或便血；泌尿系统肿瘤可能出现血尿。

5. 功能障碍 如支气管肿瘤可引起呼吸困难，食管肿瘤可引起吞咽困难，大小肠肿瘤可引起肠梗阻症状，胆管、胰头肿瘤可引起黄疸等。

（二）全身症状

良性和早期恶性肿瘤，一般无明显全身症状或有贫血、低烧、消瘦、无力等非特异性的全身症状，如肿瘤影响营养摄入或并发出血和感染时，可出现明显的全身症状。恶病质是恶性肿瘤晚期全身衰竭的主要表现，但肿瘤发生部位不同，恶病质出现迟早各异。有些部位的肿瘤可能出现相应的功能亢进或低下，继发全身性改变，如颅内肿瘤可引起颅内压增高和定位症状等。

六、肿瘤的诊断

早期诊断是根治肿瘤，特别是恶性肿瘤的关键，根据癌前病变及各种征兆、体征、辅助检查等方面的信息，往往能够做到肿瘤的早期诊断。

(一) 癌前病变与原位癌

癌前病变（precancerous lesion）也称癌前征兆，是指机体组织中某些有可能演变成癌的病理变化。例如，皮肤慢性溃疡时，皮肤表皮受到长期的慢性刺激而反复破坏和增生，可见鳞状上皮细胞尤其是基底细胞的明显增生，并伴有胞核染色增深，核增大，细胞形态大小和形状不规则，逐渐转变为鳞状细胞癌；慢性胃溃疡时，溃疡边缘的黏膜上皮因受刺激而不断增生，也有可能恶变成癌。大部分癌前病变都有上皮非典型性增生，即上皮细胞增生伴有不同程度的异型性。

原位癌（carcinoma in situ）也称微型癌，是指癌细胞尚未突破基底膜，仅局限于上皮全层的癌。原位癌的组织学及细胞学变化和癌瘤完全一样，常见于皮肤上皮、子宫颈上皮、乳腺及前列腺等部位。关于原位癌的性质仍存有争论，有些学者认为它属于一种可逆性的变化，但大多数学者认为原位癌是一种真正的上皮性肿瘤，往往进一步发展成为侵蚀性的癌瘤。虽然原位癌尚未发生侵蚀性生长，但根据其异型性即可做出癌瘤的诊断，并且其脱落的细胞可用作细胞学诊断。

原位癌并不一定都能够发展成为侵蚀型的癌瘤，而只是在上皮层内长期保持其非侵蚀性的原位癌结构，因而对机体不产生严重影响。例如，在我国食管癌高发地区，对非食管癌疾病死亡病例的尸检中发现在其食管黏膜上皮中存在原位癌的病变，但终其一生并未发展成为食管癌，此类病例屡见于报道。

(二) 病史调查

向患病动物主人了解动物的年龄、品种、饲养管理、病程及病史，对某些进行性的症状，如肿块、疼痛、病理性分泌物、出血、厌食、消瘦、黄疸等应深入询问。既往史中应详细询问与肿瘤可能有一定关系的疾病，如胃溃疡、肝硬化、便血等。

(三) 体格检查

首先做系统的常规全身检查，再结合病史进行局部检查。全身检查要注意有无厌食、发热、易感染、贫血、消瘦等。局部检查必须注意：肿瘤发生的部位，分析肿瘤组织的来源和性质；认识肿瘤的性质，包括肿瘤的大小、形状、质地、表面温度、血管分布、有无包膜及活动度等，同时进行区域淋巴结检查。这对区分良、恶性肿瘤、判断预后都有重要的临床意义。

(四) 病理学诊断

常规的病理组织学检查是诊断肿瘤最可靠的方法，通过肿瘤组织切片的显微观察，可以确诊肿瘤是恶性的还是良性的，明确肿瘤组织的起源和范围，为临床治疗提供可靠的依据。肿瘤的病理学检查方法主要包括如下几种：

1. 活组织检查（biopsy） 简称活检，是指采用钳取、针吸、切取或切除等方法从患病动物身体的病变部分获取少许组织制成病理切片，在显微镜下观察细胞和组织的形态结构变化。通过细胞和组织的异型性以确定肿瘤的性质和组织起源，做出病理学诊断。活检是临诊上诊断肿瘤最常用和较为准确的检查方法，一般肿瘤都能得到明确诊断。

2. 细胞学检查（cytological examination） 又称为脱落细胞学（exfoliative cytology）检查，是以组织学为基础来观察细胞结构和形态的诊断方法。通常采取腹水、尿液沉渣或分泌物涂片，或借助穿刺或内窥镜取样涂片，以观察有无肿瘤细胞。异常的细胞学变化表现为细胞大小不均、胞浆嗜碱性染色增深、明显的胞核多形性、核浆比例不对称，有时可见到异常的核分裂象。脱落细胞学检查方法简便易行，对于早期诊断子宫颈、食管、肺、膀胱以及腹腔器官组织的肿瘤均有价值，在临诊上广泛使用。细胞学检查的缺点是因为脱落细胞是分散的，不能观察到细胞的排列和组织结构的特征，对准确诊断有一定限制，必要时应做病理组织学检查以进一步确诊。

利用计算机分析和诊断细胞是细胞诊断学的一个新领域。应用流式细胞仪和图像分析系统开展DNA分析，结合肿瘤病理类型来判断肿瘤的程度及推测预后。该技术专用性强、速度快，但准确性不高，可作为肿瘤病理学诊断的辅助方法。

此外，还可应用组织化学方法（主要检查一些特殊酶的活性改变）以及某些特殊染色方法等对组织形态很相似的肿瘤进行鉴别诊断，如网状纤维染色、Van Gieson 染色、PAS、黏液卡红染色等。还可应用电子显微镜观察肿瘤细胞所产生的特殊成分的微细结构，例如根据某些肿瘤的上皮细胞之间的桥粒，用于有黑色素颗粒的恶性黑色素瘤、有桥粒的鳞状细胞癌与黑色素颗粒及桥粒都没有的纤维肉瘤的鉴别诊断。

（五）免疫学诊断

在肿瘤细胞或宿主对肿瘤的反应过程中，可异常表达某些物质，如细胞分化抗原、胚性抗原、激素、酶受体等肿瘤标志物，并诱使机体产生特异性的肿瘤抗体，因而在临诊上可应用免疫学方法作为肿瘤的早期诊断或鉴别诊断的方法。例如，针对肿瘤标志物制备多克隆或单克隆抗体，利用放射免疫、酶联免疫吸附和免疫荧光等技术检测肿瘤标志物已应用或试用于医学临床。

1. 传染性肿瘤的诊断 由某些病毒感染引起的传染性肿瘤如鸡马立克病、鸡白血病和牛白血病等，临诊上已广泛应用血清学方法检测病毒抗原或抗体以进行确诊。

2. 胚胎抗原检测 有些恶性肿瘤细胞能够产生在正常动物血清中并不存在的胚胎性抗原蛋白质，临诊上可通过检测这种胚胎抗原来诊断某些恶性肿瘤。例如，检测血清中的甲种胎儿蛋白（AFP）诊断原发性肝癌即具有较高的特异性。在牛、小鼠等动物发生原发性肝癌时血清中也能检出甲种胎儿蛋白，可作为免疫学诊断的依据。此外，临诊上也用癌胚抗原（CEA）诊断一些消化道肿瘤和肺癌，其特异性虽不如甲种胎儿蛋白高，但可作为辅助诊断。

3. 相关性抗原检测 如检测抗马立克病肿瘤表面抗原与淋巴性白血病肿瘤进行鉴别诊断。

4. 同位素标记 应用放射性同位素（如用^{131}I）标记的抗肿瘤抗原的单克隆抗体探测组织中有无肿瘤细胞的存在，既可协助诊断，又能用于肿瘤定位。此外，也可应用荧光素或过氧化物酶标记。

5. 免疫功能检查 机体的免疫功能常随着肿瘤的进行性恶化而逐渐降低，因此检查患病动物免疫功能的变化有助于判断肿瘤的预后和治疗方法的效果。

（1）非特异性免疫功能检查：主要用结核菌素（OT）、二硝基氯苯（DNCB）及植物血凝素（PHA）做皮试，PHA不需预先致敏，重复性好，比较常用。此外，也可用PHA做淋巴细胞体外转化试验，如果转化率持续降低，表明细胞免疫功能下降，肿瘤恶化。

（2）特异性免疫功能检查：应用肿瘤特异性抗原（TSA）与患病动物的淋巴细胞做巨噬细胞游走抑制试验或微量细胞毒试验，也可用作皮试，阳性者表明具有特异性细胞免疫功能。

（六）影像学检查

应用X射线、超声波、各种造影、X射线计算机断层扫描（CT）、核磁共振成像（MRI）、远红外热像等各种方法所得影像检查有无肿块及肿块所在部位、形态和大小，结合病史、症状及体征，为诊断有无肿瘤及其性质提供依据。

1. 肿瘤的X射线诊断 X射线检查是临床早期发现、诊断以及鉴别诊断肿瘤最有效的手段之一，通过常规透视、摄片、各种体腔管道的造影、血管造影（包括数字减影血管造影，DSA）、CT及磁共振成像（MRI）等多种方法，涉及机体各个部位。它既能给病变定位、定型、定性，又能了解病变的大小、数量、范围和与周围器官、组织的关系以及有关的并发症，从而为临床治疗方式的选择、疗效观察及预后判断提供可靠依据。只要合理应用各种X射线检查并与临床病史、体征及其他检查很好结合，就可能达到确诊目的。同时，X射线检查也是肿瘤普查最常用的方法之一。

随着介入放射学的不断发展，X射线检查又从以往单纯的诊断疾病进入了疾病的治疗领域，其中包括各种选择性和超选择性血管插管灌注化疗药物和栓塞剂治疗多种恶性肿瘤，并取得了满意效果。

2. 肿瘤的X射线计算机断层扫描（CT）**诊断** CT主要应用在肿瘤的诊断、分期、判断预后、治疗后随访以及协助肿瘤放疗计划的制订。在肿瘤的诊断方面，由于CT对组织密度的分辨率高，且为横断扫描，可直接观察到实质脏器内部的肿瘤。当肿瘤与正常组织密度差异较小时，可注射造影剂后扫描，使肿瘤发生强化而提高其发现率和确诊率。同时，根据CT影像显示的肿瘤大小、范围、侵犯周围组织及动、静脉血管的情况，以及淋巴结和其他转移情况来确定肿瘤的分期，进而帮助判断预后和制订治疗方案。

但要注意的是，由于动物机体各部位肿瘤的形态、密度和周围组织结构不同，CT对它们的应用价值和限制也各不相同。

3. 肿瘤的核磁共振成像（MRI）**诊断** MRI提供的信息量不但大于医学影像诊断中的其他许多成像术，且它所提供的信息也不同于已有的成像术。虽然MRI与CT有许多不同之处，但它们都属计算机成像，且所成图像都是体层图像，因此在图像解释上的许多原则仍然是相同的。

4. 肿瘤的超声诊断 超声诊断在医学临床已广泛用于多种脏器疾病和肿瘤的诊断和鉴别诊断。常用的超声诊断仪为B型超声诊断仪，它能够获得被检测部位脏器和病变的层面（断层）图像。通过对不同方向切面声像图观察，摄取肿瘤的最大纵、横切面声像图以及各个需留记录的斜切面声像图，分析肿瘤的图像表现，鉴别其物理特性是含液性、实体性、含气性或混合性；并从肿瘤的物理特性、与周围组织和脏器的关系、胸腹水和肝脏等声像图的表现特征，推断其良性特征或恶性特征，提出诊断意见。

（七）内窥镜检查

应用金属（硬式）或纤维光导（软式）的内窥镜直接观察空腔脏器、胸腔、腹腔以及纵隔内的肿瘤或其他病理状况，能可靠地支持常见肿瘤的诊断，尤其是早期癌的及时检出，并在术前做出病理确诊，因而优于其他的诊断手段（包括MRI、CT、B超、ECT）。目前应用于临床的内窥镜有支气管镜、食道镜、胃镜、十二指肠镜、结肠镜和膀胱镜等。内窥镜检查还可确定其他手段确诊的肿瘤的病变范围、生长特点以及病理组织学或细胞学类型等，为选择治疗方案或估计手术切除的可能性和预后提供重要依据。

（八）酶学检查

肿瘤的发生和发展与酶基因异常表达密切相关，可产生异常的酶、同工酶谱、胚胎性酶等。在组织细胞癌变过程中，与细胞功能分化有关的组织特异性酶和同工酶活性降低或消失，而与细胞增殖有关的酶和同工酶活性升高，尤其是某些成年型同工酶活性降低或消失，同时出现了一些胚胎型同工酶和异位酶，而一些维持细胞基本功能必需的酶和结构蛋白质变化则不明显。实验室酶学检查对肿瘤有重要辅助诊断作用。由于肿瘤酶和同工酶的变化主要是酶蛋白量的变化，目前可采用分子克隆技术制备相关酶蛋白的cDNA，以其作为探针，用分子杂交法直接测定特异的mRNA。无论是翻译加强还是转录增加，均与基因调控有关。

（九）基因诊断

随着分子生物学的迅速发展，人们发现了许多肿瘤相关基因，并能直接探查这些基因的存在状态及功能，即基因型的改变，从基因水平对癌症进行诊断。基因诊断，又称DNA诊断，诊断技术主要包括核酸分子杂交、聚合酶链式反应（PCR）、限制酶酶谱分析、单链构象多态性分析以及DNA序列测定、差异显示等技术。上述技术与芯片技术相结合，可用于肿瘤易感基因的检测，肿瘤的分类，肿瘤的早期诊断、预后诊断、预后监测，并为肿瘤个体化和预见性治疗提供依据。

七、肿瘤的治疗

（一）良性肿瘤治疗

手术切除是最彻底的治疗手段，但应根据肿瘤的种类、大小、位置、症状和有无并发症等选择适当的手术时间。

（1）易恶变的、已有恶变倾向的、难以排除恶性的良性肿瘤等应尽早手术，在切除瘤体时连同周围部分正常组织及淋巴结彻底切除。

（2）良性肿瘤出现危及生命的并发症时，应做紧急手术。

（3）影响动物功用（如使役）、肿块大或并发感染的良性肿瘤可择期手术。

（4）某些生长慢、无症状、不影响功用的较小良性肿瘤可不手术，定期观察。

（5）冷冻疗法对良性瘤有良好疗效，适于大、小动物，可直接破坏瘤体以及短时间内阻塞血管而破坏细胞。被冷冻的肿瘤日益缩小，乃至消失。

（二）恶性肿瘤的治疗

恶性肿瘤如能被及早发现与诊断，则往往可望获得临床治愈。目前采取的治疗措施主要有下列几种：

1. 手术治疗 迄今为止仍是最主要的治疗手段，临床治愈的前提是肿瘤尚未扩散或转移。在手术切除病灶时，应将肿瘤病灶与其周围的部分健康组织一同切除，特别应注意切除附近的淋巴结。为了避免因手术而带来癌细胞的扩散，应注意：①手术过程中的各项操作要轻巧，切忌挤压和不必要的翻动癌肿。②手术应在健康组织范围内进行，不要进入癌组织。③尽可能阻断癌细胞扩散的通路（动、静脉与区域淋巴结），肠癌切除时要阻断癌瘤上、下段的肠腔。④尽可能将癌肿连同原发器官和周围组织一次整块切除。⑤术中用纱布保护好癌肿和各层组织切口，避免种植性转移。⑥高频电刀、激光刀切割的止血效果良好，可减少扩散。⑦对部分癌肿在术前、术中可用化学消毒液冲洗癌肿区（如0.5%次氯酸钠液用氢氧化钠缓冲至 pH 为 9，与手术创面接触 4min）。

2. 放射疗法 肿瘤放射治疗是利用放射线（如放射性同位素产生的射线）和各类 X 射线治疗机或加速器产生的 X 射线、电子线、中子束、质子束及其他粒子束等照射肿瘤，使其生长受到抑制而死亡。分化程度愈低、新陈代谢愈旺盛的细胞，对放射线愈敏感。临床上最敏感的是造血淋巴系统和某些胚胎组织的肿瘤，如恶性淋巴瘤、骨髓瘤、淋巴上皮癌等。中度敏感的有各种来自上皮的肿瘤，如皮肤癌、鼻咽癌、肺癌。不敏感的有软组织肉瘤、骨肉瘤等。在兽医实践上对基底细胞瘤、会阴腺瘤、乳头状瘤等疗效较好。放射治疗主要有两种形式：一种是体外放射治疗，即将放射源与患病机体保持一定距离进行照射，射线穿透动物体表进入体内一定深度，达到治疗肿瘤的目的；另一种是体内放射治疗，即将放射源密封置于肿瘤内或肿瘤表面，如放入机体的天然腔或组织内（如舌、鼻、咽、食管、气管和子宫体等部位）进行照射，有时在手术切除肿瘤后，把放射源放在切口处，用来杀死残存的癌细胞，也有的是将未密封的放射源通过口服或静脉注入体内进行治疗。

3. 光动力学疗法（photodynamic therapy，PDT） PDT 是近年来应用于肿瘤治疗的一种治疗措施，其机理是以一定波长的激光照射，进入肿瘤组织内的光敏剂可诱发生成单态氧，对肿瘤组织产生光毒效应。血卟啉衍生物（hematoporphyrinderivative，HpD）是应用最广泛的光敏剂。PDT 主要是针对细胞的胞膜以及线粒体、微粒体、溶酶体等细胞器的损伤。临床上大多将 PDT 作为手术切除的辅助治疗措施。术前 24～48h 注射光敏剂，切除肿瘤后将一注入激光传递介质的气囊置入肿瘤残腔内，术后插入单根光纤照射周边残留肿瘤组织。当作为单独疗法用于肿瘤治疗时，由于激光的组织穿透力低，宜采用多根光纤置入肿瘤内照射，以最大程度地杀伤肿瘤组织，激光照射剂量从每平方厘米数焦耳到数百焦耳不等。

4. 化学疗法 肿瘤的化学治疗简称为化疗，即用化学药物治疗恶性肿瘤。多种化学药物作用于细胞生长繁殖的不同环节，抑制或杀灭肿瘤细胞，达到治疗目的。最早是用腐蚀药，如硝酸银、氢氧化钾等，对皮肤肿瘤进行烧灼、腐蚀，目的在于化学烧伤形成痂皮而愈合。随着化疗药物种类的逐渐增多，用药方法的不断改进，临床疗效日益提高，化疗已从以前的姑息性治疗向根治性治疗过渡。过去的化疗以全身治疗为主，现在有些肿瘤可用化学药物进行局部治疗，如介入治疗等，以减轻或避免化疗药物的全身毒副作用。根据其化学结构和作用机理不同化疗药物可分为多种类型，包括烷化剂类如环磷酰胺、环已亚硝脲等；抗代谢类如氟尿嘧啶、阿糖胞苷等；抗生素类如阿霉素、丝裂霉素等；植物类如长春新碱、紫杉醇等；激素类及其他类药物。各类药物选择性的搭配在一起，形成各种化疗方案，或单药使用治疗各种肿瘤。

5. 免疫疗法 是指刺激机体自身免疫系统来抵抗肿瘤的治疗方法。免疫疗法有时单独使用，但大多数情况下是用作主要治疗方法的辅助治疗。免疫治疗可分为三大类：非特异性免疫治疗和辅助免疫治疗、具有活性的特异性免疫治疗（肿瘤疫苗）、被动免疫治疗（单克隆抗体），有时会联合使用两种或更多的免疫治疗。得到 FDA 认可的免疫疗法包括卡介苗（BCG）、细胞因子 α 型干扰素和 2 型白细胞介素，以及针对淋巴瘤的单克隆抗体和针对晚期或转移性乳癌的单克隆抗体。

6. 肿瘤的生物治疗 生物治疗是指通过生物反应调节剂（biological response modifiers，BRM）调动宿主的天然防卫机制或给予机体某些物质来取得抗肿瘤的效应，达到治疗肿瘤目的。以肿瘤免疫治疗为基础的肿瘤生物治疗越来越受到重视。我国已先后批准重组人

p53 腺病毒注射液治疗晚期鼻咽癌和头颈部鳞癌，重组人 5 型腺病毒（H101）治疗难治性晚期鼻咽癌，受到世界关注。

BRM 的概念涉及的范围较广，既包括一大类天然产生的生物物质，又包括能改变体内宿主和肿瘤平衡状态的方法和手段。主要包括：①细胞因子，如白细胞介素（IL）、干扰素（IFN）、肿瘤坏死因子（TNF）等。②抗肿瘤的体细胞和辅助性的造血干细胞，如 LAK 细胞、TIL 细胞、TAK 细胞等。③抗体，包括各类抗肿瘤单克隆抗体、抗细胞表面标记抗体等（如肿瘤分子靶向治疗、放射免疫靶向治疗等）。④基因治疗。⑤肿瘤疫苗。⑥抗血管生存剂。⑦细胞分化诱导剂等。生物治疗应用于临床的时间较短，其在治疗恶性肿瘤中的地位还比不上手术、放疗和化疗等方法，但是随着现代生物技术的发展，生物治疗在临床运用逐渐增多，并取得令人满意的结果，其地位日趋重要，已经成为治疗肿瘤的第四大手段。

第二节 动物常见肿瘤

一、上皮组织肿瘤

（一）乳头状瘤

乳头状瘤（papilloma）是最常见的动物表皮良性肿瘤之一，由皮肤或黏膜的上皮转化而形成，可分为传染性和非传染性两种。传染性乳头状瘤多发于牛，散播于体表成疣状分布，所以又称为乳头状瘤病（papillomatosis），非传染性乳头状瘤则多发于犬。

牛乳头状瘤发病率高，病原为牛乳头状瘤病毒（BPV），具有严格的种属特异性，不易传播给其他动物。传播媒介是吸血昆虫或接触传染。易感性不分品种和性别，其中以 2 岁以下的牛最多发。BPV 感染后的潜伏期为 3～4 个月，好发部位为牛的面部、颈部、肩部和下唇，尤以眼、耳的周围最多发；成年母牛的乳头、阴门、阴道有时发生；雄性可发生于包皮、阴茎、龟头部。若 BPV 经口侵入，可见口、咽、舌、食管、胃肠黏膜发生此瘤。

乳头状瘤的上端常呈乳头状或分支的乳头状突起，表面光滑或凹凸不平，可呈结节状和菜花状等，瘤体可呈球形、椭圆形，大小不一，小者米粒大，大者可达几千克，有单个散在，也可多个集中分布。皮肤乳头状瘤的颜色多为灰白色、淡红或黑褐色。瘤体表面无毛，时间经过较久的病例常有裂隙，摩擦易破裂脱落，其表面常有角化现象。发生于黏膜的乳头状瘤还可呈团块状，但黏膜的乳头状瘤一般无角化现象。瘤体损伤易出血。病灶范围大和病程过长的动物，可见食欲减退，体重减轻。乳房、乳头的病灶则造成挤奶困难，或引起乳房炎。雄性生殖瘤常因交配感染雌性的阴门、阴道。

采用手术切除，或烧烙、冷冻及激光疗法是治疗本病主要措施。据报道，疫苗注射可达到治疗和预防本病的效果，目前美国已有市售的牛乳头状瘤疫苗供应。

（二）鳞状细胞癌

鳞状细胞癌（squamous cell carcinoma）由鳞状上皮细胞转化而来的恶性肿瘤，又称鳞状上皮癌，简称鳞癌。最常发生于动物皮肤的鳞状上皮和有此种上皮的黏膜（如口腔、食道、阴道和子宫颈等），其他不是鳞状上皮的组织（如鼻咽、支气管和子宫的黏膜）在发生了鳞状化生之后，也可出现鳞状细胞癌。

1. 皮肤鳞状细胞癌 多见于家畜，对肉用动物可造成重大损失。长期暴晒、化学性刺激和机械性损伤是发病原因。好发部位为犬、猫、马的耳、唇、乳腺、鼻孔及中隔等处，牛、马的眼睑周围及生殖器官，犬爪、牛的角基，犬、猫、山羊乳房部等。一般质地坚硬，常有溃疡，溃疡边缘则呈不规则的突起。

(1) 眼部皮肤鳞状细胞癌：以牛为最多发。本病发生首先在角膜和巩膜面上出现癌前期的色斑，略带白色，稍突出表面；继而发展成为由结膜面被覆的疣状物；进一步形成乳头状瘤；最后在角膜或巩膜上形成癌瘤。有时累及瞬膜或眼睑。治疗可用手术切除。

(2) 外阴部和会阴部的鳞状细胞癌：可发生在阴茎、外阴、肛门和肛周。好发在缺乏色素的阴茎部位。以老龄公马和阉马多见；发生在外阴部的皮肤鳞状细胞癌，多见于母牛。

2. 角鳞状细胞癌 多见于印度的老龄公牛及阉牛。其主要症状为一侧角倾斜、摇晃及扭曲。本病发生于角基的生长层上皮组织，并可侵害到角干及额窦。治疗是断角或用肿瘤组织制成的自家癌苗注射。

3. 爪鳞状细胞癌 多见于犬，起源于甲床或蹄的生发层组织，呈慢性经过。恶性程度较高，而且早期出现区域淋巴结和内脏（肺）转移。在诊断上应与好发生在此部的指间囊肿、肥大细胞瘤、黑色素瘤以及甲沟炎做仔细的鉴别。治疗可切除患指，摘除区域淋巴结，必要时截肢。

4. 黏膜鳞状细胞癌 质地较脆，多形成结节或不规则的肿块，向表面或深部浸润，癌组织有时发生溃疡，切面颜色灰白，呈粗颗粒状。肿瘤无包膜，与周围组织分界不明显。膀胱鳞状上皮癌据认为是由黏膜上皮化生为复层的扁平上皮癌变而来。临床上膀胱鳞状上皮癌约占牛膀胱癌的7.8%，约占犬的14%，可见这一组织类型的癌在膀胱并不少见。膀胱的鳞状上皮癌一般分化比较好，癌细胞浆及其形成的癌巢中心角化（癌珠）比较明显，细胞间桥比较清楚。

（三）基底细胞瘤

基底细胞瘤（basal cell tumors）又称基底细胞癌，发生于皮肤表皮的基底细胞层，是一种低度恶性的皮肤肿瘤。动物中以犬和猫较多发，马、兔以及其他动物身上也有发生。据统计，此癌在犬占皮肤肿瘤的3%～5%，猫占13%～18%。

临床流行病学和实验均证实，基底细胞瘤的发病与日光中紫外线长期照射有密切关系。另外，X射线、人乳头（状）瘤病毒（HPV）感染等其他因素也与基底细胞癌发生有关。

发病部位以口、眼、耳廓、胸及颊部多发，很少在躯干。基底细胞瘤生长速度慢，很少发生转移；较小的肿瘤呈圆形或囊体，中央缺毛，表皮反光；大的瘤体形成溃疡；一般只侵害皮肤，很少侵至筋膜层；个别瘤体含有黑色素，表面呈棕黑色，外观极似黑色素瘤。若为皮肤基底细胞癌，则瘤体表面多呈结节状或乳头状突起，底层多呈浸润性生长，与周围的组织分界不清。

外科切除和冷冻疗法或激光切除均有良效。溃疡面可涂5-氟尿嘧啶软膏，每日涂2次。激光刀切除瘤体，疼痛轻，手术时间短，愈合创面不留瘢痕。

（四）腺瘤和腺癌

1. 腺瘤（adenoma） 由腺体器官的腺上皮转化而形成的良性肿瘤。发生于黏膜或深部的腺体。以犬、猫乳腺最多发，在母犬的所有肿瘤中，本病约占25%；猫的乳腺肿瘤约占常见猫肿瘤的第三位，而且多见于未阉割的老龄母猫。此外，犬还可发生皮脂腺瘤（sebaceous gland tumor）和肛周腺瘤（perianal gland tumor）。家畜的肠腺瘤，既发生于小肠，也见于大肠（主要是结肠），直肠的腺瘤则以犬多见，某些肠腺瘤特别是结肠的息肉样腺瘤可发生恶变而形成腺癌。

腺体腺瘤多为圆形，外有完整的包膜。实性腺瘤切面外翻，其颜色和结构与其正常的腺组织相似，但有时可有坏死、液化与出血；囊性腺瘤切面有囊腔，囊内有多量的液体，囊壁上皮呈不同程度的乳头状增生。黏膜腺瘤呈息肉状突起，基部有蒂或无蒂，切面似增厚的黏膜，此称为息肉样腺瘤。

外科切除、冷冻、化学疗法、放射疗法均有效。单纯外科切除易复发。因可能与雄性激素的作用有关，所以建议配合去势。

2. 腺癌（adenocarcinoma）　通常由腺上皮发生或由化生的移行上皮发生的恶性肿瘤。多发于动物的胃肠道、支气管、胸腺、甲状腺、卵巢、乳腺和肝脏等器官。腺癌呈不规则的肿块，一般无包膜，与周围健康组织分界不清，癌组织硬而脆，颗粒状，颜色灰白，生长于黏膜上的腺癌，表面常有坏死与溃疡。犬、绵羊、牛常发生肠腺癌。

二、间叶组织肿瘤

（一）纤维瘤和纤维肉瘤

1. 纤维瘤（fibroma）　是由结缔组织发生的一种成熟型良性肿瘤，由胶原纤维和结缔组织细胞构成（图 3-2）。多见于头部、胸、腹侧和四肢的皮肤及黏膜。根据临床特征不同，可分为硬性和软性纤维瘤。硬纤维瘤发生于皮肤、黏膜、肌膜、骨膜和腱等部位；间质多，质地硬，与周围组织的界限明显；切面呈灰白色、有纤维样的外观；如果位于体表则有一层皮肤覆盖；硬纤维瘤一般生长缓慢，体积不大。软性纤维瘤见于皮肤、黏膜和浆膜下等部位；间质少，由不太密集的结缔组织组成，质软，切面呈淡红色；瘤细胞通常呈星状，内杂有脂肪组织；有时含有一定量的黏液；瘤体常可达到很大体积。生长在黏膜上的软纤维瘤常有蒂，称为息肉（polypus）。

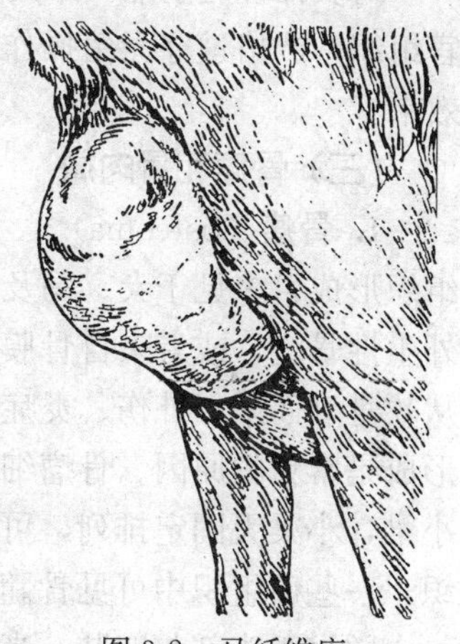

图 3-2　马纤维瘤

2. 纤维肉瘤（fibrosarcoma）　是来源于纤维结缔组织的一种恶性肿瘤。马、骡和猫最为常见，有时也见于犬和牛（图 3-3）。发生在皮下、黏膜下、筋膜、肌间隔等结缔组织以及实质器官。有时瘤体生长迅速，当转移到内脏器官可引起动物死亡。纤维肉瘤质地坚实，大小不一，形状不规整，边界不清，可长期生长而不扩展。临床上常常误诊为感染性损伤，尤其发生于爪部更易引起误诊。纤维肉瘤内血管丰富，因而切除和活检时，易出血是其特征。溃疡、感染和水肿往往是纤维肉瘤进一步发展的后遗症。

图 3-3　马纤维肉瘤的结节型

纤维肉瘤与纤维型肉样瘤不同，后者多发于马，称为马纤维肉样瘤，多发于四肢部，属马、骡良性瘤。手术切除后，大约经过几周或 1 个月左右，又会再发，继而发生转移。因而在治疗上，常常采取手术与放射疗法合用。

（二）脂肪瘤

脂肪瘤（lipoma）由成熟的脂肪组织所构成的一种良性肿瘤，是动物常见的间叶性皮肤肿瘤。牛和犬多发，牛以乳牛为最常见，常以多发性出现（图 3-4）；犬以老龄母犬多发，常为单发性，其次在马、猪、绵羊都有发生。

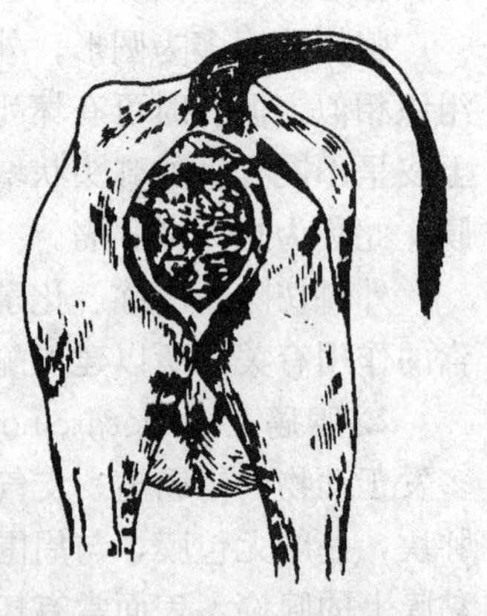

图 3-4　水牛阴道脂肪瘤

皮下组织的脂肪瘤瘤体大小不一，质地略微坚硬，外表一般呈结节状或息肉状，与周围组织有明显的界限，表面皮肤可自由移动。如果脂肪瘤内含丰富的纤维细胞成分，则质地变为硬实，通常将这样的肿瘤称为纤维脂肪瘤，牛多发。位于胸、腹腔的脂肪瘤常与胸膜和肠系膜的脂肪连接在一起。胸内大的脂肪瘤，可引起吞咽、心血管以及呼吸功能异常。脂肪瘤虽为良性，但如果肿块过多、过大而影响重要器官功能时，则会危及生命。少数发生在犬和马的脂肪瘤可能浸润到肌束之间，虽仍属良性，手术切除有困难。如不切除，将会造成跛行。

对实体性脂肪瘤，采用手术切除比较恰当。切除胸内或腹内的脂肪瘤时，勿伤及重要器官组织，严格遵守无菌操作，术后做好有效的抗感染和防止并发症，都能取得良好的治疗效果。

（三）骨瘤和骨肉瘤

1. 骨瘤（osteoma）　为常见的良性结缔组织瘤，由骨性组织形成，多见于犬、马及牛（图 3-5）。它的来源通常认为是外生性骨疣，或者来自骨膜或骨内膜的成骨细胞。此外，还可从软骨瘤而来。外伤、炎症和营养障碍的慢性过程所致的骨瘤形成是常见的原因。骨瘤细胞为分化成熟的骨细胞和形成的骨小梁，小梁无固定排列，可互相连接成网状，小梁间为结缔组织，一些瘤组织中可见骨髓腔，其中有脊髓细胞。

图 3-5　马下颌骨骨瘤

常发于头部与四肢。当发生在上颧骨和下颌骨时，通常有一个狭窄的基部附着，易用骨锯切除，有再发趋势可重复进行多次手术而治愈。如发生四肢关节附近，可引起顽固性跛行。若骨瘤压迫重要器官、组织、神经、血管时，可引起一定的机能障碍。良性骨瘤一般预后良好，但病程长。

2. 骨肉瘤（osteosarcoma）　是来自成骨细胞的恶性肿瘤，多见于猫和犬，其好发部位是长骨的骨骺。马、绵羊和牛的骨肉瘤则见于头骨。可由血液循环转移至肺脏。骨肉瘤常与软骨肉瘤或黏液肉瘤形成混合肿瘤、骨软骨肉瘤或骨黏液肉瘤。恶性骨瘤病程短，预后不良，死亡率高。

（四）平滑肌瘤和平滑肌肉瘤

1. 平滑肌瘤（leiomyoma）　是一种良性肿瘤，在各种动物中均可见到，但犬最多发。其组织来源主要为平滑肌组织，故凡有此种组织的部位，如子宫、胃、肠壁、脉管壁及阴道，都能发生平滑肌瘤；在无平滑肌组织的地方，如脉管的周围，还可同幼稚细胞发生这种肿瘤。

瘤体呈实体性，大小不一，一般表面平滑。大的瘤体可发生溃疡、出血和继发感染，常成为后遗症。子宫以外的平滑肌瘤一般体积不大，多呈结节样，如胃肠壁的平滑肌瘤，质地坚硬，切面呈灰白色或淡红色。较大的肿瘤有完整包膜，与周围组织分界明显。平滑肌瘤通常包含两种成分，一般以平滑肌细胞为主，同时有一些纤维组织。平滑肌瘤细胞长梭形，胞浆丰富，胞核呈梭形，两端钝，不见间变，极少出现核分裂象，细胞有纵行的肌原纤维，染为深粉红色。瘤细胞常以束状纵横交错排列，或呈漩涡状分布。纤维组织在平滑肌瘤中多少不定。

2. 平滑肌肉瘤（leiomyosarcoma） 是一种恶性肿瘤，在动物中它比平滑肌瘤要少见得多。这种肿瘤通常直接从平滑肌组织发生，少数可由平滑肌转变而来，特别是子宫的平滑肌瘤。在组织学上，平滑肌肉瘤细胞分化程度不一。高分化的平滑肌肉瘤细胞的形态与平滑肌瘤细胞颇为相似，但前者可找到核分裂象；低分化的平滑肌肉瘤细胞体积较小，圆形，胞浆极少，胞核也呈圆形，核仁和核膜都不甚清楚，核染色质呈细颗粒状，均匀分布；中分化的平滑肌肉瘤细胞两端有突起的胞浆，瘤细胞间不见纤维。

外科切除的同时进行活检。发生在前阴道内的肿瘤较难切除，冷冻外科可以发挥较好的治疗作用。

（五）血管外皮细胞瘤

血管外皮细胞瘤（hemagiopericytoma）起源于血管的外膜细胞，人和犬都可发生。犬与人的血管外皮细胞瘤有本质区别，犬的这种肿瘤应当属于纺锤细胞肉瘤，多发生犬的四肢和躯干的皮下组织。瘤被皮可移动，大瘤浸润至肌束和筋膜之间，边界不清，瘤包膜破溃后，常继发感染和溃疡。活检可见纺锤细胞。外科手术切除后，复发率高。

（六）血管瘤

血管瘤（hemangioma）是一种常见的良性肿瘤，可发生在任何年龄的动物，但幼龄动物较多发，犬、猫、牛、马和猪等家畜都可以发生。血管瘤起源于血管内皮，所以身体的任何部位都能发生，可单发，也可多发。根据血管瘤的不同结构特点，一般分为几个类型：①毛细血管瘤；②海绵状血管瘤；③混合性血管瘤。

血管瘤虽然是良性肿瘤，但其表面并无完整包膜，可呈浸润性生长。瘤体的大小差异颇大，切面灰红色，质地比较松软。血管处于扩张状态的血管瘤，其中常充满血液，呈海绵状结构。血管瘤的特征为大量内皮细胞呈实性堆聚，或形成数量与体积不同的血管管腔，腔内充满红细胞。内皮细胞呈扁平状或梭状，胞浆很少，胞核椭圆形或梭形，无异型性。瘤组织中一般有多少不定的纤维组织将堆积的瘤细胞分隔为巢状。

实体性血管瘤可借手术切除或冷冻疗法治疗，经手术完全切除后不会再发。多发性的或内脏型的则切除困难。体表的、孤立性的小血管瘤最好用 CO_2 激光刀切除，既彻底又不出血。

（七）犬可传播性的性肿瘤

犬可传播性的性肿瘤（canine transmissible venereal tumors，CTVT）是通过接触而传播的肿瘤，命名为接触传染性淋巴瘤，又称为接触传染性淋巴肉瘤，常见的如犬的湿疣、性病肉芽肿瘤、传染性肉瘤等。

这种肿瘤主要生长在公犬的阴茎和包皮，母犬的外阴和阴道处。病初以小的丘疹出现，逐渐增大到直径为3～6cm大的肿块。因为血管形成，肿块颜色变红。检查公犬阴茎时，要先进行麻醉或镇静，以避免疼痛而抗拒检查。

外科手术切除最好用激光刀或电刀，以防肿瘤细胞在伤口内的移植。手术后5个月内很少复发。因CTVT对放射疗法敏感，可用X射线放射治疗，剂量为15～20Gy，治愈率较高。化学疗法可单独使用环磷酰胺或配合泼尼松使用，起到良好的治疗效果。免疫疗法对泛发性的CTVT可用自家疫苗治疗，其方法是利用患犬自身血液或血浆进行输血，或用CTVT肿瘤的组织匀浆进行自家接种。

三、淋巴及造血组织肿瘤

（一）淋巴肉瘤

淋巴肉瘤（lymphosarcoma）是淋巴组织的一种不成熟的恶性肿瘤，见于多种动物。淋巴肉瘤生于淋巴结或其他器官的淋巴滤泡，以后逐渐增生肿大，并且突破包膜，向周围组织浸润生长，在与邻近淋巴组织的瘤灶彼此汇合之后，可形成体积较大的肿瘤。

临床上肉眼观察呈大小不等的结节或团块，质地致密，切面颜色灰红，如鱼肉样。较大的淋巴肉瘤常有出血或坏死。显微镜下肿瘤细胞的成分主要是异型性的成淋巴细胞和淋巴细胞样瘤细胞。

（二）白血病

白血病（leukemia）分为淋巴组织增生性和骨髓组织增生性两大类型。在动物中分布相当广泛，家畜、家禽、野生动物、野禽以及鼠类都可被侵害。淋巴组织增生性白血病包括淋巴细胞性白血病、非白血性淋巴组织增生病和骨髓肉瘤病等。其中淋巴细胞性白血病常见于各种哺乳动物。家畜中以牛最为多见。

1. 临床病理特征 外周血液中幼稚型白细胞大量增多，其中淋巴细胞相对增多。全身淋巴结明显肿大，并且各器官组织可见到肿瘤病灶浸润生长，因此患畜的脾脏、肝脏异常肿大，其他器官也出现瘤灶；同时呈全身贫血症状，红细胞可下降为每微升一百万或几十万个，血红蛋白降至20%～30%以下。发病的牛、马、猪、犬、禽等动物全身淋巴结显著肿大，脾脏肿大。肿大的淋巴结呈一种实体性肿瘤，属恶性，所以称为恶性淋巴瘤。

2. 牛的恶性淋巴瘤 从临床病理学可分为4个类型。

（1）犊牛型：常呈单个发生，很少群发。奶牛的发生率比肉牛要高。带病犊的母牛往往本身正常。肿大的淋巴结以颈部、肩前和股前淋巴结较明显。

（2）青年牛型：明显肿大的淋巴结主要位于颈下，其他部位则不明显，因而在临床上常被误诊为脓肿。有时因肿瘤压迫上呼吸道而引起呼吸困难。

（3）成年牛型：多见于成年奶牛。肿大的淋巴结可见于颈部、肩前和股前淋巴结。全身症状除产奶量下降外，还可出现食欲减退、进行性消瘦和流产。有时也因颈部淋巴结肿大压迫气管而引起呼吸困难。

本型病情的严重程度，主要决定于肿瘤发生的部位、生长的速度以及肿瘤散播的情况。当肿瘤侵害到四肢神经鞘时，可引起神经麻痹，站立困难，成了所谓“趴卧牛”。如果恶性淋巴瘤发生在眼球后部，由于瘤体的占位和扩大，可发生眼球突出症。突出的眼球容易遭到损伤和继发感染。

（4）皮肤型：多发生于3岁以上的牛，但仍以年龄较大的牛多发。在皮肤散布多发性荨麻疹样的肿块，并逐渐形成溃疡或坏死。患部皮肤组织活检可发现真皮呈大量淋巴细胞浸润。

3. 马的恶性淋巴瘤 临床上可分为3种类型。

（1）皮肤型：肿瘤生长在真皮和皮下，大小不等。患处皮肤坚实或硬固，肿块圆，但不像牛皮肤型呈荨麻疹状。

（2）纵隔型：临床表现为下腹部水肿，慢性咳嗽，发热，心肌衰弱，有时突然死亡。

（3）营养型：本型临床主要表现为疝痛、腹泻、营养不良。肿瘤也可以侵害眼睑周围而引起眼球突出和继发结膜炎。

4. 犬的恶性淋巴瘤 临床主要症状以典型的淋巴结病为特征。此外，还表现嗜眠，衰弱，食欲差，体重减轻，腹泻，呼吸困难，咽下困难，烦渴以及多尿等。根据临床病理学分类，可分5个类型。

（1）多中心型：此型最为多见。除淋巴结肿大外，还经常伴发扁桃体肿大，肝、脾大和继发肾脏疾患。还有食欲不振、恶病质、可视黏膜贫血以及烦渴等。

（2）营养型：以消化和吸收障碍而引起恶病质为主。有时腹部触诊可摸到肠系膜上增大的淋巴结或肿块。

（3）纵隔型：不多见。主要临床表现为突发剧咳，呼吸困难，蹲坐呼吸，咽下困难及呕吐，个别可引起食管扩张。

（4）白血病型：不多见。以消瘦、长期腹泻贫血及恶病质为主。病变虽可侵害至骨髓，但不会引发淋巴性白血病。

（5）皮肤型：以皮肤慢性局限性溃疡为主。病程可延长数月至数年。开始真皮部分出现红斑性斑块，继而发生溃疡。早期皮肤组织被大量淋巴细胞所浸润。

四、其他肿瘤

（一）黑色素瘤

黑色素瘤（melanoma）是由能制造黑色素的细胞所组成的良性或恶性肿瘤。动物中以马最多发，也可发生于犬、猪、牛。

马的黑色素瘤多见于6岁以上、灰色和白色的马，阿拉伯马具有黑色素瘤高发的基因；通常起源于皮肤，多发生在会阴至肛门部位和尾根下面，还有头部皮肤（包括耳根、颈和眼睑）、阴囊、包皮、乳房及四肢也可发生。

犬的黑色素瘤多见于7～14岁的老龄犬，皮肤有色素的品种多发，雄性犬的发生率高于雌性犬，常发部位是面部、躯体和四肢皮肤，其次是口腔黏膜、齿龈和嘴唇；肿瘤的性质与其发生的部位有关，犬口腔黑色素瘤90%以上是恶性的，而皮肤黑色素瘤则大多数是良性的。此外，在眼内的虹膜及睫状体可以发生黑色素瘤，且具有一定的危险性。

猪的黑色素瘤常为先天性的，多见于初生至9月龄小猪，尤以初生仔猪多发。原发于皮肤，但也能发生于内脏器官，最常见的部位是躯体后部。猪黑色素瘤的发生与毛色关系不大。

牛的黑色素瘤多发生于幼犊，可能为先天性的，常见于深色被毛的品种，一般发生于皮下，尚无好发部位的报道，但多发生转移。

黑色素瘤的外观形态差异很大，从黑色斑直至大的、生长快速的瘤块，色泽可以从无黑色或深褐色以至灰色或黑色。皮肤的黑色素瘤为圆形、椭圆形或具有肉茎的瘤体，不表现弥散或浸润。横断面呈棕色或亮黑色，色素越少反而恶性程度越高。区域淋巴结、肺、脾和肝往往成为远方转移点，转移方式可经血液和淋巴液途径。

根据临床所见和细胞学、组织学的特征不难确诊。虽然无黑色素的黑色素瘤诊断比较困难，但一般见到坏死、溃疡发生在具有黑色素的损伤处，则可引起注意。无黑色素的黑色素瘤常被误诊为癌或其他肿瘤。

采用手术切除或冷冻外科与化学疗法及免疫法配合治疗，效果较好。化学药物可用氮烯唑胺，免疫疗法可用卡介苗注射在黑色素瘤切除后的伤口处。

预后根据发生部位和种别不同。在一些青毛马身上的黑色素瘤可多年不增大，也不转移；但在另一些青毛马身上的黑色素瘤可能迅速转移。如果有肉茎的黑色素瘤发生在犬的皮肤与黏膜交界处，外科切除或冷冻外科处理都能取得满意的结果，但如果发生在口腔或爪部，则往往属于恶性。

（二）肥大细胞瘤

肥大细胞瘤（mastcytoma）多发生于皮肤表面或皮下组织。某些品种的犬高发，如英国斗牛犬；猫、牛、马及其他动物也有发生。本病可能是良性或恶性，恶性的称为肥大细胞肉瘤（mast cell sarcoma）；出现在血液中者，则称为纯粹肥大细胞性白血病。

该瘤好发于犬的肛周、包皮的表皮或皮下组织，也能出现在内脏（脾、肝、肾、心脏及淋巴结）。肿瘤直径为一至数厘米，常为实体性或多发性。良性肿瘤可长时间局限在一定的部位，数月至数年不变；恶性的生长迅速，而且从原发病灶很快通过淋巴和血液循环向远处转移和扩散。有时可因切除不彻底，放射治疗或化学药物治疗后，引起急剧恶化。十二指肠溃疡和胃溃疡常属本病的合并症，所以当发现患犬经常有粪便带血时应予以注意。如果肿瘤发生在肛周、包皮以及爪趾部时，可能属于恶性。

冷冻、激光疗法有效，并发胃溃疡时，配合支持疗法。

（三）足细胞瘤

足细胞瘤（sertoli cell tumors）多发生于犬，属于犬的睾丸肿瘤的一种，发生在输精小管。肿瘤如发生在一侧睾丸内，另一侧睾丸可出现萎缩。约有25%的患犬表现雌性化，可见未患病侧睾丸萎缩、两侧对称性脱毛、乳头膨胀、前列腺肿大、愿意接触其他公犬。肿瘤为分叶状，在睾丸内呈灰黄色脂样块，可大到整个睾丸；发展很快，但很少转移。治疗可摘除睾丸。

（四）组织细胞瘤

组织细胞瘤（histiocytomas）多见于犬，属于犬皮肤肿瘤的一种，为单个或多结节形。通常侵害2周龄以下的犬，常发于头部、四肢和爪。肿瘤直径大的可达1～2cm，呈圆盖或纽扣形，常常可形成溃疡。肿瘤切面呈灰白色，间有小红点。此肿瘤不转移，但溃疡可遭感染。治疗可用手术切除，如不切除，瘤体则发生退化。

（李宏全）

第四章 风湿病

风湿病（rheumatism）是一种常反复发作的急性或慢性非化脓性炎症，其特征为胶原纤维发生纤维素样变性。

现代含义的风湿病早已不是症状学的概念。机体的免疫系统不仅可以消灭外界入侵的病原体，有时候也可能会带来一些病痛，许多风湿病就是这样造成的。由于风湿病很多都是慢性、反复发作甚至致残的疾病，国外在描述风湿病性疾病的时候称之为“5D”，即死亡（death）、残疾（disability）、痛苦（discomfort）、经济损失（dollar cost）、药物中毒（drug toxicity），其危害可想而知。

风湿病病变主要累及全身结缔组织。骨骼肌、心肌、关节囊和蹄是最常见的发病部位，其中骨骼肌和关节囊的发病部位常有对称性和游走性，且疼痛和机能障碍随运动而减轻。胶原纤维发生纤维变性主要是由于在变态反应中产生的大量氨基己糖所引起，如果氨基己糖能被体内精蛋白所中和，则不会发生纤维变性或变性表现得不明显。本病在我国各地均有发生，但以东北、华北、西北、西南等地发病率较高。本病常见于马、牛、猪、羊、犬、家兔和鸡。

（一）病因

动物风湿病的发病原因迄今尚未完全阐明。

1. 变态反应 近年来研究表明，风湿病是一种变态反应性疾病，并与溶血性链球菌（医学已证明为A型溶血性链球菌）感染有关。已知溶血性链球菌感染后所引起的病理过程有两种：一种表现为化脓性感染，另一种则表现为延期性非化脓性并发病，即变态反应性疾病。风湿病属于后一种类型，并得到了临床、流行病学及免疫学方面的支持。

（1）风湿病的流行季节及分布地区，常与溶血性链球菌所致的疾病，如咽炎、喉炎、急性扁桃腺炎等上呼吸道感染的流行与分布有关。风湿病多发生在冬春寒冷季节。在我国北部天气比较寒冷，溶血性链球菌感染的机会较多。而在链球菌感染流行后，常伴随风湿病发病率的增高，二者在流行病学上甚为一致，因而此病在北方较南方为多见。抗菌药物的广泛应用，不仅能预防和治疗呼吸道感染，而且明显地减少风湿病的发生和复发。

（2）风湿病发作时，通过病例的鼻咽拭子培养，可分离得到A型溶血性链球菌。链球菌可产生多种细胞外毒素，在其致病性中也起重要作用。首先为链球菌溶血素（streptolysin），根据其对氧的稳定性分为链球菌溶血素O和S两种。链球菌溶血素O为含有—SH基的蛋白质，分子质量为50～70ku，具有细胞毒性，可破坏中性粒细胞，引起胞内溶酶体的释放，导致细胞死亡；对心肌有急性毒性作用，可引起心搏骤停，给小鼠或家兔等动物大剂量注射后可导致动物在数分钟内死亡；抗链球菌溶血素O抗体可在感染后持续存在数月至1年，是诊断链球菌感染的基本指标，但其活性可被皮肤中的脂质所抑制，这也可能是皮肤感染链球菌后不易发生风湿热的原因之一。链球菌溶血素S为小分子糖肽，无抗原性，对氧稳定，为链球菌产生溶血环的原因。A型溶血性链球菌胞壁的成分中，M蛋白和C多糖具有特异的抗原性；其产生的一些酶，亦具有抗原性，并能破坏相应的底物，如链球菌溶血素O（能分解血红蛋白）、链激酶（streptokinase）、链球菌透明质酸酶（能分解透明质酸）、链道酶（streptodornase）及链球菌烟酰胺腺嘌呤二核苷酸酶等。链激酶也称为链球菌纤维蛋白溶酶，能使血液中纤维蛋白酶原变成纤维蛋白酶，故可溶解血块或阻止血浆凝固，有利于感染在组织中扩散。链球菌DNA酶，也称为链道酶，能降解脓液中具有高度黏稠性的DNA，使脓液稀薄，促进病菌扩散。二磷酸吡啶核苷酸酶在链球菌杀伤白细胞和引发抗体反应中起决定作用。另外还有致热外毒素，可改变血脑屏障通透性，直接作用于下丘脑而引起发热，也可造成中毒性休克综合征。在链球菌感染时，初次接触抗原后7～10d，机体即有抗体形成。至今，临床上仍以检测抗链球菌溶血素O作为风湿病的诊断指标之一。

（3）链球菌感染后10d内应用青霉素可以预防急性风湿病的发生。

（4）动物试验提供了有力的证据。把大量的链球菌抗原包括蛋白质、碳水化合物及黏肽注入家兔体内后，可产生风湿病征象和病变。

（5）风湿病发病虽然与A型溶血性链球菌感染有密切关系，但并非是A型溶血性链球菌直接感染所引起。因为风湿病的发生并不是在链球菌感染的当时，而是在感染之后的2～3周左右发作；病例的血液培养与病变组织中也均未找到过溶血性链球菌。目前一般认为风湿病是一种由链球菌感染引起的变态反应或过敏反应。在链球菌感染后，其毒素和代谢产物成为抗原，机体对此产生相应的抗体，抗原和抗体在结缔组织中结合，使之发生了无菌性炎症。

（6）另外的发病机制还有毒素学说，即链球菌产生许多产物包括毒素和一些酶，如链球菌溶血素O和链球菌激酶等，可直接造成机体内组织器官的损伤。

自20世纪90年代，对风湿病发病机制的研究有了较大的进展，认为风湿病的发病与自身免疫有关，根据分子模拟（molecular mimicry）理论，A型溶血性链球菌的某些成分，如细胞壁、细胞膜或胞浆的分子结构可能和机体某些组织的分子结构相同或极相似，因而产生交叉反应。目前，认为风湿热（风湿病的急性期）的发病是由于感染的微生物和机体宿主之间的分子模拟而造成自身免疫性疾病的一个范例。链球菌与组织成分之间存在交叉反应，即M蛋白与心肌抗原之间（抗M蛋白抗体可与心肌内膜起反应导致风湿性心肌炎）、链球菌多糖与心肌糖蛋白之间、链球菌透明质酸酶与软骨的蛋白多糖复合物之间，均存在交叉免疫反应，因此风湿病又被称为自身免疫性疾病（autoimmunedisease）。链球菌感染产生的抗体，可与机体心肌细胞产生交叉抗原抗体反应，造成心肌损害。这种交叉反应也可发生在骨骼肌和血管壁的平滑肌中。由于其细胞壁的多糖成分与机体心瓣膜的糖蛋白也有相似的抗原性，所以链球菌感染后产生的抗体也可与心瓣膜发生反应而造成慢性的心瓣膜病。到目前为止，这种损伤的进一步机制尚未完全阐明，一种可能是这些相同的抗原成分通过体液免疫产生抗体，或者通过细胞免疫直接损伤宿主组织；另一种可能是这种分子模拟性可以产生部分免疫耐受，造成链球菌重复感染，继而引起风湿热和风湿性心脏病的损害（图4-1）。

家畜的风湿性疾病含义较广，在兽医临床上除风湿病外，还包括以四肢跛行症状为主的类风湿性关节炎。类风湿性关节炎是一种动物自身免疫性疾病，其主要病变在关节，但机体的其他系统也会受到一定的损害。表现为关节肿胀、僵硬，最后发生畸形，甚至出现关节粘连。类风湿的特点是在体内能查出类风湿因子。类风湿因子是免疫球蛋白IgG Fc端的抗体，它与自身的IgG相结合，故是一种自身抗体。类风湿因子和IgG形成的免疫复合物是造成

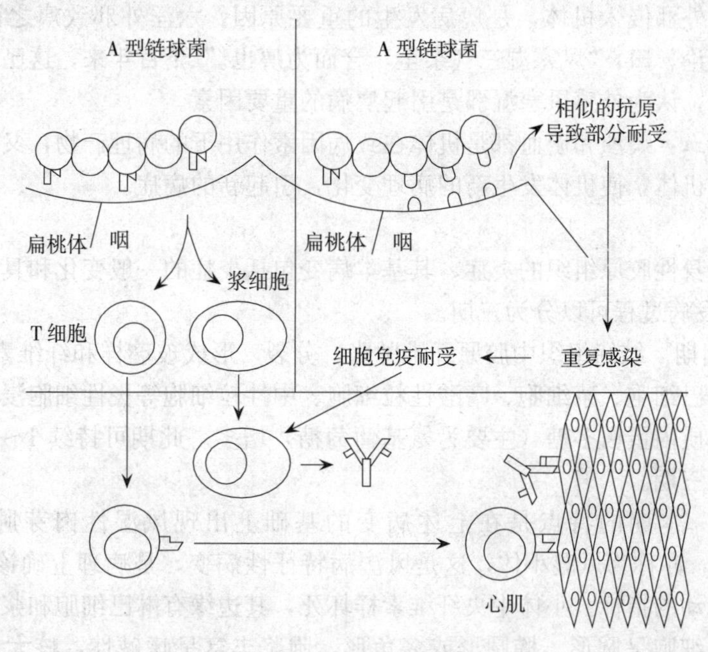

图 4-1　分子模拟导致风湿病的原理

关节局部和关节外病变的重要因素之一，其导致的最基本病变是关节滑膜炎和关节外任何组织内的血管炎。

目前对家畜风湿病的原因和病理发生研究得还很不够。至于 A 型溶血性链球菌对家畜的致病作用与对人体的致病作用是否完全相同，还有待进一步证明。

此外，根据动物试验结果证明，不仅溶血性链球菌，而且他种抗原（细菌蛋白质、异种血清、经肠道吸收的蛋白质）及某些半抗原性物质也有可能引起风湿性疾病。有人通过给家兔大量注射马血清曾成功地引起肌肉风湿病。但以后又有人证明这不仅可以引起肌肉风湿病，而且还可以引起关节风湿病、结节性关节周围炎、神经周围纤维织炎和皮下纤维织炎等。

近年来，也有人注意到病毒感染与风湿病的关系，如将柯萨奇 B4 病毒经静脉注给狒狒后，可产生类似风湿性心瓣膜病变；如将链球菌同时和柯萨奇病毒感染小鼠，可使心肌炎发病率增高，病变加重；在风湿病瓣膜病变中活体检查时也有发现病毒抗原者，因而提出病毒感染在发病中的可能性。但是以抗生素预防风湿热（风湿病的急性期）复发确实有显著疗效，这一点很难用病毒学说解释。也有人提出可能是链球菌的产物能提高对这些病毒的感受性，但却没有足够的证据。

2. 中医认为风湿病属于痹症　痹者，指气血为邪阻闭而引起的疾病。风、寒、湿邪侵袭机体肌表经络，气血运行不畅，引起肢体、肌肉、关节疼痛、酸楚、麻木，重则屈伸不利和关节肿胀。从其发病角度来说，可以归结为正虚、邪侵、痰浊瘀血三个方面。

(1) 正虚，即正气不足：所谓正气，是指机体的抗病、防御及康复能力。正气不足是痹病发生的内在因素，是本。禀赋不足、过劳、病后、产后等原因导致的机体营卫不合，或气血不足，或阴阳失调，或肝肾亏损，而易感受外邪产生痹病。临床研究表明，正气虚衰不仅是痹病发病的重要因素，并且在整个痹病过程中，对病情的演变和转归同样起着重要作用。

（2）邪侵：外邪侵入机体，是痹病发生的重要原因。六淫外邪致痹之说，始见于《内经》，《素问·痹论》曰："风寒湿三气杂至，合而为痹也。"千百年来，这已成为中医对痹病病因阐述的定论，认为外感风寒湿邪是引起痹病的重要因素。

（3）痰浊瘀血：痰浊和瘀血都是机体在致病因素作用下的病理产物，又可以演化为新的致病因素作用于机体，使机体发生新的病理变化，引起新的病症。

（二）病理

风湿病是全身性胶原组织的炎症，其基本病变包括炎症的一般变化和具有特征性的"风湿小体"，按照发病过程可以分为三期。

1. 变性渗出期 结缔组织中胶原纤维肿胀、分裂，形成玻璃样和纤维素样变性和坏死，变性灶周围有淋巴细胞、浆细胞、嗜酸性粒细胞、中性粒细胞等炎性细胞浸润，并有浆液渗出。结缔组织基质内蛋白多糖（主要为氨基葡萄糖）增多。此期可持续1～2个月，以后恢复或进入第二、三期。

2. 增殖期 本期的特点是在上述病变的基础上出现风湿性肉芽肿或阿孝夫小体（Aschoff body），亦称为风湿小体，这是风湿病特征性病变，是病理上确诊风湿病的依据，而且是风湿病活动的指标。小体中央纤维素样坏死，其边缘有淋巴细胞和浆细胞浸润，并有风湿细胞。风湿细胞呈圆形、椭圆形或多角形，胞浆丰富呈嗜碱性，核大，呈圆形、空泡状，具有明显的核仁，有时出现双核或多核，形成巨细胞。小体内尚有少量淋巴细胞和中性粒细胞。到后期，风湿细胞变成梭形，形状如成纤维细胞，而进入硬化期。此期持续3～4个月。

3. 硬化期（瘢痕期） 小体中央的变性坏死物质逐渐被吸收，渗出的炎性细胞减少，纤维组织增生，在肉芽肿部位形成瘢痕组织。此期持续2～3个月。

由于本病常反复发作，上述三期的发展过程可以交错存在，历时需4～6个月。第一期及第二期中常伴有浆液的渗出和炎性细胞的浸润，这种渗出性病变在很大程度上决定着临床上各种显著症状的产生。在关节和心包的病理变化以渗出为主，而瘢痕的形成则主要见于心内膜和心肌，特别是心瓣膜。

（三）分类和症状

风湿病的主要症状是发病的肌群、关节及蹄的疼痛和机能障碍。疼痛表现时轻时重，部位多固定但也有转移的。风湿病有活动型的、静止型的，也有复发型的。根据其病程及侵害器官的不同可出现不同的症状。临床上常见的分类方法和症状如下。

1. 根据发病的组织和器官的不同分

（1）肌肉风湿病（风湿性肌炎）：主要发生于活动性较大的肌群，如肩臂肌群、背腰肌群、臀肌群、股后肌群及颈肌群等。其特征是急性经过时发生浆液性或纤维素性炎症，炎性渗出物积聚于肌肉结缔组织中，而慢性经过时则出现慢性间质性肌炎。

因患病肌肉疼痛，故表现运动不协调，步态强拘不灵活，常发生一或两肢的轻度跛行。跛行可能是支跛、悬跛或混合跛行。其特征是随运动量的增加和时间的延长而有减轻或消失的趋势。风湿性肌炎时常有游走性，时而一个肌群好转而另一个肌群又发病。触诊患病肌群有痉挛性收缩，肌肉表面凹凸不平而有硬感，肿胀。急性经过时疼痛症状明显。

多数肌群发生急性风湿性肌炎时可出现明显的全身症状。病畜精神沉郁，食欲减退，体温升高1～1.5℃，结膜和口腔黏膜潮红，脉搏和呼吸增数，血沉稍快，白细胞数稍增加。

重者出现心内膜炎症状，可听到心内性杂音。急性肌肉风湿病的病程较短，一般经数日或1～2周即好转或痊愈，但易复发。当转为慢性经过时，病畜全身症状不明显；病畜肌肉及腱的弹性降低；重者肌肉僵硬、萎缩，其中常有结节性肿胀。病畜容易疲劳，运步强拘。

猪患风湿性肌炎时，触诊和压迫患部有疼痛反应，肌肉表面不平滑，发硬而温热。当转为慢性经过时则患病肌肉萎缩（臀肌更明显）。疼痛有游走性，出现交替跛行。病猪躺卧、不愿起立，运步时步态强拘，不灵活。病猪逐渐消瘦。听诊心脏时有的能听到缩期杂音。

（2）关节风湿病（风湿性关节炎）：最常发生于活动性较大的关节，如肩关节、肘关节、髋关节和膝关节等。脊柱关节（颈、腰部）也有发生。常对称关节同时发病。有游走性。

本病的特征是急性期呈现风湿性关节滑膜炎的症状。关节囊及周围组织水肿，滑液中有的混有纤维蛋白及颗粒细胞。患病关节外形粗大，触诊温热、疼痛、肿胀。运步时出现跛行，跛行可随运动量的增加而减轻或消失。病畜精神沉郁，食欲不振，体温升高，脉搏及呼吸均增数。有的可听到明显的心内性杂音。

转为慢性经过时则呈现慢性关节炎的症状。关节滑膜及周围组织增生、肥厚，因而关节肿大且轮廓不清，活动范围变小，运动时关节强拘。他动运动时能听到噼啪音。

（3）心脏风湿病（风湿性心肌炎）：主要表现为心内膜炎的症状。听诊时第一心音及第二心音增强，有时出现期外收缩性杂音。对于家畜风湿性心肌炎的研究材料还很少，有人认为风湿性蹄炎时波及心脏的最多，也最严重。

2. 根据发病部位的不同分

（1）颈风湿病：常发生于马、骡、牛，有时猪也发生。主要为急性或慢性风湿性肌炎，有时也可能累及颈部关节，表现为低头困难（两侧同时患病时，俗称低头难）或风湿性斜颈（单侧患病）。患病肌肉僵硬，有时疼痛。

（2）肩臂风湿病（前肢风湿）：常见于马、骡、牛、猪。主要为肩臂肌群的急性或慢性风湿性炎症，有时亦可波及肩、肘关节。病畜驻立时患肢常前踏，减负体重。运步时则出现明显的悬跛。两前肢同时发病时，步幅短缩，关节伸展不充分。

（3）背腰风湿病：常见于马、骡及牛，猪亦有发生。主要为背最长肌、髂肋肌的急性或慢性风湿性炎症，有时也波及腰肌及背腰关节。临床上最常见的是慢性经过的背腰风湿病。病畜驻立时背腰稍拱起，腰僵硬，凹腰反射减弱或消失。触诊背最长肌和髂肋肌等发病的肌肉时，僵硬如板，凹凸不平。病畜后躯强拘，步幅短缩，不灵活。卧地后起立困难。

（4）臀股风湿病（后肢风湿）：常见于马、骡、牛，有时猪也发病。病变常侵害臀肌群和股后肌群，有时也波及髋关节。主要表现为急性或慢性风湿性肌炎的症状。患病肌群僵硬而疼痛，两后肢运动缓慢而困难，有时出现明显的跛行症状。

3. 根据病理过程的经过分

（1）急性风湿病：发病急剧，疼痛及机能障碍明显。常出现比较明显的全身症状。一般经过数日或1～2周即可好转或痊愈，但容易复发。

（2）慢性风湿病：病程拖延较长，可达数周或数月之久。患病的组织或器官缺乏急性经过的典型症状，热痛不明显或根本见不到。但病畜运动强拘，不灵活，容易疲劳。

犬患类风湿性关节炎时，病初出现游走性跛行，患病关节周围软组织肿胀，数周乃至数月后则出现特征性的X射线摄影变化，即患病关节的骨小梁密度降低，软骨下见有透明囊状区和明显损伤并发生渐进性糜烂，随着病程的进展，关节软骨消失，关节间隙狭窄并发生关节畸形和关节脱位。

(四) 诊断

到目前为止，风湿病尚缺乏特异性诊断方法，在临床上主要还是根据病史和上述的临床表现加以诊断。必要时可进行下述辅助诊断。

1. 水杨酸钠皮内反应试验 用新配制的0.1%水杨酸钠10mL，分数点注入颈部皮内。注射前和注射后30min、60min分别检查白细胞总数。其中白细胞总数有一次比注射前减少1/5，即可判定为风湿病阳性。据报道，本法对从未用过水杨酸制剂的急性风湿病病马的检出率较高，一般检出率可达65%。

2. 血常规检查 风湿病病马血红蛋白含量增多，淋巴细胞减少，嗜酸性粒细胞减少(病初)，单核细胞增多，血沉加快。

3. 纸上电泳法检查 病马血清蛋白含量百分比的变化规律为清蛋白降低最显著，β球蛋白次之，γ球蛋白增高最显著，α球蛋白次之。清蛋白与球蛋白的比值变小。

目前，在医学临床上对风湿病的诊断已广泛应用对血清中对溶血性链球菌的各种抗体与血清非特异性生化成分进行测定，主要有下面几种。

1. 红细胞沉降率（ESR） 这是一项较古老但却是鉴别炎性及非炎性疾病的最简单、廉价的实验室指标。

2. C反应蛋白（CRP） 1930年Tillet和Trancis首次在一种能与肺炎链球菌丙种多糖体发生类似但又非抗原抗体反应的蛋白质，称为C反应蛋白质（C-reactive protein，CRP）是一种急性时向反应蛋白。CRP在正常血清中含量甚微，但在风湿病活动期、感染、炎症、组织坏死、高烧、恶性肿瘤、手术、放射病时几小时内CRP水平迅速升高，超过正常水平的十倍、百倍、甚至千倍。病变消退或缓解后，CRP又可迅速降至正常，若再次升高可作为风湿病复发的预兆。CRP上升的速度、幅度以及持续时间与病情和组织损伤的严重程度密切相关。经多年临床观察，认为CRP对鉴别感染与非感染性发热、判断组织损伤程度和鉴别炎症性疾病的活动与否均具有重要意义。急性风湿48～72h CRP水平可达峰值，一个月后，多变为阴性。

3. 抗核抗体（ANA） 是指对核内具有抗原性的蛋白质分子及这些分子复合物的总称。从这个意义上看，ANA不仅是指对核内成分的抗体，而且是指凡是对与核内成分相同物质所产生的抗体均称为ANA，这些具有抗原性的物质并非仅存在于核质内，也可存在于胞浆和其他细胞器中。由于细胞核包括许多成分，因此抗核抗体也有许多种类。随着免疫荧光技术的进步，先进的免疫学技术的应用和分子生物学的发展，对风湿病的实验室检查也可采用间接免疫荧光法测定。

4. 血清抗链球菌溶血素O的测定 链球菌溶血素O系由链球菌A产生的两种溶血性外毒素之一。机体感染链球菌之后，产生的抗体，即为抗链球菌溶血素O（ASO），简称抗“O”。临床症状有发热和关节疼痛时，通常需检测抗“O”。风湿热时抗“O”滴度升高，抗“O”高于500U/mL为增高。此试验可证明有链球菌的前驱感染，为有代表性的反应，可持续4～6周。但抗“O”阳性并不能说明肯定患有风湿病，肾小球肾炎时抗“O”滴度也会升高。

5. 其他 如抗中性粒细胞胞浆抗体、抗核糖体抗体、抗心磷脂抗体、抗透明质酸酶及抗链球菌激酶等的测定，在风湿病实验室检查中也较常用。

以上实验室检验指标仅作为兽医临床的参考。

至于类风湿性关节炎的诊断，除根据临床症状及X射线摄影检查外，还可作类风湿因子检查，以便进一步确诊。

在临床上风湿病除注意与骨质软化症进行鉴别诊断外，还要注意与肌炎、多发性关节炎、神经炎，颈和腰部的损伤及牛的锥虫病等疾病做鉴别诊断。

（五）治疗

风湿病的治疗要点是消除病因、加强护理、祛风除湿、解热镇痛、消除炎症。除应改善病畜的饲养管理以增强其抗病能力外，还应采用下述治疗方法。

1. 应用解热、镇痛及抗风湿药 在这类药物中以水杨酸类药物的抗风湿作用最强。这类药物包括水杨酸、水杨酸钠及阿司匹林等。临床经验证明，应用大剂量的水杨酸制剂治疗风湿病，特别是治疗急性肌肉风湿病疗效较高，而对慢性风湿病疗效较差。

口服：马、牛10～60g/次，猪、羊2～5g/次，犬、猫0.1～0.2g/次。

注射：马、牛10～30g/次，猪、羊2～5g/次，犬0.1～0.5g/次，每日一次，连用5～7次。也可将水杨酸钠与乌洛托品、樟脑磺酸钠、葡萄糖酸钙联合应用。

保泰松及羟保泰松，后者是前者的衍生物，其优点是抗风湿作用较保泰松略强，副作用小。羟保泰松的作用与氨基比林相似，但抗炎及抗风湿作用较强，解热作用较差，临床上常用于风湿症的治疗。其用法和剂量是：保泰松片剂（每片0.1g），口服，每千克体重，马4～8mg，猪、羊33mg，犬20mg，2次/d，3d后用量减半。羟保泰松，马前两天每千克体重12mg，后五天6mg，连续口服7d。

2. 应用皮质激素类药物 这类药物能抑制许多细胞的基本反应，因此有显著的消炎和抗变态反应的作用。同时还能缓和间叶组织对内外环境各种刺激的反应性，改变细胞膜的通透性。临床上常用的有：氢化可的松注射液、地塞米松注射液、醋酸泼尼松、氢化泼尼松注射液等。如用3.5%醋酸可的松10～15mL穴位注射，隔日一次，连用4次，能明显地改善风湿性关节炎的症状，但容易复发。

3. 应用解热镇痛消炎药 风湿病常常侵犯关节、肌肉、骨骼以及软组织，疼痛、肿胀、关节功能障碍、发热这些症状比较突出，解热镇痛消炎，缓解症状是治疗这组疾病的首要目的，因此往往选用非甾体抗炎药，对于犬、猫等小动物，可以采用人医常用药如扶他林、莫比可、乐松、天新利德、西乐葆、万洛等，而且新型的非甾体类抗炎药作用好、疗效高，使得副作用明显减少。另外，还可以选择注射免疫球蛋白，提高机体免疫力。兽用的非甾类抗炎药有氟尼辛、葡甲胺等，用于奶牛风湿病的治疗。

4. 应用抗生素，控制链球菌感染 风湿病急性发作期，无论是否证实机体有链球菌感染，均需使用抗生素。如阿莫西林、万古霉素或红霉素，最好依据药敏试验指导治疗。肌肉注射每日2～3次，一般应用7～10d。不主张使用磺胺类抗菌药物，因为磺胺类药物虽然能抑制链球菌的生长，却不能预防急性风湿病的发生。

5. 应用碳酸氢钠、水杨酸钠和自家血液疗法 其方法是，马、牛每日静脉注射5%碳酸氢钠溶液200mL，10%水杨酸钠溶液200mL；自家血液的注射量为第一天80mL，第三天100mL，第五天120mL，第七天140mL，7d为一疗程，每疗程之间间隔1周，可连用两个疗程。该方法对急性肌肉风湿病疗效显著，对慢性风湿病可获得一定的好转。

6. 局部涂擦刺激剂 局部可应用水杨酸甲酯软膏（处方：水杨酸甲酯15g、松节油

5mL、薄荷脑 7g、白凡士林 15g）、水杨酸甲酯莨菪油擦剂（处方：水杨酸甲酯 25g、樟脑油 25mL、莨菪油 25mL），亦可局部涂擦樟脑酒精及氨擦剂等。

7. 中兽医疗法 应用针灸治疗风湿病有一定的治疗效果。根据不同的发病部位，可选用不同的穴位。醋酒灸法（火鞍法）适用于腰背风湿病，但对瘦弱、衰老或怀孕的病畜应禁用此法。中药方面常用的方剂有通经活络散和独活寄生散，如当归、独活、防己各 40g，牛膝、防风各 50g，杜仲、藿香、枳壳、前胡各 30g，煎熬凉服。

8. 应用物理疗法 物理疗法对风湿病，特别是对慢性经过者有较好的治疗效果。局部温热疗法：将酒精加热至 40℃左右，或将麸皮与醋按 4∶3 的比例混合炒热，装于布袋内进行患部热敷，1～2 次/d，连用 6～7d。亦可使用热石蜡及热泥疗法等。在光疗法中可使用红外线（热线灯）局部照射，每次 20～30min，1～2 次/d，至明显好转为止。

电疗法、中波透热疗法、中波透热水杨酸离子透入疗法、短波透热疗法、超短波电场疗法、周林频谱疗法及多源频谱疗法等对慢性经过的风湿病均有较好的治疗效果。

在急性蹄风湿的初期，应以止痛和抑制炎性渗出为目的，可以使用冷蹄浴或用醋调制的冷泥敷蹄等局部冷疗法。

激光疗法：近年来应用激光治疗家畜风湿病已取得较好的治疗效果，一般常用的是 6～8mW 的氦氖激光做局部或穴位照射，每次治疗时间为 20～30min，1 次/d，连用 10～14 次为一个疗程，必要时可间隔 7～14d 进行第二个疗程的治疗。

（六）预防

在北方风湿病的发病率较高，对生产危害亦较大，加之其病因至今仍未完全阐明，又缺乏行之有效的预防办法，因此在风湿病多发的冬春季节，要特别注意家畜的饲养管理和环境卫生，保暖通风，除湿排氨，做到精心饲养，注意使役，勿使其过度劳累。使役后出汗时不要系于房檐下或有穿堂风处，免受风寒。

对溶血性链球菌感染后引起的家畜上呼吸道疾病，如急性咽炎、喉炎、扁桃体炎、鼻卡他等疾病应及时治疗。如能早期大量应用抗生素彻底治疗，可对风湿病的发生和复发起到一定的预防作用。

对患病动物要进行隔离，加强护理，每天坚持适当运动，多晒太阳，严重病例，可采取相应的治疗手段，以减轻病痛，促进恢复。

（李守军）

第五章 眼病

第一节 眼的解剖生理

眼由眼球及其附属组织构成，是视觉器官，其功能由下列5种结构完成（图5-1、图5-2）。

感光结构：由视网膜内视锥细胞（又名圆锥细胞）及视杆细胞（又名圆柱细胞）接受外界光刺激，经由视神经、视束而到达大脑枕叶视觉中枢，产生视觉。

屈光结构：包括角膜、眼房液、晶状体及玻璃体，使外界物像聚焦在视网膜上。

营养结构：包括进入眼内的血管、葡萄膜及眼房液。

保护结构：包括眼睑、结膜、泪器、角膜、巩膜和眼眶。

运动结构：包括眼球退缩肌、眼球直肌和眼球斜肌。

眼球位于眶窝内，借筋膜与眶壁联系，周围有脂肪垫衬，以减少震荡。眼球前方有眼睑保护。眼球由眼球壁和眼内容物两部分组成。

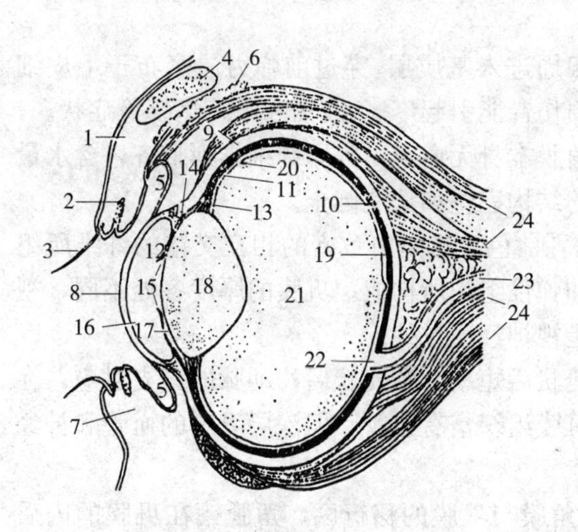

图 5-1 眼球队构造（纵切）

1. 上眼睑 2. 睑板腺 3. 睫毛 4. 眶上突 5. 结膜穹隆 6. 泪腺 7. 下眼睑 8. 角膜 9. 巩膜 10. 血管膜 11. 睫状体 12. 虹膜 13. 晶状体悬韧带 14. 睫状肌 15. 瞳孔 16. 眼前房 17. 眼后房 18. 晶状体 19. 视网膜视部 20. 视网膜睫状部 21. 玻璃体 22. 视神经乳头 23. 视神经 24. 眼球肌

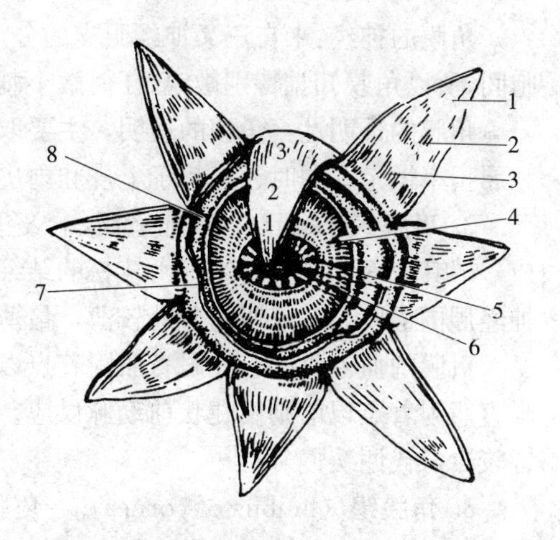

图 5-2 眼球的构造（已切开纤维膜）

1. 角膜 2. 角膜缘 3. 巩膜 4. 瞳孔括约肌 5. 瞳孔开大肌 6. 瞳孔 7. 血管膜 8. 睫状体

一、眼球壁

眼球壁分为外、中、内三层，在眼球后及下方有视神经自眼球通向脑。

(一) 外层

外层即纤维膜（fibrous tunic），由坚韧致密的纤维组织构成，有保护眼球内部组织的作用。其前面小部分为透明的角膜，大部分则为乳白色不透明的巩膜，角膜、巩膜的移行处称为角膜缘。

1. 角膜（cornea）　位于眼球前部，质地透明，具有屈折光线的作用，是屈光间质的重要组成部分。角膜的面积在白昼活动的动物为巩膜的1/5，晚间活动动物为巩膜的1/3～1/2。组织学上，角膜由外向内可分为上皮细胞层、前弹力层、基质层、后弹力层和内皮细胞层五层。犬和猫均无明显的前弹力层，内皮细胞为单层细胞。角膜最表面的上皮细胞层再生力强，发生缺损时，邻近完整的细胞变大、变扁，伸出伪足，迁移至缺少上皮细胞的角膜表面。最终以有丝分裂的形式使上皮细胞的数目恢复正常。马角膜中央的厚度为0.8mm，外周1.5mm；牛角膜中央厚度为1.5mm，外周1.5～1.8mm；猪角膜中央厚度为1.2mm，外周为0.8mm；犬中央厚、边缘薄；猫则变化大，不一致。犬和猫最厚不超过1.0mm。

角膜的营养：角膜本身无血管，其营养主要来自角膜缘毛细血管网和眼房液。角膜缘毛细血管网是由表面的结膜后动脉和深部的睫状前动脉分支组成。通过血管网的扩散作用，将营养和抗体输送到角膜组织。代谢所需的氧，80%来自空气，15%来自角膜缘毛细血管网，5%来自眼房液。

角膜的神经：来自三叉神经眼支的分支，由四周进入基质层，穿过前弹力层密布于上皮细胞间。所以角膜知觉特别敏锐，任何微小刺激或损伤皆能引起疼痛、流泪和眼睑痉挛等症状。

角膜的透明性：角膜的透明，主要取决于角膜本身无血管，胶原纤维排列整齐，含水量和屈折率恒定，同时还有赖于上皮和内皮细胞的结构完整和功能健全。

2. 巩膜（sclera）　质地坚韧，不透明，呈乳白色。它是由致密的相互交错的纤维所组成，但其表面的巩膜组织则由疏松的结缔组织和弹性组织所构成。巩膜的厚度各处不同，视神经周围最厚，各直肌附着处较薄，最薄部分是视神经通过处。

巩膜的血液供应，在眼直肌附着点以后由睫状后短动脉和睫状后长动脉的分支供应；在眼直肌附着点以前则由睫状前动脉供应。表层巩膜组织富有血管，但深层巩膜的血管和神经皆较少，代谢缓慢。

3. 角膜缘（limbus of cornea）　角膜缘是角膜与巩膜的移行区，角膜镶在巩膜的内后方，并逐渐过渡到巩膜组织内。角膜缘毛细血管网即位于此处。

（1）Schlemm氏管（又名巩膜静脉丛）：Schlemm氏管是围绕前房角的不规则环状结构，外侧和后方被巩膜围绕，内侧与小梁网邻近。管壁仅由一层内皮细胞所构成，外侧壁有许多集液管与巩膜内的静脉网沟通。

（2）小梁网（trabecular meshwork）：为前房角周围的网状结构，介于Schlemm氏管与前房之间。它以胶原纤维为核心，其外面围以弹力纤维和内皮细胞。小梁相互交错，形成富有间隙的海绵状结构，具有筛网的作用，房水中的微粒多被滞留于此，很少能进入Schlemm氏管。

(二) 中层

中层即葡萄膜（uvea），又名色素膜（tunica pigmentosa）或血管膜（vascular tunic），具有丰富的血管和色素，有营养视网膜外层、晶体和玻璃体以及遮光的作用。由前向后可分为虹膜、睫状体和脉络膜三部分。

1. 虹膜（iris）　位于角膜和晶状体之间，是葡萄膜的最前部。虹膜中央有一个孔称为瞳孔（pupil），光线透过角膜经过瞳孔才进入眼内。食草动物的瞳孔为横卵圆形，猪和犬为圆形，猫的瞳孔为垂直的缝隙状。马瞳孔上缘有2～4个深色乳头，称为虹膜粒（iris-granules），羊也有，但较小。虹膜表面有高低不平的隐窝和辐射状的隆起皱襞，形成清晰的虹膜纹理。发炎时，因有渗出物和细胞浸润，致使虹膜组织肿胀和纹理不清。虹膜内有排列成环状和辐射状的两种平滑肌纤维。环状肌（瞳孔括约肌）收缩时瞳孔缩小，辐射肌（瞳孔开大肌）收缩时瞳孔散大。环状肌受到眼神经的副交感神经纤维支配，而辐射肌则受交感神经支配。瞳孔能随光线强弱而收缩或散大，就是由于这些肌肉的作用。瞳孔受光刺激而收缩的功能称为瞳孔反射（pupil reflex）或对光反应（response to light），但瞳孔反射的有无与视力的有无或强弱无关。虹膜组织内密布三叉神经纤维网，故感觉很敏锐。组织学上，虹膜由前到后可分为五层，即内皮细胞层、前界膜、基质层、后界膜以及后上皮层。

2. 睫状体（ciliary body）　睫状体前接虹膜根部，后移行为脉络膜，是葡萄膜的中间部分，外侧与巩膜邻接，内侧环绕晶状体赤道部，面向后房及玻璃体。睫状体前厚后薄，横切面呈一尖端向后、底向前的三角形。前1/3肥厚部称为睫状冠（corona ciliaris），其内表面有数十个纵行放线状突起，称为睫状突（ciliary processes），它有调节晶状体屈光度的作用，睫状突表面的睫状上皮细胞具有分泌房水的功能。后2/3薄而平称为睫状环（orbiculus ciliaris），它以锯齿缘（ora serrata）为界，移行于脉络膜。从睫状体至晶状体赤道部有纤细的晶状体悬韧带（又称为睫状小带，zonula ciliaris或Zinn's band）与晶状体相连。

睫状肌受睫状短神经的副交感神经纤维支配，收缩时使晶状体悬韧带松弛，晶状体借其本身的弹性导致凸度增加，从而加强屈光力，起调节作用，同时促进房水流通。睫状突一旦遭受病理性破坏，可引起眼球萎缩。

组织学上睫状体由外向内分五层，即睫状肌、血管层、Burch氏膜、上皮层与内界膜。

3. 脉络膜（choroid）　为葡萄膜的最后部分，约占血管膜的3/5。前起锯齿缘与睫状环相接，后止于视神经周围，介于巩膜与视网膜之间。含有丰富的血管和色素细胞，有营养视网膜外层的功能。眼球后壁的脉络膜内面有一片青绿色区域，带有金属样光泽，称为照膜，也称明毯或照毯，其中含有锌和核黄素的结晶能将进入眼中并已透过视网膜的光线反射回来以加强视网膜的作用。猪无照膜。脉络膜的血液供应，主要来自睫状后短动脉，脉络膜周边部则由睫状后长动脉的返回支供给。神经纤维来自睫状后短神经，其纤维末端与色素细胞和平滑肌接触，但无感觉神经纤维，故无痛觉。

(三) 内层

内层即视网膜（retina），为眼球壁的最内层，分为视部（固有网膜）和盲部（睫状体和虹膜部）。视网膜是眼的感光装置，它由大量各种各样的感光成分、神经细胞和支持细胞构成，其感光成分是视锥细胞和视杆细胞。在光照亮度很弱时，只有视杆细胞有感光作用，而在光照亮度很强时，视锥细胞却是主要的感光部分。因此，视杆细胞是夜晚的感光装置，而视锥细胞则是白昼的感光装置。

（1）视部：占视网膜的大部分，在葡萄膜内面，由色素层和固有视网膜构成。色素层与脉络膜附着较紧，与固有视网膜易于分开。固有视网膜在活体呈透明淡粉红色，死后浑浊变成灰白色。在视网膜后的稍下方为视神经通过的部分，称为视神经乳头。马的视神经乳头呈横卵圆形，宽 4.5～5.5mm，高约 2mm。牛的呈卵圆形，长 4～6mm，宽 5.5mm，扁平而没有显著轮廓，有 4 个动脉分支。犬的视神经乳头恰位于绿毡之下，偏靠鼻侧，略呈肾形或蚕豆形，常呈淡粉色。周围有三束主要的血管分支，一束向背侧延伸，另两束分别向颞侧和鼻侧的下方延伸。视神经乳头为视网膜的视神经纤维集中成束处，向后穿出巩膜筛板再折向后方。转折处略成低陷，属生理状凹陷，低于周围作杯状，又称生理杯，视神经处仅有视神经纤维，没有感光结构，生理上此处不能感光成像，称为盲点。视网膜中央动脉由此分支，呈放射状分布于视网膜。在眼球后端的视网膜中央区（area centralis retina）集中大量圆锥细胞，是感光最敏锐的地方，相当于人眼视网膜黄斑部，此部位的视功能即临床上所指的视力。

（2）盲部：被覆在睫状体和虹膜的内面，没有感光作用。

犬的视力不很发达，其睫状体调节力差。但有较大的双眼视野，视觉区较宽。犬的视觉最大特征是色盲，其视网膜上视杆细胞占绝大多数，视锥细胞数量极少，对色觉敏感度低，区别彩色能力很差。其暗视力十分发达，对光觉敏感度强，远近感觉差，测距性差，视网膜上无黄斑，视力仅 20～30m。

组织学上，视网膜由外向内分为 10 层，即色素上皮层、杆细胞和锥体细胞层、外界膜、外颗粒层、外丛状层、内颗粒层、内丛状层、节细胞层、神经纤维层以及内界膜。

二、眼球内容物

在眼球内充满透明的内容物，使眼球具有一定的张力，以维持眼球的正常形态，并保证了光线的通过和屈折。这些内容物包括房水、晶状体和玻璃体，它们和角膜共同组成眼球透明的屈光间质。

（一）房水

房水（aqueous humour）又称为眼房液，是透明的液体，由睫状体的无色素上皮以主动分泌的形式生成，充满眼前房和眼后房内。眼房液不断地流动，以运送营养及代谢产物，它有营养角膜、晶状体、玻璃体等功能，同时也是维持和影响眼内压的主要因素。房水中蛋白质少，抗体少，而维生素 C、乳酸等含量高于血液，并含有透明质酸。碳酸酐酶抑制剂可减少房水生成。

晶状体和角膜之间的空隙称为眼房，分为前房和后房两部分。前房（anterior chamber）是角膜和虹膜之间的空隙，充满着房水，其周围以前房角为界。后房（posterior chamber）是虹膜后面、睫状体和晶状体赤道之间的环形间隙。前、后房以虹膜为界，以瞳孔相交通。

前房角（angle of anterior chamber）：由角膜和巩膜、虹膜和睫状体的移行部分组成，此处有细致的网状结构，称为小梁网，为房水排出的主要通路。当前房角阻塞时，可导致眼内压的升高。

房水的流出途径：房水由睫状突产生后，先进入后房，经瞳孔进入前房，再经前房角小梁网、Schlemm 氏管和房水静脉，最后经睫状前静脉而进入血液循环（图 5-3、图 5-4）。当这种正常的循环通路被破坏时，眼房液就积聚于眼内，引起眼内压增高。

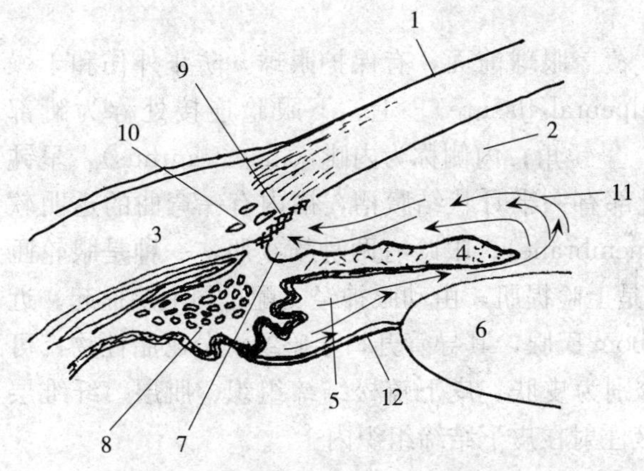

图 5-3 前后房解剖及房水循环途径

1. 角膜 2. 前房 3. 巩膜 4. 虹膜 5. 后房 6. 晶状体 7. 前房角 8. 睫状体 9. 小梁网 10. 巩膜静脉丛 11. 房水流向 12. 晶状体悬韧带

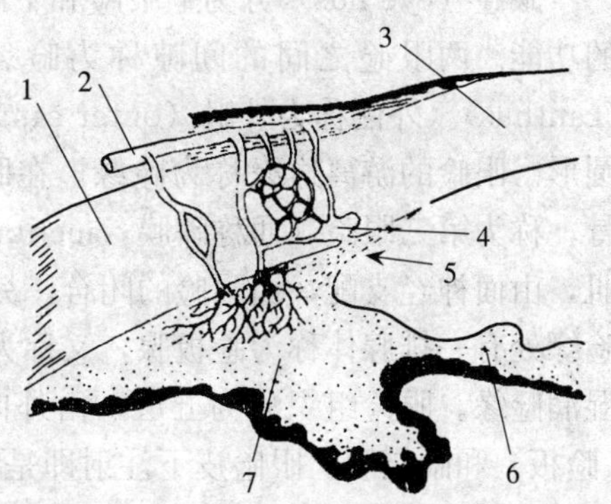

图 5-4 房水出路

1. 巩膜 2. 睫状前静脉 3. 角膜 4. Schlemm 氏管 5. 小梁网 6. 虹膜 7. 睫状体

(二) 晶状体

晶状体（lens）位于虹膜、瞳孔之后，玻璃体碟状凹内，借晶状体悬韧带与睫状体联系以固定其位置。晶状体为富有弹性的透明体，形如双凸透镜，前面的凸度较小，后面的凸度较大。前面与后面交接处称为赤道部。前曲面和后曲面的顶点分别称为前极和后极。

晶状体由晶状体囊和晶状体纤维所组成。晶状体囊是一层透明而具有高度弹性的薄膜，可分为前囊和后囊。

晶状体悬韧带（suspensory ligament of the lens）：是连接晶状体赤道部和睫状体的组织。一部分起自睫状突，附着于晶状体赤道部后囊上；另一部分起自睫状环，附着于晶状体赤道部前囊上。还有一部分起自锯齿缘，止于后囊上。

晶状体无血管和神经，其营养主要来自房水，通过晶状体囊扩散和渗透作用，吸取营养，排出代谢产物。

晶状体是屈光间质的重要组成部分，并和睫状体共同完成调节功能。哺乳动物的眼在看不同距离物体时，能改变眼的折光力，使物像恰好落在视网膜上，折光是借改变晶状体的曲率半径来完成的。当看近物时，睫状肌收缩，晶状体的曲率和折光力都增大。当看远物时，晶状体的曲率和折光力都减少。

(三) 玻璃体

玻璃体（vitreous body）为透明的胶质体，其主要成分为水，约占99%。玻璃体充满在晶状体后面的眼球腔内，其前面有一凹面称为碟状凹，以容纳晶状体。玻璃体的外面包一层很薄的透明膜称为玻璃体膜。玻璃体无血管神经，其营养来自脉络膜、睫状体和房水，本身代谢作用极低，无再生能力，损失后留下的空间由房水填充。玻璃体的功能除有屈光作用外，主要是支撑视网膜的内面，使之与色素上皮层紧贴。玻璃体若脱失，其支撑作用大为减弱，易导致视网膜脱离。

三、眼附属器的解剖生理

眼附属器包括眼睑、结膜、泪器、眼外肌和眼眶。

(一) 眼睑

眼睑（eye lids）分为上眼睑和下眼睑，覆盖眼球前面，有保护眼球，防止外伤和干燥的功能。两眼睑之间的间隙称为睑裂（palpebral fissure）。上、下眼睑连接处称为眦部（canthus）。外侧称为外眦（outer canthus），呈锐角；内侧称为内眦（inner canthus），呈钝圆形。眼睑的游离边缘称为睑缘。在眼内眦部有一半月状结膜褶，褶内有一弯曲的透明软骨，称为第三眼睑（通称瞬膜，nictitating membrane）。眼睑有两种横纹肌，一种是眼轮匝肌，由面神经支配，司眼睑的闭合。另一种是上睑提肌，由动眼神经支配，司上睑提起。近睑缘处有一排腺体称为睑板腺，又称为 Meibom 氏腺，其导管开口于睑缘，分泌脂性物，可湿润睑缘。眼睑组织分为五层，由外向内分别为皮肤、皮下疏松结缔组织、肌层、纤维层（睑板）和睑结膜。眼睑皮下注射即是将药液注射在皮下结缔组织内。

(二) 结膜

结膜（conjunctiva）是一层薄而透明的黏膜，覆盖在眼睑后面和眼球前面的角膜周围。按其不同的解剖部位分为睑结膜（palpebral c.）、球结膜（bulbar c.）和穹隆结膜（fornical c.）。睑结膜和球结膜的折转处形成结膜囊（conjunctival sac）。临床所做的结膜下注射，就是将药物注射在睑结膜或球结膜下。

副泪腺(Harder 氏腺)不是所有动物都具有，只有相当少的家畜才具有，犬、猫均无副泪腺，但有分泌浆液的瞬膜腺，和泪腺的分泌物共同形成泪液，协助保持眼睑和角膜的润滑。

在上、下眼睑均有胶原性结缔组织构成的睑板，可维持眼睑的外形，上、下睑板内面均有高度发达的睑板腺，开口于眼睑缘，是变态的皮脂腺，分泌的油脂状物可滑润眼睑和结膜，防止外界液体进入结膜囊，猫的睑板腺最发达，猪最不发达。

结膜的血管来自眼睑动脉弓和睫状前动脉。静脉大致与动脉伴行。来自睫状前动脉的分支称为结膜前动脉，分布于角膜缘附近的球结膜，并和结膜后动脉吻合。结膜的感觉受三叉神经支配。

(三) 泪器

泪器包括泪腺和泪道。泪腺位于眼眶处上方的泪腺窝内，为一扁平椭圆形腺体，有12～16 条很小的排泄管，开口于上眼睑结膜。泪腺分泌泪液，湿润眼球表面，大量的泪液有冲除细小异物的作用，泪液中的溶菌酶有杀菌作用。犬的泪液 61.7%由泪腺分泌，第三眼睑腺分泌 35.2%，其他 3.1%由睑板腺及结膜的杯状细胞产生。

泪道（lacrimal passages）包括泪点、泪小管、泪囊和鼻泪管。泪点（lacrimal puncta）上下各一。泪小管（lacrimal canaliculi）接连泪点和泪囊。泪囊（lacrimal sac）呈漏斗状，位于泪骨的泪囊窝内，其顶端闭合成一盲端，两泪小管从盲端下方侧面与泪囊相通。泪囊的下端与鼻泪管相通。鼻泪管（naso-lacrimalduct）位于鼻腔外侧壁的额窦内，向下走，开口于鼻腔的下鼻道。约有 50%的犬有两个鼻泪管开口。长吻犬的鼻泪管较直；短吻犬的鼻泪管有折转，易发生堵塞。

(四) 眼外肌

眼外肌是使眼球运动的肌肉，附着在眼球周围，计有眼球直肌 4 条、眼球斜肌 2 条和眼球退缩肌 1 条。眼球直肌起始于视神经孔周围，包围在眼球退缩肌的外周，向前以腱质抵于巩膜，分上直肌、下直肌、内直肌和外直肌。眼球直肌的作用是使眼球环绕眼的横轴或垂直轴运动。眼球斜肌分为上斜和下斜肌；眼球上斜肌起始于筛孔附近，沿眼球内直肌的内侧前走，抵于巩膜表面。眼球下斜肌起始于泪骨眶面、泪囊窝后方的小凹陷内，向外斜走，靠近眼球外直肌抵于巩膜上。眼球斜肌的作用是使眼球沿眼轴转动。眼球退缩肌包围在视神经周围，起始于视神经孔周缘，向前固着于巩膜周围，可牵引眼球向后。

除了外直肌受外展神经、上斜肌受滑车神经支配外，其余皆受动眼神经支配。

除上述 7 条肌肉外，眼睑部尚有眼轮匝肌和上睑提肌。

(五) 眼眶

眼眶（orbit）系一空腔，由上、下、内、外四壁构成，底向前、尖朝后。眼眶四壁除外侧壁较坚固外，其他三壁骨质很薄，并与副鼻窦相邻，故一侧副鼻窦有病变时，可累及同侧的眶内组织。

四、眼的血液供应和神经支配

(一) 血液供应及淋巴

眼球及其附属器的血液供应，除眼睑浅组织和泪囊一部分是来自颈外动脉系统的面动脉外，几乎全是由颈内动脉系统的眼动脉供应。

1. 静脉　有以下 3 个回流途径：

(1) 视网膜中央静脉（central retinal vein）和同名动脉伴行，或经眼上静脉或直接回流至海绵窦（cavernous venous sinus）。

(2) 涡静脉（vortex vein）共 4～6 条，收集虹膜和睫状体的部分血液以及全部脉络膜的血液，均在眼球赤道部后方 4 条直肌之间，穿出巩膜，经眼上静脉、眼下静脉而进入海绵窦。

(3) 睫状前静脉（anterior ciliary vein）收集虹膜、睫状体和巩膜的血液，经眼上、下静脉而进入海绵窦。眼下静脉通过眶下裂与翼状静脉丛（pterygoid venous plexus）相交通。

2. 淋巴　眼球有前、后淋巴管，在睫状体境界部相交通。

(二) 神经支配

1. 眼球的神经支配　眼球是受睫状神经支配，该神经含有感觉、交感和副交感纤维。

2. 眼附属器的神经支配

(1) 运动神经：

①动眼神经（ocular motor nerve）支配上睑提肌、上直肌、下直肌、内直肌、下斜肌、瞳孔括约肌和睫状肌。

②滑车神经（trochlear nerve）支配上斜肌。

③外展神经（abducent nerve）支配外直肌。

④面神经（facial nerve）支配睑轮匝肌。

(2) 感觉神经：

①眼神经（ophthalmic nerve）为三叉神经第 1 支，支配眼睑、结膜、泪腺和泪囊。

②上颌神经（maxillary nerve）为三叉神经第 2 支，支配下睑、泪囊、鼻泪管。

五、眼的感光作用

动物对外界物体的形状、光亮、色彩、大小、方向和距离的感觉，主要依靠视分析器，将进入眼内的光线借特殊的屈光装置，使焦点集合在视网膜上。实际上无论是人还是家畜只能感受到电磁波光谱中极小的一部分（波长在 380～760nm 之间）光线。

眼的屈光装置包括：首先靠眼的调节，晶状体将外来的平行光线屈光后聚在视网膜上，形成真实的倒像。其次是瞳孔反射，外来光线都得经角膜、眼前房，再通过瞳孔而射入，如果角膜失去透明性，即使后面的组织都正常，也不能感光。瞳孔好比照相机上的光圈，可以改变大小。当强光射来时就收缩，以限制进入眼内的光线量，因而带有保护性的机能。除光线外其他刺激如疼痛、激怒、惊恐等引起中枢神经系统的强烈兴奋时或交感神经系统发生兴奋时，瞳孔均可散大。动物窒息或临死前眼神经中枢麻痹，瞳孔可极度散大。

第二节 眼的检查法

给家畜检查眼病，除应询问了解病史外，还要进行视诊、触诊和眼科器械的检查来观察确定眼的各部分功能是否正常。

一、一般检查法

（一）视诊

应将动物安置或牵至安静场所使其头部向着自然光线，由外向内逐步进行。

1. 眼睑 应检查眼球与眼睑、眼眶的关系，眼裂大小、眼睑开闭情况，眼睑有无外伤、肿胀、蜂窝织炎和新生物。上眼睑出现凹陷，是眼压低的表现。

2. 结膜 应检查结膜色彩，有无肿胀、溃疡、异物、创伤和分泌物。

3. 角膜 应检查角膜有无外伤，表面光滑还是粗糙，浑浊程度，有无新生血管或赘生物。正常情况下角膜本身没有可见的血管，一旦在角膜上出现树枝状新生血管则为浅层炎症之征，若呈毛刷状则为深层炎症之征。

4. 巩膜 注意血管变化。

5. 眼前房 注意透明度与深度，有无炎性渗出物、血液或寄生虫。

6. 虹膜 应注意虹膜色彩和纹理。马虹膜粒又称为黑体（corpora nigra），位于瞳孔上游离缘，下游离缘则较小，为褐色的结节状物，对瞳孔调节光线有帮助。虹膜粒萎缩与虹膜睫状体炎和周期性眼炎有关。

7. 瞳孔 注意其大小、形状和对光反应。瞳孔反射并不能证明视力存在与否。正常眼的瞳孔遇强光而缩小，黑暗处放大。

8. 晶状体 注意其位置，有无浑浊和色素斑点存在，可使用散瞳药以便观察。

（二）触诊

主要检查眼睑的肿胀、温热程度和眼的敏感度以及眼内压的增减。

二、其他检查法

1. 用光源检查 应用凹面反光镜检查时，检查者拿反光镜站于被检动物眼的前方，收集照射光源再反射到被检动物眼内，然后由反光镜的中央孔观察眼前部。用电筒光源从侧方直接照射，也可进行眼前部的检查。

2. 角膜镜检查法　角膜镜（Placido 氏角膜盘）是一个直径 25cm 的带有手柄的圆板，板面绘有黑白相间的同心圆，中心有一小圆孔（图 5-5）。检查时让被检动物背光站立，打开眼睑并将角膜盘放在眼前活动，通过小圆孔，观察角膜所映照的同心圆影像。同心圆规则，表示角膜平整透明，弯曲度正常，角膜无异常；同心圆为椭圆形，表示角膜不平；同心圆呈梨状，乃圆锥角膜之征；如角膜表面有溃疡或不平滑时反映的图像则成波纹样、锯齿状，不是同心形，甚至呈现间断残缺图像，此乃角膜浑浊或有伤痕之特征。

3. 烛光映像检查（Purkinje-Sanson 氏映像检查）　在暗室或夜间进行。在被检眼的侧面放置一支点燃的蜡烛，将烛光前后移动，并同时进行观察。在正常家畜的眼内可看到三个深浅不同的烛光映像，即角膜面映像，它是大而明亮的正像；晶状体前囊上最大、最暗淡的正像；晶状体后囊上最小的倒像（图 5-6）。若移动烛光，第一和第二个映像随烛光同向移动，第三个映像则反向移动。

图 5-5　角膜镜

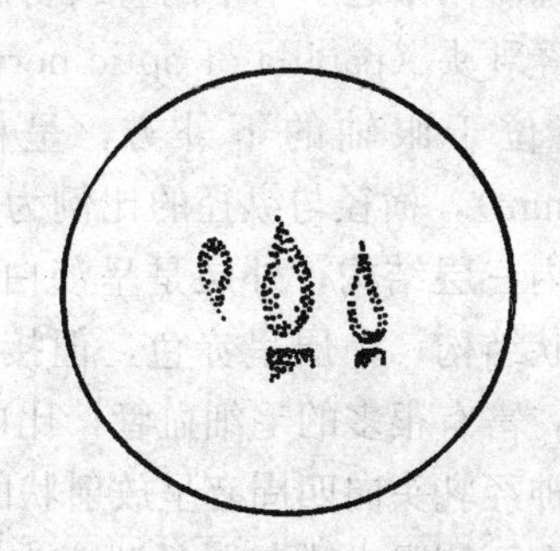
图 5-6　烛光映像检查

若三个映像全部不清或无映像，表示角膜浑浊严重，角膜透明和反光不良。若第一个映像清晰，第二和第三映像不清或无像，表示角膜正常、晶状体反光不良、房水或晶状体透光不良或缺晶状体。若仅第三个映像不清或无像，表示角膜、房水和晶状体前囊正常，而晶状体透光和反光不良。

4. 检眼镜法　检眼镜种类很多，可分为直接检眼镜和间接检眼镜。用直接检眼镜所看到的眼底像是较原眼底放大约 16 倍的正像；用间接检眼镜所看到的眼底是放大 4～5 倍的倒像。因此，用直接检眼镜看到的眼底面积比间接检眼镜看到的要小。不论何种检眼镜，都具有照明系统和观测系统，常用的 May 氏检眼镜为直接检眼镜（图 5-7），是由反射镜和回转圆板组成。圆板上装有一些小透光镜，若旋转该圆板，则各透光镜交换对向反射镜镜孔。各小透光镜均记有正（＋）、负（－）符号，正号多用于检查晶状体和玻璃体，负号用于检查眼底。

检查玻璃体和眼底之前 30～60min，应当向被检眼滴入 1%硫酸阿托品 2～3 次，用以散瞳，检查者接近动物，左手执笼头，右手持检眼镜靠近动物右眼 1～2cm，使光源对准瞳孔，打开开关让光线射入患眼，调整好转盘，检查者眼由镜孔通过瞳孔观察眼内及眼底情况，一般很难一次查清，应上、下、左、右移动检眼镜比较观察。

玻璃体与眼底检查：玻璃体是一种透明的胶质样物质，位于晶状体后面，其容量为眼总容量的4/5，它是眼屈光结构之一。玻璃体的异常包括出血、细胞浸润和出现不规则的线条。大多数纤维性线条的出现与老龄动物玻璃体的退行性变性有关。玻璃体内出现的细胞浸润是马周期性眼炎的特征。

(1) 健康马的眼底：

绿毯（tapetum lucidum）：也称明毯，占眼底的较大面积，呈鲜明光辉样外观。其颜色各种各样，倾向于黄色、微黄绿色、微黄蓝色，有时在同一匹马的左右两眼底的绿毯颜色，也不相同，有许多红色、绿色或蓝色的星状斑点（即 Winslow 氏星）散在于绿毯上。

黑毯（tapetum nigrum）：检查眼底的下方，就可看到暗黑色面，即黑毯。因绿、黑毯之间的色泽不同，就像有一条近乎水平的直线将两毯分开似的。

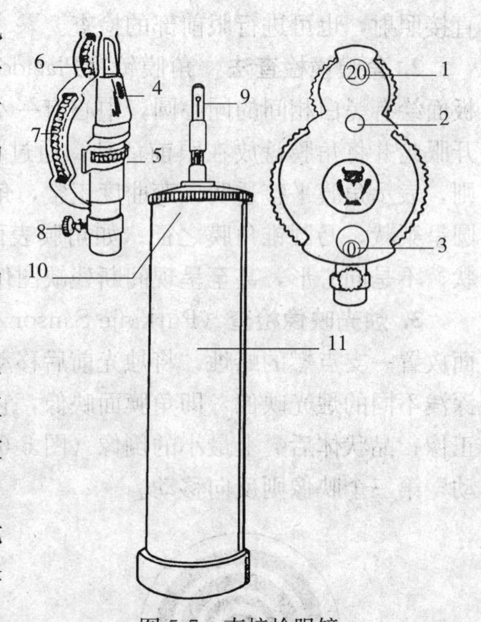

图 5-7　直接检眼镜

1. 屈光度副盘镜片读数观察孔　2. 窥视孔　3. 屈光度镜片读数观察孔　4. 平面反射　5. 光斑转换盘　6. 屈光镜片副盘　7. 屈光镜片主盘　8. 固定螺丝　9. 光源　10. 开关　11. 镜柄

视神经乳头（papilla of optic nerve）：马的视乳头一般多位于眼轴的下外方，呈横椭圆形，约(6mm×4mm)，横径与纵径的比例为3∶2。可看出外、中、内三层结构，外层是呈淡白色围绕视神经乳头的环状结构；中层呈赤色，但接近内层处的色彩则稍淡，富有很多的毛细血管，比内层稍凸起；内层呈微黄白色，呈星芒状收缩（图5-8）。由视神经乳头向四周有呈放射状的20～30条小血管（动脉和静脉），每条血管又有树枝状分支，在两侧眼内眦与眼外眦方向的血管较长，向上、向下的血管较短，终止在绿毯或黑毯。

(2) 牛和绵羊的眼底：牛（图5-9）与绵羊的眼底很相似，有3条（或4条）颇为明显

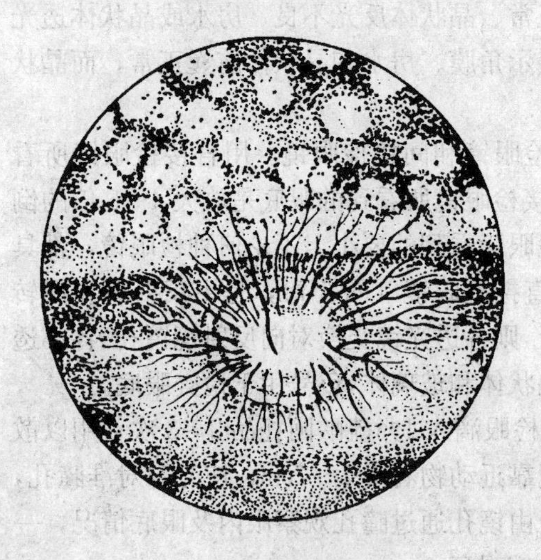
图 5-8　马的眼底

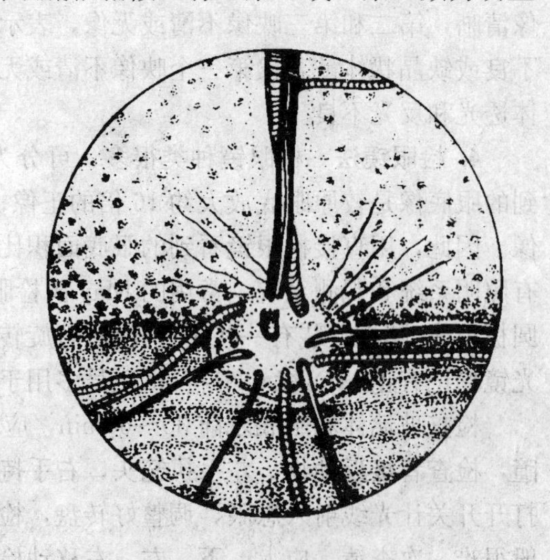
图 5-9　牛的眼底

的小静脉自视盘的中央走向锯齿缘，并与平行的小动脉伴行。在牛上行的小动脉和小静脉常相互扭缠，这在绵羊则是偶见现象。最大的血管最初分出成直角的细支，后则成为锐角并变粗。绿毯的颜色比马浅，呈黄绿色、淡青色或微蓝紫色，Winslow氏星散在边缘上。黑毯呈深红色、黑色或褐色不等。

视乳头几乎是圆形或椭圆形的，常常不像马那样清楚。在中心部能见到不大的凹物，颜色为灰白色或浅黄色，有时为深暗色，在其上方经常可见到明显的突起部，它是玻璃体动脉的残余。

(3) 犬的眼底（图5-10）：犬的视神经乳头略呈蚕豆状，偏靠鼻侧。绿毯一般终止于视神经乳头上缘水平处，根据动物的年龄、品种和毛色不同，绿毯呈现黄色（金黄色、杂色被毛）、绿色（黑色被毛）、灰绿色（红色被毛）等各种颜色。黑毯部的颜色也与被毛颜色有关，呈黑色、淡红色或褐色不等。三束动静脉血管自视盘中央几乎呈120°角向三个方向延伸，其中一束向上、向颞侧延伸，其他两束向黑毯部延伸。

(4) 猫的眼底（图5-11）：猫的视神经乳头几乎为圆形，颜色多为乳白色或淡粉色，由于毛色不同，绿毯的颜色为黄色、淡黄色、黄绿色或天青色不等。黑毯部面积较小，颜色为蓝色、黑褐色不等。血管分布不像犬那样有规律。较大的血管一般为3～4束，视网膜中央区位于视盘的颞侧，周围血管较多。

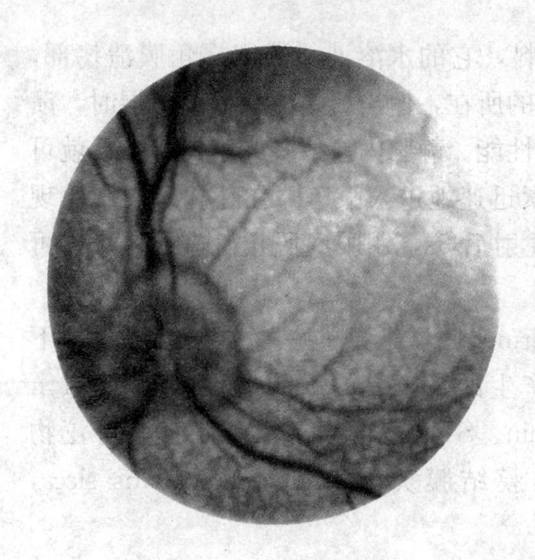

图5-10　犬的眼底

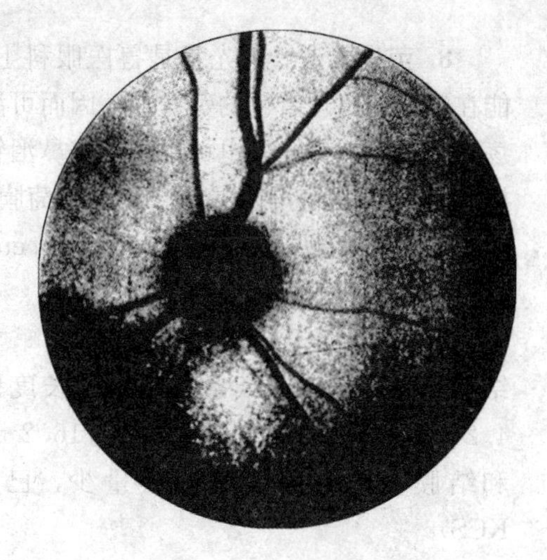

图5-11　猫的眼底

5. 眼底照相技术　Leonardi在1930年首先报道了动物的眼底照片，60年代以后眼底照相技术才得以较快的发展。目前，动物的眼底照相以手提式眼底照相机较为适用，其既有照明光源，又附有闪光灯，光源可调节，操作方便，易于掌握。

照相前应进行眼底观察，先做柱栏保定，并使用静松灵等镇静剂，同时以1%阿托品扩瞳，然后进行。

眼底照相可用于正确判断眼底病变以及通过观察眼底病变来诊断家畜的疾病。

6. 裂隙灯显微镜（slit-lamp biomicroscope）　是裂隙灯与显微镜合并装置的一种仪器，强烈的聚焦光线将透明的眼组织作成“光学切面”，在显微镜下比较精确地观察一些小的病变。

7. 眼内压测定法　眼内压是眼内容物对眼球壁产生的压力，用眼压计测量。目前比较先进的眼压计为压平式眼压计（图 5-12、图 5-13），这种眼压计误差小，重复性好，可直接读取眼内压的测定值。牛和马的正常眼压为 1.87～2.93kPa（14～22mmHg），绵羊眼压为 2.57kPa（19.25mmHg），犬的眼压为 1.99～3.33kPa（15～25mmHg），猫的眼压为1.87～3.47kPa（14～26mmHg）。当青光眼时眼内压升高，因此眼内压的测定对诊断青光眼有重要意义。

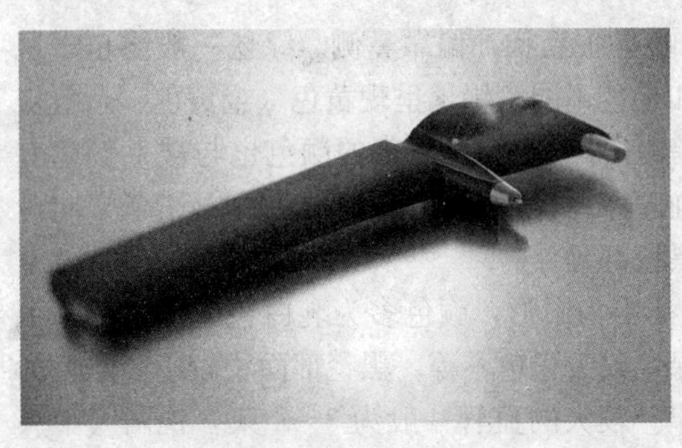

图 5-12　压平式眼压计

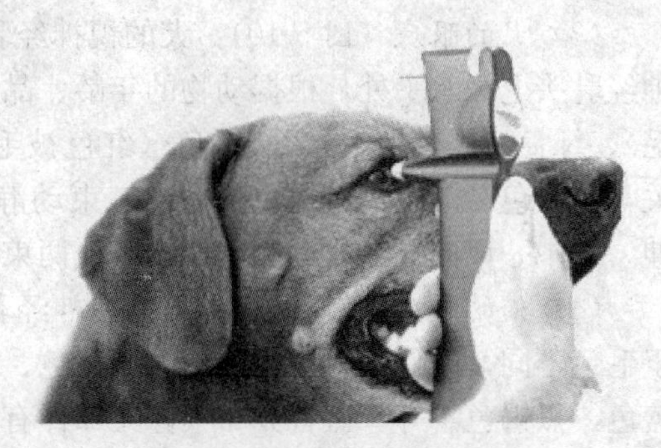

图 5-13　使用示例

8. 荧光素法　荧光素是兽医眼科上最常用的染料，它的水溶液能滞留在角膜溃疡部，能在溃疡处出现着色的荧光素，因而可测出角膜溃疡的所在，但当溃疡深达后弹力层时，溃疡处不着色。荧光素也可用于检查鼻泪管系统的畅通性能。静脉内注射荧光素钠 10mL 就可检验血液-眼房液屏障状态。前部葡萄膜炎时，荧光素迅速地进入眼房并在瞳孔缘周围出现一弥漫的强荧光或荧光素晕（fluorescent halo）。在注射后 5s，用眼底照相机进行摄影，可以检查视网膜血管的病变。

9. Schirmer 氏泪液试验（STT）　方法是将 Schirmer 氏试纸条的一端置于被检眼的下结膜囊内，观察试纸条被浸湿的长度以估测泪液产生的量。犬的 STT 正常值>（21±4.2）mm/min。猫的正常值>（16.2±3.8）mm/min。STT 值低、有黏液脓性眼分泌物和结膜炎，提示泪液分泌量少，已发生干性角膜结膜炎（keratoconjunctivitis sicca，KCS）

除此，尚有细菌培养、鼻泪管造影等诊断方法。

鼻泪管造影有助于诊断先天性和后天性鼻泪管阻塞，注入造影剂 40%碘油 2～3mL，立即行鼻泪管外侧和斜外侧的拍照。

近十几年来，国外已将 B 超、视网膜电图、CT 和核磁共振成像用于动物眼病的诊断。

第三节　眼科用药和治疗技术

（一）眼科用药

1. 洗眼液（eye's lotions）　2%～4%硼酸溶液、0.9%生理食盐水及 0.5%～1%明矾溶液。

2. 收敛药和腐蚀药（astringents and corrosives）　0.5%～2%硫酸锌溶液、0.5%～

2%硝酸银溶液、2%～10%蛋白银溶液、1%～2%硫酸铜溶液、1%～2%黄降汞眼膏以及硝酸银棒和硫酸铜棒。

3. 磺胺和抗生素（sulfadrugs and antibiotics） 3%～5%磺胺嘧啶溶液、10%～30%乙酰磺胺钠（sodium sulfacetamide）溶液、4% 磺胺异噁唑（sulfisoxazole）溶液以及 10%乙酰磺胺钠眼膏；0.5%氯霉素溶液、0.5%～1%新霉素溶液、0.5%～1%金霉素溶液、3%庆大霉素溶液、1%卡那霉素溶液、甲哌利福霉素眼药水（利福平眼药水）。

抗生素眼膏：氯霉素-多黏菌素（chloromycetin-polymyxin）眼膏、新霉素-多黏菌素眼膏、3%庆大霉素（gentamycin）眼膏、1%～2%四环素眼膏、红霉素眼膏、金霉素眼膏等。

4. 皮质类固醇类（corticosteroids） 这类药物除可局部使用和结膜下注射外，还可与抗生素联合使用。0.1%氟甲龙（fluorometholone）液、0.1%～0.2%氢化可的松液或 0.1%～1%泼尼松（prednisolone）液滴眼。结膜下注射时，可选用地塞米松（dexamethasone）（4mg/mL）、甲强龙（methylprednisolone） （20mg/mL、40mg/mL、80mg/mL）、泼尼松（25mg/mL）或去炎松（triamcinolone）（10mg/mL）。

皮质类固醇与抗生素的联合使用：例如新霉素、多黏菌素与 0.1%二氟美松（flumethasone）；10%乙酰磺胺钠与 0.2%泼尼松；氯霉素与 0.2%泼尼松；12.5%氯霉素与 0.5%氢化可的松；1.5%新霉素与 0.5%氢化可的松；新霉素、多黏菌素、杆菌肽（bacitracin）和氢化可的松；青霉素和氟美松磷酸钠（地塞米松）合用等。必须注意，皮质类固醇可加重角膜溃疡，长时间使用，可导致角膜溃疡变经久不愈，甚至引起角膜穿孔和患眼失明。在临床治疗角膜外伤、角膜溃疡时，不可使用这些药物。

5. 散瞳药（mydriatics） 0.5%～3%硫酸阿托品溶液或 1%硫酸阿托品眼膏、2%和 5%后马托品溶液、0.5%～2%盐酸环戊通（cyclopentolatehydrochloride）溶液、0.25%东莨菪碱（scopolamine）溶液等。

6. 缩瞳药（miotics） 1%～6%毛果芸香碱（pilocarpine）溶液或 1%～3%眼膏、0.25%～0.5%毒扁豆碱（physostigmine）溶液或眼膏、1%乙酰胆碱溶液、1%～6%毛果芸香碱及 1%肾上腺素溶液等。

7. 麻醉药（anesthetic agents） 给马和小动物做角膜和眼内手术时，普遍采用全身麻醉。做表面麻醉的药有：0.5%～2%盐酸可卡因溶液、0.5%盐酸丁卡因（tetracaine HCI）溶液、0.5%盐酸丙美卡因（proparacaine HCI）溶液以及 0.4%丁氧卡因（benoxinate）。

8. 其他药品 降眼压的药品可选用：0.25%倍他洛尔（betaxolol）、0.25%噻吗洛尔（timolol）以及 1%的卡替洛尔（karteolol）滴眼液。

治疗白内障的药品有：吡诺克辛（pirenoxine）滴眼液（0.75mg/15mL 的白内停眼药水）以及 0.015%的法可林（phacolin）滴眼液（消白灵）。

促进角膜上皮生长的药物有：小牛血清提取物（素高捷疗）眼膏和贝复舒滴眼液（重组牛碱性成纤维细胞生长因子，recombinant bovine basic fibroblast growth factor eyedrops）。

0.1% 的阿昔洛韦（aciclovir）、0.1% 利巴韦林（ribavirin，病毒唑）以及 4% 吗啉双胍（moroxydine）等滴眼液可用于病毒性角膜炎、结膜炎。0.5%多黏菌素 B（polymyxin B）眼膏对铜绿假单胞菌所致的角膜溃疡有显著疗效。0.2%氟康唑（fluconazole）和 0.2%两性霉素 B（amphotericin B）滴眼液可用于眼的真菌感染。0.5%依地酸二钠（endratedisodium)、自家血清和10%N-乙酰半胱氨酸（N-mucofilin）滴眼液能抑制胶原酶的活性，可用于角膜溃疡、角膜钙质沉着及角膜带状变性。

（二）治疗技术

1. 洗眼 给动物的患眼治疗前，必须用2%硼酸溶液或生理盐水洗眼，以便随后的用药能深透眼组织内，加强疗效。可以利用人用的洗眼壶，将上述溶液盛入壶内，冲洗患眼。也可以利用不带针头的注射器冲洗患眼，大动物经鼻泪管冲洗更充分。

2. 点眼 冲洗患眼后，立即选用恰当的眼药水或眼药软膏点眼。为此，可用点眼管（或不带针头的注射器）吸取眼药水滴于患眼的结膜囊内，再用手轻轻按摩患眼。锌管或塑料管装的眼软膏可直接挤点于患眼的结膜囊内，亦可用眼科专用的细玻棒蘸上眼药软膏，涂于结膜囊内。用眼药软膏后给患眼按摩的时间应稍延长。

3. 结膜下注射 确实保定动物的头部，将药液注射于睑结膜下。前者是针头由眼外眦眼睑结膜处刺入并使之与眼球方向平行。注完药液后应压迫注射点。后者是将药液注射在巩膜表面的球结膜下。对牛，可将药液注射于第三眼睑内。

4. 球后麻醉 又称为眼神经传导麻醉，多用于眼球手术（如眼球摘除术）。操作时应注意不要误伤眼球。若注射正确，会出现眼球突出的症状。

马：先用5%盐酸普鲁卡因溶液点眼，经5～10min后，将灭菌针头由眼外眦结膜囊处向对侧颌关节的方向刺入，并直抵骨组织，将针头稍后退，回抽活塞，无血液进入注射器后，注射2%～3%盐酸普鲁卡因液15～20mL。

牛：于颞窝口腹侧角、颞突背侧1.5～2cm处刺入，针头应朝向对侧的角突。为此，应将针头由水平面稍向下倾斜，并使针头抵达蝶骨，深6～10cm，注入3%盐酸普鲁卡因液20mL。

5. 眼睑下灌流法（subpalpebral irrigation method） 国外有马和小动物用的眼睑下灌流装置出售。也可以自行制作：将一根聚乙烯管（外径1.7～2.0mm）放在小火焰上加热，使管头向外卷曲成一凸缘，然后将其浸在冷消毒液内。用一个14号针头插入眼眶上外侧皮下4～8cm并伸延到结膜穹隆部。将上述的聚乙烯管涂以眼膏（氯霉素-多黏菌素眼膏）以便易于通过并减少皮下感染。管子经针头到达结膜穹隆后，拔去针头，并将管子固定。马用的聚乙烯管应当有足够的长度，以便能固定在肩部。应将马头固定，并利用市售的微滴静脉注射装置（amicrodrip intravenous unit）或电池为动力的小滚轴泵（small battery-powered roller pump）持续供药（图5-14）。

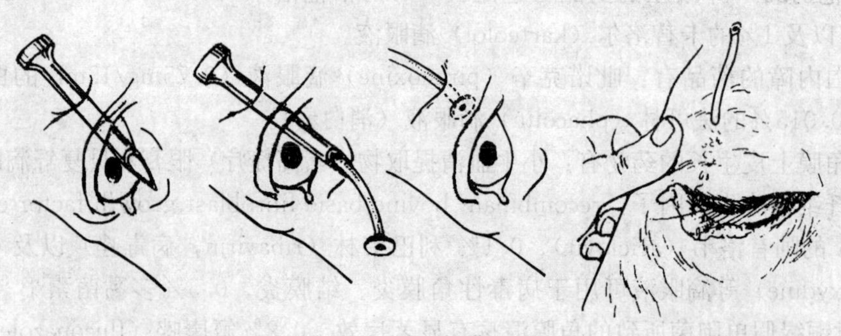

图5-14 眼睑下灌流法

第四节 眼睑疾病和睫毛异常

一、麦 粒 肿

麦粒肿（hordeolum）是由葡萄球菌感染引起的睑腺组织的急性化脓性炎症，由睫毛囊所属的皮脂腺发生感染的称为外麦粒肿（外睑腺炎），由睑板腺发生的急性化脓性炎症称为内麦粒肿（内睑腺炎）。

（一）症状

眼睑缘的皮肤或睑结膜呈局限性红肿，触之有硬结及压痛，一般在4～7d后，脓肿成熟，出现黄白色脓头，可自溃流脓，严重者可引起眼睑蜂窝织炎。

（二）治疗

麦粒肿初期可应用热敷，使用抗生素眼药水或眼药膏，如伴有淋巴结肿大，体温升高时可加用抗生素，脓肿成熟时必须切开排脓。但在脓肿尚未形成之前，切不可过早切开或任意用力挤压，以免感染扩散导致眶蜂窝织炎或败血症。

二、眼睑内翻

眼睑内翻（entropion）是指眼睑缘向眼球方向内卷，此病多见于犬，尤其是面部皮肤松弛的犬。有上眼睑缘或下眼睑缘内翻，可一侧或两侧眼发病，下眼睑最常发病。内翻后，睑缘的睫毛对角膜和结膜有很大的刺激性，可引起流泪和结膜炎，如不去除刺激则可以发生角膜炎和角膜溃疡。

（一）病因

眼睑内翻多半是先天性的；遗传性的疾病最常见于羔羊和犬，与品种有关，如沙皮犬、松狮犬、藏獒发病较多，偶见于幼驹，猫也可发病。后天性的眼睑内翻主要是由于睑结膜、睑板瘢痕性收缩所致。眼睑的撕裂创和愈合不良以及结膜炎和角膜炎刺激，使睑部眼轮匝肌痉挛性收缩时可发生痉挛性眼睑内翻，老年动物皮肤松弛、眶脂肪减少、眼球陷没、眼睑失去正常支撑作用时也可发生。中年和老年的英系可卡犬常发生上眼睑的下垂和内翻，严重者可伴有下眼睑下垂和外翻，可继发睑炎、结膜炎、角膜炎和角膜溃疡。

（二）症状

睫毛排列不整齐，向内向外歪斜，向内倾斜的睫毛刺激结膜及角膜，致使结膜充血潮红，角膜表层发生浑浊甚至溃疡，患眼疼痛、流泪、羞明、眼睑痉挛。

（三）治疗

目的是保持眼睑边缘于正常位置，羔羊眼睑内翻可采取简单的治疗方法，用镊子夹起眼睑的皮肤皱襞，使眼睑边缘能保持正常位置，并在皮肤皱襞处缝合1～2针。也可用金属的创伤夹来保持皮肤皱襞，夹子保持数日后方除去，使该组织受到足够的刺激来保持眼睑位于正常位置。也可用细针头在眼睑边缘皮肤与结膜之间注射一定量灭菌液体石蜡，使眼睑肿胀，而将眼睑拉至正常位置。在肿胀逐渐消失后，眼睑将恢复正常。

对痉挛性的眼睑内翻，应积极治疗结膜炎和角膜炎，给予镇痛剂，在结膜下注射0.5%

普鲁卡因青霉素溶液。

手术治疗：术部剃毛消毒，在局部麻醉后，在离眼睑边缘 0.6～0.8cm 处做切口，切去圆形或椭圆形皮片，去除皮片的数量应使睑缘能够覆盖到附近的角膜缘为度。然后做水平纽扣状缝合，矫正眼睑至正常位置。严重的应去除与眼睑患部同长的横长椭圆皮肤切片，剪除一条眼轮匝肌，以肠线做结节缝合或水平纽扣状缝合使创缘紧密靠拢，7d 后拆线。手术中不应损伤结膜（图 5-15）。

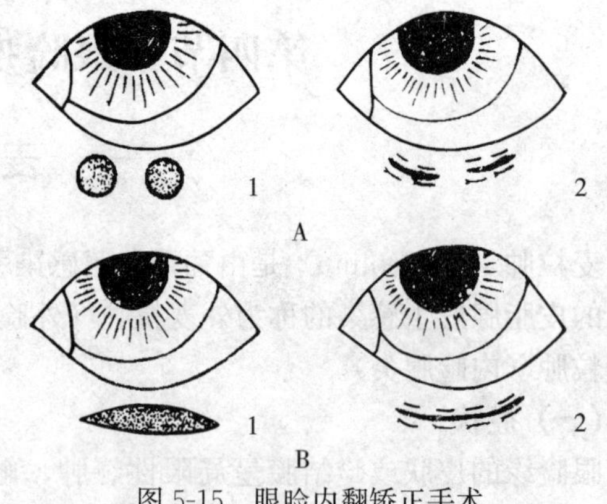

图 5-15 眼睑内翻矫正手术
A. 圆形皮片切除法 B. 椭圆形皮片切除法
1. 切除皮片 2. 水平纽扣状缝合皮片

对于年轻犬（小于 6 月龄），因其头部还未达到成年犬的构型，发生暂时性眼睑内翻时，可在全身或局部麻醉下，将眼睑皮肤折成皱襞，用不吸收缝线做 2～3 个褥式缝合，使睑缘位置恢复正常。以后在适当的时候拆除缝线。

三、眼睑外翻

眼睑外翻（ectropion）是眼睑缘离开眼球向外翻转的异常状态，常见于下眼睑。

（一）病因

本病可能是先天性的遗传性缺陷（犬）或继发于眼睑的损伤，慢性眼睑炎、眼睑溃疡，或眼睑手术时切去皮肤过多，皮肤形成瘢痕收缩所引起。老龄犬肌肉紧张力丧失，也可引起弛缓性眼睑外翻。在眼睑皮肤紧张而眶内容物又充盈情况下眶部眼轮匝肌痉挛可发生痉挛性眼睑外翻。

（二）症状

眼睑缘离开眼球表面，呈不同程度的向外翻转，结膜因暴露而充血、潮红、肿胀、流泪，结膜囊内有渗出液积聚。病程长的结膜变为粗糙及肥厚，也可因眼睑闭合不全而发生干性角膜结膜炎及色素性角膜炎。

（三）治疗

可使用各种眼药膏以保护角膜。

手术有三种方法。

（1）在下眼睑皮肤做“V”形切口，然后向上推移“V”形两臂间的皮瓣，将其缝成“Y”形，使下睑组织上推以矫正外翻。这种方法由于操作简便，在临床上应用较多。

（2）在外眼眦手术，先用两把镊子折叠下睑，估计需要切除多少下睑皮肤组织，然后在外眦将睑板及睑结膜做一三角形切除，尖端朝向穹隆部，分离欲牵引的皮肤瓣，再将三角形的两边对齐缝合（缝前应剪去皮肤瓣上带睫毛的睑缘），然后缝合三角形创口，使外翻的眼睑复位（图 5-16）。

（3）在外翻眼睑的内侧剪除一条睑结膜，用可吸收线缝合创口后，使睑缘回复到正常位置，这种手术简便易行，但矫正的幅度较小，可用于眼睑外翻较轻的病例。

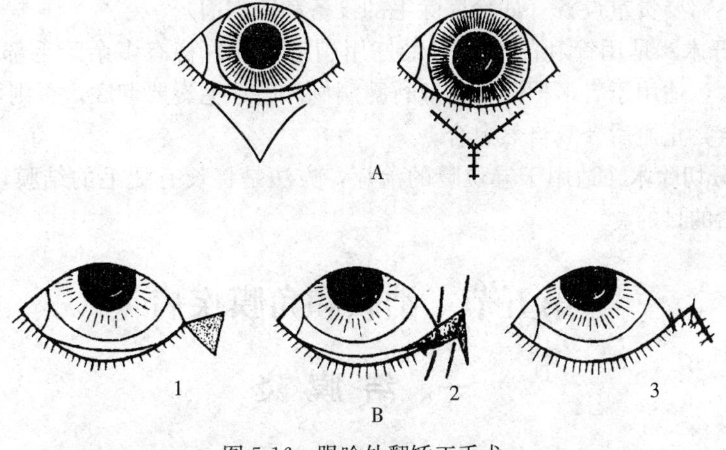

图 5-16　眼睑外翻矫正手术
A. “V” 形切口，“Y” 形缝合法　B. 三角形切口缝合法
1. 三角形切口，分离皮肤瓣　2. 剪去下方皮肤瓣上带睫毛的睑缘，对齐切口
3. 缝合切口，矫正外翻眼睑

四、睫毛异常

睫毛异常（abnormalities of cilia）包括倒睫（trichasis）、双行睫（distichiasis）和异位睫（ectopic cilia）。多发生于犬，少见于猫和其他动物。倒睫是指在正常位置长出的睫毛向眼球方向折倒，可触及角膜或结膜；双行睫是睫毛在发育不良的睑板腺内生发，从睑板腺开口处伸向眼睑缘；异位睫是指从距睑缘 2～6mm 处的睑板腺处长出，穿出睑结膜，向眼球方向生长。

（一）病因

不论何种睫毛异常，虽与遗传性和结构性缺陷有关，但确切病因或遗传方式均未确定。

（二）症状

症状各异，与睫毛的大小、数量、位置及硬度有关。一般表现流泪、眼睑痉挛、结膜充血、水肿及眼分泌物。严重病例发生角膜炎，可见角膜浑浊、新生血管形成、溃疡、瘢痕或色素沉着。发生异位睫时睑结膜的隆起或角膜的病变常位于 12 点钟的位置。

（三）诊断

在临床检查时，如发现正常部位生长的睫毛触及角膜或球结膜，即可做出倒睫的诊断；如发现睫毛从睑板腺开口处长出，可诊断为双行睫；异位睫的诊断比较困难，在遇到可疑病例时，排除引起流泪、眼睑痉挛、结膜充血和角膜溃疡的其他原因后，将眼睑外翻，用放大镜检查结膜表面。有时睫毛纤细，很难看到，可能需要麻醉后用手术放大镜检查。如果角膜有潜在的病变，荧光素染色有助于确定睫毛的位置。检查要全面、仔细，因为可能不只存在一根睫毛。

（四）治疗

不论何种睫毛异常，药物治疗仅能缓解症状，在永久性去除致病睫毛之前，应用眼膏可减少刺激。手术是根治疗法，可根据病例的具体情况，选择以下手术方法。

1. 眼睑内翻手术　手术过程与治疗眼睑内翻手术相同，是治疗上眼睑倒睫的最佳手术选择，优点是不需要贵重设备（如冷冻除毛的设备和冷冻剂）。

2. 眼睑劈开术 是用锋利的刀片（最好用剃毛刀片）将有多余睫毛部位的眼睑劈开，剔除睫毛和毛囊，适用于有多根睫毛的双行睫病例。破坏毛囊要彻底，否则可能复发。劈开的眼睑无需缝合，止血后令其自然愈合。

3. 结膜部分切除术 适用于异位睫的治疗，方法是将长有睫毛的结膜切除，若切除彻底，可达到根治的目的。

第五节 结膜和角膜疾病

一、结膜炎

结膜炎（conjunctivitis）是指眼结膜受外界刺激和感染而引起的炎症。

（一）病因

结膜对各种刺激敏感，常由于外来的或内在的轻微刺激而引起炎症，有以下原因。

1. 机械性因素 结膜外伤、各种异物落入结膜囊内或粘在结膜面上；牛和犬泪管吸吮线虫多出现于结膜囊或第三眼睑内；眼睑位置改变（如内翻、外翻、睫毛倒生等）以及笼头不合适。

2. 化学性因素 如各种化学药品或农药误入眼内。

3. 温热性因素 如热伤。

4. 光学性因素 眼睛未加保护，遭受夏季日光的长期直射、紫外线或X射线照射等。

5. 传染性因素 多种微生物经常潜伏在结膜囊内，猫疱疹病毒、杯状病毒、犬瘟热病毒常引起犬、猫结膜炎。牛传染性鼻气管炎病毒可引起犊牛群发生结膜炎。衣原体可引起绵羊滤泡性结膜炎。给放线菌病牛用碘化钾治疗时，由于碘中毒，常出现结膜炎。

6. 免疫介导性因素 如过敏、嗜酸细胞性结膜炎等。

7. 继发性因素 本病常继发于邻近组织的疾病（如上颌窦炎、泪囊炎、眼睑疾病、睫毛异常、角膜炎等）、重剧的消化器官疾病及多种传染病经过中（如流行性感冒、腺疫、牛恶性卡他热、牛瘟、牛炭疽、犬瘟热等）常并发所谓症候性结膜炎。眼感觉神经（三叉神经）麻痹也可引起结膜炎。

（二）症状

结膜炎的共同症状是羞明、流泪、结膜充血、结膜水肿、眼睑痉挛、渗出物及白细胞浸润。

1. 卡他性结膜炎 是临床上最常见的病型，表现为结膜潮红、肿胀、充血，流浆液、黏液或黏液脓性分泌物。卡他性结膜炎可分为急性和慢性两型。

（1）急性型：轻时结膜及穹隆部稍肿胀，呈鲜红色，分泌物较少，初似水，继则变为黏液性。重度时，眼睑肿胀、热痛、羞明、充血明显，甚至见出血斑。炎症可波及球结膜，有时角膜面也见轻微的浑浊。若炎症侵及结膜下时，则结膜高度肿胀，疼痛剧烈。

水牛的急性卡他性结膜炎可波及球结膜，此时结膜潮红、水肿明显，表面凹凸不平并突出外翻，甚至遮住整个眼球。

（2）慢性型：常由急性型转来，症状往往不明显，羞明很轻或见不到。充血轻微，结膜呈暗赤色、黄红色或黄色。经久病例，结膜变厚呈丝绒状，有少量分泌物。

2. 化脓性结膜炎 因感染化脓菌或在某种传染病（特别是犬瘟热）经过中发生，也可以是卡他性结膜炎的并发症。一般症状都较重，常由眼内流出多量纯脓性分泌物，上、下眼睑常被粘在一起。化脓性结膜炎常波及角膜而形成溃疡，且常带有传染性。

（三）治疗

1. 除去原因 应设法将原因除去。若是症候性结膜炎，则应以治疗原发病为主。

2. 遮断光线 应将患畜放在暗厩内或装眼绷带。当分泌物量多时，以不装眼绷带为宜。

3. 清洗患眼 用3%硼酸溶液。

4. 对症疗法

（1）急性卡他性结膜炎：充血显著时，初期冷敷；分泌物变为黏液时，则改为温敷，再用0.5%～1%硝酸银溶液点眼（每日1～2次）。用药后经30min，就可将结膜表层的细菌杀灭，同时还能在结膜表面上形成一层很薄的膜，从而对结膜面起保护作用。但用过本品后10min，要用生理盐水冲洗，避免过剩的硝酸银的分解刺激，且可预防银沉着。若分泌物已见减少或趋于吸收过程时，可用收敛药，其中以0.5%～2%硫酸锌溶液（每日2～3次）较好。此外，还可用2%～5%蛋白银溶液、0.5%～1%明矾溶液或2%黄降汞眼膏。疼痛显著时，可用下述配方点眼：3%硫酸锌2mL、2%盐酸普鲁卡因0.5mL、2%硼酸0.3mL、0.1%肾上腺素2滴，蒸馏水加至10.0mL。也可用10%～30%板蓝根溶液点眼。

球结膜下注射青霉素和氢化可的松（并发角膜溃疡时，不可用皮质固醇类药物）：用0.5%盐酸普鲁卡因液2～3mL溶解青霉素5万～10万IU，再加入氢化可的松2mL（10mg），做球结膜下注射，每日或隔日一次。或以0.5%盐酸普鲁卡因液2～4mL溶解氨苄青霉素10万IU，再加入地塞米松磷酸钠注射液1mL（5mg）做眼睑皮下注射，上下眼睑皮下各注射0.5～1mL。用上述药物加入自家血2mL眼睑皮下注射，效果更好。

（2）慢性结膜炎：治疗以刺激温敷为主。局部可用较浓的硫酸锌或硝酸银溶液，或用硫酸铜棒轻擦上、下眼睑，擦后立即用硼酸水冲洗，然后再进行温敷。也可用2%黄降汞眼膏涂于结膜囊内。中药川连1.5g、枯矾6g、防风9g，煎后过滤，洗眼效果良好。

对牛的结膜炎可用麻醉剂点眼，因患牛的眼睑痉挛症状显著，易引起眼睑内翻，造成睫毛刺激角膜。奶牛血镁低时，经常见到短暂的，但却是明显的眼睑痉挛症状。

病毒性结膜炎时，可用5%乙酰磺胺钠眼膏涂布眼内。

犬的结膜炎常用红霉素眼膏、氯霉素眼药水及利福平眼药水进行治疗，白天多次用眼药水，晚上用眼药膏（1次），效果较好。

二、角膜炎

角膜炎（keratitis）是最常发生的眼病，可分为外伤性、表层性、深层性（实质性）及化脓性等类型。

（一）病因

角膜炎多由于外伤（如鞭梢的打击、笼头的压迫、尖锐物体的刺激）或异物（如碎玻璃、碎铁片等）误入眼内而引起。角膜暴露、细菌感染、营养障碍、邻近组织病变的蔓延等均可诱发本病。此外，在患某些传染病（如腺疫、牛恶性卡他热、牛肺疫、马流行性感冒、犬传染性肝炎）和浑睛虫病时，能并发角膜炎。眶窝浅，眼球比较突出的犬发病率高。

（二）症状

角膜炎的共同症状是羞明、流泪、疼痛、眼睑闭合、角膜浑浊、角膜缺损或溃疡。轻的角膜炎常不容易直接发现，只有在阳光斜照下可见到角膜表面粗糙不平。

外伤性角膜炎常可找到伤痕，透明的表面变为淡蓝色或蓝褐色。由于致伤物体的种类和力量不同，外伤性角膜炎可出现角膜浅创、深创或贯通创。角膜内如有铁片存留时，于其周围可见带铁锈色的晕环。

由于化学物质所引起的热伤，轻的仅见角膜上皮被破坏，形成银灰色浑浊；深层受伤时则出现溃疡；重剧时发生坏疽，呈明显的灰白色。

角膜浑浊是角膜水肿和细胞浸润的结果（如多形核白细胞、单核细胞和浆细胞等），致使角膜表层或深层变暗而浑浊。浑浊可能为局限性或弥漫性，也有呈点状或线状的。角膜上形成不透明的白色浑浊称为角膜翳。

新的角膜浑浊有炎症症状，境界不明显，表面粗糙稍隆起；陈旧的角膜浑浊没有炎症症状，境界明显。深层浑浊时，由侧面视诊，可见到在浑浊的表面被覆有薄的透明层；浅层浑浊则见不到薄的透明层，多呈淡蓝色云雾状。

角膜炎均出现角膜周围充血，然后再新生血管。表层性角膜炎的血管来自结膜，呈树枝状分布于角膜面上，可看到其来源。深层性角膜炎的血管来自角膜缘的毛细血管网，呈刷状，自角膜缘伸入角膜内，看不到其来源。

因角膜外伤或角膜上皮抵抗力降低，致使细菌侵入（包括内源性）时，角膜的一处或数处呈暗灰色或灰黄色浸润，后可形成脓肿，脓肿破溃后便形成溃疡。用荧光素点眼可确定溃疡的存在及其范围，但当溃疡深达后弹力膜时不着色，应注意辨别。

犬传染性肝炎恢复期，常见单侧性间质性角膜炎和水肿，呈蓝白色角膜翳。

角膜损伤严重的可发生穿孔，眼房液流出，由于眼内压降低，虹膜前移，常常与角膜粘连（前粘连），或后移与晶状体粘连（后粘连），从而丧失视力。

（三）治疗

急性期的冲洗和用药与结膜炎的治疗大致相同。

为了促进角膜浑浊的吸收，可向患眼吹入等份的甘汞和乳糖（白糖也可以）；40%葡萄糖溶液或自家血点眼；也可用自家血眼睑皮下注射；1%～2%黄降汞眼膏涂于患眼内。大动物每日静脉内注射5%碘化钾溶液20～40mL，连用1周；或每日内服碘化钾5～10g，连服5～7d。疼痛剧烈时，可用10%颠茄软膏或5%狄奥宁软膏涂于患眼内。

角膜溃疡时，除应用抗生素控制感染外，还要用“素高捷疗”或“贝复舒”眼膏，以促进角膜上皮生长。陈旧性角膜溃疡病例，应先做角膜清创，然后做瞬膜或结膜瓣遮盖术，术后应用抗感染药物和素高捷疗眼膏。

角膜穿孔时，应严密消毒防止感染。对于直径小于2～3mm的角膜破裂，可用眼科无损伤缝针和可吸收缝线进行缝合。对新发的虹膜脱出病例，可将虹膜还纳展平。脱出久的病例，可用灭菌的虹膜剪剪去脱出部，再用第三眼睑覆盖固定予以保护；溃疡较深或后弹力膜膨出时，可用附近的球结膜做成结膜瓣，覆盖固定在溃疡处，这时移植物既可起生物绷带的作用，又有完整的血液供应。经验证明，虹膜一旦脱出，即使治愈，也严重影响视力。若不能控制感染，就应施行眼球摘除术。

1%三七液煮沸灭菌，冷却后点眼，对角膜创伤的愈合有促进作用，且能使角膜浑浊减退。

用5%氯化钠溶液每日3～5次点眼，有利于角膜和结膜水肿的消退。

可用青霉素、普鲁卡因、氢化可的松或地塞米松做结膜下或患眼上、下眼睑皮下注射，对小动物外伤性角膜炎引起的角膜翳效果良好。

中药成药如拨云散、决明散、明目散等对慢性角膜炎有一定疗效。

症候性、传染病性角膜炎，应注意治疗原发病。

三、瞬膜腺突出

瞬膜腺突出（protrusion of the nictitating gland）又称樱桃眼（cherry eye），多发于小型犬，如北京犬、西施犬、英国斗牛犬、沙皮犬以及其他短头品种，性别不限，年龄为2月龄至1岁半，个别有2岁的。缅甸猫也有发病的报道。

（一）病因

病因较为复杂，可能有遗传易感性，多数犬在没有明显促发条件下自然发病，有人怀疑腺体与眶周筋膜或其他眶组织的联系存在解剖学缺陷。发生该病的犬多以高蛋白、高能量动物性饲料为主，如多喂牛肉、牛肝，有的喂以卤鸭肉、卤鸭肝，个别病例发现在饲喂猪油渣（新鲜）后2～3d即发病，尚未查知有明显的生物性、物理性、化学性的原因。

（二）症状

呈散发性，未见明显传染性，病程短的在1周左右长成0.6cm×0.8cm的增生物，病程长的拖延达1年左右方进行治疗。

本病发生在两个部位，多数增生物位于内侧眼角，增生物长有薄的纤维膜状蒂与第三眼睑相连。极少数病例发生在下眼睑结膜的正中央，纤维膜状蒂与下眼睑结膜相连（图5-17），增生物为粉红色椭圆形肿物，外有包膜，呈游离状，大小（0.8～1）cm×0.8cm，厚度为0.3～0.4cm，多为单侧性，也有先发生于一侧，间隔3～7d另一侧也同样发生而成为双侧性的。有的病例在一侧手术切除后的3～5d，另一侧也同样发生。

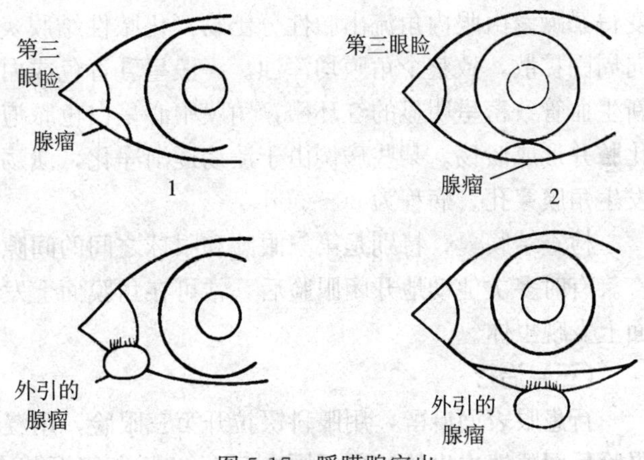

图5-17　瞬膜腺突出

1. 发生于第三眼睑　2. 发生于下眼睑

发生该病的一侧眼睑结膜潮红，部分球结膜充血，眼分泌物增加，有的流泪，病犬不安，常因眼揉触笼栏或家具而引起继发感染，造成不同程度的角膜炎症、损伤，甚至化脓。也有眼部其他症状不明显的。一般无全身症状。

（三）治疗

以外科手术切除增生物。先以复合麻醉剂或吸入麻醉剂做浅麻醉。

以加有青霉素溶液的注射用水（每10mL加青霉素10万IU）冲洗眼结膜，再以组织钳夹住增生物包膜外引使之充分暴露，以小型弯止血钳钳夹蒂部，再以小剪刀或外科刀剪除或切除。手术中尽量不损伤结膜及瞬膜，3～5min 后去除夹钳，以灭菌干棉球压迫局部止血。也可剪除增生物后立即烧烙止血，但要用湿灭菌纱布保护眼球，以免灼伤。以青霉素 40 万 IU 肌肉注射抗感染。术后也可用氯霉素眼药水点眼 2～3d。

国外有人认为将腺体全部切除可能引起干性角膜结膜炎，但经大量病例观察证实，这种手术继发症几乎不会发生。

四、吸吮线虫病

吸吮线虫病（thelaziasis）主要见于马、牛和犬，近年来犬发病的报道有所增加，德国牧羊犬似乎比其他品种易患此病。牛发生时，常与牛传染性角膜炎呈平行关系。据文献记载，本病曾多发于前苏联南部和欧亚中部，于夏秋放牧之时大批流行。我国河南、南京等地区曾发生过，东北地区奶牛场及乡村牛群也有流行。此病在流行期间，严重影响犊牛发育和乳牛的产奶量，给畜牧业带来一定的损失。

（一）病因

马、牛的病原为露得西吸吮线虫（*Thelazia rhodesii*），犬为丽嫩吸吮线虫（*Thelazia callipaeda*），出现于结膜和第三眼睑下，也有的出现于泪管里。马的泪管吸吮线虫（*Thelazia lacrymalis*）出现于鼻泪管和结膜囊内。

（二）症状

病初患眼羞明、流泪，眼睑水肿并闭合，结膜潮红肿胀，患眼有痒感，食欲减退，性情变得暴躁。由眼内角流出脓性分泌物（化脓性结膜炎）。角膜浑浊，先自角膜中央开始，再向周围扩散，致整个角膜均浑浊。一般呈乳青色或白色，后则变为浅黄或淡红色。角膜周围新生血管致密呈明显的红环瘢，角膜中心呈白色脓疱样向前突出。此时若误诊，角膜便开始化脓并形成溃疡。某些病例由于溃疡逐渐净化，溃疡面常被角膜翳所覆盖。化脓剧烈时，可发生角膜穿孔。病程为 30～50d。

检查结膜囊，特别是第三眼睑和眼球之间的间隙，寻找寄生虫。也可做泪液的蠕虫学检查。有时多次他动地开闭眼睑后，常可在角膜面上发现虫体。天亮前检查患眼，也可在角膜面上发现虫体。

（三）治疗

行患眼表面麻醉，用眼科镊拉开第三眼睑，用浸以硼酸液的小棉棒插入结膜囊腔、第三眼睑后间隙擦去虫体。也可用 0.5%～3%含氯石灰水冲洗患眼，以便将虫体冲出，然后滴入抗生素。10%敌百虫或 3%已二酸哌嗪点眼，均有杀死虫体的作用，但点眼后 5min 要用生理盐水冲去药液。可每日点眼 1 次，连续 3d。

五、牛传染性角膜结膜炎

牛传染性角膜结膜炎（bovine infectious keratoconjunctivitis）是世界范围分布的一种高度接触性传染性眼病，它广为流行于青年牛和犊牛中，未曾感染过的成年牛也可感染。在有的牛场，可全群发病。通常多侵害一眼，然后侵及另一眼，两眼同时发病的较少。某些品种牛（如海福特、短角牛、娟姗牛和荷兰牛）似较其他品种的牛（如婆罗门牛和婆罗门杂交牛）易感性强。我国本土的黄牛发病较少。

本病是各国养牛业的一种重要眼病，它使患犊生长缓慢，肉牛掉膘，奶牛产奶量降低。

我国大部分地区的牛群都曾有发病的报道，也曾见绵羊和山羊发病的报道。

（一）病因

已证实本病是由牛莫拉菌（*Morarella bovis*）所引起。该菌为革兰阴性菌，其致病型有毒力，溶血，并有菌毛。牛莫拉菌的菌毛有助于该菌黏附于角膜上皮，使角膜感染，菌毛所产生的B型菌毛素和白细胞释放的胶原酶，可破坏角膜基质。

牛莫拉菌的强毒株感染后，机体可产生局部免疫和体液免疫，但保护力和免疫期尚不清楚。

任何季节都可发生牛传染性角膜结膜炎，但夏秋季节多发。阳光中紫外线可损伤牛角膜上皮细胞。秋家蝇（*Musca autumnalis*）是传播牛莫拉菌的主要昆虫媒介，这些家蝇将莫拉菌强毒株从感染牛眼鼻分泌物携带至未感染牛眼中。

（二）症状

病的潜伏期为3～12d。患畜均出现体温升高、精神沉郁、食欲不振、产奶量下降等症状。急性感染康复后对再感染有免疫力。

患眼羞明、流泪，眼睑痉挛和闭锁，局部增温，出现角膜炎和结膜炎的临床体征。眼分泌物量多，初为浆液性，后为脓性并粘在患眼的睫毛上。发病初期或48h内角膜即出现变化。开始时，角膜中央出现轻度浑浊，用荧光素点眼，稍能着染。角膜（尤其中央）呈微黄色，角膜周边可见新生的血管。根据体征的程度，可将本病分为以下几种：

1. 急性型 病变轻微，较轻的结膜炎和角膜炎，患眼受害不严重。

2. 亚急性型 角膜面上有溃疡，起初溃疡呈环形和火山口样外观，角膜水肿，瞳孔缩小，有的后弹力层膨出，患眼受害严重。

3. 慢性型 角膜溃疡破溃并穿孔（图5-18），形成葡萄肿（staphyloma）。引发为全眼球炎时，眼因视神经的上行性感染导致脑膜炎而死亡。

4. 带菌型 有些病例持久流泪，但大多数不呈现感染症状。

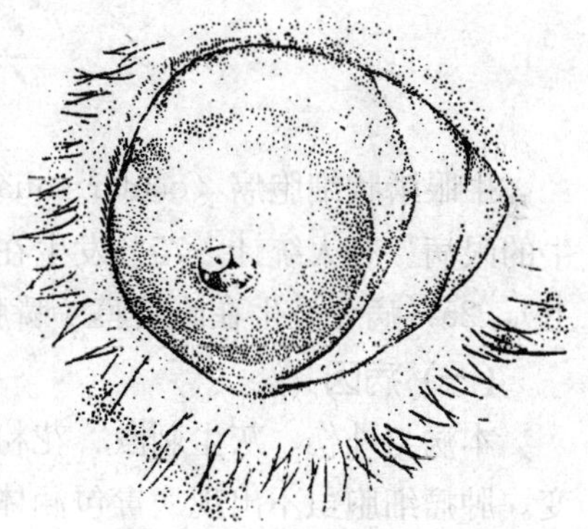

图5-18 牛传染性角膜炎

并非所有的病例都经历上述过程。轻者，经2～3周便自然吸收。浑浊由角膜的边缘开始消散，逐渐扩大到中央。多数病例，特别是犊牛，由于角膜实质突出而成为圆锥形角膜。圆锥形角膜为本病的特征性病变。角膜溃疡由肉芽组织填充而愈合，遗留下轻微突出的致密瘢痕。

青年牛的症状比犊牛重，溃疡通常侵及角膜深层组织。出现症状5d内，于角膜中央可见直径1cm或更大的、边缘不整突出的卵圆形溃疡。若病情发展，溃疡可深入，直到后弹力层膨出而形成圆锥形角膜。

（三）预后

发病后进行隔离和治疗，预后往往良好；否则，预后应慎重。某些被忽视的病例，患眼可失明，发生全眼球炎的病牛可死于脑膜炎或菌血症。

（四）治疗

首先应隔离病畜，消毒厩舍，转移变换牧场，消灭家蝇和动物体上的壁虱。

对症治疗有一定的疗效。为此，可向患眼滴入硝酸银溶液、蛋白银溶液（5%～10%，羊为1%）、硫酸锌溶液或葡萄糖溶液。也可涂擦3%甘汞软膏、抗生素眼膏。

向患眼结膜下注射庆大霉素20～50mg或青霉素30万IU，每日1次，连续3d，效果比较理想。

肌肉注射长效四环素，每千克体重20mg，3d后重复1次（通过泪液分泌，使眼部抗生素保持一定水平）。

据报道，静脉内注射磺胺二甲嘧啶，每千克体重100mg，效果良好。

用呋喃唑酮向母牛及牛犊的患眼喷雾（包括眼睑、结膜和角膜），能杀死眼表面的牛莫拉菌。

（五）预防

应避免太阳光直射牛的眼睛和蝇的侵袭。将患牛放在暗的和无风的地方，就可降低畜群发病率。由于牛莫拉菌可出现在泪液和鼻液内，应设法避免饲料和饮水遭受泪液和鼻液的污染。

目前，虽然有应用疫苗预防本病的报道，但预防效果并不确实，有待研究新的有效疫苗。

六、牛眼鳞状细胞癌

牛眼鳞状细胞癌（ocular squamous cell carcinoma）是一种分布地区较广、多发于老龄牛的眼病。有人统计，75%发生在球结膜和角膜上（其中90%在角巩膜缘上，10%在角膜上），25%病变发生在睑结膜、瞬膜和皮肤。

（一）病因

本病与外伤、灰尘刺激、花粉或光过敏无关，也不伴随传染性角膜结膜炎和眼的炎性病变。肿瘤细胞虽不出现病毒包涵体，但用电镜检查却见它含有病毒微粒。

眼睑色素缺乏是本病的重要因素，病因或许包括动物遗传、紫外线和病毒感染，在所有奶牛品种中，荷斯坦奶牛的发病率最高。

（二）症状

在色素缺乏部位出现粉红色凸起的肿瘤，肿瘤表面可能发生溃疡。有大量脓性排出物，气味恶臭，极易受蝇、蛆侵袭。

鳞状细胞癌是侵害成年牛眼睑和瞬膜的最常见肿瘤，头部为白色的肉牛和荷斯坦奶牛，睑缘或瞬膜没有色素，易发生本病。

眼睑或睑缘上常出现先兆性病变，发生上皮瘤或疣状增生物。

鳞状细胞癌可向局部淋巴结和其他脏器转移，也极易侵入邻近附件组织、眼眶韧带、眶骨膜和颅骨。明显的转移通常起源于侵及睑结膜、眼睑皮肤和瞬膜的癌。生长于角膜上的癌，由于角膜基质和后弹力膜的抵抗，很少向内侵害。

(三) 治疗

治疗包括手术、冷冻、放射、电热疗法、激光疗法以及免疫法6种。

1. 手术治疗　对生长于睑结膜和第三眼睑的瘤体，通常采用的方法是柱栏内站立保定，按每千克体重0.5～0.8mg耳后穴注射盐酸氯丙嗪。用1%丁卡因溶液滴于结膜囊内。根据肿瘤的大小做一根或两根牵引线以便提拉固定。顺下睑内侧缘切开并充分分离。术者以食指探查触摸，彻底切除（切勿损伤眼球）。当切到较硬的根蒂时，务必使之切到健康组织（通过用温生理盐水洗涤后，眼观即可判明）。一般不用缝合。对于第三眼睑的癌，要切除整个第三眼睑，术后向结膜囊内滴入0.5%四环素溶液，并装眼绷带。

此外，根据病情，还可进行眼球摘除术和眼内容物剜除术。

眼内容剜除术（evisceration）是除去眼球和眶内容物（肌肉、脂肪和泪腺）的方法，适于做眼球和眶广泛的肿瘤和感染的治疗。

2. 冷冻治疗（cryotherapy）　以冷冻方法治疗本病有不少优点。简单快速，经济，镇痛作用持久，术前用药最少，且不需要术后用药，副作用最小，可重复使用，用于疑似癌前病变时，效果更好。

患牛柱栏内保定，行表面麻醉和球后麻醉。

为了防止过度破坏正常组织，可在肿瘤周围放置聚乙烯塑料单或浸以凡士林的纱布。

对直径大于2cm的病变，应使用15号喷头（冷源为液氮）。喷头直对肿瘤中心，距离病变部位1～2cm。应避免波浪形动作，因其能产生温袋（warm pockets）而延缓肿瘤组织的冷冻。停止快速冷冻的标准是离肿瘤边缘0.5cm的“正常”组织和在肿瘤基部达到－25℃（这要用微温差电偶针来检测）。让其自融，再立即使肿瘤冷冻到－25℃。两次的冷冻-融化循环比单次冷冻的效果更好。

3. 放射治疗（radiating therapy）　许多肿瘤内都含有耐放射治疗的乏氧细胞（hypoxic cell）。已发现具有电子亲和性的杂氮环的一组化合物，可以提高这些乏氧细胞对放射治疗的敏感性。在已研究的化合物中，以灭滴灵（metronidazole）和美索硝唑（misonidazole）最受重视。许多动物实验显示这些物质既有直接的灭瘤活性，又能增强放射治疗的效应。

4. 免疫治疗（immunotherapy）　有人介绍，用同种异体牛眼鳞状细胞癌的石炭酸-盐水抽提物，一次肌肉注射，曾治疗40头单眼的和2头双眼的鳞状细胞癌病牛，疗效尚可。

5. 电热疗法（electrothermal therapy）　使眼癌组织的温度上升到高于正常体温，即可成功地治疗眼癌。此法可引起癌细胞坏死，但不杀伤肿瘤内的间质细胞或血管细胞，也不杀伤周围的正常组织。

6. 激光疗法　用CO_2激光或YAG激光气化或切除，方法简单，止血好，阻止癌细胞的转移，效果良好。

如果肿瘤发生转移，如转移到腮腺淋巴结、肺或骨组织，则无治疗价值。

七、鼻泪管阻塞

鼻泪管阻塞（obstruction of nasolacrimalduct）常见于犬和马，犬最为多发，一侧或两侧发病。临床上以长期溢泪和眼内眦有脓性分泌物附着为特征。

(一) 病因

脱落的睫毛、沙尘、眼眦等异物落入鼻泪管；外伤引起管腔黏膜肿胀或脱落；继发于结膜炎、角膜炎等眼病；先天性泪点、泪小管缺如或鼻泪管闭锁。

(二) 症状

先天性泪点缺如时，在眼内眦找不到下泪点或上泪点。除上泪点及其泪小管阻塞，其他部位的阻塞均表现出溢泪、眼内眦有脓性分泌物附着，在淡色被毛的动物，同侧内眼角下方的被毛可能红染。皮肤因受泪液长期浸渍，可发生脱毛和湿疹。

(三) 诊断

将1%荧光素溶液滴于结膜囊内，数分钟后染料如不能在鼻孔内出现，证明鼻泪管阻塞。被检眼表面麻醉后，将适当粗细的钝圆针头（小动物可用人医鼻泪管冲洗针头）插入泪点及泪小管，连接装有生理盐水的注射器，缓慢冲洗，若阻力大或完全不能注入，即可诊断为该病。

(四) 治疗

对于继发于其他眼病者，必须先治疗原发病。为排除鼻泪管内可能存在的异物或炎性产物，应进行鼻泪管冲洗术。犬在下泪点探入稍弯的钝头冲洗针头，深度在1cm左右，接注射器，用普鲁卡因青霉素溶液反复冲洗至鼻泪管通畅。如犬骚动剧烈，应进行全身麻醉，防止意外损伤。对马可在鼻前庭找到鼻泪管开口，插入针头做逆向冲洗，更为方便。

对先天性下泪点缺如，可施行泪点重建术。在上泪点探入针头，按压住泪囊部，注入冲洗液，可在眼内眦下睑缘内侧出现局限性隆起，在隆起最高点用眼科镊夹住，提起，剪掉一小块圆形或卵圆形结膜，此时可见冲洗液流出。术后结膜囊内滴氯霉素滴眼液和醋酸氢化可的松滴眼液。

先天性鼻泪管闭锁必须手术造口。横卧保定，浸润麻醉或全身麻醉。在距眼内眦0.6～0.8cm（马）的下眼睑游离缘找到下泪点，插入25号不锈钢丝，直接朝向内侧0.6～0.8cm，然后向下、向前朝鼻泪管方向推进，直到鼻前庭。用手可触摸到黏膜下的钢丝前端，将黏膜切开2～3cm，用弯止血钳夹住钢丝前端向外牵拉，直至组织内留下6cm长钢丝为止。剪断钢丝，使切口外留下3cm长，再用肠线将外露的钢丝缝在黏膜组织上，打结固定。当肠线被吸收后，钢丝脱落，从而形成永久性管口。

对于顽固性鼻泪管狭窄，可用单丝尼龙线穿过鼻泪管，尼龙线上再套入口径适合的前端为斜面的聚乙烯管，用钳子夹住管的上端，从鼻侧用钳子夹住尼龙线向下拉，将小管拉入鼻泪管内，两端分别固定在眼内眦皮肤和鼻孔侧方皮肤上，保留2～4周。

八、泪囊炎

泪囊炎（dacryocystitis）是指泪囊内和鼻泪管内的炎症。此病多发于犬，马属动物偶可发病，多数病例为单侧发病，少数病例可两侧泪囊同时发病。

(一) 病因

原发性病因为细菌或真菌感染，继发性病因包括泪囊及鼻泪管内异物（如草芒、睫毛等）、外伤、鼻腔及齿的疾病。泪道系统的阻塞或先天性异常，可阻碍泪液的正常输送，从而导致微生物过度生长，致使泪囊和鼻泪管发炎。

（二）症状

患眼长期溢泪，内眼角处有浓稠的黏液脓性分泌物聚积。结膜发炎，结膜囊内有脓性分泌物。泪小管和泪囊部位出现肿胀（应和对侧内眼角下方的同一部位对比），轻压泪小管或泪囊，可见脓汁从上、下泪点流出。冲洗鼻泪管时有阻力。

（三）治疗

在小动物，可选用23号泪导管或自制的钝头针头探入泪点，用生理盐水或洗眼液冲洗鼻泪管，可在冲洗时按压住相对的泪点，以增加对泪囊和鼻泪管的冲洗压力。每隔2周要重复冲洗一次，只有鼻泪管畅通，局部抗生素治疗才会有效。马属动物经鼻腔开口逆向冲洗，效果很好。

在细菌培养和药敏实验的基础上，采用广谱抗生素滴眼液作为局部治疗。

对伴有阻塞的复发性泪囊炎，可用2-0尼龙线和聚乙烯（PE90）制成的细管作为鼻泪管留置插管（见鼻泪管阻塞治疗部分）。

对抗生素治疗无效或怀疑有异物的病例，可做泪囊切开术，并通过手术切口做鼻泪管留置插管。

严重病例，应进行全身治疗。

第六节　虹膜和视网膜疾病

一、虹 膜 炎

（一）病因

虹膜炎（iritis）可分为原发性和继发性两种。原发性虹膜炎多由于虹膜损伤和眼房内寄生虫的刺激；继发性虹膜炎继发于各种传染病（如流行性感冒、全身性霉菌病、线虫幼虫迷走性移行、腺疫、口蹄疫、鼻疽和牛恶性卡他热），也可能是邻近组织的炎症蔓延的结果，如晶状体破裂和白内障。

（二）症状

患眼羞明、流泪、增温、疼痛剧烈。虹膜由于血管扩张和炎性渗出致使肿胀变形，纹理不清，并失去其固有的色彩和光泽。眼前房由于渗出物的积蓄而浑浊。由于房水浑浊变性和睫状前动脉扩张，角膜营养受影响，因此角膜呈轻度弥漫性浑浊。因瞳孔括约肌痉挛和虹膜肿胀，瞳孔常缩小，并对散瞳药的反应迟钝。由于瞳孔缩小和调节不良，易形成后粘连。虹膜炎时眼内压常下降。

（三）治疗

应将患畜系于暗厩内，装眼绷带。局部以用散瞳药为主（处方：硫酸阿托品0.1～0.2mL、蒸馏水10.0mL），每日点眼6次。对急性期病例可用0.05％肾上腺素溶液或0.5％可的松溶液点眼，也可应用抗生素溶液点眼。疼痛显著时可行温敷。严重病例可结膜下注射皮质类固醇，全身应用抗生素。

二、视网膜炎

视网膜炎（retinitis）的基本表现为视网膜组织水肿、渗出和出血等变化，从而引起不同程度的视力减退。多继发于脉络膜炎，引起脉络膜视网膜炎。

（一）病因

1. 外源性 细菌、病毒、化学毒素伴随异物进入眼内或通过角膜、巩膜的伤口侵入，或眼房内寄生虫的刺激均可引起脉络膜炎、脉络膜视网膜炎及渗出性视网膜炎。

2. 内源性 继发于各种传染病，如流感、犬传染性肝炎、犬瘟热、钩端螺旋体病等，在患菌血症或败血症时微生物可经血行转移散布到视网膜血管，导致眼组织发生脓毒病灶而引起转移性视网膜炎。或见于体内感染性病灶引起的过敏性反应，发生转移性视网膜炎。

据报道，在妊娠75～150d之间的牛胎儿感染了牛病毒性腹泻病毒，可引起牛胎儿视网膜和视神经的炎症性损伤，犊牛视力下降或完全失明。犊牛出生后用检眼镜检查，可见视网膜萎缩，视网膜出血和视神经变性。

（二）症状

一般眼症状不明显，仅视力逐渐减退，直到失明。急性和亚急性期瞳孔缩小，转为慢性时，瞳孔反而散大。

眼底检查，视网膜水肿，失去固有的透明性，初期，视网膜血管下出现大量黄白色或青灰色的渗出性病灶，引起该部视网膜不同程度的隆起或脱离。渗出部位的静脉常有出血，静脉小分支扩张呈弯曲状。视神经乳头充血、增大，轮廓不清，边界模糊，后期出现萎缩。随病变发展，玻璃体可因血液的侵入而变为浑浊。后期，由于渗出物的压力和血管自身收缩、闭塞而看不见血管。病灶表面有灰白色、淡黄色或淡黄红色小丘。陈旧者常伴有黄白色的胆固醇结晶沉着。

视网膜炎的后期，可继发视网膜剥脱、萎缩和白内障、青光眼等。

（三）治疗

（1）病畜放于暗室，装眼绷带，保持安静。

（2）消除原发性病因。

（3）控制局部炎症。眼结膜下注射青霉素、地塞米松、普鲁卡因溶液以控制炎症发展。

（4）采用全身性抗生素疗法。

（5）病情严重的可采取眼球摘除术。

第七节 晶体和眼房疾病

一、白内障

晶状体囊或晶状体发生浑浊时称为白内障（cataract）。各种动物都可发生。

白内障的分类方法尚未统一。按其原因可分为局部和全身的原因所致的白内障。先天性、外伤性、继发性，老龄动物眼的退行性变化是局部原因所引起的白内障。新陈代谢障碍，例如甲状旁腺功能亢进、严重的营养不良以及孤儿幼犬、猫以代乳品为食等全身原因所引起的白内障。此外，临床上对白内障尚有真性和假性之分。

不同发展阶段的白内障治疗方法不同，故正确判断其各发展阶段具有重要的临床意义。临床上将白内障分为初期白内障、未成熟白内障、成熟白内障及过熟白内障。

（一）病因

1. 先天性白内障　由于晶状体及其囊在母体内发育异常，出生后所表现的白内障。现已证实某些犬的先天性白内障为遗传性，但其遗传方式多数未被确定。

2. 外伤性白内障　发生于各种机械性损伤导致晶状体营养发生障碍时。例如，晶状体前囊的损伤、晶状体悬韧带断裂、晶状体移位等。

3. 症候性白内障　多继发于睫状体炎和视网膜炎。马周期性眼炎经常能见到晶状体浑浊。牛恶性卡他热、马流行性感冒等传染病经过中，常出现所谓症候性白内障。

4. 中毒性白内障　见于家畜麦角中毒时。二碘硝基酚和二甲亚砜可引起犬的白内障。

5. 糖尿病性白内障　如奶牛或犬患糖尿病时，常并发本病。

6. 老年性白内障　主要见于8～12岁的老龄犬。

7. 幼年性白内障　见于马和犬，动物年龄小于两岁。多由于代谢障碍（维生素缺乏症、佝偻病）所致。

（二）症状

本病的特征是晶状体或晶状体及其囊浑浊，瞳孔变色，视力消失或减退。浑浊明显时，肉眼检查即可确诊，眼呈白色或蓝白色。否则，需要做烛光成像检查或检眼镜检查。后者需要充分散瞳后进行。当晶状体全浑浊时，烛光成像看不见第三个影像，第二个影像反而比正常时更清楚。检眼镜检查时，可见到的眼底反射强度是判断晶状体浑浊度的良好指标，眼底反射下降得越多，晶状体的浑浊越完全。浑浊部位呈黑色斑点。白内障不影响瞳孔正常反应。

（三）鉴别诊断

绝大多数6岁以上的犬有晶状体核硬化（nuclear sclerosis）、晶状体核变得浓缩。检眼镜检查时，可见中央部发蓝，周围是清晰的晶状体皮质。晶状体硬化不阻碍眼底反射，也几乎不影响视力。角膜水肿、角膜瘢痕形成、角膜浑浊以及色素层炎所致的房液浑浊，均可阻碍眼底反射，需与白内障鉴别。

（四）治疗

在早期就应控制病变的发生和发展，针对原因进行对症治疗。晶状体一旦浑浊就不能被吸收，只好行晶状体摘除术或晶状体乳化白内障摘除术。

晶状体摘除术是在全身和局部麻醉良好的状态下，在角膜缘后做一个从3点到9点方向的结膜瓣下的切口（15mm），将晶状体从眼内摘出。报道的成功率有差异，但术后70%～85%的犬有视力。也有的学者选择12点为中心做手术切口，在距角巩膜缘上方2～3mm处的巩膜上，沿角巩膜缘方向切口，长5～8mm，同样有很好的效果。与晶状体乳化相比，其优点是需要较少的器械且术野暴露良好，缺点是手术时发生眼球塌陷，晶状体周围的皮质摘除困难和角膜切口较大。

晶状体乳化白内障摘除术是用高频率声波使晶状体破裂乳化，然后将其吸出。在整个手术过程中，用液体向眼内灌洗以避免眼球塌陷。这种方法的优点是角膜切口小，术后可保持眼球形状，晶状体较易摘出，术后炎症较轻。缺点是晶体乳化的器械比较昂贵。

术后治疗包括局部应用醋酸泼尼松，每4～6h 1次，炎症消退后，减少用药次数，连续用药数周或数月；按每千克体重2～5mg，每日2次，口服阿司匹林，用药7～10d；局部应用抗菌药物7～14d；若术后瞳孔缩小，可用散瞳剂。

目前国外已有用于马、犬、猫的人工晶状体，白内障摘除后将其植入空的晶状体囊内。这种人工晶状体是塑料制成的，耐受性良好，可提供近乎正常的视力。

单纯用药物治疗白内障，疗效不确实，尚未证实药物治疗在白内障逆转方面有临床疗效。

晶状体摘除术可使病眼对光反射与视力得到不同程度的恢复和改善，但是必须选择玻璃体、视网膜、视神经乳头基本正常的病眼进行手术，才能达到预期效果。因此，所选病例应首先排除马属动物周期性眼炎并发的白内障。凡经1%硫酸阿托品点眼散瞳而无虹膜粘连，并存在对光反射阳性的白内障进行手术，其视力恢复可有希望。否则，手术预后不良。

二、晶状体脱位

晶状体悬韧带（小带）部分或完全断裂，致使晶状体从玻璃体的碟状凹脱离，称为晶状体脱位（lens luxation）。半脱位时，晶状体虽位置异常，但仍有部分小带附着，晶状体仍位于碟状凹内；完全脱位时，晶状体完全失去小带的固定，从碟状凹移位。

（一）病因

原发性晶状体脱位是遗传因素所致，已报道有6种犬（杰克·罗赛尔㹴、猎狐㹴、迷你猎狐㹴、锡利哈姆㹴、西藏㹴和边境柯利牧羊犬）可发生原发性晶状体脱位，但确切的遗传机制还不清楚。继发性晶状脱位比原发性晶状脱位多发，可继发于下列疾病：

（1）青光眼：眼球增大使晶状体小带受到物理性牵张，引起断裂。

（2）眼内炎症：与慢性炎症有关的蛋白水解及氧化性损害使小带断裂。

（3）损伤与肿瘤：眼的钝性损伤和眼内肿瘤可破坏小带，使晶状体脱位。

（二）症状和诊断

患眼流泪，畏光疼痛，球结膜充血。当眼或头部运动时，虹膜震颤（iridodonesis），瞳孔对光反射抑制。大多数病例角膜发生不同程度的浑浊。当浑浊局限在角膜中央时，可能在该部位见到移位至眼前房的晶状体前极。在某些病例，整个晶状体牢固地黏附在角膜上。在瞳孔散大的情况下，可见到银灰色的晶状体边缘，并可见晶状体囊上仍然附着的小带（zonules）。在暗室用伍德灯（Wood’ s lamp）检查，晶状体显绿色萤光，边缘清楚，有助于诊断。眼底检查时，无晶状体区反射增强。随着时间推移，移位的晶状体发生浑浊，无论其位置如何，容易分辨。如果角膜浑浊妨碍眼部检查，用超声波检查有助于诊断。

（三）治疗

用药物控制因晶状体脱位引起的色素层炎（见虹膜炎治疗）。如眼内压升高，可用噻吗心安点眼；或口服乙酰唑胺，每千克体重3～5mg，每日3次。

对于晶状体已完全脱位的病例，可施行手术摘除，术前、术后用药物控制炎症。

三、青光眼

青光眼（glaucoma）是由于眼房角阻塞，眼房液排出受阻导致眼内压增高所致的疾病，可发生于一眼或两眼。多见于小动物（家兔、犬、猫），但也见于幼牛（1～2岁）和犊牛。

(一) 病因

青光眼的病因尚未最后肯定。

原发性青光眼具有品种易感性，目前已确定至少有13种犬和2种猫发生原发性青光眼；所有能造成眼房液循环或外流障碍的眼病均可引起继发性青光眼。但由于睫状上皮产生房液过多而引发青光眼，至今尚无报道。

(1) 棉子饼中毒：旧法榨油的棉子饼中含有多量的棉子毒，若长期喂以这种棉子饼，除可引起成年牛中毒外，还可使怀孕母牛的胎儿中毒。棉子毒属嗜视神经毒，中毒的主要表现为青光眼。犊牛先天性青光眼多系这种原因所引起。

(2) 维生素缺乏：维生素A缺乏是引起幼畜发生青光眼的主要原因。

(3) 近亲繁殖：家畜近亲繁殖的后代，除出现畸形、死胎、发育不良、生长缓慢、抵抗力弱外，也可发生青光眼。

在犬，晶状体脱位是继发性青光眼最主要的原因。

此外，急性失血、性激素代谢紊乱和碘缺乏，可能与青光眼的发生有一定关系。

(二) 症状

原发性青光眼初期视诊如好眼一样，但无视觉，检查时不见炎症病状，但有疼痛表现，如眼睑痉挛、溢泪和行为的改变。眼内压增高（常可升至6 666～9 333Pa），眼球增大，视力大为减弱，虹膜及晶状体向前突出，从侧面观察可见到角膜向前突出，眼前房缩小，瞳孔散大，失去对光反射能力。滴入缩瞳剂（如1%～2%毛果芸香碱溶液）时，瞳孔仍保持散大，或者收缩缓慢，但晶状体没有变化。在暗厩或阳光下，常可见患眼表现为绿色或淡青绿色。最初角膜可能是透明的，以后则变为毛玻璃状，并比正常的角膜要凸出些。用检眼镜检查时，可见视神经乳头萎缩和凹陷，血管偏向鼻侧，较晚期病例的视神经乳头呈苍白色。指测眼压呈坚实感。当两眼失明时，两耳不停地转向，运步时，患畜高抬头，步态蹒跚，牵行乱走，甚至撞壁冲墙。

继发性青光眼最初表现原发病症状，以后眼压逐渐升高。

(三) 预后

预后不良。

(四) 治疗

目前还没有特效的治疗方法，可采用下述措施：

1. 高渗疗法 通过使血液渗透压升高，以减少眼房液，从而降低眼内压。为此，可静脉内注射40%～50%葡萄糖溶液300～400mL，或静脉内滴注20%甘露醇（体重每公斤1g甘露醇）。应限制饮水，并尽可能给以无盐的饲料。

用β受体阻滞剂噻吗心安（timolol）点眼，可减少房水生成，20min后即可使眼压降低，对青光眼治疗有一定效果。

2. 缩瞳药的应用 针对虹膜根部堵塞前房角致使眼内压升高，可用1%～2%毛果芸香碱溶液频频点眼。也可用0.5%毒扁豆碱溶液滴于结膜囊内，10～15min开始缩瞳，30～50min作用最强，3.5h后作用消失。

3. 内服碳酸酐酶抑制剂（可减少房液产生） 如乙酰唑胺（醋唑磺胺、醋氮酰胺）3～5mg/kg，每日3次，症状控制后可逐渐减量。另有一种长效的乙酰唑胺可延长降压时间达22～30h，但长期服用效果可逐渐减低，而停药一阶段后再用则又恢复其效力。内服氯化铵可加强乙酰唑胺的作用。应用槟榔抗青光眼药水滴眼，每10min滴一次，共6次，再改为每半小时1次，共3次，然后，再按病情，每2h一次，以控制眼内压。

4. 手术疗法　角膜穿刺排液可作为治疗急性青光眼病例的一种临时性措施。用药后48h尚不能降低眼内压，就应当考虑作周边虹膜切除术。对另侧健眼也应考虑作预防性周边虹膜切除术。患畜作全身浅麻醉，以1%可卡因滴眼，使角膜失去感觉，然后在眼的12点处（正上方）球结膜下，注射2%普鲁卡因液，在距角膜边缘向上1～1.5cm处，横行切开球结膜并下翻。在距角膜2mm左右的巩膜上先轻轻作一条4mm左右的切口（不切破巩膜），然后用针在酒精灯上烧红，把针尖在切口上点状烧烙连成一条线（目的是防止术后愈合），然后切开巩膜放出眼房水。

用眼科镊从切口中轻轻伸入，将部分虹膜拉出，在虹膜和睫状体的交界处，剪破虹膜（3mm左右），将虹膜纳入切口，缝合球结膜。术后要适当应用抗菌消炎药物，以防止发炎。本手术主要是沟通前后房，使眼后房水通过虹膜上的切口流入眼前房，眼房水便由巩膜上的切口溢出而进入球结膜下，通过球结膜的吸收，从而保持眼房内的一定压力，可使视力得以恢复。一旦出现神经萎缩，血管膜变性等，治疗困难。

巩膜周边冷冻术：用冷冻探针（2～25mm）在角膜缘后5mm处的眼球表面作两次冻融，使睫状上皮冷却到－15℃。操作时可选6个点进行冷冻，避开3点钟和9点钟的位置。每一个点的两次冻融应在2min内完成。这种方法可使部分睫状体遭到破坏，从而减少房液产生。本手术属于非侵入性手术，操作简便快捷，但手术的作用可能不持久，6～12个月后可能需要再次手术。

四、浑睛虫病

浑睛虫病（ocular setariasis）是旋尾目、丝状科、丝状属的牛指形丝虫（*Setaria digitata*）、唇乳突丝虫（*Setaria labiatopapillosa*）、马丝虫（*Setaria equina*）的幼虫寄生于马的眼房内引起的寄生虫病。虫体乳白色，长1～5cm，形态构造与成虫近似，唯生殖器官尚未成熟。

（一）症状

临床上所见的病例多为一侧眼患病，于眼前房液中可看到虫体的游动（多见为一条虫）。虫体若游到眼后房，则不见其游动，但随时都可游到眼前房内。由于寄生虫的机械性刺激和毒素的作用，患眼羞明、流泪，结膜和巩膜表层血管充血，角膜和眼房液轻度浑浊，瞳孔散大，影响视力。患畜不安，头偏向一侧，或试图摩擦患眼。

（二）治疗

最好的治疗方法是进行角膜穿刺术除去虫体。理论上，应当用3%毛果芸香碱溶液点眼，使瞳孔缩小，防止虫体回游到眼后房；但实践中可不缩瞳，仍能获得成功。

一般在柱栏内行站立保定，将头部确实固定。用1%盐酸可卡因溶液或5%盐酸普鲁卡因溶液点眼两次（接触角膜面无闭眼反应是麻醉确实之征）。术者右手拿灭菌的采血针头或角膜穿刺针（距针尖2mm处用丝线等固定以控制进针深度），左手拉住马笼头，注视眼前房，当见虫体游动时，于瞳孔缘的下方靠眼内角，迅速刺入采血针头，针头进入眼前房后，即有无抵抗的感觉，拔出针头后，虫体即随眼房液流至穿刺口并作挣扎。术者立即用眼科镊夹取虫体（有时虫体随房水流出）。也有人用注射器接穿刺针反复吸出虫体。由于马角膜中央部较薄，有人认为从该处穿刺容易成功。穿刺时令助手轻压眼球，增加压力，可提高成功率。术后装眼绷带。由于致病的虫体被取除，角膜的浑浊将逐渐消散，穿刺点附近的白斑约经 3 周左右被吸收。

第八节 眼球疾病

一、眼球脱出

眼球脱出（prolapse of the eyeball）是指在各种致病因素作用下眼球向睑缘外脱出。可发生在各种动物，但大睑裂、眶窝浅的短头品种犬最常发病。

（一）病因

绝大多数病例为外伤所致。如发生于犬、猫车祸，小动物从高处摔落，犬和猫争斗，钝性物体损伤等。过度保定以及眶窝占位性病变（囊肿、肿瘤等）是较为少见的原因。马属动物头部挫伤、牛只相互争斗偶可引起眼球脱出。

（二）症状

脱出较轻者仅见部分眼球突出于睑裂之外，上、下眼睑不能闭合，患眼疼痛，眼睑痉挛。严重脱出时可见大部分或整个眼球脱出于睑裂之外。眼内直肌断裂时，眼球向颞侧偏斜（最为常见）。其他眼外肌断裂时，眼球可偏向不同的方向。角膜干燥，结膜水肿（涡静脉闭塞）。眼前房积血，结膜下出血。若瞳孔散大或失明，提示视神经受到损伤，预后应慎重。

外伤性眼球脱出多伴有眼球壁及眼内组织的损伤，包括角膜破裂、虹膜脱出及嵌顿、房水流失等。眼球在受伤时遭受剧烈震荡，可引起晶状体、玻璃体的破裂或脱位。

在遭受钝性损伤时，眼球脱出可能不严重，但眼内组织的损伤比较严重。

（三）治疗

脱出时间较久，眼球已感染化脓；瞳孔散大、患眼失明；眼球壁破裂，眼内感染严重的病例，应建议畜主施行眼球摘除术。

单纯性眼球脱出，可在全身麻醉下施行眼球整复及眼睑缝合术。该手术的目的是重建静脉回流，解除结膜水肿，减轻暴露性角膜炎和对视神经的牵张，增加恢复视力的机会。为便于整复，可施行眼外眦切开术。用 4-0 缝线和衬垫（也可用小塑料管）对上、下眼睑做 2～3 个纽扣状缝合（图 5-19）。可在鼻侧留一小口，以便术后用药。

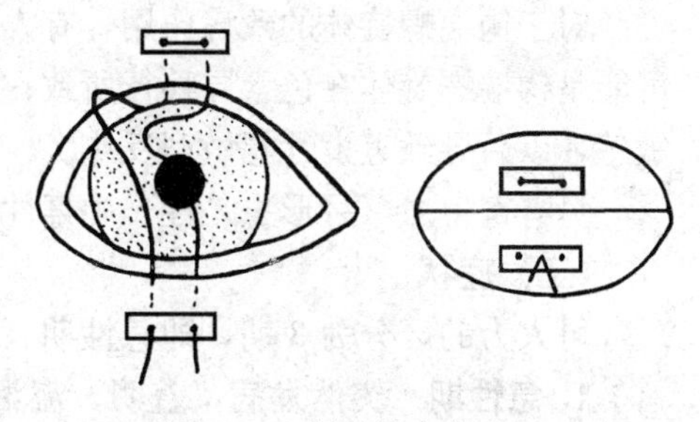

图 5-19 眼睑缝合方法

眼睑的缝线保留 2 周，如拆线后眼球还向外突出，可重新缝合，再固定 10～14d。

小的角膜创伤（小于 3mm），可在眼表清洗后用 7-0 或 8-0 可吸收缝线做结节缝合，然后施行瞬膜或结膜瓣遮盖术。

虹膜脱出并嵌顿时，可扩大角膜切口使虹膜复位（新鲜创）；若复位困难或眼表已感染，则剪去突出的虹膜组织，创面可被角膜上皮逐渐覆盖。

术后全身应用广谱抗生素，局部应用抗生素软膏。

(四) 眼球脱出的继发症

尽管进行手术和药物治疗，以下继发症可能发生。

1. 失明 患眼持久性瞳孔散大且恫吓反应消失，表明伤及视神经，对视力而言，预后不良。

2. 角膜干燥 眼球复位不完全或伤及泪腺及导管。

3. 视网膜变性 继发于视神经受到损伤。

二、马周期性眼炎

马周期性眼炎（equine periodic ophthalmia）或马再发性色素层炎（recurrent uveitis），常发生于马、骡，是马、骡失明的主要原因。该病的发作常呈周期性，有人1991年统计，在129匹患马中，约半数病马为一次性发作，其他病马发作2～4次，发作间隔期多为1周至1个月。以前曾误认为本病与月亮的盈亏有关，故有月盲症（moon blindness）之称。现已知本病初发时是色素层的一种周期再发性炎症，其后侵害整个眼球组织，引起眼球萎缩，终致失明。

本病一年四季均可发生，但夏、秋季多发，冬春发病较少。有时可在一个地区或一个马群中呈流行性发生，1～4岁龄的公马发病率高。

本病见于世界各国，我国大多数地区均有发生，也有骆驼发病的报道。

(一) 病因

确切的病因尚未肯定，大多数学者倾向认为钩端螺旋体是本病的病原。1999年，德国学者从117匹患马的130个病眼的玻璃体中，分离到35株钩端螺旋体，其中31株属于感冒伤寒型钩端螺旋体，4株为澳洲型钩端螺旋体。应用显微凝集试验（microscopic agglutination test）对这些病马的玻璃体及血液样品进行抗体检测，其中70.7%（92/130）的玻璃体和82%（96/117）的血液样品中有钩端螺旋体抗体存在，其血清凝集价比健康马高7～10倍，至少可达1∶400。

对于钩端螺旋体的致病作用，有人认为该微生物可局限并永存于眼组织内，本病的再发可能是钩端螺旋体在色素层移行所致；另有人认为，在钩端螺旋体菌血症期间，眼组织变得敏感，以后导致迟发性超敏型反应。

另有寄生虫（弓形虫）性、中毒性、过敏性和具有遗传倾向的自身免疫反应性等假说。

(二) 症状

可人为的区分为3期，即急性期（疾病初发期）、间歇期（慢性变化期）和再发期。

1. 急性期 突然发病，羞明、流泪，甚至眼睑肿胀闭锁。指压眼球，除感局部温度增高外，患畜还会出现疼痛反应。若强行张开患眼，即由眼内角流出多量的黏液性泪液。结膜轻度充血，有时被覆有分泌物（黏液性，间或为黏液脓性）。角膜变得无光泽，同时有红褐色的纤维蛋白小块覆盖。发病的同时或经过3～5d，角膜轻度浑浊。角膜面上出现新生血管。角膜周围血管呈刷状充血（图5-20）。一般病后5～6d角膜完全浑浊，以致不能观察到眼内部变化。巩膜表面血管充血。在发病的前2～3d，眼前房内有纤维素性或纤维素出血性渗出物蓄积。虹膜失去其固有色彩而呈暗褐色。表面粗糙，其固有放射状细沟变得不明显。

瞳孔缩小，且对散瞳药的反应缓慢甚至不显反应。当仔细检视瞳孔时，往往在眼后房发现小片状的纤维素渗出物，这是睫状体炎的特征。

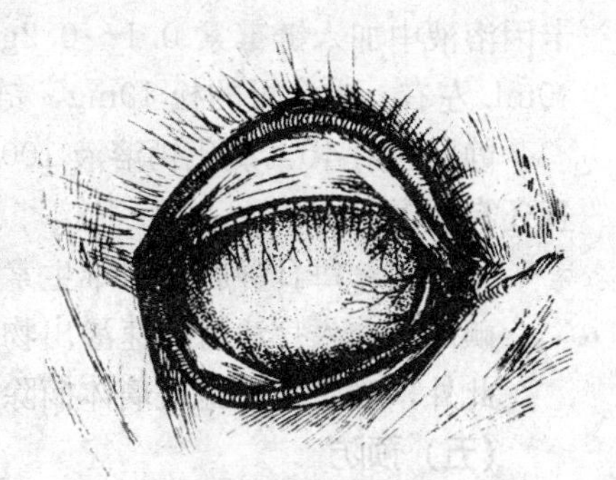

图 5-20　急性周期性眼炎，角膜周围呈刷状充血

晶状体呈局限性或泛发性浑浊（白内障），严重病例玻璃体也浑浊。眼底不清，视神经乳头呈黄色或淡红黄色，视神经乳头周围变暗。发病后 4～12d，眼内变化达最高潮，以后则逐渐减轻。急性期持续 12～20d，极个别病例可达 45d 之久。渗出物被吸收后，急性炎症现象消失。外观类似已康复，但在绝大多数病例的眼内仍有不同的病理变化。如仔细检查仍可见到由于炎症的结果而遗留各种痕迹，如虹膜粘连、撕裂，瞳孔边缘不整，晶状体上常附有大小不等的虹膜色素斑点，玻璃体内有时可看到絮状或线状的浑浊。

2. 间歇期　急性炎症现象消失，眼球或多或少表现萎缩。间或在眼内角见有少量的黏液脓性眼眵，特别是在早晨更为明显。角膜浑浊。虹膜因与晶状体前囊粘连（即后粘连）致使眼前房容积扩大，有时也发生前粘连致使眼前房缩小。

图 5-21　间歇期患眼，已出现第三眼角和晶状体完全浑浊

虹膜萎缩变色而呈淡黄色、灰白色或为枯叶状。瞳孔边缘不整并撕裂。晶状体前囊上有色素片遗留。向眼内滴入硫酸阿托品溶液不易或不能使瞳孔散大。晶状体发生点状浑浊或泛发性浑浊，特别是在粘连部的周围更为明显。在玻璃体上可见到漂浮的色素斑点。视神经乳头萎缩。视网膜萎缩，有的发生视网膜脱离。眼球容积逐渐缩小并深陷于眶内，从而在上眼睑上出现皱襞（即所谓第三眼角）（图 5-21）。

3. 再发期　通常经过 4～6 周后或更长时间，又出现急性期的临床症状，但与第一次初发时比较要轻微得多。如此反复发作，致使晶状体完全浑浊或脱位，玻璃体浑浊与视网膜脱离，最终使患眼失明。根据多数病例的观察证实，每再发一次，眼的受害必加重。

（三）预后

一般预后不良。

（四）治疗

对急性期病马，应向眼内滴入 1%～2%硫酸阿托品溶液（每日 4～6 次），待瞳孔散大后，再改用 0.5%硫酸阿托品溶液（每日 1～2 次）点眼。也可每日 1 次使用 1%硫酸阿托品软膏，以维持瞳孔的散大。疼痛和充血剧烈时，可在阿托品内添加盐酸可卡因和肾上腺素溶液。

我国临床动物医学者的经验认为：链霉素（每日 3～5g，肌肉注射，连用 1～2 周）有使间歇期延长的作用。胃肠外、局部和结膜下使用皮质激素，对急性期病例有一定的效果。采用 0.5%盐酸普鲁卡因、青霉素及泼尼松球后封闭，对马的周期性眼炎效果显著，可隔一天注射 1 次，一般经 2～3 次即康复。可用链霉素、可的松、普鲁卡因（每毫升 0.5%普鲁卡因溶液中加入链霉素 0.1～0.2g，可的松 2mg）做眼球结膜下注射，或眼底封闭（总量 40mL 左右，内含可的松 10mg，链霉素 0.5g），每周 2 次。

静脉注射 10%氯化钙溶液 100mL（每日 1 次，连用 1 周）不但可使血管壁变致密，而且还有解毒作用。

急性期，每日静脉注射维生素 C400mg（连用 1 周），据说可能有防止疾病再发的作用。

碘离子透入疗法对加速渗出物的吸收有明显的效果。

此外，对患眼实施玻璃体摘除术，可使病马减轻疼痛，并在一定时期内保有视力。

（五）预防

有人介绍，发病后应采取下列诸措施有预防效果：

（1）隔离病马。

（2）及时地进行钩端螺旋体病的血清学检查，严格隔离阳性马。

（3）尽量避免饲料的急变。除去劣质的或发霉的饲料。每匹马每天给以核黄素 40mg，并补充矿物质。如条件许可，应将马匹转移到较高的干燥牧场。

（4）进行马匹的驱虫工作。

（5）驱虫后应将马厩清扫干净并消毒。对所有的粪便均应进行无害化处理，挖去厩床上的泥土（约挖 20cm 深），重新更换泥土并撒上漂白粉。

（6）注意牧场上的排水工作。不用来自沼泽地的牧草，尽量用井水饮马。

（7）避免过劳。

（8）定期检查马匹，以便早期发现。

（9）加强防鼠和灭鼠工作。

（10）连续 3 周，每天在饲料中添加酚噻嗪 0.45g 和核黄素 40mg。停药 1 周后，再单喂核黄素 1 年（每天混在饲料中给予）。

（齐长明）

第六章 头部疾病

第一节 耳 病

耳为位听器官，即听觉和位置改变的感官，包括外耳、中耳和内耳。外耳包括耳廓、外耳道和鼓膜；中耳由鼓室、听小骨和咽鼓管组成；内耳又称为迷路，位于颞骨内，由骨迷路和膜迷路组成。外耳和中耳是收集和传导声波的部分，内耳是听觉和位置觉感受器的所在。兽医临床上常见的耳病有耳血肿、外耳炎、中耳炎。

一、耳 血 肿

耳血肿（othematoma）是耳部组织受到钝性或锐性暴力打击，较大血管断裂，血液流至耳软骨与皮肤之间。多发生于耳廓内面，也见于耳廓外面或两侧。各种动物均可发生，但多见于猪、犬和猫。

（一）病因

病因有机械性损伤和耳部疾患导致的继发性损伤两种。机械性损伤指对耳廓的压迫、挫伤、抓伤、咬伤；耳部疾患如外耳道炎、螨病等引起耳部瘙痒，动物剧烈摇头甩耳或搔抓引起血管损伤而发病。

（二）症状

耳廓内面的耳前动脉损伤时，于耳廓内面迅速形成血肿，触之有波动和疼痛反应。后因出血凝固，析出纤维蛋白，触诊有捻发音。沿耳廓软骨外面行走的耳内动脉损伤时，可在耳廓外面形成相似的血肿。血肿形成后，耳增厚数倍，下垂。耳部皮肤色白者，变成暗紫色。穿刺可见有血液或血色液体流出。肿胀阻塞听道时，可引起听觉障碍。血肿感染后可形成脓肿。

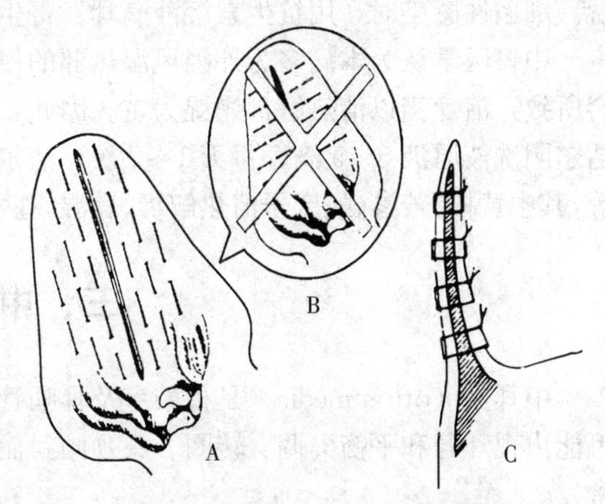

图 6-1 耳血肿切开及缝合方法
A. 正确的缝合方法 B. 不正确的缝合方法
C. 缝线全层通过耳廓，结打在耳外面

（三）治疗

小血肿不经治疗也可自愈。血肿形成的第一天内宜用干性冷敷并结合压迫绷带制止出血。大血肿不宜过早手术，因术后出血较多。一般在血肿形成数日后，于肿胀最明显处切一与血肿等长的切口，为防止血水进入耳道，可于术前用一小块棉花填塞耳道，并及时用干棉花吸干流出的血水。排除积血和凝血块后，将切口做水平纽扣缝合。缝合时，先在耳廓凸面进针，穿过耳廓全层至凹面，再从凹面进针穿过凸面，并在凸面打结（图 6-1）。装置压迫绷带。耳廓保持安静，必要时使用止血剂。夏天涂风油精可防蚊蝇叮咬。

二、外耳炎

外耳炎（otitis externa）是指发生于外耳道的炎症，常与耳血肿及外伤有关。外耳道被覆柔软的膜和无数分泌耳垢的腺体，外耳呈圆锥形，顶端终止于鼓膜。本病以犬、猫多发，且垂耳或外耳道多毛品种的犬更易发生，但牛、马等役畜也可发病。由于其危害性不大，常不易引起人们的重视。

（一）病因

机械性损伤及细菌、真菌和寄生虫感染是外耳炎的几种主要病因。外耳道内有异物进入（如泥土、昆虫、带刺的植物种子等）、存在有较多耳垢、进水或有寄生虫寄生（如疥螨），垂耳或耳廓内被毛较多时使水分不易蒸发而导致外耳道内长期湿润，耳基部肿瘤形成继发性溃疡，湿疹、耳根皮炎的蔓延等诸多因素均可刺激外耳道皮肤，细菌（变形杆菌、假单胞菌、葡萄球菌、链球菌）和真菌（糠疹癣菌、耳曲霉菌）感染都可导致外耳炎。

（二）症状

由外耳道内排出不同颜色带臭味的分泌物，其量不等。大量分泌物流出时，可黏着耳廓周边被毛，并浸渍皮肤，导致皮肤发炎，甚至形成溃疡。耳内分泌物的刺激可引起耳部瘙痒，大动物常在树干或墙壁摩擦耳部，小动物常用后爪搔耳抓痒。由于炎症引起疼痛，指压耳根部动物敏感。慢性外耳炎时，分泌物浓稠，外耳道上皮肥大、增生，可堵塞外耳道，使动物听力减弱。

（三）治疗

对因耳部疼痛而高度敏感的动物，可在处置前向外耳道内注入可卡因油（可卡因 0.1g 加甘油 10mL）。用 3%过氧化氢溶液充分清洗外耳道，再用灭菌棉球擦干，涂以 1%～2%龙胆紫溶液或 1∶4 碘甘油溶液，促进患区干燥、结痂，兼有止痒效果。也可涂布氧化锌软膏。细菌性感染时，用抗生素溶液滴耳。寄生虫感染时，可用伊维菌素进行治疗。

中兽医学认为本病多为外因风湿热邪的侵袭，内因肝胆二经郁热，外邪内热邪毒壅塞耳窍所致，治疗当以清热解毒燥湿为主。因此，对化脓性外耳炎的治疗，经外科处理后，滴入洁尔阴洗液原液 3～5 滴，每天 1～2 次。洁尔阴洗液的主要药物有蛇床子、黄柏、苦参、苍术等，其中黄柏、苦参、蛇床子清热解毒、燥湿，苍术健脾燥湿，用于治疗本病，正中病机。

三、中耳炎

中耳炎（otitis media）是指鼓室及耳咽管的炎症，本病可能为内耳炎蔓延所致，其结果可能出现耳聋和平衡失调、转圈、头颈倾斜而倒地。各种动物均可发生，但以猪、犬、兔最常发。

（一）病因

常继发于上呼吸道感染如流行性感冒、一般感冒、传染性鼻炎和化脓性结膜炎等，炎症蔓延到耳咽管，再蔓延到中耳而发病，病原分离证明链球菌和葡萄球菌是常见的致病菌。此外，外耳炎、鼓膜穿孔也可引起中耳炎。

（二）症状

本病症状差异很大。单侧性中耳炎时，动物将头倾向患侧，患耳下垂，有时出现回转运动。两侧性中耳炎时，动物头颈伸长，以鼻触地。化脓性中耳炎时，动物体温升高，食欲不振，精神沉郁，有时横卧或出现阵发性痉挛等症状。炎症蔓延至内耳时，动物表现耳聋和平衡失调、转圈、头颈倾斜而倒地。

（三）预后

非化脓性中耳炎一般预后良好，化脓性中耳炎常因继发于内耳炎和败血症而预后不良。

（四）治疗

必须及早诊断，趁炎症还局限在欧氏管或中耳时，采用下列方法进行治疗。

1. 首先局部和全身应用抗生素治疗　充分清洗外耳后，滴入抗生素药水，并配合全身应用抗生素，以使药物进入中耳腔。用药前，应对耳分泌物做细菌培养和药敏试验，抗生素治疗至少连用 7～10d。

2. 中耳腔冲洗　上述治疗临床症状未改善时，可行鼓室冲洗治疗。动物全身麻醉。术者头带额镜，先用灭菌生理盐水冲洗外耳道，再用耳镜检查鼓膜。如鼓膜已穿孔或无鼓膜，可将细吸管插入中耳深部进行冲洗；如鼓膜未破，可先施行鼓膜切开术或直接用吸管穿破鼓膜，伸入鼓室锤骨后方注液冲洗。冲洗时，细管不可移动，以防撕破鼓膜。

3. 中耳腔刮除　严重慢性中耳炎，上述方法无效时，可施行中耳腔刮除治疗。先施行外耳道切除术和冲洗水平外耳道，用耳匙经鼓膜插入鼓室进行广泛的刮除。其组织碎片用灭菌生理盐水清除掉。术后几周，全身应用抗生素和皮质类固醇药物。

第二节　角　　折

角折（fracture of horn）为反刍动物特发疾病，多见于公畜，特别是性情恶劣的种公牛，羊与鹿也常有发生。

反刍动物的角由额骨两侧突起的骨质角突和皮肤衍化而来的角鞘两部分组成，角突腔与额窦相通。角的真皮层直接与角突的骨膜紧密结合，血管从骨膜穿过。角分为角根、角体和角尖三部分，角根与额部的皮肤相连，角体是角根向角尖的延续。根据家畜的品种、年龄和性别的不同，角的长度差异极大。水牛角为一个三棱形的椎体，在基部明显有前、背、腹三面，到角尖部逐渐变为尖细。成年牛在角基部和额骨之间有一明显的颈部，水牛角血管特别发达。

（一）病因

主要是暴力损伤，有直接和间接暴力，前者多发生于牛的角斗、快步行走中跌倒在硬地、高处坠落等；后者如保定不实，仅仅将角拴系在保定架或树上，当受惊时强力挣扎，或倒牛时牛角误碰硬物或插入洞穴中。黄牛和羊由于角较短小，除非受到强大暴力，一般情况下很少发生角折。鹿角比较脆嫩，有时在锯茸时因头部保定不良或管理不慎，可引起基部角折，影响鹿茸生产。

（二）症状

角折症状与受伤部位和受伤程度有关，预后也很不一致，常分为以下 4 种。

1. 角鞘（角壳）**脱落** 角鞘活动甚至可全部取下，经常同时损伤角根部软组织。角突部骨质表面常有大量混有血液的渗出物积聚，不久出现脓性渗出物，角根部疼痛、灼热，患畜头部常向病侧倾斜。

2. 角鞘破裂 角鞘表面有裂痕，角的生发层表面出血，甚至角突骨质上出现骨裂或骨折。有时破裂口组织被污染，有时因病程长而感染化脓。角鞘保留的角突不全骨折或全骨折，当叩打角鞘或握住角鞘以保定该牛时，均表现疼痛。

3. 高位角折 指角折部位在角全长的1/2以上靠近角尖处，可见到角折处动摇或连同角鞘完全分离，并可从角折处向外流血。

4. 低位角折 是较严重而又常发的一种角折，角折位于角全长的1/2以下靠近角基部，有时甚至还伤及额骨。较多见于角突颈部，部位越低症状越重。可以见到从损伤的角血管中流出大量血液。一般均可见到与额窦相通的角突腔，其中充满血液，甚至从鼻腔流出血液。水牛由于角突腔大，角折后最初两周内略见角突腔缩小，以后则变化甚微。如不及时治疗，长期暴露在外容易感染而继发化脓性额窦炎，甚至在夏季出现蝇蛆。严重者继发化脓性脑膜炎，使病情更为复杂。

（三）治疗

已与角突失去联系的角鞘应取下，在角突上敷以抗生素油膏并加包扎。一般经5～6d更换绷带1次，待创面结痂后自生角质，天热时应在绷带外涂松馏油防蝇。如角鞘破裂尚未脱落应该使用金属夹板将病角固定于健康的角上，创造条件使破裂的角鞘生长愈合。为了消除感染，要先用消毒药液洗尽角鞘、拭干，并切除坏死部分，用碘酊消毒，创口撒布抗生素粉，用卷轴带做8字形包扎。上法无效时，可用断角术或角修补术进行治疗。

对于角基部的角折，采用下述方法治疗。

1. 断角术 角复杂性骨折、角突和角鞘均已脱落是本手术治疗的适应症。新鲜创可在外科处理后施术；化脓创应细致处理创口使其清洁，待化脓停止，出现肉芽组织，又无臭气，炎症基本消退时才可进行手术。柱栏内保定，角神经传导麻醉，在预断角水平涂碘酊，用断角器或锯迅速锯断角的全部组织，为避免血液流入额窦内，可用事先准备好的灭菌纱布压迫创口或用手指压迫角基动脉进行止血，用骨锯修整残端使其平整并充分处理好角突腔。用磺胺粉或碘硼合剂撒布在灭菌纱布上，再覆盖在角的断面，装置角绷带，起止血和保护双重作用。也可用高锰酸钾粉撒布在创面上，加压按压，即可起到止血作用，然后打角绷带，角绷带上涂松馏油，以防雨水浸湿。无血断角，不用止血和装角绷带。

2. 角修补术 黄牛的轻微角折经无菌处理后松松地在断端塞一段消毒棉球常能自愈，水牛也有自愈的病例，但多数要进行角修补术。新发生的角折和陈旧角折的修补方法基本一致，其不同处为后者需经过一定的抗感染治疗阶段。一般在炎症或感染消退后，在角神经封闭下将角突腔内骨隔与黏膜在断面以下2mm左右范围内刮净修平。采用以下方法修补：

（1）固齿粉填塞法：取直径1.5mm的骨钻，在距角断面约2cm处以十字交叉方向钻4个孔，交叉穿入不锈钢丝，在交叉的钢丝上放置一块形状、大小与角突腔横断面开口完全一致的塑料板（或废X胶片），板四周务必与腔壁密接。在板上再穿一不锈钢丝固定塑料板。把调好的固齿粉（或骨水泥）填入角突腔内，使之密闭。最后绷带固定。

(2) 根据角突腔大小，制作牙托粉塞子一个，在角突腔充分消毒处理后，撒布土霉素或四环素 5～10g，将适合良好的牙托粉塞子塞紧，边缘缝隙再用调好的牙托粉镶好，使之密闭。在事前根据角断面的形状预制牛角板一块，并在上述牙托粉塞子封闭的基础上用骨钻在角壳断面上钻 4～6 孔，并以螺丝钉将牛角板固定，最后在外面涂防水材料（图 6-2）。

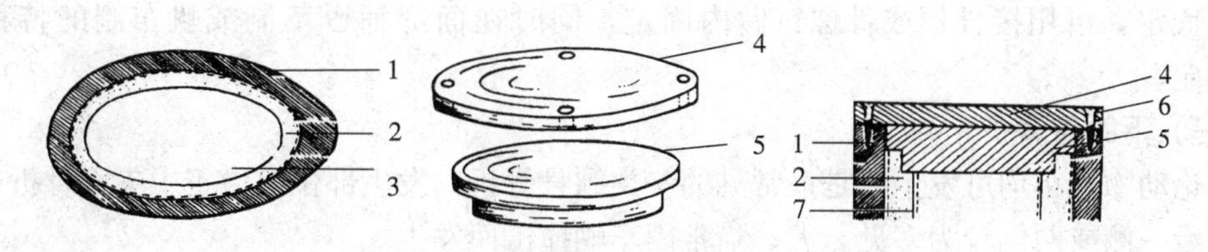

图 6-2　角突腔封闭模式图

1. 角鞘　2. 骨质　3. 角突腔　4. 牛角板
5. 填塞物　6. 螺丝钉　7. 黏膜

第三节　颌面部疾病

一、颌骨骨折

颌骨骨折（fracture of the maxillar and mandibular bones）一般分为颌前骨骨折、上颌骨骨折和下颌骨骨折。可见于所有大动物，但马、牛较常发生。此外，犬、猫等小动物也有发生。

颌骨骨折最多见的是动物因各种原因跌倒时头部颌骨部分或切齿触地，或因头部猛烈摇摆而与其他坚硬物冲撞，导致颌骨骨折。其次，棍棒打击、开口器装置不当、头部保定不正确也可引起本病。偶尔在齿科手术中（如粗暴地拔牙、修整牙齿等）或者难产时用产科钩强烈牵引胎儿等导致颌骨骨折。

（一）颌前骨骨折

马、骡多见，牛较少见。

1. 症状　马颌前骨骨折多数为骨体横骨折，即与上切齿相连的骨折段下垂，受伤的同时常伤及切齿，故有时发生切齿脱落，折断的颌前骨只能靠硬腭及齿龈等软组织相连，因此出现咬合不正，口腔失去闭合能力。伴发大出血，主要来自切齿的血管、硬腭的静脉丛或腭唇动脉等。

2. 治疗　在全身麻醉下进行整复固定。术前应首先处理外伤，查清颌前骨骨折线。术者一手按住鼻梁部，另一手将下弯的断骨拉出来，用适当的力量使骨折断端对合，若上下齿咬合一致则表示整复到位。固定方法较多，可选用铜丝、琴弦、粗丝线等缠绕于一排上切齿上，并牢牢地箍紧。同时做口腔外的固定，在上切齿前方的正中央用缝针从上唇后部不活动部分的正中央向上穿出唇外，引出打结后的两条丝线，随即在体表将丝线结系在一段横置的橡皮管上，缝线的张力起到拉住断骨以免再下垂的作用。

（二）上颌骨骨折

本病发生较少，马比牛多见。

1. 症状 骨折部位多在硬腭及齿槽间隙的边缘，有时波及前臼齿，常可见动物口、鼻流血或流涎，丧失咀嚼功能，由于组织炎症及断骨移位而使上颌部变形，用手按压骨折处出现骨摩擦音，马还表现切齿咬合不一致。

2. 治疗 对封闭性骨折又无断骨片转位病例，不必进行外科手术，仅使动物保持安静，全身使用抗生素预防感染即可。对开放性骨折又有断骨片转位病例，应在全身麻醉下整复固定，可用接骨板或骨螺钉做内固定，同时在面部辅以革制或帆布制的特种绷带做外固定。

（三）下颌骨骨折

不论动物大小均可发生，是最常见的一类颌骨骨折，发生部位以沿正中矢面骨折或齿槽间隙边缘一侧或两侧较为多见。犬、猫常因车辆撞击而发生。

1. 症状 因受伤部位不同而异。开放性骨折患部变形，骨端外露、出血与肿胀、疼痛，并出现异常活动，采食和咀嚼困难，一般经数日后由破口处流出脓性渗出物。如果正中联合发生骨折，则两侧的骨体和下颌支活动，切齿不能保持在一条线上；如果在齿槽间隙发生骨折，则下颌骨体切齿部下垂；如果下颌骨体臼齿部骨折，则局部变形并伴有碎骨片造成的舌、颊组织的损伤。此外，下颌骨后角折断时常伤及颈部血管，下颌骨关节突和冠状突骨折时常伤及颌关节、舌根及咽。口腔检查可见到残留饲料，并有酸臭气味，日久动物消瘦。

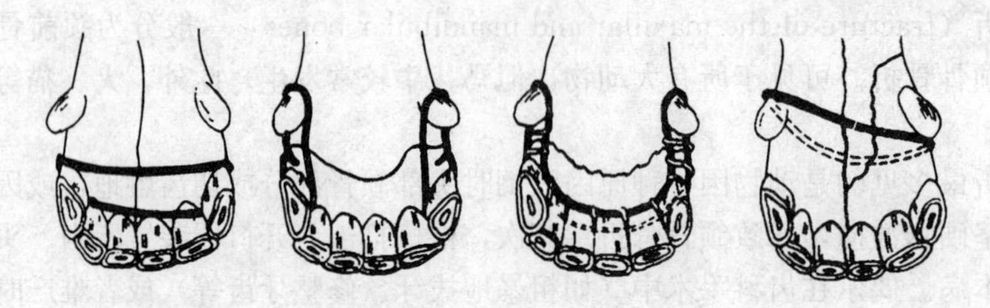

图 6-3 马颌骨骨折不锈钢丝固定

2. 治疗 根据骨折的部位选择治疗方法。为了确保复位固定过程的可靠性，最好采取病侧在上的侧卧保定，全身麻醉。首先应对创伤进行彻底的外科处理。下颌骨体正中联合骨折可在口腔内用金属丝套住两侧的臼齿加以固定；横骨折则分别套住两侧犬齿和臼齿进行固定；其他情况的骨折可按同理选择相应的牙齿用金属丝固定，必要时可在骨上钻孔后再环扎（图 6-3）；或者采用接骨板或骨髓钉做内固定。国内外有用卷轴绷带固定疗法治疗齿槽间隙处骨折的成功经验：先将折断的颌骨用绷带从齿龈部搂住，绷带一端绕过两耳后的枕部，到达对侧的面嵴与绷带另一端相遇，然后两绷带端相扭，一端从背部（鼻梁部），另一端从腹部（经过颌凹部）缠绕到另一侧面嵴相遇而打结（图 6-4）。

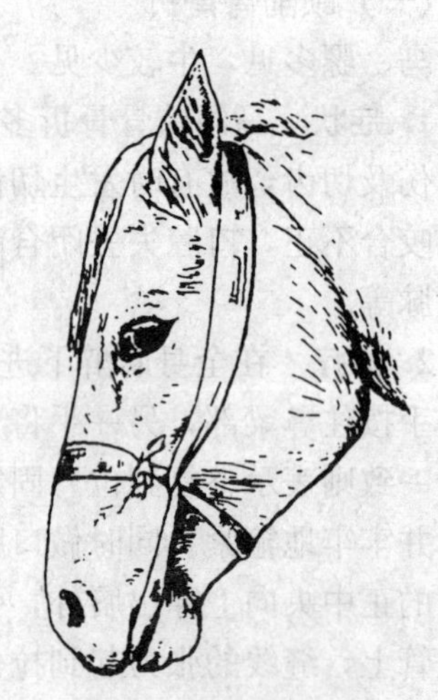

图 6-4 马颌骨骨折的绷带固定

二、颌关节炎

颌关节炎（temporomandibular arthritis）主要见于马和犬，其他动物较少发生。

（一）病因

创伤、打击、关节韧带牵张（粗暴地使用开口器等）以及关节内骨折等是引起颌关节炎的主要原因。颌关节附近组织蜂窝织炎的蔓延，马腺疫、脓毒症的转移及牙齿疾病、面神经或三叉神经麻痹造成的偏侧咀嚼等也易引起本病。

（二）症状

主要特征是咀嚼障碍和颌关节部肿胀。急性浆液性颌关节炎时，局部肿胀并有轻微波动，触诊及开张口腔时动物疼痛明显，采食时咀嚼缓慢，仅以一侧咀嚼。慢性颌关节炎时，仅有局部肿胀及关节强拘，有时可能因颌关节粘连而表现牙关紧闭，患侧咬肌逐渐萎缩，动物瘦弱。

（三）治疗

急性期以消炎、镇痛、制止渗出、促进吸收、防止感染为原则。病初用冷疗，以后用温热疗法，局部涂擦鱼石脂软膏、消炎软膏等，也可用红外线照射，2 次/d，25～30min/次。慢性颌关节炎时，可局部使用强刺激剂、CO_2 激光照射、感应电流刺激、离子透入等电疗。对化脓性颌关节炎则应充分排出浓汁，用消毒液灌洗，充分引流。局部和全身应用抗生素疗法。

三、面神经麻痹

面神经麻痹（paralysis of facial nerve）中兽医称为“歪嘴风”，多见于马属动物，少见于牛、羊、猪，犬多发于 6～7 岁的西班牙长耳犬和拳师犬。根据面神经损伤部位和情况可分为中枢性和末梢性、单侧性和双侧性、部分麻痹和全麻痹。面神经麻痹临床上以单侧性多见。

面神经是第七对脑神经，位于延脑前外侧，控制面部肌肉的活动、感觉和唾液分泌等。该神经系混合神经，分为运动和感觉两部分，运动部分占面神经大部分，起始于斜方体两侧，在脑桥后方，通过面神经管，出茎乳孔到腭骨的顶缘，通过腮腺下面，在下颌关节稍下方转到咬肌外面，并构成颊神经丛，分出耳睑神经、耳后神经，分布于耳、眼睑等处后，沿咬肌表面前行，分出上、下颊神经支。上颊支沿咬肌上部表面前行，进入颧肌深侧，经鼻孔侧翼张肌下缘到鼻唇提肌与鼻孔侧翼张肌的深侧分布于上唇及鼻孔部肌肉。下颊支斜走于咬肌表面，沿下唇降肌前走，中间有吻合支接上颊支。还有侧副支分到颊肌，并与眶下神经及下颊神经相吻合。

（一）病因

根据神经传导障碍的原因可有外伤性、炎症性、侵袭病性、传染病性和中毒病性。按部位可分成中枢性和末梢性两大类。

1. 中枢性面神经麻痹　多半是脑部神经受压，如脑的肿瘤、血肿、挫伤、脓肿、结核病灶、指形丝状线虫微丝蚴进入脑内的迷路感染等，其次是传染病如马腺疫、流行性感冒、传染性脑炎、乙型脑炎、李氏杆菌病以及马媾疫，毒草或矿物质中毒等均可出现症候性面神经麻痹。犬瘟热、甲状腺机能减退、糖尿病等可导致犬伴发本病。

2. 末梢性面神经麻痹 主要是由于神经干及其分支受到创伤、挫伤、压迫、笼头的摩擦与压迫，长期侧卧于地，跌倒猛撞于硬物等引起。此外，面神经管内的肿瘤、中耳疾病或腮腺的肿瘤、脓肿可引起单侧性面神经麻痹。

（二）症状

由于神经损伤的部位和程度不同，机能障碍的情况和麻痹区的分布、范围各异，症状上也不完全一样。

单侧性面神经全麻痹时，患侧耳歪斜呈水平状或下垂，上眼睑下垂，眼睑反射消失，鼻孔下塌，通气不畅，上、下唇下垂并向健侧歪斜，出现歪嘴，采食、饮水困难，马用牙齿摄取饲料，咀嚼不灵活，患侧颊部有大量饲料积留，饮水时将口角伸入水中，缺乏吸水能力。牛由于鼻镜及唇部厚，故歪嘴症状不明显，但采食和反刍时常有饲料和唾液自患侧口角流出，用手打开口腔时可感到唇颊部松弛。猪可见鼻盘歪斜（注意与传染性鼻炎相区别），唇的自主活动消失，两侧鼻孔大小不一。犬患病后，患侧上唇下垂，鼻歪向健侧，耳自主活动消失。

单侧性上颊支神经麻痹时，耳及眼睑功能正常，仅患侧上唇麻痹、鼻孔下塌且歪向健侧。单侧性下颊支神经麻痹时，患侧下唇下垂并歪向健侧。

两侧性面神经全麻痹多是中枢病变的结果，除呈现两侧性的上述症状外，因两侧鼻孔塌陷，导致通气不畅，呼吸困难。由于唇麻痹，动物将嘴伸入饲料中用齿采食，伸入水中用舌舀水，咀嚼音低、流涎，两颊部残留大量饲料，并有咽下困难等症状。

（三）治疗

由中枢性或全身性疾病所引起的面神经麻痹应积极治疗原发病，预后视原发病的转归而异。凡由于外伤、受压等引起的末梢性面神经麻痹，在消除致病因素后可选择下列方法治疗：

（1）在神经通路上进行按摩，温热疗法，并配合外用10%樟脑醑或四三一擦剂等刺激药物。

（2）在神经通路附近或相应穴位交替注射硝酸士的宁（或藜芦碱）和樟脑油，隔日1次，3～5次为一疗程。

（3）维生素B_1、维生素B_2肌肉注射，地塞米松肌肉注射或静脉注射以控制神经组织水肿和炎症，并结合针灸疗法常有一定疗效。穴位选择以开关、锁口为主穴，分水、抱腮为配穴；也可根据临床症状判断发生神经麻痹的部位，在神经通路上选穴。针灸刺激每次20～30min，每日1次，6～10次为一疗程。

（4）采用红外线疗法、感应电疗法或硝酸士的宁离子透入疗法，也有一定效果。

（5）双侧性面神经麻痹并伴有鼻翼塌陷和呼吸困难的马，宜用鼻翼开张器或进行手术使鼻孔开张，解除呼吸困难。鼻翼开张方法有皱襞开张法和皮瓣切除法两种。前者先将鼻翼背部的皮肤做成若干纵褶，横穿粗缝线，收紧打结，由于皮肤向中央紧缩所以鼻孔开张；后者是在两鼻孔间的鼻背上切除一片卵圆形的皮肤后将两创缘缝合，使鼻孔张开。

四、三叉神经麻痹

三叉神经属第五对脑神经，是头部分支最多、分布最广的神经。以一感觉根和一运动根与脑桥相连，感觉根较粗，有感觉神经节，其纤维在脑干内止于三叉神经感觉核。运动神经根较细，起于脑桥内的三叉神经运动核。三叉神经在颅腔内分为眼神经、上颌神经和下颌神经三大支。分布在咬肌上的三叉神经运动分支（颌骨支）的传导性发生障碍，称为三叉神经麻痹（paralysis of the trigeminal nerve）。各种动物都能发生，犬较多见。

（一）病因

大脑疾病（犬瘟热、脑脓肿、脑肿瘤等）、牙齿疾病、中耳炎、颅脑疾病等都可诱发本病。

（二）症状

患病动物下颌下垂，人工开口做口腔检查感到有抵抗，不能咀嚼饲料，因为三叉神经主要分布于咬肌和面部皮肤，两侧麻痹时，下颌呈显著下垂，妨碍采食和饮水。颊部、下颌齿槽和下颌的感觉减退，咬肌萎缩。

（三）治疗

电针刺激、硝酸士的宁等药物注射适用于病的初期，已出现咬肌等萎缩的病例则疗效甚微，透热疗法、感应电流刺激等有助于病的恢复。

第四节　鼻唇腭部疾病

一、豁　　鼻

为便于控制和使役耕牛，常在幼年时于鼻唇镜后方鼻中隔上穿孔，并系以鼻绳或鼻环。豁鼻（laceration of the muzzle）是由于钝性磨损、切割、撕裂等所引起的一种鼻损伤症。本病常见于役用牛，尤以性情执拗的水牛和公牛多发，发病后主要引起使役和管理上的不便。犬由于先天性缺陷或后天性损伤而引起鼻唇部的缺损，也有学者称为豁鼻。

（一）病因

鼻栓结构不良，或任意选用新麻绳、铁丝等拴鼻，致使鼻栓孔磨损糜烂；穿鼻过浅或犊牛过早穿鼻；使役时粗暴地强拉缰绳，引起鼻镜的撕裂。性烈而又胆小的牛更容易在执拗情况下发生本病。

（二）症状

豁鼻发生后，鼻唇镜被分为上下两部分，多数呈不规则的损伤，只有少数损伤面平整。病初，创面出血，如不及时治疗，创面可发生感染。

（三）治疗

豁鼻修补术是唯一疗法，临床上一般采用缺损部的公母榫吻合术。公母榫吻合术要点如下：

1. 保定　采用柱栏内站立保定或单柱保定，将牛角固定在木柱上或树上，最好将两个牛角绑在横杆上，少数狂躁不安的大公牛亦可倒卧保定。

2. 麻醉 根据上唇和鼻唇镜的神经分布，采用眶下沟内的眶下神经传导麻醉（眶下沟位于上颌第一前臼齿前缘向上3～5cm处），同时向上唇两侧做局部浸润麻醉。前者用2%普鲁卡因溶液20mL阻断眶下神经，每侧10mL；后者用0.5%普鲁卡因青霉素溶液浸润颊背神经的颊唇支，每侧约20mL，起麻醉和抗感染双重作用。

3. 术式 上唇和鼻镜先用清水或0.1%新洁尔灭洗净，擦干后再以碘酊消毒。

（1）*作公榫*：术者站在牛头的左侧，右手持刀，先在距离断端上部1cm处，围绕鼻端做一环行切开至皮下，并以此深度，由里向外削，将表面一层黑色皮肤完全切削掉，造成一淡红色蘑菇状的新鲜创面。此时助手用止血钳夹持切削的皮肤，配合术者切削，制作公榫时，一般由于出血甚少，除用纱布按压外，不必采用其他止血措施。

（2）*作母榫*：根据公榫的形状和大小，在鼻镜下部断端的相对位置上，做一向下凹陷的椭圆形创腔，切时创腔应略小于公榫，因为在切割后由于该创腔周围组织的收缩变大，在制作母榫时出血较多，可看见创腔两侧各有一条血管出血，助手用止血钳做钳夹止血，即可继续进行手术，要将制好的公母榫吻合好，否则应进行适当修整。

（3）*缝合*：采用二针埋藏缝合和三针结节缝合法。分别在鼻正中线左右两侧各缝一针。埋藏缝合，最好使用人工合成的可吸收缝线，在鼻外部进针，公榫内侧出针，然后在母榫内侧相应位置处进针，在上唇部出针，继而在出针原孔处再进针至母榫外侧部出针，再经公榫外侧相应位置处进针至鼻部出针即成（似结节缝合）。在母榫部的缝合，也可用一根1/2弯针直接从母榫内侧进针，缝在榫底部分组织后，在母榫外侧出针，而不进上唇部，这样在上唇部就不暴露缝线（图6-5A）。

两针埋藏缝合缝好后，收紧前先用生理盐水冲洗创面，继用剩下的普鲁卡因青霉素溶液浸渍创面，埋藏缝合打结后，为了使创面密接得更好，可在创口接合处的左、中、右各加一针结节缝合（图6-5B），并用碘酊消毒。

（4）*术后护理*：应保持局部清洁，防止摩擦，按时拆线。术后7d内，除吃草饮水外，平时应带上口笼，饮水时尽量不使创口浸渍，暂停放牧，以保持局部清洁和防止鼻镜损伤。术后7d可将结节缝线拆除。约2个月左右术部组织长得牢固，方能穿鼻栓使用。

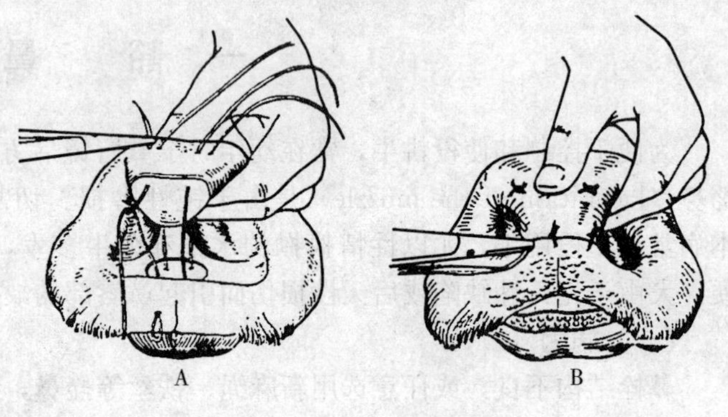

图6-5 豁鼻修补术
A. 埋藏缝合 B. 结节缝合

二、唇创伤

唇创伤（wound of the lips）主要发生于马，其他动物少发。由于唇部组织血液供应良好，再生能力强，通常伤口可迅速愈合。

（一）病因

常见于失明马或动物猛烈跌倒时，唇部冲撞到坚硬物体上而发生挫裂伤；锐利物体作用于唇部而发生创伤；角斗、牙咬而发生唇部裂创；马衔勒使用不当而造成口角创伤。

（二）症状

唇部创伤明显裂开，由于肿胀、疼痛，对采食有不同程度的影响。切创时，出血较多，但肿胀、疼痛轻微。挫裂伤时，出血较少，创口组织污染严重，创缘皮肤有时发生蜷缩。口角损伤时，采食困难、流涎。

（三）治疗

应尽早对创伤进行外科处理。对切创，在彻底止血、清创后，创面撒布抗生素粉，用圆枕绷带闭合创口，缝合时，将圆枕横置于创口上。挫裂创时，应仔细除去挫灭组织，为了防止变形和恢复唇的功能，应做迟缓的结节缝合。口角创伤时，在一般外科处理后，停止使用衔勒，必要时做圆枕缝合（图 6-6）。为使创伤局部安静，在伤口缝合的 3～5d 内，用短绳栓系，并用胃管投饲。

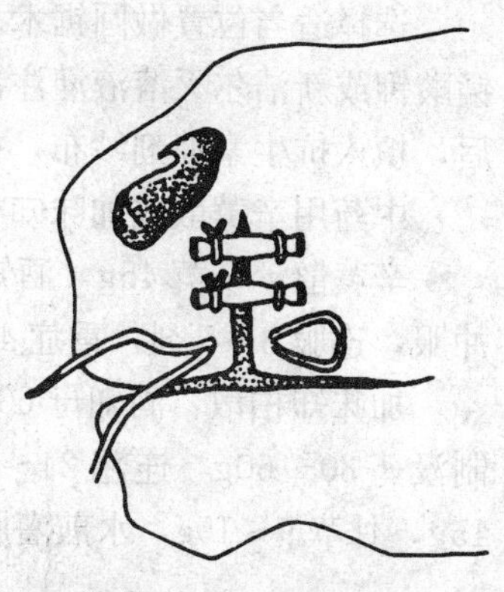

图 6-6　唇损伤的圆枕缝合

三、副鼻窦蓄脓

副鼻窦蓄脓（empyema of paranasal sinus）是指副鼻窦内的黏膜发生化脓性炎症而导致的窦腔内脓汁潴留。副鼻窦是指鼻腔周围头骨内的含气空腔，即在某些头骨的内部形成直接或间接与鼻腔相通的腔，包括额窦、上颌窦、蝶腭窦、筛窦等。临床上常见的是额窦和上颌窦蓄脓，前者多发生于牛，后者多发生于马，其他动物较少发病。

（一）病因

1. 马上颌窦炎和蓄脓　主要是由牙齿疾病所引起，其次是额骨或上颌骨骨折。

2. 牛额窦炎和蓄脓　主要是由低位角折或去角不良所引起（尤其是水牛）。其次，由于牛额窦与鼻腔相通，故鼻腔炎症可直接扩展至额窦而引起本病。

3. 某些传染病和寄生虫病等引起的副鼻窦蓄脓　牛恶性卡他热、放线菌病、马腺疫、马鼻疽等；寄生虫病如羊鼻蝇蛆病等；肿瘤、异物进入等均可导致窦炎和蓄脓。另外，犬瘟热时可伴发额窦蓄脓。

（二）症状

病初由一侧鼻孔流出少量浆液性鼻液，一般不被注意，尤其是牛常被舌舐去而不被发现，直至额骨发生隆起，或是眶后憩室部的额部增厚时才被发现。

随病程的发展，分泌物转为黏液脓性，排出量也增多，干涸后黏附在鼻孔周围。绝大多数情况下从一侧鼻孔流出鼻液，且低头时量增多，而另一侧鼻孔鼻液较少。动物表现低头、摆头等动作，摆头时有较多脓性分泌物从鼻孔中流出。

如果脓性鼻液中带有新鲜血液，表明窦内有骨折性损伤；混有草屑或饲料，表明龋齿或牙齿缺损与上颌窦相通；混有腐败血液则表明窦内有坏疽或恶性肿瘤。

牛额窦蓄脓形成足够压力时，可引起脑障碍症状，如头部顶墙或抵于饲槽，出现周期性癫痫或痉挛；也可导致眼球突出、呼吸困难等症状。

马上颌窦蓄脓常表现一侧颌下淋巴结肿胀，可移动，无痛感，严重时由于波及鼻泪管，出现流泪。导致骨质变软时，一侧局部肿胀而颜面变得隆起，叩诊有钝性浊音。

(三) 治疗

选择适当位置做圆锯术。用电动吸引器或连接橡皮管的注射器吸出脓汁，再用0.1%高锰酸钾或新洁尔灭溶液灌注冲洗。随后用微温的生理盐水冲洗，并以灭菌纱布导入窦内吸干后，填入抗生素油剂纱布，如此处理直至化脓减少或停止。

中药用辛荑散或加味知柏汤有一定疗效。

辛荑散：辛荑45g，酒知母30g，沙参21g，木香9g，郁金15g，明矾9g，研细后开水冲服，连服3～5剂，重症4～6剂，然后隔天1剂，一般服7～8剂。

加味知柏散：酒知母60～120g，酒黄柏60～120g，广木香15～30g，制乳香30～60g，制没药30～60g，连翘24～45g，桔梗15～30g，金银花15～30g，荆芥9～15g，防风9～15g，甘草9～15g，水煎灌服，隔日1剂，可服3～5剂。

四、唇裂和腭裂

唇裂和腭裂（cleft lip and cleft palate）是犬、猫常见的一种先天性畸形。多因胚胎发育时,颜面和下颌发育不全所致。唇裂又称兔唇（harelip），上唇唇裂多见，可与腭裂同时发生。

(一) 病因

唇裂和腭裂可能是遗传性的，但其遗传方式不详。也可能在妊娠期，因妊娠动物的营养缺乏和某些应激因素导致畸形。另外，内分泌、感染及创伤因素也可导致本病的发生。

(二) 症状

下颌唇裂少见，常发生于中线。上颌唇裂常见于门齿和上颌骨的联合处，有单侧、双侧、不全或完全唇裂之分，常伴发齿槽突裂和硬腭裂。本病最早的特征是幼龄动物在吮吸乳时，乳汁从鼻孔返流。常因饥饿导致动物个体小，营养不良。若不治疗，多由鼻、咽、中耳继发感染或异物性肺炎而死亡。

(三) 治疗

通常以手术矫正为主。一般在出生后6～8周后进行。如动物营养不良，或呼吸道感染，可暂缓手术。如同时发生唇裂与腭裂，应先做腭裂修补术，待愈合后再施唇裂手术。

1. 术前准备 动物全身麻醉，插入气管插管。咽部填塞纱布，防止冲洗液和血液被吸入。唇裂手术的动物应俯卧保定，颌下放置沙袋，使头抬高；腭裂手术动物行仰卧保定，开口器打开口腔。局部不用剪毛。口、鼻腔、鼻唇周围用消毒液清洗4～6次。

2. 唇裂修补术 手术目的是恢复上唇正常形态，保持两侧鼻翼、鼻孔对称、大小相等。先在缺裂的两侧唇黏膜皮肤做浅层切除，造成新鲜创面（图6-7E，粗箭头两侧所示）。然后，在缺裂的鼻侧，于有唇毛的水平线内，垂直于人中切开皮肤和皮下组织（图6-7A）。继续向下分离，制作以鼻底为蒂的宽瓣（图6-7B）。将外唇向内移动，覆盖在瓣上，其黏膜与瓣做结节缝合（图6-7C）。这样，唇裂可得到初步矫正（图6-7D）。再于外唇做一上端为蒂的三角形皮瓣，并在对侧相应部位切除皮肤，做一三角形创面。皮瓣轻轻向内旋拉（图6-7E），将其缝合到对面创面上。最后，结节缝合唇裂下端皮肤缘（图6-7F）。

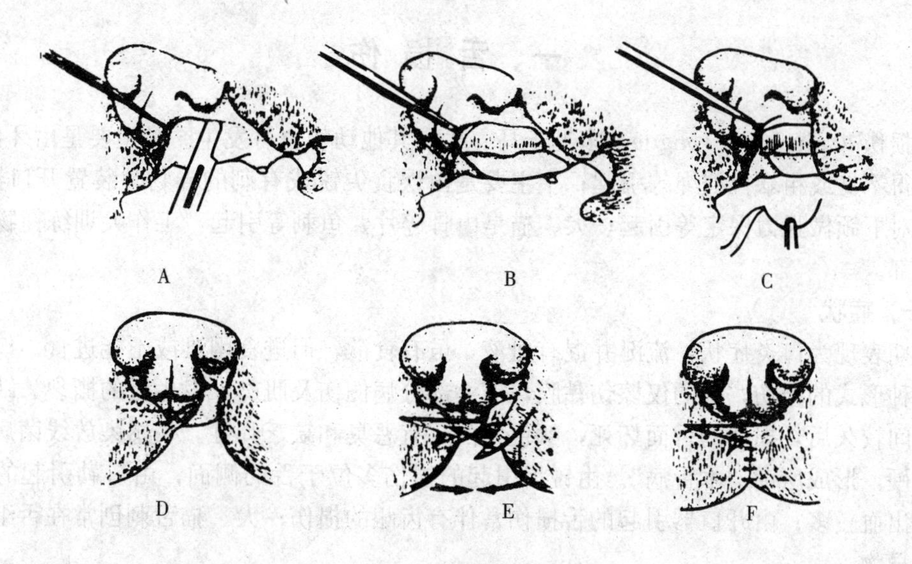

图 6-7　唇裂修补术

A. 切开鼻内侧壁做一以鼻底为蒂的瓣　B. 鼻壁蒂瓣转向外唇　C. 将此瓣与左唇黏膜缝合，这样此瓣就形成鼻底或鼻架　D. 虚线表示皮肤切割线，注意切割线垂直于鼻小柱和做一三角形皮瓣　E. 三角形皮蒂旋转到对侧唇裂　F. 缝合皮肤

3. 腭裂修补术　手术目的是将裂开的腭缝合，尽量延长软腭的长度。采用前后带蒂的"双蒂"黏膜-骨膜瓣进行腭裂修补。先在腭两侧距齿龈 1～2mm 做与腭裂等长的松弛性切口，直达骨面。再切开腭裂两侧缘，抵至骨面。将口侧黏膜-骨膜完全自骨面分离，形成双蒂黏膜-骨膜瓣（图 6-8A、B）。继续将鼻侧黏膜（腭裂缺损部）自骨面分离，并将腭裂处的边缘用手术刀或手术剪做成新鲜创面，然后分层结节缝合鼻侧骨膜和黏膜（图 6-8C）。两松弛切口不缝合，暴露的骨面 3～5d 后被肉芽组织所覆盖。10～14d 上皮再生。

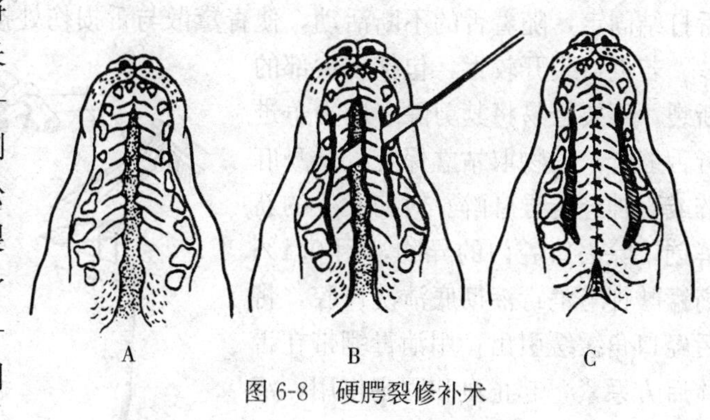

图 6-8　硬腭裂修补术

（四）术后护理

饲喂流质食物。如腭裂裂隙大，为减轻创口张力，可经咽部造瘘插管投服食物和水。术后 2 周拆除皮肤和硬腭缝线。拆线时，动物应全身麻醉，以免动物挣扎，撕裂创口。

第五节　舌的疾病

舌和齿位于口腔内，参与口腔消化的全过程。舌和齿的疾病常常引起患畜采食、饮水、咀嚼、吞咽等困难，从而严重影响消化，是临床上不可忽视的疾病。

一、舌损伤

舌损伤（injuries of tongue）多见于马、牛，其他动物也可发生。马主要是由牙齿疾病、口勒装得不良或粗暴拉缰绳等引起；牛主要是由误食尖锐或有刺的异物、装置开口器不当、用细绳对下颌做强力保定等引起；犬、猫是由骨碎片、鱼刺等引起，工作犬训练衔物时可能误伤舌部。

（一）症状

初期表现为口炎症状，流涎并混有血液，虽有食欲，但进食困难或不能进食。口腔检查可见多种形式的损伤，轻的仅擦伤黏膜，但大部分病例伤及肌肉，发生舌的撕裂、缺损或断离。时间较久后，损伤的舌面坏死，颜色发白，有恶臭和缺乏弹性。牛感染放线菌病时舌质逐渐变硬，形成所谓“木舌病”。由锐齿引起的损伤多位于舌的侧面；由口勒引起的多半是横创，出血较多；由开口器引起的舌损伤常伴有齿龈的损伤；犬、猫舌刺创常在舌组织深部残留有异物。

（二）治疗

首先除去病因，对损伤面小的可用0.1%高锰酸钾液冲洗，再涂布碘甘油或撒布青黛散（青黛、黄柏、儿茶各30g，冰片3g，明矾15g，研末过细箩筛）。一般采用口衔纱布条法，由一块大纱布包裹足量的青黛散卷成条状，将其衔于口内，两边各一条纱布通过颊部绕到耳后打结固定，随着舌的不断活动，使青黛散与舌损伤处接触。

若创口裂开较大，包括舌尖部的断裂，不要轻易将其剪除，应力争进行舌缝合。动物取站立保定，全身麻醉或舌神经传导麻醉。对初发生的新鲜创，除去口腔内的异物，用0.1%高锰酸钾等消毒液彻底清洗口腔，将舌经口角缓缓引出，用消毒绷带在舌体后方系紧，起止血和固定作用，清洗舌创面后做水平纽扣缝合，并在创缘对合处补充以间断缝合（图6-9）。对陈旧性严重舌损伤应首先做适当的修整术，造成新鲜创面，发生舌坏死时，应将坏死部分切除，创面做成楔状，清洗消毒后施行缝合。

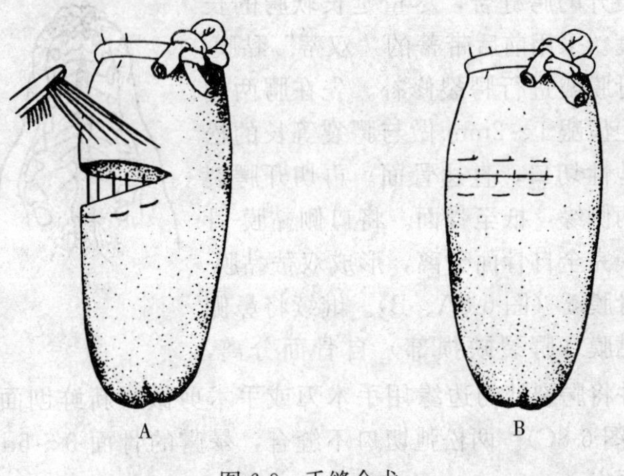

图6-9 舌缝合术

A. 做2～4个水平纽扣缝合 B. 在创缘做补充间断缝合

缝合时应在舌背侧打结，缝线穿过舌组织时要距舌腹侧黏膜2mm以上，不宜穿透舌腹侧黏膜，以免缝线刺激口腔底的黏膜。

（三）护理

术后5d内禁止动物采食，但可饮水。马可用胃管经鼻投饲，牛可在手术3d后用胃管经口腔投饲。5～7d后可给予软而嫩的青草或青干草等供动物采食。喂饲后要用温盐水或0.1%高锰酸钾冲洗口腔。经10～12d后可拆线。

［附］舌的神经传导麻醉：在舌骨突起前 2～3cm 处，将长 5～10cm 的针头垂直地向口腔底部刺入，随着针头的前进不断注射 2%盐酸普鲁卡因溶液，先量少后量多，直至深达 5cm，药液总量为 20mL。然后抽回针头至针尖达皮下时把针头向一侧倾斜，使之成 45～60°角，再将针尖推向下颌骨内侧面，至针尖接触骨面，然后略退回针头并注射 2%盐酸普鲁卡因溶液 20mL。同样向另一侧注射麻醉药液 20mL。经 5～10min 后即发生麻醉作用，舌会自行由口腔向外脱出。

二、舌骨骨折

舌骨骨折（fracture of hyoid bone）并不常见，但极易误诊为舌麻痹、喉偏瘫等。宜注意检查，妥善护理，方能治愈。

（一）病因

口腔检查时强行牵拉舌常能导致舌骨骨折，有时伴发于舌剧伸、舌断裂和舌咬伤。

（二）症状

最明显的症状是舌伸向口腔外，过多地流涎，采食、咀嚼和吞咽困难或不能吞咽，下颌间隙出现炎性肿胀，动物不愿活动头部，有时发生呼吸困难。骨折碎片损伤舌下神经时，可发生舌麻痹；损伤返神经时，可发生喉偏瘫；损伤马喉囊时，可发生喉囊蓄脓症；损伤颌内动脉等大血管时，可并发大出血。

（三）治疗

并发创伤、出血时，先止血，然后进行外科处理。病初 2～3d 禁食，以后经鼻插管投饲，直至炎症反应消失、动物可以吞咽为止。骨折部位不易固定，待其自然愈合，多数病例经 2～4 周治愈。

三、舌下囊肿

舌下囊肿（ranula）是指舌下腺或腺管损伤，唾液积聚于周围组织，引起口腔底部舌下组织的囊性肿胀，是犬、猫唾液黏液囊肿中最易发生的一种，多发生于犬。

（一）病因

最常见的原因是犬在咀嚼时，舌下腺腺体及导管被食物中的骨骼或鱼刺或草子等刺破，诱发炎症，导致黏液或唾液排出受阻而发病。由于舌下腺一部分和颌下腺紧密相连，共被一结缔组织囊所包裹，共用一输出管开口于口腔，故舌下腺和颌下腺常同时受侵害。

（二）症状

在舌下或颌下出现无炎症、逐渐增大、有波动的肿块，大量流涎，舌下囊肿有时可被牙磨破，此时有血液进入口腔或饮水时血液滴入饮水盘中。囊肿的穿刺液黏稠，呈淡黄色或黄褐色，呈线状从针孔流出。可用糖原染色法（PAS）试验与因异物所致的浆液血液囊肿相区别。

（三）治疗

定期抽吸可促使囊肿瘢痕组织形成，阻止唾液漏出，但多数病例 6～8 周后复发。也可在麻醉条件下，大量切除囊肿壁，排出内容物，用硝酸盐、氯化铁酊剂或 5%碘酊等腐蚀其内壁；或者施行造袋术（marsupialization），即切除舌下囊肿前壁，用金属线将其边缘与舌基部口腔黏膜缝合，以建立永久性引流通道。

用上述疗法无效时，可采用腺体摘除术，临床上较常用颌下腺-舌下腺摘除术。单纯做舌下腺切除是困难的，往往同时切除颌下腺和舌下腺。

动物全身麻醉，半仰卧保定，下颌间隙和颈前部做无菌准备。在位于下颌支后缘、颈外静脉前方的颌外静脉和舌静脉间的三角区内，对准颌下腺切开皮肤 4～6cm（图 6-10A）；钝性分离皮下组织和薄层颈阔肌，再向深层分离，显露颌下腺纤维囊（正常囊壁为银灰色，腺体橙红色，呈分叶状）；切开纤维囊，显露腺体；用组织钳夹持腺体向外牵引，同时用钝性和锐性分离方法使腺体与囊壁分离，直至整个腺体和腺管进入二腹肌下方；在腺体内侧有动、静脉进入腺体，分离到二腹肌时，有一舌动脉向后方行至于腺体，将这些血管结扎并切断；用剪刀或手指继续向前分离，在二腹肌下分出一通道或将二腹肌切断，以便尽可能多地暴露舌下腺；用止血钳夹住游离舌下腺的最前部并向后拉，再用另一把止血钳钳住刚露出的舌下腺，两把止血钳按此方法交替钳夹向后拉，直至舌下腺及其腺管拉断为止，不必再结扎腺体和导管；在纤维囊内安置一引流管，引出体外（图 6-10B）；连续缝合腺体囊壁和皮下组织；最后结节闭合皮肤和固定引流管。

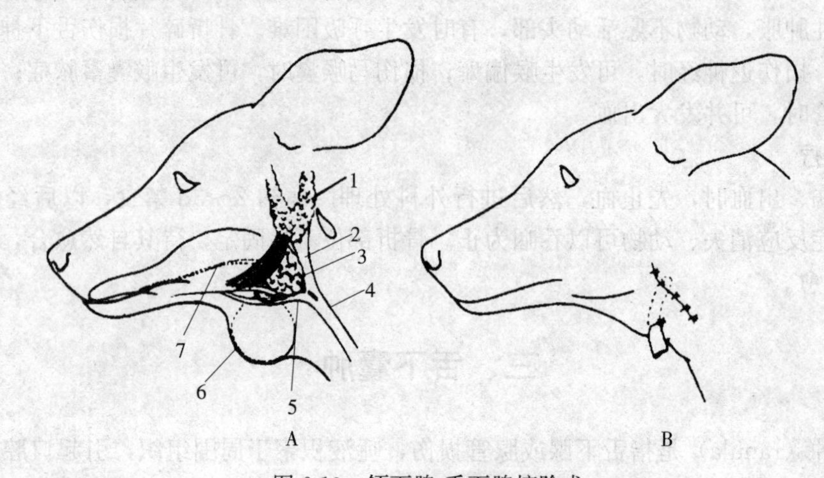

图 6-10　颌下腺-舌下腺摘除术

A. 表示皮肤切口位置　B. 引流管从皮肤切口下方引出

1. 腮腺　2. 颌外静脉　3. 颌下腺　4. 颈外静脉　5. 舌面静脉　6. 黏液囊肿　7. 颌下腺导管，粗虚线

(四) 护理

术后局部轻度肿胀，一般不必使用抗生素治疗。术后 3～5d 拆除引流管。并发症包括局部血肿、感染或再发生唾液腺囊肿。

第六节　咽部疾病

一、咽 麻 痹

咽麻痹（pharyngeal paralysis）是支配咽部运动的神经（迷走神经的咽支和部分舌咽神经或其中枢）或咽部肌肉本身发生机能障碍所致，其特征为吞咽困难，常发生于犬。

（一）病因

中枢性咽麻痹多由脑病引起，如脑炎、脑脊髓炎、脑干肿瘤、脑挫伤等。某些传染病（如狂犬病）或中毒性疾病（如肉毒梭菌中毒）的经过中，可出现症候性咽麻痹。外周性咽麻痹临床比较少见，起因于支配咽部的神经分支受到机械性损伤或肿瘤、脓肿、血肿的压迫所致。重症肌无力、肌营养障碍、甲状腺功能减退有时也能影响咽部功能部分丧失或全部丧失。

（二）症状

病犬突然失去吞咽能力，食物和唾液从口、鼻流出，咽部有水泡音，触诊咽部时无肌肉收缩反应。如果发生误咽造成异物性肺炎，则有咳嗽及呼吸困难的表现。X射线摄影可见咽部含大量气体，咽明显扩张。

（三）治疗

对神经麻痹引起的咽麻痹无特效疗法。可积极治疗原发病，定时补液，同时加强饲养管理，给予流质食物，把食物放到高处有助于吞咽，也可用胃管补给营养。对重症肌无力患犬，用甲基硫酸新斯的明，每千克体重0.5mg，口服，每日3次。多发性肌炎时，口服泼尼松，每千克体重1～2mg。

二、扁桃体炎

扁桃体炎（tonsillitis）多发生于犬，其他动物较少发病。扁桃体一般随动物成长而逐渐退化。

检查扁桃体时，应将犬仰卧保定，打开口腔，将舌向口腔外拉出后，再用压舌板将舌根部下压，即可看到粉红色的扁桃体。

（一）病因

某些物理或化学因素，如动物舔食积雪、骤饮冷水等寒冷刺激或异物（针、骨等）刺入造成的损伤可引发本病。当有细菌感染时，则发生化脓性扁桃体炎，溶血性链球菌和葡萄球菌是本病最常见的病原菌。咽炎和其他上呼吸道炎症也能蔓延至扁桃体而发病。肾炎、关节炎等也可并发扁桃体炎。犬瘟热时，可发生一过性扁桃体炎。

（二）症状

1. 急性扁桃体炎　1～3岁犬易发，体温突然升高，流涎，精神沉郁，吞咽困难或食欲废绝，颌下淋巴结肿大，有时发生短促而弱的咳嗽、呕吐、打哈欠。有的病犬表现抓耳、频频摇头。扁桃体视诊，可发现其肿大、突出，呈暗红色，并有小的坏死灶或坏死斑点，表面被覆有黏液或脓性分泌物。

2. 慢性扁桃体炎　多发生于幼犬，动物表现精神沉郁，食欲减退，有时呕吐、咳嗽。反复发作数次后，全身状况不良，对疾病抵抗力差，扁桃体视诊呈“泥样”，隐窝上皮纤维组织增生，口径变窄或闭锁。慢性扁桃体炎以反复发作为特征，间隔时间不定，也可有急性发作。

（三）治疗

治疗包括保守疗法和手术疗法。

1. 保守疗法　细菌性扁桃体炎应及时全身使用抗生素。多数病例，青霉素最有效，连用5～7d，也可用2%碘溶液擦拭扁桃体和腺窝，咽喉部热敷，在吞咽困难消失前几日，饲喂柔软可口的食物。不能采食的动物应进行补液。

2. 手术疗法 慢性扁桃体炎反复发作，药物治疗无效、急性扁桃体肿大引起机械性吞咽困难、呼吸困难等可施行扁桃体摘除术。

（1）术前准备：动物全身麻醉，行气管内插管，可排除吞咽反射，防止血液和分泌物吸入气管。采用俯卧保定，安置开口器。口腔清洗干净，局部消毒，并浸润肾上腺素溶液于扁桃体组织。拉出舌头，充分暴露扁桃体。

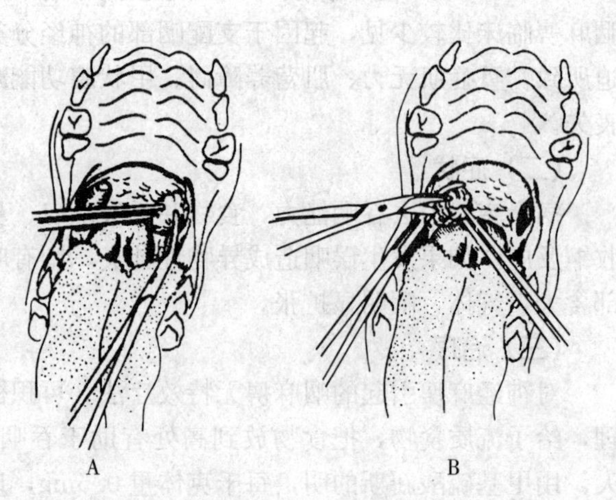

图 6-11 扁桃体直接切除法

（2）手术方法：有以下 3 种：

直接切除法：用扁桃体组织钳钳住其隐窝的扁桃体向外牵引（图 6-11A），暴露深部扁桃体组织，然后用长的弯止血钳夹住其基部，再用长柄弯剪由前向后将其剪除(图6-11B)。可用结扎、指压、电凝等方法止血。最后用可吸收线闭合所留下的缺陷。

结扎法：用小弯止血钳钳住扁桃体基部，用 4 号或 7 号丝线在其基部全部结扎或穿过基部结扎即可，将其切除。

勒除法：先用扁桃体勒除器放在腺体基部，再用组织钳提起扁桃体，勒除器收紧即将其摘除，最后修剪残留部分。

三、喉头痉挛

喉头痉挛（larynx spasm）常见于药物过敏导致的并发症，处理不当可危及生命。喉头痉挛多伴发喉头水肿。

(一) 病因

药物过敏或吸入霉菌毒素常导致喉头痉挛、水肿。

(二) 症状

该病发病较急，常在用药后短时间内出现呼吸困难、气短、发音困难、烦躁不安、口唇发绀、喉鸣音、不能平卧等症状。

(三) 治疗

用药时一旦发现不良反应，应立即停药，并及时给予相应的治疗。可给予吸氧、肾上腺素皮下注射、氢化可的松和氨茶碱静脉滴注等。严重喉头痉挛、水肿者，应行紧急气管切开。

第七节 齿的疾病

一、兽医齿科概述

齿病在兽医临床上是一种多发病。动物往往因患齿病对饲料咀嚼不充分，直接影响饲料的消化和营养的吸收，造成营养不良，体质衰弱，生产能力下降，进而使机体的抗病力降低，易患各种疾病。所以，牙齿检查应作为临床常规检查的项目之一。

动物齿病的常见症候是咀嚼缓慢且不充分，采食时间长，咀嚼音低，咀嚼时头倾向健侧，有时咀嚼突然停止，吞咽之后出现空嚼，采食过程吐草团、食块或嚼碎的食物；口腔中残留食物，有口臭、流涎；不敢饮冷水，饮水时歪头；牙齿松动，齿列不正，颊部、舌侧黏膜有损伤或溃疡面；被毛粗乱无光，消瘦，贫血，换毛推迟；消化不良，粪便异常。

要准确诊断齿病，必须熟悉齿的正常解剖、生理，具备口腔微生物知识，应注意调查病史，分析局部病变与全身疾病的关系。在进行齿病诊断时，首先要进行外部检查：检查头部时，应注意颊部的形状，当臼齿患病时，往往有食团蓄留在颊部，外观可见颊部隆起；下颌切齿患病时，下唇常有短时间下垂；从外部触诊上颌骨及下颌骨的齿列时，若有疼痛及肿胀，可能是齿槽骨膜炎、牙周炎，若有凹陷，可能是牙缺损或换牙。

然后进行口腔检查：从上、下唇黏膜和切齿的齿龈开始，进行仔细视诊，再进一步检查颊部、齿龈、舌侧面黏膜有无损伤、溃疡和肿胀，同时注意口腔的气味。

最后进行牙齿检查：大动物用大开口器充分打开口腔，对暴躁动物应注意使用镇静剂或麻醉剂，在光线良好的情况下视诊齿列的状态，牙齿的位置及方向，牙齿的磨灭情况，有无齿裂、齿缺损，同时注意年龄的鉴定和换牙的情况；用大外科探针或犬用齿钳轻轻叩打牙冠或咀嚼面，若发现耳朵有抖动，表明叩打的齿有病，若有剧痛，则表现反抗或不安；也可用手触摸牙齿或牙龈，注意牙齿有无松动或其他异常。发现病齿后，用反光镜仔细检查病齿。怀疑有龋齿时，用探针清理牙齿咬面，检查龋蚀深度。怀疑牙根或齿槽患病时，可做 X 射线检查。

为了预防齿病，首先要注意加强饲养管理，全价和均衡饲养，防止动物啃咬异物，饲料中不得混入杂质。其次，要注意观察动物采食、咀嚼时的状态及动物营养与粪便的情况。第三，要定期进行牙齿的检查，以便早期发现齿病，及时治疗。另外，还特别注意幼畜生牙、换牙的情况，喂给软质、优良饲料，防止牙齿生长异常。为了有效开展预防牙病的工作，必须做好宣传工作，普及牙病防治的基本知识。

二、齿的病理学和微生物学

齿是体内最坚硬的器官，嵌于颌前骨和上、下颌骨的齿槽内，由埋于齿槽内的齿根、露于齿龈外的齿冠及两者之间并被齿龈所覆盖的齿颈三部分组成。齿由齿质、釉质和齿骨质构成，其中齿质是构成齿的主体。齿病的发生、发展是一个很复杂的病理过程，与很多因素有关。这些因素可以归纳为全身性的和局部性的两方面。

影响齿病发生、发展的全身性因素主要是指由于饲养管理失宜和某些全身性疾病造成牙齿生长发育异常，生理功能改变，抗病能力下降。例如，重金属中毒、某些药物中毒、遗传性疾病都对牙齿产生不良的影响。动物患糖尿病时，由于胰岛素缺乏，使机体代谢紊乱，对牙周组织有极大影响，促进深牙周袋的产生，易发生龈炎和龈肥大。牙龈是性激素的靶器官，所以雌激素缺乏的动物，常出现牙龈萎缩，而黄体激素可使牙龈充血、循环淤滞，易受损伤。维生素 C 缺乏时，因胶原合成障碍、细胞呼吸和毛细血管的完整性受到破坏，造成坏血病，可使牙龈出血、骨质疏松、牙齿松动。维生素 D 过多或过少都可使牙齿发育异常、牙周受损。维生素A缺乏，则牙龈肥大、角化过度。长期磷、钙代谢失调，对牙齿的发育也有明显不良影响。同时，由于颌骨发育异常，常使上、下颌的牙齿不能正常咬合，而导致牙齿磨灭不正。

发生齿病的局部因素也很多。对牙齿机械性损伤、食物在牙齿间隙的残留，易造成齿裂、齿折等。而发生感染性齿病，主要是和口腔微生物有密切关系。所以了解口腔微生物的种类、性质及致病特点对防治齿病、合理用药是很重要的。

哺乳动物口腔微生物的数量及种类很多。据研究，至少有30种常在微生物寄生在口腔内。特别是牙齿萌出以后，细菌的种类和数量更是大为增加。

口腔内细菌之所以繁多，是因为口腔为细菌繁殖提供良好环境。例如，唾液中有十余种氨基酸和蛋白质，而牙齿与牙周组织的特殊解剖关系形成了由有氧到无氧的各种氧张力环境。所以，动物口腔是各种细菌寄居密度最大和种类最复杂的部位，各种需氧菌、厌氧菌、兼性厌氧菌在口腔内都可以找到寄栖之所。兽医学对动物口腔微生物的研究较少，但已确定与龋齿、牙周病有关的致病菌有：葡萄球菌、溶血链球菌、非溶血链球菌、梭形杆菌、螺旋菌、厌氧链球菌、弧菌、放线菌等。

大量细菌停滞于牙齿表面，同时混以唾液蛋白、脱落的上皮细胞、细菌代谢产物等，形成牙菌斑，简称菌斑。细菌在菌斑内生长，进行复杂的物质代谢活动。细菌代谢产物和菌体死亡降解的产物，在条件适合时，就会对牙齿和牙周组织产生损害，可能发生牙龈炎、龋齿和牙周炎。

龋齿的发生必须具备两个条件：其一是细菌的存在。临床和实验研究表明，菌斑与龋齿的发生有极密切的关系。致龋菌主要是一些产酸的菌属，如乳酸杆菌、变形性链球菌等。这些细菌必须在菌斑中生长，才能使产生的酸滞留在牙齿局部，导致釉质脱钙而发生龋齿。其二是细菌必须以存留于口腔中的食物为营养。当牙齿发育异常和磨灭不正时，容易造成食物在口腔中的嵌塞、滞留，为细菌繁殖造成良好条件。细菌在生活过程中产生糖基转移酶，此酶能把食物中的碳水化合物转化为高分子的细胞外糖，这种糖能使细菌黏附于牙齿表面。产酸菌最终代谢产物是有机酸，如乳酸、醋酸、油酸及蚁酸等，使牙齿的无机成分脱钙，脱钙之后，在细菌产生的蛋白溶解酶的作用下，将牙齿中的有机物分解，于是牙齿组织崩溃，产生龋洞。

细菌和菌斑也是牙周病的始动因素。细菌可以直接侵入并存在于牙周软组织中，甚至可侵入牙骨质。细菌产生的代谢产物，如吲哚、粪臭素、胺类、硫化氢等皆会造成牙周组织炎性细胞浸润和坏死。细菌产生的外毒素也会造成组织变性、炎症和坏死。菌体死亡释放出的内毒素可引起牙周组织代谢紊乱、血管舒缩机能障碍、组织坏死、出血以及免疫反应。细菌可产生多种溶血组织酶，如透明质酸、蛋白酶、溶血素等，都会损伤牙周组织，使结缔组织发生病变，造成牙周袋加深、齿槽骨吸收等破坏性病变。

三、牙齿异常

牙齿异常（abnormalities of teeth）是指乳齿或恒齿数目的减少或增加，齿的排列、大小、形状和结构的改变以及生齿、换牙、齿磨灭异常。本病临床上多见为齿发育异常和牙齿磨灭不正。牙齿异常多发生于马，其次是牛和羊，而犬、猫也偶有发病。牙齿异常的发病率，臼齿比切齿高。

（一）牙齿发育异常

1. 赘生齿　在动物定额齿数以外新生的牙齿均称为赘生齿（但牙齿更换推迟而有乳齿残留者不属此范围）。门齿与臼齿最常发病，而犬齿则很少有赘生齿。赘生的牙齿常位于正常牙齿的侧方，也有臼齿赘生位于其后方的，此时均能引起该侧的口腔黏膜、齿龈等发生机械性损伤。

2. 换牙失常　大动物除后臼齿外，在切齿和前臼齿都是首先生乳齿，然后在一定的生长发育期间再更换为恒齿，同时乳齿脱落。由于乳齿未按时脱落，永久齿从下面生出，特别是4～5岁，常有门齿的乳齿遗留而恒齿并列地发生于乳门齿的内侧。在前臼齿有时也可能发生同样的情况。特别是骨软症患马还可诱发齿槽骨膜炎，出现局部的肿胀和疼痛，所以在马、牛的牙齿更换期应经常检查其变化，保持正常换牙

3. 牙齿失位　指颌骨发育不良，齿列不整齐，结果牙齿齿面不能正确相对。临床上常见的牙齿失位有以下几类：

（1）鲤口（鹦鹉嘴）：指先天性的上门齿过长（马常见），突出于下颌。

（2）鲛口（梭鱼嘴）：指下颌较上颌长，下门齿在上门齿的前方，多见于狗，少见于马，幼驹有严重的鲛口则吮乳将发生困难。

（3）齿间隙过大：常见于牛，水牛的臼齿间隙过大时，常有草料等嵌入而引起上颌窦炎或鼻腔阻塞等呼吸困难症状，严重时形成齿鼻瘘。

（4）交叉齿：指下颌骨各向一方捻转，或向侧方移位，牙齿不能相对。

（二）牙齿磨灭不正

马属动物上、下臼齿的咀嚼面（咬面），并非垂直正面相对，上臼齿的外缘向外、向下，超出下臼齿的外缘，下臼齿的内缘向内、向上超出上臼齿的内缘，咀嚼时不仅上下运动，而且更以横向运动为主，除了撞击捶捣外，还有锉磨研压的机能，虽然上下颌的宽度不同，齿列广度不等，但是牙齿的咀嚼面则是一致的。草食动物的臼齿平均每年磨灭2mm。牛在咀嚼时下颌横向运动的幅度很大，口缝不能闭合，所以在采食咀嚼时总是抬头至水平位置。

1. 斜齿（锐齿）　是下颌过度狭窄及经常限于一侧臼齿咀嚼而引起的。上臼齿外缘及下臼齿内缘特别尖锐，故易伤及舌或颊部。多发生于老马或患骨软症的马，严重的斜齿称为剪状齿。

2. 过长齿　臼齿中有一个特别长，突出至对侧，常发生在对侧臼齿短缺的部位。

3. 波状齿　常以下颌第四臼齿为最低，上颌第四臼齿为最长，从整个齿列的咀嚼面来看就略呈凹凸不平的线条。凡是臼齿磨灭不正而造成的上下臼齿咀嚼面高低不平呈波浪状，称为波状齿。一旦凹陷的臼齿磨成与齿龈相齐，则对侧臼齿将压迫齿龈而产生疼痛，甚至引起齿槽骨膜炎。

4. 阶状齿　是比波状齿更为严重的一种磨灭不正，臼齿长度不一致，往往见于若干臼齿交替地缺损，而其相对的臼齿则变得相对过长，不可能使咀嚼保持正常，经常减食或停食。

5. 滑齿　指臼齿失去正常的咀嚼面，不利于饲料的嚼碎，多见于老龄动物。幼畜发本病是由于先天性牙齿釉质缺乏硬度所致。

（三）治疗

根据牙齿异常的病因及其情况分别选用下列疗法。

1. 过长齿　用齿剪或齿刨打去过长的齿冠，再用粗、细齿锉进行修整。

2. 锐齿 可用齿剪或齿刨打去尖锐的齿尖，再用齿锉适当修整其残端。下臼齿的锐齿重点在内侧缘，上臼齿的重点在外侧缘，并同时用0.1%高锰酸钾溶液反复冲洗口腔。舌、颊黏膜的伤口或溃疡可用碘甘油合剂涂擦。用电动锉，功效较高，可减轻繁重的体力劳动。

3. 齿间隙过大 引起齿龈损伤，致使与上颌窦相通，可用塑胶镶补堵塞漏洞，水牛多数发生在3～4上臼齿之间。先装上开口器，掏清堵塞在齿间隙或蓄积在上颌窦内的饲草(必要时在相应位置做圆锯孔)，并冲洗干净，用灭菌棉球拭干，保持干燥。用适量的自凝牙托粉和自凝牙托水（按粉与水3∶1的比例）调拌均匀，待塑胶聚合作用经湿沙期、靡粥期、丝状期到面团期时，即可填塞。根据经验最好先在上颌窦相应部位做圆锯孔，用棉花吸干创孔内液体，迅速用调好的塑胶从口腔的创孔（齿间隙）向上填塞，塞满创孔。再用食指经圆锯孔由上向下挤压嵌体，使其密接创壁，做成上端呈一膨大部，嵌体下端亦做成一膨大部，如铆钉样形状，但必须光滑和扁平，使之不影响舌运动。嵌体填塞后，必须等待其硬固后才能取下开口器（图6-12）。经查有保持2～3年仍完好者。

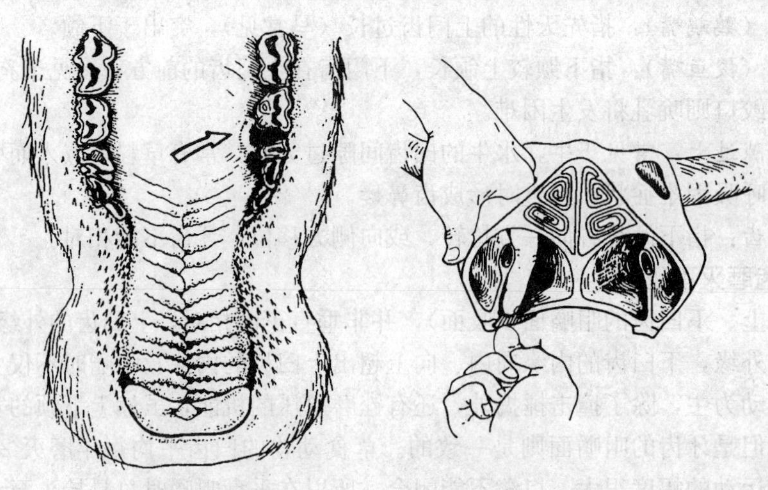

图6-12 齿 隙

1. 齿隙常发部位 2. 齿隙的塑胶镶嵌术

四、龋 齿

龋齿（dental caries）是部分牙釉质、齿质和牙骨质的慢性、进行性破坏，同时伴有牙齿硬组织的损伤，各种动物均可发病。马在9～10岁时最常发生龋齿，且多见于第二、第四上臼齿。犬的龋齿常从釉质开始，常发部位为第一上臼齿齿冠。猫则多见于露出的臼齿根或犬齿。牛、羊龋齿病初在牙面上形成不大的龋斑，颜色逐渐加深。

(一) 分类

根据牙齿的受损程度分为一度龋齿、二度龋齿、三度龋齿和全龋齿。龋齿最初是釉质和齿质表面发生变化，以后逐渐向深处发展，当釉质与齿表层破坏时，牙齿表面粗糙，称为一度龋齿或表面龋齿。随着龋齿的发展，逐渐有暗黑色小斑变为黑褐色，形成凹陷空洞，然而龋齿与齿髓腔之间仍有较厚的齿质相隔，称为二度龋齿或中度龋齿，再向深处发展两个腔相邻时，称为三度龋齿。凡是损害波及全部齿冠者则称为全龋齿，它常继发齿髓炎和齿槽骨膜炎。

（二）症状

病初常易被忽视，待出现咀嚼障碍时，损害往往已波及齿髓腔或齿周围。当龋齿破坏范围变大时则口臭显著，咀嚼无力或困难，经常呈偏侧咀嚼，流涎或将咀嚼过的食物由口角漏出。饮水缓慢。检查口腔时轻轻叩击病齿有痛感。牙齿松动，并易引起齿裂，且能并发齿槽骨膜炎或齿瘘。

（三）防治

平时宜多注意动物采食、咀嚼和饮水的状态，定期检查牙齿，力争早发现早治疗。一度龋齿可用硝酸银饱和溶液涂擦龋齿面，以阻止其继续向深处崩解；二度龋齿应彻底除去病变组织，消毒并充填固齿粉；三度龋齿以施行拔牙术为好。

犬龋齿的治疗，对二度以上的龋齿用齿刮或齿锉除去病变组织，冲洗消毒，最后充填修补。如已累及齿髓腔，应先治疗齿髓炎，症状缓解后再修补。严重龋齿可施拔牙术。

五、齿周炎

齿周炎（peridentitis）是牙龈炎的进一步发展，累及牙周较深层组织，是牙周膜的炎症，多为慢性炎症。主要特征是形成牙周袋，并伴有牙齿松动和不同程度的化脓，所以临床上也称为齿槽脓溢。X射线检查显示齿槽骨缓慢吸收。以上特征可与牙龈炎相鉴别，牙周袋是龈沟加深而形成的，大型犬正常的龈沟深约2mm。

（一）病因

齿龈炎、口腔不卫生、齿石、食物阻塞的机械性刺激、菌斑的存在和细菌的侵入使炎症由牙龈向深部组织蔓延是齿周炎的主要原因，在某些短头品种犬，齿形和齿位不正、闭合不全、软腭过长、下颌机能不全、缺乏咀嚼及齿周活动障碍等，可能是本病的病因。不适当饲养和全身疾病，如甲状腺功能亢进、慢性肾炎、钙磷代谢失调和糖尿病等都易继发齿周炎。

（二）症状

急性期齿龈红肿、变软，转为慢性时，齿龈萎缩、增生。由于炎症的刺激，牙周韧带破坏，使正常的齿沟加深破坏，形成蓄脓的牙周袋，轻压齿龈，牙周有脓汁排出。由于牙周韧带破坏，出现牙齿松动，影响咀嚼。突出的临床症状是口腔恶臭。其他症状包括口腔出血、厌食、不能咀嚼硬质食物、体重减轻等。X射线检查可见牙齿间隙增宽，齿槽骨吸收。

（三）治疗

治疗原则是除去病因，防止病程进展，恢复组织健康。局部治疗主要应刮除齿石，除去菌斑，充填龋齿和矫治食物嵌塞。无法救治的松动牙齿应拔除。用生理盐水冲洗齿周，涂以碘甘油。切除或用电烧烙器除去肥大的齿龈组织，消除牙周袋。如牙周形成脓肿，应切开引流。术后全身给予抗生素、B族维生素、烟酸等。数日内喂给软食。

六、齿　石

齿石（dental calculus）是由牙菌斑矿化而成、黏附于牙齿表面的钙化团块，常见于犬和猫。根据形成部位分为龈上齿石和龈下齿石，前者位于龈缘上方牙面上，直接可见，通常为黄白色并有一定硬度；后者位于龈沟或牙周袋内，牢固附着于牙侧面，质地坚硬致密。齿石是牙周病持续和发展的重要原因。

除去齿石主要采用刮治法。可用刮石器或超声波除石器除去齿石。清除龈下齿石不宜使用超声波除石器，以防损伤牙周组织。预防主要是定期清洁牙齿，喂给犬含糖较多的食物（饼干、糕点等）后应清洗口腔，给犬食用洁齿棒有预防齿石的作用。

七、齿槽骨膜炎

齿槽骨膜炎（alveolar periostitis）是齿根和齿槽壁之间软组织的炎症，是牙周病发展的另一种形式。马属动物多发，且多见于下颌齿。犬、羊也常有报道。

（一）病因

凡能引起牙齿、齿龈、齿槽、颌骨等损伤或炎症的各种原因，包括齿病处理不当时的机械性损伤，均是本病的直接原因。另外，由于口蹄疫及溃疡性口炎时发生的齿龈疾病、牙齿疾病（如齿裂、龋齿、齿髓炎等）、颌骨骨折、放线菌病以及粗饲料、异物、齿石入齿龈与齿槽之间而使齿龈与齿分离等均可继发本病。

（二）症状

1. 非化脓性齿槽骨膜炎 动物只发生暂时性采食障碍，咀嚼异常，经 6～8d 症状减轻或消失，但多数转为慢性，继发骨膜炎时，齿根部齿的骨质增生而形成骨赘，由此而发生齿根与齿槽完全粘连。弥散性齿槽骨膜炎可见饲草或饲料与坏死组织混合，发出奇臭气味，病齿在齿槽中松动，严重者甚至可用手拔出，有时病齿失位。

2. 化脓性齿槽骨膜炎 齿龈水肿、出血、剧痛，并有恶臭，病齿四周还有化脓性瘘管，并由此排出少量脓汁。下颌臼齿瘘管开口于下颌间隙、下颌骨边缘或外壁；上颌齿瘘管则通向上颌窦，引起化脓性窦炎及同侧鼻孔流出脓汁。齿根部化脓用 X 射线检查时，可见到齿根部与齿槽间透光区增大呈椭圆形或梨形。若欲判断瘘管的通道，可先用造影剂碘油灌注瘘管，再进行 X 射线摄片。

（三）治疗

对非化脓性齿槽骨膜炎，给予柔软饲料，每次饲喂后可用 0.1%高锰酸钾溶液冲洗口腔，齿龈部涂布碘甘油。对弥散性齿槽骨膜炎，则宜尽早拔齿，术后冲洗，填塞抗生素纱布条于齿槽内，直至生长肉芽为止。对化脓性齿槽骨膜炎，应在齿龈部刺破或切开排脓，对已松动的病齿则应拔除，但不应单纯考虑拔牙，应注意其瘘管波及的范围。发生在上臼齿时往往因为从口腔来的饲料、饲草等进入上颌窦而造成上颌窦蓄脓，如不配合圆锯术则治疗效果不佳。发生在下颌骨骨髓炎的瘘管则应扩大瘘管孔，尤其是骨的部分，剔除死骨，用锐匙刮净腔内感染物，骨髓腔内用消毒药冲洗后填上油质纱布条引流，或用干纱布外压以吸脓，消毒后用火棉胶封闭，这样可防止杂菌感染。随着脓汁的逐渐减少而延长换药时间，直至伤口愈合为止。当有全身症状时配合全身性应用抗生素。

八、齿损伤

齿损伤（dental injury）在临床上发生的主要是齿折。齿折可分为横齿折、斜齿折、螺旋齿折、粉碎性齿折和纵齿折。纵齿折通常称为齿裂。各种动物均可发病。狗的犬齿多发外伤性齿折，马和牛自发性齿折较多见。

（一）病因

机械性暴力作用可引起外伤性齿折，常见于蹴踢伤、牙齿撞到车辕或坚硬地面、物体上；犬在啃咬坚硬食物时易招致齿折。先天性齿发育不良、骨软症等病也是引发本病的因素。某些齿病（齿槽骨膜炎、齿髓炎、龋齿等）时，易引起自发性齿折。

（二）症状

外伤性齿折，其缺损部往往有饲料残渣嵌塞，断齿锐缘常损伤颊、舌黏膜和牙周组织而导致牙龈肿胀和发炎，有流涎。当齿折伤及齿髓腔时，可造成感染，口腔恶臭。动物因疼痛而咀嚼缓慢，甚至拒食。触诊尚未完全离断的患齿，可发现牙齿异常活动并出现疼痛反应。

（三）治疗

断齿留在牙床上的尖锐游离缘必须用齿钻、齿锉修整，以防损伤口腔软组织。仍埋在软组织内的断齿，必须在局部或全身麻醉的条件下，用齿钳除去断齿。口腔用0.1%高锰酸钾溶液冲洗，创面涂碘溶液或碘甘油。齿折发生在齿根深部或纵形齿折时，必须进行拔牙术。

九、齿髓炎

齿髓炎（endodontitis）是指齿髓感染和损伤的一种疾病。多因齿断裂和因严重龋齿时，细菌、毒素及其他理化因素侵入齿髓腔，造成齿髓组织的炎症。严重牙周病后期，通过齿尖逆行进入齿髓腔也可引起齿髓炎。齿髓炎易引起组织坏死、齿根尖脓肿和齿松动等。

（一）症状

急性期，动物厌食，或饮食时疼痛，叩诊疼痛更显著。如齿髓组织坏死，其疼痛症状不明显，齿根尖脓肿时，附近软组织明显肿胀，但病齿本身似乎“正常”。

检查时可发现齿断裂、龋齿和暴露的齿髓腔。X射线检查也可发现齿根尖脓肿。

（二）治疗

治疗目的是除去感染源，封闭齿根腔道。齿断裂，应立即进行治疗。用挖匙从齿冠处去除齿髓，向齿髓腔内挤入氢氧化钙膏，剩余的齿髓组织上填入氧化锌和丁香固齿粉。齿冠缺损部填充银汞合金，填塞严密。最后用齿锉磨平。

齿髓腔暴露已超过数小时，需用齿钻或齿扩孔钻于齿冠上方鼻侧垂直向下钻入，抵至髓腔根部（但不可钻出齿根外），以扩大齿髓腔。用生理盐水或过氧化氢冲洗髓腔、清除腔内所有组织，拭干，然后填入杜仲胶和固齿粉，最后用银汞合金填补齿冠的孔洞。

对无保留价值的牙齿，应将其拔除。

（徐在品）

第七章 枕、颈部疾病

第一节 枕部黏液囊炎

枕部黏液囊炎（bursitis of occipit）主要发生于马属动物，其他动物发病较少。马颈部有3个黏液囊：寰枕黏液囊，位于项韧带索状部和寰椎之间，是最易发病的黏液囊；枕部皮下黏液囊多见于老马；有些马有时可见枢椎棘上黏液囊。枕部黏液囊炎其主要特征是枕部出现化脓性肿胀或瘘管，故临床上又称为项肿或项瘘。

（一）病因

枕部受到机械性刺激，常见的如不合适的笼头，笼头皮带过紧压迫枕部，笼头皮质不良，被汗水或雨水浸湿后收缩变硬，压迫枕部。其次化脓性细菌、布氏杆菌、蟠尾丝虫等感染也是引起该病的重要因素。

（二）症状

病初在枕部与笼头接触的范围出现一片轮廓不清、但有波动感的炎症区，局部肿胀增温，疼痛明显，病畜头颈伸直，运动不灵活。随着炎症波及深部组织则出现两侧性肿胀，疼痛不明显。转变为慢性黏液囊炎时，囊壁可逐渐增厚，随着渗出液的增多，肿胀与波动更加明显。当有继发感染时，局部炎症加重，黏液囊破溃，流出脓液和坏死组织碎片，形成窦道。严重时，可引起全身症状。

布氏杆菌引起的枕部黏液囊炎，局部炎症反应不明显，但主要以慢性浆液纤维素性渗出为主，病畜局部出现肿胀，渗出液呈琥珀黄色。并发化脓菌感染后，肿胀迅速增大，破溃后形成窦道。

（三）诊断

根据发病部位、临床症状一般可以建立诊断。

（四）治疗

枕部黏液囊炎以非手术治疗为主。早期采取抗炎、理疗等治疗措施效果较好。慢性病例，可尽量将囊内液体抽出，然后向囊内注射抑制滑膜分泌的药物，如3%蛋白银或胶体银、5%复方碘溶液。另外，还可以在囊内注射醋酸氢化可的松或醋酸泼尼松，但慢性病例则需长期治疗。

如保守疗法无效，或者出现瘘管，则可采取手术疗法。根据病情，选择在枕部中线或枕区两侧切开皮肤，如有必要在两侧切口的后下方沿窦道底各做一反对孔，以利于排液、排脓和引流。使用链激酶制剂有利于引流。若行根治手术时，应将感染的黏液囊整体切除，在瘘管形成后，还应把所有管壁病理性肉芽组织切除，术前可用亚甲蓝灌注染色，正常组织不着色，而瘘管则被染色，按染色指示较易切除全部病理性肉芽组织。

布氏杆菌所致枕部黏液囊炎，实行局部治疗、抗生素治疗、疫苗治疗及综合治疗等方法。如条件许可，可进行扑杀。

第二节　腮 腺 炎

腮腺炎（parotitis）是腮腺及其导管的急性或慢性炎症。各种动物均可发生，患病的腮腺常可发生脓肿，如不及时治疗可形成唾液瘘，经久不愈，严重者可引起全身败血症。

（一）病因

本病通常是由于腮腺或其邻近组织的创伤或感染所致。腮腺位于体表，笼头的压迫或头部在地面来回摩擦造成挫伤而引起腮腺的炎症；犬常因咬伤或颈圈压迫引起该病。另外，由于腮腺导管开口于口腔黏膜，易受异物（如麦芒、粗硬秸秆）或病原微生物的侵袭，从而导致腮腺体及腺管的炎症。

继发性腮腺炎常与传染病有关，如马腺疫、牛结核病、牛放线菌病、犬瘟热等。咽炎、鼻炎等疾病也可引发腮腺炎。

犬传染性腮腺炎可能与人腮腺炎病毒感染有关。犊牛维生素A缺乏也可导致腮腺管炎症。猪有时发生传染性腮腺炎。

（二）症状

急性腮腺炎时在耳下局部出现疼痛性肿胀及增温，触之敏感。一侧发病时，头弯向健侧；双侧发病时，头颈伸直，低头困难。肿胀可蔓延和浸润邻近组织，导致喉头狭窄，使得患畜吞咽和呼吸困难。唾液分泌增加，部分病畜出现流涎。

化脓菌感染后，疼痛剧烈，全身症状明显，体温升高，食欲减退。肿胀部叩诊呈鼓音，深部触诊呈捻发音，口臭明显。肿胀破溃后，多数病例能较快痊愈，部分病例形成腮腺瘘。

仔猪患传染性腮腺炎时，体温升高，一侧或双侧腮部肿大，局部皮肤发红，组织浸润，但无化脓现象。如压迫咽喉，则导致流涎、吞咽障碍，呼吸困难，可视黏膜发绀。

慢性腮腺炎患部呈坚实、无痛性肿胀，其他症状均不明显。

（三）诊断

根据患病部位、临床症状可建立诊断，但应与淋巴结炎、蜂窝织炎、咽炎及其他传染病相区别。猪下颌及咽后脓肿属于化脓性淋巴结炎，多数为链球菌感染所致。牛患淋巴白血病时，全身各处淋巴结均肿胀。蜂窝织炎局部炎症反应严重、疼痛剧烈、肿胀明显，没有明显界限，摸不清腮腺，有时出现全身症状。咽炎表现明显咳嗽，严重者呼吸困难，咽部炎症症状明显。

（四）治疗

非开放性炎症，可采取消炎措施。全身使用广谱抗生素，局部进行热敷、青霉素盐酸普鲁卡因封闭。

形成脓肿时，成熟后应切开、排脓。如脓肿腔较大，可用硝酸银棒在其内部腐蚀，以加速痊愈进程，排脓后应留置引流条。初期可每天处理病灶，后期视渗出物的多少而减少处理次数。排液同时全身采用抗生素（如青霉素、磺胺类或广谱抗生素）疗法，连用4～5d。

对经久不愈的腮腺瘘管，可考虑腮腺部分摘除或全摘除术。马手术切口一般选择在下颌后缘5～6cm处做垂直切口；牛手术切口一般选择在腮腺中央，或从耳下3～4cm起，做一平行于下颌骨后缘的切口。组织逐层分离，剪开腮腺筋膜，暴露腮腺，由后向前游离腮腺，结扎连通的腺管，切除腮腺。手术中注意勿损伤颌内静脉、颌外动脉。局部感染严重者，可行陈旧创处理，创内安置引流管，创口假缝合。

腮腺的新鲜创可按创伤的治疗原则进行处理。如腮腺损伤严重，可直接摘除。

第三节　颈静脉炎

颈静脉炎（jugular phlebitis）是指颈静脉及其周围组织的炎性反应，多由于反复静脉输液或刺扎而引起。各种家畜都可发生，但以马、牛、羊等大、中家畜多发。

（一）病因

最常见病因是颈静脉采血、放血、注射时没按无菌操作规程操作，或反复多次地刺激而损伤颈静脉及其周围组织，导致其发炎；颈部手术粗糙、消毒不严，引起周围组织发炎而波及颈静脉发炎；注射刺激性药物（氯化钙、水合氯醛、砷制剂）漏至颈静脉外，引起颈静脉周围炎，而继发颈静脉炎。此外，颈部附近组织发炎也可转移诱发颈静脉炎。

（二）症状

根据病情波及的范围与性质，可以分为单纯性颈静脉炎、颈静脉周围炎、血栓性颈静脉炎、化脓性颈静脉炎等。

1. 单纯性颈静脉炎　指静脉本身组织的炎症，静脉管壁增厚，硬固有疼痛，病畜接触患部敏感，压迫静脉近心端，患病静脉怒张不明显，一般5～6d症状消失。一旦颈静脉全层同时发炎，则形成血栓。

2. 颈静脉周围炎　一般多在颈静脉沟上1/3与中1/3交界附近（颈静脉注射处）出现不同程度的急性炎症现象，患部肿胀，热痛明显。其后炎症现象逐渐消失，沿颈静脉径路出现结节状条索样肿胀，严重时充满颈静脉沟。压迫颈静脉，其远心端扩张。

3. 血栓性颈静脉炎　颈静脉沟出现炎性水肿，颈沟外形变平，局部温热疼痛，颈部皮肤活动性减低，血栓形成和炎症消退后，可触摸到患病血管呈结节状肥厚、硬结。栓塞部远心端血管怒张，患侧结膜淤血，甚至头颈水肿，栓塞部近心端血管有空虚感觉。当侧副循环建立后，则这些现象逐渐缓解。

4. 化脓性颈静脉炎　患部视诊及触诊时有弥漫性、热痛性的炎性水肿（蜂窝织炎症状）。不能触知发炎的静脉，病畜精神沉郁，食欲减退，体温升高，口鼻黏膜和眼结膜呈现淤血，头活动不自由，有时可见到水肿。以后在患部出现一个或多个小脓肿，破溃之后排出带有坏死组织碎块的脓汁。

在某些重症病例，血栓和血管壁可发生化脓性溶解，而突然发生大出血，并危及生命。如经血流途径发生全身性转移，可形成败血症。

（三）诊断

根据有颈静脉注射、颈部手术等病史结合临床症状可做出诊断。

（四）治疗

病畜应停止使役并制动，以防炎症扩散和血栓碎裂，并根据不同病因和病程选择合适的治疗方法。

对注射刺激性药物失误而漏至颈静脉外时，应立即停止注射，并向局部隆起处注入生理盐水，也可在隆起下缘做切口，以排出漏出的药物。如氯化钙漏出，可局部注射10%～

20%硫酸钠 20～50mL，使之变成无刺激性的硫酸钙。

无菌性血栓性颈静脉炎，局部可应用温热疗法，也可用消炎消肿散、复方醋酸铅散等外敷。

颈静脉周围蜂窝织炎时，应早期切开，切口要大，深达受侵害的肌肉，用高渗盐溶液冲洗或引流，以有效清除坏死组织和渗出液。

化脓性颈静脉炎，行颈静脉切除术。沿发炎部颈静脉沟切开皮肤，分离皮下组织，暴露颈静脉。在预切除段两侧各双重结扎颈静脉，然后再切除，按化脓灶处理创口。

第四节　食管疾病

一、食管狭窄

食管狭窄（stricture of esophagus）是指由外伤所致食管黏膜增厚、瘢痕形成或邻近器官肿胀压迫，逐渐引起食管通路不畅，造成食物难以通过的疾病。临床上以逐渐加重的吞咽困难和食物返流为特征。

（一）病因

外部压迫是引起该病的常见原因，常见压迫物有食管壁肿瘤、颈部肌炎、脓肿、甲状腺肿，犬持久性右主动脉弓、颈椎及第一肋骨骨瘤等。内部梗阻也可导致该病，常见梗阻物有食管内异物、黏膜肿瘤、食管寄生虫所形成的结节等。此外，食管遭受腐蚀、创伤或手术后形成瘢痕等，也可引起食管狭窄。

（二）症状

主要表现为吞咽困难。患畜连续大量采食时，可突然出现停食现象。有时可出现食物返流，如颈部食管狭窄，常可在患畜采食时见到狭窄部前方有团块状物膨出。反复阻塞可使食管弹力变弱，并导致食管扩张或憩室。插胃管时，插到狭窄部，阻力突然加大，甚至不能插入。随着病程的延长，患畜日趋衰弱，最后因营养不良而死亡。

犬持久性右主动脉弓一般在患犬断奶后，采食固体食物时表现临床症状。固体食物停留在心脏水平面的食管内。进食后数分钟即发生持续性呕吐，颈部食管出现可逆性隆起，且在呼气或压迫胸部时更加明显。

（三）诊断

根据病史和临床症状可做出初步诊断；用食管内窥镜及 X 射线钡餐检查，可确定食管狭窄的部位、性质和程度。

（四）治疗

由压迫所致的食管狭窄应尽早除去压迫物，如肿瘤摘除、治疗颈部肌炎等。

瘢痕性狭窄，可在食管内窥镜的引导下做膨胀导管扩张术。动物全身麻醉后，先用食管镜插入狭窄部吸出积聚的食物或黏液，食管扩张器上涂润滑剂，经口腔插入食管至狭窄部。随着探条逐步插入，狭窄部直径逐步扩大，直至探条不能插入。保持食管扩张状态 10～15min，然后拔出探条。1～2 周重复 1 次，持续 3 个月。在扩张术后使用皮质激素以防止组织纤维化的形成。

狭窄严重时，可进行狭窄部食道全切除和断端吻合术。在颈静脉沟背侧，沿颈静脉沟切开皮肤，其长度视狭窄部长度而定，一般4～8cm，食管若切除范围过长，食管端端吻合困难。钝性分离颈静脉和臂头肌或胸头肌之间的筋膜，用手探查狭窄食管并向其方向分离，将狭窄部食管分离后，在其前后用肠钳夹住做横切断。两断端对合，用可吸收线做全层水平纽扣状缝合，使创缘外翻，"结"必须打在外侧，常规闭合颈部肌肉、皮下组织和皮肤，术后通过胃管给予食物，7～10d后拔出胃管。

犬持久性右主动脉弓病例，可通过切断遗迹进行治疗。

二、食管损伤

食管损伤（injuries of esophagus）在临床上最常见的是食管创伤，各种家畜均可发生。

（一）病因

引起食管损伤的原因较多，常见的有患畜吞咽尖锐或表面粗糙的异物；插胃管、胃镜时操作失宜，过于粗暴；食道探子强行向胃内推送异物等造成食管黏膜及其壁层的损伤。颈部外面机械性暴力引起食管损伤较少发生，偶见角顶、咬伤、火器伤等造成食管损伤。

（二）症状

根据皮肤的完整与否，食管创伤可分为开放性和闭合性两类。

1. 开放性损伤 通常是锐性异物伤及颈部皮肤发生创伤的同时伤及食管。食道和皮肤一起破裂，病畜采食、饮水时，食物及水可经破口流出。

2. 闭合性损伤 如颈部食道破裂，皮肤完整，则食糜和水通过创口溢出食道，积聚在皮下，可见皮下隆起；感染后出现一系列感染症状，如蜂窝织炎等。如胸部食道破裂，则食糜和水进入胸腔，引起胸腔感染。如仅食道黏膜损伤，病畜颈部僵硬、吞咽困难，但恢复较快、较轻的损伤在临床上不易被察觉。

（三）诊断

颈部食管创伤可根据病史结合临床症状做出诊断。闭合性食管创伤及胸部食管创伤，可用硫酸钡混悬剂灌喂，并进行X射线透视或摄影检查，可见钡剂在创伤处溢出，并有食管黏膜影像的改变。也可用胃镜直接检查，能确定损伤的部位和程度。

（四）治疗

对闭合性食道非透创，采取保守疗法，可饲以流食，并给予含碳酸氢钠的饮水。如异物存在，则需手术或用内窥镜取出异物。

对开放性食道透创，如是新鲜创，在严格消毒后，行食道修补术，常规缝合皮肤；如是陈旧的食道透创，局部冲洗消毒后，关闭食道，创部引流，皮肤不缝或假缝合。插入胃导管，经胃导管饲流食，6d后拔管。同时全身应用大剂量抗生素治疗。

对闭合性食道透创，处理同开放性食道透创。对胸部食管的透创，视其机体及经济价值情况，考虑是否行开胸术进行处理。

三、食管梗塞

食管梗塞也称为食管异物（esophageal foreign body），是指不能顺利通过食管，停留于食管内的食物或物质，常引起食管的损伤和梗阻。临床上以突发吞咽障碍、流涎为特征。各种家畜都可以发生。

(一) 病因

食管异物多由于采食过急或采食过大的食物而引起。牛常因采食马铃薯、甘薯、萝卜等块根饲料，吞咽过急而引起；马饥饿后急食或贪食干而细的饲料，如麸皮、燕麦等常会引起该病；犬在争食时，常吞咽咀嚼不全的肌腱、软骨或骨头，有时嬉戏误咽瓶塞、玩具等而引起该病。另外，食管狭窄、食管痉挛、食管麻痹以及食管扩张等使食物不能进入胃内也能引起该病。

(二) 症状

症状随异物的大小、部位、食管的损伤程度而异。如在采食过程中发生食管异物，病畜表现为突然中止采食，或突发惊恐不安，疼痛，大量流涎，连续吞咽，张口伸舌，食物和饮水可从口、鼻喷出，并可引起反射性咳嗽，不断用前肢搔抓颈部，呼吸困难。如为不完全阻塞，则尚可饮水或吞咽流质食物，但拒食块状食物；如发生完全阻塞，则饮食完全停止；牛、羊等反刍动物不能进行嗳气和反刍，迅速发生瘤胃鼓气和呼吸困难。

如异物停留在颈部，则返流严重，并可在颈部触摸到异物；如停留在胸段以下，可见左颈静脉沟处隆起，用手触压有波动感，并有食物和饮水从口、鼻中流出。如为尖锐异物造成的阻塞，可造成食管壁创伤、坏死甚至穿孔，还可继发胸膜炎、脓胸、气胸等，多造成死亡。

(三) 诊断

一般根据病史和突发性特殊症状做出初步诊断。颈部异物时可通过触诊感知，投胃管插至异物停留部位不能前进或有阻碍感，可初步确诊。X射线检查或钡餐摄影，可确定阻塞物的性质、形状和位置。临床上要注意与食管炎、食管痉挛、食管狭窄、食管憩室和胃食管套叠等疾病相鉴别。

(四) 治疗

本病应及时取出阻塞物，疏通食管，减轻异物对食管的进一步损伤。

对不完全阻塞的异物，行催吐治疗，可皮下注射或静脉注射盐酸阿扑吗啡。

食团异物，如停留在颈部，可先灌注液体石蜡或植物油，用手按摩颈部，将异物推至近咽部，再用异物钳取出；如停留在颈部以下，则在灌注润滑油后用胃管轻轻向下推送，同时还可接上打气筒边打气边推送，将阻塞物送入胃中。靠近胃部的异物，可用胃导管将异物推至胃内，争取让异物随粪便自然排除。

尖锐或难消化的异物，可进行全身和局部麻醉，做润滑后将异物推至近咽部，再用异物钳取出，或将异物推至胃内，施行胃切开术取出异物，尽量避免直接通过食管手术取出异物。

保守治疗无效或食管已发生炎症，甚至有溃烂穿孔迹象时，则需要施行食管切开术，同时进行全身抗感染治疗，给予支持疗法。异物取出后，动物应禁食48～72h，使食管得到充分休息和复原，72h后开始连续几天饲喂流食。

四、食管憩室

食管壁的一层或全层向外突出，内壁覆盖有完整上皮的盲袋称为食管憩室（diverticulum of the esophagus）。临床上以吞咽困难为特征。此病较少发生。

（一）病因

有先天性形成和后天外力作用两种原因。由于先天性食管肌层收缩无力，食物进入食管时逐渐扩大，呈鼓出性囊状憩室，多发生于咽和食管的交界处；持久性右主动脉弓，其前端的食管也可能出现憩室。

由于吞咽动作，食管内压增高，使原来受损的食管肌层收缩无力，被动随进入的食物逐渐鼓出形成憩室。此外，由于前段食管炎症，导致肌纤维收缩引起食管壁外翻和凸出，也可形成憩室。这种情况多见于食管周围淋巴结、脊椎、肺等器官炎症愈合时。这类憩室较小，多单独发生，主要发生部位为气管分支部。

（二）症状

病畜食欲减退，逐渐消瘦，吞咽困难，严重者出现流涎，采食后食物返流。有些病例出现间歇性呕吐。触摸采食后的颈部有肿瘤样感觉。

（三）诊断

根据病史和临床症状可做出初步诊断，X射线摄影可以确定憩室的形状、大小和位置，食管镜检查可确定憩室部有无食管炎及憩室发生病理变化的程度等。

（四）治疗

无症状的小憩室一般不治疗，有些可以自愈。持久性右主动脉弓所致的狭窄性憩室，可通过手术方法分离以松解。与周围组织粘连而引起的食管憩室，需通过外科手术分离，彻底洗净憩室内的残存食物，以防发生憩室炎。症状明显且憩室较大者，宜进行食管囊状部切除术。

五、胃食管套叠

胃食管套叠（invagination of stomach and gullet）是指胃的一部分套入食管内而引起的急性病症，常并发巨大食管症。临床上以突然出现呼吸困难、食后不安和呕吐为特征。该病主要发生在幼年家畜，尤以幼犬多见。

（一）病因

主要由于持续反复呕吐，使控制贲门部的食管神经兴奋性下降，肌肉松弛，导致食管扩张，胃的一部分（主要是大弯部）在胃内反转、黏膜面扩张而套入食管内。

（二）症状

病畜突然表现呼吸急促，不安，进食或饮水后吐出，若胃内容物多时易发生呼吸困难。随病情发展，精神极度沉郁，食欲废绝，脱水，很快衰竭。有的病例因消化道内潴留气体而腹部膨胀。

X射线检查时，在扩张的胸部食管部，可见与周围组织界限明显的阴影增加。消化道钡餐造影可见胸部食管末端阻塞性阴影中有皱襞样结构。

（三）诊断

本病根据持续性呕吐病史和发病急剧的临床表现可做出初步诊断，确诊需做X射线检查。

（四）治疗

本病须尽早手术整复，将套入的胃回纳腹腔。为防止复发，可将扩大的贲门部修复变窄，并将胃固定在腹壁上。

术后加强护理，1 周内禁止经口饲喂。可静脉滴注葡萄糖生理盐水，补液的同时注意补钾，适当补充维生素 C。肌肉注射青霉素，2 次/d，连用 5～7d，以防止继发食管炎。

第五节　气管疾病

一、气管异物

气管、支气管异物（bronchotracheal foreign bodies）是指经口吸入的外界异物到气管、支气管中或气管、支气管内病理性产物蓄积的一种疾病。可发生于各种家畜，发病率虽不高，但危害较大，一旦发病，多危及生命。

（一）病因

误吞咽异物进入气管是常见病因。在咽麻痹、喉麻痹、食管阻塞、全身麻醉等情况下，吞咽反射减弱或消失，易将口腔中的物体吸入气管、支气管中；幼年犬、猫在进食和口中含着玩具及其他相对较小的异物时，因打闹、受惊吓等而深吸气，极易将异物吸入气管。投胃管不慎将其插入气管，给动物投药或喂食也可导致。如果投入物为液体和粉末还可能导致异物性肺炎。破溃的支气管淋巴结，各种气管、支气管炎症所致的肉芽、伪膜、分泌物等，寄生或于气管、支气管中移行的寄生虫，如奥斯特线虫、蛔虫等积于气管、支气管内也能导致。

（二）症状

异物进入气管后，由于黏膜受刺激而引起剧烈呛咳，继而发生呕吐和呼吸困难，但片刻后症状可逐渐减轻或缓解。视异物大小和停留于气管的部位而产生不同的症状。

如异物较大，嵌顿于喉头，可立即引起窒息死亡；如不全阻塞，表现为吸气性呼吸困难和喉鸣，病畜黏膜发绀。异物停留于气管者，可随呼吸移动而引发剧烈阵咳和呼吸困难，出现气喘；如异物随呼吸气流撞击气管，可闻气管拍击音，触诊气管时，气管有撞击感；异物停于一侧支气管，患畜咳嗽、呼吸困难及喘鸣症状会减轻。但稍后即可能因为异物阻塞和并发炎症，产生肺气肿或肺不张。少数细小异物可进入末梢支气管，但一般无明显症状。经数周或数月后，肺部可产生病变，如反复发热、咳嗽、慢性支气管炎等。

（三）诊断

一般根据病史、症状即可诊断。必要时可做 X 射线透视和拍摄以及支气管镜检查。

（四）治疗

气管异物发病急，危险性大，一旦发生，必须立即抢救。块状异物，一般需借助气管镜、支气管镜检查并取出。吸入或灌入液体异物时，应将病畜头低下，尽量让其咳出异物。同时进行全身的抗感染治疗，防止气管、支气管和肺部感染。对呼吸困难的病畜，可给予吸氧疗法；对心力衰竭病例进行强心治疗。

由寄生虫造成的气管异物，可使用抗寄生虫药物治疗。

二、气管狭窄

气管狭窄（tracheal constriction）是指由于瘢痕组织的产生而导致气管腔变窄的一种疾

病。临床上以不同程度的呼吸困难为特征。

(一) 病因

气管狭窄原因多与气管外伤有关，各种原因的外伤及不当气管插管、气管手术尤其是幼畜气管手术导致气管形成瘢痕增生、收缩形成气管狭窄。气管感染，引起软骨膜炎、软骨坏死，也可引起气管狭窄。

(二) 症状

气管狭窄主要表现不同程度的呼吸困难，可视黏膜发绀。狭窄位于声门前区时，呼吸困难一般较轻；声门区及以后的狭窄则较重。部分病例平时已适应狭窄气道的呼吸，气道梗阻症状较轻，仅在活动用力，呼吸道分泌物增多或黏膜急性炎症时才出现严重梗阻的症状。

(三) 诊断

根据病史、症状及听诊，即可诊断气管狭窄。可通过 X 射线检查、CT、喉镜、支气管镜等来了解狭窄的部位、性质和程度。

(四) 治疗

气管弹性扩张术已广泛用于临床，可获得较好的治疗效果。通过缓慢穿过大的硬性支气管镜，也可使狭窄处扩张。对于严重的气管狭窄可施部分气管切除和断端吻合术进行治疗。

（杨德吉）

第八章 胸部疾病

第一节 鞍挽具伤

鞍挽具伤（injures of the saddle and collar harness）是由于鞍挽具对大牲畜（马、驴、骡、牛、骆驼等）过度压迫和摩擦而引起的鬐甲、肩胛和背部的损伤。多因鞍具不适，驮载超重和使役不当导致脊背鞍伤。较轻的损伤多限于皮肤的表层，较重的损伤多波及皮下组织，甚至造成骨、软骨和韧带的化脓和坏死，有的疾病形成窦道，长期不愈合。鞍挽具伤以肩胛和背部肿胀、破溃、化脓及坏死等为特征。大牲畜鞍挽具伤是兽医外科常见疾病之一，常年都可发生，特别夏秋农忙季节使役频繁时多发，病程较长，易于复发，直接影响使役能力。

（一）病因

各种动物用鞍具、挽具，包括缰绳、挽绳、护膝垫、口套、鞍褥、马褡裢等产品。马（驴、骡）的鞍挽具伤主要是马体缺乏锻炼，鞍具不适合，汗臭不洁或过硬，不按要领备鞍和套车，不遵守使役、骑乘规则；或因马背不洁，肚带系的松紧不当，以及长途驮运、骑乘、负重太过、久不卸鞍以及跛行马继续使役等。骑乘不当，皮肤卫生不良，护理不当，对鞍挽具缺乏维修保养或其他原因而造成，随意更换别人的鞍挽具，可造成接触部位的伤害，严重的可侵害肌肉深层组织。

（二）症状

由于受伤的部位和组织损伤程度不同，鞍挽具伤的临床症状及其病理变化也不相同，现分述如下：

1. 皮肤擦伤　轻度的皮肤擦伤，患部被毛的一部分或全部脱落，表皮剥落，创面有微黄色透明的浆液性渗出物，干燥后形成黄褐色痂皮，并与周围被毛粘连。重度擦伤，多伤及皮肤的深层，露出鲜红色的创面，创围炎症反应显著、热痛明显，如不及时治疗，常感染化脓。

2. 鞍肿　鞍肿分为炎性水肿、血肿、淋巴外渗及浅在性黏液囊炎等，临床上都有明显的肿胀。

（1）*炎性水肿*：通常于揭鞍30min后，患部的皮肤和皮下组织逐渐发生局限性或弥漫性水肿，与周围界限不明显，局部温度增高，有疼痛。按压时出现压痕。

（2）*血肿及淋巴外渗*：多发生在鬐甲部皮下结缔组织处，呈局限性肿胀，柔软而有波动。血肿通常在揭鞍后立即发现，并迅速增大，穿刺检查穿刺物为血液；淋巴外渗是在钝性外力作用下，由于淋巴管断裂，致使淋巴液聚集于组织内的一种非开放性损伤，形成较缓慢，疼痛较轻微，穿刺物为淋巴液。

（3）*黏液囊炎*：根据黏液囊液的性质可分为浆液性、浆液纤维素性和化脓性黏液囊炎。黏液囊炎急性期热、疼痛较明显。浅层黏液囊炎在鬐甲顶部皮下出现局限性波动明显的肿胀；深层黏液囊在肩胛软骨前方的颈间隙处出现一侧性或两侧性的半圆形隆起的肿胀，穿刺时，可流出黏性渗出物，但表面组织一般不出现水肿。

3. 皮肤坏死 常发生于肩前、背部，是由于鞍挽具的压迫，局部皮肤血液循环障碍的结果，皮肤发生坏死，在临床上多为干性坏疽，因感染形成的湿性坏疽比较少见。局部皮肤失去弹性，被毛逆乱，温度降低，感觉减退或消失，坏死的皮肤逐渐变为黑褐色或黑色，硬固而皱缩。经 6～8d，坏死的皮肤与周围健康皮肤界限明显，并出现裂隙。坏死皮肤脱落时，创面边缘干燥，呈灰白色。而中央为鲜红色肉芽组织。若不及时除去坏死皮肤，则因压迫而影响上皮的生长，治疗时必须注意。如果感染腐败菌，病变皮肤则形成湿性坏疽。此时，患部的周围出现显著的炎性肿胀，皮肤由中心向周围分解，形成柔软的、浅灰色的腐败样物。缺损部肉芽组织增生及上皮再生较缓慢。

4. 蜂窝织炎 由于伤后感染，鬐甲皮下、肌间或筋膜下结缔组织出现急性弥漫性化脓性炎症。临床表现为弥漫性肿胀，皮肤紧张，温热、疼痛明显，有的伴发体温升高，精神沉郁，脉搏、呼吸加快等全身症状。本病经常伴发肩胛上韧带、筋膜及棘状突起的坏死。由深层化脓性黏液囊炎继发蜂窝织炎，其炎性肿胀可对称地局限于第 2～4 胸椎棘突的鬐甲前部。

5. 鬐甲窦道（鬐甲瘘） 是指鬐甲部因鞍挽具伤等疾病过程中，由于化脓菌侵入引起黏液囊、筋膜、韧带、软骨或骨等组织的化脓、坏死所形成的慢性化脓、坏死性疾病。鬐甲窦道在临床上较为常见，因经久不愈合而影响役畜的健康和使役能力。本病具有化脓性窦道的一般临床特征：鬐甲部肿胀、疼痛、缓慢化脓、坏死，出现一个或几个排脓口，周围结缔组织增生。由于化脓、坏死的组织不同，排脓的位置和情况也不一样，临床上常见的几种窦道如下：

（1）因化脓性黏液囊炎所致的窦道：浅层化脓性黏液囊炎病初沿鬐甲顶点的正中线出现局限性圆形肿胀。有热、痛，紧张而有波动，以后在鬐甲的一侧或两侧破溃，排出大量的无恶臭的黏液性脓汁，形成窦道；深层化脓性黏液囊炎病初在肩胛软骨前方的颈间隙处出现一侧性或两侧性的半圆形热痛性肿胀，以后黏液囊破溃，脓汁浸入肩胛上韧带下面并继续向外破溃，多在鬐甲后第 7～9 胸椎处侧面出现排脓口，并排出大量的无恶臭的黏液性脓汁。深层化脓性黏液囊炎常可并发项韧带和肩胛上韧带的坏死，甚至侵害肩胛上间隙。

（2）因肩胛上韧带及棘上韧带坏死所致的窦道：病初多为蜂窝织炎、化脓性黏液囊炎，患部呈长方形的一侧或两侧炎性肿胀，随后皮肤破溃，形成一个或两个排脓口。排脓口的位置不定，但多靠近鬐甲嵴，并在其后斜面上。排出物为灰白色或淡绿色脓汁，含有坏死的纤维组织，经常导致胸椎棘突的坏死。棘上韧带坏死时，沿棘状突起上方出现疼痛性肿胀，随后肿胀部的皮肤坏死破溃。

（3）因胸椎棘突坏死所致的窦道：常因肩胛上韧带或棘横筋膜坏死所引起。病初鬐甲中线部出现剧烈的炎性肿胀，指压患部时疼痛剧烈。以后沿鬐甲嵴靠近棘突的侧面破溃，形成通往深部肌肉的窦道，排出褐色液状脓性分泌物，并伴有恶臭味，时常在分泌物中混有细沙样的碎骨屑，用手指或探针检查时，能感知其表面坚硬、粗糙，在疾病经过中，有时会出现体温升高、食欲减退的现象。

（4）因肩胛上间隙蓄脓和肩胛软骨坏死所致的窦道：病初常因鬐甲部蜂窝织炎、脓肿或其他组织的坏死过程中，脓汁积聚于间隙内。此时，整个肩胛软骨部位出现明显的肿胀，同侧前肢出现机能障碍。随后，在肩胛软骨的后角或前角向外破溃，流出大量较黏稠的脓汁。

在疾病过程中，常伴发肩胛软骨坏死。此时，脓汁呈灰白色，并伴有恶臭，探诊时可感知肩胛软骨上缘粗糙不平。

（三）治疗

及时进行创伤处理和药物治疗，防止感染。

轻微的皮肤擦伤，创口污染较轻，可用生理盐水清洗创口后，涂擦红药水或2%～3%龙胆紫溶液。

若创口污染较重，要用3%过氧化氢溶液或0.1%新洁尔灭溶液清洗创腔，清除坏死组织，除去异物，然后用生理盐水冲洗创口，或用5%高锰酸钾溶液反复涂擦患处，然后用消毒纱布覆盖创口或撒上消炎粉。

较重的皮肤擦伤：可用大黄、黄连、黄柏、五倍子、雄黄各等份，再加冰片少许，混合研细，用醋调后涂擦患处，每日3次。

对皮肤坏死者，要尽早除去坏死皮肤，促进上皮新生。可用热敷，促进坏死皮肤干燥脱落，当皮肤坏死干涸，与健康组织分离，应及时剪除，并在创面涂鱼肝油或氧化锌软膏，以促进上皮新生。

对黏液囊炎可在患部涂敷复方醋酸铅散。如果黏液囊内渗出液过多时，可在抽出渗出液后注入复方碘溶液，也可注入青霉素、可的松和盐酸普鲁卡因的混合溶液，相隔4～5d以同样的方法重复治疗。一旦感染化脓，应尽早切开治疗。

根据鞍伤的轻重度和感染情况，可适当配以抗生素加强治疗。有些伤口比较深，往往会因此而感染破伤风，在治疗时应及时注射破伤风抗毒素，以预防破伤风的感染。

鬐甲窦道治疗：首先应了解病史，仔细检查窦道，弄清主要病灶所在部位和窦道的基本走向，然后采取相应的治疗方法。

一般处理：适用于浅在化脓灶或暂时不宜做根治手术的病例。对患部剪毛、消毒，用防腐消毒药物冲洗窦道，最后灌注10%碘仿醚、魏氏流膏等。

手术治疗：手术是治疗鬐甲窦道的有效方法，主要是切开化脓、坏死灶，排除脓汁，彻底清除坏死组织，消除病理性肉芽组织，保证引流通畅，促进肉芽组织生长，加速疾病的痊愈。术前可用2%～3%亚甲蓝酒精溶液或2%～5%龙胆紫溶液注入管道内，使管壁及其分支的坏死组织着色，以便在手术过程中易于确定窦道走向，并与正常组织相区别。由于鬐甲部位手术出血多，应做好预防性止血。手术切口部位应根据脓灶位置确定。

对浅层化脓性黏液囊炎所致的窦道，可在鬐甲顶部的一侧或两侧沿窦道口做适当长度的垂直切口，直达黏液囊的下底（图8-1）。

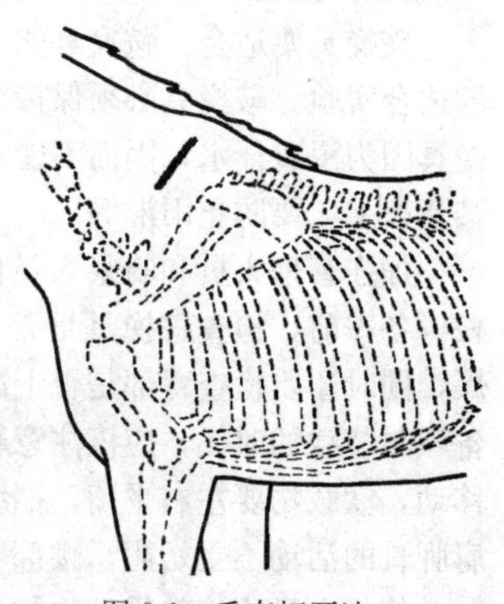
图8-1　垂直切开法

对于深层化脓性黏液囊炎所致的窦道，可以在肩胛软骨前缘的颈间隙处做长10～14cm的垂直切口，切开深层黏液囊。

对于肩胛上韧带坏死，可在距鬐甲嵴至少6～8cm处的侧面做一长达10～15cm的水平切口。当切口过长时，应于其间留一段皮肤间隔，两切口的中间间隔为4～5cm宽。应当注意，不可同时对鬐甲两侧做水平切口，否则棘突露出而不易愈合。若深部黏液囊炎也受侵害时，再由此切口的前角，在颈部间隙做一个与上述切口垂直的切口。

当出现棘上韧带坏死时，可在鬐甲一侧做距中线3～4cm 水平切口，切除坏死组织和病变的软骨(图 8-2)。

对于第 3～4 胸椎棘突坏死，切口在鬐甲中线第3～4 胸椎棘突上方。对于第 5～7 胸椎棘突坏死，切口位置与肩胛上韧带坏死时相同。

对肩胛上间隙蓄脓和肩胛软骨坏死，可采用八字形切口，即在肩胛软骨的前角和后角附近，与体轴成45°角做两个切口，横断斜方肌，直达肩胛上间隙(图 8-3、图 8-4)。

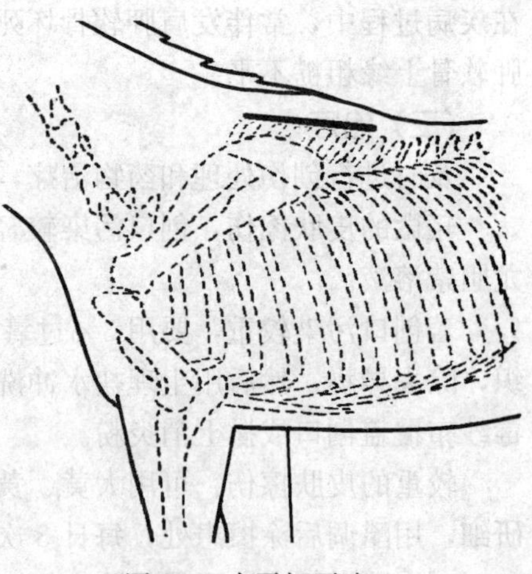
图 8-2 水平切开法

切开后，要彻底除去坏死组织、脓汁和病理性结缔组织。手术中发生的出血，随时应用结扎、钳压和填塞止血。术后用防腐消毒液清洗脓腔，按化脓创进行开放、引流疗法。必要时，配合全身疗法。

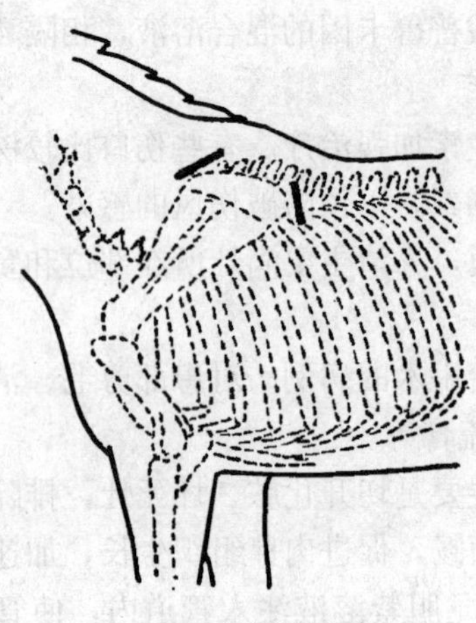
图 8-3 八字形切开法

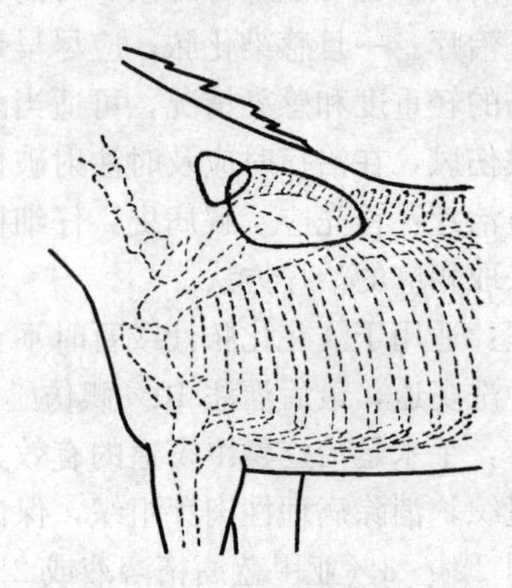
图 8-4 劲间隙及肩胛间隙投影

(四) 预防

鞍挽具要适合。鞍挽具的大小必须适合畜体，在换新鞍挽具时，在用前必须进行鞍挽具的适合实验。鞍挽具必须保持完整、清洁与干燥，如有损坏、变形应该及时整修。卸下的鞍挽具因为浸着汗水，因而不能够放在地上，以防沾上沙土等摩擦伤害皮肤，鞍挽具应该放在鞍具架上，要防止雨淋等。

加强管理人员和骑乘人员的预防意识，严格遵守骑乘或马术规程，正确骑乘，合理备鞍。备鞍前，检查鞍挽具是否配套、适合，鞍架有无变形损坏，鞍褥、挽具是否干净、干燥，同时还要检查背部是否干净，被毛是否平顺，有无污物和泥沙等，必要时要进行刷拭。备鞍与装载的时候，应该注意鞍褥是否平整，避免折叠和皱褶，鞍架放置要正确，不可向前移动，驮载物要左右平衡，捆绑确实，装载后要求：鬐甲部不受挤压，背中线不负担重量，肩胛骨的活动不受妨碍，腰部不受压挤。

使役人员应该熟悉动物的性格，加强对动物和鞍挽具的爱护与管理。正确掌握骑乘和驾驭要领，骑乘姿势要正确，使役人员要熟悉各种复杂地形条件下的驾驭技术，防止事故发生。

加强饲养与调教，增强体质，合理运动，避免过劳。注意皮肤卫生，经常厩外刷拭，夏天适时洗澡。在上鞍具之前，应刷拭马匹，检查颈部、鬐甲及腰部有无被毛脱落及皮损。对于长期赋闲的或新服役的，如果突然使役，最容易发生鞍挽具伤，因此要加强锻炼，经常训练备鞍、骑乘等，以增强体质，使其能够适应。

对于出现鞍挽具伤害的动物，应该加强护理，要保持厩舍安静、适当运动，恢复期停止使役。

对鬐甲部疾病要早发现与早治疗。每次装卸鞍挽具时，均需做一次检查。注意颈、鬐甲及背腰部有无被毛脱落、皮肤破损以及局部肿胀和疼痛等。若发现病变，及时合理治疗，以防由轻症转为重症，尤其是要注意防止发生化脓坏死及形成窦道。

第二节 肋骨骨折

肋骨骨折（fracture of the ribs）是由于在直接暴力的作用下，肋骨的完整性或连续性遭受破坏。根据皮肤是否完整，肋骨骨折可分为闭合性和开放性。由于作用力的方向不同，肋骨可向内或向外折断转位。

（一）病因

肋骨骨折的原因主要是受到外力的直接作用，如打击、角抵、冲撞、跌倒、坠落、压轧等，尤其是小动物，目前发生由于跌倒、压轧的情况比较多。

（二）症状

胸侧壁的前部由于被肩胛骨、肩关节及肩臂部肌肉遮盖，不易发生肋骨骨折。肋骨骨折常发生于易遭受外伤的第6～11肋骨。骨折时，由于外力作用的不同，可出现不完全骨折、单纯性骨折、复杂性骨折或粉碎性骨折。

局部疼痛是肋骨骨折最明显的症状，且随咳嗽、深呼吸或身体转动等运动而加重。

不完全骨折或不发生转位的单纯性皮下骨折仅出现局部炎性肿胀。多数完全骨折断端向内弯曲，出现凹陷，呼吸浅表、疼痛，触诊可感知骨折断端的摩擦音、骨变形和肋骨断端的活动感。

当骨折断端刺破胸膜时，由于受伤的情况不同，创口的大小也不一样。创口大的，可见胸腔内面，甚至部分脱出创口的肺脏；创口狭小时，可听到空气进入胸腔的咝咝声，如以手背靠近创口，可感知轻微气流。创缘的状态与致伤物体的种类有关，由锐性器械所引起的切创或刺创，创缘整齐清洁，铁钩、树枝、木桩等所致的创伤，其创缘不整齐，常被泥土、被毛等所污染，极易感染化脓和坏死。

病畜不安、沉郁，一般都有程度不等的呼吸、循环功能紊乱，出现呼吸困难，脉快而弱。马可见出汗、肌肉震颤等。创口周围常有皮下气肿。

不同的外界暴力作用方式所造成的肋骨骨折病变可具有不同的特点：作用于胸部局限部位的直接暴力所引起的肋骨骨折，断端向内移位，可刺破肋间血管、胸膜和肺，产生血胸或（和）气胸。间接暴力如胸部受到前后挤压时，骨折多在肋骨中段，断端向外移位，刺伤胸壁软组织，产生胸壁血肿。

当肋骨本身有病变时，如原发性肿瘤或转移瘤等，在很轻的外力或没有外力作用下亦可发生肋骨骨折，称为病理性肋骨骨折。

（三）并发症

肋骨骨折常合并锁骨或肩胛骨骨折，并可能合并胸内脏器及大血管损伤、支气管或气管断裂；对于小动物，肋骨骨折可能合并腹内脏器损伤，特别是肝、脾和肾破裂，还应注意合并脊柱和骨盆骨折。

（四）诊断

主要依据受伤史、临床表现和X射线胸片检查。按压胸骨或肋骨的非骨折部位（胸廓挤压试验）而出现骨折处疼痛（间接压痛），或直接按压肋骨骨折处出现直接压痛阳性，或可同时听到骨摩擦音、手感觉到骨摩擦感和肋骨异常活动，很有诊断价值。

X射线胸片上大都能够显示肋骨骨折，但是对于肋软骨骨折、“柳枝骨折”、骨折无错位、或肋骨中段骨折在胸片上因两侧的肋骨相互重叠，均不易发现，应结合临床表现来判断以免漏诊。

无合并损伤的肋骨骨折称为单纯性肋骨骨折。除了合并胸膜和肺损伤及其所引起的血胸或（和）气胸之外，还常合并其他胸部损伤或胸部以外部位的损伤，诊断中尤应注意。

（五）治疗

单纯闭合性肋骨骨折，因有前后肋骨及肋间肌的支持，一般移位小，不需要特殊的治疗。让病畜安静休息，患部可按挫伤进行处理。

对于开放性复杂骨折，应清除异物、挫灭组织及游离的碎骨片，锉平骨折尖端。肋间血管损伤时，应钳夹或结扎止血，注意不要引起气胸和创伤感染。对于深陷于胸膜腔内的肋骨断端，需牵引复位。伴有胸壁透创的开放性肋骨骨折，经上述处理后可按胸壁透创进行处置。

目前在临床上小动物肋骨骨折比较常见，犬肋骨骨折的一般治疗措施如下：

术前：肌肉注射速眠新，15min后进入麻醉状态。侧卧保定。用弯剪剪去伤口周围被毛，碘酊棉球涂擦消毒，然后用酒精脱碘，覆盖创巾，巾钳固定。

手术：整复时先将肋骨断端下压，并用手指固定住断端。然后沿肋骨方向切开皮肤约5mm，露出被撕裂的胸肋肌伤口约4mm。先将骨折断端整复对位，然后缝合伤口，用消毒纱布抹去血迹，涂上青霉素、链霉素溶液，再缝合皮肤。皮肤缝合完毕用碘酊棉球消毒伤口及皮肤，然后贴上接骨膏。在接骨膏外用弹力绷带将接骨膏缠扎两圈后，再压上纸板固定骨折断端，使其相对稳定以防犬呼吸时造成骨折断端不断上下移动。压好纸板后再在纸板外缠扎4圈弹力绷带。然后用1.5mm宽的胶布条圈3圈以防弹力绷带移动、松动，绷带、胶布缠扎松紧度要做到既能压住骨折断端又不影响犬的呼吸。手术后患犬气喘缓解。

术后：按患犬体长，用厚布在四肢处剪4个洞，从腹部将四肢套入4个洞中，往背部穿上，到背部将布缝起来，用于固定绷带。肌内注射犬用五联血清5mL，青霉素、链霉素溶液各50万U。同时口服中药加味少林骨伤科13味饮：归尾5g、生地8g、赤芍5g、槟榔4g、乳香5g、没药5g、骨碎补10g、桃仁5g、血竭5g（先煎）、红花3g、枳壳5g、桔梗5g、炒地榆5g、大蓟5g，水煎300mL，分3次灌服。

第三节 胸壁透创及其并发症

胸壁透创（perforated wound in the chest wall）是穿透胸膜的胸壁创伤。发生胸壁透创时，大多数能引起或多或少的合并症如气胸。胸腔内的脏器往往同时遭受损伤，可继发气胸、血胸、脓胸、胸膜炎、肺炎及心脏损伤等一系列疾病。及时准确诊断并在极短的时间内关闭胸腔是治疗的关键。

（一）病因

胸壁透创多由胸壁的钝性伤和穿刺伤引起。胸壁钝性伤常因机动车碰撞、高处坠落或人为打击而发生；胸壁穿刺伤最常见的原因多由尖锐物体（如叉、刀、树枝和木桩）刺入、车辕杆的冲击、牛角的顶撞、枪击伤或被其他动物咬伤。

（二）症状

胸壁钝性伤和穿刺伤均可造成胸壁软组织的广泛性损害。因肋间肌损伤或破裂引起疼痛，动物的呼吸状态有所改变，表现为呼吸加深。动物有时还会出现胸壁皮下气肿，是由于肋间肌与胸膜破裂后，空气通过破裂孔进入到皮下，并沿肌肉层或筋膜层分布造成的。

该病主要临床症状是胸膜和肋间肌撕裂，不同程度的呼吸困难，循环功能紊乱，脉快而弱。若发生闭合性气胸或张力性气胸，治疗及时则预后良好；当发生开放性气胸时，再并发胸膜炎则多数预后不良。

胸壁透创由于受伤的情况不同，创口的大小也不一样。创口大的，可见胸腔内面，甚至肺脏的一部分能从创口向外凸出；创口狭小时，可听到空气进入胸腔的嘶嘶声，如以手背靠近创口，可感知轻微的气流。

创缘的状态与致伤物体的种类有关。由锐性器械所引起的切创或刺创，创缘整齐清洁，由子弹所引起的火器创有时创口很小，并由于被毛的覆盖而难以认出。另外，铁钩、树枝、木桩等所致的创伤，其创缘不整齐，常被泥土、被毛等所污染，极易感染化脓及发生周围的组织坏死。

病畜不安、沉郁，一般都有程度不等的呼吸、循环功能紊乱，出现呼吸困难，脉快而弱。马可见出汗、肌肉震颤等症状。创口周围常有皮下气肿。

开放性或严重闭合性两侧气胸，由于大部或整个肺脏萎缩，患畜常因急性窒息而死亡。肺部叩诊或听诊可以确定是一侧性或两侧性气胸。

胸壁透创大多数能引起或多或少的并发症。

1. 气胸（pneumothorax） 气胸是由于锐器刺伤、肋骨骨折、胸壁透创等，致使胸壁及胸膜破裂，空气由破裂孔进入胸膜腔使肺萎缩。根据创口的闭合情况不同，气胸可分为如下三种：

（1）闭合性气胸：胸壁伤口较小，创道因皮肤与肌肉交错、血凝块或软组织填塞而迅速闭合，空气不再进入胸膜腔。闭合性气胸时动物一般不表现明显的临床症状。根据空气进入胸膜内的多少不同，伤侧的肺发生萎陷的程度也不同。患畜在受伤当时，由于疼痛和少量气体进入，病畜仅有短时间的不安，一般无明显的呼吸、循环功能紊乱，已进入胸腔的空气，日后逐渐被吸收，胸腔的负压也日趋恢复。多量气体进入时，有显著的呼吸困难和循环功能紊乱。伤侧胸部叩诊呈鼓音，听诊可闻呼吸音减弱。

（2）开放性气胸：胸壁创口较大，空气随呼吸自由出入胸腔。开放性气胸的发生可能是一侧性的或者是两侧性的（纵隔上有天然孔的马）。伴有开放性气胸时，患畜表现严重的呼吸困难、不安、心跳加快、可视黏膜发绀和休克症状。胸壁创口处可听到“呼呼”的声音。伤口越大，症状则越严重。

开放性气胸时，空气随呼吸自由出入，胸腔负压消失，肺组织被压缩，进入肺组织的空气量明显减少。吸气时，胸廓扩大，空气经创口进入胸腔。由于两侧胸腔的压力不等，纵隔被推向健侧，健侧肺脏也受到一定程度的压缩。呼气时胸廓缩小，气体经创口排出，纵隔也随之向损伤一侧移动。如此一呼一吸，纵隔左右移动称为纵隔摆动（图 8-5）。

由于肺脏被压缩，肺通气量和气体交换量显著减少；胸腔负压消失，影响血液回流，使心排血量减少；空气反复进出胸腔和纵隔摆动，不断刺激肺脏、胸膜和肺门神经丛。因而，患畜表现严重的呼吸困难、不安、心跳加快、可视黏膜发绀和休克症状。胸壁创口处随呼吸可听到“呼呼”的声音。伤口越大，症状则越严重。此种患畜必须迅速抢救，如不及时抢救，患畜有可能因为休克而死亡。

（3）张力性气胸（活瓣性气胸）：胸壁创口呈活瓣状，吸气时空气进入胸腔，呼气时不能排出，胸腔内压力不断增高者称为张力性气胸。另外，肺组织或支气管损伤也能发生张力性气胸。

伴发张力性气胸（活瓣性气胸）时，由于胸壁创口呈活瓣状，或者由于肺、支气管损伤，吸气时，空气进入胸腔，但是呼气时不能够排出，使得胸腔内压力不断升高，伤侧肺被压缩，健侧肺也受压，纵隔被压向健侧，前、后腔静脉受到压迫，严重地影响静脉血的回流。因此，临床表现极度的呼吸困难、心律快、心音弱、颈静脉怒张、可视黏膜发绀，有的出现休克症状。受伤侧气体过多时患侧胸廓膨隆，叩诊呈鼓音，呼吸时胸廓运动减弱或消失，不易听到呼吸音，常并发皮下或纵隔气肿（图 8-6）。

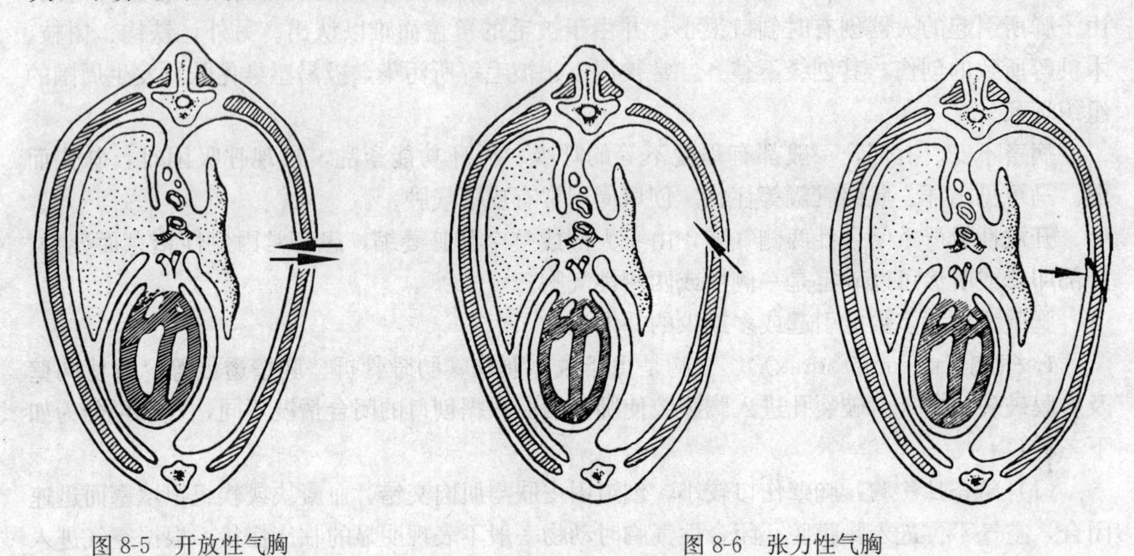

图 8-5　开放性气胸　　　　图 8-6　张力性气胸

2. 血胸　胸部大血管（肋间动脉、胸内动脉、肺脏的大血管或心脏的大血管）受损时，可以发生大出血。使得血液积于胸腔内的称为血胸，若与气胸同时发生则称为血气胸。肺裂伤出血时，因肺循环血压低，且肺脏组织又有弹性回缩力，一般出血不多，并能自行停止，裂口不大时还可自行愈合；子弹、弹片、骨片等进入肺内，在病畜体况良好的情况下也可为结缔组织包围而形成包囊；肺脏或心脏的大血管、肋间动脉、胸内动脉、膈动脉受损后破裂，出血十分严重，病畜表现贫血和呼吸困难等症状，常出现死亡。其临床表现为：呼吸困难，脉搏不充实，黏膜苍白，精神沉郁，体躯末梢部位变冷，肌肉战栗，出冷汗以及步态跟跄。

血胸主要根据胸壁下部叩诊出现水平浊音、X射线检查在胸膈三角区呈现水平的浓密阴影、胸腔穿刺获得带血的胸水以及在胸下部可听拍水音等做出诊断。严重时出现贫血、呼吸困难等与失血、呼吸障碍有关的相应症状，出血十分严重，病畜表现贫血和呼吸困难等症状，常出现死亡。

一般胸腔内少量积血可以被吸收，但也易于感染而继发脓胸或肺坏疽。

3. 脓胸 胸壁透创后胸膜腔发生的严重化脓性感染，一般发生在胸壁透创后3～5d。伴发脓胸时，病畜体温升高，食欲减退，心率加快，呼吸浅表、频数，可视黏膜发绀或黄染，有短、弱带痛的咳嗽。血液检查可见白细胞总数升高，核左移。在慢性经过的病例，可见到营养不良，顽固性的贫血，血红蛋白含量可降至40%～50%。叩诊胸廓下部呈浊音；听诊时肺泡呼吸音减弱或消失；穿刺时可抽出脓汁。

4. 胸膜炎 指壁层和脏层胸膜的炎症，是胸壁透创常见的并发症。本病预后不良，常导致死亡。

（三）治疗

胸壁透创的治疗原则主要是及时闭合创口，制止内出血，排除胸腔内的积气和积血，恢复胸腔内负压，维持心脏功能，防治休克和感染。

根据动物胸壁的受伤情况和呼吸机能的改变，可对胸壁损伤程度做出初步判断。但最好进行X射线检查，以此准确诊断胸壁损伤程度，及时进行正确的治疗。胸壁的穿透创需立即用灭菌敷料覆盖创口，并采取必要的对症治疗稳定病情，然后再对胸壁创口进行处理，胸壁损伤若伴有肋骨骨折，应视骨断端移位情况，决定是否采取肋骨内固定术。

1. 术前处理 开放性气胸及张力性气胸的抢救，主要是尽快闭合胸壁创口使其转变为闭合性气胸，然后排出胸腔积气。在创伤周围涂布碘酊，除去可见的异物，然后在病畜呼吸间歇期，迅速用急救包或清洁的大块厚敷料（如数层大块纱布、毛巾、塑料布、橡皮）紧紧堵塞创口，其大小应超过创口边缘5cm以上。在外面再盖以大块敷料压紧，用腹带、扁带、卷轴带等包扎固定，以达到不漏气为原则。经上述处理之后，如有条件可进行强心、镇痛、止血、抗感染等治疗。为防止休克，可按伤情给予补液、输血、给氧及抗休克药物，随后尽快进行手术。

2. 手术方法

（1）动物的保定与麻醉：尽量采用站立保定和肋间神经传导麻醉，以减少对肺脏代偿性呼吸的影响。伴有胸腔内脏器官损伤而需做胸腔手术的病畜，可用正压给氧辅助或控制呼吸，在全身麻醉与侧卧保定后进行手术。

（2）清创处理：创围剪毛消毒，取下包扎的绷带，然后以3%盐酸普鲁卡因溶液对胸膜面进行喷雾，以降低胸膜的感受性。除去异物、破碎的组织及游离的骨片，操作时，防止异物在病畜吸气时落入胸腔。对出血的血管进行结扎，对下陷的肋骨予以整复，并锉去骨折端尖缘。骨折端污染时，用刮匙将其刮净。对胸腔内易找到的异物应立即取出，但不宜进行较长时间的探摸。在手术中如患畜不安，呼吸困难时，应立即用大块纱布盖住创口，待呼吸稍平静后再进行手术。

（3）闭合：从创口上角自上而下对肋间肌和胸膜做一层缝合，边缝边取出部分敷料，待缝合仅剩最后1～2针时，将敷料全部撤离创口，关闭胸腔。胸壁肌肉和筋膜做一层缝合。

最后缝合皮肤。缝合要严密，以保证不漏气为度。较大的胸壁缺损创，闭合困难时可用手术刀分离周围的皮肌及筋膜，造成游离的筋膜肌瓣，将其转移，以堵塞胸壁缺损部，并缝合以修补肌肉创口。

(4) 排除积气：在病侧第7、8肋间的胸壁中部（侧卧时）或胸壁中1/3与背侧1/3交界处（站立或俯卧时），用带胶管的针头刺入，接注射器或胸腔抽气器，不断抽出胸腔内气体，以恢复胸内负压。

对急性失血的病畜，肌肉或静脉注射止血药物，同时要迅速找到出血部位进行彻底止血，防止发生失血性休克。必要时给予输血、补液，以补充血容量。输血可利用胸膜腔的血液，其方法是在严格无菌的条件下穿刺回收血液，经4层灭菌纱布过滤后，再回注于静脉内。

对脓胸的病畜，应尽快穿刺排出胸腔内的脓液，然后用温生理盐水或林格氏液反复冲洗，还可在冲洗液中加入胰凝乳蛋白酶以分离脓性产物，最后注入抗生素溶液。

胸部透创在术后应密切注意全身状况的变化，让病畜安静休息，注意保温，多饮水，增加易消化和富有营养的饲料。

3. 术后护理 全身使用足量抗菌药物控制感染，并根据每天病情的变化进行对症治疗。

（祁克宗）

第九章 腹部疾病

第一节 腹壁透创

腹壁透创（perforated wound of abdominal wall）是穿透腹膜与腹腔相通的腹壁创伤。多伤及腹腔内脏器官，严重者可导致内脏脱出，继发坏死、腹膜炎和败血症，甚至死亡，本病可发生于各种动物。

（一）病因

多由尖锐物体（如叉、刀、树枝、木桩或其他尖锐的异物）刺入、车辕冲撞、牛角顶伤、弹伤等都可以造成腹壁透创，还可见于腹腔手术后的并发症及动物相互撕咬。

（二）症状

根据致伤物的不同，损伤的程度不同，抢救包扎是否及时，症状表现各异。常可见到以下 4 种：

1. 单纯性腹壁透创 指不并发腹腔脏器损伤或脱出的腹壁透创，如刺创、弹创及咬创时，因创口小加之周围出现炎性肿胀和被毛覆盖，有时不易确诊。大的创口，内脏暴露明显，容易做出诊断。

2. 并发腹腔脏器损伤的腹壁透创 常见胃、肠受损穿孔，内容物流入腹腔引起腹膜炎。当损伤肝、脾、肾实质脏器和大血管时，造成家畜长时间、大量、间歇性出血或急性大出血，严重者导致死亡。膀胱受损时，可发生血尿。膀胱破裂时，尿液流入腹腔，排尿减少或停止。

3. 并发肠管部分脱出的腹壁透创 小肠管径小、游离性大、蠕动强、易脱出。脱出的肠管可受到不同程度的污染。当发生腹壁斜创时，脱出肠管可进入肌间，有时可进入腹膜和深层肌肉之间。

4. 脱出肠管已有损伤的腹壁透创 脱出肠管及网膜时间较长、受到严重的污染、破损、断裂、甚至坏死，是一种较严重的腹壁透创。

腹壁透创的主要并发症是腹膜炎和败血症，若伴随实质脏器或大血管损伤时可出现内出血、急性贫血，引起动物休克、心力衰竭，甚至死亡。

（三）治疗

首先采取止血并预防或制止腹腔脏器脱出。腹壁透创尚还在出血的应立即止血，可用填塞、压迫、结扎等方法。同时用全身性止血药，如安络血、凝血质或止血敏等，必要时可进行输血或输液，防止失血性休克。有肠脱出的可先用大的灭菌纱布包住脱出的肠管，防止其污染，同时要控制肠管的继续脱出。

对单纯性的腹壁透创，可做一般的外科处理，然后闭合创口。

有肠脱出但肠管没有损伤、肠管色彩正常并能蠕动者，应先彻底清理创围和创腔，然后用消毒液（温的）彻底冲洗脱出的肠管，再用温生理盐水冲洗后将其还纳腹腔，闭合创口。

如伴有肠管损伤的，可根据肠管损伤程度的不同，采取不同的缝合方法。小口可用荷包缝合，口大的采取侧壁缝合。若肠管脱出因充气或积液而整复困难时，可穿刺放气、排液。对坏死肠管或已暴露时间较长，缺乏蠕动力，即使用灭菌生理盐水纱布温敷后也不能恢复蠕动者，则应做肠管部分切除术，再进行肠管端端吻合。吻合好后冲洗消毒，还纳腹腔，闭合创口。如网膜脱出时可结扎脱出的部分，然后把多余的切除，冲洗后再还纳腹腔。

对胃、肠破裂，胃肠内容物流入腹腔，腹腔受严重污染的病例，可把创口扩大，缝合胃肠破裂口后，用温生理盐水加青霉素反复冲洗，并把冲洗液从腹腔内全部吸出，腹腔内投入抗生素，闭合创口。必要时可安置引流管。

肝、脾及肾等实质脏器出血时，应使病畜保持安静，静脉或肌肉注射止血药。若持续出血或有大出血时，应对相应脏器进行缝合止血，必要时采取输血、补液及抗休克治疗。

(四) 护理

术后应加强护理，减食，喂易消化的饲料，厩舍应干燥保温，垫草应柔软。防治术后感染，抗菌消炎并对症治疗。对于有肠管损伤的和腹腔严重污染的病例，要随时注意观察动物的变化，如体温、呼吸、脉搏、精神、食欲、排粪、排尿等情况，如有异常及时处理，在有破伤风流行的地区，还应注射破伤风抗毒素或类毒素。

(五) 预后

根据内脏器官损伤的程度及污染的程度不同而出现不同的预后。单纯性腹壁透创如整复及时预后良好，其余的有出现急性贫血、腹膜炎、败血症的可能，所以应当慎重。

第二节 胃内异物

胃内异物（gastric foreign body）是指动物吞食了食物以外难以消化或不能消化的异物、滞留于胃内、不易通过呕吐或肠道排出体外的一种疾病。异物可造成胃黏膜损伤，影响胃的蠕动功能，严重者可引起胃穿孔、继发腹膜炎等。多见于牛、羊和犬、猫，其他动物亦有发生。

(一) 病因

饲料单一，维生素和矿物质缺乏，长时间饥饿、营养不良，患有某种疾病，如代谢病、传染病（狂犬病等）、寄生虫病等，动物出现异嗜现象，喜吞食各种异物而滞留胃内。外源性异物指吞食了外界的各种异物，如骨头、石头、铁钉、铁丝、塑料、橡胶、破布、线团、毛团、沙土等。内源性异物主要是胃肠道内的寄生虫的团块（蛔虫）。个别动物生来就有吞食异物的恶习。

(二) 症状

根据异物的种类、大小和存在部位不同，临床症状有较大差异。个别动物胃内存有异物，但症状表现不明显，不易被发现。

牛、羊胃内异物主要存留在瘤胃、网胃及皱胃内，瘤胃内异物多是塑料、绳团、破布等，当异物量多，占据胃一定容积，会影响胃的正常功能，出现食欲减退，瘤胃蠕动弛缓，反刍减弱，消化不良，瘤胃常积食和周期性臌气，便秘下痢交替，渐进性消瘦。网胃内异物多是铁丝、铁钉、针等尖锐异物，随着胃的运动可刺透网胃，刺破心包，造成创伤性网胃心包炎，动物表现站立和运动姿势异常、胸下水肿，阳性静脉波，粪中潜血，剑状软骨区出现压痛反应。有时异物也可穿透周围脏器，继发肝脓肿、脾脓肿、腹膜炎等。皱胃内异物为奶牛吞食卧床上的垫沙引起，表现为前胃迟缓，排粪减少，排出少量黑色稀粪，产奶量下降等。奶牛皱胃内纤维球是常见病，应注意诊断。

犬、猫胃内异物主要表现精神不振、腹痛、吃食或饮水后发生呕吐，呕吐是由于异物阻塞幽门导致胃扩张和异物对胃的刺激造成。长期呕吐引起机体脱水和代谢性碱中毒。如胃内异物尖硬，可刺伤胃黏膜，呕吐物中带血，严重者造成胃穿孔。猫胃内的毛球也可引起呕吐或干呕，如是线性异物可诱发肠套叠。不同病例食欲差异较大，有些食欲正常、有些食欲较差、有些厌食，犬、猫表现渐进性消瘦、贫血等。如异物较小，在胃底未阻塞幽门，则不出现呕吐。

（三）诊断

通过问诊、病史和临床检查，可做出初步诊断。牛、羊网胃内异物可用金属探测仪或X射线检查。

小型犬、猫腹壁柔软，胃内异物较大时通过触诊可摸到，大型犬用X射线加造影剂或胃镜能查明异物的大小、性质，帮助确诊。

血液生化检验：异物阻塞幽门的犬、猫引起长期呕吐，胃液大量丢失，导致低血钾、低血氯和代谢性碱中毒。

（四）治疗

包括保守治疗和手术治疗。

1. 保守治疗　对于牛羊胃内异物，保守疗法只能暂时缓解症状或增强体质，手术治疗才能奏效。

对于犬、猫，如果胃内异物很小且边缘钝圆，可以使用阿扑吗啡，每千克体重0.02～0.04mg，皮下注射；或甲苯噻嗪，每千克体重0.4～0.5mg，皮下注射，通过诱导呕吐使其排出。如异物小而尖，可投服浸泡牛奶的脱脂小棉球、面包、小肉块或大剂量灌服甲基纤维素，常可使异物从肠道排出。猫胃内的毛球，灌服液体石蜡，也能使其顺肠道排出。如果异物大，边缘尖锐，诱吐则容易损伤食道，只适合切开胃取出。

2. 手术治疗　药物治疗无效的病例，应尽快手术治疗。牛、羊应进行瘤胃切开术，探查瘤胃、网胃并把异物取出，同时治疗相应的并发症。奶牛皱胃内异物应做皱胃切开取出异物。如创伤性网胃心包炎造成心包化脓还需做心包切开术。犬、猫可进行胃切开术取出异物。

3. 术后护理　术后应该严密观察动物的临床表现，维持静脉内补液和能量供给，纠正水电解质和酸碱平衡紊乱，应用抗生素并对症治疗。对于犬、猫，如果出现厌食或持续呕吐，会出现低血钾，应注意补钾。如果动物不呕吐，术后12～24h内可以给予饮水和饲喂清淡的食物。如果继续呕吐，可使用止吐药，如爱茂尔、甲氧氯普胺和维生素B_6。由异物继发胃溃疡者，应治疗胃溃疡。

（五）预后

胃没有发生穿孔并且异物取出，则预后良好。如果胃发生穿孔并伴有周围脏器化脓，则预后慎重。

第三节　胃扩张-扭转综合征

胃扭转是指胃幽门和贲门沿纵轴从右侧转向左侧，并被挤压于肝、食管的末端和胃底之间，致使胃内容物不能后送的疾病。胃扭转之后，由于胃内产生的气体难以排出，迅速发生胃扩张，因此称之为胃扩张-扭转综合征（gastricdilatation-volvulus complex）。非完全性胃扭转可能不发生胃扩张或发生轻微。急性胃扩张-扭转综合征是一种发展迅速、致命性的急腹症。多发于2～10岁的大型犬，如德国牧羊犬、大丹犬等，中型犬和小型犬也可以发生，但发病率较低。雄性犬发病率高于雌性犬，纯种犬高于杂种犬，老龄犬高于幼龄犬。猫则很少发生本病。

（一）病因

病因目前尚不十分清楚，但与犬的品种、性别、年龄、饲养管理、环境因素及遗传因素等有密切的关系。犬的幽门活动性较大，饱食后，胃胀满体积增大，重量增加，胃下垂、胃十二指肠韧带松弛或断裂；犬迅速奔跑、跳跃、打滚、急速上下楼梯或马上训练，均可导致该病发生。胃肠功能差、脾肿大、钙磷比例失调、应激、呕吐等为诱发因素。

（二）症状

患犬突然出现腹痛、精神沉郁、呆立、弓腰、干呕、呻吟、口吐白沫，有的卧地不起，病情发展十分迅速，胃扭转可造成贲门和幽门都闭塞，胃内气体、液体和食物既不能上行呕吐出去，也不能下行进入肠管，因而发生急性胃扩张，在短时间内可见到腹围迅速增大，叩诊腹部呈鼓音或钢管音，冲击胃下部，有时可听到拍水音。病犬呼吸困难、脉搏频数、黏膜苍白，很快休克，如不及时治疗，可在数小时内死亡，最长存活时间不超过2d。

（三）诊断

根据犬的品种、体型、性别、饲养管理状况、病史和临床症状可做出初诊，胃管插管和X射线检查可确诊。

胃扩张-扭转综合征在症状上与单纯胃扩张、肠扭转和脾扭转有相似之处，应注意鉴别诊断。简单易行的方法是以插胃管进行区别。

单纯性胃扩张，胃管可以插到胃内，并导出酸臭味气体和带食糜的液体，腹部胀满迅速减轻，患犬症状开始好转；胃扭转时，胃管插不到胃内，因而无法缓解胃扩张的状态；肠扭转时，胃管容易插到胃内，但腹部胀满不能减轻，并且即使胃内气体消失，患犬仍然逐渐衰竭。

X射线检查也可确诊胃扩张-扭转综合征，一般右外侧和背腹位的X射线检查图像效果较好。右外侧经观察正常犬幽门位于胃底腹侧，背俯位观察位于腹部右侧，患该病时病犬的X射线检查右外侧图像看，幽门位于胃体的前部，软组织把幽门与胃的其他部分分开，呈倒转C形。在背腹侧图上，幽门呈一个充满气体的结构，到达中线偏左侧。

（四）治疗

为了稳定患病动物的病情，防止休克，应给予抗菌、补液、强心等相应的治疗。如果动物发生呼吸困难，应进行输氧，同时插胃管或进行胃穿刺术，缓解胃内压力。当动物病情稳定后，手术要尽快进行，因即使胃已经进行减压，没有发生畸变的胃扭转也影响胃血液流动，并可能发生胃坏死。对发生休克的犬要马上抢救。

对于胃管难插入胃内或插入胃管后仍不能缓解症状的患犬，应立即进行手术，手术主要的目的是检查胃和脾，诊断并切除损伤或坏死的组织，胃减压并使扭转的胃复位，把胃固定于体壁上，以防止胃持续性扭转。在手术过程中，如整复困难，应先穿刺胃放气使其复位并放液减压，然后用插入的胃管将胃内容物吸出或洗出来。如内容物洗不出来或有大块物体时，可进行胃切开术，取出胃内容物，然后清洗消毒、缝合胃壁，使胃恢复到正常位置，固定胃壁与体壁。如果脾脏损伤严重，则应摘除。术后应该严密观察动物的临床表现，维持静脉内补液和能量供给，纠正水电解质和酸碱紊乱，应用抗生素并对症治疗，以林格氏液每千克体重20～50mL、氨苄青霉素每千克体重20～50mg混合静脉注射，同时维生素C 50～100mL静脉注射，连用5～7d。如果胃不蠕动，用甲基硫酸新斯的明，每千克体重0.25～1mg，皮下注射，2次/d；维生素B_1，每千克体重1～2mg，三磷酸腺苷，每千克体重0.1～0.4mg，皮下注射。同时给予健胃助消化药物，如酵母片，5片/次，3次/d；乳酶生，5片/次，3～4次/d。术后12～24h可以给予少量水和软的低脂肪食物，还要观察动物的呕吐情况。如果呕吐严重或持续发生，可临时使用止吐剂，如爱茂尔、甲氧氯普胺或维生素B_6等，可能继发胃溃疡的要进行治疗。

（五）术后护理

手术后1周之内，应喂给少量易消化的流质食物，1周之后逐渐过渡到正常食物。食物的喂量应由少到多逐渐增加，分3～4次或更多次数饲喂。在手术的恢复期，应严格限制犬的训练。

（六）预后

手术及时，预后良好，如果有胃坏死、穿孔发生，预后慎重。

第四节　肠变位

肠变位（intestinaldislocation）是指肠管的正常生理位置发生改变，致使肠腔部分或完全闭塞，肠系膜或肠间膜受到挤压或缠绞，肠管血液循环发生障碍的一种重剧性急性腹痛病，又称为机械性肠阻塞。临床特征是发病急、病程短、腹痛剧烈、呕吐（犬、猫、猪）、休克，腹腔穿刺液体量多、红色浑浊，大动物直肠检查变位肠段有特征性改变。虽然发病率低，但死亡率高。本病各种动物均可发生，马属动物多发，猪和犬猫肠变位临床常见是肠套叠，其他则少发。

肠变位主要包括肠套叠、肠扭转、肠缠结及肠嵌闭四种。

肠套叠是一段肠管与其相应肠系膜一同套入相邻的肠腔内，引起肠腔闭塞、局部血液循环障碍的疾病。套叠的肠管以小肠居多，多为前段套入后段，有时则后段套入前段。套叠的肠管分为鞘部（被套的）和套入部（套入的）。依据套入的层次，分为一级套叠、二级套叠和三级套叠。一级套叠如空肠套入空肠、空肠套入回肠、小结肠套入小结肠等；二级套叠如空肠套入空肠再套入回肠；三级套叠如空肠套入空肠，又套入空肠再套入盲肠等。

肠扭转是肠管以肠系膜为轴或以肠管本身为轴发生不同角度的扭转，引起肠腔闭塞、局部血液循环障碍的疾病。扭转可为90°、360°或更大，常见的是小肠和大结肠扭转。

肠缠结是一段肠管与其他肠管、肠系膜基部、精索、韧带、腹腔肿瘤的根蒂、粘连脏器的纤维束为轴心进行缠绕或相互缠绕，引起肠腔的闭塞、局部血液循环障碍的疾病。比较常见的是空肠和小结肠缠结。

肠嵌闭是一段肠管连同其肠系膜坠入与腹腔相通的天然孔或破裂口内，由于孔道壁发炎肿胀狭窄，引起肠腔闭塞、肠局部血液循环障碍的疾病，又称为肠嵌顿或嵌闭疝。比较常见的是小肠嵌闭和小结肠嵌闭。

（一）病因

导致肠管功能改变的因素：突然受凉，大量饮冷水，喂冰冻、发霉饲料等，使肠管受到严重的刺激，个别肠段异常收缩。肠内寄生虫、肠炎、肠痉挛、肠臌气、肠便秘、肠系膜动脉血栓等腹痛病的经过之中，肠管运动功能紊乱、失去协调性，导致蠕动异常。

机械性因素：强烈运动、跳跃、奔跑、难产、交配、便秘、臌气，造成腹内压急剧增高，小肠或小结肠有时被挤入某孔道而发生嵌闭。起卧、滚转，体位急性变换情况下（如腹痛病时），促使各段肠管的相对位置发生改变，易造成肠变位。

（二）症状

1. 大动物 全闭塞的肠变位，病势迅猛，全身症状明显，体温升高（39℃以上），大出汗，口腔干燥，食欲废绝，肠音减弱或消失，排粪停止，偶尔肠音高朗短促而带金属音调，可排恶臭稀粪，混有黏液和血液。病初呈中度间歇性腹痛，2～4h 后即发展为持续性剧烈腹痛，患畜急起急卧，左右翻滚，前冲后撞，极度不安，大剂量镇痛药物亦难奏效，愿取仰卧姿势。进入后期，动物变得沉重而稳静，不愿走动，拱背呆立、腹围紧缩，肌肉震颤。牵行时慢步轻移拐大弯，显示典型的腹膜性疼痛表现。机体重度脱水，脉搏细数，心悸，呼吸急促，结膜潮红或暗红。卧地不起，舌色青紫或灰白，四肢及耳鼻发凉，呈现休克危象。

2. 猪 肠套叠主要发生于哺乳或断乳不久的仔猪，表现为突然不食、剧烈腹痛、高度不安、腹部紧缩、呻吟不止、严重者卧地不起、四肢泳动、呼吸脉搏加快、结膜潮红、血性腹泻、呕吐、瘦弱小猪触诊腹部有香肠样硬块，肥胖猪则不易摸到。如肠管坏死、继发腹膜炎，则体温升高、全身症状加剧。

3. 犬猫 肠套叠临床症状的典型性或严重程度与它的位置、完全性、血管完整性和持续时间有关。主要表现吃食饮水后呕吐或持续呕吐、腹痛、呻吟、血性腹泻，触诊腹部有香肠样硬块。

（三）诊断

1. 大动物 根据病史和临床症状对怀疑是肠变位的病畜，应进行直肠检查、腹腔穿刺液检查或腹腔探查来确诊。

直肠检查：肠管位置异常，触及变位的肠段，则病畜表现不安。借助直肠检查，有时可判定肠变位的性质或者提供重要线索。

腹腔穿刺液检查：腹腔穿刺液混血，这是肠变位的主要体征之一。

腹腔探查：经上述方法检查，尚不能确诊者，可及时选择适当部位，做腹腔探查，以便采取适宜措施，抢救病畜。

2. 猪、犬、猫 根据病史和临床症状可初步诊断。对于较瘦小的仔猪和犬猫，通过腹部触诊，可触到套叠部位呈香肠样肿块、质地坚硬。阻塞的肠管其前段一般充气、积液、扩张、后段多空虚，用 X 射线加造影剂检查、B 超检查或腹腔探查可确诊。

（四）治疗

分为保守治疗和手术治疗两种。

1. 保守治疗

（1）大动物：原则是镇痛、减压、强心、补液、防休克。

镇痛：安溴合剂，50～100mL，静脉注射；水合氯醛硫酸镁注射液，200～300mL，一次静脉注射；或 30%安乃近，20～40mL，肌肉或静脉注射。

减压：通常进行盲肠或左侧大结肠穿刺，伴发气胀性胃扩张的，可插入胃管放液排气。

强心：安钠咖，20～40mL，静脉或肌肉注射。

补液：等渗液体、低分子右旋糖酐，以防休克出现。应用抗生素制止肠道菌群紊乱，减少内毒素的生成。

上述措施是术前和术后采取的支持疗法，根本措施是手术治疗。

（2）猪、犬、猫：补液、强心、镇痛、抗休克、止吐及对症治疗，症状平稳后尽早手术。

2. 手术治疗　首先确定肠管变位的位置、性质、方向和程度，整复前应进行病变前段肠管的放气、放液和减压。如肠套叠，应通过慢慢拉、挤、压等方式，使之复位；若不能复位的肠管，并已发生了坏死，应进行坏死肠段的切除，进行肠端端吻合。如肠扭转，把它从相反的方向扭转过来恢复正常位置；如肠缠结，应慢慢分离缠结的肠管和肠系膜，把结打开，使肠管复位。如肠嵌闭，把它从嵌闭孔慢慢拉出，再闭合嵌闭孔。分离粘连肠管时动作一定要轻柔，尽可能减少肠壁组织损伤。

整复后一定要检查肠管的活力，如肠管坏死无活力者一定要把它切除。对于坏死严重、整复困难者，做肠管部分切除术，再吻合肠管。

（五）术后护理

1. 大动物　术后应该严密观察动物的临床表现，维持静脉内补液和能量供给，纠正水电解质和酸碱平衡紊乱，应用抗生素并对症治疗。应通过临床观察、内毒素检测和凝血象检验，以监察病程进展，着重解决肠弛缓，防止内毒素性休克。

2. 猪、犬、猫　术后禁食48h，静脉补液，补能量（糖）、维生素C、B族维生素等。控制感染可用抗生素，如氨苄青霉素、卡那霉素、小诺霉素等。48h后可给予流质食物并加强饲养管理。

3. 预后　病情发展较慢，手术及时，预后良好。病情发展快，腹痛剧烈，体温升高，脉搏快而弱，呼吸迫促，出汗、脱水、衰竭及肠管坏死严重的病例多预后慎重。

第五节　脾扭转

脾扭转（splenic torsion）是指脾脏沿脉管基部发生扭转，导致脾脏充血、肿大、淤血、梗死的一种急性腹痛症，也称为脾异位。

脾扭转通常与胃扩张-扭转综合征同时发生，单独发病者少见，多呈急性发作，但在某些病例则表现缓慢，呈周期性，在确诊前数周已经出现。本病可发生在各种犬，体型较大的多发，如大丹犬、德国牧羊犬等。

（一）病因

单独发生脾扭转的病因不明。可能与先天性脾异常、胃脾创伤或脾结肠韧带损伤有关。也有的伴发胃扭转之后出现，并且在胃复位后仍然存在。

（二）症状

大多数犬出现精神沉郁、呕吐、腹部疼痛、腹泻、脱水、体温升高、黄疸、血尿等症状。急性脾扭转的病例表现为心动过速、黏膜苍白、毛细血管充盈时间延长、外周血管搏动减弱，脾脏充血、淤血、肿大、渗出，后期呈急性坏死或纤维化萎缩，腹膜在脾渗出液刺激下形成局限性或弥漫性腹膜炎，犬出现休克。慢性病例在就诊前就出现间断性、周期性的症状。

(三) 诊断

触诊可触摸到肿大的脾脏，X射线检查在正常的位置不能看到脾脏的背侧远端和脾体，则可怀疑脾扭转。超声波检查可以发现脾脏明显肿大并且伴有广泛的回声。脾门静脉肿胀可提示有本病的发生。

(四) 治疗

诊治的延迟易引起脾脏的坏死、败血症、腹膜炎和弥散性血管内凝血（DIC）或这些并发症的同时出现。对于急性脾脏扭转病例，应尽早采用手术整复，如复位困难，则行脾脏摘除术。对衰竭的病犬首先应输液，补充电解质和能量合剂，改善营养，在病情稍平稳后立即进行手术。

(五) 术后护理

脾脏扭转修复后，动物可以很快恢复。术后应该严密观察动物的临床表现，在可以自主饮水之前需要一直补液，维持机体体液平衡和能量供给，纠正电解质和酸碱紊乱，应用抗生素并对症治疗。术后12～24h可以给予少量水和软的低脂肪食物。

手术后1周之内，应喂给少量易消化的流质食物，1周之后逐渐过渡到正常食物。食物的喂量应由少到多逐渐增加，分3～4次或更多次数饲喂，同时可给予健胃、助消化的药物。在手术的恢复期，应严格限制犬的训练。

(六) 预后

手术及时，预后良好，如继发腹膜炎或败血症则预后慎重。

（李云章）

第十章 脊柱疾病

第一节　颈椎疾病

一、颈椎间盘脱位

颈椎间盘脱位（dislocation of cervical intervertebraldisc）是因颈椎间盘变性、纤维环破裂、髓核向背侧突出压迫脊髓、脊髓神经或神经根，而引起的以运动障碍为主要特征的一种颈部脊椎疾病，也称为颈椎间盘脱出。猫虽可发生，但以体形小、年龄小的犬多发，其他家畜很少发病。该病分为两种类型：一种称为椎间盘突出，即椎间盘的纤维环和背侧韧带向颈椎的背侧隆起，髓核物质未断裂；另一种称为椎间盘脱出，是纤维环破裂，变性的髓核脱落，进入椎管造成的。颈椎间盘脱位约占脊椎椎间盘脱位病例的15%。

（一）病因

椎间盘的退行性变化是致病的主要病理基础，由于髓核水分丢失，软骨组织矿物化使椎间盘不能分散压力，导致纤维环退化、破裂。但是退变的原因目前尚不清楚，大致与下列因素有关：

1. 品种和年龄　很多品种犬都可发病，不过德国猎犬、北京犬、法国斗牛犬等品种发病率较高；发病年龄1～10岁，以3～6岁为发病高峰。

2. 遗传　有人通过对德国猎犬的系谱分析，发现椎间盘脱位的遗传模式一致，既无显性也无连锁性，但有易受环境影响的多基因累积效应。

3. 激素　某些激素如雌激素、雄激素、甲状腺素和皮质类固醇等可能与椎间盘的退变有关。如有人测定了100例患椎间盘脱位病犬的T_3（3，5，3′-三碘甲腺原氨酸）和T_4（3，5，3′，5′-四碘甲腺原氨酸），发现39%～59%的患犬为甲状腺机能减退病例，可疑患犬为10%～20%。

4. 外伤　外伤一般不会直接导致椎间盘脱出，但可作为诱因。

（二）症状

颈椎间盘突出的好发部位是第2～3节颈椎间盘(C2～C3)和第3～4节颈椎间盘（C3～C4）。由于脊髓、神经根受压或刺激，纤维环受到牵张或撕裂，脊膜受到牵张或发炎，均会引起颈部明显的疼痛，疼痛常呈持续性，也可呈间歇性。患畜拒绝触摸颈部，头颈运动或抱着头颈时，疼痛明显加剧。触诊时颈部肌肉高度紧张，颈部、前肢过度敏感。患畜低头，常以鼻触地，耳竖立，腰背弓起。多数患畜出现前肢跛行，不愿行走。重者可出现四肢轻瘫或共济失调。

（三）诊断

根据病史和症状可做出初步诊断，借助脊髓造影X射线检查或CT检查等可确诊。

(四) 治疗

1. 保守疗法 病初适用。主要方法是强制休息(如笼养限制活动)或用夹板、制动绷带等限制颈部活动2～3周,并配合应用肾上腺皮质激素(口服泼尼松)、消炎镇痛药物。有神经麻痹者可选用B族维生素口服或注射。保守疗法可使患畜症状改善,但也有50%左右可能复发。

2. 手术疗法 若保守疗法无效、病情复发、症状恶化时可考虑手术疗法。

颈椎间盘脱位手术治疗常用腹侧颈椎开窗术和减压术。前者指通过在椎间盘上钻孔，刮取突出物，以防髓核再度突入椎管；后者指通过椎板切除术，从椎管内去除椎间盘组织，以减轻或解除对脊髓的压迫。

近年来医学上有在脱出的椎间盘内注射髓核溶解酶、手术创伤轻微的椎间盘镜取出髓核等新技术报道。

二、斜 颈

斜颈（torticollis）指头颈部病理性歪向一侧的疾病。往往见于马属动物，偶见于牛、羊、猪、犬、猫等。

(一) 病因

主要是由于颈部的骨骼、肌肉或神经受到损伤或发生机能障碍引起。

1. 先天性斜颈 包括先天性前庭损伤（病毒引起的粒细胞减少性白血病等）及胎儿期子宫内胎位异常造成的颈部肌肉挛缩。

2. 后天性斜颈 ①颈部肌肉或颈椎的外伤引起斜颈，例如从高处坠落导致的颈椎骨折、脱臼或者肌肉、皮肤的断裂等。②前庭疾病最显著的特征就是斜颈。猫的前庭疾病分为末梢性的和中枢性的，在末梢性前庭疾病中，有特发性前庭病，有中耳炎、内耳炎、氨基糖苷类抗生素所致的中毒、鼓膜外伤、鼓膜肿瘤。中枢性前庭疾病的原因为脑炎、脑膜炎、外伤、肿瘤、维生素B1缺乏、弓形虫病、李氏杆菌病以及血行障碍等。

(二) 症状

(1) 检查发现局部有热感或疼痛时，属于外伤所致的肌肉或颈骨的损伤，疼痛严重时不能站立，疼痛减轻后，头部虽不敢动但身子可以慢慢活动。因疼痛背部弓起，与颈部弯曲方向相反一侧的前肢抬起。

(2) 前庭疾病引起的斜颈，除斜颈症状外，四肢向外侧伸展，使躯干下沉，行走困难或划圈行走，摔倒、眼球震颤、斜视以及反射减弱等症状也能看到。末梢性的前庭疾病，眼球震颤的特点是水平震颤，不随头部位置的变动而变化。与此相反，中枢性的前庭疾病，引起眼球垂直震颤，要随头部的位置变动而改变震颤的方向。但是发病2～10d时，眼球震颤与步态均变得不典型，使中枢性和末梢性前庭疾病的鉴别变得困难。

(三) 诊断

颈椎脱位、颈椎骨折所致斜颈需通过X射线诊断或CT诊断；颈部软组织损伤所致斜颈要根据病史、症状综合分析。颈肌肉风湿所致者，可参照风湿病诊断；耳病所致斜颈可根据病史、症状及病原检查进行诊断。

(四) 治疗

斜颈的病因较为复杂，治疗时要针对病性，采取相应的疗法。

颈椎脱位、骨折及风湿病、耳病所致斜颈的治疗可参照本书的相关章节。

对颈部肌肉、韧带、肌腱等软组织损伤所致的斜颈，如动物卧地不起，则应尽可能使其站立，并限制其头颈部运动。在早期，可用夹板或石膏绷带固定颈部，并注意整复。对充血性水肿可将头部抬高，并使用刺激性搽剂，如樟脑酒精搽剂、樟脑鱼石脂软膏等，或行物理疗法，以促进炎症的消散。

对耳疥癣所致斜颈，可用相应的杀螨剂以杀灭病原，疥癣痊愈后，斜颈症状即消失。

三、颈椎骨折

颈椎骨折（fracture of cervical vertebrae）一般以前 4 个颈椎（C1～C4）多发，尤其以第 3、4 颈椎（C3、C4）发生最多。骨折可分为椎体全骨折、椎体不全骨折和椎骨棘突、横突骨折等。犬、猫和马属动物较常发生，牛、羊等家畜也可发生，但少见一些。

（一）病因

强大的直接或间接暴力是最常见的原因，如车祸、坠落时头颈部着地，人为的粗暴打击，动物间剧烈的打斗，猛烈的冲撞，头部保定不确实时动物大幅度摇摆头颈等。颈部肌群的强力收缩，可能会导致椎骨突起的骨折。骨代谢病如骨质疏松、佝偻病、氟中毒等是颈椎病理性骨折的诱因。

（二）症状

颈椎骨折的临床表现因受伤部位及对脊髓和脊神经的影响程度不同而有较大的差异。

第 2 颈椎（C2）骨折时，头颈呈强直姿势，其他椎体骨折一般都有不同程度的斜颈。患部因软组织损伤而出血，可导致肿胀，但需与单侧肌肉收缩和头颈低位时的水肿相区别。触压肿胀部位时疼痛反应明显，一般不易感觉到骨摩擦音或骨摩擦感。颈部运动障碍，多数椎体骨折病例卧地不起，即使人为使之站立，运步也很勉强，头低垂，前肢不愿负重。如椎体腹侧骨折，并伤及气管时，可出现气管塌陷或狭窄，从而引起呼吸困难。一般情况下，颈椎椎体全骨折都可能伤及附近脊神经，椎管内还可能形成血肿并压迫脊髓，从而出现高位截瘫。这种情况，预后不良。

颈椎的棘突、横突等附件骨折时，症状轻微，有不同程度斜颈、局部压痛、颈部肌肉强直、局部出汗、运动受限等症状。

一般来说，动物出现颈椎压缩性骨折的情况非常少见。

（三）诊断

根据病因、病史、症状等进行综合分析，确诊则需进行 X 射线诊断。需注意颈椎突起、椎弓的病变，如果怀疑有脊髓损伤时，还可进行脊髓造影，以确定脊髓是否受压以及损伤的程度。

（四）治疗

椎体棘突和横突的骨折一般不需要特别治疗，注意护理，待其自愈。

椎体不全骨折时，可考虑外用夹板、支架等进行固定，4～6 周后拆除固定物。

椎体全骨折时，一般预后不良。因此应根据经济价值来决定治疗方案，来判定是否有必要进行治疗。治疗通常采用手术复位，并行内固定。内固定可根据骨折的部位和程度选用髓内针、接骨板等骨科器材，也可选用颈椎棘突椎间融合术。

四、摇摆综合征

摇摆综合征（wobbler Syndrome）是指由后段颈椎和椎间盘异常所引起的脊髓受压的颈椎疾病综合征。多发生于杜宾犬、大丹犬以及其他大型犬种；生后 3 月龄至 2 岁的幼驹，尤其是发育良好的公马驹也多发。

（一）病因

发生本病的原因主要与营养、外伤、遗传或其他后天因素有关。如颈椎齿状突的异常，压迫脊髓的白质使之变性而引起。造成脊髓受压迫的因素很多，例如环椎关节脱位、外伤性椎骨骨折等。另外，椎管内肿瘤、脓肿、线虫幼虫进入椎管等，也可引起本病的发生。据解剖学所见，本病多在第 3～4 颈椎（马）或 6～7 颈椎（犬）的椎弓处变为明显狭窄或受压，但引起这种骨质畸形的原因尚不清楚。

（二）症状

本病的主要临床特征，是后躯突然发生运动失调，后肢无力，左右摇摆（wobbler），因此称为“摇摆综合征（wobbler syndrome）”。它的临床表现是运步踉跄、落地失衡、提举过高或拖曳前进。两前肢通常不呈现机能障碍，后退时往往前肢不动，而后肢移动或者软弱无力容易坐下。

犬的摇摆综合征临床上可分为 5 种：慢性退行性椎间盘疾病、先天性骨畸形、脊椎倾斜、黄韧带/椎弓畸形、沙漏型压迫。杜宾犬和大丹犬约占总病例的 80%。

（三）诊断

除了依据病史和临床症状外，还应考虑做 X 射线、造影、CT 或 MRI 检查等。马属动物摇摆综合征应注意与肌红蛋白尿症、髂外动脉栓塞、马尾神经炎、腰背部肌肉疼痛等相鉴别。

（四）治疗

首先是严格限制运动或对犬严格笼养，使用颈支具；其次可考虑使用糖皮质激素药物或非类固醇抗炎药（NSAID），但二者不能联合应用。如用地塞米松，0.2mg/kg，口服或肌内注射，每天 2 次，连用 3d，以后 1 次/d，连用 3d；再评价患病动物，可重复治疗 1～2 次；如果没有反应，再考虑手术治疗。为缓解对脊髓的压迫和固定脊柱（颈椎），可试行椎弓摘除术，然后用金属板和骨螺钉将颈椎棘突连接固定，并与外固定相结合。如单用夹板、石膏绷带等做外固定，则往往效果不好。

五、寰-枢椎不稳定症

寰-枢椎不稳定症（atlantoaxial instability）是指第 1～2 颈椎（C1、C2）不全脱位、先天性畸形及骨折等引起寰、枢椎不稳定，压迫颈部脊髓的颈椎疾病，又称寰-枢椎不全脱位或牙状突畸形。临床特征表现为颈部敏感、僵直、四肢共济失调或轻瘫。

（一）病因

本病的重要原因之一是外伤导致头颈过度的屈曲。由于寰、枢椎过度屈曲，造成其背侧韧带损伤、断裂、齿突骨折、关节脱位等，破坏寰、枢椎的稳定，压迫脊髓，占位性地引起脊髓的损伤。任何品种、年龄的犬、猫均可发生。小型品种犬的寰、枢椎不稳定症也常见于先天性齿突发育不全、畸形，寰枢椎背侧发育不全或缺损等。

(二) 症状

本病常突然发生，也可能是进行性发生。

捕捉时，动物颈部敏感、疼痛、伸颈、僵硬。前、后肢共济失调、轻瘫或瘫痪。严重者，导致呼吸系统麻痹而死亡。

触诊颈部可感到枢椎变位。先天性寰、枢椎关节发育异常的犬一般在1岁前出现临床症状，有的犬甚至到老年创伤时才表现症状。也有的因寰、枢椎脱位引起脑干功能失常，呈现咽下困难、面部麻痹、前庭缺损等症状。

(三) 诊断

根据多数病例有创伤史以及有颈部僵硬、疼痛、四肢或仅后肢呈现不同程度的本体和运动感觉缺陷等神经症状可做出初步诊断。进一步确诊需经X射线检查，侧卧位X射线摄片，可见寰椎背弓、枢椎棘突骨折或异常分离。为显示其不稳定，屈曲头颈，侧卧摄片观察是必要的，但如齿突完好或向背侧偏斜，屈曲时务必小心，否则未损伤的齿突将进一步移入椎管，加速呼吸麻痹和死亡。

(四) 治疗

急性寰、枢椎不稳定或寰、枕脱位，并伴有神经性缺陷的，因可能也有其他部位的脊髓损伤，可用皮质类固醇药治疗，并结合抗菌、消炎、镇痛。

对于轻度不全脱位、仅颈部疼痛、轻微神经性缺陷或寰、枢椎多处畸形、第一颈椎变短的动物，可施颈外夹板固定，并将动物限制在笼内休息6周，有一定效果，尤其对小型犬适用，但也易复发。

中度甚至严重神经性缺陷，用药物治疗或颈部夹板固定无效，疼痛反复发作，齿突歪曲，压迫脊髓者，应施手术治疗。手术原则是消除脊髓压迫，减轻寰、枢椎不全脱位和固定寰椎关节。分背侧和腹侧手术径路。前者适用于寰、枢椎不全脱位的矫正，后者适用于其骨折的修复。

第二节　胸椎疾病

一、胸腰段椎间盘脱位

胸腰段椎间盘脱位（thoracolumbar（T-L）diskdisease）是胸腰段（T-L）椎间盘髓核的软骨变性导致椎间盘突出，脊髓或脊神经根受压的胸腰段脊柱疾病，是小动物神经功能障碍最常见的原因。

(一) 病因

胸腰段椎间盘变性的原因尚不清楚，而且由此引起的脊髓损伤变化的发病机理也不清楚，因此如何治疗损伤的脊髓仍未解决。

(二) 症状

T-L椎间盘疾病主要发生于软骨发育障碍的动物，约为其他品种犬的10倍。猫椎间盘突出极为少见。大约80%的椎间盘问题发生在3～7岁的动物。无性别差异。

该病典型的临床症状是发病后呈急性至亚急性的背部疼痛，或同时伴有不同程度的后肢瘫痪。虽然 T-L 椎间盘疾病变化多，但大多是急性和破裂性的。急性椎间盘突出比慢性危害更大。椎间盘物质进入椎管可以引起感染、压迫和炎症，进一步加重神经功能性损伤。在椎间盘突出后的几分钟或几周内会出现一系列临床症状。可能是急性发展或缓慢发展，可能保持稳定或消失后又复发。突出的椎间盘进一步突出会导致复发或使病情加重。腰部膨大处椎间盘向外侧突出的患病动物可能出现后肢跛行，有或没有背部疼痛症状。

（三）诊断

1. 初步诊断 根据临床症状、病史、体格检查和神经系统检查对 T-L 椎间盘突出的疾病可做出初步诊断。

最常见的神经异常表现为不同程度的背部疼痛和能走动的后肢轻瘫。疼痛的性质和程度取决于突出部位的解剖结构、压迫的持续时间和椎间盘受压期间的压迫强度。

神经检查可以评价脊髓损伤严重的程度，深度神经功能性缺损表明脊髓受损。深部痛觉的存在或消失是判断预后的重要标志，存在深部痛觉的动物，通常预后良好，而深部痛觉消失者预后不良。但要注意如果动物有深部痛觉，它应该表现出呻吟或头扭转、心跳增加和瞳孔完全散大等症状。如果压诊患部，动物仅出现回缩反射不能证明深部痛觉的存在。

2. X 射线检查 通常将动物全身麻醉后拍摄 T-L 段脊柱的侧位、腹背位和斜位投影。探查性 X 射线检查椎间盘突出的适应症包括椎间盘狭窄或呈楔形、椎间孔狭窄或模糊、关节面塌陷和椎管内生成钙化物。虽然探查性 X 射线检查可以显示患病的椎间隙，但很少能确诊。

脊髓造影的适应症：未看见狭窄的椎间隙，在椎管或椎间孔看不到椎间盘物质，发现与神经系统结果不一致的损伤或定位椎间盘突出部位。但对于椎间孔内椎间盘突出的患病动物，用探察性 X 射线检查与脊髓 X 射线造影均难确诊。有条件者可考虑用计算机断层扫描（CT）或核磁共振（MRI）进行确诊。

3. 实验室检查 全血细胞计数和血清生化检查很少见异常。如果近期服用过皮质类固醇，则血清中肝脏相关酶的活性会升高。

对于硬膜外团块需鉴别的疾病通常包括：椎间盘突出、骨折/脱位、椎骨椎间盘炎、先天性畸形、肿瘤和椎体骨髓炎。通过适当的体格检查、血液学检查、血清生化检查、脑脊液分析和 X 射线检查通常可以进行鉴别诊断。

（四）治疗

1. 保守疗法 一般采取严格限制运动和使用抗炎药物进行保守治疗。

能走动的动物，最重要的措施是将其严格笼养 3～4 周，然后在接下来的 3～4 周里，逐渐恢复正常活动。如果不能严格有效地限制活动，将会导致椎间盘进一步突出，并伴发突发性神经损伤。

抗炎药物治疗的副作用要重视，要注意监测其精神状态、食欲、腹痛、大便的消化情况等，以防发生胃肠道溃疡。

2. 手术疗法 目前已有对小动物椎间盘脱位施行开窗术、椎板切除术、半椎板切除术、椎弓根切除术和硬脑膜切开术的研究和报道。

二、胸腰段脊椎骨折

胸腰段脊椎骨折（fractures of the thoracic or lumbar spine）是由于胸腰段脊椎骨及其

软组织因外伤或病理性破坏而导致相应脊髓和神经根受压的胸腰段脊柱疾病。胸腰段脊柱是脊柱骨折或脱位最常发的部位，特别是 T11 和 L6 之间的骨折或脱位约占钝性脊柱外伤患病动物的 50%～60%。T1～T9 的胸部脊椎骨折少见，并且即使发生了通常也较稳定且没有移位，这是因为有大量轴上肌群、肋骨连接、韧带支持和肋间肌连接的存在。

（一）病因

车祸是脊椎骨折最常见的原因，大约占 90%。此外，咬伤、枪伤和潜在的营养代谢病或肿瘤疾病引起的骨矿物质缺乏，如营养继发性甲状腺功能亢进症、骨肉瘤等也会导致脊椎骨折的发生。

（二）症状

胸腰段脊椎骨折分为外伤性或病理性骨折，但目前以前者为主。

1. 外伤性骨折　由于被迫的过度伸展、屈曲、中轴型压迫和旋转所致，通常发生在可移动的或较坚硬的脊椎节段。脊椎支持结构受损，不能抵抗这些压力而造成机械性断伤，随后导致脊髓和神经根受压。

2. 病理性骨折　由于诸如骨营养代谢病、肿瘤等潜在疾病过程使骨的完整性被破坏，或当遗传性或先天性韧带不稳定，降低对脊椎的支持时，通常发生病理性骨折。

脊椎骨折后脊髓和神经根受到不同程度的压迫，动物会出现不同程度背部疼痛和后肢轻瘫，甚至会造成轻微的神经功能性缺损。

各种动物最常发生的是胸椎与第一腰椎段脊椎骨折，并伴有脊髓的损伤，病畜表现为两前肢反射性亢进，但仍有随意运动，两后肢麻痹性无痛，这种症状俗称希-谢二氏反应。

（三）诊断

1. 病史和临床检查　外伤性胸腰段脊椎骨折没有品种或性别的差异，但犬的椎骨骨折/脱位比猫常见。椎骨骨折可以发生于任何年龄，但 1～2 岁的年幼动物更常见。

诊断检查时首先要注意患椎骨骨折的动物有无并发性损伤，如气胸、肺挫伤、膈疝，肋骨、四肢骨骼以及骨盆的骨折/脱位，第二处椎骨骨折等。

临床检查必须非常小心仔细，避免过度移动，造成脊柱损伤恶化。深度神经功能性损伤的患病动物，应将其保定于硬的台面上进行体格检查和术前处理。触诊脊髓也应小心，可能发现脊髓背面的凹窝、由棘上和棘间韧带断裂所致的棘突移位或背侧棘突骨折。如果动物可以走动，则注意背部触诊是否有摩擦音或动物运动机能亢进症状。这些检查也有助于估计遗传稳定性或受损脊柱的不稳定性。进行彻底的神经系统检查，以确定骨折部位、最好的治疗方案并根据深部痛觉存在与否判断预后。

2. X 射线和超声波检查　对患病动物在清醒或麻醉的情况下均可进行 X 射线检查。

一般主张在清醒状态下拍摄侧位和腹背位片，同时与神经系统检查连用有助于确定治疗方案。

如果考虑手术，可以实施全身麻醉后进行 X 射线检查，以评价脊椎损伤的临界状态。同时应对脊柱进行全面的 X 射线检查，因为外伤性脊柱损伤的患病动物，有第二处脊椎骨折，脱位者高达 20%。检查脊柱是否存在背侧区、腹侧区或背腹区的联合损伤，以此来粗略地判定脊柱稳定性。如果怀疑有椎间盘脱出、骨碎片进入椎管、没有脊椎断裂的迹象或当 X 射线检查发现与神经系统检查结果不一致时，需要进行脊髓造影检查。

X 射线检查虽然可以确定胸、腰段骨折/脱位的位置和脊椎位移的严重程度，但 X 射线不能展示损伤时位移的最大程度，因为半脱位、脱位和骨折通常在拍片前已经发生自发性的复位。因此，脊髓损伤的程度可能比X射线检查出的损伤程度严重。当脊椎位移非常严重时，从侧位和腹背位投影看，椎管直径可减少80%。

因此，在判定可辨别的损伤程度和预后时，神经系统检查比X射线检查更有用。可以发现能走动的患病动物典型的移位性骨折和没有深部痛觉的患病动物X射线检查不能发现的损伤。

3. 实验室检查 单纯的胸腰段骨折（脱位）通常出现应激性白细胞象且肝脏相关的酶活性升高。但如果并发其他损伤，会引起血液尿素氮（BUN）升高、气胸或肺挫伤导致的血气异常等。

（四）治疗

由于患有胸腰段脊椎骨折，脱位的患病动物常并发其他损伤，所以应先进行体格检查和稳定病情，处理威胁生命的外伤。外伤严重的动物应固定于硬平台上，治疗休克和稳定T-L脊椎。进行初步固定和神经系统检查有助于定位骨折、脱位及制订治疗方案。当初步检查动物意识清醒时，应进行胸段和腰段的X射线检查。根据最初神经状态、系列神经系统检查、脊柱稳定性的X射线检查评价（如骨折是稳定型还是不稳定型等）和并发损伤的有无，决定采取保守治疗或手术治疗。

1. 保守治疗 包括严格笼养、背支具、抗炎药物的使用和神经系统检查。

能走动的动物应在笼子、犬舍或其他小空间范围中限制运动2～3周，用舒适的、加有良好衬垫材料的背支具或躯体矫形板支持脊柱，背支具或矫形板可用椴木或轻的纤维玻璃制成。

不能走动的动物应严格笼养、戴背支具。另外，不能走动的患病动物应该安顿在容易接近水和食物的地方，躺卧的地方应干燥，每天压迫膀胱3～4次，灌肠，促进大小便的排出。并进行物理治疗，以保持肌肉和关节的功能。不主张使用截瘫小车，因为其支撑杆的压力集中到了胸腰段脊椎。

第1周每天均应进行两次神经系统检查，然后每天一次，直到动物出院。

也可以使用抗炎药和肌肉松弛药对患病动物进行治疗，这些药物可以单独使用或联合使用。根据患病动物的临床症状和治疗试验选择合适的用药方案。

2. 手术治疗 保守治疗失败或出现严重的神经功能性损伤的患病动物可以采用手术治疗。手术治疗的目的包括脊髓和神经根的减压及脊椎骨折、脱位的稳定。骨折、脱位的复位通常可以达到减压的效果。很少需要椎板切除术和团块切除（椎间盘物质、骨碎片）。

多种手术均能达到稳定效果，其目的是充分固定脊椎，包括应用施氏针和异丁烯酸甲酯（骨水泥）、椎体接骨板、背侧棘突矫形板、改良型脊柱分节固定或以上技术的联合应用。

根据骨折的位置、大小、年龄、患病动物的情况以及可利用的器械和术者的经验选择手术方法。

三、胸腰段脊椎、脊髓和神经根的肿瘤

胸腰段脊椎、脊髓和神经根的肿瘤按其来源可分为三类：硬膜外的肿瘤来源于骨和脊柱旁组织，约占脊髓肿瘤的40%，预后不良；硬膜内-髓外的肿瘤来源于神经根和脑脊膜，约

占脊髓肿瘤的50%，预后慎重；硬膜内-髓内的肿瘤来源于神经胶质细胞，约占脊髓肿瘤的10%，重症患病动物不会好转。

胸腰段脊椎、脊髓和神经根的肿瘤大多数是硬膜外的，通常起源于椎骨。淋巴肉瘤在猫是最常见的脊柱肿瘤，并且通常发生在硬膜外。硬膜内-髓外的和髓内的肿瘤在猫很少发生。当肿瘤压迫神经组织（如脊髓和神经根）或浸润到脊椎和它的支持结构就会导致病理性骨折的发生。

（一）症状

胸腰段脊椎、脊髓和神经根肿瘤的患病动物通常没有性别或品种的差异。大多数患病动物大于5岁，但也有例外。良性肿瘤，单独的或多发性软骨性外生骨疣通常发生于1岁以下动物。

患硬膜外肿瘤的动物，伴有急性疼痛和上或下运动神经元（UMN或LMN）性不同程度的后肢轻瘫；患有硬膜内-髓外肿瘤的动物，表现钝性背部疼痛或后肢跛行，有不同程度的单肢轻瘫的慢性病史（数月至数年）；髓内肿瘤的患病动物经常在一个长的潜伏期之后出现畸形后肢轻瘫，有或无背部疼痛。

（二）诊断

胸腰段脊髓肿瘤的体格检查和神经系统检查发现随肿瘤的位置、脊髓和神经受压迫的程度、肿瘤生长速度和肿瘤的继发效应（如类肿瘤综合征）的不同而异。T3～L3段脊髓的肿瘤会出现不同程度的背部疼痛和上运动神经元（UMN）后肢轻瘫，然而L4～S3脊髓肿瘤有不同程度的腰痛和下运动神经元（LMN），后肢轻瘫。

1. X射线检查和脊髓造影检查　探查性X射线检查能检测出脊椎、脊髓或神经根肿瘤，也包括骨质增生、骨质溶解或椎间孔溶解。大多数脊髓和脊柱旁椎骨肿瘤的诊断需要应用脊髓X射线造影术。脊髓X射线造影术把肿瘤分成硬膜外的、硬膜内-髓外的和髓内的三类。有时必须用CT扫描或MRI才能确诊肿瘤在椎骨、脊髓或神经根的浸润程度。

2. 实验室检查　实验室检查通常正常或反映类肿瘤综合征。脑脊液（CSF）分析通常不是特异的诊断方法，但细胞类型或炎症病变的迹象可能有助于肿瘤的诊断。

肿瘤类型的鉴别诊断是以肿瘤的位置（如骨、脊髓、神经根肿瘤或转移瘤）和脊髓X射线造影分类（如硬膜外的、硬膜内-髓外的或髓内的）为基础的。

（三）治疗

术前动物应该静脉输液和注射类固醇如泼尼西龙（静脉输液，每千克体重30mg）。类固醇可以帮助在手术操作过程中保护脊髓。

应以原发性损伤和肿瘤的继发效应作为选择药物治疗的依据。通过手术暴露和切取病理组织活检，来确定肿瘤的类型后制定化疗、放疗计划。

手术技术包括背侧椎板切除术和半椎板切除术，有或无关节面切除术和椎间孔切开术。每种方法切除不同的背侧棘突、椎板、椎弓根和关节面。

接受背侧椎板切除术的患病动物保定时要求背部稍微屈曲，以使关节面和椎间孔张开，便于充分暴露。接受半椎板切除术的患病动物要求患侧稍微旋转（大约15°），以便于充分暴露患病脊椎的背外侧。

如果要暴露硬膜外的和硬膜内-髓外的肿瘤，需要施行广泛的椎板切除术、关节面的切除术和椎间孔的切开术。而髓内肿瘤的暴露和去除，则必须用到背侧或半椎板切除术和硬脑膜切开术。手术过程中，尤其是在切除肿瘤组织或浸润的神经组织时，超声吸引器的使用非常重要。

四、强直性脊柱炎

强直性脊柱炎（ankylosing sporidylitis，AS）是以颈、胸、腰段脊柱关节和韧带以及骶髂关节的炎症和骨化为特征的血清类风湿因子呈阴性的脊柱疾病。

（一）病因

病因尚不清楚。有人认为属于风湿病范畴，是阴性脊柱关节病中的一种，引起脊柱强直和纤维化，造成弯腰、行走等活动受限，并可有不同程度的眼、肺、肌肉、骨骼的病变；也有人认为与自身免疫功能的紊乱有关，所以也属自身免疫性疾病。本病又名 Marie-strümpell 病、Von Bechterew 病、类风湿性脊柱炎、畸形性脊柱炎、类风湿中心型等，均称为 AS。髋关节常常受累，其他周围关节也可出现炎症。本病一般与 Reiter 综合征、牛皮癣关节炎、肠病性关节炎等统属血清阴性脊柱病。

（二）症状

强直性脊柱炎的显著特点是由于轴肌端炎和滑膜炎的高发生率，最终导致骶髂关节和脊柱的纤维化和晚期的骨性强直。但该病以肌腱端炎、指/趾炎或少关节炎起病，部分病例可发展成骶髂关节炎和脊柱炎，伴有或不伴有急性前葡萄膜炎或皮肤黏膜损害等关节外表现。肌腱起始端炎症，发生在足（跖）底筋膜炎和（或）跟骨骨膜炎及跟腱炎，可引起足后跟疼痛。肌腱端炎，是脊柱关节病的主要特征，炎症起源于受累关节的韧带或关节囊附着于骨的部位、关节韧带附近以及滑膜、软骨和软骨下骨。

虽然所有强直性脊柱炎患畜均有不同程度的骶髂关节受损，临床上真正出现脊柱完全融合者并不多见。骶髂关节炎引起的腰部疼痛具有隐匿性、难以定位，并感到臀部深处疼痛这种疼痛早期往往是单侧和间歇性的，几个月后逐渐变成双侧和持续性，并且下腰椎部位也出现疼痛。特别是较长时间保持某一姿势或早晨睡卧后起来时症状加重（即所谓“晨僵”），但躯体活动或热水浴可明显缓解“晨僵”的症状。

（三）诊断

临床上根据颈及胸腰段脊柱强直和背部疼痛等初步诊断，但确诊需要做 X 射线、CT、MRI 和造影检查。

（1）X 射线检查要注意骶髂关节改变、脊柱改变、髋膝关节改变及肌腱附着点的改变等。

骶髂关节：在早期，关节边缘模糊，并稍致密，关节间隙加宽；中期，关节间隙狭窄，关节边缘骨质腐蚀与致密增生交错，呈锯齿状。晚期，关节间隙消失，有骨小梁通过，呈骨性融合。

脊柱改变：脊柱的病变发展到中、晚期可见到韧带骨赘（即椎间盘纤维环骨化）形成，甚至呈竹节状脊柱融合，普遍骨质疏松，关节突关节的腐蚀狭窄骨性强直，椎旁韧带骨化，脊柱畸形，椎间盘、椎弓和椎体的疲劳性骨折和寰枢椎半脱位。

髋膝关节改变：双侧髋关节受损早期骨质疏松，闭孔缩小，关节囊膨胀；中期，可见关节间隙狭窄，关节边缘囊性改变或髋臼外缘、股骨头边缘骨质增生（韧带骨赘形成）；晚期可见关节间隙消失，有骨小梁通过，关节呈骨性强直。

肌腱附着点的改变：多为双侧性，早期见骨质浸润致密和表面腐蚀，晚期可见韧带骨赘形成（骨质疏松、边缘不整）。

（2）CTMRI和造影检查：X射线平片只能诊断较为典型的骶髂关节炎，但对早期骶髂关节炎的诊断比较困难。CT或MRI检查可早期发现骶髂关节病变。

（四）治疗

本病没有特效治疗方法，但早期治疗可缓解疼痛和减轻脊柱强直，抑制症状发展，预防畸形。后期治疗在于矫正畸形和治疗并发症。

药物治疗：目前治疗强直性脊柱炎的主要药物仍是非类固醇抗炎药物（NSAID），无论是急性发病还是在慢性病程中，都可使用。短期口服皮质激素也有一定作用。此外，卓比林口服（盐酸替泊沙林，首次量每千克体重20mg，维持量每千克体重10mg，1次/d，连用7～10d），比前者效果更佳，副作用更小。

其他方法可考虑外科治疗、中医中药和针灸治疗等。

还应注意并发症的治疗：

眼部并发症：可局部或全身应用阿托品和糖皮质激素，以治疗或预防虹膜炎发展为青光眼和失明。

心脏并发症：主动脉瓣关闭不全、充血性心力衰竭、心脏扩大、心脏传导阻滞的治疗，与其他原因造成上述心脏异常的治疗相同。有手术指征时，可考虑手术治疗。

肺部并发症：并发细菌或真菌感染时，可应用有效的抗生素或抗真菌制剂。

其他：当颈椎畸形压迫神经时，可手术切除骨板，解除压迫症状。

第三节 腰椎疾病

一、腰荐椎间盘脱位

腰荐椎间盘脱位（dislocation of intervertebraldiscs of lumbar and sacral vertebra）是由于腰荐部椎间盘组织发生挤压或者突出，造成对脊髓、脊髓神经或神经根的压迫的疾病。椎间盘组织常见病理性变化是软骨样变或纤维化样变。前者常见于软骨发育不良的品种犬，如腊肠犬；后者则多见于大型品种犬。

根据严重程度共分为两种，即Ⅰ型和Ⅱ型。Ⅰ型是指髓核顶着纤维环突出进入椎管。Ⅱ型是指髓核从纤维环直接脱出压迫脊髓和神经根。

（一）病因

对于Ⅰ型椎间盘疾病，其病因如下：软骨营养障碍（如腊肠犬）使髓核水分逐步丢失，椎间软组织逐步矿物化，于是分散压力的能力逐步降低，从而出现纤维化退化、破裂，造成椎间盘脱位；血管受损和机械性外扭力的共同作用，导致椎间盘脱出，使脊髓受伤。

对于Ⅱ型椎间盘疾病，其病因如下：品种偏好，如大型犬常见。大约在5岁龄时，纤维化组织开始退变、破裂，纤维化变性逐步加重，最终出现椎间盘组织脱位压迫脊髓。

（二）症状

患该病的动物，临床症状呈现为急性或慢性表现。Ⅰ型椎间盘疾病往往是急性发作，而

Ⅱ型则发展缓慢，常为慢性经过。弓腰，不愿活动，腰荐部有触痛感，根据病情发展，其周围组织紧张程度也不同。部分病例出现单侧或双侧跛行，也有大小便失禁的情况。

根据临床症状的严重程度，常分为以下 5 级：

1 级：腰荐部疼痛，感觉过敏。

2 级：轻瘫，但尚可自由行走。

3 级：轻瘫，不能走动。

4 级：麻痹，但深部刺激有感觉。

5 级：麻痹，深部刺激无感觉。

（三）诊断

1. 放射学检查 X 射线侧位片可见射线不能通过脊髓椎管，椎间隙变窄或者呈楔形，上窄下宽。

2. 造影检查 如果 X 射线平片不能确诊，可考虑脊髓造影进一步诊断。

3. CT 或者 MRI 也是更加准确的诊断手段。

该病需要与局部损伤、肿瘤、脊髓病区别。

（四）治疗

病情轻微的动物，可以严格限制过度活动，维持 2～3 周，观察病情是否发展；使用消炎或镇痛药物，缓解局部疼痛。如口服泼尼松，每千克体重 0.5mg，2 次/d；表现有神经损伤，保守治疗效果不佳时，采用手术治疗。

二、马尾综合征

多种病理失调，如急性 L6/L7 椎间盘突出，脊椎炎与 L7/S1 后天性狭窄，都是源于马尾综合征（cauda equina syndrome）。这种疾病包括压迫、破坏、炎症或影响血管以及神经根的所有可能原因，常以各式病名存在，如腰骶椎关节强硬、腰骶狭窄、腰骶畸形、腰骶病等。

（一）病因

局部解剖形状异常，身体活动性，脊椎畸形，遗传因素都是该病形成的潜在因素。最常见原因就是变形性腰骶狭窄，此处软组织与骨骼突出性改变撞击神经根或者马尾处的脉管系统。腰骶关节在运动弯曲时承受巨大的力量。由于变性原因引起的腰骶运动异常导致骨骼代偿性改变，如腰骶端面硬化，关节表面骨赘，关节韧带增生，关节面、关节囊增生，后臀部肿胀。随后会压迫椎管内的脊髓终端和邻近神经根。

（二）症状

神经症状包括背腰疼痛、跛行、本体感受缺陷、坐骨神经支配的肌肉萎缩、进行性后腰轻瘫、尾部软弱无力、泌尿器官后膀胱括约肌紊乱、感觉异常。下背疼痛，临床检查时疼痛加重是本病的最重要特点。患病动物俯卧后难于起身或不愿跳跃，一些力量性的活动后疼痛尤其明显。德国牧羊犬最易发生该病。患病动物呈现特殊姿势，松弛骨骶关节以增加直径与椎间孔，因此加重了对神经根的压迫。

（三）诊断

鉴于该病的复杂病因，除了需要进行放射学检查、造影检查、硬膜外检查外，还需进行彻底的身体检查与神经性检查。犬站立时，指压 L7 与 S1 腰椎外的棘突，会引起腰骶疼痛（图 10-1）。髋关节外展同样也会引起腰骶疼痛。经直肠手指压腰骶关节会进一步明确疼痛部位。运动时会出现神经性的间歇性跛行。

图 10-1　马尾综合征

硬膜外造影检查有助于确诊，MRI 比 CT 更能检测出由软组织增生引起的椎管狭窄，诊断早期的椎间盘变性。

（四）治疗

对于早期疼痛轻微、病症不明显的病例，可采取保守治疗方法，如限制运动、充分休息，同时可以配合使用抗炎药物和镇痛药物以控制炎症发展，缓解疼痛。

若有持续性疼痛或者出现神经压迫症状，保守疗法效果不佳时，则可以考虑手术治疗。通过后部椎板切开术或者腰骶关节固定融合术，减轻局部神经压迫以达到减压目的。

术后护理：保证动物安静休息是极其重要的，至少 6 周不能做力量性的活动。在此期间可以做适当的渐进性恢复锻炼。对于肥胖动物则一定要限制过度饮食，并逐步减去多余体重。

（彭广能）

第十一章 疝

第一节　概　述

疝（hernia）是内脏器官从异常扩大的自然孔道或病理性破裂孔脱至皮下或其他解剖腔的一种常见外科病。在临床上，各种动物均可发生，但以猪、马、牛、羊更为常见，尤其是仔猪。小动物中犬的发病率较高，猫亦可发生。野生动物的疝也有报道，如新生东北虎崽的腹股沟疝。引起疝的常见病因有某些解剖孔（脐孔、腹股沟环等）的异常扩大、先天性膈肌发育不全、机械性外伤、腹压增大、小母猪阉割不当等。

（一）疝的组成

疝由疝孔（疝轮）、疝囊和疝内容物组成。

1. 疝孔　系异常扩大的自然孔道（如脐孔、腹股沟环）或病理性破裂孔（如钝性外力造成的腹肌撕裂），内脏可由此脱出。疝孔是圆形、卵圆形或狭窄的通道。由于解剖部位不同和病理过程的时间长短不一，疝孔的结构也不一样。初发的新疝孔，多数因断裂的肌纤维收缩，使疝孔变薄，且常被血液浸润。陈旧性的疝多因局部结缔组织增生，使疝孔增厚，边缘变钝（图 11-1）。

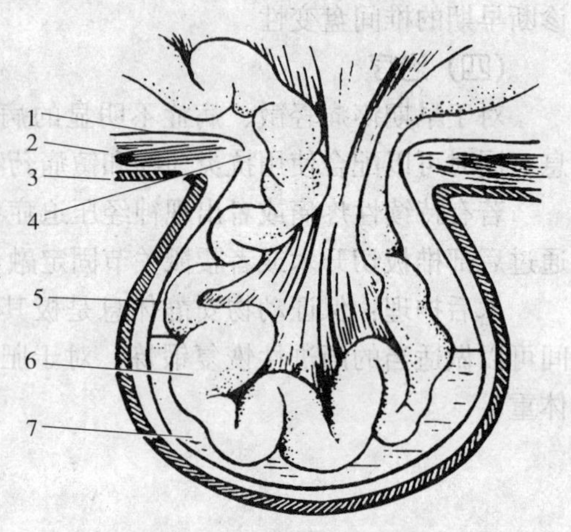

图 11-1　疝的模式图

1. 腹膜　2. 肌肉　3. 皮肤　4. 疝轮
5. 疝囊　6. 疝内容物　7. 疝液

2. 疝囊　由腹膜及腹壁的筋膜、皮肤等构成，腹壁疝最外层常为皮肤。典型疝囊应包括囊口（囊孔）、囊颈、囊体及囊底。疝囊的大小及形状取决于发生部位的局部解剖结构，可呈卵圆形、扁平形或圆球形。小的疝囊常被忽视，大的疝囊可达排球大或更大，在慢性外伤性疝囊的底部有时发生脱毛和皮肤擦伤等。

3. 疝内容物　为通过疝孔脱出到疝囊内的一些可移动的内脏器官。常见疝内容物有小肠、肠系膜、网膜，其次为瘤胃、真胃、肝、子宫、膀胱等，几乎所有病例疝囊内都含有数量不等的浆液——疝液。这种液体常在腹腔与疝囊之间互相流通。在可复性疝的疝囊内疝液常为透明、微黄色的浆液性液体。当发生嵌闭性疝时，起初由于血液循环受阻，血管渗透性增强，疝液增多，然后由于肠壁的渗透性被破坏，疝液变为浑浊，呈淡紫红色，并带有恶臭腐败气味。在正常的腹腔液中仅含有少量的中性粒细胞和浆细胞，如果血管和肠壁的渗透性发生改变，在疝液中可以见到大量崩解阶段的中性粒细胞，而几乎看不到浆细胞，依此可作为是否有嵌闭现象存在的一个参考指征。当疝液减少或消失后，脱到疝囊的肠管等和疝囊发生部分或广泛粘连。

（二）疝的分类

1. 根据疝部是否突出体表来分 凡突出体表者称为外疝（例如脐疝），凡不突出体表者称为内疝（例如膈疝、网膜疝）。

2. 根据发病的解剖部位来分 可分为脐疝、腹股沟阴囊疝、腹壁疝、会阴疝、闭孔疝、膈疝等。

3. 根据发病原因来分 可分为先天性疝（遗传性疝）和后天性疝（病理性疝）。先天性疝多发生于初生幼畜，后天性疝则见于各种年龄的动物。

4. 根据疝内容物可否还纳来分 分为可复性疝与不可复性疝。前者指当改变动物体位或压挤疝囊时，疝内容物可通过疝孔还纳腹腔。后者指不管是改变体位还是挤压疝内容物都不能回到腹腔内，故称为不可复性疝。不可复性疝根据其病理变化有两种情况：一种为粘连性疝（dry hernia），即疝内容物与疝囊壁发生粘连、肠管与肠管之间相互粘连、肠管与网膜发生粘连等；二为嵌闭性疝（incarcerated hernia）。

嵌闭性疝又可分为粪性、弹力性及逆行性等数种。粪性嵌闭疝是由于脱出的肠管内充满大量粪块而引起，使增大的肠管不能回入腹腔。弹力性嵌闭疝是由于腹内压增高而发生，腹膜与肠系膜被高度牵张，引起疝孔周围肌肉反射性痉挛，孔口显著缩小。逆行性嵌闭疝（retrograde incarcerated hernia）是由于游离于疝囊内的肠，其中一部分又通过疝孔钻回腹腔中，二者都受到疝孔的弹力压迫，造成血液循环障碍（图 11-2）。以上三种嵌闭性疝均使肠壁血管受到压迫而引起血液循环障碍、淤血，甚至引起肠管坏死。

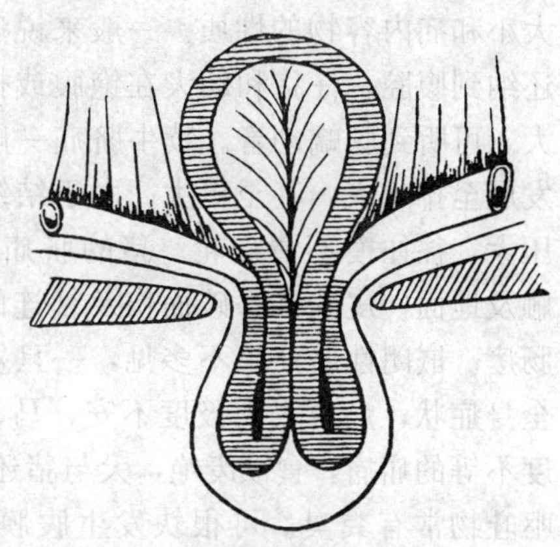

图 11-2 逆行性嵌闭疝

（三）症状

先天性外疝，如脐疝、腹股沟疝、会阴疝等的发病都有其固定的解剖部位。可复性疝一般不引起动物全身性障碍，而只是在局部呈现一处或多处隆起，隆起物呈圆形或半圆形，球状或半球状，触诊柔软。当改变动物体位或用力挤压时隆起部能消失，可触摸到疝孔。当病畜强烈努责或腹腔内压增高或吼叫挣扎时，隆起会变得更大，表明疝内容物随时有增减的变化。外伤性腹壁疝随着腹壁组织受伤的程度而异，在破裂口的四周往往有不同程度的炎性渗出和肿胀，严重的逐步向下向前蔓延，压之有水肿指痕，很容易发展形成粘连性疝。嵌闭性疝则突然出现剧烈的疝痛，局部肿胀增大、变硬、紧张，排粪、排尿受到影响，严重时大、小便不通或发生继发性臌气。

（四）诊断

腹壁疝诊断并不难，应注意了解病史，并从全身性、局部性症状中加以分析，要注意与血肿、脓肿、淋巴外渗、蜂窝织炎、精索静脉肿、阴囊积水及肿瘤等进行鉴别诊断，主要从发生部位、有无疝孔、可否还纳、有无胃肠蠕动音和穿刺液的性质进行区别诊断。会阴疝还应与直肠憩室、肿瘤等鉴别诊断。膈疝需借助 X 射线进行诊断。

第二节 脐 疝

脐疝（umbilical hernia）在各种家畜均可发生，但以犊牛、仔猪、幼犬较为多见，幼驹也不少。一般以先天性原因为主，可见于初生时，或者出生后数天或数周。犊牛的先天性脐疝多数在出生后数月逐渐消失，少数病例愈来愈大。犬、猫在2～4周龄内常有小脐疝，多数在5～8月龄后逐渐消失。发生原因是脐孔发育不全、闭锁不全、脐部化脓或腹壁发育缺陷等。

胎儿脐静脉、脐动脉和脐尿管通过脐管走向胎膜，它们的外面包围着疏松结缔组织。在胎儿出生后脐孔闭合，留下脐带瘢痕。如果断脐不正确（如断脐太短）或发生脐带感染，脐孔过大或者不正常闭合，此时若动物出现强烈努责、用力跳跃或仔猪之间相互拱腹等原因，使腹内压增加，脐孔扩大，肠管容易通过脐孔进入皮下形成脐疝。

（一）症状

脐疝经常在脐部出现一个球形肿胀物（图11-3），质地柔软，有的紧张，缺乏红、热、痛等炎症反应。病初深部触诊肿胀物可探明脐孔的大小和疝内容物的性质。一般来说疝内容物可以被还纳到腹腔。仔猪和幼犬在饱腹或挣扎时脐疝可增大。可听到肠蠕动音。犊牛脐疝一般由拳头大小可发展至排球大，甚至更大。由于结缔组织增生及腹压大，往往摸不清疝轮。猪的脐疝如果疝囊膨大，触及地面，皮肤被磨破而伤及粘连的肠管，可形成肠瘘。嵌闭性脐疝虽不多见，一旦发生就有明显的全身症状，病畜表现极度不安，马、牛均可出现程度不等的疝痛，食欲废绝，犬与猪还可以见到呕吐，呕吐物常有粪臭。可很快发生腹膜炎，体温升高，脉搏加快，如不及时进行手术则常引起死亡。

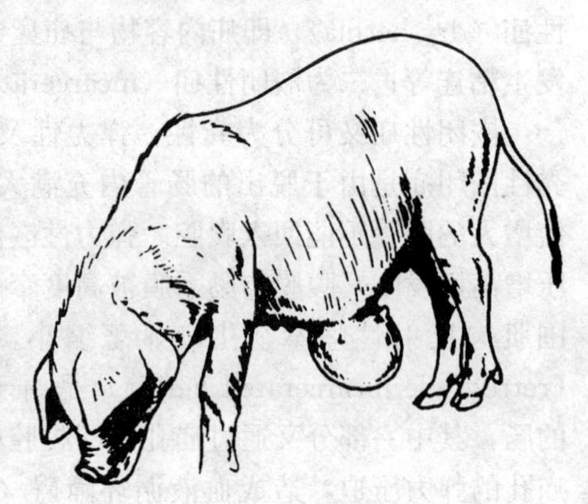
图11-3 猪的脐疝

（二）诊断

应注意与脐部脓肿和肿瘤相区别，必要时可做诊断性穿刺或X射线和B超检查。X射线检查一般不适用于小的脐疝，B超检查也可以帮助探查疝的内容物。

（三）预后

可复性脐疝预后良好，经保守疗法治疗常能治愈。嵌闭性疝预后可疑，如能及时进行手术治疗，则预后良好。

（四）治疗

非手术疗法（保守疗法）适用于疝轮较小的脐疝。可用疝气带（纱布绷带或复绷带）、强刺激（如碘化汞膏或重铬酸钾软膏）等促使局部炎症增生闭合疝口。但强刺激剂能使炎症扩散至疝囊壁及其中的肠管，引起粘连性腹膜炎。用95%酒精（2%碘酊或10%～15%氯化钠溶液代替酒精），在疝轮四周分点注射，每点3～5mL，有一定效果。国外用金属制疝夹治疗马驹可复性脐疝，疝轮直径不超过6～8cm时可成功。

幼龄动物可用一大于脐环的、外包纱布的小木片或硬纸板等抵住脐环，然后用绷带加以固定，以防移动。若同时配合疝轮四周分点注射10%氯化钠溶液，效果更佳。

目前认为最佳的保守疗法是皮下包埋锁口缝合法。此法简单易行可靠。方法是缝针带缝线绕疝孔皮下一周，还纳内容物，然后拉紧缝线闭合疝孔打结。

手术疗法比较可靠。术前禁食，按常规无菌技术施行手术。全身麻醉或局部浸润麻醉，仰卧或半仰卧保定，在疝囊基部呈纵向梭形切开皮肤，充分止血，向疝环处分离皮下组织、肌肉直到疝环轮，小心将疝囊壁内层（增厚的腹膜）与疝轮剥离。待疝囊壁腹膜与疝轮完全分离后，仔细切开疝囊壁，以防伤及疝囊内的脏器。认真检查内容物有无粘连和坏死。有粘连者仔细剥离粘连的肠管，若有肠管坏死，需行肠管部分切除术。若无粘连和坏死，可将疝内容物直接还纳腹腔内，然后在疝环处用缝线结扎上述剥离的疝壁腹膜，剪去疝囊，将结扎的腹膜端还纳入腹腔。先对两侧疝轮（也可前后疝轮）按水平褥式缝合法放置缝合线（7号或10号丝线，依张力而定），不打结，待所有水平褥式缝合线全部预置完成后，逐个将水平褥式缝合的两线端抽紧打结，闭合疝轮。检查疝孔的闭合情况，必要时在水平褥式缝合间加结节缝合。结节缝合皮肤。

脐疝的手术方法可用于任何种类的动物，但猪有几种情况应加以考虑。最常见到疝囊的腹膜发生脓肿，如仔细手术，可完整摘除脓肿，而不致造成破裂。其次是公猪的包皮覆盖疝轮时，可沿包皮做马蹄铁形切口（马蹄形开口向后），即分别沿疝囊基部和包皮（距阴茎及包皮开口1～2cm）做U形皮肤切口，分离包皮及阴茎下的结缔组织，将包皮及阴茎翻向一侧，除去两U形切口间的疝囊皮肤组织，形成近椭圆形的皮肤创口。在疝囊基部皮肤切缘处向疝轮方向按上述方法将疝囊内层与疝轮剥离、闭合疝轮。将包皮恢复至正常位置，用4号丝线对阴茎或包皮下筋膜组织与腹壁创面的筋膜或肌肉组织进行多个结节缝合，以防止死腔形成，最后结节缝合皮肤。若有死腔形成，创液积聚，感染化脓，会影响手术创愈合，最终引起手术的失败。

大动物的脐疝手术在全身麻醉下后躯半仰卧保定，将后肢向后伸直，按无菌手术操作在脐的两侧做梭形切口，沿疝轮的边缘做钝性分离。分开皮肤与疝轮，将腹膜囊推入腹腔，用1号缝线做内翻缝合。用3号或4号缝线做腹壁肌肉与筋膜的重叠褥状缝合，皮肤做减张缝合。

现在已有人造的脐疝修补网，并成功地用于牛、马。制修补网的材料有塑料、不锈钢、尼龙及碳纤维等。修补网有两种用法，一种放置在腹腔疝环的内面，另一种放在疝轮的外侧面。用脐疝修补网缝合在疝环内或疝轮外进行修补手术。

（五）术后护理

术后不宜喂得过饱，限制剧烈活动，防止腹压增高。术部包扎绷带，保持7～10d，可减少复发。连续应用抗生素5～7d。

第三节 腹股沟阴囊疝

腹股沟阴囊疝（inguinal hernia and scrotal hernia）常见于公猪和公马，其他公畜比较少见。母猪、母犬常发生腹股沟疝。正常情况下，猪胎儿的睾丸在卵受精80～90d之间下降至腹股沟管的下方，在100d后睾丸下降至阴囊内，此时腹股沟管关闭，腹壁完整，即使腹内压力增高时，腹壁仍有足够的抵抗力起到保护作用，不会发生疝。若腹股沟环过大，或腹壁薄弱或缺损，抵抗力不足时，腹内压力一旦增高，则容易发生疝，如果在出生时发生，则为先天性腹股沟阴囊疝；若在出生后发生，则为后天性腹股沟阴囊疝。公马配种时两前肢凌空，身体重心向后移，腹内压加大，有时发生腹股沟阴囊疝，还可发生于装蹄时保定失误，马因剧烈挣扎而加大腹内压力所引起。公猪去势后也可发生。

(一) 局部解剖

腹股沟管或称腹股沟隙，是斜贯于腹壁后部、耻前腱两侧的一条潜在性管道，即睾丸下降时，睾丸和精索经过的斜行间隙通道。管内有精索、鞘膜管和睾内提肌。管的前壁是腹内斜肌的后部，后外侧是腹股沟韧带。有内外两口，管内口称腹股沟深环或腹环，也称内环，界于腹内斜肌后缘和腹股沟韧带之间的缝隙；管外口称腹股沟浅环或皮下环，也称外环，为腹外斜肌髂板与腹板之间的一椭圆形裂孔。猪的内环与外环很近，腹股沟管实质上不存在。牛、羊等反刍动物的腹股沟管比马短，因腹内斜肌并未达到后部，反刍动物内环占有的空间位置附着于腹内斜肌，比猪更向后延伸，但并不及马那样广泛。阴囊呈袋状，内有睾丸、附睾及精索的睾丸端。阴囊壁有 4 层，由外向内依次为皮肤、筋膜、睾外提肌和总鞘膜。其中总鞘膜为腹膜壁层的延伸部，贴附于阴囊腔的内表面，并向睾丸、附睾和精索折转移行，同时附着于这些器官的表面，形成固有鞘膜（相当于腹膜脏层）。在总鞘膜和固有鞘膜之间的腔隙称为鞘膜腔。腔内有少许淡黄色浆液（阴囊液）。鞘膜腔上端窄细，形成鞘膜管，经腹股沟管通腹腔。发生阴囊疝时，腹腔内脏经鞘膜管坠入鞘膜腔。

(二) 症状

腹股沟疝有单侧性和双侧性两种。临床上腹股沟疝常在内容物被嵌闭、出现腹痛和轻度跛行时才发现，或当疝内容物窜入阴囊，才引起畜主的注意。疝内容物通常是小肠、肠系膜、子宫或大肠，有时为膀胱等。其疝内容物直接脱至腹股沟外侧的皮下，耻骨前腱膜腹白线两侧，局部膨胀突起，肿胀物大小随腹内压及疝内容物的性质和多少而定（图 11-6）。触之柔软，无热、无痛，无全身症状，常可还纳于腹腔内。若脱出时间过长可发生粘连和嵌闭，触诊有热痛，疝囊紧张，动物有腹痛或因粪便不通而腹胀，肠管淤血、坏死，食欲下降，精神不振，甚至死亡（图 11-4、图 11-5）。

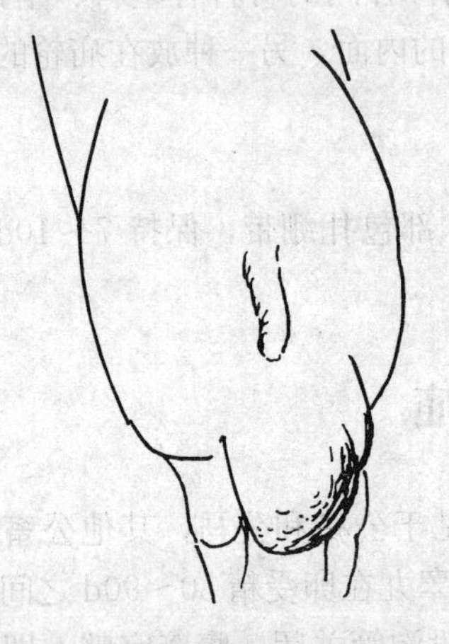

图 11-4 公猪腹股沟阴囊疝

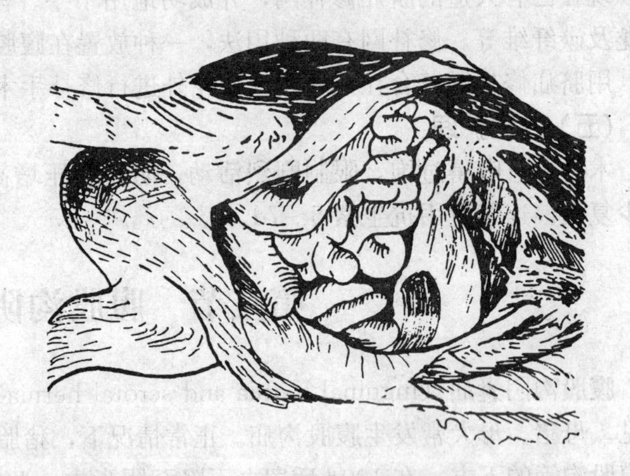

图 11-5 公猪腹股沟阴囊疝发生粘连和嵌闭，最终死亡

当发生腹股沟阴囊疝时，一侧性或双侧性阴囊增大，皮肤紧张发亮，触诊时柔软有弹性，无热、无痛；有的呈现发硬、紧张、敏感。听诊时可听到肠蠕动音。先天性及可复性疝时直肠检查可触知腹股沟内环扩大（大动物可以容纳 3 指），落入阴囊的肠管随腹内压的大

小而有轻度变化。嵌闭性腹股沟疝的全身症状明显，若发现和采取紧急措施不及时，往往因耽误治疗而发生死亡。病畜表现为剧烈的腹痛，一侧（或两侧）阴囊变得紧张，出现水肿、皮肤发凉（少数病例发热），阴囊的皮肤因汗液而变湿润。病畜不愿走动，并在运步时后肢开张，步态紧张；脉搏及呼吸数增加。随着炎症的发展，全身症状加重，体温增高。当嵌闭的肠管坏死时，表现为嵌闭综合征，必须采取急救手术切除坏死肠段，方能挽救动物生命。

猪的腹股沟阴囊疝症状明显，一侧或两侧的阴囊增大，仔猪打架撕咬、拱腹等凡能使腹内压增大的原因均可引起疝囊增大，触诊时阴囊硬度不一，可摸到疝的内容物（多为小肠），如果提举两后肢，常可使疝内容物回至腹腔而使阴囊缩小，但放下后或腹压加大后又恢复原状。少数亦可成为嵌闭性疝，肠管可与阴囊壁发生部分或广泛性粘连。

（三）诊断

根据临床症状较易做出诊断。大家畜可进行直肠检查触摸内环的大小，并可摸到通过内环的内脏。腹股沟阴囊疝应与阴囊积水、睾丸炎、附睾炎、肿瘤相区别。前者触诊柔软，直肠检查可触摸到疝内容物。阴囊积水触诊有波动感；睾丸炎和附睾炎在炎症阶段局部有热、有痛，触诊肿胀稍硬，动物反应明显；肿瘤较硬实，无明显热痛。

（四）治疗

动物嵌闭性疝具有剧烈腹痛等全身症状，只有立即进行手术治疗才可能挽救其生命。可复性腹股沟阴囊疝，尤其是先天性的，有可能随着年龄的增长其腹股沟环逐渐缩小而达到自愈，但本病的治疗还是以早期进行手术为宜。

大动物应该在全身麻醉下进行手术，既可消除努责，又便于还纳脱出的内容物。若不是为了保留优良的种公畜，整复手术常与公畜去势术同时进行。手术切口选在靠近腹股沟内环稍后方处，纵切皮肤，分离皮下结缔组织，然后剥离总鞘膜，并将疝内容物还纳入腹腔，同时可由助手将手伸向直肠内帮助牵引，或者鉴定整复是否彻底。将总鞘膜及精索捻转成索状后于距离腹股沟内环 2～3cm 处，用 12 号缝线贯穿双重结扎精索，随即连同总鞘膜一并切除睾丸。将切断精索的游离端送回腹股沟管中作为生物填塞，用缝线在每边缝 1～2 针，起固定作用，然后撒布青霉素粉，皮肤结节缝合。对于腹股沟阴囊疝肠管脱出较多、且又发生嵌闭的，必须先将腹股沟环扩大，以改善脱出肠管的血液循环，并同时用温热的灭菌生理盐水纱布托住嵌闭的肠管，视肠管的颜色和蠕动状况确定是否还纳腹腔或做肠管切除术。对嵌闭性腹股沟阴囊疝肠管已处于坏死状态的病例，应先夹住坏死肠管然后再扩开腹股沟疝环进行肠管切除术。若先扩开疝环再夹住坏死肠管，肠内毒素被吸收，可能会引起家畜中毒性休克、死亡。若嵌闭肠管的前段积气、积液，应在肠管切除后、吻合前将其排出。

猪的阴囊疝可以在局部麻醉下进行手术，犬应在全身麻醉下手术。在疝环处纵向切开皮肤和浅、深层的筋膜，至暴露疝环总鞘膜，然后将总鞘膜与周围组织分离，还纳内容物入腹腔。对于已经发生肠粘连的，先切开总鞘膜，暴露粘连的肠段，然后做钝性剥离。在剥离时用浸以温灭菌生理盐水的纱布慢慢分离，对肠管轻轻压迫，以减少对肠管的刺激和防止剥破肠管。在确认肠管完全剥离后，再还纳全部内容物入腹腔，水平褥式缝合闭合疝环。皮肤和筋膜做结节缝合。术后不宜喂得过饱，适当控制运动。未去势的，可在手术的同时摘除睾丸。

公牛阴囊疝手术可在睾丸上方的阴囊颈部皮肤做切口，钝性分离阴囊皮肤与鞘膜，直至腹股沟环为止。捻转总鞘膜，在尽量靠近外环处做一个结扎，在结扎线下方切除睾丸与总鞘膜，将精索末端推向内环，并用灭菌纱布压住，以便固定断端于内环处，皮肤做一系列褥状缝合以固定纱布，48h内将缝线与纱布拆除。局部按开放创处理。此方法适用于病期较长的大疝病例，这些病例多数有广泛性的粘连，在整复内容物返回腹腔以前应将粘连剥离。

治疗公牛阴囊疝的另一方法是剖腹术，将内容物还纳腹腔后缝合腹股沟内环。在阴囊疝的同侧做剖腹术，术者的手经切口伸向腹股沟环，触诊可知内容物从腹腔通过腹股沟环而至患侧阴囊，粗大的内容物往往不能立即拉回腹腔，当助手协助托起阴囊内容物时，术者可能将疝内容物慢慢牵引回腹腔，但有时可发现粘连，妨碍疝的整复，这时可用手指轻轻剥离开。疝环可用大号弯针引缝线穿过，做锁口缝合或纽扣状缝合，拉紧闭合内环。腹膜与腹肌切口用2号铬制肠线做连续缝合，皮肤结节缝合，14d左右拆除皮肤缝线。

修补腹股沟疝时，平行于腹皱褶，在外环疝囊的中间切开皮肤，钝性分离，暴露疝囊，向腹腔挤压疝内容物，或抓起疝囊扭转迫使内容物通过腹股沟管整复到腹腔。若不易整复，可切开疝囊，向前方纵向扩大腹股沟环口。疝内容物送入腹腔后，紧贴疝囊内缘结扎疝囊，切除疝囊。然后，用结节缝合法将围成内环的腹内斜肌和腹直肌缝到腹股沟韧带（即腹外斜肌腱膜的后缘）上，闭合内环；将腹外斜肌腱膜的裂隙对合在一起，闭合外环。也可采用水平褥式缝合法直接闭合疝环，其方法是术者左手伸入疝环内引导缝针缝合，先由疝前外侧处由外向内进针，从疝环穿出，然后在疝环后内侧处1～2cm处由外向内进针穿过腹直肌，与疝环弧形一至方向行走1cm左右后再将针向外穿出，最后缝针进入疝环内，在疝环前外侧第一针的进针附近由内向外穿出，两线尾用止血钳夹在一起暂不打结。根据疝环大小再作同样数针缝合，各褥式缝合均匀分布，逐一抽紧缝线打结。穿针时应注意避开疝环内侧及疝环外侧（大腿根部）附近的血管，以免引起大出血。结节缝合皮肤。

第四节　外伤性腹壁疝

外伤性腹壁疝（traumatic ventral hernia）可发生于各种动物。由于腹肌或腱膜受到钝性暴力的作用而形成腹壁疝的较为多见。腹壁疝多发部位是牛、马、骡的膝褶前方下腹壁。此局部是由腹外斜肌、腹内斜肌和腹横肌所构成，肌纤维很少，对于外伤的抵抗能力较弱，易形成腹壁疝。牛常见的是发生在左侧腹壁的瘤胃疝及右侧剑状软骨部的真胃疝，牛的腹肌中腱质含量比较少，因此比马更易破裂。猪多见于腹侧阉割部位。犬、山羊和鹿多见于肋弓后方的下腹壁。

（一）病因

本病主要是强大的钝性暴力所引起。由于皮肤的韧性及弹性，仍能保持其完整性，但皮下的腹肌或腱膜直至腹膜易被钝性暴力造成损伤而破裂。北方见于畜力车的支车棍挫伤或猛跳、后坐于车把上，也有被饲槽所挫伤的，或倒于地面突出物体上等。南方多见因牛角斗或放牧时被树桩抵撞而引起。鹿、山羊常发生于抵角争斗之后。犬常发生于相互斗咬或车祸。另外，因剖腹产腹壁闭合不严密或腹内压过大，如母畜妊娠后期或分娩过程中难产强烈努责等引起。

（二）症状

外伤性腹壁疝的主要症状是腹壁受伤后局部突然出现一个局限性扁平、柔软的肿胀，触诊时有疼痛、温热感（图 11-6）。常为可复性，多数可摸到破裂孔。伤后 2d，由于炎症反应逐渐发展，可形成越来越大的扁平肿胀并逐渐向下、向前后蔓延（图 11-7）。外伤性腹壁疝可伴发淋巴管断裂，淋巴液流出。受伤后腹膜炎所引起的大量腹水，也可经破裂的腹膜而流至肌间或皮下疏松结缔组织中而形成腹下水肿，此时原发部位变得稍硬。发病两周内常因大面积炎症反应而不易摸清疝轮。疝囊的大小与疝轮的大小有密切关系，疝轮越大则脱出的内容物也越多，疝囊也越大。但也有疝轮很小而脱出大量小肠，此情况多因腹内压过大所致。外伤性腹壁疝很容易发生粘连和嵌闭，一旦发生粪性嵌闭则出现程度不一的腹痛。病畜的表现有轻度不安、前肢刨地、时卧时起、急剧翻滚，有的因未及时抢救继发肠坏死、剧烈疼痛、休克而死亡。

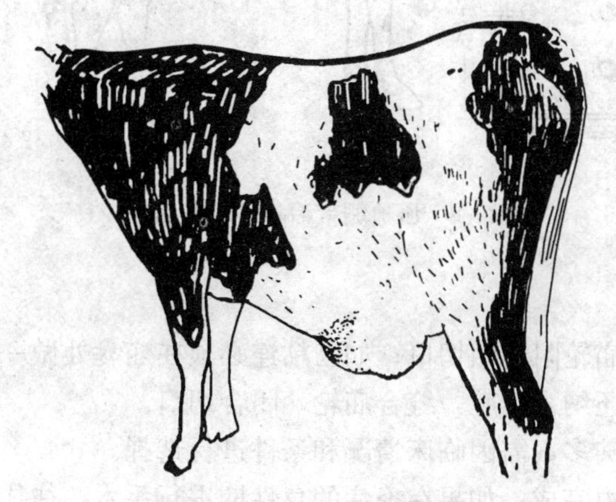

图 11-6　奶牛腹壁疝
局部出现一个扁平、柔软的肿胀

图 11-7　奶牛腹壁疝
局部肿胀，逐渐向下向后蔓延

腹壁疝内容物多为肠管，但也有网膜、真胃、膀胱、怀孕子宫等脏器，并经常与相近腹膜或皮肤粘连，尤其是伤后急性炎症阶段更为多见。

（三）诊断及鉴别诊断

外伤性腹壁疝的诊断可根据病史，如受钝性暴力后突然出现柔软可复性肿胀，触诊能摸到疝轮，能听到肠蠕动音，疝囊体积时大时小，有的甚至随着肠管的蠕动而忽高忽低。腹壁外伤性炎性肿胀有其发生规律，马属动物最为明显，一般在第 3～5d 达最高峰，因炎性肿胀常常妨碍触摸出疝的范围，更不易确定疝轮的方向和大小，因此诊断为腹壁疝时应慎重。有时还会误诊为淋巴外渗或腹壁脓肿。淋巴外渗发生较慢，病程长，既不会发生疝痛症状，也无疝轮，穿刺流出透明淡黄色的液体。而腹壁脓肿穿刺流出脓汁。此外，还应与蜂窝织炎、肿瘤和血肿进行鉴别诊断。

（四）治疗

可采用保守治疗和手术疗法。

1. 保守疗法　适用于初发的外伤性腹壁疝，凡疝孔位置高于腹侧壁的 1/2 以上，疝孔小，有可复性，尚不存在粘连的病例，可采用保守疗法。在疝孔位置安放特制的软垫，用特制压迫绷带在畜体上绷紧后起到固定填塞疝孔的作用。随着炎症及水肿的消退，疝轮即可自行修复愈合。缺点是压迫绷带有时会移动而影响疗效。小动物如犬可用弹力胶带或绷带压迫疝孔。大家畜压迫绷带的制备：用橡胶轮胎或 0.5cm 厚的胶皮带切成长 25～30cm、宽 20cm

的长方块，根据具体情况在橡胶块的边缘处打上数个小孔。每孔接上条状固定带，以便绕腹部固定。固定法：先整复疝内容物，在疝轮部位压上适量的脱脂棉（图11-8）。随即将压迫绷带对正患部，紧紧压实，同时系牢固定带，经过15d左右，即可解除压迫绷带。

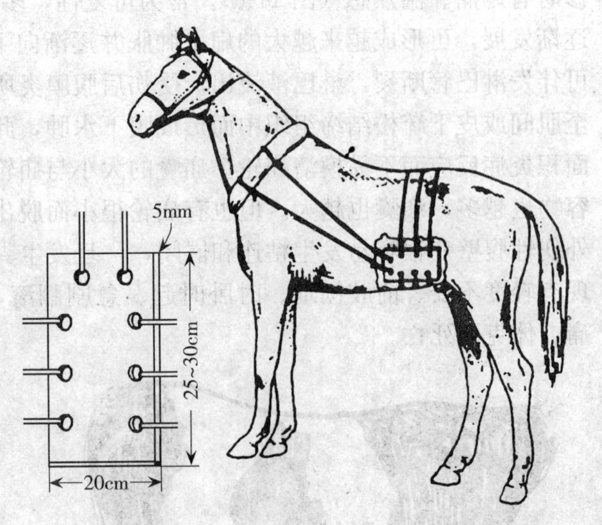

图 11-8 压迫绷带治疗马腹壁疝

2. 手术疗法 手术是治疗外伤性腹壁疝的可靠方法。术前充分禁食，以防腹内压升高，便于修补破口。手术根据病情决定，尽可能在发病后立即手术。现将手术疗法要点分述如下：

（1）*保定和麻醉*：马、犬等侧卧保定，患侧在上，行全身麻醉。牛可站立保定或侧卧保定，做局部浸润或腰旁神经传导麻醉，同时配合使用静松灵或安定等药物。

（2）*手术径路*：在病初尚未粘连时，可在疝轮附近做切口；如已粘连必须在疝囊处做一皮肤梭形切口。钝性分离皮下组织，将内容物还纳入腹腔，缝合疝轮，闭合切口。

（3）*疝修补术*：外伤性腹壁疝的修补方法甚多，需因临床情况和条件进行选择。

腹壁疝的手术时间，新发生的，应在24h内完成。如果在炎症的急性期进行手术，往往由于局部炎性水肿，组织变脆难以闭合疝轮，而且容易发生局部感染，为此，新发生的疝应在24h内完成。如果手术时机已错过，需等待局部炎症消退后施术，一般在发病30d后进行手术。

新发生腹壁疝，因疝轮的大小不等而有所不同，应区别对待。当疝轮小、腹壁张力不大，若腹膜已破裂时，可用肠线缝合腹膜，用丝线结节或内翻缝合法闭合疝轮。当疝轮较大、腹壁张力大，缝合过程病畜挣扎时可能发生撕裂时，应对腹肌做8字缝合或水平褥式缝合，并补加结节缝合，必要时还可对疝轮（经皮肤）做减张缝合（图11-9）。皮肤结节缝合。

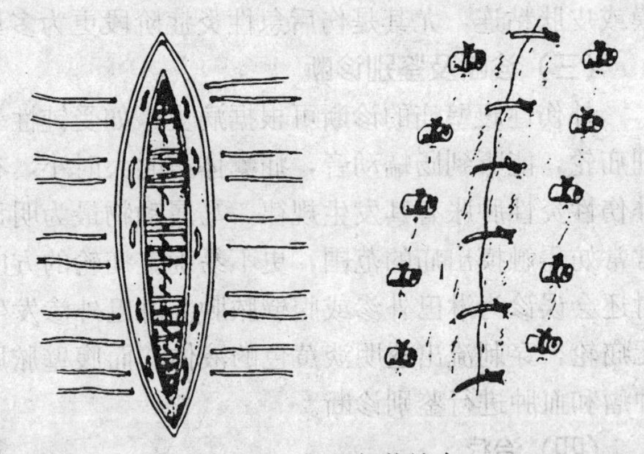
图 11-9 双组扣状缝合

陈旧性腹壁疝，因腹部疝急性期错过手术治疗的机会，或因其他原因造成疝轮大部分已瘢痕化，肥厚而硬固的疝称为陈旧性腹壁疝。对陈旧性疝轮必须做修整手术，将瘢痕化的结缔组织用手术刀切削成新鲜创面，如果疝轮过大还需要邻近的纤维组织或筋膜做成修补瓣以填补疝孔。在切开皮肤后先将疝囊的皮下纤维组织用手术刀将其与皮肤囊分离，然后切开疝囊，将一侧的纤维组织瓣用水平褥式缝合法缝合在对侧的疝轮组织上，根据疝轮的大小做若干个水平褥式缝合；再将另一侧的组织瓣用水平褥式缝合法覆盖在上面，最后用减张缝合法闭合皮肤切口。

近年来，国外选用金属丝或合成纤维如聚乙烯、尼龙丝等材料修补大型疝孔，取得了较好的效果。也有用钽丝或碳纤维网修补马的下腹壁疝孔的报道。方法是先在疝部皮肤做椭圆形切口，选一块比疝孔周边略大 2～3cm 的钽丝网，将其插入腹壁肌与腹膜之间，用缝线固定钽丝网做结节缝合，然后选用较粗的缝线做水平钮孔状缝合，关闭疝孔，皮肤做结节缝合。

少数腹壁疝病例已发生感染时，应在施行疝的修补术前控制感染，然后再进行手术。

(4) *术后护理*：注意术后是否发生疝痛或不安，尤其是马属动物的腹壁疝，如疝内容物修复不确实、手术粗糙过度刺激内脏或术后粘连均可引起疝痛。此时要及时采取必要的措施，甚至重新做手术。腹壁疝手术部位易伤及膝褶前的淋巴管，常在术后 1～3d 出现高度水肿。应与局部感染所引起的炎症相区别，并采取相应措施。保持术部清洁、干燥、防止摔跌。嵌闭性疝的术后护理可参照肠梗塞护理方法，尤其要注意肠管是否通畅，并适当控制饲喂。为防止感染，术后 3～5d 要抗菌消炎。

第五节 会阴疝

会阴疝（perinealhernia）是由于盆腔肌组织缺陷，网膜及腹腔脏器从直肠膀胱褶或直肠生殖褶处向骨盆腔后结缔组织凹陷内突出，以致脱向会阴部皮下一侧或两侧。疝内容物常为膀胱、前列腺、肠管或子宫等。本病常见于牛（水牛多见）、猪和犬等动物，其中母畜和公犬多见。

（一）病因

本病主要由营养性和动力性两大因素引起，并往往是这两个因素的共同作用。当动物长期处于低水平营养，瘦弱，固定膀胱的韧带松弛，膀胱的腹膜后部结缔组织和骨盆后部（包括直肠周围、阴道底壁）结缔组织疏松时，会导致膀胱或肠管向骨盆后方部位脱出，特别在腹压增高如胎儿过大、分娩时努责、前列腺肿大或囊肿引起的排尿困难等情况下更易发生。故本病多发生于老年或瘦弱动物。

（二）症状

在肛门、阴门近旁或其下方出现无热、无痛、柔软的肿胀，常为一侧性。用手由下向上挤压肿胀时常会逐渐缩小。如疝内容物为膀胱时，用灭菌针头穿刺排出尿液。母牛阴道底壁疝多发生于产后，临床上与阴道脱垂十分相似而经常与之并发。由于膀胱向阴道底壁垂脱，迫使阴道向后上方脱出，轻者阴唇打开，严重者外阴肿胀并延续到阴户下联合部。膀胱脱出过多时，尿道曲折，迫使尿道口向膀胱脱垂一侧的对方偏斜，排尿时尿液向一侧排出，尿流细小或分段排出，排尿困难。触诊阴道凸起部感到柔软而波动，用手向盆腔推压可使肿胀缩小，但松手后又逐渐胀大，阴道脱垂过久后常继发化脓。猪会阴疝往往可在抬高后躯时缩小，但放下或挣扎、努责后又会变大。犬的会阴疝常因直肠囊向一侧扩张（见消化系统疾病直肠憩室部分）、膀胱或前列腺移位造成。膀胱会阴疝见肛门一侧逐渐肿大，患犬排尿减少或停止，极度不安，闭尿时间长时出现呕吐，按压肿胀物时常因尿道折转而无尿排出，穿刺排出血色尿液。前列腺会阴疝可伴随膀胱疝发生，也可单发。后一种情况常有前列腺肿大或囊肿，触诊为稍硬实肿胀物，可伴有尿闭。

(三) 治疗

手术修补的效果良好。其方法如下：术前绝食 12～24h；温水灌肠，清除直肠内粪便，导尿。牛行前低后高的姿势站立保定，猪、犬行倒立保定或于头颈低于后躯的斜台面、后躯半仰卧保定。牛尾椎脊髓麻醉，猪、犬全身麻醉。手术径路在肛门外侧肿胀范围内，自尾根基部旁起，向下至肿胀部下部做一弧形皮肤切口。钝性分离皮下组织及筋膜，剥离腹膜样疝囊。小心切开疝囊，避免损伤疝内容物。辨清盆腔及腹腔内容物后，将疝内容物送回原位。膀胱积尿时应在排出尿液后还纳复位。复位困难时，可用夹有纱布球的长钳抵住脏器将其送回原位。子宫和膀胱复位时应避免扭转。为防止再次脱出，也可用长止血钳夹住疝囊底，沿长轴捻转疝囊，直至盆腔深处，然后在钳子上套上线圈，用另一把钳子把线圈推向疝囊颈部，尽可能在深处打一个外科结，并在靠近疝囊的地方进行结扎，其残余部分不必切除，可留在凹陷内深部作为填充物。此时在漏斗状凹陷内可见到肛门括约肌，并以此作支持封闭凹陷窝。封闭部位从漏斗状凹陷上部的尾肌到肛门括约肌、从凹陷侧壁的闭锁肌到肛门括约肌、从凹陷下壁的闭锁肌到肛门括约肌，依次各穿 2～3 针缝线（暂不打结），待所有缝线全部穿好后，在凹陷及手术区灌入抗生素溶液，再将各线分别打结，疝的漏斗状凹陷即被封闭。在直肠壁底部后端可见阴部内动脉、静脉和阴部神经，应注意不要误伤。最后适当切除一部分扩张的皮瓣，皮肤创做结节缝合，经 8～10d 拆线。

犬膀胱会阴疝还可在脐孔后腹中线（包皮前）做一小切口，将膀胱腹侧与腹底壁做 1～2 针缝合固定，可防止复发。

(四) 术后护理

保持术部清洁干燥，遇有粪便污染时应随时清除并消毒或更换绷带。术后应避免腹压过大或强烈努责，对并发直肠或阴道脱的病例亦应采取相应措施，以减少会阴疝的复发。注意抗菌消炎，防止手术创感染。对于尿闭时间较长的病例，还应注意护肝保肾。

第六节 膈 疝

膈疝（diaphragmatic hernia）是腹腔内一种或几种内脏器官通过横膈的破裂孔进入胸腔的一种病理状态。本病因膈的腱质部或肌质部遭到意外损伤或膈先天性缺损时发生，多见于牛、猪、马，犬也有发生。由于有些病例不表现症状，临床上不易发现。

(一) 病因和病理

牛膈疝多为后天性的，先天性的少见。先天性膈疝一般发生在膈腱质部，可因网胃或肝发生粘连而不出现症状。后天性膈疝与创伤性网胃-腹膜炎及分娩密切相关。此外，由于冲击、碰撞、跳跃、跌倒也可引起牛的膈破裂。

马驹先天性膈疝多见于左侧膈，也有位于左中部的，可出现肝脏或网膜粘连。后天性疝可发生于任何年龄和性别的马，常因强烈运动，如跳跃、外伤或增加腹压（怀孕后期或分娩）引起，还见于擦伤、撕裂伤、挫伤或骨折伴发膈疝。

犬的膈疝多由外伤引起。猪的膈疝可在一猪场同一种猪后代发生，似有遗传性。

膈疝可能是上述一种或几种原因引起。有的病例在生前未引起注意，死后才发现腹腔中的一部分脏器进入胸腔，并有广泛的粘连。若进入胸腔的疝内容物较多，对心、肺产生不同程度的压迫，则表现出呼吸或循环障碍的症状。

（二）症状

牛膈疝多呈慢性经过，常有反复臌气和食欲减退，反刍停止，粪便减少，呈糊状，病久则眼睑与颈部皮肤起皱襞，表明有脱水现象，被毛粗乱，有时磨牙，与迷走神经性消化不良症状相似（易混淆）。有时吐草团或草饼，3～4 周后瘤胃因蓄积大量酸性、腐败泡沫性内容物而显得很充盈，瓣胃与皱胃又相对空虚，由于前胃功能不足和营养缺乏而死于衰竭。

马膈疝症状差异很大，主要症状有疝痛和呼吸困难。多数病例呈慢性经过，疼痛症状在膈撕裂后不久，内脏嵌入后一段时间才出现。呼吸次数的增加是由于疼痛、内毒素以及肺塌陷所引起，并非特征性症状。肠梗塞是常见的死亡原因，小肠变位时肠梗塞的症状明显，常常比大肠梗塞致死更快。

猪膈疝常见于 10～40kg 的仔猪，呈“犬坐式呼吸”，肘外展，头颈伸展不愿卧地，呼吸深快。腹腔器官突入胸腔越多，对呼吸和循环的影响越大。患先天性膈疝的仔猪，常在奔跑或挣扎中突然倒地，呈现高度呼吸困难，可视黏膜发绀，安静后症状逐渐消失，也有的发生急性死亡。采食减少，腹泻或便秘交替出现，机体消瘦，生长发育不良。

犬膈肌破裂后涌入胸腔的腹腔内脏器官以胃、小肠和肝脏多见。其症状与膈破裂的程度、疝内容物的类别及其量的多少有关。如心脏受压则引起呼吸困难、心力衰竭、黏膜发绀，肺音、心音听诊不清；胃肠脱入可听到肠音；嵌闭后可引起急性腹痛，肝脏嵌闭可引起急性胸水和黄疸。

（三）诊断

先天性膈疝在出生后有明显的呼吸困难，常在几小时或几周内死亡。钡餐造影 X 射线摄影有助于确诊牛、犬和猪膈疝。另外，听诊心界不清、部分患马直肠检查可见后腹部空虚、剖腹探查术和瘤胃切开术验证大动物膈疝周围是否粘连、部分病例血液白细胞增多等可提供诊断参考。

（四）治疗

手术修补膈疝时，要注意预防心脏纤颤，它是手术的主要并发症。最好供给氧气，施行人工呼吸。牛在剑突后方，从中线一侧切开，根据疝环的位置，沿同侧肋骨做 25～35cm 的平行或弧形切口进入腹腔，分离粘连后，随即拉回坠入胸腔的内脏器官，注意不要损伤大的血管，用连续锁边缝合法闭合膈的疝孔。马膈疝手术修补术，沿腹中线从剑状软骨后做 20cm 长的切口，切开皮肤和腹壁，助手将疝内容物拉回腹腔后，采用结节或连续锁边缝合闭合疝孔。若疝孔过大缝合困难时可用一片合成纤维盖于疝环处，用双股 1 号或 2 号肠线做简单的连续缝合，相距 2cm，离疝轮边缘 3cm。分别闭合腹壁和皮肤。

犬、猪可在脐腹中线剖腹切开腹壁，放出过多的胸腔积液和腹水，仔细寻找膈肌破裂孔，轻轻拉出脱入胸腔的脏器。若为肝脏或脾脏脱入，因充血、质脆，应特别小心，以防破裂。缝合先在裂孔最深处进针，用简单连续锁边缝合法闭合膈破裂孔，闭合后抽出胸腔内气体。检查膈破裂孔处是否漏气，若漏气，做结节缝合即可。常规关闭腹腔。

所有手术病畜均应注意纠正水盐代谢紊乱，适当补充电解质和水，膈疝主要出现呼吸性酸中毒，应特别注意加以纠正。维生素连用 5～7d，其他治疗可根据术后情况决定。皮肤缝线在术后 8～10d 拆除。

（马卫明）

第十二章 直肠及肛门疾病

第一节 直肠及肛门解剖生理

一、直肠的解剖生理

直肠是结肠的延续部分，与结肠之间无明显分界。自骨盆腔前口起至肛门止，近似于自最后腰椎横断面或耻骨缘，沿骶骨（荐椎）腹面后行，在第2尾椎横断面上终止于肛门，方向成一直线，或稍倾斜。分前、后两部分。

（一）前部

又称腹膜部，此处有腹膜覆盖，与结肠相连接；此部狭窄，在直肠检查时称为直肠狭窄部。直肠腹膜部背侧由直肠系膜（相当于结肠系膜的延续部分）固定于荐椎腹侧。直肠腹膜部常位于骨盆腔正中矢状面的左侧，有时位于正中，偶尔见于右侧；腹侧面的位置则变动较大，膀胱或子宫充满时，可与直肠腹侧面相接。

腹膜在直肠背侧系膜的两侧向后延续，形成直肠旁窝（直肠旁凹陷）；自直肠翻转延展到骨盆腔顶壁和侧壁；在直肠下方构成生殖褶。腹膜在直肠与子宫或前列腺之间形成直肠生殖凹陷，再延续到膀胱背面，覆盖膀胱的前部，继而向侧壁和腹侧壁翻转，构成膀胱的侧韧带和正中韧带。母畜的生殖褶相当于子宫阔韧带。犬直肠几乎全部有腹膜被覆，腹膜的翻转线在第2～3尾椎的横断面（图12-1）。

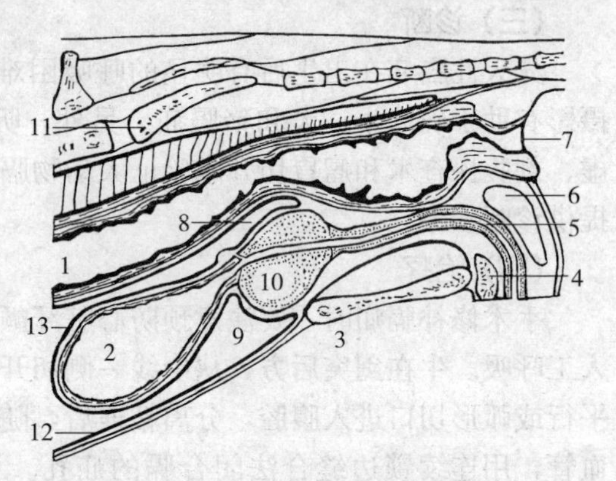

图12-1 公犬腹腔后部的腹膜覆盖
1. 降结肠 2. 膀胱 3. 耻骨及骨盆联合 4. 阴茎根 5. 尿道 6. 球海绵体肌 7. 肛门外口 8. 直肠生殖凹陷 9. 耻骨膀胱凹陷 10. 前列腺 11. 荐骨 12. 腹膜壁层 13. 腹膜脏层

（二）后部

又称腹膜外部，即位于腹膜反折垂直线以后的部分，无腹膜覆盖。此部肠腔膨大，又称直肠壶腹部或直肠膨大部，借疏松结缔组织、脂肪和肌肉（内侧肛提肌和外侧尾骨肌）附着于盆腔周壁。两侧及背面接骨盆壁，腹侧面在公畜邻接膀胱、输精管末端、精囊、前列腺、尿道球腺和尿道，母畜则与子宫、阴道及阴门相邻接；周围有大量疏松结缔组织。

（三）直肠壁的构造

直肠腹膜部由黏膜层、黏膜下层、肌层和浆膜层组成，腹膜后部缺乏浆膜层。肌层由纵行肌和环行肌组成，直肠膨大部肌层构造稍特殊，其中纵走纤维很厚，构成大肌束，束间的连接比较疏松，直肠的两侧各有一条大的斜行带（直肠尾骨肌），向后上方抵止于第 4～5 尾椎。直肠的黏膜下组织很发达，黏膜与肌层之间连接比较疏松，当直肠空虚时，黏膜形成许多皱褶。

二、肛门的解剖生理

肛门前接直肠，是消化道的末端，位于尾根下方，呈圆锥形突出，外面被覆薄的皮肤，无被毛生长，富有皮脂腺和汗腺。当收缩时，肛门中央凹入。肛门向前为肛管，肛管由三部分组成，前部为柱带，黏膜为皱褶状，皱褶脊称为肛柱；中间部为中间带或肛皮线，肛柱之间的小袋称为肛窦；外部为肛管皮带，有细毛和肛周腺，犬、猫等动物的肛管皮带部两侧有肛门囊（副肛窦）的腹外侧开口。肛管周围有两层肛门括约肌围绕。由于括约肌的收缩，除排粪期外，黏膜形成褶状闭锁；黏膜呈灰白色，缺腺体，被覆厚的复层扁平上皮。肛管的外口是肛门。

肛门内括约肌为直肠环行肌的末端部，肌肉发达，为平滑肌；肛门外括约肌为环行横纹肌，环绕前者的外围，有一些肌纤维向背侧方向走，附着于尾筋膜；还有一些附着于腹侧的会阴部筋膜，母马的此肌向下转为阴门缩肌。肛门括约肌起闭锁肛门的作用。

在肛门两侧有肛提肌（或肛缩肌），位于直肠与荐坐韧带之间、尾骨肌的内侧，宽而薄，肌纤维向后行，起自坐骨棘和荐坐韧带，止于肛门外括约肌的深侧面，其作用是排粪时可牵缩肛门。犬肛提肌较发达，自髂骨体、耻骨及骨盆联合起向后上方走，终止于第 2～7 尾椎及肛门外括约肌；本肌与尾骨肌相合形成一种类盆隔样结构，封闭盆腔后口（图12-2、图12-3）。

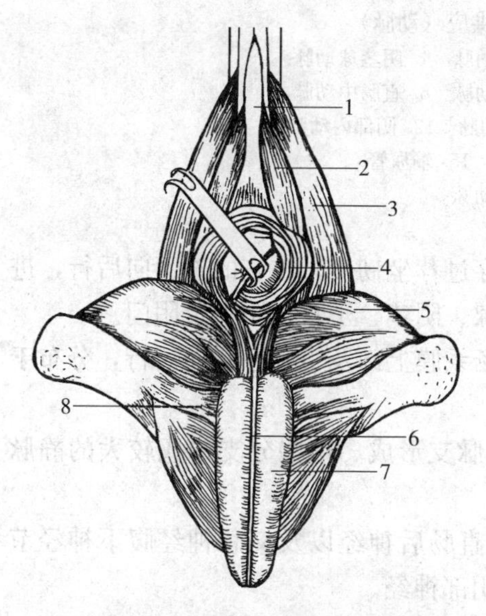

图 12-2　公畜直肠肛门肌肉（后面观）

1. 直肠尾骨肌　2. 肛提肌　3. 尾骨肌　4. 肛门外括约肌　5. 闭孔内肌　6. 阴茎缩肌　7. 球海绵体肌　8. 坐骨尿道肌

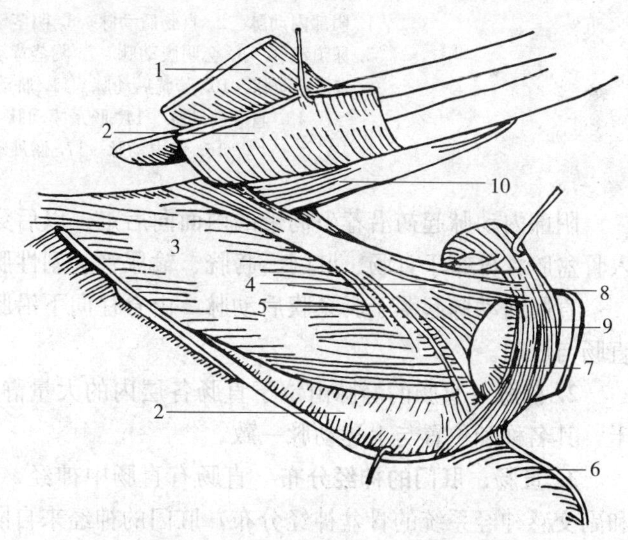

图 12-3　直肠肛门肌肉（侧面观）

1. 尾骨肌　2. 肛提肌　3. 直肠　4. 阴茎缩肌肛门部　5. 阴茎缩肌直肠部　6. 阴茎缩肌　7. 肛门囊　8. 肛门内括约肌　9. 肛门外括约肌　10. 直肠尾骨肌

尾骨肌位于肛提肌的内侧，短而厚，起自坐骨棘，止于 2～4 尾椎横突。直肠尾骨肌是直肠纵行肌层向尾骨腹侧面的延续，起自括约肌前方，直肠背侧面，止于尾椎。

肛门囊又称副肛窦，位于肛门内、外括约肌之间（近似于时钟的4～5点和7～8点处），开口于肛管皮带部；囊壁内含有皮脂腺，分泌灰色不洁的皮脂样物质，呈黏液状、恶臭味，肛门括约肌的张力控制囊内物质的排放。当排便时或受到刺激时，肛门外括约肌收缩，使囊内容物通过管道排出。

三、直肠、肛门的血液供应和神经分布

1. 动脉 直肠由阴部内动脉系统的直肠中动脉和直肠后动脉以及由肠系膜系统的直肠前动脉获得血液（图12-4）。

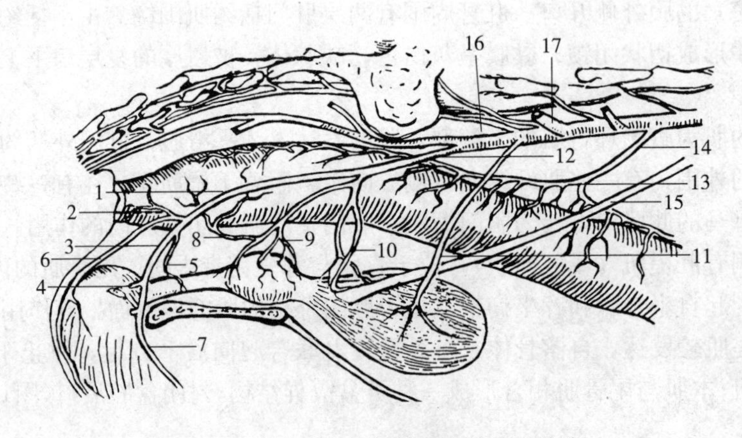

图12-4 公犬直肠肛门部血液供应（动脉）

1. 阴部内动脉 2. 直肠后动脉 3. 阴茎动脉 4. 阴茎球动脉 5. 尿道动脉 6. 会阴腹动脉 7. 阴茎背动脉 8. 直肠中动脉 9. 前列腺动脉 10. 膀胱后动脉 11. 脐动脉 12. 阴部内动脉 13. 直肠前动脉 14. 肠系膜动脉 15. 输尿管 16. 髂内动脉 17. 髂外动脉

阴部内动脉起初沿荐坐韧带的内面向后走，以后穿过荐坐韧带，在它的外面向后行，进入骨盆腔，分布于直肠、肛门、膀胱、输尿管、副性腺、阴茎、子宫、阴道及阴门。

直肠前动脉起源于肠系膜后动脉，由脊柱向下沿肠系膜上部及直肠系膜向后行，分布于直肠与肛门。

2. 静脉 直肠的静脉由位于直肠各层内的大量静脉支形成。这些分支构成较大的静脉干，其名称和位置与上述动脉一致。

3. 直肠、肛门的神经分布 直肠有直肠中神经、直肠后神经以及交感神经腹下神经节和副交感神经系统的骨盆神经分布，肛门的神经来自阴部神经。

第二节 先天性直肠、肛门畸形

一、锁 肛

锁肛（atresia ani）是肛门被皮肤所封闭而无肛门孔的先天性畸形。家畜中以仔猪最常

见，犬、羔羊、驹及犊牛偶尔可见到。

（一）病因

在胚胎早期，尿生殖窦后部和后肠相接共同形成一空腔，称为泄殖腔；在胚胎发育第 7 周时由中胚层向下生长，将尿生殖窦与后肠完全隔开，前者发育为膀胱、尿道或阴道等，后肠则向会阴部延伸发育成直肠。在第 7 周末会阴部出现一凹陷，称为原始肛；遂向体内凹入与直肠盲端相遇，中间仅有一膜（肛膜）相隔，随后肛膜破裂即成肛门。但其中有个别的发育不全，即后肠、原始肛发育不全或发育异常，可出现锁肛或肛门与直肠之间被一肛膜所隔的直肠、肛门畸形（图 12-5）。

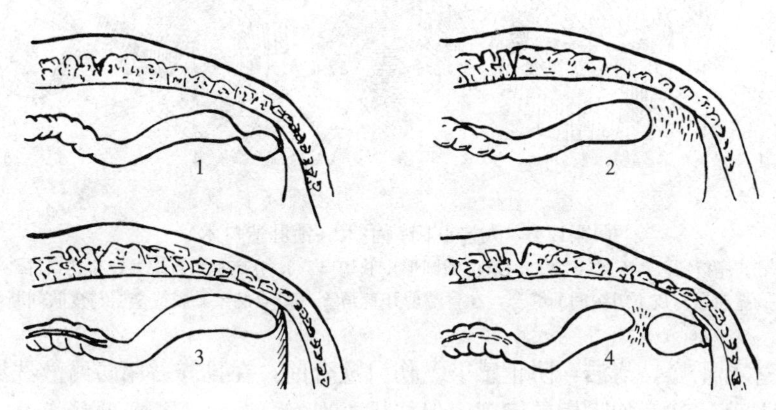

图 12-5　肛门直肠闭合畸形类型

1. 肛门与直肠狭窄（肛门与直肠相通）
2. 肛门直肠闭锁（多见；直肠盲端远离肛门皮肤）
3. 肛门膜状闭锁（肛门口处有一膜状覆盖）
4. 直肠后端闭锁（少见；肛门正常，直肠盲端远离肛管并无肠壁连接）

（二）症状和诊断

仔畜出生后一时不易发现，但在 24h 或数天后病畜腹围逐渐增大，频频作排粪动作，腹痛，猪常发出刺耳的叫声，拒绝吸吮母乳，此时可见到在肛门处的皮肤向外突出，触诊可摸到胎粪。如在发生锁肛的同时并发直肠、肛门之间的膜状闭锁，则可感觉到薄膜前面有胎粪积存或波动。若并发直肠、阴道瘘或直肠尿道瘘，则稀粪可从阴道或尿道排出；若排泄孔道被粪块堵塞，则出现肠闭结症状，最后多以死亡告终。

与直肠闭锁的鉴别诊断。直肠闭锁是直肠盲端与肛门之间有一定距离，因胎儿时期的原始肛发育不全所致，症状比锁肛严重，努责时肛门周围膨胀程度比锁肛小。

锁肛和直肠闭锁可通过 X 射线检查确定。抬高患畜后躯，根据肠内气体聚集于直肠末端的部位来判断，气体在接近体表的肛门处者，为锁肛。

（三）治疗

施行锁肛造孔术（人造肛门术）。可行局部浸润麻醉，倒立或侧卧保定。在肛门突出部或相当于正常肛门的部位，按正常仔畜肛门孔的大小做一圆形皮肤切口，仔细分离、显露直肠盲端，并在盲端切开直肠。将肠壁的黏膜层与皮肤创缘做结节缝合，使直肠盲端固定到皮肤上，然后在切口周围涂以抗生素软膏。若直肠盲端未到达会阴部皮肤下，可在切开皮肤后，仔细向骨盆腔方向分离皮下组织达直肠盲端；在直肠盲端上缝一根牵引线，一边向外牵引一边充分剥离直肠壁，使直肠盲端超出肛门口 2～3cm。然后，用细丝线将直肠壁肌层与四周皮下组织行固定缝合，用纱布隔离直肠与皮下组织，环切直肠盲端，取出胎粪；用抗生素生理盐水冲洗后，将直肠断端黏膜层与皮肤切口边缘行结节缝合（图 12-6）。对直肠盲端过于靠前的病例，需要同时做腹壁切开，经结肠侧壁切开排出蓄粪后分离直肠盲端并向后牵引至会阴部皮肤切口处。对体型小的动物，可以先做结肠造瘘术，半年或 1 年后再进行锁肛造孔术。

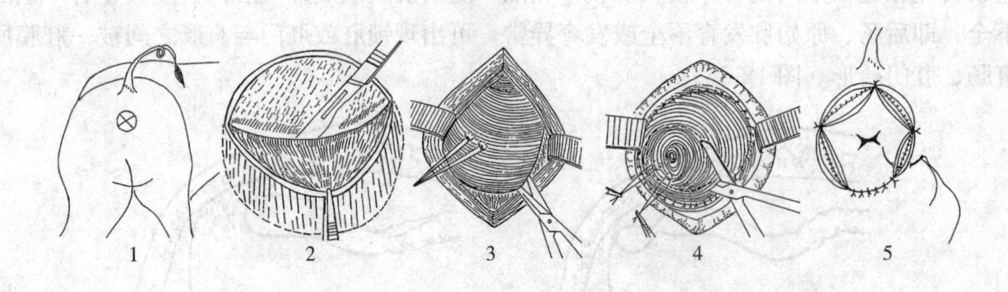

图 12-6　人造肛门口手术（锁肛造口术）

1. 仔猪锁肛　2. 在正常肛门口位做圆形皮肤切口　3. 分离直肠盲端并拉至切口外
4. 直肠壁肌层与皮下组织间断缝合，在盲端剪开直肠壁　5. 直肠壁黏膜或全层与皮肤间断缝合

术后保持术部干燥、清洁，防止感染。伤口愈合前，在排粪后用防腐液洗涤会阴部，擦干后涂抗生素软膏。注意加强饲养管理，保持排粪通畅，防止干粪或便秘。

二、直肠生殖道裂

直肠生殖道裂（anogenital cleft）主要见于雄性幼畜，雌性幼畜偶有发生，是在尿道和肛门处形成一明显的裂隙。雄性动物在胚胎发育时从后肠分离出的尿生殖道薄膜缺乏，形成尿道裂；同时，肛门和肛门括约肌腹侧发育不完整，使粪便和尿液经同一个孔排出。

雄性幼畜尿道直肠瘘病情较复杂，不同病例往往需要采取不同的治疗方法。例如，若无尿道狭窄且瘘管较细，可以直接做尿道修补术。术前做清肠处理（应用泻剂与灌肠）或做结肠造瘘术。患畜俯卧，后躯垫高，两后肢置于台面外，尾向背侧牵引固定。尿道冲洗消毒后，经尿道向膀胱内插入带气囊的双腔导尿管。用直角拉钩牵开肛门，见直肠内瘘管口。若瘘管口不清晰，可事先向尿道内注入美蓝，使直肠部瘘管口着色。直肠前段放置碘伏纱布球隔离肠内容物。环形切除瘘管口，游离尿道黏膜，分别缝合尿道黏膜、直肠壁，取出直肠内纱布球。术后给予肠外营养，禁食 1 周，术后 3～4 周取出膀胱内的导尿管。若瘘管口靠直肠的前部，可在肛门背侧做一弧形切口，切开直肠背侧壁（小型动物可同时切开肛门括约肌），充分显露直肠内的瘘管口；处理后，直肠壁做内翻缝合，肛门内外括约肌分别做对接缝合（图 12-7）。若存在尿道狭窄或尿道裂口较长，常需要做尿道截除吻合术和膀胱插管造瘘术。术后 2～3 周取出膀胱导管，3～4 周取出尿道导管。

雌性幼畜发生的直肠生殖道裂，主要通过手术矫形，进行肛门整形或肛门再造术；若是直肠阴道瘘管可采取闭合手术，在肛门和阴门之间横向切开，分离显露瘘管并进行瘘管切除术（见直肠疾病—直肠阴道瘘），分别闭合直肠壁和阴道壁的切口。

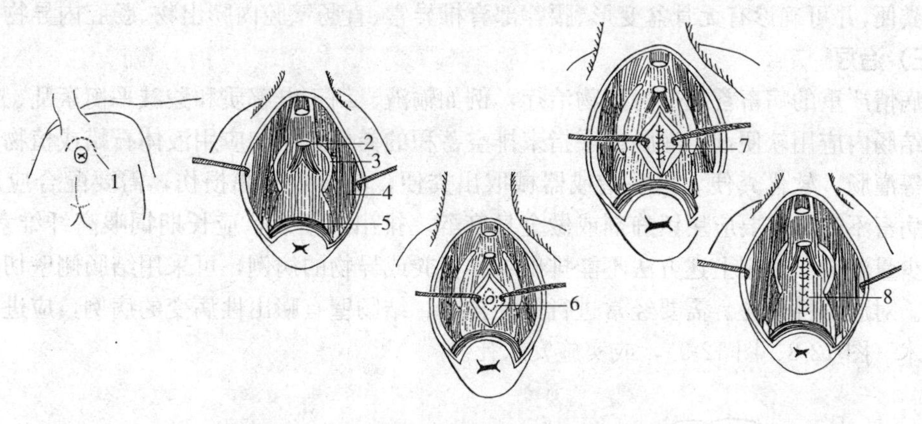

图 12-7　直肠尿生殖道瘘的直肠手术通路

1. 直肠背侧皮肤切开　2. 横断直肠尾骨肌　3. 分离肛提肌　4. 尾骨肌　5. 肛门外括约肌　6. 切开直肠背侧壁，显露直肠内瘘管口，并做直肠腹侧壁的梭形切除　7. 闭合尿生殖道和直肠腹侧壁切口　8. 闭合直肠背侧壁切口及横断和分离开的肌肉

三、巨 结 肠

巨结肠（megacolon）是指大肠直径增加、运动不足并伴有便秘现象的一种症状，而不是一种具体的疾病。可以是因结肠和直肠发育先天缺陷或畸形，也可以继发于结肠长期弛缓无力、排便困难和粪便蓄积。多发生于直肠和后段结肠，但有时可累及全结肠或整个消化道。

（一）病因

肠道运动机能紊乱，形成部分慢性肠梗阻，粪便不能顺利排出，淤积于结肠内，致结肠容积增大，结果出现代偿性肠壁扩张和肥厚。

在胚胎发育早期，消化道内成神经细胞从近侧向远侧发展，在肠壁肌层之间形成肠肌丛，然后成神经细胞从肠肌丛通过环状肌到黏膜下层并形成黏膜下丛。这种成神经细胞在发展过程中如果停止，在停止远端的肠肌丛和黏膜下丛内则缺乏神经节或神经节细胞。缺乏神经节或神经节细胞的后段肠管则处于持续痉挛收缩状态，造成部分的或完全的痉挛性肠梗阻。同时，肛门内括约肌张力增高，直肠肛管松弛反射消失，正常的排便机制紊乱，加重了粪便蓄积。久之，使近端肠管逐渐扩张，形成先天性巨结肠症。

结肠长期扩张、内分泌功能紊乱、支配结肠后段的神经系统损伤、行为异常等因素可导致结肠弛缓、无力；骨盆部骨折变形、大肠狭窄或肿瘤、肛门闭锁或狭窄、压迫性直肠狭窄、肠内异物等情况可导致排粪困难和粪便蓄积，进一步发展成后天性巨结肠症。

（二）症状和诊断

先天性巨结肠症多见于猫，犬较少见，其他动物也可发生；患病动物在生后2～3周出现症状。后天性巨结肠症与导致结肠弛缓无力和排粪困难的疾病有关。症状轻重依结肠阻塞程度而异，有的数月或常年持续便秘，便秘时仅能排出少量浆液性或带血丝的稀粪或水样粪便。病畜被毛蓬乱，精神沉郁，厌食，消瘦，里急后重。时间长的，腹围膨隆似桶状。有些病例因粪便蓄积，导致结肠炎，频频做排粪动作并有少量水样稀粪排出。腹部触诊可发现结肠扩张、内容物硬；直肠检查，内有硬粪块；腹部 X 射线检查和钡剂灌肠后 X 射线检查，可见结肠扩张，腔内充满高密度的粪便,并可确诊有无骨盆变形、腰荐部脊椎异常、直肠壁腔内膨出物、肠腔内异物等。

(三) 治疗

对病情严重的病畜首先进行药物治疗，例如输液、纠正电解质和酸碱平衡紊乱、补充能量等。结肠内应用软便剂、灌肠或手指来排空蓄积的粪便，例如应用液体石蜡或植物油、温肥皂水等灌肠，软化粪便。用手指或器械取出粪便，易导致黏膜损伤，需要配合应用抗生素；若病畜不安，需要应用镇静剂或做全身麻醉。排出粪便后，应长期饲喂高纤维素食物，并应用少量泄剂。对用上述方法不能排出结肠蓄粪或异物的病例，可采用结肠侧壁切开术取出蓄粪。对顽固性便秘、需要经常进行粪便排空、结肠壁有膨出性病变的病例，应进行结肠切除手术（图 12-8、图 12-9），或实施安乐死。

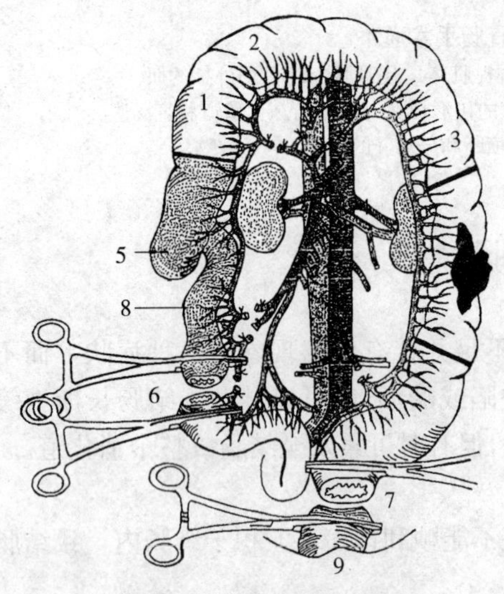

图 12-8 结肠截除范围
1. 升结肠 2. 横结肠 3. 降结肠
4. 结肠病灶 5. 盲肠 6. 回肠结肠吻合切口
7. 结肠末端切口 8. 回肠 9. 肛门

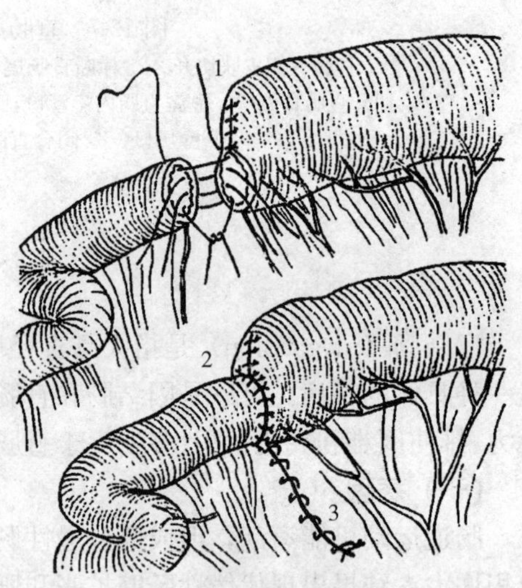

图 12-9 结肠回肠吻合术
1. 缩小结肠切口直径
2. 结肠回肠吻合
3. 缝合肠系膜

第三节 直肠疾病

一、直肠憩室

直肠憩室（rectaldiverticulum）是直肠壁局部向外膨出形成的囊状突出。常常多个同发，临床上以犬的直肠憩室多见。主要发生在直肠后部，可单侧发病，也有双侧同发。尤以老龄雄性犬为多，且常伴有会阴疝。

(一) 病因

正常时直肠末端由外侧的尾肌、肛提肌及骨盆隔膜从侧面支撑。当发生会阴疝时，这些肌肉受到不同程度的损害，直肠末端失去支撑或张力，肠壁向一侧伸展而形成憩室。如果肠内有异物或充满粪便时，后躯受到突然的撞击，可能促使直肠憩室的形成。在直肠憩室的形成过程中，突出的直肠黏膜分离和压迫肌纤维，使直肠肌层和肛门括约肌逐渐萎缩，加速了憩室的形成，也有少数病例是因直肠支持肌的缺损而发病。

（二）症状和诊断

病犬出现慢性肠便秘，频繁努责，里急后重。憩室内滞留较多粪便时可发展为憩室炎或直肠坏死。当并发会阴疝时，有的憩室可进入疝内。个别情况下也可造成直肠穿孔，引发腹膜炎或直肠周围脓肿。临床上，通过直肠检查、直肠镜检查、X 射线摄影均可确诊本病。

（三）治疗

直肠憩室无症状或症状不明显者可以不进行手术治疗，保持粪便稀软，便于排出；若出现较严重的里急后重症状，可进行温水灌肠。已形成的直肠憩室若不进行直肠手术，几乎不可能复位。手术时一般不需切除突出的黏膜，用可吸收缝线缝合直肠肌层及支撑肌的缺损；对重症犬应早期施以直肠肌层皱褶手术，或在直肠憩息部做直肠壁的纵行椭圆形切除术，然后分层缝合肠壁，闭合肠壁切口。当肛门外括约肌、内括约肌受损严重并伴发会阴疝或巨结肠症时，即使做了憩息手术也不可能恢复正常通便，因此，在治疗直肠憩息过程中需要同时修复会阴疝和恢复肛门括约肌的功能。对伴有前列腺肥大的犬，去势可恢复骨盆隔膜的张力，有利于直肠憩室的治疗。

二、直肠阴道瘘

直肠阴道瘘（rectovaginal fistulae）是直肠通过瘘管与阴道相通，排便时有粪便经阴道流出。

（一）病因

直肠阴道瘘多为先天性的，且常伴发锁肛。后天性的多见于成年母畜在分娩过程中因胎儿蹄及其他突出部分损伤阴道顶壁和直肠腹侧壁，在直肠阴道之间形成一个通道，粪便随后自直肠进入阴道，由阴门排出；有时人工助产、会阴部和直肠的手术也可能造成直肠阴道损伤或因术部感染化脓，发生直肠阴道瘘。

（二）症状和诊断

此类病例很少有其他临床症状，初生仔畜不易被发现，除非动物发生便秘或并发锁肛，因瘘管口较小、排便受阻时才被发现。病畜表现为腹围增大，排便困难，阴部周围因被粪便污染出现湿疹、敏感等症状，排便时有粪便经阴道流出。时间长的，可继发巨结肠症。

（三）治疗

手术修补是唯一的治疗方法。可在会阴正中线，由阴门向后上方至肛门缘切开，或在肛门和阴户之间做一横切口，分离直肠与阴道之间的结缔组织，至瘘管前方 2～3cm 为止。在阴道壁瘘管口周围行梭形切开，切除阴道壁上的瘘管口。仔细分离瘘管及直肠周围的组织，在直肠壁瘘管口处切除瘘管，对肠壁和阴道壁的切口分别做内翻缝合；放置引流橡胶片，然后缝合会阴部皮肤切口。若括约肌被损伤，做括约肌对接缝合或括约肌成形术。

也可先由阴道内围绕瘘管口环形切开黏膜、肌层，沿瘘管分离直肠周围的组织，最后切除直肠壁上的瘘管口。内翻缝合直肠切口，闭合阴道壁切口，在直肠壁与阴道壁之间放置引流条，创液自阴道流出体外。若并发锁肛，需要同时做人造肛门手术，在肛门原位做一圆形切口，将直肠由切口牵出，并将直肠黏膜与肛门皮肤缝合；若无括约肌时，再做括约肌成形术。

若瘘管靠前，可以经腹腔通路或腹腔直肠通路做瘘管修补术。临床上具体采取何种手术通路，需要依据瘘管口的位置、大小以及手术条件而决定。

对于大动物分娩引起的直肠阴道瘘，多在损伤后即被发现，常用的治疗方法是动物站立保定，镇静，第1～2尾椎间隙脊髓麻醉。用手排空直肠蓄粪，用蘸湿的无刺激性的消毒剂棉拭子伸入直肠内，仔细地将直肠壁擦净，前方放置纱布块隔离粪便。在肛门和阴户之间做一长10～13cm的横切口，仔细地向前分离至直肠创口与阴道创口的前方5cm处。若为陈旧性损伤、有瘘管形成，应分别切除瘘管口。用可吸收缝线内翻缝合直肠壁与阴道壁的伤口，缝针仅达黏膜下层，不穿透黏膜层。先缝合直肠壁，进针方向垂直于畜体的长轴；术者一只手在创腔或阴道腔内持针缝合直肠壁，另一只手应在直肠腔内小心地检查，勿使缝针穿透黏膜层；第一层缝合完毕后，抗生素生理盐水冲洗创腔，第二层做几针间断缝合。直肠缝毕，开始缝合阴道壁，进针方向平行于畜体的长轴，缝合方法同直肠的缝合。如果阴道壁组织缺损较多难以缝合，可以不缝合，但将形成大的肉芽组织或瘢痕组织，影响以后的正常分娩。在阴道壁与直肠壁之间放置橡胶片引流，常规闭合皮肤切口。术后注射抗生素，保持排粪通畅，降低缝合部位的张力。

三、直肠和肛门脱垂

直肠和肛门脱垂（rectal and anal prolapse）是指直肠末端的黏膜层脱出肛门（脱肛）或直肠一部分、甚至大部分向外翻转脱出至肛门外（直肠脱）（图12-10）。直肠脱包括完全性脱出和不完全性脱出两种类型，前者是直肠的各层及其周围组织的脱出，后者仅是直肠黏膜的脱出。严重的病例，在发生直肠脱的同时并发肠套叠或直肠疝。本病多见于猪和犬，马、牛和其他动物也可发生，均以幼龄和老龄动物易发。

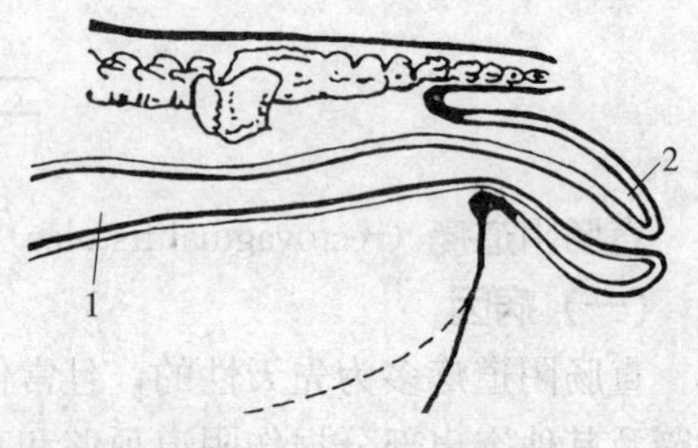

图12-10　直肠脱出模式
1. 结肠　2. 脱出的直肠

（一）病因

直肠脱是由多种原因综合的结果，但主要原因是直肠韧带松弛，直肠黏膜下层组织和肛门括约肌松弛和机能不全，导致直肠和肛门周围的组织与肌肉连接薄弱。直肠全层肠壁脱垂，则是由于直肠发育不全、萎缩或神经营养不良导致松弛无力，不能保持直肠正常位置所引起。直肠脱的诱因是长时间泻痢、便秘、病后瘦弱、病理性分娩，或用刺激性药物灌肠后引起强烈努责，或药物导致平滑肌过度松弛，在腹内压增高时促使直肠向外突出。此外，马胃蝇蛆在直肠肛门停留，牛的阴道脱，仔猪维生素缺乏，猪饲料突然改变，犬细小病毒病、前列腺炎或犬瘟热等疾病也是诱发本病的原因。

（二）症状和诊断

轻者直肠在病畜卧地或排粪后部分脱出，即直肠部分性或黏膜性脱垂。在发生黏膜性脱垂时，直肠黏膜的皱襞往往在一定的时间内不能自行复位，若此现象经常出现，则脱出的黏膜发炎，很快地在黏膜下层形成高度水肿，失去自行复原的能力。临床诊断可在肛门口处见到圆球形，颜色淡红或暗红的肿胀。随着炎症和水肿的发展，则直肠壁全层脱出，即直肠完全脱垂。诊断时可见到由肛门内突出呈圆筒状下垂的肿胀物（图12-11、图12-12）。由于脱出的肠管被肛门括约肌箝压而导致血循障碍，水肿加重，同时因受外界的污染，表面污秽不洁，沾有泥土和草屑等，甚至发生黏膜出血、糜烂、坏死和继发损伤。此时，病畜常伴有全身症状，体温升高，食欲减退，精神沉郁，里急后重，频频努责，做排粪姿势。

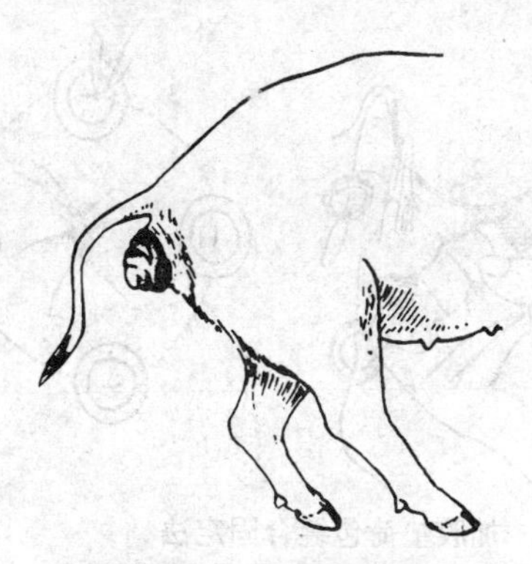

图 12-11　直肠黏膜脱出

图 12-12　直肠壁全层脱出

注意伴有肠套叠脱的直肠脱出和单纯性直肠脱的区别诊断。单纯性直肠脱，圆筒状肿胀脱出向下弯曲下垂，手指不能沿脱出的直肠和肛门之间向盆腔的方向插入。肠套叠脱出时，脱出的肠管由于后肠系膜的牵引，而使脱出的圆筒状肿胀向上弯曲，坚硬而厚，手指或探针可沿直肠和肛门之间向骨盆腔方向插入，不遇障碍。

(三) 治疗

病初及时治疗便秘、下痢、阴道脱等疾病，并注意饲喂青草和软干草等易消化的食物，充分饮水。对脱出的直肠，则根据具体情况，参照下述方法及早进行治疗。

1. 整复与固定　适用于发病初期或黏膜性脱垂的病例。整复应尽可能在直肠壁和肠周围蜂窝组织未发生水肿以前实施。方法是先用 0.25%温高锰酸钾溶液或 1%明矾溶液清洗患部，除去污物或坏死黏膜，然后用手指谨慎地将脱出的肠管还纳复位。为了保证顺利地整复，在猪和犬等小型动物可将两后肢提起，马、牛可使躯体后部稍高。为了减轻疼痛和挣扎，最好给病畜施行荐尾脊髓麻醉或直肠后神经传导麻醉。在肠管还纳复位后，在肛门处给予温敷。为了防止再次脱出，整复后应加以固定，方法是在肛门周围距肛门孔 1～3cm 处，做一穿至皮下的荷包缝合，收紧缝线并保留适当大小的排粪口（牛 2～3 指），打成活结，以便根据具体情况调整肛门口的松紧度，经 7～10d 病畜不再努责时，则将缝线拆除（图 12-13、图 12-14）。

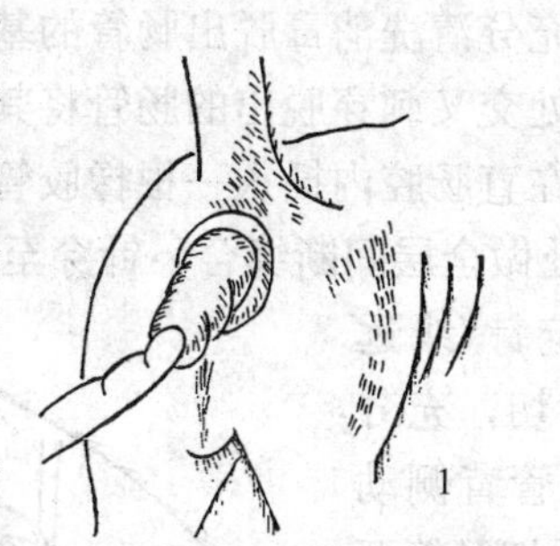

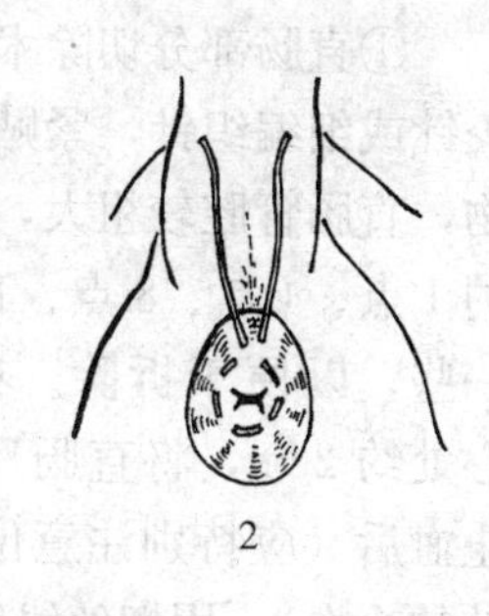

图 12-13　直肠脱的整复固定

1. 用手指整复脱出的直肠　2. 荷包缝合固定

2. 剪黏膜法　适用于直肠脱出时间较长，水肿严重，不易整复或黏膜干裂、坏死的病例。操作方法是按“洗、剪、擦、送、温敷”五个步骤进行。先用温水洗净患部，以温防风汤（防风、荆芥、薄荷、苦参、黄柏各 12.0g，花椒 3.0g，加水适量煎两沸，去渣，候温待用）冲洗患部。然后，用剪刀剪除或用手指剥除干裂坏死的黏膜，再用消毒纱布兜住肠管，撒上适量明矾粉末揉擦，挤出水肿液，用温生理盐水冲洗后，涂 1%～2%碘石蜡油润滑。

整复时从肠腔口开始，谨慎地将脱出的肠管向内翻入肛门内。在送入肠管时，术者应将手臂（猪、犬用手指或橡胶管）随之伸入肛门内，使直肠完全复位。最后在肛门外进行温敷。

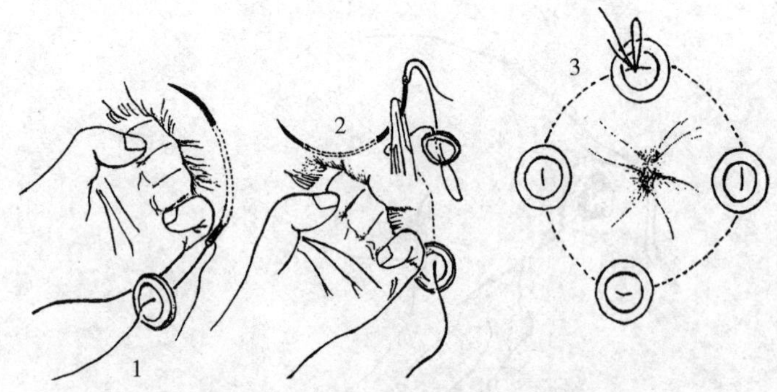

图 12-14　加胶垫荷包缝合固定法

1. 缝针自橡胶垫上穿出　2. 沿肛门周围做皮下缝合
3. 肛门周围放置 4 个橡胶垫，打活结固定

3. 直肠周围注射酒精溶液　在整复的基础上利用药物刺激使直肠周围结缔组织增生，借以固定直肠防止再次脱出。临床上常用 70%酒精溶液注入直肠周围结缔组织中。方法是在距肛门孔 2～3cm 处，肛门上方和左、右两侧直肠旁组织内分点注射 70%酒精 3～5mL（猪和犬）和 2%盐酸普鲁卡因溶液 3～5mL；注射的针头平行于直肠侧壁向前方刺入 3～10cm。为了使进针方向与直肠平行，避免针头远离直肠或刺破直肠，在进针时应将食指插入直肠内引导进针方向，操作时应边进针边用食指触知针尖位置并随时纠正方向。

4. 直肠部分截除术　适用于脱出过多、整复有困难、脱出的直肠发生坏死、穿孔或有套叠而不能复位的病例。

(1) 麻醉与保定：行荐尾间隙硬膜外腔麻醉或局部浸润麻醉；犬、猫需做全身麻醉。后躯垫高，俯卧保定，两后肢伸出手术台，尾巴朝向动物的后背固定。

(2) 手术方法：常用的有以下两种方法：

①直肠部分切除术：在充分清洗消毒脱出肠管的基础上，取两根灭菌的兽用麻醉针、针灸针或细编织针，紧贴肛门处交叉刺穿脱出的肠管将其固定，以防缩回。若是马、牛等大动物，直肠管腔较粗大，可先在直肠腔内插入一根橡胶管或塑料管，然后用缝针在类似于时钟的 1 点、4 点、8 点、11 点处做全层间断缝合，针穿至胶管后返回穿出直肠壁，线尾留得长一些，以便于拆除。在固定针/线远心处约 2cm，将直肠环形横切，充分止血后（应特别注意位于肠管背侧动脉的止血），用细丝线和圆针把肠管两层断端的肠壁做结节缝合，针距和边距均为 2mm。为了减少出血，可以一边切除一边缝合。直肠部分切除的手术方法可参照图 12-15、图 12-16 和图 12-17。缝合结束后用 0.25%高锰酸钾溶液充分冲洗、蘸干，涂以碘甘油或抗生素药膏。拆除固定针或固定缝合线，小心地将肠管还纳至肛管内，在肛门周围做荷包缝合以防再脱出。

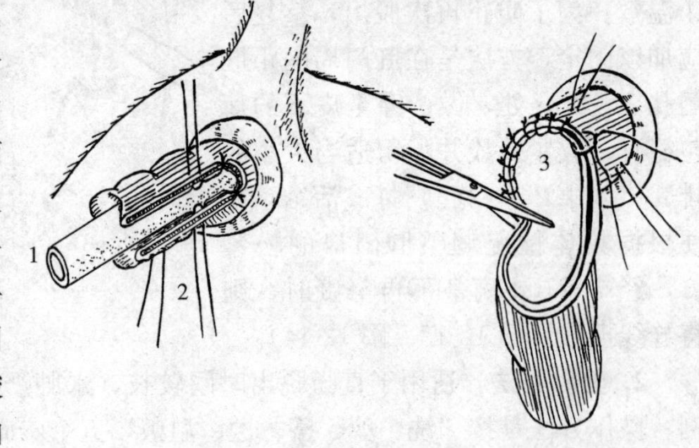

图 12-15　直肠截除术（一）

1. 插入肠腔的橡胶管
2. 在切开线前后分别缝合，固定内、外两层肠壁
3. 边剪边结节缝合内、外两层肠壁全层

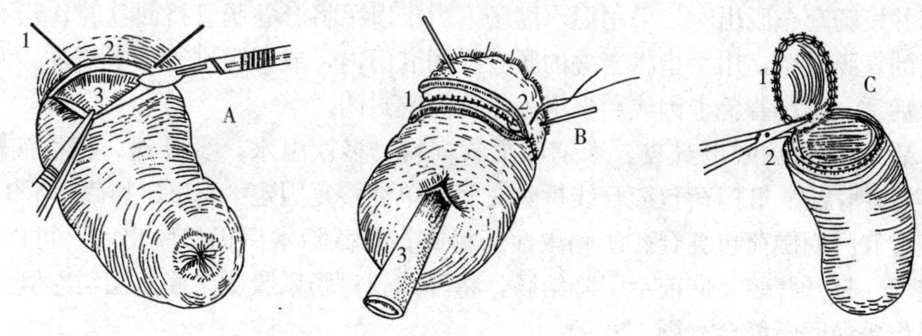

图 12-16　直肠截除术（二）

A. 钢针固定直肠并切开外层肠壁　1. 钢针　2. 外层肠壁　3. 内层肠壁浆膜肌层
B. 浆膜肌层缝合完毕，再缝合黏膜层　1. 缝合的浆膜肌层　2. 缝合黏膜层　3. 插入肠腔的橡胶管
C. 剪掉病变肠管并缝合肠壁　1. 黏膜层结节缝合　2. 边剪断边缝合肠壁

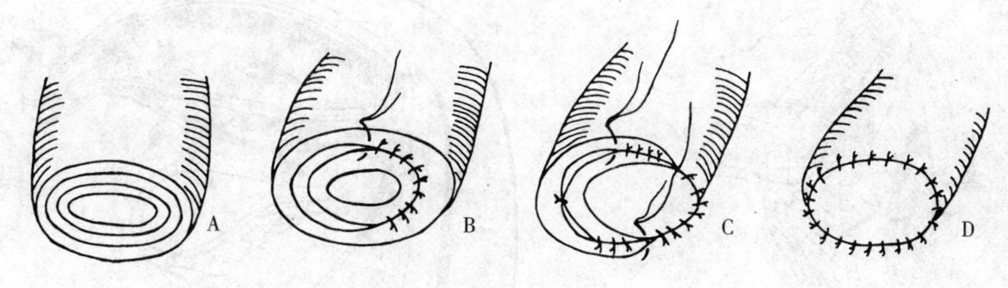

图 12-17　直肠截除术（三）

A. 脱出直肠横切面　B. 间断缝合两层肠壁的浆膜肌层
C. 两层肠壁的黏膜层间断缝合　D. 直肠横切断面缝合完毕

②黏膜及黏膜下层切除术：适用于单纯性直肠脱和黏膜损伤、坏死。在距肛门周缘约1cm处，环形切开达黏膜下层，向下剥离，并翻转黏膜层，将其剪除；显露的肌层若过多，做水平褥式间断缝合，使两侧黏膜创缘靠近，便于缝合与术后愈合（图 12-18）。最后顶端黏膜边缘与肛门周缘黏膜边缘用肠线做结节缝合。整复脱出部，肛门口做荷包缝合。

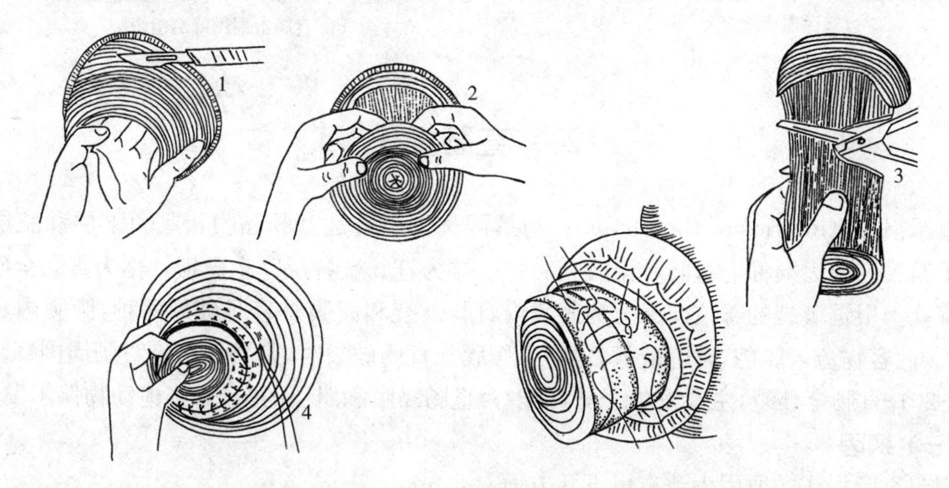

图 12-18　黏膜层切除术

1. 在脱出肠管基部环切黏膜至黏膜下层　2. 剥离病变黏膜层　3. 剪除病变黏膜
4. 间断缝合黏膜创缘　5. 若切除的黏膜层较宽，对肌层做水平褥式缝合

当并发肠套叠脱出时，采用温水灌肠，力求以手将套叠肠管挤回盆腔，若不成功，则切开脱出的直肠外壁，用手指将套叠的肠管推回肛门内，或开腹进行手术整复。为了减少努责或里急后重，可用普鲁卡因或利多卡因做后海穴封闭。

术后2～3周内喂以麸皮、米粥和柔软饲料，多饮温水，少卧地。根据病情给予镇痛、消炎等对症疗法。肛门荷包缝合线拆除时间，单纯整复固定3～5d，肠截除术1～2d。

经过肛门周围荷包缝合、注刺激性药物或直肠截除术后仍然脱出者，可以施行结肠-腹壁固定术。打开腹腔，向前牵引降结肠，将降结肠对肠系膜侧浆膜肌层与左侧腹底壁腹膜和腹直肌内鞘做间断缝合（图12-19）。

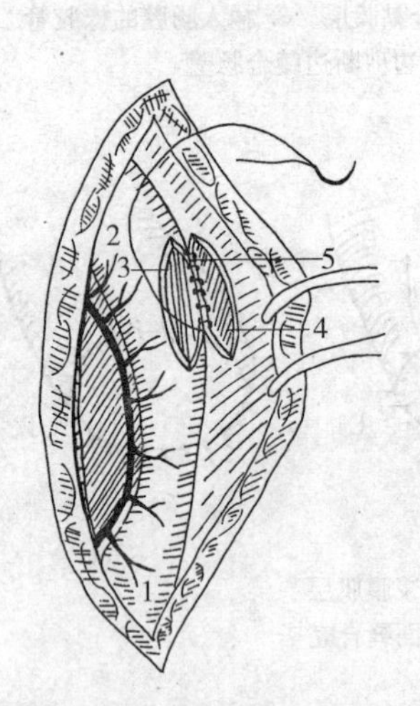

图12-19　结肠腹壁固定术

1. 直肠　2. 结肠
3. 结肠对肠系膜侧浆膜肌层切口
4. 左侧腹底壁腹膜与肌层切口
5. 结肠切口与腹底壁切口的边缘做连续缝合

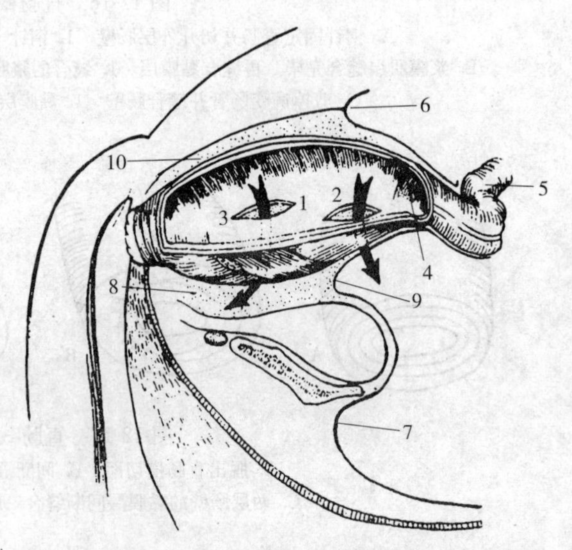

图12-20　直肠破裂部位示意图

1. 腹膜外直肠全层破裂，箭头指污染直肠周围蜂窝组织
2. 腹膜内直肠全层破裂，肠内容物进入腹腔　3. 直肠膨大部
4. 直肠狭窄部　5. 小结肠　6. 直肠上腹膜部　7. 腹膜
8. 直肠下蜂窝组织　9. 直肠膀胱腹膜凹陷
10. 直肠上周围蜂窝组织

四、直肠损伤

直肠损伤（injuries of the rectum）包括两类，一类是直肠黏膜、黏膜下层和肌层的损伤，但浆膜完整无损称为直肠不全破裂。另一类为直肠壁各层完全破损，称为直肠全破裂或直肠穿孔。根据破裂的部位，又分为腹膜内直肠破裂和腹膜外直肠破裂两种，腹膜内直肠破裂时，肠内容物流入腹腔，常造成病畜死亡。腹膜外直肠破裂时，则粪便污染直肠周围蜂窝组织（图12-20）。直肠全破裂，主要发生于马，牛多为直肠黏膜和肌层的损伤，其他动物偶尔发生。

（一）病因

引起直肠损伤的原因大致有以下几方面：

1. 机械性损伤　如直肠检查缺乏经验、不按常规、操作粗暴，或检查时保定不确实、牲畜突然骚动、强烈努责而被手指戳破，此外也可由于测体温时体温计破裂、粗暴地插入灌肠器以及直肠内膀胱穿刺不当划破直肠，引起机械性的完全或不完全破裂。也见于配种时阴茎误入直肠而引起。

2. 火器创　如枪弹、弹片等所致的损伤。

3. 病理性损伤　如骨盆骨折、病理性分娩、肛门附近发生创伤而并发直肠损伤等。

（二）症状和诊断

直检时手指或手套染血是直肠损伤的明显指征，病初排粪时发现粪中混有新鲜血液也是诊断的依据。但由于损伤的部位、程度和面积的不同及有无并发症等情况，其临床症状也有所不同，例如仅黏膜破损，出血较少。若黏膜、肌层同时破损，特别是破损面积较大时，出血较多，排出大量带血的粪便，病畜表现不安（尤其是马）。直肠后段无浆膜区的腹膜外直肠破损，病畜表现为排粪次数增加，频频努责（里急后重）。直检时，可见损伤的局部水肿，表面粗糙，但早期一般全身变化不大，预后也较好。由于腹膜外直肠无浆膜被覆，是借助疏松结缔组织、肌肉与邻近器官相连。所以，当黏膜和肌层同时破裂时，容易使粪便污染直肠周围组织，引起直肠周围蜂窝织炎及脓肿。

直肠前部损伤时，直检可触知破损处粗糙，局部炎性水肿，且常形成创囊，囊内蓄积粪团和血块。由于大量粪便的蓄积，病畜不安，排粪小心。仅黏膜和肌层破损而浆膜仍保持完整性时，若能及时诊断和治疗，预后良好。若粪团将浆膜撑破而造成直肠完全破裂时，肠内容物进入腹腔，病畜立即出现不安和不同程度的疝痛症状，全身出汗，呼吸迫促，肌肉震颤，腹壁紧张而敏感，频频做排粪姿势，直检时可清楚地摸到破裂口。此时病畜往往出现弥漫性腹膜炎和败血症症状，常陷于重剧休克，预后多为不良，常于一两天内死亡。在直肠起始部破裂时，小肠肠袢可经创口进入直肠内，甚至可经肛门脱出。若因病理性分娩所致的直肠破裂，则粪便可漏入阴道腔由阴门排出。

（三）治疗

在治疗时可根据病情选用下述处理方法。

1. 一般处理　首先要使病畜安静，保护局部创面，防止造成穿孔；或及时保护破裂口，严防肠内容物漏进腹腔或盆腔。为了使病畜安静，可小剂量应用静松灵、氯胺酮等麻醉药物进行镇静或浅麻醉；马属动物、猪也可用5%水合氯醛溶液静脉注射。然后，根据病情及时处理。对仅损伤少许直肠黏膜和出血不多的病例，可不予以治疗，1周内禁止直肠检查并给予轻泻药；出现严重里急后重的动物，可做后海穴封闭。

若损伤直肠黏膜下层和肌层且创口较大，出血较多，则需用增强血液凝固性的药物止血，并在轻微压力下向直肠内注入收敛剂。直肠损伤部分可用白芨糊剂涂敷，方法：白芨粉适量，用80℃热水冲成糊剂，降温至40℃时用纱布或棉球蘸取药物涂敷于直肠损伤部，每日3～4次。当直肠内有积粪，应及时仔细地掏出积粪，以减少对损伤部的刺激和压迫。加强饲养管理，喂给柔软、易消化的饲料和适量盐类泻剂；1个月内禁止直肠检查。在治疗过程中，每天检查创口的变化，并根据情况采取相应的治疗措施。

当直肠周围发生蜂窝织炎或脓肿时，在肛门侧方肿胀的低位处，切开排脓；全身应用抗生素，并根据病情对症治疗。

2. 手术疗法　凡直肠全破裂的病例均应及早施行手术治疗，提高疗效。手术治疗方法较多，现介绍下面几种。

（1）直肠内单手缝合法：主要用于大动物，适用于直肠后段破裂或人工直肠脱出有困难的病例。

保定：柱栏内站立保定。

麻醉：取 2%盐酸普鲁卡因注射液 30～40mL，进行荐尾硬膜外脊髓麻醉。

手术方法：弯圆针穿以 1～1.5m 长的 10 号缝线，以拇指和食指持针尖，手掌保护针身，将缝线送入直肠内，用中指和无名指触摸和固定创缘，以掌心推动针尾，穿透肠壁全层，从一侧创缘至对侧创缘，第一针缝毕后，将针线握在手掌中，谨慎地拉出体外，两个线尾在肛门外打第一结扣，助手牵引线尾，术者用食指将线结推送到直肠内缝合部位，再由助手在外打另一个结扣，送到直肠内缝合部，使之形成一针结节缝合，用同样方法对整个破裂口进行单纯的全层连续缝合，每缝一针均需拉紧缝线。缝完破裂口后需做细致检查，必要时可做补充缝合；缝合处用白芨糊剂涂敷。

直肠内单手缝合法的缺点是缝合时仅用单手操作，且不能在直视下进行，所以没有熟练的缝合技巧，往往缝合不够确实。

（2）*长柄弯圆针缝合法*：本缝合法用特制长柄缝针。全弯针弧度的直径约 3cm，距针尖 0.6cm 处有一挂线针孔。缝合方法与直肠内单手缝合基本相同。术者在直肠内的手只需固定创缘和确定进针部位，推针动作则由另一手在体外转动针柄进行。

（3）*直肠缝合器缝合法*：是长柄弯圆针缝合法的一种改进方法，应用特制的 T64 型直肠缝合器，结合应用直肠手术内窥镜，进行直肠破裂处缝合，其操作方法基本与上述缝合法类同。由于缝合器内配有线梭、刀片、线导，从而简化了在直肠内打结、剪线等操作。

（4）*肛门旁侧切开缝合法*：适应于直肠后部破裂口的缝合，但手术难度大，需对直肠壁及其周围组织进行广泛的分离，易误伤血管和神经。为此，要求术前熟知局部解剖，术中操作仔细，否则将导致直肠麻痹、肛门括约肌松弛、排粪失禁等后遗症。若操作不当，术部感染化脓，常导致直肠周围蜂窝织炎。对大动物一般较少使用。

（5）*人工直肠脱出术*：本法多用于直肠壶腹前段狭窄部的损伤。

保定：侧卧保定或柱栏内站立保定。

麻醉：全身麻醉，同时做阴部神经与直肠后神经传导麻醉。也可行荐尾硬膜外脊髓麻醉，同时做阴部神经与直肠后神经传导麻醉。

手术方法：麻醉后 15～20min，针刺肛门反射减弱时即可施行人工脱出直肠。方法是在探寻到破裂口后，术者手指夹持小块纱布进入直肠内，拇指与中指夹住破裂口创缘两侧，谨慎而徐缓地向外牵引破裂口处的肠壁，使其翻至肛门外，形成人工直肠脱。直肠脱出后，助手手指隔着纱布夹持破裂口使之固定，并用抗生素生理盐水冲洗破裂口。用可吸收缝线连续缝合外翻的黏膜和肌层（图 12-21），缝合处用白芨糊剂涂敷，然后还纳整复直肠于盆腔内。对于小动物，直肠损伤可以采取腹底壁切开或盆骨切开通路修补（图 12-22）。

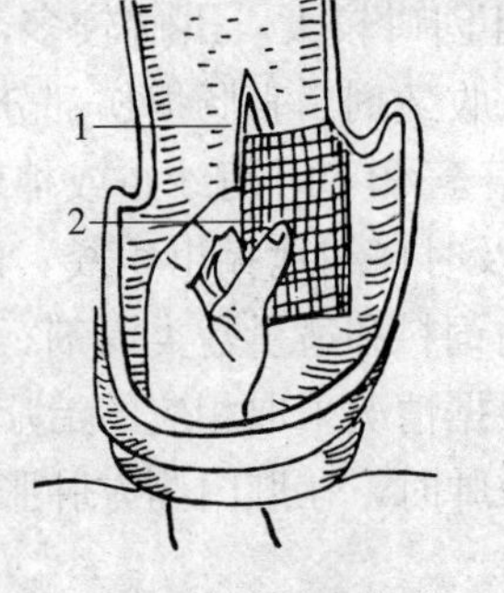

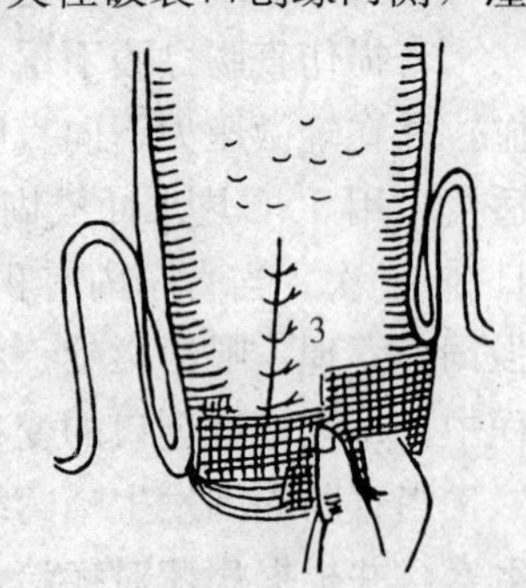

图 12-21　人工直肠脱出缝合法

1. 直肠破裂口　2. 隔纱布用手指捏住黏膜层轻轻向外牵拉
3. 显露直肠破裂口，用可吸收缝线做间断缝合

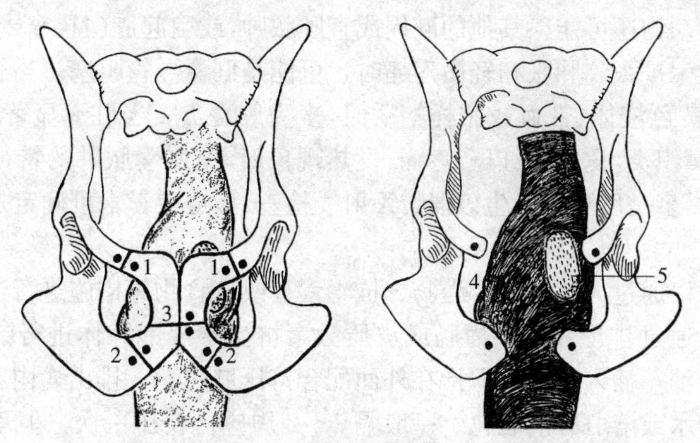

图 12-22　通过切开耻骨联合延长直肠手术腹侧手术通路
1. 耻骨切开线　2. 坐骨切开线　3. 坐骨联合前部切开线　4. 骨盆腔全暴露　5. 显露盆腔内直肠病灶
在骨预切开线两侧先钻孔，以备闭合切口时固定骨骼；若在 1、2 处切开，
可充分显露骨盆腔；在 1、3 处切开，可显露盆腔内的直肠末端

第四节　肛门疾病

一、肛 囊 炎

肛囊炎（anal succulitis）是各种因素导致肛门囊导管阻塞，腺体分泌物蓄积于囊内并进而使肛门囊发生明显的炎性病变，包括感染、肿胀、化脓和脓肿形成。此病以犬多发，其他动物也时有发生。一般无性别、年龄和品种的差异，但小型犬和玩具犬多发。

（一）病因

通常是由于导管阻塞或感染所致。导管阻塞导致细菌的过度繁殖，进而引起囊壁的感染、肿胀和化脓。炎症使腺体分泌增加并导致囊壁的炎性分泌，大量分泌产物蓄积于肛门囊内，肛门囊肿胀、破溃，感染向周围扩散、形成脓肿，最终可导致皮肤破溃形成肛门瘘或直肠瘘。单纯的肛门囊炎症，囊壁过度分泌且分泌物中常带有黄白色小颗粒；在炎性肿胀的情况下，这种分泌物极易阻塞肛门囊排泄管，进而加重肛门囊的病理变化。

饲喂不合理、慢性腹泻、缺乏运动、肛门外括约肌功能失调、肥胖、肛周瘘及瘢痕组织形成等因素，使肛门囊内的分泌物排空障碍；长期刺激和囊内慢性细菌感染的结果，最终诱发了肛门囊炎。有些动物的肛囊炎与皮脂性皮炎或其他的皮肤病有关。

（二）症状和诊断

患病动物在近 1～3 周有腹泻症状、服用了粪便软化剂或处于发情期，出现肛周不适的反应（如舔、咬肛门附近），有的追尾或咬尾。患病犬两后肢前伸，臀部拖地摩擦患部，肛门排出恶臭味物质；肛门附近皮肤出现炎症、肿胀、疼痛，局部对刺激反应敏感。病畜里急后重，排便困难，便秘，偶尔便血。

肿胀、炎症反应、脓肿或损伤使肛囊易破裂，破溃后在4点、7点钟的位置出现瘘管，有的动物发热。直肠检查时，肛周组织触诊肿大、坚实、疼痛；压迫时肛囊可能排出近正常的分泌物（浆液、黏液，带小颗粒），也可能排出明显异常的分泌物（灰白色、棕色、黄色，带血、带脓、不透明，硫黄样颗粒)。有的动物还可能患其他的肛周或直肠脓肿,或引起肛门狭窄或肛瘘。

当仅是肛囊发生扩张、肿胀和轻微疼痛时，可能是肛囊导管阻塞。当触诊表现中度或重度疼痛,分泌物为黄色液体、带血或脓样物质时,多为肛囊炎。当肛囊显著肿大,有脓性渗出物,周边组织呈蜂窝织炎,皮肤有红斑、疼痛、发热现象时,是肛囊脓肿的特征。当发现肛囊处皮肤有液体流出时,多是肛囊已发生破溃。X射线检查、瘘道造影术可确定是否有瘘管存在。

(三) 治疗

许多肛囊炎可以通过人工排出、灌肠、抗生素、改变食物等措施进行治疗。轻微的肛囊炎或肛囊阻塞可以通过排出粪便、灌肠或皮质激素抗生素浸泡腺体进行治疗。戴上乳胶手套，食指涂上润滑油，插入肛门，拇指在外面配合挤压肛门囊，排出囊内容物。当内容物太浓稠时应用生理盐水或溶耵聍剂软化。一般隔 1～2 周应再挤压一次，但不能太频繁，以免人为造成损伤、感染。肛囊炎均应同时口服和注射广谱抗生素。

对肛门囊导管闭塞的患犬需要在镇静或浅麻的情况下进行套管插入术，用抗生素生理盐水、0.5%洗必泰或 10%聚乙烯吡咯酮碘冲洗囊腔；肛门囊脓肿可刺破、冲洗、引流，每日处理 2～3 次，每次做 15～20min 热敷。对药物治疗无效的病例，宜手术切除肛门囊；若肛门囊破溃，出现了脓汁流出的通道，需等炎症控制后再进行手术。即使只是单侧肛门囊发炎，为了避免二次手术，应把对侧的肛门囊也切除；在手术过程中注意防止发生感染扩散。

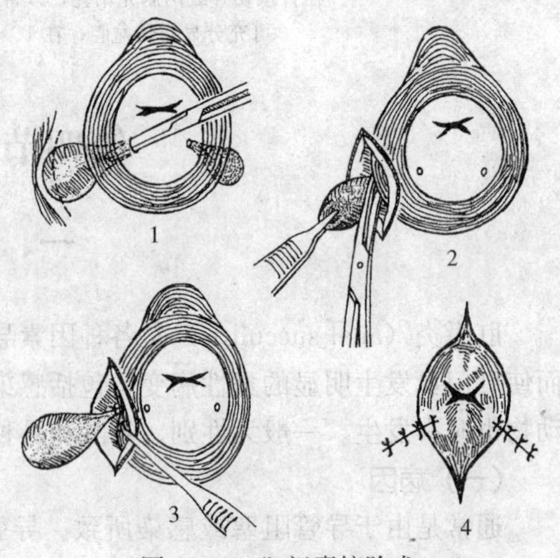

图 12-23 肛门囊摘除术

1. 用探针、胶管或止血钳确定肛门囊的位置
2. 在肛门囊的外侧做切口，分离肛门囊
3. 在靠近开口处结扎、剪断肛门囊导管
4. 摘除两侧的肛门囊，间断缝合括约肌、皮下组织和皮肤

手术常规准备，禁食、灌肠，肛门周围剃毛消毒，全身麻醉。手术必须采取一定的标记，例如向肛门囊内注入染料，或放入钝性探针，或注射石蜡或人工树脂制剂，指示其界限以保证完全切除或防止囊壁破裂。正对肛囊做皮肤切口。在肛囊的外表面小心分离肛门内、外括约肌，避免切断肌纤维、直肠后动静脉和阴部神经的分支。注意不要穿透肛门囊壁，避免污染周边组织。将肛门囊及其导管一同切除（图 12-23）。冲洗后局部应用抗生素，然后进行常规缝合，必要时放置引流，经 2～3d 后取下引流物。

猫和雪貂虽然很少发生肛门囊炎，但其治疗方法和手术过程是相同的。

术后按需要使用全身性镇痛药,保持肛门周围干净;使用伊丽莎白项圈或类似的工具,阻止动物舔咬术部。

(四) 手术并发症

肛门囊手术的并发症和后遗症较多，尤其是经验不足者更常发生。术后肛门窦的持久性感染是最常见的并发症，主要是肛门囊未切尽，如遗留肛门囊管的残端。因此，要求手术时不宜做简单的结扎和横断肛门囊导管，必须将其全部切除。若一侧肛门囊发炎，最好将对侧的也一并切除，以免几个月后对侧的也感染发病。

肛门瘘也是常见的术后并发症，这是因为术后在肛门一侧形成脓肿腔并与肛门腔相通，有一个或多个瘘管开口于皮肤。处理的方法是切开瘘管至肛门，清除脓肿腔并采取开放疗法，使之逐渐愈合并形成上皮。或对感染组织全部切除，常规缝合并引流 3～4d，术后全身应用抗生素，手术应在严格无菌条件下进行。

肛门括约肌功能失调或大便失禁。在肛门囊手术后有些病例括约肌功能轻度失常，其收缩能力减低或消失，这种情况有可能与阴部神经的肛门支受损伤有关，若 3 个月后功能仍未能恢复，则预后不良，有些病例术后大便失禁，但肛门括约肌功能基本正常，只是在刺激肛门和肛门孔时敏感性下降，这种现象与手术时切除范围较大、把肛门的浅神经纤维一同切除有关。神经再生需 3～4 个月的时间，在此过程中，应在食物中多加富含纤维的物质使粪便成块，这可以在排便时刺激肛门，使肛囊收缩排空。

此外，肛门囊手术也常继发排便困难、里急后重等症状；术后轻度感染、直肠检查发现轻度瘢痕组织形成等都较常见，应采取相应的措施加以治疗。

二、肛周瘘

肛周瘘（perianal fistulae）是肛门附近化脓性感染在肛门周围形成的瘘管，一端通入肛管，一端通于皮外。多见于犬，特别是长毛垂尾犬多发，公犬多于母犬；其他动物也可发生。

（一）病因

多数肛周瘘继发于肛管周围脓肿、肛囊炎等。由于脓肿破溃或切开排脓后，伤口不愈合形成感染通道。也可由肛门外伤、肛门周围毛囊炎、湿疹、长期粪便污染及先天性发育畸形所致。德国牧羊犬肛门附近的毛囊较多，易患肛周瘘。

（二）症状和诊断

病畜常厌食、体重减轻、精神不振。临床检查时，病畜拒绝提尾和触摸会阴部，表现为抗拒或攻击。初期，病灶较小，随着病情的发展，瘘管通道炎性肿胀，许多小的点状病灶逐渐融合成大的溃疡，周围粗糙，病灶面积增大、明显可见，严重病例整个肛门周围形成溃疡面。临床表现为局部皮肤受刺激而引起瘙痒，肛周不适，舔、咬或摩擦会阴部；肛周瘘的外口流出血液和恶臭脓汁，流脓的多少与瘘管的大小及其形成时间有关，较深的新生瘘管排脓量多；有的在排便时从瘘管外口排出粪便和气体。有时瘘管外口由于表皮增生覆盖而出现假愈合，表现为管内脓液蓄积，局部肿胀疼痛，里急后重，排粪困难；有的出现发热，精神沉郁，食欲不振等全身症状；当假愈合的脓肿再次破溃，积脓排出后症状减轻。有的出现慢性便秘，频做排粪动作，偶见继发性巨结肠。有时发展成复杂瘘管，瘘管可通向肛管、直肠或盆腔，或形成坏死性皮炎、蜂窝织炎、组织纤维化或直肠狭窄。

直肠检查，可确定瘘管的深度、纤维化程度及肛囊与瘘管的关系。通过对瘘管检查，可确定瘘管的方向和数量，检查方法包括以下几种：

1. 探针检查　宜用软质探针，从瘘管外口插入，沿管道轻轻向肛管方向探入，用手指伸入肛门感知探针是否进入，以确定内口。但若是弯曲瘘或外口封闭则探针无法探诊。

注入色素：常用 5%亚甲蓝溶液，首先在肛管和直肠内放入一块湿纱布，然后将亚甲蓝溶液由外口缓缓注入瘘管，若纱布染成蓝色，表示内口存在。但因有的瘘管弯曲，加之括约肌收缩，瘘管闭合，阻碍染料进入，所以纱布未染色也不能绝对排除瘘管的存在。

2. X 射线造影　于瘘管内注入 30%～40%碘甘油或 12.5%碘化钠溶液，或用次硝酸铋和凡士林1∶2做成糊剂，加温后注入瘘管，X射线摄影可显示瘘管部位及走向。此法也可因瘘道不通畅而不能很好显影。

3. 手术探查 经临床检查仍不能确定内口时，可在手术中边切开瘘管边探查寻找。

临床上，本病应与鳞状细胞癌、肛囊炎、尾褶部皮肤病等区别诊断。

（三）治疗

1. 药物疗法 肛周瘘很少自然愈合，常需要手术治疗，但若主人不同意手术疗法，可以做一般处理。治疗时间长，且不易痊愈，需要主人和兽医密切合作。给以富于营养的饲料，尽量避免腹泻和便秘；保持安静，减少尾根、尾毛对肛门部的压迫和摩擦刺激；每天用温水或温中药水（例如防风汤）洗涤、热敷会阴部20～30min，洗后擦干，保持肛门部清洁和瘘管外口开放；口服广谱抗生素（如甲硝唑、土霉素）和泼尼松，每天1次，连用4周以上。

2. 肛瘘切开或切除术 全身麻醉，俯卧保定，后躯垫高，两后肢伸出手术台，尾向后上方牵拉保定。肛周瘘手术首先必须找到内口，确定瘘管内口、瘘道与括约肌之间的关系。然后，用探针从外口向内口穿出，在探针引导下切开瘘管并刮除其表面的肉芽组织，压迫止血。剪去两侧多余的皮肤，不使创缘皮肤生长过快而阻止内部分泌物排放，创腔用凡士林纱布条引流。保持伤口开放，引流通畅，瘘管内部伤口小，外部伤口大，使瘘管内部伤口比外部伤口先行愈合，防止伤口浅部愈合过速，影响深部管道的愈合。若伤口较大，可先部分缝合，严禁完全缝合伤口。术后采取上述药物治疗的方法进行护理，口服广谱抗生素，禁用皮质激素类药物。在炎症反应轻微、瘘管少且较细的情况下，可以施行瘘管切除术，瘘管内口切除后做内翻缝合（创缘翻入肠腔内），创腔内放置油纱布引流条后再对瘘管外口做部分缝合，术后3～5d取出引流条，继续护理、用药至痊愈。若瘘管数量多，导致肛门周围大量皮肤缺损，可实施肛门再造手术（瘘管全切除术）（图12-24）。

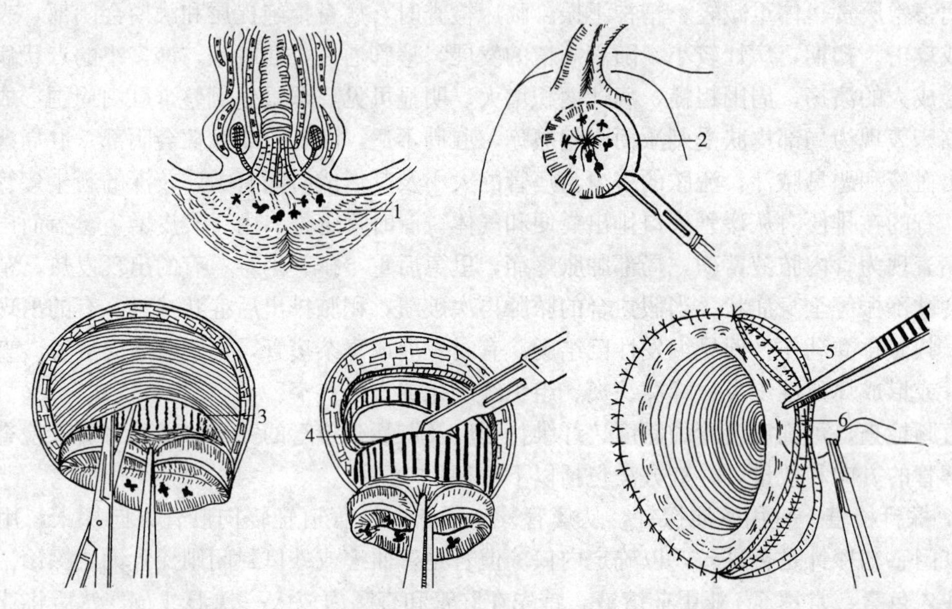

图12-24 肛门再造手术

1. 肛门周围的瘘管 2. 在肛门周围健康皮肤做环形切开 3. 在肛门括约肌与直肠壁之间做分离，游离出健康直肠壁 4. 先做直肠壁肌层与四周的间断缝合，然后在健康直肠壁上做直肠切除术 5. 直肠肌层与四周的间断缝合 6. 直肠黏膜或全层与肛门周围皮肤边缘间断缝合

3. 冷冻疗法　冷冻疗法是通过冷冻使瘘管里感染的组织变性坏死，曾被许多人认为是一种有潜力的方法，可以保护健康组织，有利于瘘管愈合。然而临床实践证明，此法难以达到这一目的，因为冷冻的程度难以控制，使周围健康组织损害的程度比外科手术或切除破坏更为严重，且术后肛门狭窄、排粪失禁的发病率较高，故目前已很少有人应用。

4. 激光疗法　激光疗法是应用高能激光的热效应、压强效应将瘘管破坏、切开或切除，使之治愈的一种治疗方法，具有处理方法简便、失血少、病程短等特点。常用的有 CO_2 激光、Nd-YAG 激光等。

（1）CO_2 *激光肛瘘切开术*：用探针经外口插入瘘管，仔细寻找内口，探针经内口引出，并拖至肛门外，用 CO_2 激光聚焦光束，沿探针指引方向将瘘管全层切开。陈旧的瘘管需用 CO_2 激光将管内炎性组织及管壁气化去除，同时将整个创面热凝处理，使其表面形成一层白色凝固保护膜，伤口用油纱布条引流。前位瘘管采取外部激光切开引流，内部挂线的方法处理。有条件辅以氦氖激光照射创口，照射时间 10～15min，每天一次。若为两个以上的瘘管，应分期治疗为妥。

（2）*Nd-YAG 激光瘘管内壁凝固术*：在用探针判断瘘管的方向和长度后，用一手的食指插入肛门或直肠内，另一手持握光导纤维，将光纤经外口插入内口（直肠内的手指可感触到光导纤头），再将光纤退离内口约 2mm，踩动脚踏开关，用已调试好输出功率的 Nd-YAG 激光来回在瘘管内凝固 3 次，彻底破坏瘘管内壁。

5. 断尾术　断尾后会阴部易保持通风、干燥，有利于瘘管的愈合，可提高上述疗法的效果，为辅助疗法。在尾根部做椭圆形皮肤切口，分离肛提肌、直肠尾骨肌、尾骨肌和尾椎骨，在第 2 与第 3 尾椎间横断尾椎，切除多余的皮肤，常规闭合切口（图 12-25）。

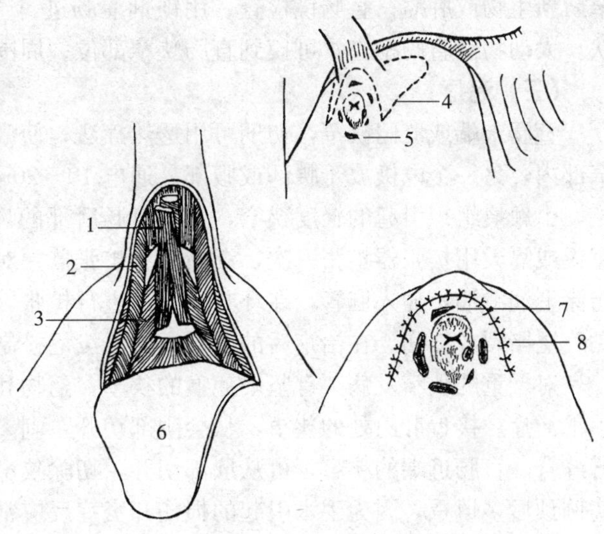

图 12-25　断尾术

1. 截断的直肠尾骨肌　2. 尾骨肌　3. 肛提肌　4. 皮肤切口　5. 肛门周围瘘管　6. 分离的皮瓣　7. 显露尾根下的瘘管　8. 在第 2～3 尾椎处截断尾椎，结节缝合皮下组织和皮肤

三、肛门直肠狭窄

肛门直肠狭窄（anorectal stricture）通常指肛门、肛管或直肠的管腔先天性狭小或由各种因素导致的后天性变窄。

（一）病因

1. 先天性原因　肛门、直肠的先天性畸形，多见于犬、猫等小动物。

2. 炎症　因为肛门平时处于收缩状态，直肠只有粪便通过时才扩张，一般没有粪便蓄积。如果有炎症或伤口，易粘连、挛缩而造成管腔狭窄。例如肛门、直肠及其周围组织的脓肿（盆腔脓肿）、蜂窝织炎，子宫外膜炎，广泛的肛管、直肠瘘，慢性肛囊炎。此外，肛周结核、放线菌病等也可引起管腔狭窄。

3. 损伤 如手术创、分娩创、烫伤、烧伤、腐蚀性药物以及栓剂等引起的肛门直肠损伤以及肛门周围组织、肛门括约肌的损伤等。因为这些损伤在愈合过程中都要形成瘢痕，造成肛管和直肠腔狭窄。

4. 肿块异物 肛门直肠部的肿瘤（如淋巴肉瘤）有时可导致肛门和直肠狭窄，有时肿大的前列腺也可压迫直肠导致直肠腔缩小。盆腔血肿、会阴疝、直肠周围脂肪坏死并形成肿块等，压迫直肠。

（二）症状和诊断

该类病畜常有肛门、直肠及其周围组织受过损伤、感染、手术、注射或用过腐蚀性药物的病史，病畜有明显的排便困难、便秘、疼痛或出血。小家畜有时排细条便，里急后重。有的病畜还出现食欲不振、体重减轻等全身症状；有的可继发巨结肠症。

在小动物，手指探诊常可发现肛门或肛管狭小，有时还可摸到坚硬的纤维带、环形狭窄、新生物或肿瘤；直肠镜检查、用钡剂灌肠进行 X 射线造影检查可见到狭窄部位及其形状。大动物做直肠检查，可摸到直肠狭窄部位、周围的肿块或肿胀。

（三）治疗

直肠末端或肛门狭窄，初期可用透热疗法，使瘢痕组织变软。例如，将一个电极伸入狭窄部内，另一个电极放于腰部或腹部，通电 10～20min，每周 3 次，连续 4 周。

由瘢痕组织引起的轻度狭窄，尤其直肠后部的环形狭窄，也可用扩张器进行保守治疗。每天或隔天用扩张器扩张一次，渐渐加大扩张器。对于小动物，更方便的是以一个或多个手指涂上润滑油，伸入肛管，在环状狭窄部进行扩张，使环形带紧张，最后拉断，不过应避免黏膜层撕裂或损伤。在治疗后的两周内给予泼尼松制剂。

对严重的狭窄及病久有坚硬疤痕的狭窄，药物和扩张法等不易奏效，且易复发，应采取手术治疗。接近肛门处的狭窄，从会阴部切开，剥离到直肠外壁后环形切除狭窄部，然后进行缝合。直肠近端的狭窄，可从肷部切开，切除狭窄部，进行肠管吻合术。但直肠狭窄手术病例预后多慎重，因为手术引起的损伤和炎症反应常有后遗症，易导致复发。

盆腔脓肿，需要切开引流，全身应用抗生素。若为放线菌性脓肿，可应用青霉素和碘化钾治疗。若为盆腔血肿，可保守疗法，待血肿消散吸收后自愈。原发性淋巴肉瘤或脂肪坏死，预后不良。其他炎症性肿胀或炎性粘连，可应用抗生素和抗炎药物。

四、排便失禁

排便失禁（fecal incontinence）指动物不能自主地控制排便，包括储存失禁（reservoir incontinence）和肛门括约肌失禁（sphincter incontinence）。前者是由于大肠难以适应和容纳结直肠内容物造成，后者是括约肌抵抗直肠推进的功能障碍，以致不自主地排便。

（一）病因

排便失禁在犬、猫比较常见。自主排便是由结肠储存功能和肛门括约肌控制共同维持的结果。参与排便节制控制的肌肉包括内外括约肌、直肠尾骨肌、肛提肌、尾骨肌。当粪便被推向直肠末端时，直肠扩张，肛门内括约肌扩张，与此同时外肛门括约肌和后部肛提肌收缩。随后，推进力减少，正常静息张力在 2～3min 内恢复。直肠扩张时内容物融合，增加了粪便的存储量。肛门内、外括约肌和后部肛提肌都产生静息的肛门直肠的高压力。在高压区域，肛门内括约肌产生50%～80%静息张力。肛门外括约肌的紧张力很大，但是对静息张力构成的作用小，它的短收缩可以抵制肠蠕动。肛提肌的作用还不清楚。动物在排便正常时，可以通过声门关闭、横膈膜固定和收缩腹壁决定姿势和增加腹压。这使得肛门外括约肌松弛，直肠尾骨肌、肛提肌、尾骨肌收缩。

储存失禁以排便频繁和无意识排便为显著特征。储存失禁使得粪便异常松软，不成形或液体状。储存失禁可能是由于结肠疾病导致其膨胀度的下降（可膨胀区域减少），也可能是由于结肠截除手术引起结肠长度变短（如截除2/3或更长）所致。小肠水分吸收减少和结肠部分截除术引起的肠容量变化等原因，使得许多动物发生储存失禁。

括约肌失禁可能是神经元性的或非神经元性的。若只有部分肌肉群功能异常，则可能发生部分排便失禁。控制排便节制机能的感受器和传入神经支的缺失，可能是由直肠截除术造成的。直肠肌肉要留有充分的反折部分，以维持括约肌的节制性。当后部直肠神经受损时，传出神经控制力丧失。第S1～S3荐部脊髓损伤（犬L5、猫L6脊椎损伤）导致会阴部神经功能丧失。会阴部神经周围的组织损伤可以在马尾末梢任何部位发生。单侧会阴部神经的损伤导致3～4周的排便失禁，这是因为神经交叉支配和肌纤维的交叉分布。双侧会阴部神经损伤导致永久性排便失禁。非神经性的括约肌失禁，是由肛门损伤、直肠脱出、严重的肛周疾病（炎症、肿瘤）、手术截除等导致的肛门外括约肌生理功能的失常所致。当外肛门括约肌切除约180°时，排便失禁发生的几率会明显增加。切除半周以上的括约肌时，经常导致排便失禁。

（二）症状和诊断

任何品种、性别的犬、猫都可能出现排便失禁，多见于成年和老龄动物。往往由于动物在不适当的时间或地点排便而被畜主送医院进行治疗。一般无全身症状，当动物狂叫、咳嗽、从侧卧突然站起或由站立突然俯卧时，可能会有粪便排出。有的表现为偶尔排便失禁、会阴部污染、肛门口有粪便滴垂。储存失禁可表现为排便频繁、里急后重、便血、黏液样粪便等。这些症状的出现可能与近期结肠或会阴部手术、创伤、肛周疾病或神经损伤等因素有关。

直肠和会阴检查可见直肠、结肠、肛门或肛周疾病。例如，肛门括约肌的紧张度可能降低，肛门松弛，直肠黏膜脱出。腹部触诊探知直肠的大小、膀胱的紧张度，并对神经分布区域的功能进行全面检查。动物若自残后躯，要注意动物有无感觉异常，如在腰荐区域有无感觉过敏或感觉消失症状。后腿的感觉异常、尿失禁和感觉过敏提示可能患有马尾综合征。

X射线平片检查可以对结肠、直肠、骨盆腔、脊椎等部位进行观察，看有无肿瘤、增生、损伤、异常等；椎管造影术、硬膜外造影术、CT等有助于对脊髓或马尾损伤加以诊断，结肠内窥镜和直肠镜可以用于储存失禁症的检查；肌电描记和压力测试，辅助肛门括约肌功能状况的诊断。向直肠内插入福利氏（Foley）导管并行气囊充气、膨胀，然后观察动物反应，可简单地观察直肠、肛门对张力的反应。

（三）治疗

应尽量消除病因。临床上常采取保守疗法，包括改变食物、药理学治疗和诱导排便，治疗的目的是减少粪便的水分及容量，减缓粪便在肠管中通行的速度，增加肛门括约肌的紧张度。例如，菜汁和米饭等低存留性食物可以减少粪便体积和排便次数；阿片类药物如苯乙哌啶、氯苯哌酰胺可以延缓肠管蠕动，增加水分吸收；应用灌肠剂和直肠刺激剂灌肠，可以在适当的时间促进结肠排空，控制动物的排便时间与地点；尽量带宠物做户外运动。

若畜主不配合保守疗法，可施行手术治疗，例如应用括约肌加强术治疗动物排便失禁，手术方法有筋膜吊索、植入弹性硅胶条或动态肌整形术等。

术前口服泻药、灌肠，清除肠道内粪便；诱导麻醉后，应用粪便保持剂和广谱抗生素；全身麻醉。患畜俯卧保定，后腿伸出手术台。用垫子垫高后躯。

1. 筋膜吊索　从腿侧面取出两片细长的阔筋膜张肌肌条（6cm×0.5cm），用可吸收缝线把它们缝合在一起，移植到肛门周围。方法是在肛门的尾根侧左右两边各做一 3～4cm 的皮肤切口，分离显露尾骨肌；用弯止血钳在肛门旁侧的皮下组织内分离、穿行，使两侧的切口连通。用弯止血钳引导肌条自左侧切口通过肛门右侧、腹侧、左侧的皮下围绕肛门一周穿行，最后自右侧切口穿出。先在左侧将肌条与尾骨肌缝合，视肛门口松紧度自右侧切口牵拉出适当长度的肌条，然后将肌条与右侧尾骨肌固定缝合，切除多余的肌条。常规闭合皮肤和皮下组织切口。

2. 植入弹性硅胶条　在肛门两侧各做一切口，用弯止血钳在肛门腹侧和背侧的皮下做分离，形成围绕肛门一周的皮下通道；通过通道用弯止血钳缓缓牵拉硅胶条绕过肛门一周。在直肠内放置适当直径的胶管做支架，以防缝合后肛门口过小。用不可吸收缝线将重叠的硅胶条末端缝合（图 12-26）。常规闭合皮肤和皮下组织切口。

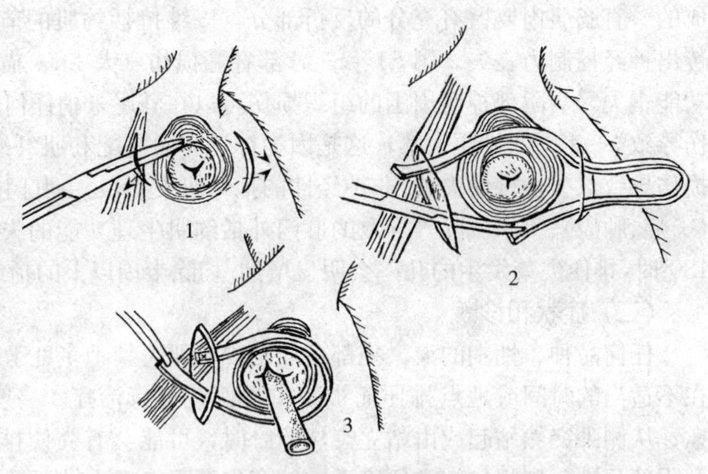

图 12-26　弹性硅胶条植入术

1. 在肛门两侧各做一纵切口，用弯止血钳在两切口之间的皮下做潜行分离，连通两切口　2. 用弯止血钳牵引胶带植入皮下　3. 胶带一端与尾骨肌缝合固定，在肛门内插入一适当粗细的胶管，牵拉胶带的游离端以拉紧胶带并与另一端缝合固定

术后应用镇痛药，口服与注射抗生素；应用粪便软化剂，喂给低残渣性食物；保持会阴部清洁、干燥，戴上伊丽莎白项圈，预治术部感染。对里急后重现象严重的病例，可做后海穴封闭。

术后并发症包括手术失败或复发。例如，植入的紧缩物松弛，排便失禁再次发生；感染、开裂及植入物的脱落等，导致手术失败；或出现长时间的里急后重或肛门阻塞。对完全神经性排便失禁的病例是不可治愈的；手术可以增强括约肌的功能，但松动的植入物也可能使病况恶化。

（李建基）

第十三章 泌尿生殖器官疾病

第一节 泌尿器官疾病

一、膀 胱 炎

膀胱炎（cystitis）是指膀胱黏膜或黏膜下层组织的炎症。临床上以尿频、尿液浑浊，甚至血尿为特征。

（一）病因

常见的原因是细菌感染，如铜绿假单胞菌、葡萄球菌、大肠杆菌、链球菌、变形杆菌等，肾脏的下行性感染或尿道的上行性感染而侵入膀胱。导尿管消毒不彻底而造成感染。膀胱结石、膀胱肿瘤、导尿管使用不当等机械性刺激可造成炎症。邻近组织器官炎症的蔓延可引起膀胱发炎，如肾炎、输尿管炎、前列腺炎、尿道炎、阴道炎、子宫内膜炎。长期使用某些药物（如环磷酰胺）或各种有毒、强烈刺激性的物质（如松节油）均可引起膀胱炎。

（二）症状

病畜尿频，或呈排尿姿势，但排尿量较少或点滴状排出，排尿时疼痛不安。尿液浑浊，含有许多黏液、脓汁、坏死组织碎片、血液或血凝块，有强烈氨味。经腹部进行膀胱触诊，疼痛。全身症状一般不明显，但若炎症波及深部组织，病畜体温升高，精神沉郁，食欲不振。慢性膀胱炎症状较轻，但病程长。

（三）诊断

根据临床症状做出初步诊断。尿沉渣检查，尿液中含有大量白细胞、膀胱上皮细胞、红细胞及微生物等。但注意与膀胱结石进行鉴别，可采用腹部触诊、X射线或B型超声检查等方法确诊。

（四）治疗

原则：消除病因，控制感染，促进尿液排泄。

（1）经尿道插管将膀胱积尿排出，然后用温热的0.05%新洁而灭溶液、0.1%雷佛奴尔或高锰酸钾溶液，或含有适量庆大霉素、氨苄青霉素的生理盐水冲洗膀胱，1次/d，连续冲洗3～5次。

（2）膀胱出血严重时，可将1%～2%明矾溶液或0.5%鞣酸溶液注入膀胱；必要时使用止血药，如止血敏、安络血或维生素K_1等。

（3）控制感染可用氨苄青霉素或头孢菌素，连续使用至感染得到控制和消除。

（4）为酸化尿液和减轻尿氨对膀胱黏膜的刺激，可投服氯化铵，每千克体重，犬100mg，猫20mg，2次/d。治疗期间，同时给予大量饮水，以增多尿量和排尿次数，有利于膀胱净化和冲洗。

二、膀胱破裂

膀胱破裂（rupture of the bladder）是指膀胱壁破裂，尿液进入腹腔而引起的以排尿障碍、腹膜炎和尿毒症为特征的疾病。本病可发生于各种家畜，最常见于幼驹、公马、公牛(特别是阉公牛)，其次为猪和绵羊，犬也可发生。发生后病情急，变化快，若确诊和治疗稍有拖延往往造成患畜死亡。

（一）病因

引起膀胱破裂最常见的原因是继发于尿路的阻塞性疾病，特别是由尿道结石或膀胱结石阻塞了尿道或膀胱颈；尿道炎引起的局部水肿、坏死或瘢痕增生；阴茎头损伤以及膀胱麻痹等，造成膀胱积尿，均易引发膀胱破裂。膀胱内尿液充盈，容积增大，内压增高，膀胱壁变薄、紧张，此时任何可引起腹内压进一步增高的因素，例如卧地、强力努责、摔跌、挤压等，都可导致膀胱破裂。由慢性蕨中毒、棉酚中毒等继发的膀胱炎或膀胱肿瘤等，有时也可以引起膀胱破裂。其他外伤性原因，如火器伤、骨盆骨折、粗暴的难产助产，以及母猪膀胱积尿时阉割，都可能发生膀胱破裂。

初生幼驹的膀胱破裂可能是在分娩过程中，胎儿膀胱内充满尿液，当通过母体骨盆腔时，于腹压增大的瞬间膀胱受压而发生破裂，主要发生在公驹；另一原因是由于胎粪滞留后压迫膀胱，导致尿的潴留，在发生剧烈腹痛的过程中，可继发膀胱破裂，公母驹均有发生。

对公牛不正确地或多次反复地直肠内膀胱穿刺导尿，可导致膀胱的不全破裂，尿液渗出到膀胱周围而发生局限性腹膜炎。轻者造成膀胱和直肠的部分粘连，重者发生大范围粘连甚至造成直肠-膀胱瘘。

（二）症状

家畜的膀胱在骨盆腔和腹腔的腹膜部保留着较大的活动性。当尿液过度充满时，其大部或全部伸入腹腔，所以膀胱破裂几乎都属腹腔内破裂。破裂的部位可以发生在膀胱的顶部、背部、腹侧和侧壁。膀胱破裂后尿液立即进入腹腔，临床上由于破裂口的大小及破裂的时间不同，症状轻重不等。主要出现排尿障碍、腹膜炎、尿毒症和休克的综合征。

一般从尿路阻塞开始到膀胱发生破裂的时间约 3d。破裂后，凡因尿闭所引起的腹胀、努责、不安和腹痛等症状，随之突然消失，病畜暂时变为安静。发生完全破裂的病畜，虽然仍有尿意，如翘尾、体前倾、后肢伸直或稍下蹲、轻度努责、阴茎频频抽动等，但却无尿排出，或仅排出少量尿液。大量尿液进入腹腔，腹下部腹围迅速增大。在腹下部用拳短促推压，有明显的振水音。

随着尿液不断进入腹腔，腹膜炎和尿毒症的症状逐渐加重。病畜精神沉郁，眼结膜高度弥漫性充血，体温升高，心率加快，呼吸困难，肌肉震颤，食欲消失。牛则反刍停止，胃肠弛缓，瘤胃呈现不同程度的臌气，便秘。腹部触摸紧张、敏感，病畜努责，有时出现起卧不安等明显的腹痛症状。在猪立多卧少，叫声嘶哑无力。饮水少的病畜呈现脱水现象，血液浓缩，白细胞增数。一般于破裂后 2～4d 进入昏迷状态，并迅速死亡。

新生幼驹的膀胱长而窄，顶端伸向前方达脐部。膀胱破裂的部位可从膀胱顶至膀胱颈，破口大多在腹侧。膀胱破裂后，通常经过 24h 即持续呈现上述各种典型症状，主要是无尿和腹围增大，腹壁紧张。2～3d后，不愿吃奶，呈现轻微腹痛等。出生后由于脐尿管没有闭合而向腹腔内排尿的病驹症状与膀胱破裂相似，这类病驹只有在手术治疗中才能识别。此外，应注意与初生幼驹的腹痛性疾病——胎粪滞留相鉴别。

膀胱不全破裂或裂口较小的病例，特别是牛，破裂口常常可以被纤维蛋白覆盖而自愈。

由于直肠内膀胱穿刺导尿所引起的膀胱穿孔，直肠检查时可触及不充盈的膀胱，直肠与膀胱间因有纤维蛋白析出和气体的存在而呈现捻发音。有些病例因尿液漏入腹腔，发生局限性腹膜炎。随着纤维蛋白析出，与膀胱周围组织如直肠、结肠肠袢、网膜、瘤胃等发生广泛粘连，严重者导致排粪或排尿障碍。少数病例在粘连范围内形成一个包囊并与膀胱相通，囊内潴留尿液。直肠检查膀胱内尿液充盈不足，病牛除排尿障碍外，一般没有全身症状。有的病例形成直肠-膀胱瘘，可见粪中混有尿液。

（三）诊断

根据临床症状做出初步诊断。腹腔穿刺，有大量已被稀释的尿液从针孔冲出，一般呈棕黄色，透明，有尿味。置试管内沸煮时，尿味更浓。继发腹膜炎时，穿刺液呈淡红色，较浑浊，且常有纤维蛋白凝块将针孔堵住。直肠检查，膀胱空虚皱缩，或膀胱不易触摸到，有时可隐约摸到破裂口。根据以上症状即可确诊。必要时可以肌肉或静脉内注射染料类药物，于30～60min后，再行腹腔穿刺，根据腹水中显示注入药物的颜色，即可确诊。若从尿道向膀胱内注入染料剂，3min后腹腔穿刺可确诊。

（四）治疗

膀胱破裂的治疗应抓住三个环节：①对膀胱的破裂口及早修补。②控制感染，治疗腹膜炎和尿毒症。③积极治疗导致膀胱破裂的原发病。以上三点互为依赖，相辅相成，应该统筹考虑，才能提高治愈率。

施行膀胱修补的大动物取半仰卧保定，小动物仰卧后躯稍垫高。用硬膜外腔麻醉结合局部浸润麻醉，必要时做全身浅麻醉。切口一般都选在左侧阴囊和腹股沟管之间，紧靠耻骨前缘，距离腹白线8～10cm处；幼驹和猪用镇静剂或全身浅麻醉，配合局部浸润麻醉，仰卧保定。切口可在耻骨前缘和脐之间腹白线两侧1～2cm处。母驹可以在腹白线上切开，也可在乳头外侧1～2cm处做切口。

腹壁由后向前分层切开，到达腹膜后，先剪一小口，缓慢地放出腹腔内积尿。随着破裂时间不同，牛一般有20～40L或更多。然后清除血凝块和纤维蛋白凝块。手伸入骨盆腔入口处检查膀胱，如果膀胱和周围的组织发生粘连，应认真细致地尽可能将粘连分离解除。用舌钳固定膀胱后轻轻拉出切口外，但在临床上并不是所有的病例都能拉出切口。拉出后检查破裂口，修整创缘，切除坏死组织，然后检查膀胱内部，如有结石、异物，将其清除，有炎症的可进行冲洗。用铬制肠线修补膀胱，缝合破裂口。缝合时缝针不穿过膀胱壁全层，只穿过浆膜、肌层，缝合两层，第一层做连续缝合（裂口小的可做荷包缝合），第二层做间断内翻缝合。

对于直肠-膀胱瘘的病畜，在修补膀胱裂口后，应同时修补直肠裂口。

为了便于治疗导致膀胱破裂的原发病，减少破裂口缝合的张力，保证修补部位良好愈合，减少粘连，或者在膀胱不通畅、膀胱麻痹、膀胱炎症明显时，可在修补破裂口的同时，做膀胱插管术（图13-1）。对于原尿路畅通，膀胱炎症不严重，收缩功能尚好的病畜，例如母猪因阉割误伤或幼驹的膀胱破裂等，修补后可不做膀胱插管术。在幼驹若有必要可在膀胱内放置软质导尿管，通过尿道将尿液引向体外。

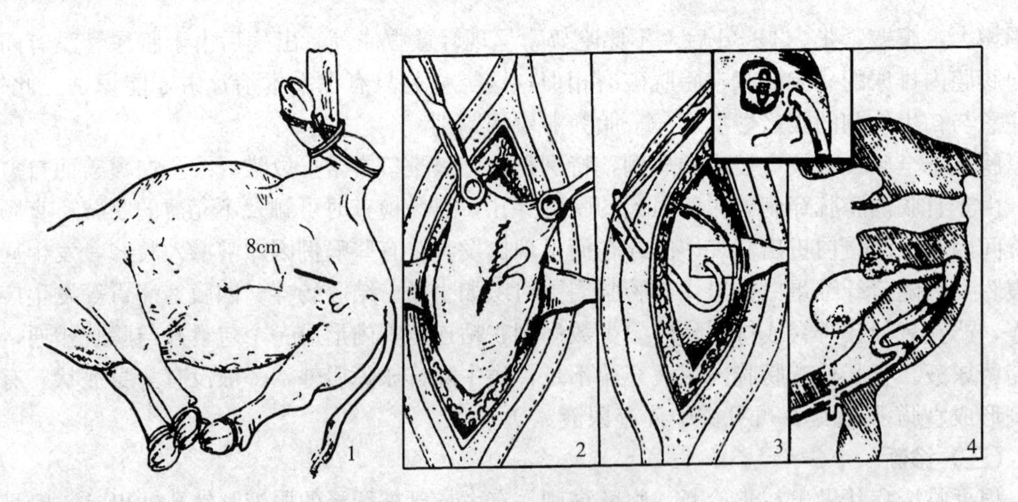

图 13-1 牛的膀胱修补术
1. 保定与切口定位 2. 膀胱破裂口的缝合 3. 膀胱插管 4. 膀胱插管模式图

膀胱修补的病畜，一旦破裂口修补好，大量尿液引向体外后，腹膜炎和尿毒症通常在1～2d后即能缓解，全身症状很快好转，此时在治疗上切勿放松，必须在治疗腹膜炎和尿毒症的同时，抓紧时间治疗原发病，使原尿路及早地通畅，恢复排尿功能。

要防止膀胱插管的滑脱和保持排尿通畅。若有阻塞，应立即用生理盐水、2%硼酸溶液等冲洗疏通，以清除血凝块、纤维蛋白凝块、脱落的坏死组织或沙性尿石等。

患膀胱炎的病畜，术后除了需全身用药外，每日应通过导管用消毒液冲洗2～3次，随后注入抗菌药物。经过5～6d后可夹住管头，定时释夹放尿，待炎症减轻和尿路畅通后，每日延长夹管时间，直到拔管为止。

经过治疗多天后，若导致膀胱排尿障碍的下尿路阻塞仍未解除，可考虑会阴部尿道造口术以重建尿路。

若原发病已治愈或排尿障碍已基本解决，可将膀胱插管拔除，一般以手术后10d左右为宜，不超过15d。导管留置时间过长，易继发感染化脓，或形成膀胱瘘。

三、膀胱弛缓

膀胱弛缓（atony of the bladder）是膀胱壁肌肉的紧张性消失，动物不能正常排尿的一种疾病。通常见于犬、猫，特别是雄性犬、猫。

（一）病因

常见于各种原因引起的尿潴留，发生急性或慢性膀胱扩张，而使膀胱壁肌肉收缩力呈不同程度的丧失，甚至永久失去收缩力。

发生尿潴留的主要原因是排尿障碍，各种机械性或损伤性、炎症性的尿道阻塞干扰排尿而引起尿潴留。脊髓损伤有时引起排尿反射丧失也能发生尿潴留，临床常见因腰椎间盘脱出压迫神经而引起膀胱迟缓。

（二）症状

膀胱弛缓发生初期，患畜经常试图排尿，但是几乎无尿排出，或者仅滴出少量尿液。久病者，排尿动作也丧失，腹部膨大。

（三）诊断

注意与膀胱炎鉴别。膀胱弛缓时，膀胱胀满，排空后似一空瘪的气球，膀胱壁呈弛缓状态。通过 X 射线可确诊本病。

（四）治疗

首先清除引起膀胱弛缓的原因，如除去尿结石、消除尿路炎症、治疗尿路损伤和脊髓损伤等。其次，当尿路畅通后，应注意经常排空膀胱，防止膀胱扩张，尽早恢复膀胱张力。可试用氯化氨甲酰胆碱，给犬口服，5～15mg/次，3 次/d。必要时，人工按摩腹部，挤压出尿液。

四、脐尿管闭锁不全

脐尿管是连接胎儿膀胱和尿膜囊的管道，是脐带的组成部分。正常情况下，胎儿出生前或出生后脐尿管即自行封闭，当脐尿管封闭不良时，即可发生脐尿管闭锁不全（urachus fistula）。驹和犊牛的脐尿管是断脐后才封闭的，所以容易发病。

（一）病因

粗暴的断脐，或是残端发生感染、脐带被其他幼畜舔咬使脐尿管封闭处被破坏，均可造成脐尿管完全或部分开放而发病。

（二）症状

少数病例在断脐后即发现有尿液从脐带断端流出或滴出，但多数患畜是断脐数日后，脐带发炎感染时才发生漏尿。同时，局部往往有大量肉芽组织增生，从肉芽组织中心处有一小孔，尿液间断地从孔中流出。

（三）治疗

对出生后即发生漏尿者，可以对脐带断端进行结扎，之后注意局部卫生和消毒。

脐带残端太短难以结扎时，可用圆弯针穿适当粗细的缝合丝线，在脐孔周围做一荷包缝合，局部每日用碘酊消毒两次，将患畜隔离饲养，防止其他动物舔咬缝合部。7～10d 局部愈合后拆除缝线。

对于局部肉芽组织增生严重，久不愈合的瘘孔，宜行手术治疗：将动物仰卧保定，局部行浸润麻醉（必要时可全身麻醉或采取镇静措施），在漏尿孔后方白线旁，做一与腹中线平行的切口，将长袋状膀胱顶端漏尿处做双重结扎。常规闭合腹壁切口，7～10d 拆线。当局部增生严重时，也可考虑在管口周围做一梭状切口，将切下的脐部向外牵拉，在靠近膀胱的脐尿管上做双重结扎，截除脐尿管远端和切下的脐部组织。

为了预防和治疗局部感染，应全身应用抗生素治疗。

五、尿道损伤

尿道损伤（arethral injury ）是由于强烈的刺激因素作用于尿道而使其受到伤害。多发生于公畜。

（一）病因

尿道受到直接或间接的钝性外力（如打击、踢蹴和碰撞）和锐性外力的作用（如相互斗咬、锐器和枪弹）作用造成的损伤。尿道探查时操作不慎，以及阴道肿瘤或阴道脱手术时损伤。阴茎伸出时间过长，不能回缩至包皮内造成尿道损伤。尿道结石、尿道炎症所致的损伤。

（二）症状

临床表现因损伤的部位和性质不同而有差异。阴茎部尿道发生闭合性损伤时，损伤部位肿胀、增温、疼痛，触诊时敏感。患畜弓背，步态强拘，有的阴茎不能外伸或回缩，时间稍长伸出的阴茎可因损伤而发生感染，甚至坏死。病畜排尿障碍，尿频、尿淋漓，尿中混有血液，严重者出现尿闭。会阴部肿胀，皮肤呈暗紫色。会阴部尿道开放性损伤时，可见创口出血和漏尿。骨盆部尿道损伤，尿液进入腹腔，下腹部肌肉紧张，可继发腹膜炎，甚至出现尿毒症，常伴发休克。尿道阻塞引起尿道压迫性坏死或穿孔时，可导致尿道破裂，局部突然出现严重肿胀及腹下广泛捏粉样水肿。若继发感染可引起蜂窝织炎、脓肿、皮肤或皮下组织坏死。尿道外伤常伴有阴茎的损伤。

（三）诊断

根据病史和临床症状可做出初步诊断。直肠检查、导尿管探查和 X 射线尿路造影检查有助于本病的进一步确诊。

（四）治疗

治疗原则是解除疼痛、预防休克和控制感染。

早期全身使用抗生素控制感染，防治腹膜炎、尿毒症。局部应用消毒液冲洗尿道，使尿道通畅和炎症消失。也可使用收敛药物，以促进炎性产物的吸收。

闭合性尿道损伤可先冷敷，后改用温热疗法或使用红外线照射，局部用 0.5%普鲁卡因青霉素进行封闭。对开放性尿道损伤可按创伤处理、清洗，除去异物，修补破裂的尿道。为了促进尿道创口的愈合，可插入导尿管，留置 7d。膀胱积尿时可穿刺排尿，若尿道阻塞严重排尿不畅，可做会阴部尿道造口。当损伤位置靠近骨盆或坐骨弓时，可做膀胱插管手术，建立临时尿路，再行修补尿道，治疗损伤。腹下水肿可穿在水肿明显处进行多点穿刺排液，并配合使用利尿剂，局部红外线照射。

六、尿石症（包括肾脏、输尿管、膀胱和尿道）

尿石症（urolithiasis）又称为尿结石，是泌尿系统各部位结石的总称。尿结石是尿道中积石或数量过多的结晶，刺激尿道黏膜而引起出血、炎症和阻塞的一种泌尿器官疾病。尿结石可发生于各种动物，以犬和猫的发病率最高，牛、羊次之，马、猪较少。因发生部位不同，尿结石又可分为肾结石、输尿管结石、膀胱结石和尿道结石，以膀胱结石和尿道结石最常见。

动物尿结石由 20 多种结晶成分组成，按其主要化学组成可将其分为以下几类：

（1）磷酸铵镁盐结石，临床又称鸟粪石。

（2）尿酸盐结石，如尿酸铵、尿酸钠，大部分尿酸盐结石的主要成分为尿酸铵。

（3）草酸钙结石，如一水草酸钙、二水草酸钙。

（4）胱氨酸盐结石、黄嘌呤结石、硅酸盐结石、碳酸盐结石。

（5）猫尿道胶状栓塞物，常见于尿道中，可在靠近尿道口发现，其中80%～99%的矿物质为磷酸铵镁，1%为磷酸钙或草酸钙。

由于食物结构、机体代谢的不同，动物所形成的尿结石类型不同。在犬尿结石中，磷酸铵镁结石约占60%，尿酸盐结石占2%～6%，胱氨酸结石占10%～50%，草酸盐结石占6%～10%，硅酸盐结石占2%～8%，其他类型发生率较低。猫主要为磷酸铵镁结石（90%以上）。在牛主要为磷酸盐、硅酸盐、胱氨酸盐、黄嘌呤结石。在羊主要为磷酸盐、草酸钙、碳酸钙结石。在马主要为磷酸盐、碳酸钙、草酸钙等结石。

（一）病因

尿结石的形成可能是多种因素综合作用的结果，促进尿结石形成的因素有如下几方面：

（1）泌尿道感染：感染在诱发或促发磷酸铵镁尿石的形成中具有重要作用。常涉及细菌为脲酶阳性的葡萄球菌或变形杆菌，脲酶促进尿素水解而使尿pH升高，并使有利于鸟粪石形成的铵和磷酸盐离子总量增加。此外，细菌损伤尿道上皮，促使上皮细胞的脱落，有利于结石核心的形成。

（2）肝机能降低：如肝功能受损，机体降低了氨转化为尿素和尿酸转化尿囊素，导致两者在尿液中的增加，促进了尿酸盐结石形成。某些犬，如达尔马提亚犬，肝脏中将尿酸转化为尿囊素的脲酶相对较少，特别容易形成尿酸盐尿结石。

（3）遗传缺陷：如英国斗牛犬、约克夏犬的尿酸遗传代谢缺陷易造成尿酸盐结石，机体代谢紊乱易形成胱氨酸结石。

（4）日粮配合不当：如采食高磷低钙或高镁饲料的反刍动物，形成的结石主要为磷酸铵镁结石；猫饲喂高镁食物也易形成磷酸铵镁结石。在沙质牧地放牧的青年阉牛，由于摄入多量的硅，常发硅酸盐结石。多食青干草的马尿结石多为碳酸钙盐结石。

（5）维生素A缺乏或雌激素过剩，引起上皮细胞脱落，形成结石核心，促使结石的形成。

（6）饮水不足：长期饮水不足，引起尿液浓缩，致使尿液中盐类浓度过高而促使结石的形成。

（7）早期去势：尿道发育不良，尿道细小。

（8）增加尿液中钙或草酸分泌的因素可促进草酸钙尿石的形成。

（9）高钙尿、甲状旁腺机能亢进、过多维生素D摄入、溶骨性赘生物、磺胺药物对肾脏的损害等可造成钙分泌增加。此外，手术线头等异物也可以成为结石核心的来源。

（二）症状

由于结石发生的部位和侵害的程度不同，临床症状也不同。

1. 肾结石　临床少见，结石一般在肾盂中。结石小时常无明显症状。当结石增大，伴有肾盂肾炎时出现血尿，肾区疼痛，行走缓慢，步样强拘、紧张。严重损伤时，可引起肾衰。伴有感染时，体温升高。

2. 输尿管结石　多由于肾结石下移阻塞输尿管引起。病畜精神沉郁，不安，行走拱背，腹部触诊敏感。输尿管不完全阻塞时，常见血尿、蛋白尿；输尿管完全阻塞时，无尿进入膀胱，并导致肾盂积尿和同侧肾脏的功能丧失。

3. 膀胱结石　结石小时，不表现明显的症状。当结石大而多时，引起膀胱炎症，出现尿频，排尿困难，尿液带血。经腹部（犬、猫）或直肠（牛、马）触诊，有时可发现膀胱内有移动感的结石（图13-2）。

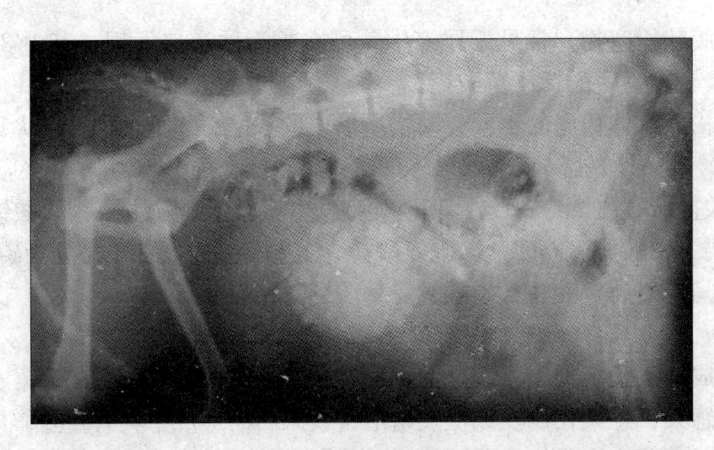

图 13-2 犬的膀胱结石

4. 尿道结石 雄性动物发病率高于雌性动物。犬常发生于阴囊与阴茎骨之间的尿道以及近膀胱颈尿道。牛尿道结石常停留在S状弯曲，绵羊和山羊则常发生在S状弯曲和尿道突起处，马多在坐骨弓骨盆入口处。患病动物出现尿频，起卧不安。牛后肢伸展，踩踏，踢腹，尾部举起并做小幅度上下摇动。若仔细检查坐骨弓处的尿道则感知充满尿液并有震动。不完全阻塞时，尿液细小或仅有少量血尿滴出。完全阻塞时，则出现尿闭，厌食、精神沉郁、脱水、卧地不起，有时呕吐、腹泻，触诊可见膀胱充满，严重时出现尿毒症，常在72h内出现昏迷和死亡。膀胱过度充满，可出现膀胱破裂，反刍动物膀胱破裂比犬、猫更易发生。在膀胱破裂的短时间内，病畜症状可因与膀胱扩张相关的疼痛减轻而有所改善，但迅速发生腹膜炎和尿液吸收，引起精神沉郁、腹部扩张和死亡。阉牛常发生尿道破裂，尿液漏入环绕阴茎的组织内，下腹壁出现水肿，穿刺水肿区可排出带有陈旧尿色的液体。

（三）诊断

根据病史和临床症状可做出初步诊断。对于较大或较多的膀胱结石和尿道结石，可通过腹部或直肠触诊发现。使用导尿管检查可感觉到尿道或膀胱中有沙石摩擦感，尿道完全阻塞时导尿管仅能插到阻塞部。直径大于3mm的尿路结石常可通过X射线检查时看到，若使用造影剂则更加明显。因为整个泌尿道常常在多处出现结石，检查时要对泌尿道进行全面的X射线检查。但猫的尿结石在X射线平片上一般不显影。尿液成分分析、尿中细菌的培养有助于确定所出现结石的类型。

（四）治疗

应根据结石大小、位置、阻塞程度，动物品种、性别，采取相应的治疗措施。

1. 药物疗法 适用于尿路不完全阻塞。使用利尿剂（如利尿素、速尿），配合适量饮水，增加尿量，有助于结石排出。尿液酸化剂（如氯化铵）可酸化尿液，以溶解磷酸铵镁结石。在牛、羊早期病例中，平滑肌松弛药加消炎药可能有益。犬、猫磷酸铵镁和尿酸铵尿结石可使用结石溶解食品治疗，避免手术风险，减少护理。

2. 非手术疗法

（1）*水压冲击疗法*：适用于尿道结石。动物镇静或麻醉后，先行膀胱穿刺排尿。助手一手指伸入直肠压迫骨盆部尿道或从体外抵压膀胱，术者经尿道口插入一尽可能粗的导尿管直至阻塞部，用手捏紧环绕导管腔的远端，向尿道内注入生理盐水，使尿道扩张。然后术者手松开，迅速拔出导尿管，解除尿道压力，尿结石常随液体流出（图 13-3）。如此反复数次。若无效果，则可先行膀胱穿刺减压，再试着将其推注到膀胱。再进行其他疗法或做膀胱切开手术取出。

(2) *碎石技术*：有条件时，可使用超声碎石器、激光碎石器等将结石击碎后排出。

(3) *膀胱挤压排空法*：适用于尿道或膀胱结石。动物镇静或麻醉后，如膀胱不膨胀，需经尿道插管，向尿道内注入适量生理盐水，使膀胱膨胀。注射时触摸膀胱，防止其过度膨胀。然后轻轻挤压膀胱，使尿液和结石从尿道排出。如此反复数次，直至尿道膀胱无结石为止。

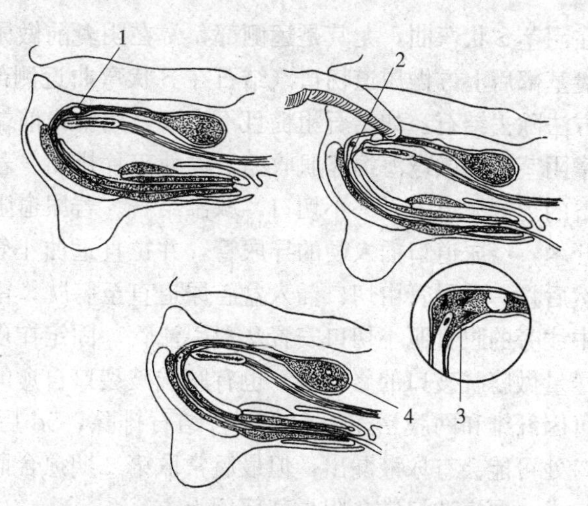

图 13-3　犬的尿道结石水压冲击疗法
1. 尿道结石　2. 插入导尿管到结石附近
3. 注入生理盐水扩张尿道
4. 结石被压入膀胱

3. 手术疗法　对结石药物治疗无效，或经非手术疗法不能排除的结石，可采用手术疗法。一侧肾结石而另一侧肾功能完好的病畜，可手术摘除患肾。两侧肾结石需采用碎石技术。对于较大的膀胱结石，可进行膀胱切开术，取出结石。

犬、猫尿结石可采用阴囊前尿道切开术（图 13-4）、膀胱切开术、阴囊尿道造口术及会阴尿道造口术等，将结石取出。手术时，经尿道口插入导尿管有利于手术的进行。为避免尿道狭窄，尿道黏膜可不缝合，仅对皮下组织和皮肤做结节缝合。术后导尿管留置 3～5d，每天向导尿管内注入抗生素防止细菌感染尿道。

牛的尿道结石常采用的手术方法有尿道切开术、尿道造口术等。由于牛尿道结石多滞留

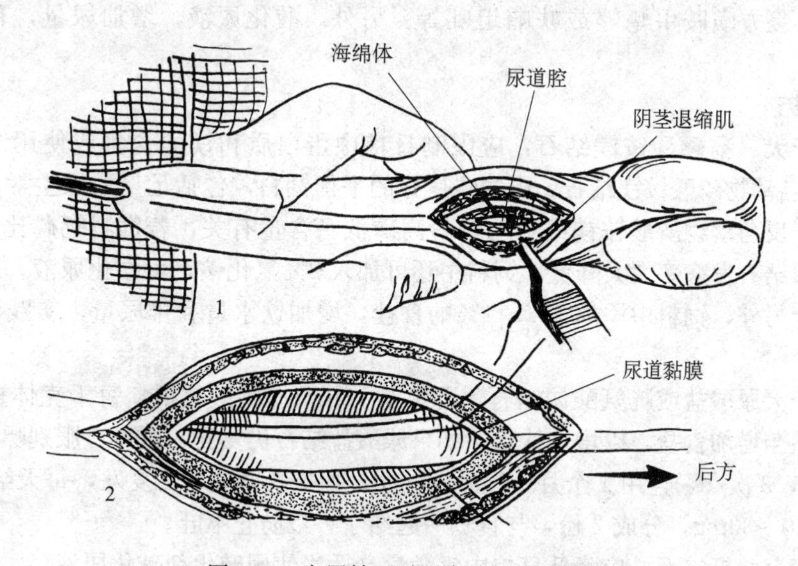

图 13-4　犬尿结石时阴囊前尿道切开术
1. 插入导尿管，切开尿道
2. 取出结石，缝合切口

在阴茎S状弯曲，尤其是远侧部，常在阴囊前做尿道切口（结石在S状弯曲远侧部）或在阴囊基部后上方做尿道切口（结石在S状弯曲近侧部）。切开皮肤，分离并外置阴茎，有两种方法除去结石：如结石粗糙且不太硬，用巾钳前端置于结石两侧，用力压碎以碎石，轻轻按摩阴茎，刺激球海绵体肌收缩，促使碎片排出。若结石光滑而坚硬，不易被压碎，则可在结石的远侧尿道上做一小切口，取出结石。若尿道阻塞出现膀胱破裂，则需在坐骨部做尿道切开术，经尿道口插入硬的导尿管，并拉直远曲小管，将结石推向坐骨尿道切口，取出结石。然后将一导尿管由切口插入盆腔尿道直至膀胱，留置作为排尿通路。同时在脐和耻骨间通过中线旁的腹直肌小切口安置塑料引流管，固定在皮肤上48h左右，以排除腹腔中的积尿。应尽量做膀胱破口的修补术，也有膀胱破裂口自愈的报道。为此，膀胱不必缝合，膀胱裂口处可因纤维和网膜粘连而愈合。若结石排除，5d后取出导尿管，10d后拆除皮肤缝线，导管口处可能会有尿液漏出，但最后常取第二期愈合而封闭。若尿道破裂或坏死，则应做尿道造口术，尿道造口常在阴囊基部后上方。

绵羊或山羊尿道结石常滞留在阴茎S状弯曲和阴茎远端尿道突。若在S状弯曲，手术方法与牛的相同。尿道结石伴有膀胱破裂时，一般宜行剖腹手术缝合膀胱，并放置腹腔引流管排除积尿，于尿道放置导尿管，作为排尿通路。若结石在尿道突部，可将阴茎自包皮内引出，用手指压力将结石挤出或剪去阴茎突。

在马结石病例中，约99%是膀胱结石，尿道结石极少发生。尿道结石常发生在尿道坐骨弓处或在尿道最远端。坐骨结节以下的尿结石，可直接在结石部位做切口取出。骨盆部尿道结石，可在坐骨弓处做切口，用止血钳或舌钳夹取。尿道可以缝合，但通常保持开放经第二期愈合，尿道狭窄现象并不多见。马的尿道远端结石，可用手挤出或用小止血钳取出。

4. 控制尿路感染 长期尿结石常因细菌感染而继发严重的尿道或膀胱炎症，甚至引起肾盂肾炎、肾衰竭和败血症。故在治疗尿结石的同时，必须配合局部和全身抗生素治疗，如氨苄青霉素、复方磺胺甲噁唑或呋喃坦啶等。另外，酸化尿液，增加尿量，有助于缓解感染。

（五）预防

(1) 对于犬、猫磷酸铵镁结石，应限制日粮中蛋白质和镁的含量或使用结石溶解性食物。对于反刍动物磷酸铵镁结石，应饲喂良好的平衡饲料，包括足量的维生素A，并保证足够的饮水。反刍动物磷酸铵镁结石与饲料高磷低钙含量有关，若饲料钙磷比例为2∶1，则肥育动物尿结石发病率大大降低。饲料中还可加入2%氯化铵，可酸化尿液，防止磷酸铵镁结石形成。另外，饲料中添加1%～4%的食盐，增加饮水量和排尿量，实践证明有一定效果。

(2) 对于犬尿酸盐或胱氨酸尿结石，可每6～8h口服碳酸氢钠，每千克体重0.2g，碱化尿液，并适当增加食盐，以增加饮水。如果尿酸盐结石仍复发，则可口服别嘌呤醇，每千克体重10mg，3次/d，连用1个月，然后1次/d。如果胱氨酸结石复发，每天给予青霉胺，每千克体重10～30mg，分成2份，与食物一起给予，以防止呕吐。

(3) 对于草酸钙结石，应降低日粮中钙含量，适当使用碱化剂碱化尿液。

(4) 对硅酸盐结石，应改变营养配方，使其营养均衡。

另外，透明质酸钾复合剂对尿结石有一定防治作用。

七、尿失禁

尿失禁（urinary incontinence）是由于膀胱的自主控制机能障碍和尿道括约肌持久舒张，尿液非自主性地排出。

（一）病因

（1）神经系统异常：排尿反射的上行或下行运动神经元损伤，排尿的自主控制被破坏。

（2）输尿管异位，尿液绕过尿道括约肌或通过异常的管道或开口排出。慢性膀胱炎、尿道炎、尿道肿瘤、尿结石和前列腺炎等引起下尿道异常，导致尿失禁。

（3）尿道括约肌和逼尿肌功能不全，尿道阻塞，激素水平紊乱等均可引起尿失禁。

（4）外周神经或脊髓创伤，腹部或泌尿生殖道手术均可导致下尿道的损伤而出现尿失禁。

（二）症状

动物排尿时表现间歇性尿滴注、痛性尿淋漓和尿潴留。侧卧或睡眠时尿液流出。尿失禁可发生于任何年龄。动物可以有长期尿失禁的病史，或者在实施子宫卵巢切除术后出现。尿失禁可以是连续性的、间歇性的，也可能仅仅在动物兴奋或休息的时候出现。

（三）诊断

根据临床症状和病史可做出初步诊断。

1. X射线和膀胱镜检查　通过泌尿道造影术来确定输尿管和膀胱的结合部位。膀胱尿道的连接处呈钝圆状并有突出的膨大，或尿道比正常短。对于患有阴道发育不全的动物，需要对子宫腔、膀胱等部位进行X射线检查。逆行的膀胱镜检查是诊断输尿管异位的最敏感和最特异的方法。

2. 实验室检查　对患有尿失禁的动物进行尿液分析特别重要。如尿比重小于或等于1.015与多尿有关。如出现血尿、蛋白尿或脓尿，则表明尿道有病理性损害。如尿道感染会出现明显的菌尿，检查尿沉渣可看到细菌，尿液培养对检测细菌可靠。

3. 鉴别诊断　应该与引起尿失禁的其他疾病进行鉴别诊断。继发于膀胱或尿道感染的急性尿失禁需要与本病加以鉴别。反常性尿失禁、神经性尿失禁和膀胱括约肌功能障碍引起的尿失禁需要进行X射线检查、神经学检查或导尿管插入术进行区别。尿道和膀胱括约肌侧压的检测可以对尿道括约肌的收缩能力和膀胱空虚时的压力进行检查。

（四）治疗

1. 药物治疗　对疑似尿道括约肌功能障碍引起的尿失禁病例，需要给予雌激素或拟交感神经药物进行治疗，并需要治疗并发的尿道感染。己烯雌酚或α-肾上腺素拮抗剂（如苯丙醇胺或麻黄碱）可以有效地提高尿道括约肌的收缩力。如果己烯雌酚对患病动物治疗效果良好，需要在使用中逐渐降低使用剂量。高剂量的己烯雌酚可以引起假发情、骨髓毒性或脱毛等不良症状，因此每日给药量不超过1mg。己烯雌酚用量，犬0.1～1mg/d，口服，连用3～5d，以后每周1次。α-肾上腺素抑制剂和己烯雌酚同时使用时，要降低己烯雌酚的使用剂量。由于苯丙醇胺副作用较小，并且相同时间内疗效更好，因此在临床上苯丙醇胺比麻黄碱应用广泛。苯丙醇胺每千克体重用量，犬1.5～2mg，2～3次/d，口服；猫1.5mg，3次/d，口服。麻黄碱每千克体重用量，犬4mg，2～3次/d，口服；猫2～4mg，2～3次/d，口服。对一些由于睾酮效应引起的雄性动物的尿失禁，需要使用海特洛辛睾酮进行治疗。环戊丙酸睾酮是治疗本病的常用药物，用量为：犬每千克体重 2.2mg，肌肉注射，每月 1 次。如果出现前列腺肿大或肛周腺瘤，最好使用苯丙醇胺或麻黄碱进行治疗。

2. 手术治疗 对结构异常性尿失禁、阻塞性尿失禁可通过手术治疗。

八、尿道脱出

尿道脱出（urethral prolapse）指尿道黏膜从阴茎末端突出。

（一）病因

尿道脱出一般不常见。通常见于过度的性冲动后，或由泌尿生殖道感染引起。

（二）症状

最易感本病的犬为英国斗牛犬，波士顿犬和约克夏犬也有报道。当阴茎从包皮孔中突出时，可以看到阴茎的尖端脱出小的红色团块，或出现周期性的阴茎出血。阴茎勃起会使脱出的尿道团块增大。由于脱出的组织风干或病犬舔舐包皮孔，使暴露的尿道黏膜损伤、坏死。

（三）诊断

根据病史和临床症状可做出诊断。

挤压阴茎检查尿道口，区别尿道脱垂和其他可能引起包皮出血的病症。尿道炎、阴茎骨骨折、尿道结石和尿道狭窄可能出现血尿或包皮出血。包皮、阴茎或尿道肿瘤以及前列腺的损伤可引起阴茎出血。

（四）治疗

并发泌尿生殖道感染时，需要进行相应的药物治疗。如果没有出现尿道黏膜坏死，对偶尔出现的尿道脱出，可以通过使用棉棒或在包皮内放置一个润滑导管将脱垂的尿道组织送回体内，在阴茎口的周围做环形缝合，防止脱垂复发，5d 后拆除缝线。如果脱垂难以控制，可将脱出尿道切除。对勃起或性冲动时出现脱出的病例，则施行双侧睾丸摘除术。

九、猫的泌尿系统综合征

猫泌尿系统综合征（feline urologic syndrome）是指膀胱和尿道结石等刺激，引起膀胱和尿道黏膜炎症，造成尿道部分或完全阻塞的一组症候群，又称为无菌性膀胱炎、间质性膀胱炎或猫尿道阻塞。雌、雄猫均有发生，以雄性常见。过度肥胖的猫易发。中年猫较易感染此病。家猫是本病的高发群。

（一）病因

（1）饲喂含过量镁的干食物，镁和碱性尿液形成磷酸铵镁结晶，引起猫泌尿系统综合征。

（2）饲喂干食物，饮水少，排尿次数减少，尿液浓稠，析出的结晶、颗粒造成尿道阻塞。

（3）活动少、去势、卵巢摘除、肥胖、气候寒冷等，可成为本病发生的诱因。

（4）膀胱脐尿管憩室和间质性膀胱炎是引起本病的原因之一。

（5）尿失禁、尿道狭窄、前列腺肿瘤、尿道痉挛、膀胱麻痹可引发本病。

（6）尿道插管、逆行性尿道冲洗可诱发本病。

（二）症状

病初常无明显症状，继续发展可引起膀胱炎或尿道炎，肾盂结石引起肾盂肾炎。尿道或输尿管发生不全或完全阻塞。临床表现为尿频、少尿、无尿或血尿。病猫精神沉郁，焦虑，站立不安，或频频舔外生殖器。若阻塞持续36～48h，病猫厌食、呕吐、脱水、电解质丢失和酸中毒。如果阻塞物不及时排除，常于3～5d内虚脱休克而死。

（三）诊断

尿道阻塞时，腹部触诊发现膀胱饱满，有时膀胱破裂、腹腔积液。X射线检查，可见膀胱积尿膨大，极少数病例可见膀胱或尿道内有结石阴影。

实验室检查发现尿素氮和肌酐升高，碳酸氢盐减少。尿pH呈碱性，尿中含有蛋白质和潜血，尿沉渣有磷酸铵镁结晶。

（四）治疗

（1）尿道阻塞或发病初期，可用力挤压膀胱，排除结石。通过尿道插管或轻柔阴茎按摩法可迅速地缓解阻塞。如果猫出现严重的精神沉郁，尽量减少对猫的限制和拘束。可用无菌生理盐水将堵塞物或结石冲入膀胱。使用非金属的、光滑的、具有良好润滑性的导管可以减少对尿道的损伤。如果导尿管不能向前推进，可进行辅助性的膀胱穿刺术。

（2）为了防止公猫尿道阻塞的复发，或者导尿管插入不能治愈的尿路阻塞，可以考虑实施会阴尿道造口术。这种方法对治疗继发于尿路阻塞或由导管插入引起的尿路狭窄也很有用。

（3）补充体液、电解质，纠正酸中毒。

（4）膀胱或肾盂结石时，可用药物酸化尿液，使尿结石溶解。常用的药物如蛋氨酸（0.5～0.8g/d）、氯化铵（0.8～1g/d）或酸性磷酸钠（每千克体重，40mg/d），拌料饲喂。

（5）食物中加入食盐，0.5～1g/d，使猫增加饮水和排尿。

（6）饲喂防治猫尿结石的处方食品。

第二节　生殖器官疾病

一、包 皮 炎

包皮炎（posthitis）是包皮的炎症，通常与龟头炎伴发，形成包皮龟头炎。各种公畜都能发生此病，但牛、犬因包皮狭长，包皮口小而较多发。

（一）病因

急性包皮炎主要发生于包皮龟头的机械性损伤。这种损伤较多发生在交配、采精过程中，或在包皮口进入草茎、麦秆、树枝、沙粒等异物后。包皮内常积留尿液、包皮垢、脱落的上皮细胞及细菌。一旦包皮受损，隐伏于包皮腔内的葡萄球菌、链球菌以及假单孢菌属和棒状杆菌属细菌等，可侵入而发生急性感染。

慢性包皮炎常因尿液和包皮垢的分解产物长期刺激黏膜而引起，或由附近炎症蔓延而来。此外，包皮炎也可出现在某些特定传染性疾病过程中。例如，牛传染性鼻气管炎病毒（牛疱疹病毒），可引起公牛的脓疱性龟头包皮炎；马交媾疱疹病毒可引起公马的包皮、阴茎发生脓疱；绵羊坏死性性病病毒可在包皮口的周围引发溃疡；牛毛滴虫病可引起包皮、阴茎黏膜的炎症。凡患有包茎的病畜，更容易发生本病。

（二）症状

包皮龟头急性炎症时，包皮前端呈现轻度的热痛性肿胀。包皮口下垂，流出浆液性或脓性渗出物，黏附于毛丛上，公畜拒绝配种。以后炎症可蔓延到腹下壁和阴囊上，包皮口严重肿胀、淤血。由于包皮口紧缩狭窄，阴茎不能伸出，病畜排尿困难、痛苦，尿流变细或呈滴状流出。在包皮内可发现暗灰色、污秽、带腐败味的包皮垢。在马、猪有时包皮垢积聚变硬，成为包皮腔结石，固着在龟头窝内。

犬、猫因包皮内有脓性物，常自舔阴茎，舔食脓汁过多时出现口臭、食欲减退。

包皮内感染可形成脓肿，其大小不定，呈球形，触诊柔软有波动。脓肿破溃，从包皮口向外流出具有腐败气味的脓液。严重的可发展为蜂窝织炎，导致包皮腔、阴茎及其周围组织的广泛化脓和坏死，使排尿极度困难，膀胱内尿潴留，有的甚至发生尿道穿孔或膀胱破裂。

慢性经过病例，可出现包皮纤维性增厚，阴茎自由活动受限。有时阴茎与包皮腔间形成粘连，造成包茎。若炎症扩延至阴茎体，则阴茎向外脱出不能回缩至原位而遭受挫伤，龟头肿胀，成为嵌顿性包茎。

（三）诊断

根据临床症状即可做出诊断。

（四）治疗

剪除包皮口毛丛，清除包皮内异物、积尿和包皮垢，用3%过氧化氢溶液或弱刺激性收敛消炎药液充分灌洗包皮腔。犬、猫可用1∶4 000洗必泰溶液冲洗，2次/d。在硬膜外腔麻醉下，对挫伤、坏死、溃疡部进行清洗，对过度生长的肉芽面可用硝酸银腐蚀，最后涂布抗生素或磺胺类软膏。也有采用干燥疗法，即在包皮腔内先充气，后撒布收敛、止痒和抗菌药物的混合粉剂。包皮内每1～2d用药1次。

局部肿胀严重的病例，为了控制炎症发展，可使用盐酸普鲁卡因青霉素溶液封闭治疗。为改善局部血液循环，促进吸收，可配合温敷、红外线照射等温热疗法。

包皮内脓肿，应及时拉出阴茎，通过内包皮黏膜切开排脓。若通过皮肤做切口，容易继发感染。包皮龟头炎的病畜，如有明显疼痛不安的，可应用镇静止痛药物，同时还应全身使用抗生素药物治疗。

二、阴茎损伤

阴茎损伤（injury of the penis）常发生于牛，也见于猪和犬。

（一）病因

本病大多发生于包皮和阴茎部的直接损伤，例如受到打击或蹴踢，跳越栅篱或矮墙时碰伤，交配时阴茎挫伤，人工采精中不恰当地使用假阴道，以及火器伤等。进行尿道探查时，如果过度牵引阴茎，对龟头牵引或用细绳扣系过紧，也常可引起阴茎或龟头的损伤。此外，有自淫癖的公畜易发生本病。犬交配时强行将其分开易引起阴茎骨骨折。

阴茎血肿多发生在公牛交配过程中。当阴茎勃起，海绵体充血时，由于猛力挫撞，导致白膜破裂和阴茎海绵体的血管损伤而发病。

（二）症状

随损伤部位和性质而异，可发生包皮、阴茎、尿道各部损伤或合并伤。

包皮部的撕裂伤或挫伤，在包皮过长的牛更容易发生。阴茎和包皮的挫伤，在损伤部位引起炎性肿胀、增温、疼痛，触诊十分敏感。病畜于阴茎勃起时疼痛明显，呈现拱背，步态强拘和拒绝配种。有的病例包皮严重肿胀，包皮口狭窄，阴茎不能外伸；有的因龟头及阴茎末端部伤后肿胀，不能回缩到包皮内。时间稍长，常因病畜起卧而进一步加重挫伤，加之感染化脓，导致坏死，龟头呈现紫红或紫黑色。病畜通常出现排尿障碍，轻者尿频、排尿不畅或淋漓，重者尿闭，甚或继发尿道或膀胱破裂。犬若发生阴茎骨骨折，可摸到骨移位、变形或有骨摩擦音。

阴茎血肿大多发生在阴囊前方阴茎“乙”状弯曲的前段背侧，少数在阴囊后方。通常肿胀于伤后立即发生，可用穿刺确诊。时间长的病例可因产生瘢痕组织而使阴茎偏斜。

（三）诊断

根据临床症状结合 X 射线检查等可做出诊断。

（四）治疗

包皮的新鲜撕裂伤，按新鲜创治疗原则处理后，涂布抗生素油膏，全身用抗生素治疗 1 周，多数可治愈。如果撕裂伤深达包皮的弹力膜，由于包皮腔内通常寄居有假单胞菌、棒状杆菌、葡萄球菌、链球菌等菌群，当阴茎缩回时把细菌带到深部组织，容易引起感染而继发脓肿。因而，撕裂创是否缝合，必须按情况慎重考虑。阴茎海绵体的损伤，需要进行缝合。

阴茎部挫伤初期采用冷疗。2～3d 后改用热敷、红外线照射、按摩等疗法，并涂擦消炎止痛性软膏。应注意局部忌用强刺激药。损伤部后段阴茎背侧可用盐酸普鲁卡因青霉素溶液封闭。

急性炎症期间排尿有严重障碍者，需做直肠内膀胱穿刺排尿。损伤严重而下尿路完全阻塞时间较长者，可施行膀胱内插管作为临时尿路。下尿路没有可能恢复畅通的病牛，可考虑会阴部尿道造口，以重建尿道。

犬阴茎骨骨折常用保守疗法，即将导尿管插入尿道超过骨折断端，保留一段时间，稳定骨折断端，可获得疗效。可考虑会阴部尿道造口，以重建尿路。

阴茎血肿的病牛，可采用保守疗法，注射抗生素和蛋白溶解酶，连续治疗 1 周，防止脓肿形成和促进血肿消散，可能获得痊愈。若血肿较大需手术治疗，手术时间在伤后 5～10d 内较为理想，严重的可在血肿形成后的 3 周内进行。在良好的麻醉下，严格按无菌技术实施手术。逐层切开皮肤、皮下组织后连同弹力膜引出阴茎，要尽量少损伤阴茎周围的弹力膜、阴茎缩肌，以及背侧的血管和神经，这对减少术后并发症的发生十分重要。在消除白膜裂口下海绵体内的血肿后，细心地分层缝合白膜的横向裂口、弹力膜、皮下组织和皮肤切口，但在某些严重病例不易缝合。术后注射抗生素 7～10d，至少休息 1 个月。

三、阴茎麻痹

阴茎麻痹（paralysis of the penis）常见于马属动物，其次为牛和犬。以老龄、瘦弱和过劳的马骡发病较多，寒冷地区较多见。

(一) 病因

可发生于阴茎的直接损伤，或支配阴茎的阴部神经、阴茎背神经和阴茎缩肌受到挫伤，以及继发于阴茎冻伤、嵌顿包茎、脊髓损伤或受压。某些传染病或中毒病损害到中枢神经，或中枢神经系统患病时，亦可发生阴茎麻痹。在马也见于应用某种镇静剂后并用睾酮治疗时。此外，配种过度也是阴茎麻痹的常见原因。少数情况下发生于媾疫后期、严重的疝痛、肌红蛋白尿等。

(二) 症状

阴茎弛缓无力，脱出并下垂于包皮口外，不能自行缩回，伸缩性显著减退，痛觉消失，但无排尿障碍。行走时随身体运动而摆动。阴茎发生下垂性淤血和水肿，并在阴茎体与内包皮的移行部位出现环状无痛的冷性浮肿。脱出的阴茎遭受风吹日晒，于起卧或运动时与物体、地面碰触，继发擦伤或挫伤，发炎肿胀，时间久后导致溃疡和坏死。严重的肿胀波及包皮囊和腹下壁。冬季可能发生冻伤。有的病例阴茎表皮反复摩擦，导致表层慢性角化。病马虽然保留性欲，阴茎可以收缩，但是不能勃起。

(三) 诊断

根据临床症状可做出诊断。

本病诊断时应与嵌顿包茎和由于全身肌肉过劳所引起的阴茎缩肌暂时弛缓所致的阴茎脱出相区别。后者阴茎保留痛觉，并经休息之后即可自行缩回到包皮内。

(四) 治疗

病初为了保护阴茎，防止继发性损伤和淤血、水肿，可将阴茎还纳到包皮内，在包皮外口做不影响排尿的暂时性缝合，或用吊起绷带将脱出的阴茎托到腹下壁上，直到阴茎缩肌的机能恢复为止。

应及时消除病因和治疗原发病。例如，损伤肌肉、神经的，可以局部应用温热疗法，用植物油涂在手上后对阴茎按摩，皮下注射硝酸士的宁或藜芦碱等。同时可并用电疗或电针疗法，配合腰部热敷等，对阴茎的损伤进行外科处理。

对治疗数周而无效的病畜，宜施行阴茎截断术。在包皮环上端切除阴茎脱出的部分。

四、包　茎

包茎（phimosis）是指包皮口异常狭窄，阴茎勃起时不能从包皮口向外伸出的异常状态。犬多发。

(一) 病因

一般是先天性的，通常由包皮口狭窄或缺乏包皮口引起。后天获得性的包茎可由包皮口损伤后形成瘢痕组织，或因包皮炎、包皮水肿、包皮纤维变性、包皮肿瘤引起包皮口狭小，或者由包皮蜂窝组织炎诱发。长毛犬、猫的包皮毛缠住包皮口，可引起类似包茎的临床症状。

(二) 症状

先天性包茎一般包皮膨胀，由于阴茎不能突出，不能正常排尿，尿呈滴状或细线样排出。因尿潴留在包皮内，导致龟头包皮炎，形成局部溃疡、糜烂，包皮流出大量分泌物。后天性包茎伴有包皮的炎症和水肿，动物舔舐包皮处。龟头不能伸出包皮口外，人为引出龟头很困难或根本不能引出。常伴发包皮龟头炎。

（三）诊断

根据临床症状即可做出初步诊断。包皮细菌学检查可发现炎症和感染，包皮培养物有细菌生长。应与阴茎发育不全和两性畸形相鉴别。

（四）治疗

1. 药物治疗　由炎症或感染引起的包茎可通过热敷、抗生素治疗和经导尿管导尿来缓解。包皮每天用生理盐水冲洗以减少尿对包皮的刺激。

2. 手术治疗　发育异常或狭窄引起的包茎可通过包皮口的重建术来治疗。手术目的是扩大包皮口，从而使阴茎不受限制的进出包皮。在手术前，清除包皮内污物，消毒液冲洗包皮腔，并且用导尿管导尿。病畜仰卧保定，包皮的末端进行剪毛、消毒。在包皮口的背侧面做一适当大小的三角形切口，即依次切开皮肤、皮下组织和包皮黏膜。根据包茎的严重程度，决定包皮切口的长度和宽度。然后将创缘包皮黏膜与皮肤结节缝合。如有新生物，应同时切除。

五、嵌顿包茎

嵌顿包茎（paraphimosis）是指阴茎脱出后嵌顿在包皮口的外面，或因龟头体积增大自包皮囊内脱出而不能缩回的现象。马和犬较易发生。

（一）病因

常见于阴茎外伤，引起阴茎肿胀，体积增大，并造成阴茎缩肌的张力降低，从而发生嵌顿包茎。犬阴茎骨骨折可伴发本病。先天性包皮口狭窄，或慢性包皮炎、包皮外伤导致包皮口变小。龟头新生物和阴茎不全麻痹。动物交配或自淫时，阴茎充血勃起而不能回缩。机体衰弱和过劳易发生嵌顿包茎。

（二）症状

由于退缩的包皮紧勒阴茎，使露在外面的阴茎发生充血、淤血和水肿，颜色暗红。动物不断舔舐嵌顿的阴茎，使肿胀加重。阴茎、龟头长期暴露在外，可出现干燥、坏死和尿道阻塞。严重病例发生阴茎、龟头的溃疡和坏死。如果肿胀由急性炎症转为慢性，则发生结缔组织增生。此时肿胀坚硬，无痛无热。嵌顿继续发展，阴茎则完全丧失感觉。

（三）诊断

根据临床症状即可做出诊断。本病应与阴茎异常勃起、先天性包皮变短、先天性阴茎骨畸形或阴茎缩肌麻痹相鉴别。

（四）治疗

应先徒手复位。用冷生理盐水清洗嵌顿的阴茎，并涂上润滑剂。将包皮向前复位时，向后推动阴茎，使其还纳到包皮腔内。如阴茎肿胀严重，用10％盐水、3％明矾或25％硫酸镁冷敷，或施行局部乱刺，可减轻肿胀，便于还纳。乱刺时，应注意局部消毒灭菌。

为了加速坏死组织的清除，局部可应用温热疗法或红外线照射、He-Ne激光照射、CO_2激光扩焦照射、超短波疗法等。溃疡表面涂1％龙胆紫溶液。有赘生的病理性肉芽肿时可用硝酸银棒、10％硝酸银溶液腐蚀。

如不能徒手复位，应施行包皮扩开术。若部分阴茎已坏死，可施行部分阴茎截除术。阴茎全部坏死，应施行阴茎全截除术和阴囊或会阴部尿道造口术。

六、阴囊积水

阴囊积水（scrotal hydrocele）是指总鞘膜腔内有大量浆液性渗出液或漏出液蓄积，又称为总鞘膜积水。本病见于各种家畜，老龄动物多发。

（一）病因

发生本病的主要原因是精索血液循环障碍以及因机械性和理化性损伤所致的总鞘膜和固有鞘膜的炎症，也见于传染病和并发腹腔积水时。

（二）症状

常见的是两侧性阴囊积水，多为慢性经过。由于浆液性液体大量积聚于总鞘膜腔内，因而阴囊显著增大，皮肤紧张，皱褶消失，触诊有明显的波动感。一般无热、无痛（较少的急性型有热痛反应）。阴囊皮肤轻度肥厚。病程较长时则睾丸逐渐萎缩。

（三）诊断

该病诊断比较容易，遇有可疑病例时可进行穿刺诊断。

应注意与阴囊疝、肿瘤、精索静脉肿、总鞘膜腔积脓和积血（阴囊血肿）相鉴别。

（四）治疗

初期，特别是急性和亚急性经过者应使病畜安静。局部可涂用醋调制的复方醋酸铅散及樟脑软膏等。3～4d后以促进消散吸收为目的可使用温热疗法。

对慢性经过者可在严密消毒的情况下，穿刺吸出总鞘膜腔内的液体再注入少量碘酊、酒精或复方碘溶液等，充分按摩阴囊（此时应防止上述刺激性溶液通过鞘膜管进入腹膜腔而引起腹膜炎）。

保守疗法无效时可进行去势术，此时最好采用被睾去势法。因腹水而引起的总鞘膜积水应在治疗原发病的基础上配合应用局部疗法。

七、总鞘膜炎

总鞘膜炎（periorchitis）为总鞘膜的炎症，临床上多为化脓性的，常与化脓性精索断端炎并发，且多发生在去势后的5～8d。

（一）病因

动物去势时消毒不严或污染，精索断端、总鞘膜被化脓菌感染引起。本病的促发因素是血浆和渗出液在总鞘膜腔内聚积，有利于细菌的繁殖。

妨碍渗出液在总鞘膜腔内聚积的因素有总鞘膜切口狭窄，组织的炎性肿胀、纤维素凝块和精索断端堵塞致使创隙变小，切口位置不当或缝合不当等。

（二）症状

初期阴囊发生明显肿胀，有时可蔓延至包皮及腹下壁。肿胀部灼热，疼痛。在猪通常可引起会阴部的大面积水肿。病畜精神沉郁，体温升高，食欲不振，后肢运动困难。

病初，手术创口及总鞘膜腔充满纤维素性渗出物。向外呈滴状流出稀薄、透明的黄色渗出液。4～5d后则形成比较大的粘连。炎症过程常同时发生于精索断端及总鞘膜中。去势后

6～8d则形成混有纤维素凝块的稀薄脓汁。

化脓性总鞘膜炎有时可形成两个脓腔，它们彼此以管道相通。下腔是在阴囊壁内形成，上腔则在总鞘膜腔内形成。下腔的脓汁可经手术切口排出，而上腔内的脓汁则潴留。

（三）治疗

初期在尚未出现化脓溶解之前，可用灭菌器械或戴无菌手套的手指插入去势创口，充分扩开阴囊及总鞘膜切口，彻底排除潴留的创液和纤维素凝块。用防腐消毒液冲洗后，灌注抗生素药物，1次/d。若已出现化脓，必须扩大创口，排出脓汁和纤维素凝块，用防腐消毒液彻底冲洗，并配合应用抗生素、磺胺类药物，同时还可使用盐酸普鲁卡因溶液封闭疗法（盆腔器官封闭）。病情严重者可切除总鞘膜和化脓的精索断端。

八、精索炎

精索炎（spermatitis）是马属动物常见的去势后并发症，是精索断端被感染后所引起的纤维素性-化脓性炎症。多与总鞘膜炎同时发生，常取慢性经过，最后形成精索瘘。

（一）病因

去势时消毒不严或创口被污染，如精索断端被被毛、尘土、秸秆碎片、植物芒刺及消毒不彻底的结扎线污染，是引起术后精索断端发生感染的主要因素。

去势创口过小，总鞘膜与阴囊切口不一致，创缘粘连，创口位置不当等引起的血液和渗出液蓄积于总鞘膜腔内，给病原微生物的发育繁殖创造了良好的条件。

去势时粗暴或过度地牵引精索和总鞘膜，使用具有很大挫切面的器械使坏死组织残留过多，精索断端留的过长，增加了被感染的机会。

（二）症状

病初精索断端肿胀，触诊疼痛。病畜体温升高，精神沉郁。一般在发病后3～4d，因渗出液浸入总鞘膜及阴囊壁而出现患侧阴囊肿大。若继续向周围蔓延时则引起包皮和腹下壁的水肿。以后从创口流出脓性渗出液，并在其中混有精索断端组织溶解碎片。脓汁的排出在最初7～8d比较顺畅。随着时间延长，创口逐渐愈合而变得狭窄并形成瘘管，脓汁和精索断端组织溶解碎片的排出变得困难而蓄积于腔内。管的外口因周围结缔组织增生和瘢痕化而下陷，呈向下开口的漏斗状。由于精索断端及总鞘膜的结缔组织增生，可导致阴囊体积增大。随着被栓塞的血管壁及附近组织的化脓溶解，于精索断端形成许多孤立的，并且互相连通的小脓肿，其大多数可向断端边缘的方向破溃。

一般急性炎症症状经10～14d平息，当无异物和大量的坏死组织时，有时伤口可自愈。但绝大部分病例则形成久不愈合的精索瘘。

化脓性精索断端炎有继发腹膜炎和转移性肺炎的危险。临床上常见马去势后因化脓性精索断端炎而继发腹膜炎，最后导致全身化脓性感染。

（三）治疗

扩开创口，用防腐消毒药物清洗鞘膜腔和化脓的精索断端，彻底清除脓汁和组织溶解碎片，去除去势时用的结扎线，然后按化脓创进行引流和药物治疗。急性炎症期可在阴囊颈部用青霉素盐酸普鲁卡因溶液封闭，以阻止炎症的发展。局部处理的同时，还必须全身使用抗生素、磺胺药物和碳酸氢钠等。已转入慢性经过和形成精索瘘者，可将精索瘘管及增生的结缔组织一起切除，术后按化脓创处理。

九、隐　睾

隐睾（cryptorchidism）是一侧或两侧睾丸未降至阴囊内，而滞留于腹腔或腹股沟管的一种疾病。可发生于各种动物。

病畜睾丸有的位于腹股沟皮下，有的在腹股沟内，有的位于腹腔内。

牛的睾丸大多数位于腹股沟环的皮下，真正的腹腔内隐睾少见。

马的隐睾发生率高，多位于腹股沟内。

猪的隐睾多为一侧性，也有两侧的。多位于肾脏后方，有时位于腹腔腹侧壁或腹外侧壁，腹股沟内环的稍前方，少数在腹侧壁的脐区或盆腔内膀胱腹侧面。

犬的隐睾常为一侧性，右侧比左侧多，也有两侧隐睾的，多位于腹腔内或腹股沟环。

单侧隐睾动物一般仍有生殖能力，但生殖能力下降。双侧隐睾无生殖能力。多数猫睾丸在5～6月龄才降至阴囊内。

（一）病因

病因不完全清楚，可能与下述因素有关：

1. 与遗传有关　隐睾有明显的遗传倾向性。

2. 激素不足或缺乏　如下丘脑-垂体轴缺陷及黄体激素不足；睾丸雄激素缺乏，可影响输精管、附睾和引带；在性腺发育早期促性腺激素刺激不足，可能影响睾丸的下降。

（二）症状

一侧隐睾时无睾丸侧的阴囊皮肤松软而不充实，触摸时阴囊内只有一个睾丸。两侧性隐睾时其阴囊缩小，触摸阴囊内无睾丸。如果睾丸在皮下，可摸到比正常体积小，但形状正常的异位睾丸。猪隐睾时可出现生长缓慢。

（三）诊断

确诊隐睾的方法可行外部触诊阴囊和腹股沟外环，直肠内盆腔区触诊和实验室检查血浆雄激素浓度等。

外部触诊可查知位于腹股沟外环之外可缩回的睾丸，偶尔可触及腹股沟内的睾丸或精索的瘢痕化余端。直肠内触诊只限于大动物，可触摸睾丸或输精管有无进入鞘膜环。实验室分析血浆内雄激素的水平是检查睾丸存在与否行之有效的方法。猪有隐睾时除触诊检查外，还表现有性欲强、生长慢、肉质不良等特点。犬的睾丸提肌反射敏感度高，触摸睾丸能使其向腹股沟环回缩，因而易被误诊为隐睾。而一般情况下正常犬的睾丸可以推拿降至阴囊，但在隐睾犬则推拿不能使睾丸下降。犬的隐睾在3周龄以上较易诊断。

（四）治疗

隐睾可行手术摘除。

1. 牛　隐睾手术通路可采用腹下中线旁切开。如果初步检查未能发现睾丸，可检查确定位于膀胱区与睾丸后的精索，即可发现睾丸，摘除后，腹壁按常规缝合。

2. 马　隐睾手术通路有3个，即腹股沟管、下腹壁（中线旁）和侧腹壁。

3. 猪　隐睾手术较为容易，腹下中线旁或腹股沟环处是常用的手术部位。

十、睾丸炎和附睾炎

睾丸炎（orchitis）是睾丸实质的炎症，各种家畜均可发生。由于睾丸和附睾紧密相连，易引起附睾炎（epididymitis），两者常同时发生或互相继发。根据病程和病性，临床上可分为急性与慢性、非化脓性与化脓性。

（一）病因

睾丸炎常因直接损伤或由泌尿生殖道的化脓性感染蔓延而引起。直接损伤如打击、蹴踢、挤压，尖锐硬物的刺创或撕裂创和咬伤等，发病以一侧性为多。化脓性感染可由睾丸或附睾附近组织或鞘膜的炎症蔓延而来，病原菌常为葡萄球菌、链球菌、化脓棒状杆菌、大肠杆菌等。某些传染病，如布氏杆菌病、结核病、放线菌病、鼻疽、腺疫、沙门菌病、媾疫等亦可继发睾丸炎和附睾炎，以两侧性为多。

（二）症状

急性睾丸炎时，一侧或两侧睾丸呈现不同程度的肿大、疼痛。病畜站立时拱背，拒绝配种。有时肿胀很大，以致同侧的后肢外展。运步时两后肢开张前进，步态强拘，以避免碰触病睾。触诊睾丸体积增大、发热，疼痛明显，鞘膜腔内有浆液纤维素性渗出物，精索变粗，有压痛。外伤性睾丸炎常并发睾丸周围炎，引起睾丸与总鞘膜甚或阴囊的粘连，睾丸失去可动性。

病情较重的除局部症状外，病畜出现体温增高，精神沉郁，食欲减退等全身症状。当并发化脓性感染时，局部和全身症状更为明显。整个阴囊肿得更大，皮肤紧张、发亮。随着睾丸的化脓、坏死、溶解，脓灶成熟软化，脓液蓄积于总鞘膜腔内，或向外破溃形成瘘管，或沿着鞘膜管蔓延上行进入腹腔，继发严重的弥漫性化脓性腹膜炎。

由结核病和放线菌病引起的，睾丸硬固隆起，结核病通常以附睾最常患病，继而发展到睾丸形成冷性脓肿。布氏杆菌和沙门菌引起的睾丸炎，睾丸和附睾常肿得很大，触诊硬固，鞘膜腔内有大量炎性渗出液。其后，部分或全部睾丸实质坏死、化脓，并破溃形成瘘管或转变为慢性。鼻疽性睾丸炎常取慢性经过，并伴发阴囊的慢性炎症，阴囊皮肤肥厚肿大，丧失可动性。由传染病引起的睾丸炎，除上述局部症状外，尚有其原发病所特有的临床症状。

慢性睾丸炎时，睾丸发生纤维变性、萎缩，坚实而缺乏弹性，无热痛症状。病畜精子生成的功能减退，甚至完全丧失。

（三）治疗

主要应控制感染和预防并发症，防止转化为慢性，导致睾丸萎缩或附睾闭塞。

急性病例应停止使役，安静休息。24h 内局部用冷敷，以后改用温敷、红外线照射等温热疗法。局部涂擦鱼石脂软膏，阴囊用绷带托起，使睾丸得以安静并改善血液循环，减轻疼痛。疼痛严重的，可用盐酸普鲁卡因青霉素溶液做精索内封闭。睾丸严重肿大的，可用少量雌性激素。全身应用抗菌药物。

进入亚急性期后，除温热疗法外，可行按摩，配合涂擦消炎止痛性软膏，无种用价值的病畜宜去势。已形成脓肿的最好早期进行睾丸摘除。

由传染病引起的睾丸炎应先治疗原发病，再进行上述治疗，可收到预期效果。

十一、前列腺炎

前列腺炎（prostatitis）是前列腺的急性和慢性炎症，以犬发病较多。

（一）病因

急性前列腺炎主要由链球菌、葡萄球菌、革兰氏阴性杆菌感染所引起，多经尿道或经血液循环而感染。慢性前列腺炎多继发于急性前列腺炎。

（二）症状

急性前列腺炎的发病较急，全身症状明显，有高热，可达40℃以上，呕吐。常伴有急性膀胱炎和尿道炎，病犬有尿频、尿痛、血尿等症状。偶因膀胱颈水肿或痉挛而致尿闭。

慢性前列腺炎的症状基本与急性前列腺炎相同，但症状较轻微，病程较长。

（三）诊断

腹部及直肠触诊前列腺时表现疼痛。手指探查发炎的腺体时能感知增温、敏感与波动。血细胞检查，白细胞增多。尿液检查可见白细胞及细菌。直肠按摩前列腺能收集到渗出物，有助于判断炎症反应的部位和确定渗出物的性质。

临床上极易与急性肾盂肾炎、膀胱炎、尿道炎相混淆。应用B型超声波、X射线检查进行确诊。

（四）治疗

可根据微生物学检查及药敏试验采取相应的抗生素如青霉素、链霉素、庆大霉素、卡那霉素、氨苄青霉素等进行治疗。慢性前列腺炎可对其进行按摩，以促进炎症的消散，同时配合抗生素疗法。保守疗法无效者可采用前列腺摘除术（图13-5）。

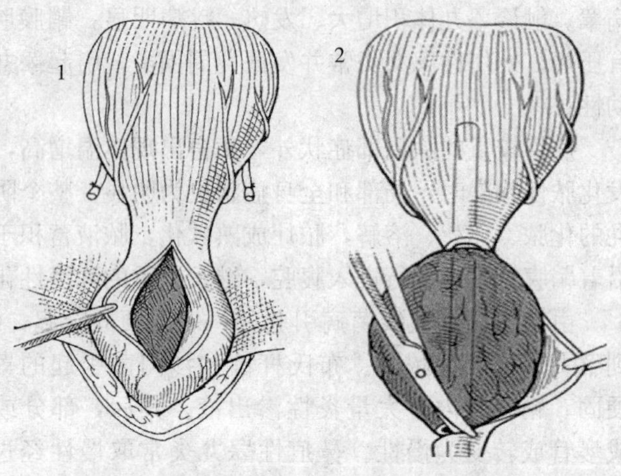

图13-5　犬的前列腺摘除术

1. 分离前列腺周围的组织
2. 横断前列腺两端的尿道后做对接缝合

十二、前列腺增大

前列腺增大（hypertropy of prostate）又称良性前列腺增生或良性前列腺肥大，是犬前列腺最常见的疾病。6岁以上的公犬约有60%有不同程度的前列腺增生，但大部分不表现临床症状。犬前列腺增生一般呈囊状，故又称囊性前列腺增生。

（一）病因

前列腺增大病因还不十分清楚，可能与老年性激素平衡失调有关。过量或长期服用雄激素可产生本病。若服用雌、雄激素比单用雄激素更易发病。前列腺增生的犬，其睾丸肿瘤的发病率也很高。

（二）症状

患前列腺增大病畜，因增大的腺体对直肠和腺体周围组织压迫而出现尿频、里急后重、便秘、血尿。严重的可出现尿潴留和排尿困难。患犬步样改变，后肢跛行或无力。本病病程较长，常伴有体重减轻、全身消瘦等症状。

（三）诊断

根据病史、临床表现、直肠检查可做出初步诊断。对前列腺增大，应注意其与前列腺囊肿和前列腺肿瘤相鉴别。X射线检查可进一步确定前列腺的大小、形状和位置，超声波检查可提供关于前列腺实质的均一性、尿道直径大小等有关信息。微生物学检查也有助于细菌性前列腺炎的确诊，其样品的采集可通过对前列腺按摩后经尿道导管吸取，在超声波图像引导下用细针头经皮或直肠穿刺抽吸。透视或超声波检查发现前列腺肿大并有尿道受侵者，可能为前列腺肿瘤。活组织检查是确定前列腺肿瘤最可靠的方法，但组织损伤较大。

（四）治疗

对前列腺增大，首选方法是去势，去势后2个月内前列腺体积明显缩小。雌激素也能促进前列腺萎缩，口服己烯雌酚，0.2～1mg/3d，但长期大量应用可引起骨髓抑制和前列腺鳞状化生。对去势或激素治疗无效者，应考虑前列腺摘除术。

十三、子宫蓄脓

子宫蓄脓（pyometra）是子宫腔内有化脓性物质蓄积，为囊性或腺囊性子宫内膜增生性炎症，其发生率与年龄、胎次、激素治疗史及品种、子宫内膜炎史、剖腹产史等因素有关。其中老龄犬（7～10岁）多发，且主要出现在发情后期；未经产犬比初产及经产犬的发病率高；有激素治疗史（例如曾使用过雌激素、孕酮等）的发病率增高。另外，奶牛的子宫蓄脓也比较常见。

（一）病因

继发于化脓性子宫内膜炎及急、慢性子宫内膜炎、化脓性乳房炎，或其他部位化脓灶的转移。与雌激素、孕激素的作用有关，该病主要出现在发情后期，此时孕酮促进子宫内膜的生长和腺体的分泌，降低子宫平滑肌的活动。孕酮过高会使子宫腺体组织变成囊状、水肿、变薄，同时伴有淋巴细胞和浆细胞的渗出，液体在子宫腺体和子宫腔内积聚，最终发展为囊性子宫内膜增生。孕酮会抑制子宫平滑肌的收缩，妨碍子宫的正常排泄。孕酮还可抑制白细胞抵抗细菌的感染，使得细菌增殖，发生子宫蓄脓。雌激素可增加子宫孕酮受体的数量，因而发情间期使用雌激素会增加患子宫蓄脓的危险性。子宫肿瘤会阻碍子宫分泌物的排出，造成子宫蓄脓。感染可增加子宫蓄脓的发病率和死亡率。因猫的排卵、黄体形成和孕酮的产生需交配刺激，因此子宫蓄脓的发病率比犬低。

（二）症状

依子宫颈开放与否分为闭缩和开放两种类型。突出症状为腹围逐渐增大，容易被误认为妊娠。患犬兴奋性和活动性降低，食欲有所减退，多饮、多尿、呕吐、腹泻，逐渐消瘦。严重时还表现体温升高、食欲废绝等症状。子宫颈开张的病犬，阴道排出黏液性脓性分泌物，常常带有血液。子宫颈闭锁的病犬，下腹部两侧对称性膨隆尤其显著。腹部膨隆的情况下病程发展很快，最终导致动物的休克和死亡。

（三）诊断

（1）典型临床症状：阴门有黏液性脓性分泌物，下腹部对称性膨隆。

（2）下腹部触诊：子宫轮廓增大，异常膨胀。

（3）穿刺检查：在腹下部两侧隆起处穿刺，可抽出大量脓性子宫内容物。

（4）X射线检查：可见中、后腹部有均质软组织阴影。

（5）超声检查：在中、后腹部横断面扫查可见多个增大的圆形或椭圆形低回声区，纵向扫查显示管状的低回声区。

子宫蓄脓应与子宫积液、子宫积水、妊娠、乳腺炎、子宫扭转和腹膜炎相鉴别。

（四）治疗

尽早施行卵巢子宫切除术，是根治本病最好的方法。也可进行保守疗法，促进子宫分泌物的排出和子宫复旧，并控制感染。对病情不严重者可用前列腺素 $PGF_{2\alpha}$ 治疗，但对子宫颈口闭锁的子宫蓄脓犬、猫用时应注意，防止子宫破裂。最好用天然前列腺素 $PGF_{2\alpha}$，每千克体重 0.1～0.25mg，1～2 次/d，皮下注射，连用 3～5d。也可先肌肉注射苯甲酸雌二醇，2～4mg/次，4～6h 后，肌肉注射催产素，5～10 单位/次。在促进子宫分泌物排出的同时，全身应用广谱抗生素，可静脉滴注氨苄青霉素、头孢菌素Ⅴ或头孢曲松每千克体重 50～80mg，或乳酸环丙沙星每千克体重 5～10mg。需要指出的是，药物治疗虽有一定效果，但治疗周期长，且难以彻底治愈，常有复发可能。

十四、阴道脱出

阴道脱出（vaginal prolapse）是指阴道壁一部分或全部翻转脱出于阴门之外。该病多见于老龄犬和妊娠后期的奶牛。

（一）病因

本病病因复杂。便秘，与公犬交配时被强行分离，育种时动物间个体差异太大，固定阴道壁结缔组织松弛，分娩时不断努责或腹内压过大，都是造成阴道脱的原因。雌激素水平过高，也可造成阴道脱出。

（二）症状

根据阴道脱出的程度不同，可分为部分脱出和全部脱出。

1. 阴道部分脱出 病犬阴道上壁形成皱襞脱出于阴门外，脱出部分大小因时间的长短而不同。病初，脱出部分较小，仅见于病犬卧地时，阴门开张，黏膜外露；当站立时，脱出部分消失。若脱出时间较长，脱出部分逐渐增大，动物站立后需较长时间才能复原，严重者可转为阴道全部脱出。阴道部分脱出对妊娠及分娩没有影响。

2. 阴道全部脱出 病犬整个阴道翻出于阴门之外，亦称为阴道外翻。病初脱出时间短，黏膜仅有轻度充血、水肿；随着时间的延长，黏膜充血、水肿加重，黏膜表面干燥，常沾有污物。若脱出时间过长，黏膜淤血、发绀、水肿，表面干裂，并且渗出液流出。

（三）治疗

轻度阴道脱出不需要治疗。

对阴道全部脱出的病例，施行外科处理，整复固定阴道。先用3%硼酸溶液或2%明矾溶液将阴道脱出部分洗净。若过度水肿，可用毛巾、纱布热敷，针刺，50%葡萄糖溶液冷敷，使其缩小。若伤口较大，应予以缝合。最后涂上润滑油类，将病犬后躯和臀部抬高，以减轻骨盆腔内压，将阴道整复。阴道复位后，应插入导尿管，阴门暂时缝合固定，至肿胀消失后拆除。如果此法难以整复，可施行剖腹术牵引子宫整复，将子宫壁或子宫阔韧带缝合到腹壁上，以防再脱。

如阴道脱出时间过长，阴道严重出血、感染或坏死，必须进行阴道截除术。妊娠犬阴道脱出可导致分娩困难，需进行阴道部分切除手术，有助于幼犬的产出。

保持局部清洁，定期对针孔及阴门周围进行消毒，以防感染。

十五、子宫脱垂

子宫脱垂（uterine prolapse）是指子宫的一部分或全部脱出于阴道内或阴道外。

（一）病因

本病继发于分娩，多见于分娩后数小时内。母犬妊娠期营养不良、运动不足、过于肥胖，同时分娩后努责仍很剧烈，易发生子宫脱垂。胎水过多、胎儿过大及过多等因素，也可引起子宫脱垂。

（二）症状

子宫脱垂根据脱出程度可分为子宫套叠和完全脱出两种。

患子宫套叠的母犬，分娩后表现不安，努责，轻度腹痛。从外表不易发现，阴道检查可发现子宫角套叠于子宫体、子宫颈或阴道内。若不能复原，易发生粘连及顽固性子宫内膜炎，可造成不孕。

完全脱出的病犬，从阴门脱出不规则的袋状物，初期呈红色。若脱出时间较长，黏膜水肿、充血，呈暗红色，表面干裂，从裂口中流出血液或渗出物。若发生损伤或感染时，可继发大出血或败血症。母犬骚动不安，食欲减少或废绝，疼痛，体温升高，排尿困难，严重者出现休克。

（三）诊断

依据从阴道脱出组织的特殊形状，容易做出诊断。但应注意与阴道脱出相鉴别，阴道脱出后其外观呈球形囊状，表面光滑，体积较小，与子宫脱垂外观不同。

（四）治疗

保守疗法很难治愈本病。

应施行外科处理，整复固定脱出的子宫。对病犬进行全身麻醉，用消毒药液冲洗子宫，清除黏膜上的泥土、草屑及未脱落的胎盘碎片。用温热的2%明矾液或3%硼酸溶液冲洗子宫。若水肿严重，应在冲洗的同时揉掐压迫子宫，使水肿液得以排除。最后在子宫黏膜表面涂上抗生素软膏。抬高后躯，用大块灭菌纱布包裹子宫，防止子宫再次污染，将两手置于子宫基部慢慢向内还纳。如还纳后子宫不能正常复位，可施行剖腹术，使子宫完全恢复正常位置。为防止再次脱出，应进行阴门缝合，

注意对症治疗。休克发生时需补液，纠正酸碱平衡失调和电解质代谢紊乱。

十六、乳房肿瘤

乳房肿瘤（mammary tumors）常发于母犬和母猫。有35%～50%的犬乳房肿瘤和90%的猫乳房肿瘤是恶性的。几乎所有犬的乳房肿瘤发生于未绝育的母犬，其中大多数的乳房肿

瘤发生在中老年动物身上，幼龄动物较少见。6岁后，乳房肿瘤的发生率显著增高。犬的乳房肿瘤常在10～11岁之间发生，而猫则大多发生于8～12岁之间。

（一）病因

乳房肿瘤的形成与激素相关。该病多发生于雌性犬、猫，早期切除卵巢可以大大降低乳房肿瘤的发病率。孕酮的使用与猫的恶性乳房肿瘤、犬的良性乳房肿瘤的发生有关。犬患良性乳房肿瘤的几率是患恶性乳房肿瘤的3倍之多。

（二）症状

临床常见有良性混合性乳房瘤、乳房瘤和乳房癌。

良性混合性乳房瘤主要发生在中老年犬。一般常见多个乳房同时发病，乳房表面凹凸不平，质地坚硬，瘤体大小不一，与周围界限清晰，触摸瘤体可移动，也可发生损伤、溃疡和感染。乳房瘤一般体积不大，有包膜，与周围组织界限清晰，质地坚实。乳房癌与周围组织界限不清，生长快，易发生表面溃疡或继发感染。

猫的大多数乳房肿瘤是腺瘤；然而，其他类型的癌瘤和肉瘤也是较常见的。猫的乳房肿瘤生长快，而猫的肉瘤在疾病发生的早期，即可转移至局部淋巴结和肺脏。猫的乳腺肿瘤不如犬肿瘤界限清晰，它们通常是坚硬或溃烂的。

（三）诊断

根据临床症状可做出初步诊断，确诊通过组织病理学检查。可用X射线和B型超声波检查肿瘤是否转移。本病要和乳腺增生、乳腺炎、肉芽肿、皮肤肿瘤进行鉴别诊断。

（四）治疗

手术切除（图13-6）是治疗乳房肿瘤最好的方法。手术切除术既可作为组织学检查，也可作为治疗手段，同时提高患病动物的生活质量并控制肿瘤的发展。选择何种手术径路来切除肿瘤以及欲切除乳腺组织的数量大小，取决于肿瘤的大小、位置和连贯性，患病动物的身体状况。术后患病动物的存活时间并不受手术径路的影响。但如果肿瘤切除的不完全，则有一定的影响。然而当采用的是单侧乳房切除术而不是乳房肿瘤切除术时，猫的乳房肿瘤局部复发率会明显降低。如果动物两列乳房中有多个肿块，则可选用多种方法进行切除。切除时应注意切除所有的肿瘤，因为不同的肿块可能是不同的肿瘤类型。如果一次手术不能完全切除肿瘤，则应在3～4周后，伤口得到愈合及紧张的皮肤获得放松后进行二次手术。

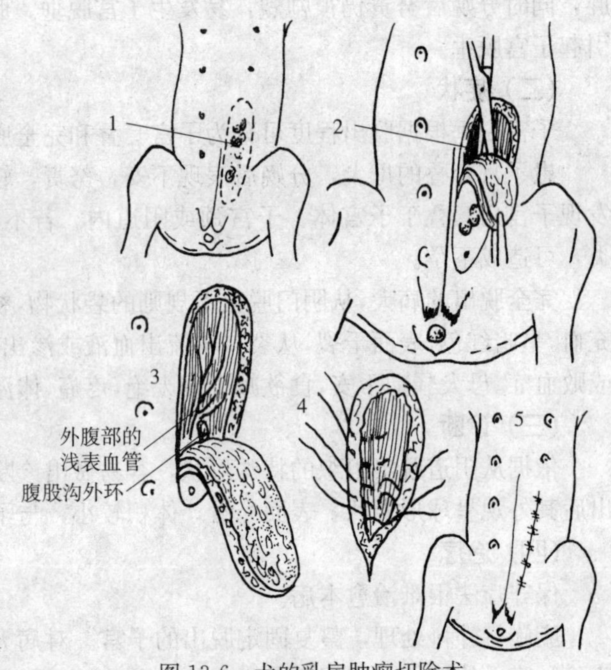

图13-6 犬的乳房肿瘤切除术
1. 乳房周围做椭圆形切口 2. 分离皮下组织
3. 结扎血管 4. 缝合皮下组织
5. 缝合皮肤

（马玉忠）

第十四章 跛行诊断

第一节 跛行概述

跛行不是病名，而是四肢机能障碍的综合症状。许多外科病，特别是四肢病和蹄病常可引起跛行。除了外科病，有些传染病、寄生虫病、产科病和内科病等也可引起跛行。为此跛行并不等同于四肢疾病，因为有些四肢疾病并无跛行症候；有些表现跛行症候的疾病并非四肢疾病，抑或并非仅限于四肢疾病。

动物的诸多外科疾病导致四肢组织器官机能紊乱而引起跛行，诸如皮肤病（湿疹、皮炎、热伤）、皮下组织疾病（蜂窝织炎、脓肿）、筋膜疾病（破裂、坏死）、肌肉疾病（剧伸、断裂、肌炎、萎缩、肌肉病）、腱及韧带疾病（腱炎、挛缩、断裂）、黏液囊和腱鞘疾病（黏液囊炎、腱鞘炎）、神经疾病（断裂、神经炎、神经麻痹）、血管及淋巴管疾病（血管栓塞症、淋巴管炎）、骨膜及骨疾病（骨膜炎、骨坏死、骨髓炎、骨折）、关节疾病（关节捩伤、关节炎、关节周围炎、骨关节炎、骨关节病、关节粘连、关节脱臼）、蹄病（蹄裂、蹄冠蜂窝织炎、蹄软骨坏死、蹄叶炎、蹄叉腐烂、钉伤、远籽骨滑膜囊炎）等。

此外，动物罹患内科疾病（瘤胃酸中毒及其他胃肠疾病）、营养代谢疾病（佝偻病、骨软症、维生素D缺乏症）、中毒病（氟骨症）、产科疾病（生产瘫痪-乳热症）、传染病（布氏杆菌病、腺疫、传染性贫血、须毛癣菌病也称蹄疣、流行性淋巴管炎）以及寄生虫病（脑多头蚴病、蟠尾丝虫病）等诸多非外科临床疾病的过程中亦可引起跛行。因此，在动物四肢病诊断（跛行诊断）过程中，必须注意加以甄别，以防贻误病情。

据统计资料显示：役用动物、食品动物和竞技动物的四肢病和蹄病的发病率在普通病中占有绝对比重。役用动物的跛行，轻者降低使役能力，重者丧失役用价值；竞技动物的跛行，轻者经过诊疗完全康复可重新投入比赛，重者无法康复恢复比赛能力而被迫淘汰；肉用食品动物，因跛行而延长肥育时间，增加饲料消耗，提升饲养成本；乳用食品动物奶牛，因跛行使泌乳量降低并影响乳汁品质，治疗过程中又可导致乳汁中的药物残留，为食品安全增加隐患。

目前，伴随经济的发展和生活水平的提升，传统的动物饲养格局和饲养方式亦发生了深刻变革。伴随着农业机械化的普及，役用动物的饲养量和饲养规模逐步萎缩；伴随着动物竞技场的诞生，竞技动物的饲养量逐步增加；伴随着城市化进程的加快，观赏动物、伴侣动物饲养迅猛发展；伴随着物质生活水平的提高，食品动物饲养业呈现井喷式发展，饲养规模逐年扩大，饲养量逐年增加，尤其是乳用食品动物奶牛饲养业的发展成效尤为可观。

动物饲养业的发展与变革，促使动物医学外科肢蹄病的研究重心亦发生相应转移：由役用动物肢蹄病转向食品动物肢蹄病研究；由经济动物肢蹄病转向观赏动物、竞技动物肢蹄病研究。尤其是观赏用犬、竞技用马、乳用奶牛的肢蹄病研究已经提升到主导地位。其中奶牛肢蹄病的研究堪称重中之重，缘起目前我国奶牛存栏已逾千万头，在集约化饲养、工厂加农户饲养、农户散养模式共存的情势之下，加之奶牛床面坚硬，运动不足，修蹄与护蹄失时，对奶牛肢蹄病诊疗缺乏足够认知，致使肢蹄病患居高不下。罹患肢蹄病的奶牛，因产奶量降低、乳汁品质下降、饲养成本增加，而使经济效益下滑；肢蹄病治疗过程中，又有乳汁中药物残留之虞，危及食品安全，损害人类自身的健康。肢蹄病对畜牧业造成的危害不可小觑，动物肢蹄病，尤其奶牛肢蹄病诊治和预防工作必须引起从业者的高度重视。

为最大限度地降低动物肢蹄病对畜牧业的危害，必须贯彻防治结合、预防为主的方针，在探明疾病的种类和发生原因的基础上，因畜、因时、因地制宜，制定综合的防治措施。

表现跛行症候的疾病种类繁多，四肢病和蹄病的发生原因纷繁复杂，可概括分为素因与诱因、内因与外因、局部因素与整体因素、器质性因素与功能性因素、机械性因素与生物性因素。诸如饲养管理失宜，饲料中矿物质不足或比例失调、维生素缺乏等，常可造成骨、关节代谢紊乱，此乃引起跛行的全身性因素；气候突变，低温、大风、阴雨天气，可能导致风湿病；修蹄、护蹄和装蹄失宜，可直接引起蹄病和诱发四肢病；使役（竞赛）不当，过劳、重役、剧伸，引起四肢各部位的机械性损伤，因伤后发生疼痛，出现运动机能障碍；四肢外周神经的损伤，常导致所支配肌肉的弛缓，由于肌肉的协同作用或拮抗作用消失，出现特定状态的跛行；肢蹄的某些机械障碍，如关节僵直、腱挛缩、软骨化骨等也可引起运动障碍；此外，脊椎的畸形、增生和损伤，常常压迫神经，影响四肢的运动等等。

临床诊疗过程中，针对具体的动物肢蹄病和引起跛行的病例，尽力判明病因。首先，应该分清是症候性跛行，还是运动器官本身的疾病，否则只着眼运动器官，而忽略对疾病本质的认识，会贻误治疗时机。其次，对运动器官本身的疾病，应分清是全身性因素引起的四肢疾病，还是单纯的局部病灶引起的机能障碍，这对跛行诊治大有裨益。因为有些疾病，如骨质疏松症引起的跛行，局部治疗效果欠佳，而全身疗法见效显著。再者，局部病变，应分清是疼痛性疾病，还是机械障碍，因为有的疾病引起的跛行未必皆有痛点。

临床四肢病诊断绝非易事。首先，熟知四肢的解剖特征和生理功能是跛行诊断的基础，熟悉四肢各组织的正常生理解剖结构和功能，便可甄别病理状态的异常变化。其次，应熟练掌握本地区动物四肢病和蹄病的发病规律，由于各地区在饲养、管理、使役、水土、地形、路面、植物分布、作业种类等方面大相径庭，因而动物肢蹄病的常发病、多发病亦有其内在的规律性可循。再者，应熟悉四肢各个部位常发的疾病，并掌握每个疾病的临床特征。最后，还要熟练掌握跛行诊断的方法。这样才能全面、系统、准确地收集病史和所表现的临床症状。经过反复认真的观察比较，并结合解剖和生理知识，对病史和临床症状进行归纳整理，去粗取精，去伪存真，由此及彼，由表及里，加以综合分析；灵活运用对立统一法则，正确地处理现象与本质、局部与整体、个性与共性、正常与异常、素因与诱因的辩证关系，最终探明发病原因和部位，建立正确的诊断，确定出病名。

第二节 马四肢的解剖特征和功能

一、四肢的一般解剖生理特征

四肢和躯干的连接，主要依靠强大的肌群，尤其在前肢，主要靠肌肉连接。后肢除肌肉连接外，还有骨关节连接。

肢的上部，除了和体躯结合的肌肉外，还有许多束肌肉，这些肌肉组织是马驻立和运步的动力来源，肢的中部和下部，主要是腱和韧带，只有很少一部分肌肉，这种结构很有利于马的运动。

四肢的骨端互相构成关节，并形成一定的角度。前后肢的关节顶端，除系关节外，都彼此对称，关节间被肌、腱末端和韧带所固定（图 14-1）。当体重压下时，这种构造可防止肢屈曲，因而保证了马匹的驻立。

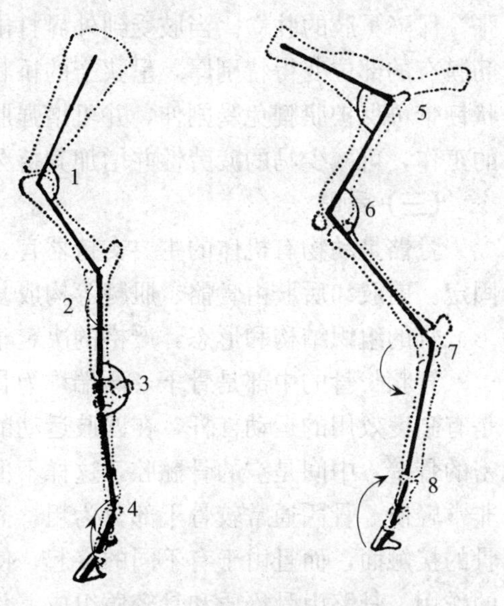

图 14-1　前后肢关节顶端的对称

1. 肩关节　2. 肘关节　3. 腕关节　4. 指关节　5. 髋关节　6. 膝关节　7. 跗关节　8. 趾关节

四肢的运动是在中枢神经支配下，由于肌肉的收缩和四肢的交互动作而实现，当然这是一个长期形成的反射活动。当正常运步的时候，呈对角线两肢先处在屈于腹下的状态，而相对的一前肢伸于前方，另一后肢是支持在后方。体躯向前推进后，负重的前肢开始离开地面，提举前伸，同侧的后肢，即支持在后方的那条肢也提腿前伸，但后肢比前肢能稍早落地，这时又形成另一个对角肢屈于腹下的状态。但也有少数走马是同侧前后肢一齐向前迈步，而另一侧的前后肢支持体重。前肢的基本功能是支持体躯，而后肢的机能是推动体躯前进。在驻立和运动的时候，肌肉、筋膜、骨、关节、韧带、腱鞘和黏液囊等都参与工作。

（一）肌肉

肢体上部的肌肉多为板状，并呈三角形；而游离肢的肌肉呈一束束的纺锤状或圆锥状。这种解剖结构的不同，完全是为了适应运动的机能，因为游离肢的运动，事实上是许多杠杆作用的结果，而肌肉多半是承当力点。当纺锤形和圆锥状肌肉收缩时，肌腹可大大缩短，而直径可相应变粗，有利于杠杆作用。肢体上部的肌肉主要是联结作用，板状结构最为有利，板状的肌肉有的呈三角形，这对运动时的杠杆作用有所补救。

一组肌肉有的只作用于两相邻的骨端，只作用于一个关节，如股四头肌；有的肌肉则经过几个关节，作用于一系列关节，如指总伸肌和趾长伸肌。

四肢上肌肉的组织学结构，不完全是肌纤维，而在肌肉中混有小束的腱组织。这对肌肉来讲，可增加相当大的牢固性，当马匹站立时，又可减少其疲劳。

四肢和体躯结合的肌肉或肢本身的肌肉，若有炎症、损伤、断裂、萎缩等，都能出现运动器官的障碍；一组或更多的肌肉运动不协调，即所谓临床上的肌肉病，这时肌肉虽无炎症变化，但也能引起临床上的机能障碍，并出现跛行。

（二）筋膜

四肢的筋膜，特别是深筋膜，在马匹驻立和运动机能上有着重要的意义，它可部分或全部代替肌肉的工作，抑或减轻肌肉的负担。形成个别肌束或肌群的纤维质鞘，保障了肌肉之间的联系，在肌肉和骨骼的结合、四肢和躯干之间肌肉的配合上，筋膜都起着重要的作用。

在肢的中部和下部，肘关节和膝关节以下所分布的前臂筋膜和胫筋膜，发育的特别好，对肢的驻立和运动，起着很重要的作用，如肘关节伸展时，前臂筋膜达到了最大限度的紧张，保障了肢的驻立。当肢受到外界打击时，由于筋膜的紧张，可保障其他组织少受损害。筋膜有的部位变得特别厚，呈狭窄的桥状或半环状，使腱通过，称这种结构为环状韧带。环状韧带可保护肌腱免受剧伸，并可增强肌腱的杠杆作用。此外，深筋膜也参与腱、韧带器官的工作，可减少马的疲劳性并增加其持久性。

（三）骨骼

骨骼是动物有机体的主要支持器官，四肢的每块骨之间都形成关节，由肌腱和韧带连接固定。前肢和后肢由骨骼、肌腱等构成复杂的杠杆，以消耗最少的肌肉能，做最大的“功”。

骨的组织结构和形态，严格的决定于它的机能。

管状长骨的中部是骨干，两端称为骨骺。这种形式的骨骼，不但有好的支持作用，而且是有高度效用的运动杠杆，在四肢运动的时候，可使前进运动产生很大的速度。长骨具有致密的骨壁，中间是空的骨髓腔，这样不但有很大的抗张力和抗压力，而且因为中空，运动时非常轻便。骨骺通常较骨干部分为粗，而且有不同形状的突起，这种结构不但可增加与相邻骨的接触面，而且由于有不同的突起，使肌肉作用于杠杆的角度也有所增加，更有利于肌肉的作用。骨骼由骨松质和骨密质组成，骨小梁按着张力线和压力线分布着。虽然骨骺的体积很大，但由于骨松质的分布，事实上重量并不大，它的更大好处是可减轻地面的反冲力。

四肢上也有短骨分布，短骨有不同形状，它的外面由骨密质组成，而内部为骨松质。短骨可起缓冲作用。

四肢上肌腱通过骨突起，而且方向有改变时，经常在骨突出的部位形成滑车，滑车上有光滑的软骨，以减少腱和骨骼的摩擦，有时肌腱在此部位也硬化，增强了腱的作用。如臂二头肌通过臂骨近端时，就有上述的结构。

腱通过角度较大的关节顶端时，为了增强肌腱的杠杆作用和减少腱的摩擦，在关节顶端，常有单独的籽骨。

在正常生理条件下，骨组织内常有两种作用相反的过程——破坏过程和建造过程。但这两种过程经常处于矛盾统一的过程，当这种统一遭到破坏时，就出现不同的病理过程，如破坏过程超过建造过程，就出现骨疽、骨疡等；建造过程超过破坏过程时，临床上就形成骨瘤。通常钙、磷代谢紊乱时，常常引起骨的建造和破坏过程的失衡，临床上出现运动机能障碍。

（四）关节

关节在运动上占很重要地位，它保证了肢的活动性和前进运动的速度。关节由长骨的骨骺、短骨、韧带、软骨、关节囊和滑液组成。

在马四肢上有两种关节：一种是不动关节，由韧带形成骨的联合，最后随年龄增长而逐渐骨化，两骨结合到一起，如桡尺骨联合、髂荐骨联合；另一种是可动关节，可动关节又分为简单关节和复杂关节。简单关节是由一块骨和另外一块骨连接起来，中间没有任何附加物，如肩关节、髋关节等；复杂关节是在两骨之间，夹有许多短骨，如腕关节和跗关节，或是在两骨之间，夹有半月状板，如膝关节。

如想了解关节的活动，必须熟悉两骨相接触的关节面形状，另外还要熟悉主要韧带的位置，因为韧带不仅可以牵制骨的运动范围，甚至还可在某些部位使往一定方向的运动完全停止。

关节的解剖形态并非一成不变，由于劳动中内外因素的影响，时时在发生变化，幼龄马和老龄马的同一关节，实质上并不一样，当然患过关节疾病的马就更不一样。

幼龄马匹的关节有明显的解剖轮廓，关节周围组织发育适度，皮肤有一定弹性，因而关节的机能灵活。老龄马和患关节疾患（关节炎、关节周围炎、畸形性关节炎）的马匹，关节的结构有明显变化，关节周围出现骨样和纤维样组织，关节常常增大，关节的滑膜和软骨常常失去弹性，骨萎缩或硬化，皮肤失去弹性，常常变硬，这样在关节活动上就受到限制，临床上出现机能障碍。

（五）韧带

韧带是固定关节的主要部分，熟知关节的韧带位置，对了解关节机能有很大帮助。

韧带是致密的结缔组织，大多数是位于关节囊的外面，并且固定在骨关节相结合的部位。韧带通常不能伸缩，也就是说，它的弹性较小，若牵引超过其生理范围，就要发生韧带剧伸。

马属动物的髋股关节中，有一条圆韧带，这条韧带很特别，它是位于关节之中，连接髋臼和股骨头，它可限制肢的内收、外展和旋转运动，在髋关节内还有一条副韧带，它是由腹直肌腱延伸到关节内，所以腹直肌受打击后，也可影响到髋股关节的机能。

单轴关节除了关节囊外，有很强的侧韧带，它可防止关节的过分内收和外展，如在运动中，关节向侧方运动过于剧烈时，侧韧带首先受到侵害。

（六）腱

腱在四肢驻立和运动上起着重大作用，在体重压下时，它可防止关节的屈曲，在某种程度上，绝大多数腱是四肢肌肉的延续，传导来自肌肉的动力。可代替肌肉的机能。

腱由致密的结缔组织所组成，质地非常坚实，同时也具有一定的弹性。

（七）腱鞘和黏液囊

腱鞘和黏液囊虽然在四肢运动时属于辅助的地位（可减少肌腱、韧带和皮肤的摩擦），但在病理学上却有着重要的意义。因为腱鞘和黏液囊有炎症过程时，由于肌腱的压迫，直接引起疼痛反射，所以在临床上可出现明显的机能障碍。

缓冲装置：动物在长期进化过程中，在四肢结构上形成了缓冲装置，以减少运动时地面的反冲力。前后肢各有三组缓冲装置。

上部缓冲装置：在前肢是以肩关节为中心的骨、肌腱组成。后肢是以膝、跗关节为中心的骨、韧带、半月状板、肌腱组成。

中部缓冲装置：由近籽骨及其韧带和指（趾）屈腱组成。

下部缓冲装置：由蹄各组织组成。

蹄的缓冲作用很重要，如其缓冲作用受到破坏，则可使四肢的骨、关节发生疾患。

二、前肢的解剖结构和功能

前肢在驻立和运动的时候负重都比后肢大，因为身体重心靠近前肢。前肢的主要机能是支持体躯，它由斜方肌、菱形肌、颈下锯肌、胸下锯肌、胸浅肌、胸深肌、背阔肌和臂头肌等固着在体躯上（图 14-2）。特别是下锯肌，它不但在肢运动时起作用，而且有固定前肢的作用。躯干借下锯肌悬垂在两前肢之间，躯干所有的重量都压在下锯肌上，下锯肌内贯穿有腱纤维，这些腱纤维在肌肉固着的各个点上与锯筋膜会合在一起（锯筋膜是腹黄筋膜的延续），因而前肢在驻立的时候，全部体重都落在下锯肌的腱纤维及锯筋膜上。除此之外，四肢有着非常发达的结缔组织组成的腱、韧带、筋膜和肌束膜，再加上各个关节角度的关系，如固定肩关节和肘关节，所有前肢关节都可固定，故前肢驻立不用耗费肌肉的能量。

下锯肌抵止于肩胛骨内侧的锯肌面上，在体重压下时，肩胛关节就应该屈曲，正常的肩胛关节角度是115°～120°，而当屈曲到80°～90°时，即受到臂二头肌的限制，也就是说，臂二头肌的腱索起着防止肩胛关节过度屈曲的作用。臂二头肌的腱索贯穿在臂二头肌全长内，并且也固着在该肌肉固着的地方，在臂二头肌的下1/3处，分出一条很强的腱索与腕桡伸肌会合于一起，通过腕关节，而抵于掌骨的前内侧，因此臂二头肌腱索的张力，在体重的影响下，可扩展到肩胛关节、肘关节及腕关节(图14-3)。肘关节由于侧韧带非常发达，所以像弹簧似的固定着肘关节，使之经常保持伸展状态，如要肘关节屈曲，必须有臂肌和臂二头肌的收缩。

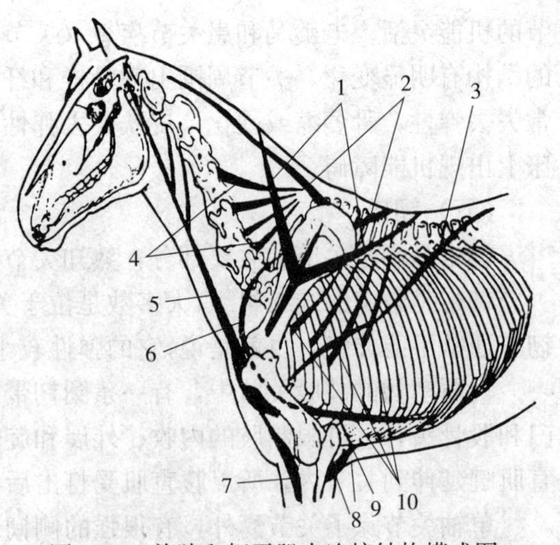

图14-2　前肢和躯干肌肉连接结构模式图
1. 斜方肌　2. 菱形肌　3. 背阔肌　4. 颈下锯肌　5. 臂头肌　6. 胸深肌肩胛前部　7. 胸浅前肌　8. 胸浅后肌　9. 胸深肌臂部　10. 胸下锯肌

系关节的关节顶端是向后的（腕关节的机能后面详述），若欲使系关节屈曲，指总伸肌和指侧伸肌必须强力收缩，但掌侧也有强大的腱和韧带装置与指伸肌的腱相对抗，防止系关节过度屈曲，这些腱和韧带是指浅屈肌腱及其附头、指深屈肌腱及其附头、悬韧带、籽骨直韧带及斜韧带等。有些韧带从掌侧面走向背侧面并与指总伸肌腱会合，所以当驻立时伸腱紧张，屈腱也紧张，互相对抗，因蹄抵于地面，结果三个指关节都不能屈曲，保持固定状态。

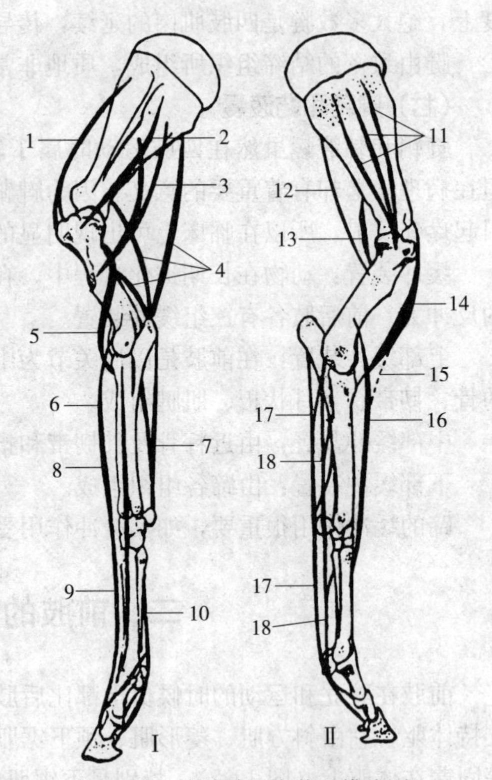

图14-3　马前肢肌肉装置模式图
Ⅰ. 外侧面　Ⅱ. 内侧面
1. 冈上肌　2. 冈下肌　3. 三角肌　4. 臂三头肌　5. 臂肌　6、8、9. 指总伸肌及腱　7. 腕尺侧屈肌　10. 悬韧带　11. 肩胛下肌　12. 大圆肌　13. 小圆肌　14. 臂二头肌　15. 臂二头肌腱　16. 腕桡侧伸肌　17. 指浅屈肌腱　18. 指深屈肌腱

在前肢，固定关节的有两种腱和韧带装置：一种是位于前面，防止肩关节、肘关节和腕关节屈曲；另一种是位于掌、指部的后面，防止指关节的屈曲，伸腱和屈腱互相拮抗，结果使关节固定(图14-4)。腕关节位于上述两种腱和韧带的装置之间，腕关节的屈曲和伸展都必须有肌肉的收缩。屈曲腕关节的肌肉是腕桡侧屈肌、腕尺侧屈肌、腕尺侧伸肌；伸展腕关节的肌肉是腕桡侧伸肌和拇长展肌。腕关节前面的肌腱主要是向上牵引，后面的肌腱作用的方向是向下拉，所以腕关节受两方面力的作用，关节很容易固定。在支持体重上，腕关节也负担很大。

前肢驻立的时候，主要靠筋膜、腱、韧带的作用，一般不需要肌肉的收缩，肌肉在驻立时只起辅助作用，没有下锯肌、臂二头肌、臂三头肌、腕桡侧伸肌等肌肉的辅助，腱和韧带等都不能发挥它的固定作用。在这些肌肉麻痹时就破坏了前肢的支持机能。

关节不但在运动时很重要，在驻立时也起着重要作用。前肢除肩关节外，都有很发达的侧韧带，所以当负重时，关节不会向侧方扭歪。肩关节虽无侧韧带，但冈下肌和肩胛下肌起着侧韧带作用。构成关节的各个部分，如有疼痛性过程时，肢体则不能负重。当前肢从静止状态开始运步时，先将体重心转移到对侧肢上，然后开始屈曲关节，提伸肢体，向前迈出，由于后肢的向前推动，体躯前移(图14-5)。在此过程，各肌腱、关节的活动协调有序，完成运步过程。背阔肌向后牵引肩胛骨，胸深肌及其肩胛前部向下方牵引肩胛骨的前角，颈下锯肌也向前牵引肩胛骨前角，胸部斜方肌和菱形肌向上提举肩胛骨的后角。此时，腕部的屈肌和指部的屈腱也非常紧张，肢处于向后伸直的状态。最后该肢在地面的支点消失，转入屈曲状态，而对侧肢则承担了体重。在体重心转到对侧肢上，地面支点消失的同时，臂头肌、臂二头肌及喙臂肌开始收缩，使肩胛关节开张。臂二头肌因越过臂骨而抵于桡骨结节，所以当其收缩时，不但开张肩关节，并可使肘关节屈曲。肘关节屈曲时，由于腕屈肌、指屈腱的牵引，使肘关节以下各关节皆屈曲。因斜方肌和锯肌固着在肩胛骨的上部，所以前肢以肩胛骨上1/3和中1/3交界处为轴，向前摆动。当蹄到达肘关节正下方时，除肩关节外，各关节的屈曲达于极限，肩关节仍继续扩张。由于腕部和指部的伸肌开始收缩，这时臂三头肌也开始收缩，使屈曲的关节开始伸展，使肢向前伸出。当蹄达于地面时，各关节逐渐趋于固定，此时臂三头肌最为紧张，当肢近于垂直状态时，臂三头肌的收缩渐次减轻，屈腱的作用增强，肢又转到负重状态。

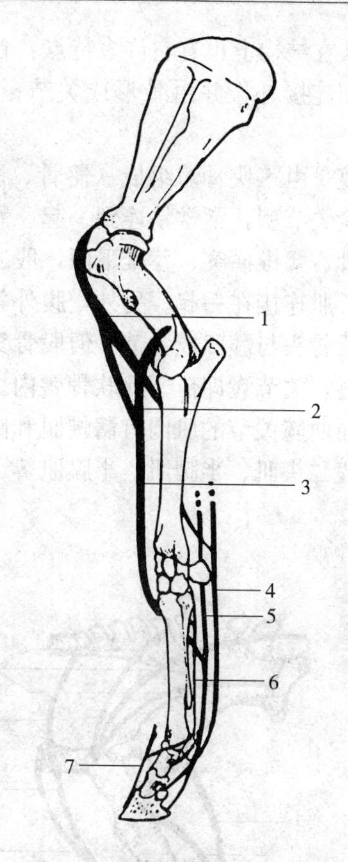

图 14-4　前肢腱韧带器官装置图
1. 臂二头肌　2. 臂二头肌腱　3. 腕桡侧伸肌　4. 指浅屈肌腱　5. 指深屈肌腱　6. 悬韧带　7. 指总伸肌

常步的乘马、驮马和挽马，都是按着上述程序两前肢交互运动；重挽的马匹，重心常移于前方，如同后肢一样，前肢也起部分推进作用，但是肌肉的动作程序仍然如上所述，不过活动的程度相对增强，前肢的提伸速度有所加快。

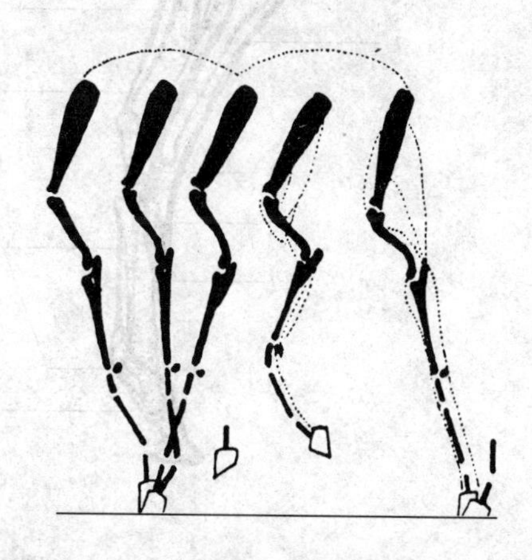
图 14-5　前肢在运动状态的模式图

三、后肢的解剖结构和功能

后肢的运动机能与前肢不同，前肢主要是支持体躯，而后肢主要是推动体躯前进，因而后肢在结构上也有它许多特点：首先是在肢的上部有发达的肌肉；其次是后肢除了肌肉和体躯相连接外，并由骨形成关节；再者是各关节之间的关系非常协调，要伸都伸，要屈都屈。

髋骨由三块骨骼组成（髂骨、耻骨、坐骨），在髋臼彼此相连接。髋骨与荐椎成关节，它是紧关节型，常常粘连到一起。髋部的肌肉也与体躯上的骨骼相连，如髂腰肌抵止在最后两肋骨、腰椎横突、荐椎下面，股二头肌、半腱肌、半膜肌抵止于荐椎和尾椎上，臀中肌和背最长肌连接在一起。另外，腹外斜肌和腹直肌都和后肢有密切关系。

股骨头与髋臼成关节，但股骨头比髋臼大，为了股骨头能陷入到髋臼内，髋臼周围形成软骨唇，关节囊即位于此软骨唇内。关节内有两条韧带，一为圆韧带，一为副韧带。

屈曲髋关节的肌肉有髂腰肌和阔筋膜张肌。伸展髋关节的肌肉有臀浅肌、臀中肌、臀深肌、股二头肌、半腱肌、半膜肌等（图 14-6）。

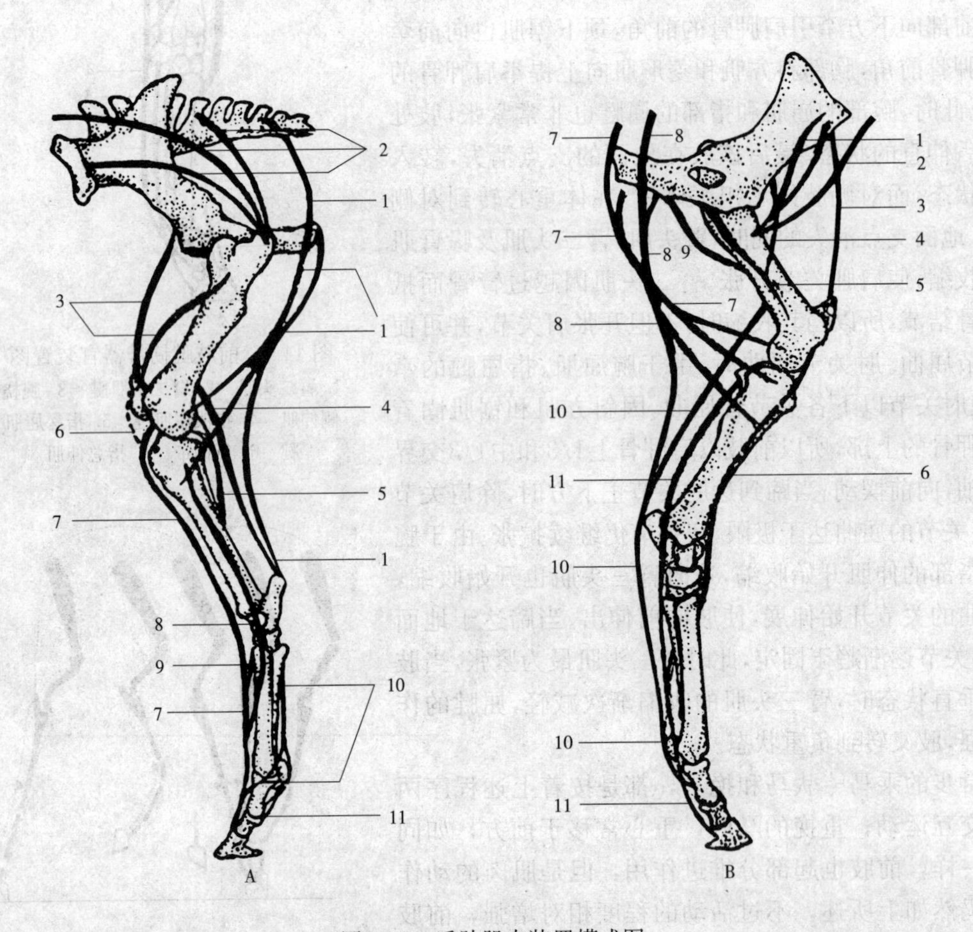

图 14-6　后肢肌肉装置模式图

A. 外侧面：1. 股二头肌　2. 臀肌　3. 股四头肌　4. 腓肠肌　5. 腘肌　6. 膝直韧带　7. 趾长伸肌　8. 趾外侧伸肌　9. 趾短伸肌　10. 悬韧带　11. 籽骨下韧带

B. 内侧面：1、2. 髂腰肌　3. 阔筋膜张肌　4. 耻骨肌　5. 股薄肌　6. 第三腓骨肌　7. 半膜肌　8. 半腱肌　9. 股方肌　10. 趾浅屈肌腱　11. 趾深屈肌腱膝关节分股胫关节和股膝关节。股胫关节之间有半月状板。在股骨下端有一滑动膝盖骨的滑车，牛、马滑车的内侧脊特别发达，滑车在支持和运动上有着重要的意义，可增强股四头肌的作用。

膝关节的伸展和屈曲，可影响到下面的各个关节，这是由于在胫骨的前面有第三腓骨肌和胫骨前肌，胫骨后面有腓肠肌和趾浅屈肌，这样的分布关系，可将膝关节和跗关节机械地联系起来，膝关节屈曲，跗关节也屈曲，膝关节伸展，跗关节也伸展。

第三腓骨肌起于股骨的伸肌窝，抵于跗骨和跖骨的前外侧面，这条肌肉全长几乎没有肌纤维，它和胫骨前肌的肌束紧密的相连在一起。趾浅屈肌起于股骨髁上窝，在小腿中部和腓肠肌相绕（由下面从内侧绕至腓肠肌上面），通过跟结节抵于第一、二趾骨。所以当膝关节和跗关节屈曲时，趾关节也被牵引屈曲。

对膝关节伸展起决定作用的是股四头肌，这块强大的肌肉抵止在膝盖骨上，更增强了肌肉的作用。除股四头肌外，腹外斜肌也起一定的作用，因其一支抵于膝盖骨内侧的阔筋膜，所以腹外斜肌有疾患时，也可影响到肢的固定和活动。阔筋膜张肌也起伸展膝关节的作用，因其一部分固着于膝盖骨外侧的韧带上。

负重时股骨头是承重点，加上膝关节伸展的肌肉和筋膜的作用，整个后肢便可以固定。特别在一后肢休息时，负重侧臀部高举，使阔筋膜张肌和阔筋膜紧张，腹外斜肌的腱膜也处在紧张状态，虽然股四头肌不收缩，也可以负重，维持肢的固定。

后肢的筋膜主要是臀筋膜、阔筋膜、胫筋膜。

运动时由于体躯向前推进的结果，一后肢被甩在后面，最后仅以蹄尖接触到地面，由于地面的反冲力及腱的弹性，使蹄很容易离开地面。此时，在屈曲髋关节的髂腰肌、阔筋膜张肌，内转股骨的缝匠肌、股薄肌、耻骨肌的共同作用下，使髋关节屈曲。屈曲膝关节的腘肌及股二头肌、屈曲跗关节的胫骨前肌都开始收缩，使膝关节和跗关节屈曲。结果肢渐渐提起，并向前伸，当蹄达到髋关节垂直线时，由于股四头肌的收缩，膝关节开始伸展，再加上趾伸肌的作用，膝关节以下各关节皆伸展，使肢前伸达于地面，又开始肢的支持和固定。当蹄着地后，由于臀肌的作用，髋关节渐次伸展，股四头肌收缩使膝关节伸展，腓肠肌收缩伸展跗关节，趾屈肌，特别是趾深屈肌收缩，将股骨下端向后强力牵引，更增加了三个关节的伸展，同时后肢上的内收、外展肌（股二头肌、半腱肌、半膜肌）也进行收缩，加强了膝关节的开张，所以除趾伸肌外，几乎所有的肌肉都参加到伸展各关节的活动中。可是这时蹄却挺在地上，由于这些肌肉收缩的结果，体躯向前推进（图 14-7）。肌肉收缩的力量愈大，体躯前进的也愈快。

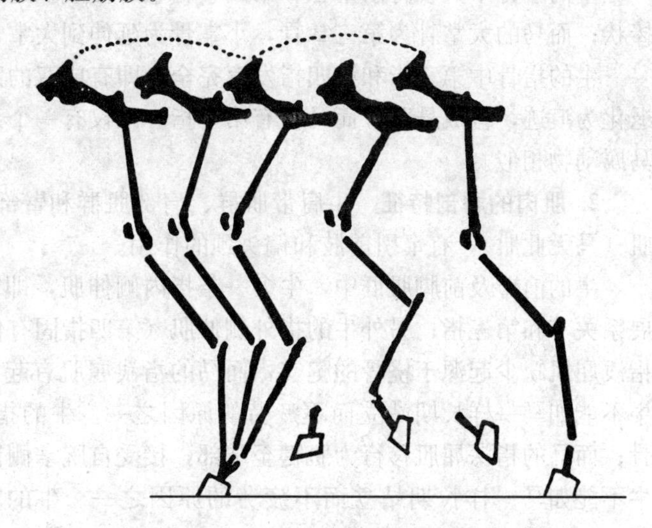

图 14-7 后肢在运动状态的模式图

第三节　牛四肢的解剖特征和功能

牛四肢的解剖构造和功能与马属动物基本相同。但牛为偶蹄兽，马属动物为单蹄兽，相比之下，牛四肢的解剖构造和功能又有不同于马属动物的特征，两者解剖构造不尽相同，其相应的功能亦存在一定的差异。在详细了解马属动物四肢解剖构造和功能的基础上，进一步全面了解牛四肢解剖构造和功能的特征，对正确进行牛四肢病临床诊断和防治将大有裨益。

一、前肢的解剖特征和功能

（一）前肢的解剖特征

1. 骨骼的解剖特征　牛的肩胛骨、臂骨与马基本相同。

牛的尺骨与前臂全长相等，近端的肘突强大，远端稍突出于桡骨远端，成年牛尺骨骨干与桡骨愈合；而马的尺骨仅近端发达，远端退化。

牛的腕骨中近列腕骨与马相同，即由内向外依次为桡腕骨、中间腕骨、尺腕骨和副腕骨；牛的远列腕骨中第二腕骨与第三腕骨愈合为一块大四边形骨，而马的第二、三腕骨独立存在。

牛的掌骨中大掌骨由第三和第四掌骨愈合而成，远端仍分开；小掌骨为第五掌骨，呈断棒状；而马的大掌骨为第三掌骨，小掌骨为延伸到大掌骨下端的第二和第四掌骨。

牛的指骨中第三指和第四指发育完全，即有成双的系骨、冠骨和蹄骨，第二指和第五指退化为痕迹，构成悬蹄；而马仅有第三指，即仅有一个系骨、冠骨和蹄骨。牛的其余骨骼与马属动物相似。

2. 肌肉的解剖特征　牛肩带肌群、肩部肌群和臂部肌群与马相似，仅多一条肩胛横突肌（马无此肌），有牵引前肢和偏头颈的作用。

牛的前臂及前脚肌群中，牛多一条指内侧伸肌，即第三指固有伸肌（马无此肌），可伸展系关节和第三指；另外牛的指外侧伸肌（第四指固有伸肌）比较发达，而马的很小。牛的指浅屈肌缺少起源于桡骨的腱支，而马的指浅屈肌有起源于桡骨的腱支（桡骨头），这也是牛不能如马一样长期站立而不疲劳的原因之一。牛的指深屈肌移行为肌腱后，直接止于蹄骨；而马的指深屈肌移行为肌腱至掌部，接受自腕掌侧韧带下延的腱头后止于蹄骨，这又是牛不能如马一样长期站立而不疲劳的原因之一。牛的其余前臂及前脚肌群皆与马属动物相似。

3. 关节的解剖特征　牛有发育完全的第三指和第四指，每一指关节皆包括系关节、冠关节和蹄关节；而马只有第三指的系关节、冠关节和蹄关节。牛前肢的其余关节与马属动物的相似。

4. 韧带的解剖特征　牛的前肢韧带中，悬韧带内含有肌质，特别是犊牛富含肌质，故称为骨间中肌；而马则全部为腱质，这又是牛不能如马一样长期站立而不疲劳的原因之一。

牛有双指，两系骨间有坚强的指间韧带相连，两远籽骨与对侧冠骨间有坚强的交叉韧带（远侧指间韧带）相连，以防止两指过分开张；而马为单指，无此韧带。牛前肢的其余韧带与马属动物相似。

5. 腱鞘的解剖特征　腕部的腱鞘中，牛的指总伸肌腱与指内侧伸肌腱共有一个腱鞘；而马（无指内侧伸肌）指总伸肌腱单独有一个腱鞘。牛的指浅屈肌的浅腱单独有一个腱鞘；而马的指浅屈肌和指深屈肌共有一个腱鞘。

牛指部的腱鞘中，指背侧的腱鞘包围指总伸肌腱的两个分支；而马指背侧无腱鞘。牛前肢的其余腱鞘与马属动物相似。

6. 黏液囊的解剖特征　牛的腕背侧有发达的腕前皮下黏液囊，因卧地时该囊触地而容易发炎。

（二）前肢的功能

由于家畜整个身体的重心比较靠近前肢，所以家畜的前肢除了前进运动以外，还要负担支持较多的体重。

1. 前肢的支持作用有赖于下列静力结构　①胸下锯肌的腱层形成一坚韧的弹性吊带，将躯干悬吊在两前肢之间。②家畜站立时，腕关节因掌侧韧带限制而不能背屈；肩关节和肘关节又被贯穿有腱索的臂二头肌和腕桡侧伸肌及多腱质的冈上肌机械地固定起来。③掌部和指部的背侧面有指伸肌腱，以及与它们相联系的腕部深筋膜纤维带和悬韧带的分支；掌侧面有悬韧带及具有腱头的两条指屈肌腱。这些腱和韧带在家畜站立时，有固定腕、指关节和维持系关节角度的作用。

牛的悬韧带含有肌纤维，特别是幼龄牛；指深屈肌和指浅屈肌又缺少腱头，所以前肢的静力结构不如马的发达，因此不能持久站立。

2. 前肢运动起重要作用有赖于下列肌肉及肌间结构　①前肢骨与躯干骨之间不是以关节相连，而是借助发达的肩带肌互相连接起来，这对于前后摆动前肢及缓冲运动时的震动大有益处。②范围广大的肩胛下间隙及其中的疏松结缔组织，有利于前后摆动肩臂部。③肩臂前方的臂头肌、后方的背阔肌和胸深肌，这些强有力的肌肉在前进运动中能够大幅度地摆动肩臂并牵引躯干向前；而斜方肌和菱形肌在肩关节做伸屈运动时，起固定肩胛骨的作用；胸浅肌则限制前肢过分外展。④肩关节和肘关节的伸肌特别发达，它们在前肢跨步前踏的负重期，可有力地伸展这两个关节。⑤腕关节和指关节的关节角度相同，动作一致；这两个关节的屈肌比较发达，而且由于其在臂骨上的起点位于肘关节的伸面，除屈曲指关节外，还同时有伸展肘关节的作用；它们在前肢踏地负重期，通过屈指及伸肘，配合肩关节和肘关节的伸肌，产生强大的推动力，将躯体牵引向前。

二、后肢的解剖特征和功能

（一）后肢的解剖特征

1. 骨骼的解剖特征　牛的髋骨形成的髋臼较小且浅，这也是牛发生髋关节脱位的原因之一；而马的髋臼较大且深。牛的腓骨退化为一个小的突起；而马的腓骨虽然退化但仍为近端粗大的小骨。牛的跗骨中，中央跗骨与第四跗骨愈合为一块板状骨，第二跗骨与第三跗骨愈合为一块骨；而马的中央跗骨、第三跗骨、第四跗骨皆独立存在。牛的跖骨与趾骨的解剖特征与前肢的掌骨与指骨的解剖特征相同。牛后肢的其余骨骼与马属动物相似。

2. 肌肉的解剖特征　臀部肌群中，牛缺乏臀浅肌；而马有该肌。

小腿及后脚肌群中，牛有趾内侧伸肌（第三趾固有伸肌）；而马无此肌。牛的第三腓骨肌为纺锤形肌，富含肌质，这也是牛不能如马一样长期站立而不疲劳的原因之一；而马的第三腓骨肌为一强腱。牛的腓骨长肌可屈曲跗关节；而马无此肌。牛的趾浅屈肌多肌质，不如马的发达，这又是牛不能如马一样长期站立而不疲劳的原因之一；而马的趾浅屈肌几乎完全变为一强腱。牛后肢的其余肌肉与马属动物相似。

3. 关节的解剖特征 牛的髋臼较浅，副韧带薄弱，有的牛甚至无副韧带，这也是导致牛发生髋关节脱位的原因之一；而马髋关节的髋臼较深，有较强的副韧带。牛的跗关节除胫距关节活动性较大外，距跗关节也有一定的活动性，因此牛的后肢可以适度侧踢，诊疗过程中应注意防护；而马的跗关节仅胫距关节可伸屈活动，其余三个关节连接紧密，活动范围极小。牛的趾关节的解剖特征与前肢的指关节的解剖特征相同。牛的其余关节与马属动物的相似。

4. 韧带的解剖特征 牛髋关节副韧带薄弱，有的牛甚至无副韧带；而马髋关节有较强的副韧带。牛趾部韧带的解剖特征与前肢指部韧带的特征相同。牛后肢的其余韧带与马属动物相似。

5. 腱鞘的解剖特征 跗部的腱鞘配置，牛和马的基本相似，存在的些许差别如下：①牛的趾长伸肌与趾内侧伸肌共有一个腱鞘；而马的趾长伸肌单独有一个腱鞘。②牛第三腓骨肌和胫骨前肌各有一个腱鞘；而马的第三腓骨肌和胫骨前肌共有一个腱鞘。③牛有腓骨长肌腱鞘；而马无该肌亦无此腱鞘。牛趾部腱鞘的解剖特征与前肢指部的相同。

6. 黏液囊的解剖特征 牛第三腓骨肌、趾长伸肌及趾内侧伸肌的共同起点下，在胫骨近端的肌沟中有一黏液囊，因其与股胫关节腔相通，称为滑膜囊；而马无此囊。牛后肢的其余黏液囊与马属动物相似。

（二）后肢的功能

家畜的后肢除支持体重外，其主要作用是在前进运动中推动躯干。因此，后肢在结构上有它自己的特点。

1. 后肢的支持作用 后肢站立时，膝关节和跗关节由于体重垂线通过关节角内而处于极度屈曲姿态；系关节则由于体重垂线通过其前方而处于背屈状态。

后肢的支持作用有赖特殊的静力结构。站立时，膝盖骨由于肌肉（阔筋膜张肌、股四头肌、缝匠肌、股二头肌前部）的作用挂在股骨滑车内侧嵴上，通过三条膝直韧带将膝关节固定。而小腿前面和后面的两条坚韧的腱索（第三腓骨肌和趾浅屈肌），又机械地将膝关节和跗关节连在一起，当膝关节固定时，跗关节也就同时被固定。

跖部和趾部配置着与前肢掌部和指部同样的腱、韧带结构，支持系关节。

后肢的静力结构不如前肢的完善。牛后肢的静力结构由于趾浅屈肌和第三腓骨肌多肉质，不如马的发达，所以不能持久站立。

2. 后肢的推动作用 后肢的推动作用有赖于骨骼结构和肌肉配置。

后肢骨骼通过荐髂关节与脊柱稳固地联系起来，同时髋关节、膝关节和跗关节的角顶方向分别与前肢对应的关节相反。当这三个关节伸展时有利于将后肢肌的推动力传至躯干。

髋关节、膝关节和跗关节都有特别发达的伸肌，而趾关节则屈肌比较发达。当后肢跨步前踏负重时（这时躯干已被对侧后肢推向前），这些肌肉同时收缩，伸展这三个关节和屈趾关节，产生强大的推动力，推动躯干前移。而由于骨二头肌在股后外侧，半腱肌和半膜肌在股后内侧，它们同时还能维持股部和小腿的平稳，防止其向外或向内摆动。当后肢支地负重时，这些伸肌配合颈背部的伸肌共同作用，可提举躯干前部，如跳跃障碍时的竖立动作。

第四节　跛行的种类和程度

一、跛行的种类

了解跛行的特征，掌握跛行的种类，对四肢病诊断有着特定的价值。跛行种类一经确定，便可大致推测出患病的部位及其性质，为建立正确的诊断奠定基础。

（一）跛行分类及依据

四肢在运动过程中，每条腿的动作可分为两个阶段：空中悬垂阶段和地面支柱阶段。

在空中悬垂阶段，分两个时间相同的步骤：各关节按顺序屈曲；各关节按顺序伸展。前者始于蹄离开地面，至蹄达到对侧肢的肘关节（或跗关节）直下为止；后者始于蹄从肘关节（或跗关节）直下，至重新到达地面为止（图 14-8）。

蹄从离开地面到重新到达地面，为该肢所走的一步。这一步被对侧肢的蹄印分为前后两半，前一半为各关节按顺序伸展在地面所走的距离，后一半为各关节按顺序屈曲在地面所走的距离。

健康马一步的前一半和后一半基本相等；在运步有障碍时，绝大多数有变化，某一半步出现延长或缩短。患肢所走的一步和相对健肢所走的一步是相等的、不变的，而只是一步的前一半或后一半出现延长或缩短，以调节其运步（图 14-9）。患马健肢所走的一步和正常时该肢所走的一步比较，可能较短。

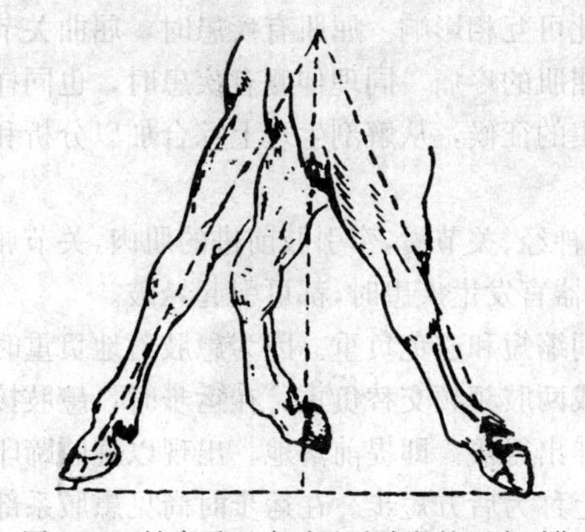

图 14-8　健康马运步时悬垂阶段的两个时期

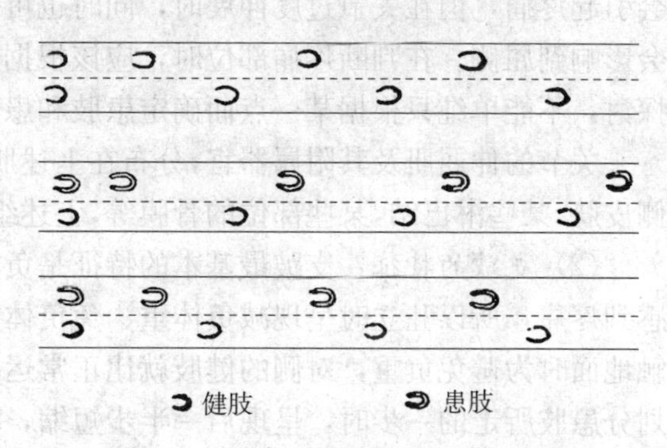

图 14-9　健康马和跛行马所走的蹄印

在地面支柱阶段，可分为着地、负重和离地三个步骤。在这阶段中，支持器官负重很重，不同时期各器官的负担也有不同。

四肢的运动机能障碍，在空间悬垂阶段表现明显，被称为悬垂跛行，简称悬跛；在支柱阶段表现机能障碍，称为支柱跛行，简称支跛。

悬跛和支跛是跛行的基本类型，是相对的分类，因为事实上有机体是一个统一的整体，每条腿的活动是在中枢神经的支配下，通过条件反射和非条件反射，各部组织共同配合完成的一个动作。动物四肢的每一个动作，包含着很复杂的运动，有协调动作，也有拮抗运动。在某部分的机能发生障碍时，很可能影响到另外一个部分的机能。如某部分组织或器官在悬垂阶段发生运动机能障碍，在支柱阶段也可能出现异常；相反，支柱阶段有运动机能障碍时，悬垂阶段也可能有异常表现。很多临床事实证明了上述论断。单纯的悬跛和支跛比较少见，而最多的还是混合跛行。

所谓混合跛行就是在悬垂阶段和支柱阶段都表现有程度不同的机能障碍。但在临床上应判明是以悬跛为主的混合跛行，还是以支跛为主的混合跛行，这对寻找疾病的部位有很大帮助。

（二）各型跛行的特征

1. 以生理机能分类的跛行的特征

（1）悬跛的特征：悬跛最基本的特征是“抬不高”和“迈不远”。患肢运动时，在步伐的速度上慢于健肢。因患肢抬不高，所以观察两肢腕跗关节抬举的高度，患肢常较低下，该肢常拖拉前进。因为患肢“抬不高”和“迈不远”，所以以健肢蹄印划分患肢的一步时，出现前半步短缩，临床上称为前方短步。悬跛的特征为前方短步、运步缓慢、抬腿困难。

悬跛时患肢“抬不高”，乃由于运步的第一个时期，即各关节顺序屈曲的时候，某个关节的屈肌或关节的屈侧发生疾患时，被屈曲的关节屈曲不完全或完全不能屈曲，造成该肢的抬举困难。所以在视诊时，应该注意屈曲不完全或不能屈曲的关节，检查它的屈肌群或屈侧有无异常。

悬跛时患肢“迈不远”，乃由于各关节顺序伸展的时候，某个关节的伸肌及其邻近组织和关节伸侧有疾患时，就会影响到该关节的伸展活动。因而发现伸展不充分的关节，就可能找出患部。影响肢“迈不远”的原因，除了伸展关节的组织外，牵引肢前进的肌肉有疾患时，也可造成患肢“迈不远”。

上述原因是相对的，因为伸屈是一对矛盾，彼此可互相影响。屈肌有疾患时，屈曲关节会引起疼痛，但在关节过度伸展时，同时也可引起屈肌的疼痛。同理伸侧有疾患时，也同样会影响到屈侧。在判断疼痛部位时，应该根据所收集的征候，从解剖生理上综合加以分析和探讨，不能单纯只根据某一点而确定患肢和患部。

关节的伸屈肌及其附属器官,分布在上述肌肉的神经、关节囊,牵引肢前进的肌肉,关节屈侧皮肤,某些淋巴结,某些部位的骨膜等,上述组织和器官发生疾患时,都可引起悬跛。

（2）支跛的特征：支跛最基本的特征是负重时间缩短和避免负重。因为患肢落地负重时感到疼痛，所以驻立时呈现减负体重、免负体重，或两肢频频交替负重。在运步时，患肢接触地面时为避免负重，对侧的健肢就比正常运步时伸出得快，即提前落地。出现以健肢蹄印划分患肢所走的一步时，呈现后一半步短缩，临床上称为后方短步。在运步时尚见患肢系部直立，听到的蹄音低，这些都是为了减轻患部疼痛的反射。支跛的特征为后方短步、减负或免负体重、系部直立和蹄音低。

骨、肢下部的关节、腱、韧带及蹄等负重装置的疼痛性疾患常引起支跛，其中特别是蹄，所表现的支跛特别典型。固定前后肢主要关节的肌肉，如臂三头肌、股四头肌有炎症或分布这些肌肉的神经有损伤时，也可表现为支跛，甚至表现为肢的崩屈。某些负重较大的关节，其关节面或关节内有炎症或缺损时，也表现为支跛。

（3）混合跛行的特征：其特征是兼有支跛和悬跛的某些症状。

混合跛行的发生可能有两种情况：一种是在肢上有引起支跛和悬跛的两个患部；另一种是在某发病部位负重时有疼痛，运步时也有疼痛，所以呈现混合跛行。

四肢上部的关节疾患、上部的骨体骨折、某些骨膜炎、黏液囊炎等都可表现为混合跛行。

2. 临床上以某些独特状态命名的特殊跛行及特征

（1）间歇性跛行：马在开始运步时，一切都很正常，在劳动或骑乘过程中，突然发生严重的跛行，甚至马匹卧下不能起立，过一会儿跛行消失，运步和正常马匹一样。在以后运动中，可再次复发。这种跛行常发于以下情况。

动脉栓塞：由于马圆虫在肠系膜根动脉寄生，形成动脉瘤，常使血液在该处形成血栓，血栓随血液流动至后肢的髂内外动脉或股动脉形成栓塞，动物可出现患肢屈曲不全，以蹄尖着地，肢呈拖拉状态，令其快步行进时，呈三脚跳，并迅速变为不能运步而卧倒，有时呈犬坐姿势，病马神情不安，呼吸和脉搏增数，出汗，患肢温度下降。过一段时间后，栓子排除，患肢逐步恢复正常，马自已站立后运步没有任何异常。

习惯性脱位：常发的为膝盖骨脱位，由于关节囊或关节韧带弛缓，或作用于关节的某块肌肉的异常，常常引起脱位。脱位后呈现严重的跛行，马走几步或倒退几步后，脱位的骨突然复位，此时跛行又消失。

关节石：由于外力使部分关节软骨或骨脱落，脱落的骨块平时存于关节囊的憩室内，如果脱落的骨块在运步时落到关节面之间，由于压迫关节面即引起剧烈疼痛，发生跛行，当脱落的骨块回到关节憩室内时，跛行消失（图 14-10）。

（2）黏着步样：呈现缓慢短步，见于肌肉风湿、破伤风等。

（3）紧张步样：呈现急速短步，见于蹄叶炎。

（4）鸡跛：患肢运步呈现高度举扬，膝关节和跗关节高度屈曲，肢在空间停留片刻后，又突然着地，如鸡行走的样子（图 14-11）。

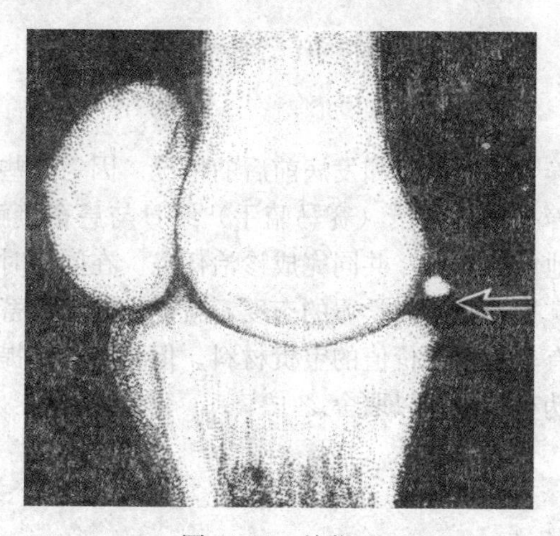

图 14-10　关节石

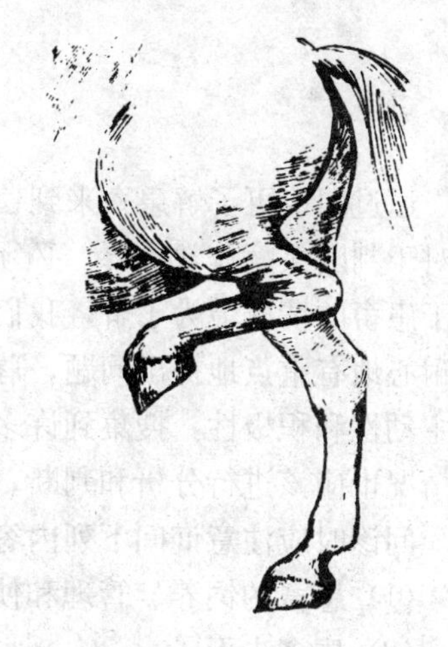

图 14-11　鸡　跛

以临床特殊状态而命名的特殊跛行，只能作为以生理机能分类的补充。临床工作者还把不能确诊病名的跛行，按发病的部位而分为蹄跛行、肩跛行、髋跛行等。

二、跛行的程度

动物四肢病的原因和经过不同，家畜可表现不同程度的运动机能障碍。当进行四肢病诊断时，除了确定跛行的种类外，同时还要确定跛行的程度，以便确定疾患的严重程度。跛行程度临床上分为三类。

（1）轻度跛行：患肢驻立时可以蹄全负缘着地，有时比健肢着地时间短。运步时稍有异常，或病肢在不负重运动时跛行不明显，而在负重运动时出现跛行。

（2）中度跛行：患肢不能以蹄全负缘负重，仅用蹄尖着地，或虽以蹄全负缘着地，但上部关节屈曲，减轻患肢对体重的负担。运步时可明显看出提伸障碍。

（3）重度跛行：患肢驻立时几乎悬垂，运步时有明显的提举困难，甚至呈三肢跳跃前进。

第五节　跛行诊断法

跛行诊断是一项比较复杂和困难的临床工作。首先是由于因动物四肢病引起跛行的原因很多，各科疾病都可引起跛行；其次是动物不能诉说它的感觉和疼痛，因而在进行诊断时，必须细致地按一定方法和顺序从各方面收集症候，然后根据解剖生理知识加以综合、分析、判断和推理，必要时还需进行治疗试验。

四肢病诊断和认识其他疾病一样，不能只单纯注意局部病变，而应该从整体出发来诊断疾病；应该对机体的全身状况加以检查，包括体格、营养、姿势、精神状态、被毛、饮欲、食欲、排尿、排粪、呼吸、脉搏、体温等，逐项加以检查，以供在判断病情时参考。同时也要注意患畜和外界环境的联系。

如果不能建立正确的诊断，就根本谈不到合理的治疗，亦不可能收到理想的治疗效果。

一、问　诊

通过问诊可了解患畜来到兽医院以前的饲养管理、使役和发病前后的情况。因为这些情况对于判断疾病非常重要，必须注意搜集。饲养员和使役员（赛马骑手）终日与患畜接触，对于患畜的情况最为了解，我们必须认真听取他们的意见，共同完成诊治任务。在问诊时必须耐心地有重点地提出问题，尊重畜主的意见，抱着向他们学习的态度，就能充分发挥畜主的主动性和积极性，搜集到许多对诊断四肢病有非常重要价值的宝贵材料。但对畜主所提供的情况也应该进行分析和判断，去粗取精、去伪存真地加以取舍。

问诊时应注意询问下列内容：

（1）患畜的饲养、管理和使役的情况如何。

（2）瘸多少天了。

（3）突然瘸的。还是慢慢瘸的；是否受过伤；什么部位肿过；是否出现滑倒、跌倒；是否被别的牲畜踢伤过。

（4）发现腿瘸后当时的表现如何；腿瘸以后还继续劳动没有；得病到现在病情是加重了还是减轻了。

（5）什么时候瘸得最厉害；在干活一开始、干活当中、还是在休息以后。

（6）患畜以前得过此病没有；若得过，和这次是不是一样。

（7）在一起的其他牲畜有没有这样的病。

（8）得病后治过没有；什么时候治的；在什么地方治的；谁治的；用的什么方法；治的效果怎么样。

（9）什么时候钉的掌；钉掌的时候牲口闹过没有。

（10）最后一次干活在什么时候；干的什么活；干活的地面平不平。

当然，在进行问诊时，不能死板地逐条询问，应根据当时情况提出不同问题，必要时除这些问题外还可提出与疾病有关的其他问题。

二、视　　诊

患畜来到兽医院后，不要立刻进行检查，要短暂休息后，再进行检查。视诊时要仔细耐心，做到重点和一般相结合，在全面搜集材料中突出重点。视诊应该在问诊基础上进行，但切忌因问诊材料影响全面看问题。

视诊时应注意动物的生理状态、体格、营养、年龄、肢势、指（趾）轴、蹄形等，因为这些材料对判断疾病有着很重要的参考价值。

视诊可分驻立视诊和运步视诊。

（一）驻立视诊

驻立视诊在确诊疾病上有时可起主导作用，因为通过驻立视诊，可找到确诊疾病的线索。

驻立视诊时，应离患畜 1m 以外，围绕患畜走一圈，仔细发现各部位的异常情况。观察应该是从蹄到肢的上部，或由肢的上部到蹄，从头到尾仔细地反复地观察比较，比较两前肢或两后肢同一部位有无异常。

驻立视诊时应该注意以下几个问题。

1. 肢的驻立和负重　观察肢是否平均负重。有无减负体重或免负体重，或频频交互负重。如发现一肢不支持或不完全支持体重时，确定其有无伸长、短缩、内收、外展、前踏或后踏。

患畜一前肢有局部病变时，患肢可能出现前踏、后踏、内收或外展肢势；也可能腕关节屈曲，以蹄尖负重，并立于健蹄的稍前方或后方；或虽以全蹄负缘负重，但负重不确实。

患畜一后肢患病时，患肢呈前踏、后踏或外展肢势，但多半呈各关节屈曲，以蹄尖负重，疼痛剧烈或某些慢性关节疾患，肢常提举不负重。

两前肢同时患病时，患畜两后肢伸到腹下，头高抬，弓腰蜷腹，使身体重心转移到后肢，减轻前肢的负重。

两后肢同时患病时，为了减轻患肢的负重，使身体重心转移到前肢上，患畜常常两前肢稍后伸，颈部伸直，头低下。但在两后肢蹄叶炎时，患畜常两后肢前伸，以蹄踵负重。

一侧的前肢和后肢同时患病时，病畜的头颈、躯干都偏向健侧，患肢交替负重。

一前肢和对侧的后肢同时患病时，患畜的两健肢伸到腹下支持体重，而病肢交替提起，或向前、或向外伸出。

三肢以上的肢同时患病时，由于疾病不同站立的姿势各异，比较复杂。

2. 被毛和皮肤　注意被毛有无逆立，局部被毛如逆立，可能有肿胀存在。肢及邻接部位的皮肤有无脱毛、外伤、瘢痕，这些都是发现患部的标志。

3. 肿胀和肌肉萎缩 比较两侧肢同一部位的状态，其轮廓、粗细、大小是否一致，有无肿胀。注意肢上部肌肉是否萎缩，患肢若有疼痛性疾病或跛行时间较久，肢上部肌肉即发生萎缩。

4. 蹄和蹄铁 注意两侧肢的指（趾）轴和蹄形是否一致；蹄的大小和角度如何；蹄角质有无变化；是否是新改装的蹄铁；蹄铁是否适合；蹄钉的位置如何。如系陈旧的蹄铁，应注意蹄铁磨灭的状况及磨损程度。

5. 骨及关节 注意两侧肢同一骨的长度、方向、外形是否一致，关节的大小和轮廓、关节的角度有无改变。

（二）运步视诊

运步视诊的目的，首先是确定患肢，中度和重度跛行在驻立视诊时，患肢就可看出，但轻度跛行只能在运步视诊时才能确定；其次肯定患肢的跛行种类和程度；再者是初步发现可疑的患部，为进一步诊断提供线索。

运步视诊应选择宽敞平坦、光线充足的场地，最好场内没有树木，以免树的阴影影响观察。最理想的是有特殊设备的诊断场，除了有平坦开阔的场地外，还应该有软地、硬地、不平的石子地、上坡及下坡等。软地、硬地、不平的石子地应该有 2m 宽、5m 长。软地可用粗砂铺垫，深度要在 35cm 以上。硬地可用水泥地面。不平的石子地可用多角形石块用水泥灌砌。上坡和下坡用土石堆砌，坡度大于 30°。

运步视诊时，应该让畜主牵导患畜沿直线运步，缰绳不能过长或过短，1m 左右比较合适。如过长马匹可自由低头，寻觅食物，影响运步；过短亦可影响头部自然摆动和运步。

运步视诊时，不能驱策、恐吓或突然变步，以免隐蔽轻微的疼痛，影响观察。

先使患畜沿直线走常步，然后再改为快步。运步视诊不能只看一面，而要轮流查看前面、侧面和后面。

1. 确定患肢 如一肢有疾患时，可从蹄音、头部运动和臀部运动找出患肢。蹄音是当蹄着地时碰到地面发出的声音。健蹄的蹄音比病蹄的蹄音要强，声音高朗，如发现某个肢的蹄音低，即可能为患肢。头部运动，当病畜在健前肢负重时，头低下；患前肢着地时，头高举，以减轻患肢的负担。在点头的同时，有时可见头的摆动，特别在前肢上部肌肉有疼痛性疾患，当健前肢负重患前肢高举时，颈部就摆向健侧。由头部运动可找出前肢的患肢。臀部运动，当一后肢有疾患时，为了把体重转向对侧的健肢，健肢着地时，臀部低下；而患肢着地的瞬间臀部相对高举。从臀部运动可找出后肢的患肢。

两前肢同时得病时，肢的自然步样消失，病肢驻立的时期短缩，前肢运步时肢提举不高，蹄接地面而行，但运步较快。肩强拘、头高扬、腰部弓起、后肢前踏、后肢提举较平常为高。在高度跛行时，快速运动比较困难，甚至不能快速运动。

两后肢同时得病时，运步时步幅短缩，肢迈出很快，运步笨拙，举肢比平时运步较高，后退困难。头颈常低下，前肢后踏。

同侧的前后肢同时发病时，头部及腰部呈摇摆状态，患前肢着地时，头部高举，并偏向健侧，健后肢着地时，臀部低下。反之，健前肢着地时，头部低下，患后肢着地时，臀部举起。

一前肢和对侧后肢同时发病时，患肢着地时，体躯举扬，健肢着地时，头部及腰部均低下。

三肢以上同时得病时，情况更为复杂，运步时的表现根据具体情况有所不同，需仔细分辨。

值得注意的是在重度跛行时，前后肢互相影响，不要把一个肢的跛行，误认为两个肢的跛行。特别是有些马，在运步时，同侧的前后肢，同时起步和落步，这样如一肢有病时，往往互相影响。例如一前肢蹄部有病时，呈现典型支跛，当患前肢着地时，同时着地的健后肢向前伸出较远，并弓腰，以减轻患肢的负重，没有经验的临床工作者，常常误认为后肢也有病。

用上述方法尚不能确定患肢时，可用促使跛行明显化的一些特殊方法，这些方法不但能够确定患肢，而且有时可确定患部和跛行种类。

（1）*圆周运动*：圆周运动时圈子不能太小，过小不但障碍肢的运动，而且不便于两肢比较。支持器官有疾患时，圆周运动病肢在内侧可显出跛行，因为这时体重心落在靠内侧的肢上较多。主动运动器官有疾患时，外侧的肢可出现跛行，因为这时外侧肢比内侧肢要经过较大的路径，肌肉负担较大。

（2）*回转运动*：使患畜快步直线运动，趁其不备的时候，使之突然回转，患畜在向后转的瞬时，可看出患肢的运动障碍。回转运动需连续进行几次，向左向右都要回转，以便比较。

（3）*乘挽运动*：驻立和运步都不能认出患肢时，可行乘骑或适当的拉挽运动，在乘挽运动过程中，有时可发现患肢。

（4）*硬地、不平石子地运动*：有些疾病患肢在硬地和不平石子地运动时，可显出运动障碍，因为这时地面的反冲力大，可使支持器官的患部遭受更大震动；蹄底和腱、韧带器官疾患在不平石子上运步时，加重局部的负担，使疼痛更为明显。

（5）*软地运动*：在软地、沙地运步时，主动运动器官有疾患时，可表现出机能障碍加重，因为这时主动运动器官比在普通路面上要付出更大力量。

（6）*上坡和下坡运动*：前肢的悬跛和后肢的悬跛，上坡时跛行都加重，后肢的支跛在上坡时，跛行也加重；前肢的支持器官有疾患时，下坡时跛行明显。

2. 确定跛行的种类和程度 患肢确定后，就可以进一步观察跛行的种类和程度。用健肢蹄印衡量患肢所走的一步，观察是前方短步，还是后方短步。肉眼辨不清时，划出蹄印用尺测量。确定短步后，就注意是悬垂阶段有障碍，还是负重阶段有障碍，同时要观察患肢有无内收、外展、前踏、后踏情况。注意系关节是否敢下沉，若不敢下沉，说明负重有障碍。辨听蹄音，若蹄音低表明支持器官有障碍。两侧腕关节和跗关节提举时能否达到同一水平，若不能达到同一水平时，表明患肢提举有困难。进一步注意肩关节和膝关节的伸展情况，指关节的伸展情况，若伸展不够或不能伸展，表明蹄前伸有障碍。根据视诊所搜集到的症状，最后确定跛行的种类和程度。

3. 初步发现可疑患部 在观察跛行种类程度的同时，可注意到可疑的患部。因为在运步以前，已在驻立视诊时搜集到一些可疑的部位。在运步时，又因患部疼痛或机械障碍，临床上出现特有表现，如关节伸展不便，呈现内收或外展；肌肉收缩无力，呈现颤抖；蹄的某部分避免负重等。结合进一步观察，确定悬垂阶段有障碍时，是提举有问题，还是伸展有问题；当驻立阶段有障碍时是着地有问题、离地有问题、还是负重有问题。这样，就可初步发现可疑患部，为进一步诊断提出线索。

三、四肢各部的系统检查

前肢从蹄（指）到系部、系关节、掌部、腕关节、前臂部、臂部及肘关节、肩胛部；后肢从蹄（趾）到系部、系关节、跖部、跗关节、胫部、膝关节、股部、髂部、腰荐尾部，进行细致的系统检查，通过触摸、压迫、滑擦、他动运动等手法找出异常的部位或痛点。系统检查时应与对侧同一部位反复对比。系统检查时应严格遵从规定的检查方法，客观地收集异常征候。

四、特殊诊断方法

在上述诊断方法尚不能确诊时，根据情况可选用下述的特殊诊断方法。

（一）测诊

测诊在判断疾病上，有时可提供确实的根据。测诊常用的工具有穹隆计、测尺（直尺和卷尺）、两角规等，如无上述工具，也可用绳子、小木棍等代替。

关节的测诊，常用卷尺量其周径，以确定其肿胀程度。怀疑四肢某部位增粗时，也可测其周径，与对侧同一部位进行比较。

怀疑髋骨骨折时，可测髋结节到荐结节的距离、髋结节到坐骨端的距离、髋结节到髋关节的距离、髋关节到坐骨端的距离等。

怀疑关节脱位时，也可测该骨突起和附近其他骨突起的距离，或测量肢的长短。

因测诊必须与健侧比较，所以动物必须在平地上站正，否则差异会很大。

（二）外围神经的麻醉诊断

外围神经的麻醉诊断，广泛应用于马属动物。麻醉诊断只应用于其他诊断方法不能确定的跛行，如一些急性炎症引起的跛行。

外围神经麻醉后，患部或神经所支配的部位疼痛暂时消失，跛行也可随痛觉消失而消失，这样便可鉴别诊断所怀疑的部位。麻醉诊断用于肢的下部，效果比较确实。

怀疑有骨裂和韧带、腱部分断裂时，不能应用麻醉诊断。因为把所支配的神经麻醉后，动物不感到疼痛，便毫无顾忌的运动和负重，这样很容易造成完全骨折和腱韧带的完全断裂。

如果跛行是由关节僵直、腱和韧带的瘢痕挛缩、组织粘连等机械障碍所引起，麻醉诊断不能达到预期的效果。

合理的麻醉诊断顺序，应该从肢的最下部开始，当最下部麻醉呈阴性时，仍可顺序向上进行麻醉。但麻醉重点怀疑部位和痛点浸润麻醉例外。

麻醉以后，经过15～20min，可观察马的运步。运步应在平坦的路面上行常步运动，避免快步、突然转弯、重度劳役，以免发生意外事故。

1. 痛点浸润麻醉 用于局部性外生骨疣、韧带炎、腱炎（特别是腱的附头部炎症）、飞节内肿等。用1%～2%盐酸普鲁卡因注射液20～60mL注射到所怀疑的部位，皮下先注射少量，然后准确地注射到要麻醉的组织，注射后加以局部按摩，使药液能均匀地分布到所麻醉的组织内，15～20min后，检查其效果。

2. 传导麻醉

（1）怀疑远籽骨滑膜囊炎时，可麻醉掌（跖）神经掌（跖）支，若麻醉后跛行消失，即可确诊。麻醉无效时，病在其他部位。

掌（跖）神经掌（跖）支的麻醉方法：在蹄软骨上缘，指（趾）静脉的后面，针头对着指（趾）深屈肌腱边缘刺入皮下，注射3%盐酸普鲁卡因注射液3～4mL。内外两侧都要注射。

(2) 怀疑病在指（趾）部，包括蹄、蹄软骨、第二指（趾）骨、第二指（趾）关节、第一指（趾）骨、第一指（趾）关节，可麻醉小掌（跖）骨头部位的掌（跖）神经，包括掌（跖）深神经。

掌神经麻醉的方法：在两侧小掌骨头水平面、指深屈肌腱的内缘和外缘，分别皮下注入3%盐酸普鲁卡因注射液10mL，然后将注射针头在皮下转向小掌骨末端处再注入5mL，以麻醉掌深神经，最后在肢内侧面，针头从第二小掌骨头末端再转向掌背面，注入5mL，以麻醉肌皮支。

跖神经麻醉的方法：同掌神经麻醉，麻醉时需将后肢在柱栏内转位保定后，再注入药液。

(3) 怀疑病在掌部和腕部时，可麻醉正中神经和尺神经；怀疑病在跖部和跗部时，可麻醉胫神经和腓神经。

正中神经麻醉的方法：一种方法是在前臂部上1/3，桡骨和腕桡侧屈肌所形成的沟内，将肢稍向前提，针紧靠桡骨垂直刺入，除经过皮肤外，还要通过胸肌腱膜和前臂深筋膜，到达神经血管束附近时，注入5%盐酸普鲁卡因注射液20mL。另一方法是在腕桡侧屈肌和腕尺侧屈肌之间，附蝉上方一掌处，用6～8cm长的针头，向桡骨方向刺入，抵达骨时，注入5%盐酸普鲁卡因注射液20mL。

尺神经麻醉的方法：在腕尺侧屈肌和腕外侧屈肌之间、副腕骨上方一掌处，针头垂直皮肤刺入2cm，注入5%盐酸普鲁卡因注射液10mL。

胫神经麻醉的方法：麻醉时应将两后肢固定，并提举对侧前肢。在肢内侧、跟腱和趾深屈肌之间，跟结节上方一掌处即为注射部位，针头由上向下刺入2cm，通过皮肤、皮下组织及胫部的两层筋膜，注入4%盐酸普鲁卡因注射液40mL。

腓神经麻醉的方法：腓神经麻醉只有腓深神经麻醉有诊断意义。腓深神经的麻醉是在胫部中1/3和下1/3交界处，趾长伸肌和趾外侧伸肌之间，针头刺入约2cm，注入4%盐酸普鲁卡因注射液10～15mL。

（三）关节内和腱鞘内麻醉诊断

关节内和腱鞘内有疼痛性病理过程引起的跛行，而传导麻醉有时得不到准确的结果时，可应用关节内和腱鞘内麻醉诊断。但这种诊断方法只能应用于浅表的、外观明显的关节腔和腱鞘，并且要确认滑膜周围组织没有病变时才有诊断价值。此法多用于马。

关节腔内和腱鞘内注射时，马匹必须确实保定和严密消毒。注射时应该将皮肤向旁稍移动，以便注射后使皮肤上的针孔和腔壁上的针孔错开，有利于愈合。

如穿刺正确，且腔内液体很多时，针刺入的瞬间，滑液即从针孔溢出；当腔内液体较少时，用注射器吸引，可抽出淡黄色透明滑液。麻醉液注射以前，应该充分吸尽腔内的液体，然后注入利多卡因或普鲁卡因注射液，注射量根据腔的大小而定。针头拔出后，涂以火棉胶封闭针孔。

麻醉液注射以后，将马牵遛5～10min。15～20min后检查跛行是否消失。

现将常用的关节和腱鞘注射法分述如下：

1. 肩关节内注射　马站立保定，注射点在臂骨结节上方一指、冈下肌前缘，针头水平刺入 5～7cm，若穿刺正确，即有滑液流出，注射 2%利多卡因注射液 20～25mL（图 14-12）。

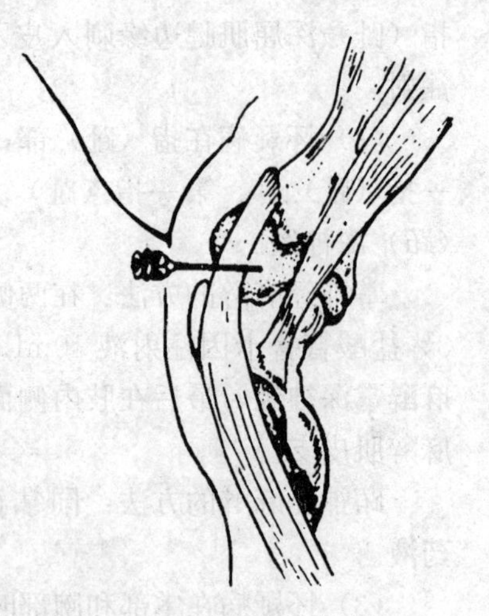

图 14-12 肩关节内注射

2. 膝关节内注射 膝关节有 3 个滑膜腔，一个为股膝关节滑膜腔，另两个为股胫关节的内腔和外腔。

股膝关节内注射的部位在膝中直韧带一侧；股胫关节内腔的注射部位在膝内直韧带的前缘；股胫关节外腔的注射部位在胫骨髁上方、股胫外侧韧带和趾长伸肌腱形成的沟内（图 14-13）。股膝关节内注入 2%利多卡因注射液 30～50mL，其他两个关节腔各注射 10mL。

由于这些关节腔大多数彼此相通，3 个腔的鉴别诊断比较困难。

3. 跗关节内注射 在胫距关节注射，针刺部位在胫骨内髁上方，针水平刺入 1～3cm，注射 2%利多卡因注射液 15mL（图 14-14）。

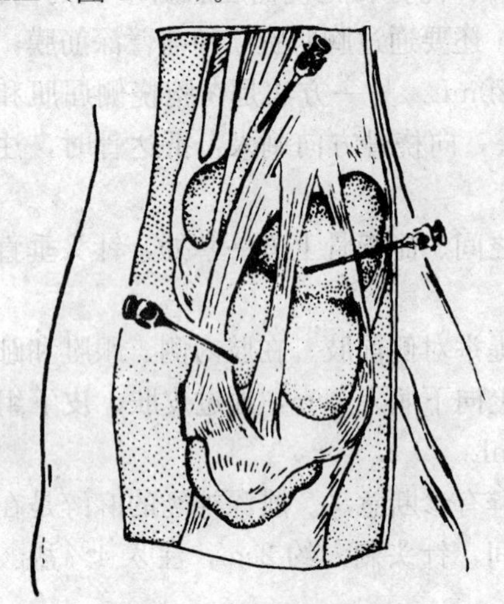

图 14-13 膝关节内注射

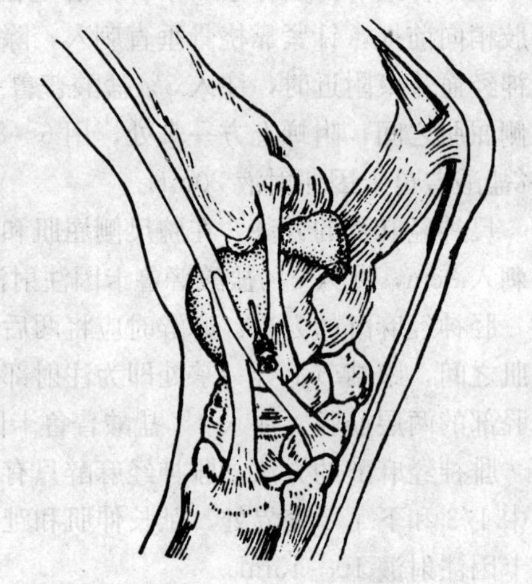

图 14-14 跗关节内注射

4. 指（趾）腱鞘内注射 注射部位在掌（跖）部外侧、近籽骨上方 3～5cm，悬韧带和指深屈肌腱之间。针水平刺入，或从上向下斜着刺入 1～1.5cm，注入 2%利多卡因注射液 5～10mL。

（四）检蹄钳检查法

用检蹄钳钳压蹄底部和蹄侧壁，在相同压力的情况下，首先出现痛觉反应或敏感的部位有病变。

（五）修蹄检查法

对于有些蹄部疾病，特别对于蹄壳疾病，在早期没有波及蹄叶或蹄冠部时，一般不表现临床症状，对于这一类型的蹄部疾病，只有在例行修蹄时才能发现，所以对于牛或马要定期进行修蹄或检蹄。

（六）X 射线诊断

跛行诊断时，X 射线检查不但对诊断有着重要实践价值，而且对疾病的经过、预后及合理的治疗也有很大的帮助。

四肢的骨和关节疾患，如骨折、骨膜炎、骨炎、骨髓炎、骨质疏松、骨坏死、骨溃疡、骨化性关节炎、关节愈着、关节周围炎、脱位等，可以广泛地应用X射线检查。

当怀疑肌肉、腱和韧带有骨化时，可用X射线确诊，当组织内进入异物，如子弹、炮弹片、针、钉子、铁丝等，可用X射线检查。

怀疑关节囊或腱鞘破裂时，可在所怀疑的关节囊和腱鞘内注入空气，然后用X射线摄影。若关节囊或腱鞘没有破裂，囊内可明显地看到充满空气；当囊壁或腱鞘壁破裂时，可看到空气进入皮下。

（七）直肠内检查

直肠检查在大动物髋部疾病的确诊上有着特殊的、不可替代的作用。因为髋骨外面有很厚的肌肉，不容易摸到骨的病理变化；同时，骨盆腔内有许多器官，它们有病理过程时，也会引起肢的机能障碍，这些病理变化，不通过直肠检查，一般无法知晓。

当髋骨骨折、腰椎骨折、髂荐联合脱位时，直肠检查不但可确诊，而且还可了解其后遗症和并发症，如血肿、骨痂等。此外，腰肌的炎症过程、腹主动脉及其分支的血栓、股骨头脱位等都可用直肠检查确诊。

直肠检查时，可配合后肢的主动运动和他动运动，如诊断髋关节脱位时，检查者的手伸入直肠内，让马慢慢向前走，或让助手拉动患肢，感觉关节的活动情况。

在特定情况下，卧倒进行经直肠的触诊并配合他动运动检查更为方便。

（八）热浴检查

当蹄部的骨、关节、腱和韧带有疾患时，可用热浴做鉴别诊断。在水桶内放40℃的温水，将患肢热浴15～20min，如为腱、韧带或其他软组织的炎症所引起的跛行，热浴后，跛行可暂时消失或大为减轻；相反，如为闭锁性骨折、籽骨和蹄骨坏死或骨关节疾病所引起的跛行，应用热浴以后，跛行一般都加重。

（九）斜板试验

斜板（楔木）试验主要用于诊断蹄骨、屈腱、舟状骨（远籽骨）、远籽骨滑膜囊炎及蹄关节的疾病。斜板为长50cm、高15cm、宽30cm的木板一块。检查时，迫使患肢蹄前壁在上，蹄踵在下，站在斜板上，然后提举健肢。此时，患肢的深屈腱非常紧张，上述器官有病时，动物由于疼痛加剧不肯在斜板上站立（图14-15）。

检查时应和对侧健肢进行比较。怀疑蹄骨和远籽骨有骨折时，禁用斜板试验。

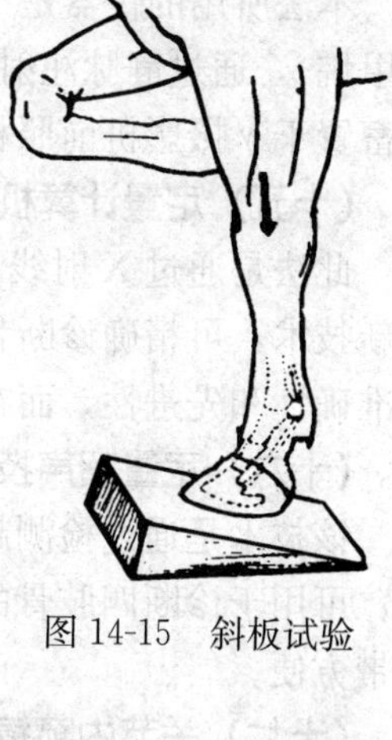

图14-15　斜板试验

（十）电刺激诊断

神经和肌肉麻痹时，其对电刺激反应减弱，因而两侧肢同一部位比较，可确定患部和麻痹的程度。

（十一）实验室诊断

实验室检查在跛行诊断上可起辅助作用。通过实验室检查，可确诊某些病的病理性质。

当怀疑关节、腱鞘、黏液囊有炎症过程时，可抽出腔内液体，检查颜色、黏稠度、细胞成分及氢离子浓度等。关节单纯性炎症时，抽出物为浆液性并含有炎性细胞；化脓时，抽出物常为浑浊状态；关节血肿时，抽出物有血液成分；关节内骨折时，抽出物中常含有血细胞成分和脂肪颗粒。

（十二）温度记录法

利用红外线扫描机，将动物体辐射出的热能转变为电信号并放大，形成黑白或彩色热像图，再与已知的标准热像图比较，可以定量分析身体各部位温度的变化。这种方法可作为跛行诊断的一种很好的辅助诊断方法。它能揭示用触诊不易发现的轻微的炎症病变，且能提供软组织损伤的变化情况，具有早期确诊的优点。更有意义的是它能用于对役用动物进行经常性普查，以便早期发现骨及肌肉系统轻微的潜在性病变。

临床应用红外线扫描机时，要注意减少外界因素的影响。应在无日晒、不通风的室内检查；测前 30min 应解除患部绷带；应保持被检部位与机器之间的标准距离和最小的背景辐射；在检查前保持肢体清洁和干燥。

（十三）运动摄影法

最简单的运动摄影法是用普通的摄影机或摄像机，拍摄动物运动时步伐影片或录像，然后对播放的影片或录像进行分析鉴定。

更精确的方法是用高速摄影机，拍摄动物通过一定距离的全过程，当常速放映时，可判明步幅长度、频率、蹄和关节的抬举弧度、肢体各段位移的长度和角度以及关节活动的范围等。

（十四）骨闪烁图法

该法是早期检查增生骨的代谢和新生骨形成的灵敏度很高的方法。对大多数骨骼疾病，如骨折、骨关节炎、骨髓炎、骨骼变形和骨瘤等，都能准确诊断。对于用 X 射线检查不能判明的跛行，可用本法检查，它可确定骨损伤的程度，并显示是进行性变化还是退行性变化的图像。

本法所用的仪器是 γ 摄影机，所用的闪烁剂是同位素锝^{99M}，并混以灭菌的 MDP（二磷酸甲烷），通过静脉注射注入病畜体内，经过 30min 即可达到骨组织内滞留，经 2h 后可将病畜置于 γ 摄影机前照相。

（十五）定量计算机断层扫描法（QCT）

此法是通过 X 射线 CT 或同位素 CT 测定骨密度，定量显示被测部位骨的三维立体图像的新技术，可精确诊断骨质结构的质变和损伤性病变。尽管 QCT 的仪器设备很昂贵，但因其准确性和先进性，而在临床和科研上有很好的应用前景。

（十六）定量超声技术

该技术是通过检测超声波在骨中传播速度和振幅衰减，间接地测定骨的密度和强度的改变，可用于诊断四肢骨的退行性质变和结构上的病变。此法无放射性辐射，仪器也较便宜，携带方便。

（十七）关节内窥镜检查法

主要用于关节滑膜、关节软骨等关节内组织的形态变化。目前，在马的临床应用上报道较多。应用本法必须对动物进行全身麻醉，严格遵循无菌操作原则，并在导入关节内窥镜之前，要向关节腔内注入生理盐水或林格氏液使关节囊扩张。对于检查所见，可通过文字描述、绘画、拍照等方法记录。因为本法应用中易引起并发症，同时有些关节还不适于应用关节内窥镜，所以在临床应用上有一定局限性。

五、建立初步诊断

四肢病诊断法，首先是了解病史和全身检查，在此基础上进行站立和运动间的视诊，根据站立间负重的姿势异常和运动间的运步异常以及呈现的跛行种类，基本上可以确定患肢并初步诊断病变部位，为下一步查明患部提供了线索。

在确定患肢的基础上，进一步查患部，弄清病性。为此，对患肢要通过触诊、他动运动的检查、叩诊检查、听诊检查、直肠检查、传导麻醉检查、关节内和腱鞘内及黏液囊内的麻醉检查、X射线检查、电反应检查、热浴检查、化验室检查以及其他特殊检查等方法，对各个部位进行细致的检查。在掌握较多客观材料的基础上，去伪存真，去粗取精，由此及彼，由表及里，认真分析探讨，排除类症，整理归纳，然后运用掌握的理论和实践知识，进行综合分析，判断和推理，建立印象诊断，初步确定病名。必要时，需要进行反复的诊断，在治疗过程中还要不断地认识疾病，最后达到确诊。

为了避免误诊，应注意分析下列几个问题：

(1) 疾病的轻重与跛行程度是否一致。在患肢上所找到的局部病变程度应和跛行程度相一致，即病轻时，跛行程度也轻；病重时，跛行程度也重。如出现反常现象，必有可疑之处，就应再进一步仔细研究、分析和检查，以免误诊。

(2) 病变新旧与跛行发生时间是否一致。两者之间的关系本应一致，如病变陈旧而跛行新发，或病变新发而跛行已久，都说明两者之间没有直接关系，应重新再寻找患部和重新确定诊断。

(3) 患病器官的功能与跛行种类是否一致。跛行的表现（支跛、悬跛和混合跛）是根据病变所在部位和生理功能而定，它反映了客观事物的规律性，出现反常而不一致时，应再重新详细检查。

(4) 跛行发生的快慢与急、慢性疾病是否一致。一般规律是外伤和急性炎症时，跛行迅速发生；慢性疾病时，跛行出现也缓慢。如出现不一致的现象，应仔细分析重新检查。

(5) 解剖学上的变化与疼痛关系。疼痛是有机体的一种反射现象，在疼痛部位可能有解剖学变化，也可能没有变化。反之，临床上有解剖学变化的局部，不一定都有明显疼痛现象，如陈旧性骨赘。因此，在四肢病诊断上不能只看到有解剖学变化的局部病变，就认为是引起跛行的患部。

(6) 运动时跛行的增减和疾病性质的关系。有些疾病随运动而增剧（如急性炎症性疾病），也有些疾病随运动而减轻（如慢性变形性骨关节病、风湿病）。因此，要考虑跛行的增减情况与这些疾病的反应情况是否一致。如不一致，应再进一步检查。

(7) 局部病变和全身的关系。四肢病诊断和其他疾病诊断一样，应该注意局部和全身的关系，注意有机体的神经状态。有些跛行是全身机能障碍的局部反应，如单纯的只着眼某些局部，往往会得出错误的诊断。

(8) 注意一肢跛行与多肢跛行的关系，特别是与对角肢的关系。注意一处病变与多处病变的关系，以防关注次要病变，忽视主要病变。

总之，四肢病诊断是一项比较细致而复杂的工作，必须在掌握四肢解剖生理的基础上，掌握可能引起跛行的每个疾病的发生发展规律和临床表现，做到心中有数，并不断深入临床实际，总结经验，以提高诊断的水平。

第六节 牛四肢病诊断的特殊性

牛的四肢病并不比马少，但迄今牛的四肢病尚未引起人们的高度重视。英国乳牛四肢病引起的损失比乳房炎还高，我国乳牛四肢病也不少见。由于四肢病可使产奶量降低、饲料报酬减低、有价值的牛过早淘汰等，造成经济上的损失。现在我国肉用牛发展迅速，肉用牛亦常发四肢病，如不注意也会造成很大经济损失。在南方和北方，役用牛的四肢病都占相当比重。总之，无论是役用牛、肉用牛，还是乳牛四肢病都不少。为了成功地控制牛的四肢病，对诊断问题应该给予足够的重视。没有准确的诊断，就没有有效的治疗。

牛运动器官发病最多的部位是蹄，有人报道蹄病引起的跛行可占跛行的88%，后肢发病较多，可超过肢蹄病的90%。而后蹄跛行中外侧趾多于内侧趾，前蹄则相反。除蹄外，其次的发病部位为球节和膝关节。

准确诊断牛四肢病，必须掌握肢的解剖和功能、常发病特征和诊断方法。在诊断方法上有两个基本步骤，一是详尽地调查和掌握病史，二是进行细致周密的检查。

牛四肢病诊断方法与马的诊断方法比较，许多诊断的原则是一致的，具体方法上既有共同点，也有不同之处。现将牛四肢病诊断时的一些特点分项叙述如下，与马重复的不再赘述。

一、病　史

详细调查病史，往往可提供有价值的思考线索。调查牛病史，特别要注意以下几点：

1. 发病的场所　在牛场进行四肢病诊断时，必须先巡查该牛场，注意寻找可以引起跛行或蹄病的一些因素，如牛场的运动场如何；牛是否喜欢站立在某个地方；该地方的地面如何；牛棚的结构是否合理，特别是牛卧床大小、斜度、地面等；牛棚内和运动场的卫生如何。这些都与肢蹄病的发生有密切关系。

2. 饲养管理与护蹄　如饲料中酸性饲料占主体，或饲料中含有大量易消化的糖类，粗饲料过少等，这就很容易引起蹄叶炎。护蹄不良常常引起变形蹄，后者与肢蹄病互为因果关系。日粮中钙磷比例不当，常引起骨质疏松。

3. 同群牛发病情况　若有许多相似的病例，说明该场存在引起此病的某个因素。如群发蹄底溃疡和蹄踵部挫伤，常由于护蹄不良，在牛棚内站立不适、机械压迫引起，也可能是由于用炉灰渣垫运动场或铺地引起。

二、视诊上的一些特殊性

牛四肢病诊断时的视诊，除驻立视诊和运步视诊外，还有躺卧视诊，而且躺卧视诊非常重要，因为肢蹄病患牛常常躺卧而不站立。

(一) 躺卧视诊

牛正常时经常是卧着休息，卧的姿势如发生改变或卧下不愿起立，往往说明运动器官有疾患。牛卧的姿势是两前肢腕关节完全屈曲，并将肢压于胸下，后部的体躯稍偏于一侧，下面后肢弯曲压于腹下，上面的后肢屈曲，放在腹部的旁边（图 14-16）。偶尔也有一前肢向前伸出，或整个体躯平躺在地上。若动物正常卧的姿势发生改变，多半有运动器官障碍，有的牛脊髓损伤时，不能站立，往往用髂骨支持躺卧，两后肢伸于一侧；或患牛整个体躯平躺在地上，四肢伸直（图 14-17）。一侧或两侧闭孔神经麻痹时，奶牛在运动中突然滑倒呈劈叉姿势时多呈图 14-18 的姿势。股神经麻痹时，两后肢常向后伸直，用腹部着地。

图 14-16　牛卧倒的正常姿势

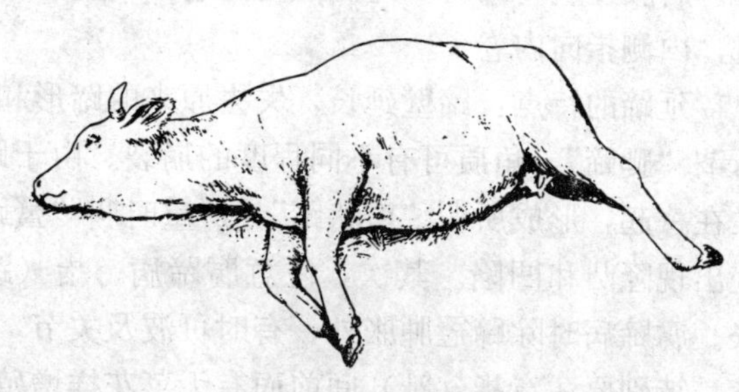

图 14-17　牛脊髓损伤

临床上在躺卧视诊时，还应注意动物由卧的姿势改变为站立时的表现，有时在这时可看出有病变的肢和部位。为了证明牛起立时有障碍，可先使其处于正常卧的姿势，然后给以针刺，或用脚在地面上搓压患畜尾部，刺激动物站起来，在站立过程中观察哪个肢有障碍，或某个肢的哪个部位有障碍。若动物不能起立，或伸直前肢呈犬坐姿势，表明腰部有问题，可能是后躯麻痹，常常是脊髓的疾患。为了比较，可让牛卧在相反的位置，用同样方法再进行试验观察。

躺卧视诊时，可看到蹄底，应注意蹄的情况，为驻立视诊对蹄的观察打下一定基础。

图 14-18　闭孔神经麻痹

（二）驻立视诊

同马一样，驻立视诊在诊断牛运动障碍上也非常重要。能站立的患畜，应该在无控制情况下让其自然站立，从前面和侧面分别进行观察。通常其重心是从患肢向健肢转移，所以在驻立视诊时，首先应注意头颈的位置，头颈位置可表明体重心有无转移。低头和伸颈，体重心从后肢转移至前肢；抬头和屈颈，体重心则从前肢转向后肢。此时，当对患畜进行捆绑或牵拉，则影响对头颈的观察。当后肢有病，身体重心转移到前肢时，可注意肩关节的屈曲情况，肩关节可变得突出，另外也可注意肘头的变化。当身体重心转移到前肢时，可见肘头移向胸的后上方；相反，当病在前肢体重心转移到后肢时，后肢的跗关节出现不正常的屈曲，此时前肢的肘头可移向前下方。

若为一侧性跛行，从前面或后面视诊时，可见健肢内收，以健肢更多地支持体重，减轻患肢的负担，病肢则向外展，但减负体重的现象不明显。

两后肢跛行时，常卧地不起。站立时，可见四肢都接近身体重心，并且弓背。四个肢的跛行也表现为上述姿势。

蹄的外侧指（趾）有病时，可见患畜病肢外展，以内侧指（趾）负重。两前肢内侧指患病时，可见两前肢交叉负重。两后肢内侧趾患病时，则看不到这种姿势。

驻立视诊时应对蹄进行重点观察，首先注意蹄角质生长情况，有无蹄壁过度生长和变形蹄，蹄角质有无崩裂。蹄变形在后肢发生较多，前肢较少。蹄变形基本有两种：一种是延蹄，一种是卷蹄，有的牛延蹄和卷蹄同时发生。

卷蹄的特点：后蹄多发生在蹄的外侧趾，前蹄则多发生在内侧指，这与负重和肢势有关。后肢发生卷蹄时，外侧趾向内卷，严重时以蹄外侧壁着地，蹄尖向上翘；前肢发生卷蹄时，内侧指向内卷。

延蹄的特点：蹄壁延长，失去原来的蹄形和角度，有的变成高蹄，有的则向前伸延形成所谓“爬蹄”，角质可有不同程度的崩裂。由于蹄卷曲和伸延的结果，一蹄的两蹄尖有时交叉在一起，形成所谓“剪状蹄”，严重时叫“蟹蹄”。蹄变形可使指（趾）轴发生改变，蹄冠处出现隆凸和凹陷。其次，注意腐蹄病、指（趾）间皮炎、指（趾）间增殖、蹄冠有无肿胀。腐蹄病时除蹄冠肿胀外，有时可波及关节，注意指（趾）间是否潮湿、糜烂、溃疡、增殖。特别要注意指（趾）间前面有无菜花样增殖物，蹄踵处皮肤与角质有无分离。

在肉用牛和役用牛冠关节和球节发生捩伤的较多，应注意比较两肢的球节和系部，有无增大、肿胀、减负体重情况。

前肢驻立视诊时，球节以上应注意腕部的腕前黏液囊有无肿大、有无脱膊情况，肩胛骨是否下垂，肩关节是否肿大，肘头有无位置上的改变，有无肩胛上神经麻痹和桡神经麻痹的特异站立姿势。

后肢球节以上驻立视诊时应注意膝部。膝部疾病在成年牛，特别是肉用牛，常常是造成跛行的原因，发病率仅次于蹄。膝部疾病主要由损伤引起半月状板撕裂、十字韧带断裂、侧韧带撕脱等，青年牛常发转移性化脓性关节炎。在驻立视诊时，应注意膝关节的大小和负重时的情况。膝部也常发膝盖骨脱位，常见的为上方脱位，表现为膝、跗关节高度伸展，后肢向后伸直。跟腱断裂时可见跗关节过度屈曲。胫骨前肌断裂时可见跗关节伸直。股二头肌转位时，因股二头肌夹于转子后方，结果造成膝关节不能屈曲，驻立时肢呈伸展状态，并向后移。髋关节脱位时，由于股骨头脱出的方向不同，可出现不同的特征，患肢可能变长，也可能缩短，蹄尖可能外转，也可能内转，大转子处可出现凹陷，也可能出现隆起，应注意观察。后肢也常发生腓神经麻痹，应注意球节的伸展情况，如球节屈曲不能伸展时，可能为腓神经麻痹。

骨折在牛也不少见，驻立视诊时应注意骨体有无变形，有无骨轴转位，局部有无肿胀和机能障碍。特别要注意髋结节的情况，因为髋结节骨折时易被忽略。

（三）运步视诊

机体由于保护疼痛患肢和患部而转移体重心，在运步视诊时更为明显。

牛因四肢病而表现的跛行多为支跛或以支跛为主的混合跛行。运步视诊时，牛除呈现支跛和悬跛外，常伴有肢的捻转和体躯摇摆。从牛摆头运动可判断患肢，在运步时，头常摆向健侧。

运步视诊的重点在于寻找患部，所以在运步视诊时要注意各关节的伸屈有无异常，特别应注意蹄的活动。还要注意听关节活动时有无异常的声响。也要注意躺卧视诊和驻立视诊所怀疑的疾病，在运步视诊时有无这些疾病的特殊表现。注意收集运步视诊时一些突出的症状，为进一步诊断提供新的线索。

运步视诊时可经常看到球节的突然屈曲，这不要错误地认为病在球节，这是一种减少患肢负担的保护性反应，这种症状常常为腓神经麻痹的症状。有这种现象说明在球节上部或下部有疼痛性病理过程。

肢痉挛和麻痹状态时，也可能出现不正常步态，此时通常找不到敏感区，应从所表现的症状推断患病的神经和肌肉。

三、外周神经麻醉诊断

牛前肢腕关节、后肢跗关节以上，因肌肉强大，麻醉诊断多不确实。临床上比较有意义的是掌（跖）部外周神经麻醉诊断和系部外周神经麻醉诊断。

临床上以 2%盐酸普鲁卡因注射液 80～100mL，在系部和掌（跖）部作环状分 4 点注入皮下，10min 后，观察麻醉效果。先在系部注射，如跛行消失，病在注射部位以下；如跛行不消失，则在掌（跖）部注射，如跛行消失，病在两次注射点之间；如跛行不消失，病在第二次注射点以上。

第七节 犬四肢病诊断的特殊性

引起犬跛行的原因比较复杂，四肢疾病是引起跛行的主要原因。常见的四肢疾病有骨折、骨髓炎、关节脱位、关节扭伤和挫伤、关节炎、肌肉挫伤、风湿病、神经麻痹等，临床上还常发生指（趾）甲过度卷曲生长刺入枕垫而引起跛行。

某些犬因遗传因素而发生的先天性四肢发育不良，也可通过诱发四肢疾病而引起跛行。如北京犬的弓形腿易引起肘关节变形性关节炎；德国牧羊犬及其他大型犬的髋关节、肘关节发育不良常导致跛行；犬的前肢 X 状姿势易造成桡腕关节损伤等。

在进行犬的四肢病诊断过程中，除需注意四肢本身的疾病外，应注意颈椎、腰椎（椎间盘病、椎体骨折和肿瘤病等）和腰荐部的疼痛性疾病，因为这些部位的疾病也可引起跛行。另外，某些内脏器官的疾病也能造成步态异常，要仔细鉴别。某些代谢病（如维生素 B_1 缺乏症、钙和磷的代谢异常）和中毒病（如灭鼠药中毒）有时也会影响运动机能。一些传染病的经过中，也能通过造成神经系统的病变而引发跛行（如犬瘟热、狂犬病等）。

犬的四肢病诊断在病史调查和视诊上有一些特殊性。

一、病　史

病史调查对推断病性以及明确诊断思路很重要。

首先要了解跛行的发生情况。应询问跛行是突然发生的还是渐渐发生的。前者可能是损伤性因素或血栓病等所致，后者可能是某些局部渐进性炎症或代谢病等所引起。如果是在意外事故后发生，常是损伤性疾病。还要了解跛行是否仅出现在某些特定的时间，例如仅在每天早晨出窝时跛行明显，可能是轻度关节扭伤或风湿性疾病。也应特别注意查问饲养的情况，如果长期喂饲过于单一饲料（如只喂鸡肝、玉米面），可能造成代谢病而引起跛行。还要问发病犬的数量，如果是多数犬同时发生跛行，可能是某些代谢病、疫病等群发性疾病引起。

其次要调查跛行发生后的发展情况。例如要询问跛行是否渐渐达到现在的程度，这中间有什么变化。中间有无减轻或反复发生。跛行在一天中什么时间比较重。特别是要了解运动以后跛行是减轻还是加重。一般损伤性疾病、骨关节炎、骨关节病运动后跛行加重。要了解跛行与天气变化有无关系，如果天气变冷时跛行加重，可能是膝关节十字韧带断裂的恢复期或骨关节病所致。还要问跛行是否总在一个肢上，有无转移。当全骨炎时一肢跛行1周或数周后常转移到另一肢上。也要了解治疗过没有，用过什么药，效果如何等等。

二、视诊上的一些特殊性

1. 驻立视诊 驻立视诊时，让动物安静站立，小型犬可站在桌上，观察身体重心有无转移、四肢有无减免负重、关节有无屈曲。

观察四肢各部的肌肉有无萎缩，观察时要特别注意肩部和股部肌肉的状态，并与对侧同一部位反复比较。对被毛长的犬观察比较困难，但可以配合触摸进行诊断。

2. 运步视诊 运步视诊在走步和快步时进行，一些犬只能在快步时才能看出问题。特别是赛犬，通常在奔跑时才能识别出异常。所以，运步视诊如果在走步时没有发现问题，就改用快步检查。检查大型犬，通常没有什么问题，小型犬（如玩赏型犬）由于正常运步就快，更难以观察，不易辨别跛行患肢。应注意限制其运动速度并反复观察和比较。

犬前肢有病时，点头运动明显。后肢跛行时，步幅短缩，头稍下低，以减轻后肢的负重。髋部有病时，体重转移到前肢，骨盆比正常更垂直。如跛行是单侧的，骨盆向一侧倾斜，运动时可看到向健侧摆动。如髋部两侧有病，从后面观察，可见骨盆从一侧向另一侧摆动。当一侧髋关节有病时，健肢比患肢向前伸得快，以使患肢少负重并减轻它的疼痛。

视诊时注意各关节角度的改变，关节活动减少是该关节有疼痛的表现。

视诊时也要注意爪着地的状态，一般是掌（跖）枕先于指（趾）枕着地，如相反的着地状态，说明患犬不愿以该爪负重。

（赵生才）

第十五章 四肢疾病

第一节 骨的疾病

一、四肢骨的解剖

（一）牛前肢骨

前肢骨包括肩胛骨、肱骨、前肱骨、腕骨、掌骨、指骨和籽骨。

1. 肩胛骨 肩胛骨为三角形的扁骨，斜位于胸侧壁前上部，其上缘附着肩胛软骨，外侧有一纵行的嵴，称为肩胛冈。肩胛冈前上方为冈上窝，后下方为冈下窝，下端有一突起，称为肩峰。肩胛骨内侧面的凹窝为肩胛下窝。远端的关节窝为肩臼，肩臼与肱骨构成关节。

2. 肱骨（肱骨） 肱骨为管状长骨，斜位于胸部两侧的前下部、有前上方斜向下方。近端粗大，前方两侧有内、外结节，外侧结节又称大结节，两结节间是臂二头肌沟；近端后方有球形的肱骨头，与肩臼成关节。肱骨骨干呈扭曲的圆柱状，外侧有三角肌粗隆，远端有髁状关节面，与桡骨成关节，髁的后面有一深的肘窝（鹰嘴窝）。

3. 前肱骨 前肱骨为管状长骨，由桡骨和尺骨构成。成年后两骨彼此愈合，两骨间上下各保留一个裂隙，分别称前臂近骨间隙和前臂远骨间隙。桡骨位于前内侧，大而粗，近端与肱骨成关节，远端有与腕骨成关节的关节面。尺骨位于后外侧，近端粗大，突向后上方，称为肘突（鹰嘴）；远端稍长于桡骨，向下突出，称为茎突。

4. 腕骨 由 6 枚短骨组成，排成近、远侧两列。近侧列 4 枚，由内向外依次是桡腕骨、中间腕骨、尺腕骨和副腕骨；远侧列 2 枚，内侧一块较大，由第 2、第 3 腕骨构成；外侧一块为第 4 腕骨。

5. 掌骨 牛的掌骨由大掌骨和小掌骨组成。第 3、第 4 掌骨发达，在近端，骨干愈合而成为大掌骨，大掌骨近端前内侧有第 3 掌骨粗隆，供腕桡侧伸肌附着。第 5 掌骨为小掌骨，短小，下端尖细，附于第 4 掌骨的近端外侧。无第 2 掌骨。

6. 指骨 牛有 4 指，两个发育完全的第 3、第 4 指，与地面接触称为主指，每指有 3 个指节骨，依次为系骨、冠骨和蹄骨。两个已退化的第 2、第 5 指，不与地面接触称悬指，每指仅 2 个指节骨，即冠骨和蹄骨。

7. 籽骨 籽骨为块状小骨，分为近籽骨和原籽骨。每一主指由 2 枚近籽骨和一枚远籽骨。近籽骨位于大掌骨与系骨之间的掌侧，远籽骨位于冠骨与蹄骨之间的掌侧。

（二）猪、马、犬的前肢骨特点

1. 肩胛骨 猪的肩胛骨较宽，肩胛冈中部有一发达的冈结节，弯向冈下窝，末端不形成肩峰。马的肩胛冈窄而长，肩胛冈的中上部有一增厚粗糙冈结节，无肩峰。犬的肩胛骨无肩胛冈结节，末端形成肩峰；冈上窝大；锁骨小，位于臂头肌下。

2. 肱骨 猪的肱骨无明显的肱骨嵴，三角肌粗隆不明显，缺大圆肌粗隆；近端外侧结节特别发达，分前、后两部，前部大、弯向内侧。马的肱骨骨体呈扭曲状，外侧缘中部有发达的三角肌粗隆，粗隆向上延伸为肱骨嵴。犬肱骨近端肱骨头大；大、小结节部分前后两部；骨体长而均匀；远端两上髁之间有一大的滑车上孔，前通桡窝，后通鹰嘴窝。

3. 前肱骨 猪的尺骨较桡骨发达，桡骨短、稍向前弓，尺骨鹰嘴结节发达。马的尺骨近端发达，远端退化。犬的桡、尺骨发育程度相近，桡骨与尺骨斜行交叉，尺骨较长。

4. 腕骨 猪的腕骨有8枚，分为近、远侧列各4枚，近侧列由内向外依次为桡腕骨、中间腕骨、尺腕骨及副腕骨。远侧列由内向外依次为第1、第2、第3及第4腕骨。马的腕骨7枚，近侧列4枚，远侧列3枚，为第2、第3、第4腕骨。犬的腕骨7枚，近侧列为中间桡腕骨、尺腕骨和副腕骨，桡腕骨后内侧附着有一粒掌籽骨，远列4枚，为第1～4腕骨。

5. 掌骨 猪有4枚掌骨，第1掌骨消失，第3、第4掌骨大，称大掌骨，接主指，第2、第5掌骨小，称小掌骨，接悬指。马中间的是第3掌骨，为大掌骨和两侧的第2、第4掌骨，为小掌骨，小掌骨远端消失。犬有5枚掌骨，第1掌骨短。

6. 指骨和籽骨 猪有4指，第3、第4为主指，每一主指均有3枚指节骨、2枚近籽骨和1枚远籽骨。第2、第5位悬指，较小，每一悬指有3枚指节骨和2枚近籽骨，无远籽骨。马仅有第3指骨，3枚籽骨。犬有5指，第1指由2枚指节骨组成，行走时不着地，其余的各指由3枚指节骨组成，5个指的远指节骨短，末端有爪突，又称爪骨。

(三) 牛的后肢骨

后肢骨包括髋骨、股骨、膝盖骨、小腿骨、跗骨、跖骨和籽骨组成。

1. 髋骨 髋骨有髂骨、耻骨和坐骨3枚扁骨组成。三骨结合处形成一个深的杯状关节窝，成髋臼。

髂骨位于背外侧，其前部宽而扁，呈三角形，称为髂骨翼；后部为三菱状的髂骨体。髂骨翼的外侧面称为臀肌面，内侧面称为耳状面；翼的外侧角称为髋结节，内侧角称为荐结节。髂骨体背侧缘参与形成左右侧扁的坐骨棘，腹侧有腰小肌结节。从髂骨翼向坐骨棘延续的髂骨翼内侧缘称为坐骨大切迹。

耻骨位于腹侧前方，构成骨盆底壁的前部，分为耻骨体和耻骨支。耻骨体参与形成髋臼，耻骨支又分为横向的前支和纵向的后支。前支的前缘称为耻骨梳。后支形成闭空的内侧缘，后支内侧缘的联合面在正中与对侧的同名部形成骨盆联合前部的耻骨联合。

坐骨位于腹侧后部，呈不规则的四边形。两侧坐骨的内侧缘，在正中形成骨盆联合后部的坐骨联合，后缘形成坐骨弓。坐骨外侧缘内凹，形成坐骨小切迹；背侧缘参与形成坐骨棘；前缘凹，与耻骨围成闭孔。坐骨前外侧角为坐骨体，参与形成髋臼；后外侧角粗大，称为坐骨结节。

2. 股骨 股骨为一大的管状长骨，由右上方斜向前下方。近端内侧有球形的股骨头，与髋臼成关节，头的中央有一小的凹陷，称为股骨头凹，供韧带附着，股骨头下为股骨颈；外侧有扁而高的大转子。骨体内侧缘上部、股骨头下方的突起称为小转子，小转子与大转子之间有转子间嵴，嵴的内侧有较深的转子窝；股骨体外侧缘远侧部有髁上窝，趾浅屈肌附着于此。髁上窝外侧有髁上粗隆，股骨体内侧缘远侧部为内侧髁上粗隆，腓肠肌的外、内侧头分别附着于此。远端粗大，前部有股骨滑车，与膝盖骨成关节，股骨滑车的内侧嵴高大；后部两侧形成圆形的内、外侧股骨髁，两髁后侧上方为腘肌面，两髁近侧部为内、外侧髁。股骨外侧髁与股骨滑车之间有伸肌窝，趾长伸肌和第三腓骨肌附着于此。远端粗大，前部有股骨滑车，与膝盖骨成关节，股骨滑车的每侧嵴高大；后部两侧形成圆形的内、外侧股骨髁，两髁后侧上方为腘肌面，两髁髁近侧部为内、外侧上髁。股骨外侧髁与股骨滑车之间有伸肌窝，趾长伸肌和第三腓骨肌附着于此。

3. 膝盖骨（髌骨） 呈圆顶端朝下、底面朝上的短楔状，位于股骨远端的前方，其前面粗糙，供肌腱、韧带附着；后面有一底嵴将关节面分为内、外侧两部，与股骨滑车成关节。股四头肌附着在膝盖骨上，通过膝盖骨转变力的方向。每侧缘有软骨突，附着有髌纤维韧带。

4. 小腿骨 由发达的胫骨和退化的腓骨组成，斜向后下方。

胫骨近端大，两侧为较平的内、外侧髁，与股骨髁成关节，胫骨外侧髁的后下部有一短的突起，为退化的腓骨近端，称为腓骨头；两髁之间为髁间隆起。前面有隆起，称为胫骨粗隆。骨体上半部呈三菱柱状，背侧缘上部有胫骨粗隆延续而来的胫骨前缘，前缘的外侧凹陷，内侧较平；骨体后侧上半部平，有腘线。远端小，与跗骨成关节；内侧有下垂的突起称为内侧踝，外侧有与踝骨成关节的关节面。

腓骨位于胫骨外侧，骨体退化，仅保留两端。近端即腓骨头，于胫骨外侧髁融合；远端形成单独的踝骨，呈四边形，亦称为外侧踝，位于胫骨远端与跟骨之间。

5. 跗骨 由 5 枚短骨组成，排列 3 列。近侧列跗骨发达，有 2 枚，前内侧的称为距骨，后外方的称为跟骨。跟骨近端粗大的突起称为跟结节。中间列 1 枚，为愈合的中央跗骨和第 4 跗骨，合成中央第 4 跗骨。远侧列 2 枚，内侧的是第 1 跗骨，外侧的是愈合在一起的第 2、3 跗骨。

6. 跖骨、趾骨和籽骨 跖骨与前肢掌骨相似，但小跖骨是第 2 跖骨，趾骨和籽骨形态、数量、排列与前肢相似。

(四) 猪、马、犬后肢骨特点

1. 髋骨 猪、马、犬的髋骨均有髂骨、耻骨和坐骨形成。猪的髋骨长而窄，两侧平行。马的髋骨荐结节高，坐骨弓浅，骨盆前口呈圆形。犬髂骨与正中面平行，坐骨后部扭转。

2. 股骨 猪股骨近端大转子的高度不超出股骨头，小转子不明显。马股骨骨体后侧上半部平，外侧缘有较发达的第 3 转子，转子间嵴不是位于大、小转子之间，而是位于大转子与第 3 转子之间。犬股骨大转子亦不超出股骨头，股骨颈明显，远端的内、外侧髁不像牛、马那样发达，内、外侧髁后面上方各有 1 枚籽骨。

3. 膝盖骨（髌骨） 猪的膝盖骨较狭长。马的膝盖骨呈四边形，为顶向下、底朝上的短楔状，前面粗糙，后面为关节面。犬的膝盖骨呈圆形，前面隆凸、粗糙而不规则。

4. 小腿骨 猪、犬的腓骨发达，长度与胫骨相当，两骨之间有宽而长的小腿骨间隙。马的胫骨发达，远端两侧突出的部分，称为外侧踝和内侧踝。腓骨不发达，腓骨近端粗大，称为腓骨头，骨体细，远端与胫骨远端愈合。

5. 跗骨 猪的跗骨有 7 枚，近侧列 2 枚，为跟骨和距骨；中列 1 枚，为中央跗骨；远侧列 4 枚，即第 1、第 2、第 3 和第 4 跗骨。马有 6 枚，近侧列和中间列与猪相同，远侧列为愈合的第 1 和第 2 跗骨、第 3 跗骨和第 4 跗骨。犬的跗骨与猪类似。

6. 跖骨、趾骨和籽骨 猪、马、犬跖骨、趾骨和籽骨的组成、数目形态与前肢掌骨、指骨和籽骨相似，但猪的稍长一些，而马的略窄而长。犬有 4 个趾，第 1 趾退化。

二、骨膜炎

骨膜的炎症称为骨膜炎（periostitis）。临床上可分为非化脓性与化脓性、急性与慢性骨膜炎。大动物马、骡多发，小动物犬的发病率最高。

（一）非化脓性骨膜炎

1. 病因

（1）骨膜直接遭受机械性损伤，如打击、跌倒、蹴踢、冲撞等引起。最常发生在四肢下部没有软组织覆盖而浅在的骨上，一侧性的为主。

（2）肌腱、韧带等在快速运动中过度紧张，或长期受到反复的刺激，致使其附着部位的骨膜发生炎症。

（3）有些病例的发生由骨膜附近关节及软组织的慢性炎症蔓延而来。凡是肢势不正，削蹄不当，幼驹过早训练或服重役及患有骨营养代谢障碍的马匹，易发生本病。家养善于奔跑的犬也有一定比例的骨膜炎发生。

2. 症状

（1）*急性骨膜炎*：病初以骨膜的急性浆液性浸润为特征。病变部充血、渗出，出现局限性、硬固的热痛性扁平肿胀，皮下组织呈现不同程度的水肿。触诊有痛感，指压留痕。机能障碍的程度不一，四肢骨膜炎可发生明显跛行，并随运动而加重。若一肢发病，站立时病肢常屈曲，以蹄尖着地、减负体重；两肢同时发病者，常交互负重。严重病畜，常不愿站立而卧地。腰部骨膜炎的病犬出现弓腰症状，不让触摸。一般无全身症状，经10～15d其炎症逐渐平息。

（2）*慢性骨膜炎*：由急性骨膜炎转变而来，或因骨膜长期遭到频繁、反复的刺激而发生，有以下两种病理过程：

纤维性骨膜炎：以骨膜的表层和表、深层之间的结缔组织增生为特征。病患部出现坚实而有弹性的局限性肿胀，触诊有轻微热、痛。肿胀紧贴在骨面上，该部的皮肤仍有可动性，多数病例机能障碍不显著或无。

骨化性骨膜炎：病理过程由骨膜表层向深层蔓延。由于成骨细胞的有效活动，首先在骨表面形成骨样组织，以后钙盐沉积，形成新生骨组织，小的称为骨赘，大的称为外生骨瘤。视诊可见病部呈界限明显、突出于骨面的肿胀。触诊硬固坚实，没有疼痛，表面呈凹凸不平的结节状，或呈显著突出的骨隆起，大小不定，可有拇指到核桃大或更大些。多数患病动物仅造成外貌上的损伤而无机能障碍，只有当骨赘发生于关节的韧带部或肌腱的附着点时，可发生跛行。

3. 治疗 急性浆液性骨膜炎时，令患病动物安静休息。发病24h以内，可用冷疗法。以后改用温热疗法和消炎剂，如外敷用醋或酒精调制的复方醋酸铅散、10%碘酊或碘软膏、10%～20%鱼石脂软膏等。用盐酸普鲁卡因溶液加皮质激素制剂局部封闭，可获良好效果。局部可装着压迫绷带，以限制关节活动，使患病动物有较长时间的休息，对病的恢复很重要。

纤维性骨膜炎和骨化性骨膜炎的治疗，主要是消除跛行以达到机能性治愈的目的。早期可用温热疗法及按摩。跛行较重的病例可应用刺激剂。马可涂擦20%碘酊，每次反复涂擦

10min左右。每日2次，共3次；10%碘化汞软膏、水杨酸碘化汞软膏（处方：碘化汞软膏95.0g、水杨酸5.0g），每5～7日1次；碘酒精溶液（处方：碘酊1g、70%酒精和蒸馏水各15mL），一次皮下注射。牛可用10%重铬酸钾软膏，每日2次。陈旧的病例，可在点状烧烙后，再涂布刺激剂，通常需反复治疗几次，多数病例在3～4周后跛行可望消失。犬腰部骨膜炎可配合中药治疗，有良好的治疗效果。

骨化性骨膜炎在上述治疗无效时，可在无菌条件下进行骨膜切除术。将骨赘周围2～3mm宽的骨膜环形切除，摘除骨赘，骨赘底部用锐匙或锐环刮平，最后撒布抗生素粉剂，密闭缝合皮肤。治疗无效时，为充分利用使役能力，可做神经切除术，但其延长使役能力的时间不长。

各种骨膜炎均应当除去病因，对肢势不正的牛或马属动物，应及时进行适当的削蹄和装蹄矫正。

（二）化脓性骨膜炎

1. 病因 化脓性骨膜炎是因化脓性病原菌（多为葡萄球菌、坏死杆菌、链球菌）感染而引起。常发生于开放性骨折、骨膜附近的软组织损伤、进行内固定手术以及化脓性骨髓炎时。骨膜遭受化脓菌侵入后，首先发生浆液性化脓性浸润，在骨膜上形成很多小脓灶，或形成骨膜下脓肿。脓肿破溃，脓汁进入周围软组织，其后或穿破皮肤形成化脓性窦道，或继续蔓延发生蜂窝织炎。由于骨膜与骨的分离，骨质失去其营养和神经分布，在浓汁作用下发生坏死、分解，呈沙粒状脱落于脓腔内，骨表面形成粗糙的溃疡缺损。弥漫性骨膜炎时，可发生大块骨片坏死。

2. 症状 初期局部出现弥漫性、热性肿胀，有剧痛，皮肤紧张，可动性变小或消失。随着皮下组织内脓肿的形成和破溃，成为化脓性窦道，流出混有骨屑的黄色稀脓。探诊时，可感知骨表面不平或有腐骨片。局部淋巴结肿大，触诊疼痛。发生在四肢的化脓性骨膜炎，跛行显著，病肢不能负重。病畜全身体温升高，精神沉郁，饮食欲废绝。严重的可继发败血症。血常规检查有助于确诊。

3. 治疗 令患病动物安静。病初局部应用酒精热绷带，以盐酸普鲁卡因溶液封闭，全身应用抗生素。随着出现软化灶，及时切开脓肿，形成窦道应扩创，充分排除脓液，用锐匙刮净骨损伤表面的死骨，导入中性盐类高渗液引流及装着吸收绷带。急性化脓期后，改用10%磺胺鱼肝油、青霉素鱼肝油等纱布引流条。密切注意全身变化，防止败血症的发生。

（三）掌（跖）骨和指（趾）骨骨化性骨膜炎

1. 掌（跖）**骨骨化性骨膜炎**（掌骨瘤或管骨瘤） 是沿着大小掌（跖）骨骨膜所发生的骨瘤，是马属动物最常见的疾病。以5岁以下或大小掌（跖）骨尚未骨化之前的马、骡发生较多，乘马比挽马或驮马多发。据调查我国成年马、骡约75%患有骨瘤。

（1）*病因及病理*：本病最常见于掌（跖）骨内侧方，第2、3掌（跖）骨之间的韧带结合处[第3、4掌（跖）骨之间发生的较少]，称为侧骨瘤；发生于第2掌骨后面、腕关节内侧后下方约10cm处称后骨瘤；第3掌骨近端掌侧面的称为深骨瘤。上述部位均是肌腱、筋膜、韧带的附着部（图15-1）。

本病的发生除了骨膜的直接损伤外，马匹在快速奔驰中、驮载过重、在硬地或不平道路上训练或服重役以及滑倒、跳跃等，均可使骨间纤维性韧带及其附近的骨膜受到过度的牵张，或持续的刺激而发生骨膜炎。幼年马过早的剧烈训练或服役，尤其是患有骨营养不良、

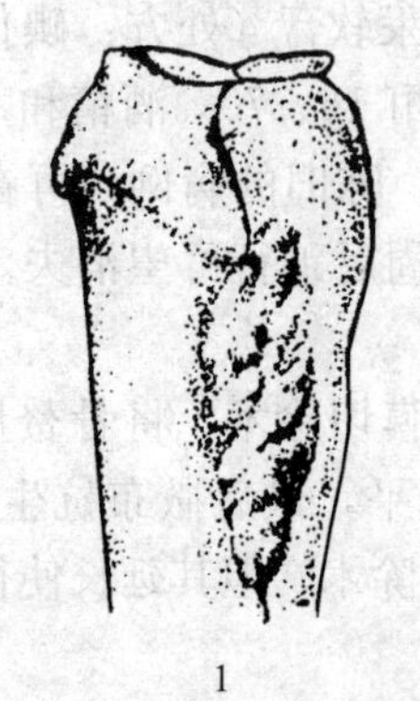
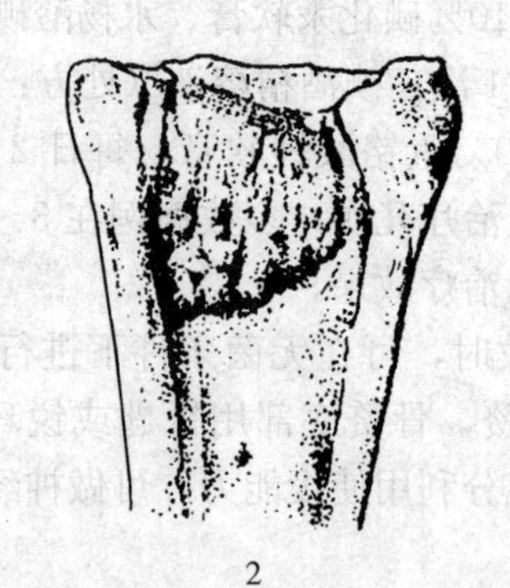
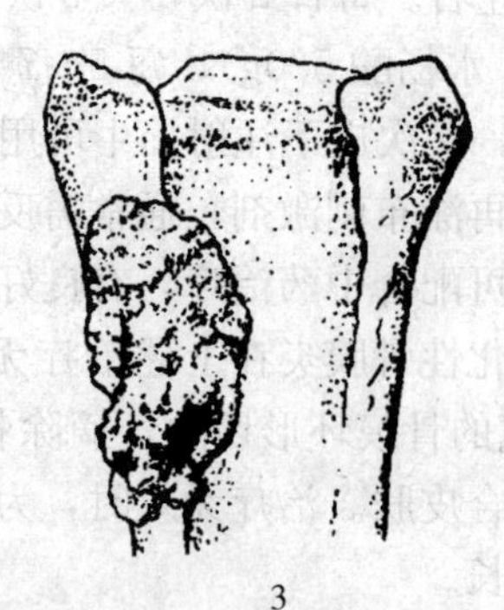

图 15-1 掌骨骨化性骨膜炎骨赘发生部位

1. 侧骨瘤 2. 深骨瘤 3. 后骨瘤

骨和屈腱发育不良以及有广踏、外向、卧系肢势，护蹄、削蹄、装蹄不良时，更易发生本病。

侧骨瘤的发生从局部解剖生理特点看，一般认为幼年马的两个小掌骨以纤维性骨间韧带与第 3 掌骨相连，在一定范围内是可动的。腕掌关节外侧的第 4 腕骨有两个小面与第 3 掌骨相接，一个小面与第 4 掌骨相接。运动时由上而来的重量压力，平分在第 3、第 4 掌骨上。但内侧的第 2 腕骨则以一个大的扁平关节面与第 2 掌骨形成关节，由上方压来的重力，基本全落在第 2 掌骨上。肢体重量的负担内侧又超过外侧。再加上上述解剖结构很可能就是骨间韧带易于发病的病因。当上述发病原因引起局部的活动超过生理范围时，来自上面的重力和地面的反冲力，可使第 2 掌骨上下过度错动，损伤骨间韧带及其附近的骨膜而发病。不正肢势和蹄形，例如广踏、外向肢势、蹄踵过低等，更增加内侧第 2 掌骨的压力而易发生本病。后骨瘤的发生，在乘马常因在举肢向前伸扬的瞬间，前臂筋膜过度紧张，腕斜伸肌和腕桡侧屈肌向上过度牵引第 2 掌骨头以及附着于第 2 掌骨后缘的指屈肌腱腕腱鞘的持续剧伸等，引起第 2 掌骨上及中 1/3 以及与其相邻的第 3 掌骨后面的骨膜发生炎症，最后形成骨瘤。深骨瘤主要因悬韧带过度紧张，持续地牵引第 3 掌骨附着部的骨膜，引起该部发生骨化性骨膜炎及悬韧带附着部的骨化。有外伤引起的骨瘤，常发生在第 3 掌（跖）骨的外前方。

（2）症状：局部存有骨瘤是掌（跖）骨骨化性骨膜炎的特有症状。触诊坚硬如骨，无移动性，指压通常无痛，骨赘的大小不一，形状不定，数目不等。对侧骨瘤和后骨瘤，可用拇指置于第 3 掌骨前外侧，其余四指置于内侧或后面，仔细上下滑动，可摸出；深骨瘤需将病肢提起，屈曲腕关节，将屈腱推向一侧后，或从后方压迫悬韧带起始部，即可摸到。必要时可用 X 射线检查确诊。

患有掌骨瘤的病马，有些没有跛行。只有在骨赘影响肌腱的活动时，或是再次受到刺激而复发时才呈现轻度支跛，当骨瘤发生在前臂筋膜和腕斜伸肌附着点时，出现悬跛。后骨瘤、深骨瘤、悬韧带骨化时，跛行明显而比较顽固。本病跛行的特点是骨赘的大小与跛行程度不成正比；跛行在慢步时常不出现，而在快步时出现；行走在软地或平地上跛行不明显，但在硬地、不平地或下坡时跛行加重；病马长期休息时跛行消失，但在使役中或使役后跛行又重复出现，而且跛行随运动增加而增重；运动时病肢腕关节屈曲不全，并表现内收肢势。

由于骨瘤的存在与跛行之间没有一定的规律，临床上为了要证实所发现的骨瘤是否即为引起现存跛行的原因，可对局部用传导麻醉或浸润麻醉，经 10～15min，若疼痛减轻而跛行也随之减轻，但并不完全消失，即可判定为本病。

（3）治疗：同非化脓性骨膜炎。

2. 指（趾）骨骨化性骨膜炎（指骨瘤）　本病是第1、2指（趾）骨（系骨、冠骨）或第3指（趾）骨（蹄骨）发生骨化性骨膜炎，最后形成骨赘的总称。常见于马，前肢比后肢多发。牛较少见。在系骨时多位于近端背侧或掌侧的关节韧带和腱的固着处；冠骨主要在背侧面；严重的病变常波及冠关节或系关节周围，形成关节周围指骨瘤（环骨瘤）；少数病例发生在冠骨软骨炎或滑液囊炎后，病变侵犯到冠关节或蹄关节的关节面，称为关节指（趾）骨瘤，常可引起关节粘连。

（1）病因及病理：大部分病例发生在关节捩伤、挫伤，是关节附着部的韧带或肌腱过度牵张，或骨直接受到损伤或打击，造成骨膜、骨、韧带的慢性炎症而引起。有些病例发生于冠骨骨折，或因指总伸肌腱强力牵引所造成的伸腱突骨折以及蹄冠部各类炎症之后。

发生本病的因素为肢势不正，如狭踏、广踏、内向、外向等，或是装蹄、削蹄不良，使指关节特别是冠骨的负重不均衡，或关节韧带一侧性的剧伸；关节发育不良，关节面狭而扁平，不能做各种完全的运动，也易使韧带持续牵张；卧系的马匹，冠骨大部分位于蹄匣内，承担体重时，冠骨和蹄骨在同一线上，而系骨则成水平状态，使冠关节过度掌屈而损伤韧带；起系的马匹指骨缓冲能力减弱，奔跑时受到强烈震荡，同样可使骨膜韧带损伤。

（2）症状：多数病例呈慢性经过。根据骨赘发生的部位，在冠骨近端以上的称为高指骨瘤，冠骨远端以下的称为低指骨瘤，关节周围指骨瘤常在冠关节的背侧和侧面。骨赘大的外观可见蹄冠部背侧及周缘膨隆，小的和深的要用X射线检查，方得确诊。

所有病例并非均出现跛行。发病早期，外生骨赘过大，或在关节附近时，呈现轻度支跛。在各种步态和回转运动时，可促使跛行明显化。病畜长时间休息后，跛行稍有减轻，但当剧烈使役，尤其在硬地或不平地上使役时，跛行明显增重。病蹄由于长期运动，其机能障碍则减轻，蹄角度增大，患肢上部肌肉萎缩。

（3）治疗：同非化脓性骨膜炎。

三、骨　　折

由于外力的作用，使骨的完整性或连续性遭受机械破坏时称为骨折。骨折的同时常伴有周围软组织不同程度的损伤，一般以血肿为主。各种动物均可发生骨折，常见牛、马等役畜的四肢长骨骨折，而车祸、坠落等常造成犬、猫四肢骨骨折，尤其是骨盆、股骨的骨折；相对来讲，未成年博美犬前肢桡、尺骨骨折较常见。

大动物骨折的病因多数是偶发性损伤，主要与使役、饲养管理和保定不当等有关；猫的骨折多是因高楼坠落所致，而犬的骨折与车祸、棍击、从高处跳下等因素有关。

（一）骨折的原因

1. 外伤性骨折

（1）直接暴力：骨折均发生在打击、挤压、火器伤等各种机械外力直接作用的部位。如车辆冲撞、重物压轧、蹴踢、角顶等，常发生开放性骨折，甚至粉碎性骨折，大都伴有周围软组织的严重损伤。小动物常因从高处跌落或外力打击而发生四肢骨折。

（2）间接暴力：指外力通过杠杆、传导或旋转作用而使远处发生骨折。如奔跑中的扭闪或急停、跨沟滑倒等，可发生四肢长骨、髋骨或腰椎的骨折；肢蹄嵌夹于洞穴、木栅缝隙等时，肢体常因急剧旋转而发生骨折，家养猎犬由于营养或缺乏锻炼等原因，在有落差的山地上奔跑、跳远时，偶尔发生四肢长骨骨折。

（3）肌肉过度牵引：肌肉突然强烈收缩，可导致肌肉附着部位骨的撕裂。

2. 病理性骨折 指有骨质疾病的骨的骨折。如患有骨髓炎、骨疽、佝偻病、骨软骨病，衰老、妊娠后期或高产乳牛泌乳期中，营养神经性骨萎缩，慢性氟中毒以及某些遗传性疾病，如牛、猪卟啉症、四肢骨关节畸形或发育不良等，这些处于病理状态下的骨疏松脆弱，应力抵抗降低，有时遭受不大的外力，也可引起骨折。长期以肝、火腿肠等为主的犬，由于食物中钙磷比例失衡极易出现病理性骨折。

（二）骨折的分类

1. 按骨折病因分

（1）外伤性骨折。

（2）病理性骨折。

2. 按皮肤是否破损分

（1）闭合性骨折：骨折部皮肤或黏膜无创伤，骨断端与外界不相通。

（2）开放性骨折：骨折伴有皮肤或黏膜破裂，骨断端与外界相通。此种骨折病情复杂，易发生感染化脓。

3. 按有无合并损伤分

（1）单纯性骨折：骨折部不伴有主要神经、血管、关节或器官的损伤。

（2）复杂性骨折：骨折时并发邻近重要神经、血管、关节或器官的损伤。如股骨骨折并发股动脉损伤，骨盆骨折并发膀胱或尿道损伤等。

4. 按骨折发生的部位分

（1）骨干骨折：发生于骨干部的骨折，临床上多见。

（2）骨骺骨折：多指幼年动物骨骺的骨折，在成年动物多为干骺端骨折。如骨折线全部或部分位于骨骺线内，使骨骺全部或部分与骨干分离，称为骨骺分离。

5. 按骨损伤的程度和骨折形态分

（1）不全骨折：骨的完整性或连续性仅有部分中断。如发生骨裂或幼畜骨折。

（2）全骨折：骨的完整性或连续性完全被破坏，骨折处形成骨折线。根据骨折线的方向不同，可分为横骨折、纵骨折、斜骨折，螺旋骨折、嵌入骨折、穿孔骨折等；如骨断成两段（块）以上，称为粉碎性骨折，骨折线可呈“T”、“Y”、“V”形等（图 15-2）。这类骨折复位后大都不稳定，易移位，因此只能做内固定。

（三）骨折的症状

1. 骨折的特有症状

（1）肢体变形：骨折两断端因受伤时的外力、肌肉牵拉力和肢体重力的影响等，造成骨折段的移位。常见的有成角移位、侧方移位、旋转移位、纵轴移位，包括重叠、延长或嵌入等。骨折后的患肢呈弯曲、缩短、延长等异常姿势。诊断时可把健肢放在相同位置，仔细观察和测量肢体有关段的长度并两侧对比。

（2）异常活动：正常情况下，肢体完整而不活动的部位，在骨折后负重或做被动运动时，出现屈曲、旋转等异常活动。但肋骨、椎骨、蹄骨、干骺端等部位的骨折，异常活动不明显或缺乏。

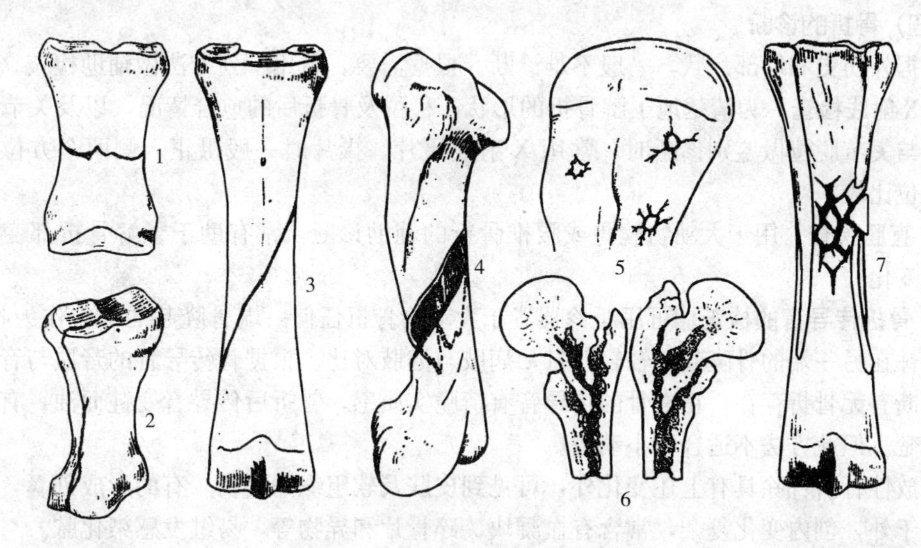

图 15-2　全骨折

1. 横骨折　2. 纵骨折　3. 斜骨折　4. 螺旋骨折　5. 穿孔骨折　6. 嵌入骨折　7. 粉碎性骨折

（3）骨端摩擦音：骨折两断段相互触碰，可听到骨端摩擦音，或有骨端摩擦感。但在不全骨折、骨折部肌肉丰厚、局部肿胀严重或断端间嵌入软组织时，常听不到。骨骺分离时的骨端摩擦音是一种柔软的捻发音。

诊断四肢长骨骨干骨折时，常由一人固定近端后，另一人将远端轻轻晃动。若为全骨折时可出现异常活动和骨端摩擦音，但这样的诊断不能持续做或反复做，以免加重骨折的程度，X 射线摄片可确诊。

2. 骨折的其他症状

（1）出血与肿胀：骨折时骨膜、骨髓及周围软组织的血管破裂出血，经创口流出或在骨折部发生血肿，加之软组织水肿，造成局部显著肿胀。闭合性骨折时肿胀的程度取决于受伤血管的大小、骨折的部位以及软组织损伤的轻重。肋骨、髋骨、掌（跖）骨等浅表部位的骨折，肿胀一般不严重；肱骨、桡骨、尺骨、胫骨、腓骨等的全骨折，多数均因溢血和炎症，肿胀十分严重，皮肤紧张发硬，致使骨折部不易摸清。随着炎症的发展，肿胀在伤后数日内很快加重，如不发生感染，10 多天后会逐渐消散。

（2）疼痛：骨折后骨膜、神经受损，病畜即刻有疼痛表现，疼痛的程度常随动物种类、骨折的部位和性质，反应各异。安静时或骨折部固定后较轻，触碰或骨断端移动时加剧。患病动物不安、避让，马常可见肘后、股内侧出汗，全身发抖等症状。骨裂时，用手指压迫骨折部，呈现线状压痛。

（3）功能障碍：骨折后因肌肉失去固定的作用，以及剧烈疼痛而引起不同程度的功能障碍，均在伤后立即发生。如四肢骨折时突发重度跛行、脊椎骨折伤及脊髓时可导致相应区域后部的躯体瘫痪等。但发生不全骨折、棘突骨折、肋骨骨折时，功能障碍可能不显著。

3. 全身症状　轻度骨折一般全身症状不明显。严重骨折伴有内出血、肢体肿胀或内脏损伤时，可并发急性大失血和休克等一系列综合症状；闭合性骨折于损伤 2～3d 后，因组织破坏后分解产物和血肿的吸收，可引起轻度体温上升。骨折部若继发细菌感染，动物体温升高，局部疼痛加剧，食欲减退。

（四）骨折的诊断

根据外伤史和局部症状，一般不难诊断。根据需要，可用下列方法做辅助检查。

1. X 射线检查 为清楚地了解骨折的形状、移位及骨折后的愈合情况，以及关节附近的骨折需与关节脱位做鉴别诊断时，常用 X 射线摄片。摄片时一般摄正、侧两个方位，必要时加斜位比较。

2. 直肠检查 用于大动物髋骨或腰椎骨折的辅助诊断，常有助于了解骨折部变形或局部病理变化。

3. 骨折传导音的检查 可用听诊器置于大动物骨折任何一端骨隆起的部位作为收音区，以叩诊锤在另一端的骨隆起部轻轻叩打，病肢与健肢对比。根据骨传导音的音质与音量的改变，判断有无骨折存在。正常骨的传导音有清脆实质感，骨折后传导音变钝而浊，有时甚至听不清楚。但此方法不适合于小动物。

开放性骨折：除具有上述变化外，可见到皮肤及软组织的创伤。有的形成创囊，骨折断端暴露于外，创内变化复杂，常含有血凝块、碎骨片和异物等，易继发感染化脓。

（五）骨折的愈合

1. 骨折愈合过程 骨折愈合是骨组织破坏后修复的过程，可人为地分为三个阶段，这三个阶段是一个逐渐发展和相互交叉的过程，不能截然分开（图 15-3）。

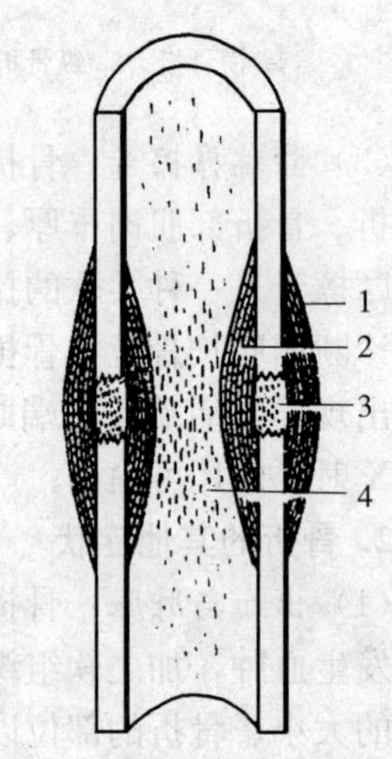

图 15-3 膜内化骨及软骨内化骨基本完成模式图

1. 外骨痂 2. 内骨痂 3. 环状骨痂 4. 腔内骨痂

（1）*血肿机化演进期*：骨折的早期因受伤部广泛地出血，在骨断端间隙及其周围形成血肿。骨折断端约有几个毫米长的一段骨质，由于损伤和血液供给断绝，发生骨坏死。骨折病灶内发生无菌性炎症反应。新生的毛细血管和吞噬细胞、成纤维细胞等，侵入血凝块和坏死组织中，逐步进行清除机化，形成肉芽组织，以后转化为纤维组织。骨折断端附近内、外骨膜深层的成骨细胞，相继在伤后即活跃增生，5d 后开始形成与骨干平行的骨样组织，并逐渐向骨折处延伸增厚。此阶段一般需 10～15d。临床特征是局部充血、肿胀、疼痛和增温，骨折端不稳定。损伤的软组织需修复。

（2）*原始骨痂形成期*：骨折部断端内、外已形成的骨样组织，逐渐钙化成新生骨，即膜内化骨，两者紧贴在骨密质的内、外两面，并逐渐向骨折处汇合，不断生长发展为内骨痂和外骨痂。内、外骨痂将两断端的骨密质及其间的纤维组织，像上夹板似的夹在中间固定住；另一方面，断端间和骨髓腔内血肿机化后已形成的纤维组织逐渐转化为软骨组织，然后软骨细胞增生、钙化而骨化，即经软骨内化骨，而分别形成环状骨痂和腔内骨痂。膜内化骨和软骨内化骨的相邻部分是互相交叉的，但其主体是膜内化骨，其发展过程比软骨内化骨要简易而迅速。为此，临床上为使骨折较快愈合，应防止产生较大的血肿，减少软骨内化骨的范围。在新形成的骨痂中，血管连同成骨细胞与噬骨细胞，均渐渐侵入骨折端坏死的骨组织内，在已形成骨痂夹板的保护下，开始进行清除坏死骨组织和形成活的骨组织的爬行替代作用。骨折经过骨痂形成和爬行替代作用这两个过程，临床愈合才告完成，这一阶段约需 1 个月左右。临床特征是局部炎症消散，不肿不痛，骨折端基本稳定，但尚不够坚固，病肢可稍微负重。

（3）*骨痂改造塑型期*：原始骨痂是由不规则的呈网状编织排列的骨小梁所组成，称为网织骨，尚欠牢固。为了适应生理的需要，随着肢体的运动和负重，在应力线上的骨痂不断地得到加强和改造。骨小梁逐渐调整而改变成紧密排列成行的、成熟的骨板，同时在应力线以外的骨痂逐步被噬骨细胞清除，使原始骨痂逐渐被改造为永久骨痂，髓腔也重新畅通。新骨形成后，骨折的痕迹在组织学X射线摄片上可完全或接近完全消失（凡局部破坏严重或整复不良的病畜常不能消失），骨结构的外形和功能也得到恢复。骨痂的硬固一般需3～10周，但完全恢复则需数月至1年，或更长时间。

2. 骨折临床愈合标准　局部无压痛；病肢肢轴端正或稍有变形，无成角畸形；局部无异常活动，能自行起卧，运步正常或仅有轻度或中度跛行；X射线摄片显示骨折线模糊或消失，有连续性骨痂通过骨折线；大动物经过适当功能锻炼后，能负担拉车、耕地、驮运等劳役。小动物经过内、外固定后，肢体应当无明显跛行症状。

3. 影响骨折愈合的因素

（1）*全身因素*：病畜的年龄和健康状况与骨折愈合的快慢直接相关。年老体弱、营养不良、骨组织代谢紊乱以及患有传染病等，均可使骨折的愈合延迟。

（2）*局部因素*：

①血液供应：骨膜在骨折愈合过程中起决定性作用，由于骨膜与其周围肌肉共受同一血管支配，为了保证形成骨痂的血液供应，软组织的完整非常重要。广泛和严重的软组织创伤，复位或外固定、内固定装置不良，操作粗暴等，均可加重软组织、骨髓腔和骨膜的损伤，影响或破坏血液供给，使骨折愈合延迟甚至不愈合。

②固定：复位不良或固定不妥，过早负重，可能导致骨折端发生扭转、成角移位等不利于愈合的活动，使断端的愈合停留于纤维组织或软骨而不能正常骨化，造成畸形愈合或延迟愈合。

③骨折断端的接触面：接触面越大，愈合时间越短。如发生粉碎性骨折，骨折移位严重而间隙过大，骨折间有软组织嵌入以及出血和肿胀严重等，均影响骨折的愈合，有时可出现病理性愈合。

④感染：开放性骨折、粉碎性骨折或使用内固定易继发感染。若处理不及时，可发展为蜂窝织炎、化脓性骨髓炎、骨坏死等，导致骨折延迟愈合或不愈合。

（六）骨折修复中的并发症

在骨折的修复中，若治疗不及时或处理不当，就可发生压痛、感染、延迟愈合、畸形愈合、不愈合等各种并发症。

1. 压痛　由外固定所引起的擦伤和轻微的压痛，多数大家畜是可忍受的，对骨折的愈合一般没有影响。外固定对某些骨突起或关节囊所造成的大的压痛，一般在解除固定之后，经过适当的护理，也是可治愈的。但若在骨折修复的早期、中期有严重压痛时，将会影响固定时间，常需改装外固定装置。

2. 感染　骨折部的感染应着重于预防。骨折早期如不能立即治疗，局部应做临时固定，以防止骨断端或碎骨片继续损伤周围的软组织和皮肤。软组织和骨膜的血液供应良好对减少感染的发生极为重要。开放性骨折污染明显的，必须及早做彻底的清创术。内固定手术应严格按照无菌技术要求先做外科处理，局部和全身应用敏感的抗菌药物直到感染控制后，再进行确实的固定。开放性骨折发生感染化脓或骨髓炎时，可用抗生素溶液冲洗，必要时在创口附近做一反对孔，插入针头冲洗。

3. 延迟愈合 即骨折愈合的速度比正常缓慢，局部仍有疼痛、肿胀、异常活动等症状。造成延迟愈合的原因很多，如骨折周围大的血肿和神经损伤或受压，整复不良或反复多次的整复，固定不恰当，骨折部感染化脓，创内存有死骨片等。主要是骨膜和软组织破坏严重，局部血液循环不良，发生感染，从而影响骨的正常愈合，延长愈合时间。这些因素只要在治疗中正确对待，多数可避免。

4. 畸形愈合 是由于骨折断端在错位的情况下愈合的结果。大家畜骨折后移位的情况常不易确定，造成复位不良或复位后固定不确实，特别是前臂或小腿部，肢体上粗下细，固定的绷带易下滑移位。有的病畜在无保护下过早的负重，有的则根本不固定，任其自由活动，致使骨折远近两端的重叠、旋转和成角移位等畸形未能矫正，造成骨折愈合后肢体姿势的畸形。

多数家畜的畸形愈合，在拆除固定后的修复过程中，可自然矫正，特别是幼年家畜、羊和鸡、野生动物，这种矫正的能力极强，肢体的功能可完全正常或接近正常。

5. 不愈合 是骨折断端的愈合过程停止，多发生于延迟愈合。畸形愈合的许多原因未及时纠正，少数发生于内固定装置有异物反应，有大的骨缺损，或骨断端间嵌有软组织等，这类骨折断端骨痂稀少，断端变圆滑，髓腔封闭，周围为结缔组织包裹，因而局部移动，形成假关节。肢体变形，功能丧失。这类病畜均需手术处理，消除不愈合的原因后应用内固定加外固定，为骨的愈合重新创造适宜的条件。

6. 其他 大家畜装着外固定的时间有限。时间过长或固定不良，不注意功能锻炼，就可导致肌肉萎缩和皮下脂肪的消失，发生废用性骨质疏松症。关节囊及其周围肌肉的部分挛缩和关节发生纤维性粘连，造成关节僵硬。如固定时间不再延长，骨折愈合的情况允许病肢负重，这些变化一般是可逆的，对于躺卧而不能站立的病畜，还应防止褥疮的发生。犬、猫骨折后，用外固定加夹板后应注意患肢下部（如爪部）是否肿胀，如肿胀，应重新实施夹板外固定。

（七）骨折的急救

目的在于用简单有效的方法做现场就地救护。骨折发生后应不让动物走动。严重的骨折常伴有不同程度的休克，开放性骨折有大出血时，首先要制止出血和防治休克。动物疼痛不安或有骚动时，宜使用全身镇静剂。局部麻醉药或吗啡、哌替啶等止痛药虽然止痛效果确实，但应用后动物可因无痛感使病肢做不适当的活动，从而加重骨折部的损伤，故不宜采用。

开放性骨折在使用全身镇静剂后，清创，撒布抗菌药物，随后包扎。

骨折的暂时固定在现场救护中十分重要，它可减少骨折部的继发性损伤，减轻疼痛，防止骨折断端移位和避免闭合伤变为开放性骨折。应就地取材，用竹片、木板、树枝、树皮、钢筋等，将骨折部上、下两个关节同时固定。装着时要最大限度地起到固定作用并保持病肢的血液循环不受影响。

处理结束，用较宽大的车辆，铺厚的垫草或棉垫，尽快将动物送动物医院治疗。性情暴躁的病畜，可在全身麻醉或应用镇痛镇静剂后再运送。

（八）骨折的治疗

家畜骨折经过治疗后，是否能恢复生产能力，这是必须考虑的问题。由于家畜的种类、年龄、营养状况不同，发生骨折的部位、性质、损伤程度不一，以及治疗条件、技术水平等因素，骨折后愈合时间的长短以及愈合后病肢功能恢复的程度有较大差异。除有价值的种畜或贵重的动物，可尽力进行治疗外。对于一般家畜，若预计治疗后不能恢复生产性能，或治疗费用要超过该家畜的经济价值时，就应断然做出淘汰的决定。对于犬、猫等伴侣动物，骨折进行治疗可能就不需要考虑经济因素。

1. 闭合性骨折的治疗 包括复位与固定和功能锻炼两个环节。

(1) 复位与固定：四肢是以骨为支架、关节为枢纽、肌肉为动力进行运动的。骨折后支架丧失，不能保持正常活动。骨折复位是使移位的骨折端重新对位，重建骨的支架作用。时间越早越好，力求做到一次整复正确。为了使复位顺利进行，应尽量使复位时无痛和局部肌肉松弛。一般应在侧卧保定下，根据病畜的种类、损伤的部位和性质，选用局部浸润麻醉或神经阻滞麻醉。牛、羊、猪的后肢骨折，可用硬膜外腔麻醉。马属动物或复杂骨折，需行内固定手术。如局部麻醉无效，可采用全身麻醉。必要时还可同时使用肌肉松弛剂。一般情况下，如家畜性情温驯，骨折较单纯，易整复，可不必麻醉。

①闭合复位与外固定：在兽医临床中应用最广，适用于大部分四肢骨骨折。整复前应使病肢保持于伸直状态。前肢可由助手以一手固定前臂部，另一手握住肘突用力向前方推，使病肢肘以下各关节伸直；后肢则一手固定小腿部，另一手握住膝关节用力向后方推，肢体即伸直。

轻度移位的骨折整复时，可由助手将病肢远端适当牵引后，术者对骨折部托压、挤按，使断端对齐、对正；若骨折部肌肉强大，断端重叠而整复困难时，可在骨折段远、近两端稍远离处各系上一绳，远端也可用铁丝系在蹄壁周围，牛可在第 3、4 指（趾）的蹄壁角质部，离蹄底高 2cm 处，与蹄底垂直，各钻两个孔（相距约 2.5cm）穿入铁丝牵引。

按“欲合先离，离而复合”的原则，先轻后重，沿着肢体纵轴做对抗牵引，然后使骨折的远侧端凑合到近侧端，根据变形情况整复，以矫正成角、旋转、侧方移位等畸形，力求达到骨折前的原位。复位是否正确，可根据肢体外形，抚摸骨折部轮廓，在相同的肢势下，按解剖位置与对侧键肢对比，以观察移位是否已得到矫正。有条件的最好用 X 射线判定。在兽医临床中，粉碎性骨折和肢体上部的骨折，在较多的情况下只能达到功能复位，即矫正重叠、成角、旋转，有的病例骨折端对位即使不足 1/2，只要两肢长短基本相等，肢轴姿势端正，角度改变不大，大多数病畜经较长一段时间，可逐步自然矫正而恢复功能。

外固定在兽医临床中应用最多。目前，在治疗骨折中采用中西结合，把固定和活动结合起来的原则，提出固定时应尽可能让肢体关节尚能有一定范围活动，不妨碍肌肉范围的纵向收缩。肢体合理的功能活动，有利于局部血液循环的恢复和骨折端对向挤压、密接，可加速骨折的愈合。

由于骨折的部位、类型、局部软组织损伤的程度不同，骨折端再移位的方向和倾向力也各不相同。因而局部外固定的形式随之而异，临床常用的有以下几种：

A. 夹板绷带固定法：采用竹板、木板、铝合金板、铁板等材料，制成长、宽、厚与患部相适应的夹板。包扎时，将患部清洁后，包上衬垫，于患部的前、后、左、右放置夹板，用绷带缠绕固定。包扎的松紧度，以不使夹板滑脱和不过度压迫组织为宜。为了防止夹板两端损伤患肢皮肤，里面的衬垫应超出夹板的长度或将夹板两端用棉纱包裹。

国外广泛应用热塑料夹板代替木质夹板做外固定材料，其优点是使用方便，70～90℃热水即可使之软化塑型，在室温下很快硬固成型，重量轻、透水、透气、透X射线，且有“弹性记忆”，加热后可恢复原状，便于重复使用。

B. 石膏绷带固定法：石膏具有良好的塑形性能，制成石膏管型与肢体接触面积大，不易发生压创，对大、小动物的四肢骨折均有较好固定作用。但用于大动物的石膏管型最好夹入金属板、竹板等，有助于加固。

改良的Thomas支架绷带，是用小的石膏管型，或夹板绷带，或内固定固定骨折部，外部用金属支架像拐杖一样将肢体支撑起来，以减轻患部承重。该支架用铝或铝合金管制成，其他金属材料亦可，管的粗细应与动物大小相适应。支架上部为环形，可套在前肢或后肢上部，舒适地托于肢与躯体之间，连于环前、后侧的支杆（可根据需要和肢的形状做成直的或弯曲的）向下伸延，超过肢端至地面，前、后支杆的下部要连接固定。使用时可用绷带将支架固定在肢体上。这种支架也适用于不能做石膏绷带外固定的桡骨及胫骨的高位骨折。

近年来，国内外对石膏的代用材料研究较多。用树脂和玻璃纤维制成的外固定管型具有重量轻、强度高的优点。水固化高分子绷带在室温下浸于水中30s即开始硬化，10min可固化成型，30min达最大硬度，重量轻、强度高，已在兽医临床上应用。

对大家畜四肢骨折，无论用何种方法进行外固定，均需注意使用悬吊装置。例如在四柱栏内，用粗的扁绳兜住动物的腹部和股部，使动物在四肢疲劳时，可附在或倚在扁绳上休息。这可保持骨折部安静，充分发挥外固定的作用，是重要的辅助疗法。

②切开复位与内固定：是用手术的方法暴露骨折段进行复位。复位后用对动物组织相容性好的金属内固定物固定，对骨折缺损处，可移植自体骨组织，促进骨折愈合，以达到治疗的目的。切开复位与内固定是在直视下手术，以使骨折部尽量达到解剖学复位和相对固定的要求。但切开复位内固定存在不少缺点，例如手术必须分离一定的组织和骨膜，可破坏骨折血肿和损伤骨膜，导致骨折愈合延迟；局部损伤后易于感染，引起骨髓炎；市售人医所用内固定材料对成年牛、马的某些骨折，常因固定不够牢固，术后易于松动、弯曲或破坏而失败；骨折愈合后，某些内固定物需再次手术拆除、医疗费用较多等缺点而大大限制了它在大动物的使用范围。但在兽医临床中，尤其小动物临床，当遇到骨折断端嵌入软组织，闭合复位困难时；严重粉碎性骨折时；整复后的骨折段有迅速移位的倾向时；四肢上部骨折、陈旧性骨折或骨不愈合时；以及用闭合复位外固定不能达到功能复位的要求时，采用切开复位和内固定的方法，无疑是可取的。

单纯的切开复位加内固定，对成年牛、马常因固定不够牢固而失败，为此，正确的选用内固定方法并结合外固定以增强支持；最大限度的保护骨膜并使骨折部的血液循环少受损害；严格按无菌技术进行手术，积极主动的控制感染，这三点是提高治愈率的必要条件。内固定的方法很多，应用时要根据骨折部位的具体要求灵活选用。

A. 髓内针固定法：这是将特制的金属针插入骨髓腔内固定骨折段的方法。本法术式简单，组织损伤小，髓内针可回收再用，比较经济。这种方法普遍适用于小动物的长骨骨折、髋骨骨折，对驹和犊等也可使用，但需临时加工制作较粗大的髓内针。临床上常用髓内针固定肱骨、股骨、桡骨、胫骨的骨干骨折，适用于骨折端呈锯齿状的横骨折或斜面较小又呈锯齿形的斜骨折等，特别是对骨折断端活动性不大的稳定型骨折尤为适用。对不稳定型骨折，因易于发生骨折断端转位，一般不用此法。而对粉碎性骨折，由于不能固定粉碎的游离骨片，也不适用此法。

常用的髓内针有各种类型。针的断面有的呈圆形，也有的呈“三叶草”形、“V”形或菱形，还有一端带钩的 Rush 针。这些针又按粗细、长短不同分各种型号。用于小动物的各种髓内针，其尖端呈棱锥形、扁形或螺纹形。带螺纹的髓内针可拧入骨端的骨质内，能使骨折断面间密切接触，并产生一定的压力。选择髓内针时，尽可能选用与骨髓腔的内径粗细大致相同的针。对稳定型骨折，选用断面呈圆形的髓内针较方便。对不稳定型骨折，可选用带棱角的髓内针，可防止断骨的旋回转位，也可使用 Rush 针，通常是从骨的一端插入 2 条，将刺入部、骨折部与骨的另一端呈三点固定。如单用髓内针得不到充分固定时，可考虑并用金属针做全周或半周缝合，以加强固定效果。

对于开放性骨折和非开放性骨折均可应用髓内针固定。用于非开放性骨折时，一般从骨的一端钻孔，将髓内针插入。用于开放性骨折时，即可从骨的一端插入，也可从骨断端插入，即先做逆行性插入后，再做顺行性插入（图 15-4）。

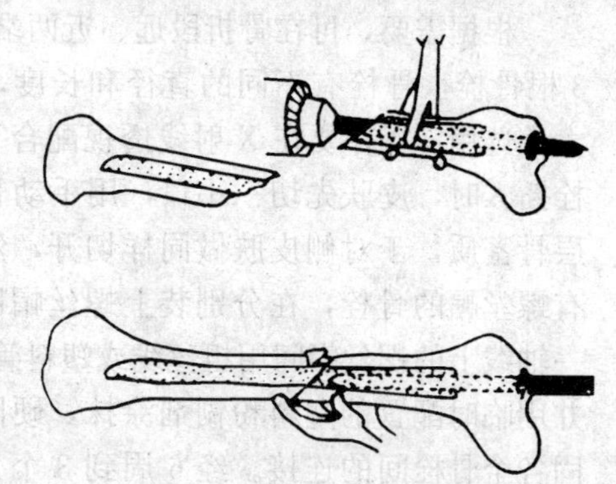

图 15-4　髓内针的逆行性插入

B. 接骨板固定法：是用不锈钢接骨板和螺丝钉固定骨折段的内固定法（图 15-5）。应用这种固定法损伤软组织较多，需剥离骨膜再放置接骨板，对骨折端的血液供应损害较大。但与髓内针相比，可保护骨痂内发育的血管，有利于形成内骨痂。适用于长骨骨体中部的斜骨折、螺旋骨折、尺骨肘突骨折，以及严重的粉碎性骨折、老年动物骨折等，是内固定中应用最广泛的一种方法。

接骨板的种类和长度，应根据骨折类型选购。特殊情况下需自行设计加工。固定接骨板的螺丝钉，其长度以刚能穿过对侧骨密质为宜，过长会损伤对侧软组织，过短则达不到固定目的。螺丝钉的钻孔位置和方向要正确。为了防止接骨板弯曲、松动甚至毁坏，绝大部分需加用外固定，特别是对大动物，并用外固定是必需的。

近年来，在小动物和大动物外科临床上，普通的接骨板固定已被压拢技术所取代。所谓压拢技术就是使骨折断端对接的断面之间密切接触，并产生一定的压力，从而使骨折部产生最少的骨痂，达到最迅速的愈合。这种技术一般可采用牵引加压器械来进行。如没有这种设备，在使用接骨板时，也应注意尽力压紧骨折端断后再拧入螺丝固定。

值得注意的是，近年来人医有报道认为骨折的两个断端在复位时不必完全对合，有 1mm 的间歇对于骨折的愈合反而有益。

接骨板一般需装着较长时间（成畜为 4～12 个月），而于接骨板的直下方，由于长期压迫而脱钙，使骨的强度显著降低。取出接骨板后，其钉孔需被骨组织包埋 6 个月以上。在此期间，应加强护理，防止二次骨折发生。

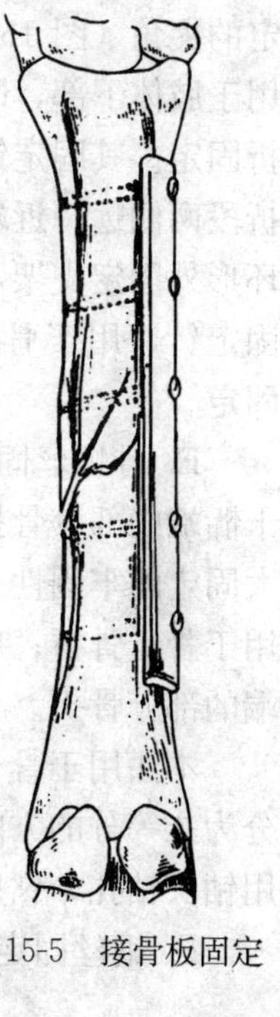

C. 贯穿固定法：是用不锈钢骨栓，通过肢体两侧皮肤小切口，横贯骨折段的远、近两端，结合外涂塑料粉糊剂，硬化后，将骨栓连接

图 15-5　接骨板固定

起来，也可应用石膏硬化剂或金属板将骨栓牢固连接。这是一种内外固定相结合的一种方法，适用于小动物和体重不大的牛、马的桡骨、胫骨中部的横骨折或斜骨折（图 15-6）。

根据需要，可在骨折段远、近两端各插入2～3 根骨栓，骨栓有不同的直径和长度，可按病畜大小选用。操作要在 X 射线透视配合下进行。骨栓插入时，皮肤先切一小口，用手动骨钻钻透两层骨密质，于对侧皮肤做同样切开，然后插入带有螺丝帽的骨栓，在分别装上螺丝帽固定。在同一轴线上的螺丝帽间用粗丝线或塑料管串联起来，并用临时配置的塑料粉糊剂涂抹，硬固后即可加固各个骨栓间的连接。经 6 周到 3 个月不等，待骨痂形成后拔除骨栓。这种方法的缺点是通常伴发软组织的感染、骨坏死和骨髓炎，但因骨栓贯穿在骨折段以外的骨组织，不影响骨折部的愈合。在治疗中要定时处理创口，更换绷带。一般待骨栓拔除后，感染化脓即很快停止。

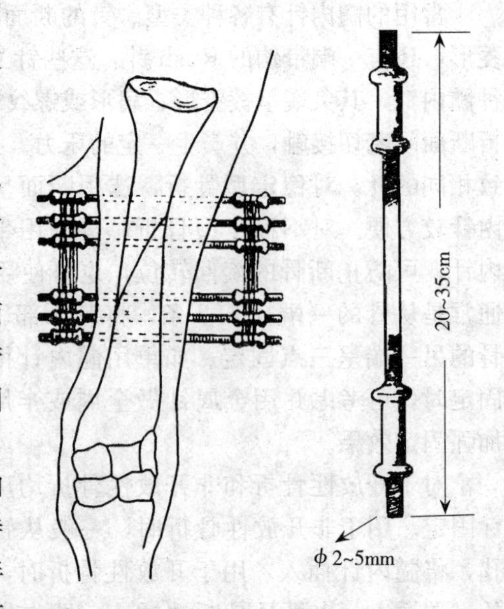

图 15-6 贯穿术

D. 外固定支架固定法：在骨折近端与远端经皮穿入固定针（钉），再将裸露在皮外的固定针用连接杆及固定夹连接而达到固定骨折的目的。使用方便，固定效果确实，主要应用于小动物临床，大动物如幼驹、犊牛也可应用。主要有 3 种：单侧外固定支架，广泛应用于所有长骨的固定，每个骨折段一侧远、近端插入 2～3 根固定针，每个固定针有一定的夹角（图 15-7）；双侧外固定支架，仅用于肢体下部，即肘部或膝部以下长骨的骨折固定。其固定针穿过对侧皮质骨。每个骨折段两侧远、近端插入 1～2 根全长固定针；环形外固定支架，则用直径小的克氏针作为固定针，用于骨成角畸形或肢体延长的骨固定。

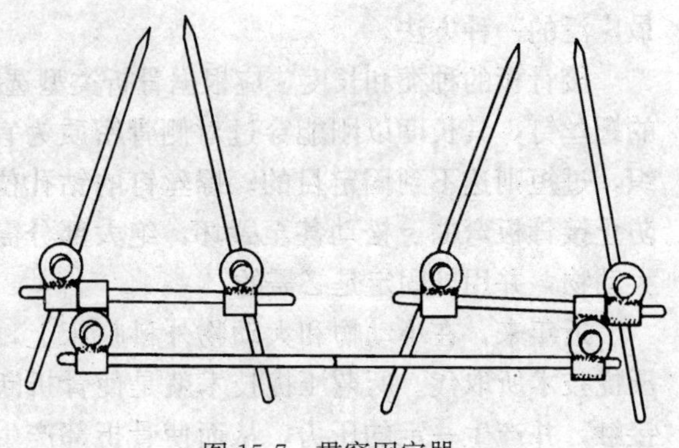
图 15-7 贯穿固定器

E. 骨螺丝固定法：适用于骨折线长于骨直径 2 倍以上的斜骨折、螺旋骨折、纵骨折及干骺端的部分骨折。根据骨折的部位和性质，必要时，应并用其他内固定或外固定法，以加大固定的牢固性。骨螺丝有骨密质用和骨松质用两种，前者在螺丝的全长上均有螺纹，主要用于骨干骨折；后者的螺纹只占螺丝全长的 1/2～2/3，螺纹较深，螺距较大，多用于干骺端的部分骨折。

本法用于骨干的斜骨折时，螺丝插入的方向为把骨表面垂线与骨折线垂线所构成的角度分为二等分的方向。必要时，用两枚或多枚螺丝才能将骨折段确实固定。使用骨螺丝时，先用钻头钻孔，钻头的直径应较螺丝直径略小，以增强螺丝钉易于钻入。

F. 钢丝固定法：一般使用不锈钢丝，可根据骨折的具体情况，采用环扎术和半环扎术，前者环绕一周固定，主要用于斜骨折和螺旋骨折的固定，但也用于髓内针、接骨板及外固定支架的辅助固定；后者则通过骨中心穿过环绕骨半周固定。

G. 移植骨固定法：在四肢骨折时，有较大的骨缺损，或坏死骨被移除后造成骨缺失，应考虑做骨移植。同体骨移植早已成功地运用到临床，尤其是带血管蒂的骨移植可使移植骨真正成活，不发生骨吸收和骨质疏松现象。不过，在临床上更多的是从自体其他骨骼采取松质填充至骨折缺损部。

新鲜的同种异体骨移植的排异问题尚未解决，而经过特殊处理后的同种异体骨被排斥的可能性大大减低。这种特殊处理方法包括冷冻法或冷冻干燥法、脱蛋白和脱蛋白高压灭菌法、脱钙法、钴射线照射法等，而效果好的是冷冻法和几种方法的综合性应用。

（2）功能锻炼：功能锻炼可改善局部血液循环，增强骨质代谢，加速骨折修复和病肢的功能恢复，防止产生病理性骨痂、肌肉萎缩、关节僵硬、关节囊挛缩等后遗症。它是治疗骨折的重要组成部分。

骨折的功能锻炼包括早期按摩、对未固定关节做被动的伸屈活动、牵行运动及定量使役等。

①血肿机化演进期：伤后1～2周内，病肢局部肿胀、疼痛，软组织处于修复阶段，易再发生移位。功能锻炼的主要目的是促进伤肢的血液循环和消肿。可在绷带下方进行搓擦、按摩，以及对肢体关节做轻度的伸屈活动。也可同时涂擦刺激药。这一时期的最初几天，牛通常要协助起卧，马大都固定在柱栏内，要十分注意对侧健肢的护理。

②原始骨痂形成期：一般正常经过的骨折，2周以后局部肿胀消退，疼痛消失，软组织修复，骨折端已被纤维连接，且正在逐渐形成骨痂。此期的功能锻炼，为了改善血液循环，减少并发症，最好能关在一间小的土地厩舍内，任之自由活动，地面要保持清洁干燥。或是开始逐步做牵遛运动，根据病畜情况，每次10～15min，每日2～3次，10～15d后，逐渐延长到1～1.5h。一般在最初几天牵遛运动后，大多数病畜可出现全身性反应，而且跛行常常加重，但以后可逐渐好转。

③骨痂改造塑型期：当病畜已开始正常地用患肢着地负重时，可逐步进行定量的轻役，以加强患肢的主动活动，促使各关节能迅速恢复正常功能。

2. 开放性骨折的治疗　新鲜而单纯的开放性骨折，要在良好的麻醉条件下，及时而彻底地做好清创术，对骨折端进行复位。然后，根据不同情况，对皮肤进行缝合或做部分缝合，尽可能使开放性骨折转化为闭合性骨折，装着夹板绷带或有窗石膏绷带暂时固定。以后逐日对病畜的全身和局部做详细观察。按病情需要更换外固定物或做其他处理。但就动物而言，尽管是新鲜单纯的开放性骨折，在骨折断端整复后，应根据骨折类型进行内固定，并配合外固定以加强内固定。

对于严重的开放性骨折或粉碎性骨折，可按扩创术或创伤部分切除术的要求进行外科处理。手术要细致，尽量少损伤骨膜和血管。分离筋膜；清除异物和无活力的肌、腱等软组织以及完全游离并失去血液供给的小碎骨片。用咬骨钳或骨凿切除已污染的表层骨质和骨髓，尽量保留与骨膜相连的软组织，且保有部分血液供给的碎骨片。大块的游离骨片应在彻底清除污染后重新植入，以免造成大块骨缺损而影响愈合，然后将骨折端复位和内固定。如创内已发生感染，必要时可做反对孔引流。配合应用外固定，如石膏绷带，露出窗孔，便于换药处理。

在开放性骨折的治疗中，控制感染化脓十分重要。必须全身运用足量（常规量的一倍）的广谱抗菌药物 2 周以上。

3. 骨折的药物治疗和物理疗法 多数临床兽医认为用一定的辅助疗法，有助于加速骨折愈合。骨折初期局部肿胀明显时，宜选用有关的中草药外敷，同时结合服用中药方剂。

为加速骨痂形成，可增加钙质和维生素治疗。可在饲料中添加骨粉、碳酸钙和增加青绿饲草等。幼畜骨折时可补充维生素 A、D 或鱼肝油。必要时静脉补充钙剂。

骨折愈合的后期常出现肌肉萎缩、关节僵硬、骨痂过大等后遗症。可进行局部按摩，增强功能锻炼，同时配合物理疗法，如石蜡疗法、温热疗法、直流电钙离子透入疗法、中波透热疗法及紫外线治疗等，以促使早日恢复功能。

（九）四肢各部骨折

1. 肩胛骨骨折（fractures of the scapula） 战时常因火器伤引起。平时辕马翻车、车祸、外界暴力对肩胛部的打击、冲撞，急驶中突然停止或跳跃障碍物等，均可引起肩胛骨骨折。本病见于各种家畜，常发生肩胛冈、肩胛颈、关节窝的骨折。

（1）*症状*：临床上呈现以悬跛为主的混合跛行。肩胛颈和关节窝骨折，站立时病肢不敢负重，保持各关节屈曲，蹄尖轻轻着地。运步时病肢常拖曳前进；肩胛颈横骨折时，常伴有严重的软组织损伤。由于骨的移位和肌肉的牵拉力，病肢短缩，肩关节的正常外形可能歪扭。用力屈曲和伸展病肢时，可引起剧痛，感知异常活动和骨摩擦音。如伤及肩胛上神经，可迅速出现冈上肌、冈下肌萎缩；肩胛冈、前角和后脚，以及牛的肩峰部的骨折，除局部有疼痛性肿胀外，呈轻度或中度跛行。

（2）*治疗*：主要是充分休息，可配合温热疗法。开放性骨折，可进行手术，摘除死骨片；肩胛颈和关节窝骨折通常预后不良。

2. 肱骨骨折（fractures of the humerus） 一般多发生于大动物，尤其辕马（骡）更为多发，可发生于肱骨的任何部位，但以骨干的螺旋形骨折和斜骨折较为多见；马有时发生髁的分离。不少病例桡神经同时遭受损伤。

（1）*症状*：突然发生高度支跛。病肢完全不能负重。站立时肩关节下沉，病肢似乎变长，以蹄尖着地，不愿走动。勉强驱赶时呈三脚跳。病畜卧地时，病肢常在上面，在牛起立和卧下极度困难。肱骨骨折大多并发软组织和较大血管的损伤，通常臂部、腋下迅速发生严重肿胀，并下沉到前臂部，局部皮肤紧张。被动运动时，异常活动明显，并有剧痛。严重肿胀时，常听不到骨摩擦音（图 15-8）。

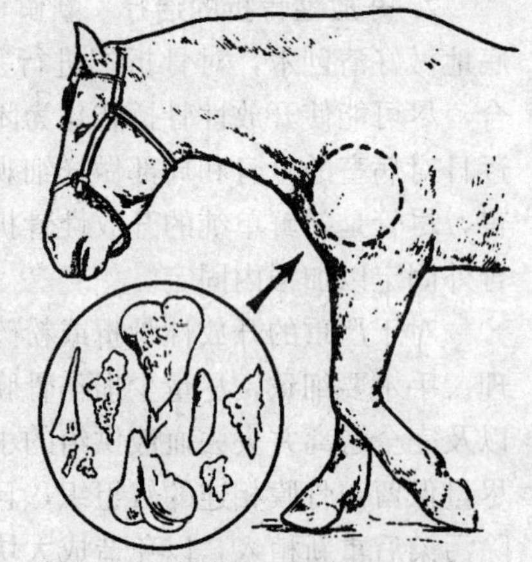

图 15-8 马臂骨粉碎性骨折

（碎成 9 块）

（2）*治疗*：如骨折端没有移位或轻度移位，将病畜安置在厩舍内安静休息，对幼年家畜和牛、猪，可望自愈并恢复肢体功能。若能用绷带提吊或金属全肢夹板，可更好地限制病肢活动，有利于骨折部愈合。此外，尚可结合使用髓内针、接骨板等，将骨折部固定。应用髓内针时通常在外侧面三角肌结节上插入。

3. 桡骨骨折（fracutres of radius） 可见于各种动物，但以马、牛、犬及猫等多发。本病多因外界暴力直接作用于前臂部引起，有时与尺骨骨折同时发生。临床上多见于骨干部的斜骨折或螺旋骨折，偶见纵骨折和粉碎性骨折。幼畜的骨折常发生在远端并伤及骨髓，或在近端伤及尺骨和肘关节。

（1）症状：在全骨折时，呈现重度支跛，病肢不能负重，呈三脚跳，骨折部可见到钟摆状异常活动。局部呈中等度肿胀，触诊时疼痛明显，可听到骨摩擦音。关节内骨折时，关节呈异常活动，关节血肿。

（2）治疗：桡骨中、下部和远端骨骺骨折，在幼畜和体重不大的马、牛，进行正确复位后，可单用外固定治疗，多数情况下若能结合内固定，例如用髓内针、接骨板，或用贯穿术（外固定支架）固定，能提高治愈率。

4. 尺骨骨折（fractures of the ulna）　常与桡骨骨折并发，亦可单独发生。驹发病较多，且多为尺骨体骨折，成年马、骡常发生尺骨肘突骨折和关节内骨折。

（1）症状：横骨折或粉碎性骨折时跛行显著。由于臂三头肌的牵拉力，已断离的尺骨头上移，局部变形显著，触诊可摸到缺损及断骨的活动性。肘关节下垂，前臂部向前下方倾斜，腕关节稍屈曲，蹄前踏，减负体重；斜的或纵的不全骨折，在前臂上部掌侧出现疼痛性肿胀，呈现支跛。尺骨骨折单靠触摸不易确诊，最好用X射线辅助诊断；关节内骨折时，伴有重度跛行，病肢完全不能支撑着地，通常并发关节血肿。

（2）治疗：骨折部没有移位时，安置在病厩内充分休息，或装着支架绷带、绷带提吊，以限制病肢的屈曲和伸展。肘突或尺骨体骨折，可选用长的螺丝钉固定在桡骨两侧的密质骨上，或用接骨板固定在尺骨后缘和桡骨上，最好加用外固定。

5. 腕骨骨折（fractures of the carpus）　属于关节内骨折，常见于马，尤其是赛马。多发生于快速奔跑中猝跌、摔倒或与障碍物碰撞，腕关节过度的屈曲和伸展时。最常发生在桡腕骨、中间腕骨、第3腕骨和桡骨远端。受损的关节中，桡腕关节和腕间关节约占84%。其他腕骨包括副腕骨的骨折也能遇见。

（1）症状：腕骨发生骨折时，病畜突发支跛，骨折部发生炎性肿胀，认真触诊肿胀区，可发现敏感区，X射线检查必须从不同的方位摄片，才可确切地弄清骨折部位。

副腕骨骨折呈现持久地跛行。触诊时在副腕骨周围有炎性反应。碎骨片一般不移位。

（2）治疗：根据骨折片的大小和位置，单纯骨折可用石膏绷带或夹板绷带固定。多数人认为有效的疗法是对小的碎骨片进行手术摘除；大的骨片复位后用螺丝钉固定。术后用绷带或石膏绷带制动，安置在马厩内休息，大多可获痊愈。

6. 掌（跖）骨骨折（fractures of the metacarpus and metatarsus）　在四肢骨折中较多见，常发生于大家畜，可发生各种类型的骨折。在马经常是第3掌（跖）骨与小掌（跖）骨同时骨折，马单独的小掌（跖）骨骨折少见，发生于直接损伤或赛马。牛大都为第3、4掌（跖）骨同时受伤。犊牛和小绵羊常发生远端骨骺部的骨折。

（1）症状：由于掌（跖）部软组织少，骨断端易损伤皮肤而发生开放性骨折。全骨折时，突然发生重度跛行，成年牛趾骨全骨折时，起卧困难。骨折部出现疼痛性肿胀，被动运动时，异常活动和骨摩擦音明显。不全骨折时，局部肿胀，病肢常以蹄尖着地减少负重，呈现重度支跛。沿骨折线触诊和叩诊，可见明显疼痛反应。

（2）治疗：应从骨折的类型和部位考虑。多数病例整复后，可选用各种外固定方法治疗。老年病畜和纵骨折病例，用接骨板加用外固定将有利于骨的愈合。开放性骨折和粉碎性骨折，要进行清创术，摘除碎骨片后再固定。

7. 指（趾）骨骨折（fractures of the phalanges） 马较为多见，常由于在快步急停、回转或跌倒，肢蹄嵌留后急剧扭转，或损伤而引起。可发生各种类型的骨折，系骨和冠骨往往为粉碎性骨折，常累及关节，多数为闭合性骨折。牛以蹄骨骨折最常见，一般以前肢内侧指或后肢外侧趾较为多发，往往在关节处呈横骨折或斜骨折，有些病例的发生与骨的营养代谢障碍或慢性氟中毒有关。

（1）*症状*：系骨全骨折时，病部呈现中等肿胀，骨折片移位，局部变形。触诊和被动运动时，有剧痛和骨摩擦音。伤及关节的，可出现侧方活动。病肢不能负重，运步时呈现重度支跛或三脚跳。冠骨骨折时，蹄冠带部肿胀，局部变形不显著。被动运动可见冠关节活动范围增大，有剧痛。站立时，多以蹄尖着地或肢稍前伸。运步时，呈现重度支跛。粉碎性骨折往往伴有软组织的严重损伤，可发生骨嵌入冠骨的碎片之间而病部短缩；蹄骨骨折后，突发严重的支跛。由于蹄骨位于蹄匣内，局部炎症和外形变化不显著。在牛，发病后尽量不用病蹄负重，常呈病肢外展，或两前肢交叉、后肢前伸等肢势。运步时呈重度支跛，发生于前肢者，有时出现腕关节跪地行走。病牛较多时间卧地，不愿活动。本病的诊断有赖于局部检查。触诊病侧蹄的蹄壁和蹄踵部，有热痛。用检蹄器嵌压时，疼痛明显。

指（趾）骨骨折的确诊，必须进行X射线做不同方位的摄片检查。

（2）*治疗*：指（趾）骨骨折主要是装着石膏绷带或小夹板固定，时间需6～12周不等。关节内骨折、粉碎性骨折，可用手术摘除小碎骨片，大的骨片用螺丝钉固定；再加用外固定（蹄绷带）或装着1/3连尾蹄铁，以限制蹄的活动，可获良好效果；牛的蹄骨骨折，可在修整病蹄后于健侧指（趾）上装一木质蹄，用丙烯酸酯类使之与蹄底黏合，以升高健蹄，保持4～6周，让病蹄悬空以得到充分休息，多数可取得临床恢复，但完全愈合需要一年半。

8. 籽骨骨折（fractures of the sesamoid bones） 分为近籽骨骨折和远籽骨骨折，主要见于骑马和赛马。赛马以第1、第2指（趾）骨骨折及近端籽骨骨折（英系纯血马）的发生率较高，一般发生于马高速奔跑在不平的道路上，或跳跃障碍落地时，前肢系关节腹侧面着地受到挫伤而导致近籽骨骨折，由于指深屈肌腱高度紧张和地面反冲力过大也易引发远籽骨骨折。种公马用后肢负重时，近籽骨各韧带附着部有时发生撕裂性骨折。

（1）*症状*：籽骨骨折后立即呈现中度以上支跛，站立时系关节掌曲，用蹄尖着地或不能负重。近籽骨骨折时，于系关节后方一侧或两侧呈现不同程度热、痛明显的肿胀。远籽骨骨折时，蹄壁叩诊或用检蹄器嵌压有明显疼痛。籽骨骨折的确诊需借助X射线摄片检查。

（2）*治疗*：近籽骨骨折时，骨折片没有移位的，装着石膏绷带或夹板绷带固定，充分休息，一般可获完全恢复。如果有碎骨片位于近端且不大于籽骨的1/3时，用手术方法摘除，可缩短治愈时间而无任何后遗症。非粉碎性骨折，可用螺丝钉做内固定。远籽骨骨折时，主要应制动患肢，安静休息，持久性跛行可使用指（趾）神经切除术治疗。

9. 髋骨骨折（fractures of the pelvis） 常见于牛和马，其中髂骨比坐骨和耻骨骨折较多发生（图15-9）。病因除碰撞、滑跌等损伤外，也可出现在配种或难产过程中。此外，年老、患有骨质疾病常是很重要的原因。

（1）*症状*：髂骨骨折以髋结节和髂骨体的骨折最为常见，临床上呈现臀部下陷和左右不对称。髋结节的骨折片，常因扩筋膜张肌的牵拉而下移。运步时，出现混合跛行，身体偏斜着走。髂骨体骨折时，突然出现重度支跛，髋结节下榻。斜骨折时，骨体纵轴发生重叠而短缩。由于肌肉牵拉，母畜可见到阴门向病侧偏歪，在运步或被动运动时，出现疼痛及骨摩擦音。荐结节骨折较少发生，骨碎片常常向下移位，局部呈现疼痛性肿胀。慢步时常无跛行，仅仅在快步时，病肢向前提举不充分。髋臼骨折的病畜，突然出现以高度支跛为主的混合跛行，后躯步态踉跄。若圆韧带断裂，做被动运动可引起髋关节的异常活动，有时有骨摩擦音。在站立状态下，后躯向健侧倾斜，病肢外展。坐骨髋臼支骨折时，股部出现肿胀。轻度跛行，肢外展，拖曳状前进，被动运动有骨摩擦音。坐骨结节骨折，呈现两侧臀端不对称，肿胀可达会阴部。用手固定骨折部，使病畜缓慢运步，可感知骨折片的活动，听到骨摩擦音，并呈现轻度悬跛。耻骨骨折时，腹股沟和腹下部（母畜在乳房基部）常出现大面积肿胀，呈现支跛，病肢外展，被动运动时引起疼痛。闭孔骨折时，出现高度支跛，常并发闭孔神经和大血管损伤，有的可能发生膀胱破裂。

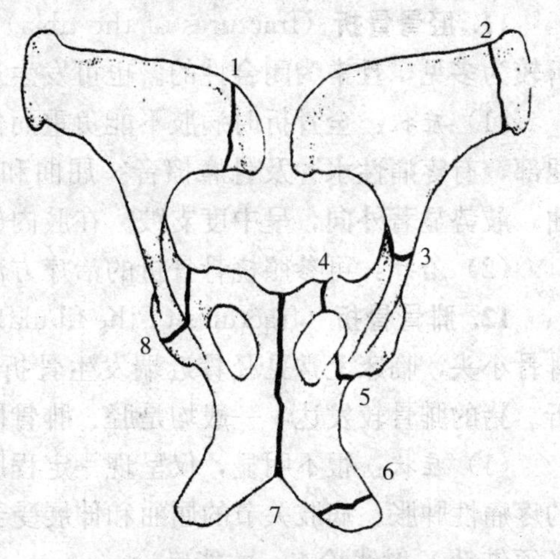

图 15-9　髋骨各部骨折示意图

1. 荐结节骨折　2. 髋结节骨折　3. 髂骨体骨折　4. 耻骨髋臼支骨折　5. 坐骨髋臼支骨折　6. 坐骨结节骨折　7. 耻骨及坐骨联合线骨折　8. 髋臼骨折

髋骨骨折的诊断应注意局部变形，可用测量的方法进行两侧对比。直肠检查很重要，可摸清两侧是否对称、有无可动性骨折片、局部肿胀及骨摩擦音等。成年母牛的阴道检查，有助于摸清盆腔内软组织损伤情况和耻骨联合和闭孔的病变。髋骨骨裂的诊断比较难，可选择髋结节、荐结节和坐骨结节三个点，用缓慢行走、他动运动或叩诊，借助听诊传导音的改变等，进行比较诊断。

（2）*治疗*：主要是完全休息。对髋、荐、坐骨结节的死骨片，需用手术摘除，大部分病畜仅遗留局部的畸形而不影响功能恢复。髋骨体骨折部移位时母畜将失去繁殖能力。髋臼、闭孔神经受伤的病畜，通常预后不良。

10. 股骨骨折（fractures of the femur）　各种家畜均可发生，犬的股骨骨折发生率最高，主要是外力作用造成的。成年动物常发生于股骨体的螺旋骨折或纵骨折，且常为粉碎性骨折，大多伴有骨折端的重叠。由于股四头肌的附着，股骨骨折经常损害到膝盖骨和膝关节的功能。幼畜常发生股骨颈或远端骨骺的骨折。

（1）*症状*：骨折后突然出现重度跛行，股部肿胀，不能屈曲，由于骨折断端重叠，肢体明显缩短，但股骨远端骨骺骨折时，病肢伸直。被动运步时，大腿部出现异常活动，有骨摩擦音及剧痛。局部肿胀严重，特别是股内侧。大转子骨折时，骨折部有疼痛性肿胀，出现悬跛，肢体运步缓慢，站立时肢外展。当骨折发生于股骨颈或股骨上部时，应注意与髋关节脱臼或膝关节损伤相区别。可于大转子处或膝部听诊有无骨摩擦音，或直肠内触诊以及局部触诊并与健肢对比，以帮助诊断。

（2）*治疗*：一般采用髓内针、不锈钢丝或接骨板做内固定，配合 Thomas 支架绷带等外固定辅助，临床效果较好。股骨骨折存在自愈的可能，因而不加固定而采用悬吊或自由活动的方法，可能自愈，尤其对幼年动物，即使骨折端错位，也有恢复的可能，到成年时常见不到畸形和跛行。股骨头、颈骨折，当其他疗法无效时，可采用股骨头摘除术，促其形成假关节，虽然可能会遗留永久性跛行，但可解除疼痛，保留动物的经济价值。

11. 胫骨骨折（fractures of the tibia） 各种动物均可发生，以骨体的斜骨折或螺旋骨折较为多见，且常为闭合性的。也可发生近端或远端的骨骺骨折。

（1）症状：全骨折时病肢不能负重而保持悬垂，勉强驱赶呈重度支跛或三脚跳。触诊小腿部，有疼痛性水肿及骨摩擦音。屈曲和伸展病肢，呈现异常活动。不全骨折时，病肢屈曲，肢势显著外向，呈中度支跛。在肢内侧触摸或叩诊骨折线，疼痛反应明显。

（2）治疗：可参照桡骨骨折的治疗方法。

12. 腓骨骨折（fractures of the fibula） 马、牛、羊的腓骨已退化，仅近端有一略大的腓骨小头，临床上常见胫骨近端发生骨折时并发腓骨骨折。马有时也可遇到单独的腓骨骨折。猪的腓骨较发达，一般均是胫、腓骨同时发生骨折。

（1）症状：很不明显，仅呈现一定程度的混合跛行。在小腿上部的外侧检查，有不显著的疼痛性肿胀。病肢关节的屈曲和伸展受到限制，尤其是跗关节。用一般方法诊断较困难，必须借助X射线检查，才能确诊。

（2）治疗：与一般骨折的治疗原则相同。单独的腓骨骨折，用一般消炎疗法也可奏效。

四、骨髓炎

骨髓炎（osteomyelitis）实际上是骨组织（包括骨髓、骨、骨膜）炎症的总称。临床上以化脓性骨髓炎较为多见。按病情发展可分为急性和慢性两类。

（一）病因

化脓性骨髓炎主要因骨髓感染葡萄球菌、链球菌或其他化脓菌而引起。感染来源有三。

（1）外伤性骨髓炎大多发生于骨损伤后，例如开放性骨折、粉碎性骨折或骨折治疗中应用内固定等。病原菌可直接由创口进入骨折端、骨碎片间以及骨髓内而发生。

（2）蔓延性骨髓炎系由附近软组织的化脓过程直接蔓延到骨膜后，沿哈佛氏管侵入骨髓内而发病。

（3）血缘性骨髓炎发生于蜂窝织炎、败血症、腺疫等，骨组织受到损伤，抵抗力降低时，病原菌由血液循环进入骨髓内引起发病，病原菌一般为单一感染。

动物骨髓炎的常发部位为四肢骨、上（下）颌骨、胸骨、肋骨等。

（二）病理

病原菌侵入骨髓后发生急性化脓性炎症。其后可能形成局限性的骨髓内脓肿，也可能发展为弥漫性骨髓蜂窝织炎。

血源性骨髓炎时，脓肿在骨髓内迅速增大，穿破后病原菌通过骨小管到达骨膜下，形成骨膜下脓肿。脓肿将骨膜掀起使骨膜剥离，骨密质失去血液供给，造成部分骨质和骨膜坏死。随后脓肿穿破骨膜，进入周围软组织，形成软组织内蜂窝织炎或脓肿，经一定时间穿破皮肤而自溃。急性炎症症状逐渐消退，由于死骨的存在，即转入慢性骨髓炎阶段。临床上一些外伤性骨髓炎的病理过程，通常较缓慢，常取亚急性和慢性经过。

在化脓性骨髓炎的病理过程中，被破坏的骨髓、骨质、骨膜在坏死和离断的同时，病灶周围的骨膜增生为骨痂，包围死骨和骨样的肉芽组织，形成死骨腔。断离的死骨片分解后由窦道自行排除，或经手术摘除之后，死骨腔就有可能为肉芽组织所填充，肉芽组织经过逐渐钙化而成为软骨内化骨，这种骨组织始终不具有正常的骨结构；另一种情况是死骨腔内的死骨片未能排除，从而成为长期化脓灶，遗留为久不愈合的窦道。

（三）症状

急性化脓性骨髓炎经过急剧，病畜体温突然升高，精神沉郁。病部迅速出现硬固、灼热、疼痛性肿胀，呈弥漫性或局限性。压迫病灶区疼痛显著。局部淋巴结肿大，触诊疼痛。病畜出现严重的机能障碍，发生于四肢的骨髓炎呈现重度跛行，下颌骨骨髓炎出现咀嚼障碍、流涎等。血液检查白细胞增多，血培养常为阳性。严重的病情发展很快，通常发生败血症。

经过一定时间脓肿成熟，局部出现波动，脓肿自溃或切开排脓后，形成化脓性窦道，临床上只要浓稠的脓液大量排出，全身症状即能缓解。通过窦道探诊，可感知粗糙的骨质面和探针进入到骨髓腔，若能用手指探查，可摸得更清楚。局部冲洗时，脓汁中常混有碎骨屑。

外伤性骨髓炎时，骨髓因皮肤破损而与外界相同，临床常取亚急性或慢性经过，可见窦道口不断地排脓，无自愈倾向。窦道周围的软组织坚实、疼痛、可动性小。由于骨痂过度增生，局部形成大面积的硬固性肿胀，常可见局部肌肉萎缩和病畜的消瘦。

（四）治疗

病畜保持安静，尽早控制炎症的发展，防止死骨形成和败血症。

早期应用大剂量敏感的抗生素以控制感染。必要时进行补液和输血，以增强抵抗力，控制病变的发展。

由于开放性骨折、创伤等引起的急性化脓性骨髓炎，要及时扩创，做清创术，清除坏死组织、异物和死骨，用含有抗菌药物的溶液冲洗创腔；已形成脓肿或窦道的，应及时手术切开软组织，分离骨膜，暴露骨密质，用骨凿打开死骨腔，清除死骨片。慢性病例用锐匙刮去死骨腔内肥厚的瘢痕和肉芽组织，消灭死腔，为骨的愈合创造条件。以后按感染化脓创治疗原则处理。肋骨骨髓炎可作部分肋骨骨膜下切除术。

为了确保术部的充分休息，防止发生病理性骨折，局部应装着夹板绷带或有窗石膏绷带固定。

第二节　关节疾病

一、关节的解剖生理

关节是由骨（两个或两个以上的骨、关节面）、关节软骨、关节囊、关节腔、滑液和关节韧带及其有关的神经、血管和淋巴管所组成的（图 15-10）。

1. 骨（关节骨骺）　关节由关节头和关节窝组成。其关节面是密质层薄而松质层厚，且无骨膜被覆。密质骨致密，有较强的抗伤力和抗感染能力，能抑制微生物从松质骨进入关节内，或由关节透进松质层。松质层呈海绵状，海绵质骨小梁是按照动力需要紧密排列以适应负重。

2. 关节软骨　由透明软骨构成，被覆于关节面，保持关节骨骺端光滑耐磨。关节表面的软骨内缺乏骨膜、血管、淋巴管和神经末梢，仅在软骨边缘与滑膜、骨膜的连接处有骨膜、血管、淋巴管和神经。所以软骨再生修复能力极弱或缺乏，只在其边缘有修复能力。关节软骨的营养从滑液渗透而获得，靠近骨的软骨周围部分由哈佛氏管的血管中获得。

3. 关节囊 关节囊是由骨膜延续构成囊状，将关节骨骺连接，形成孤立的关节腔。关节囊的厚度，决定于关节的机能活动范围，活动性较大的关节囊比较薄，而微动关节则厚。关节囊分内外两层，外层是纤维层，内层是滑膜层。纤维层由致密结缔组织构成，又称为囊状韧带。纤维囊的厚度和宽度不等。纤维层有大量的血管、神经，在表面有韧带、筋膜、腱膜、腱等加厚部分，它有加固关节和保护滑膜层的作用。滑膜由滑膜A细胞、滑膜B细胞和树突细胞构成。滑膜B细胞分泌黏多糖（如透明质酸）等进入滑液；滑膜A细胞行使吞噬细胞的功能，还分泌白介素-1和前列腺素E。血浆通过滑膜上丰富的血管渗透到滑膜腔，形成滑液。当关节内受到物理、化学或生物学刺激时，滑膜首先出现炎性反应和水肿，并有液体渗出，关节囊膨胀。滑膜对某些物质的渗透具有选择性作用，如水杨酸、磺胺嘧啶、葡萄糖等均能经血管渗透到关节腔，而另一些物质（如特异性血清）则不易渗入关节腔内。

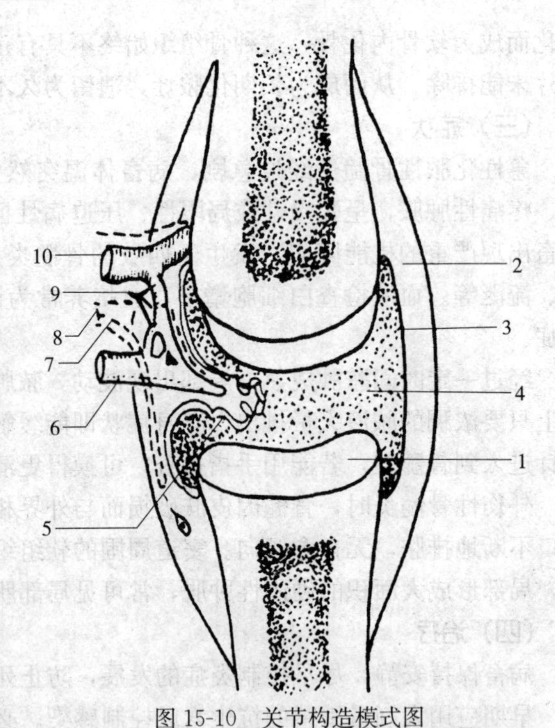

图15-10 关节构造模式图

1. 关节软骨 2. 关节囊的纤维层 3. 关节囊的滑膜层 4. 关节腔 5. 滑膜绒毛 6. 动脉 7. 发自关节囊的感觉神经纤维 8. 发自血管壁的感觉神经纤维 9. 交感神经节后纤维 10. 静脉

4. 滑液 正常关节滑液是透明、黏稠、流动性小的液体，色淡黄，呈碱性，含有氯化钙、氯化钠、脂肪球、透明质酸、溶菌素、凝集素等。透明质酸具有较强的润滑和抗压作用，在防止关节软骨、关节骨面的损伤和维护关节功能方面有重要作用。

5. 关节韧带 由结缔组织构成，多位于关节的内外侧，贴附于关节纤维囊的表面，具有固定关节的作用。关节韧带的弹性较小，超越生理的活动范围时，易造成韧带的剧伸和断裂。关节韧带的伸缩性中部较大，而附着部小且脆弱。因此，关节捩伤时，多在韧带的附着点撕裂或断裂。

6. 血管、淋巴管和神经 关节血管分布于关节囊、滑膜和骨骺。关节淋巴管有两支，即关节腔的淋巴管和关节囊的淋巴管，特别是滑膜的淋巴管更为丰富，形成两个淋巴网，密布于滑膜内和滑膜下。

二、关节捩伤

关节捩伤（即关节扭伤，sprain of the joint）是指关节在突然受到间接的机械外力作用下，超越了生理活动范围，瞬间过度伸展、屈曲或扭转而发生的关节损伤。此病是马、骡常见和多发的关节病，最常发生于系关节和冠关节，其次是跗关节、膝关节。牛也发生，常发生于系关节、肩关节和髋关节。

（一）病因和病理

马常由于在不平道路上重剧使役、急转、急停、转倒、失足踩空、嵌夹于穴洞的急速拔腿、跳跃障碍、不合理的保定、肢势不良、装蹄失宜等引起挨伤；牛除上述原因外，还有误踏深坑或深沟、跳沟扭闪（跨越沟渠）、跌倒、牛卧床前挡板的挤压等引起。这些病因作用引起超出关节生理活动范围的侧方运动和屈伸。重者引起关节韧带和关节囊的全断裂以及软骨和骨骺的损伤。韧带损伤常发生于骨的附着部，纤维发生断裂；若暴力过大，能撕破骨膜，甚至扯下骨片成为关节内的游离体。韧带附着部的损伤，可引起骨膜炎及骨赘。

关节囊或滑膜囊破裂常发生于与骨结合的部位，易引起关节腔内出血或周围出血，浆液性、浆液纤维素性渗出。如滑膜血管断裂时，发生关节血肿。或由于损伤关节囊其他软部组织，造成循环障碍、局部水肿。软骨和骨骺损伤时，软骨挫灭，骺端骨折，破碎小软骨片成为关节内的游离体。

（二）症状

关节挨伤在临床上表现疼痛、跛行、肿胀、温热和骨质增生等症状。由于患病关节、损伤组织程度和病理发展阶段不同，症状表现也不同。

1. 疼痛　原发性疼痛受伤后立即出现，是关节滑膜层神经末梢对机械刺激的敏锐反应。炎性反应性疼痛，根据组织损伤程度和炎症反应情况而异。韧带损伤痛点位于侧韧带的附着点纤维断裂处，触诊可发现疼痛。他动运动有疼痛反应，举起患肢进行关节他动运动，只要使受伤韧带紧张，即使不超过其生理活动范围，立即出现疼痛反应，甚至拒绝检查。转动关节向受伤的一方，使损伤韧带弛缓，则疼痛轻微或完全无痛。若在他动运动检查时发现关节的可动程度远远超过正常活动范围，则表明关节侧韧带断裂和关节囊破裂严重，此时疼痛明显。

2. 跛行　原发性跛行，受伤时突发跛行。行走数步之后，疼痛减轻或消失，这是原发性剧烈疼痛的结果。反应性疼痛，跛行在伤后经 12～24h，炎症发展为反应性疼痛，再次出现跛行，跛行程度随运动而加剧，中等度、重度挨伤时表现这种跛行，而且组织损伤的越重，跛行也越重。如损伤骨组织时表现为重度跛行。

3. 肿胀　挨伤关节的肿胀，出现在病程的两个阶段。病初炎性肿胀，是由于关节囊和滑膜出血、炎性渗出，特别是关节周围出血和水肿时，肿胀更为明显；另一种肿胀出现在慢性经过的骨质增殖，形成骨赘时，表现硬固肿胀。因四肢上部关节外被有厚的肌肉，患部肿胀不甚明显。轻度挨伤，基本没有明显肿胀，中等度挨伤有程度不同的肿胀，只在严重关节挨伤时，炎症反应越剧烈，肿胀也越重。

4. 温热　根据炎症反应程度和发展阶段而有不同表现。一般伤后经过半天乃至一天的时间，它和炎性肿胀、疼痛和跛行同时并存，并表现有一致性。仅在慢性过程，关节周围纤维性增殖和骨性增殖阶段有肿胀、跛行而无温热。

5. 骨赘　慢性关节挨伤可继发骨化性骨膜炎，常在韧带附着处形成骨赘，因而存在长期跛行。

（三）治疗

制止出血和炎症发展，促进吸收，镇痛消炎，预防组织增生，恢复关节机能。

1. 制止出血和渗出　在伤后 12h 内，为了制止关节腔内的继续出血和渗出，应进行冷疗和包扎压迫绷带。冷疗可用冷水浴（将病畜系于小溪、小河及水沟里，或用冷水浇）或冷敷。症状严重时，可注射凝血剂，并使病畜安静。

2. 促进吸收 急性炎性渗出减轻后，应及时使用温热疗法，促进吸收。如温水浴（用37～40℃温水，连续使用，每次2～3h，应间隔2h再用）、干热疗法（热水袋、热盐袋）促进溢血和渗出液的吸收。如关节内出血不能吸收时，可做关节穿刺排出，同时通过穿刺针向关节腔内注入0.25%普鲁卡因青霉素溶液。还可使用碘离子透入疗法、超短波和短波疗法、石蜡疗法、酒精鱼石脂绷带，或敷中药四三一散（处方：大黄4.0、雄黄3.0、龙脑1.0，研细，蛋清调敷）进行治疗。

3. 镇痛 注射镇痛剂。可向疼痛较重的患部或患关节内注射2.0%盐酸普鲁卡因溶液。或局部涂擦弱刺激剂，如10%樟脑酒精、碘酊樟脑酒精合剂（处方：5%碘酊20mL、10%樟脑酒精80mL），或注射醋酸氢化可的松。在用药的同时适当牵遛运动，加速促进炎性渗出物的吸收。也可使用非甾体类抗炎药，氟尼辛葡甲胺注射液，25mL/次，肌肉注射，每天1次，连用5d。韧带、关节囊损伤严重或怀疑有软骨、骨损伤时，应根据情况包扎石膏绷带。

对转为慢性经过的病例，患部可涂擦碘樟脑醚合剂（处方：碘20g、95%酒精100mL、乙醚60mL、精制樟脑20g、薄荷脑3g、蓖麻油25mL），每天涂擦5～10min，涂药的同时进行按摩，连用3～5d。

4. 装蹄疗法 如肢势不良、蹄形不正时，在药物疗法的同时进行合理的削蹄或装蹄。在药物疗法的同时，可配合针灸疗法或用氦氖激光照射。

（四）预后

除重症者外，绝大部分病例预后良好。但是凡发生关节捩伤，常引起关节周围的结缔组织增生，关节的运动范围变窄，多数不能完全恢复功能。

重症者，由于关节内外的病变，留下长期的关节痛、外伤性关节水肿、变形性骨关节病及关节僵直等后遗症。

（五）各种关节捩伤

1. 系关节捩伤（sprain of the fetlock joint） 在马、骡发生的比较多，牛有发生，主要是由于机械外力作用使关节韧带特别是侧韧带、关节囊及周围的腱受到剧伸或部分断裂、全断裂。严重时引起软骨和骨的损伤。

马、骡病初突发支跛，轻度、中度捩伤时发病12～24h系关节肿胀增温，运步时球节下沉不充分，他动运动检查有疼痛，站立时为减轻患肢负担，以蹄尖着地支持。严重捩伤时，因关节囊、关节周围韧带断裂、软骨挫伤，甚至骨折，患病球节肿胀疼痛，触诊损伤韧带有痛点，他动运动有明显疼痛反应。站立时球节屈曲，系部直立，以蹄尖着地。运动时表现支跛或以支跛为主的混合跛行。一般捩伤容易恢复，如治疗不当或损伤严重时，常转为慢性经过，能并发无菌性渗出性关节炎、关节周围炎、慢性变形性关节炎等。

耕牛系关节损伤较为多发，病初患关节周围迅速肿胀、敏感、疼痛，不敢负重，当患肢着地时，因疼痛反应表现患肢躲闪，呈支跛。重症，关节液增多或关节内出血，关节囊紧张、肿大。

临床上注意与系关节挫伤鉴别诊断。

2. 冠关节捩伤（sprain of the pastern joint） 常发生于马和奶牛。临床特征是马在使役或运动中突发中度或重度的支跛。奶牛的前肢球节伸于卧床前挡板下，在起立时猛然抬举前肢而引起冠关节扭伤，站立时，患关节半屈曲以蹄尖着地，或完全不能负重提起患肢，他动运动冠关节剧痛，特别是内外扭转冠关节更为明显。指压损伤韧带（侧韧带、掌侧韧带）有痛点。损伤严重时，常继发慢性骨化性冠关节周围炎，关节粗大，轮廓不清，严重变形，成为指骨瘤的发病原因，长期遗留下顽固性跛行。

3. 髋关节捩伤（sprain of the hip joint）　常发生于马、骡和耕牛。病畜站立时屈曲膝、跗关节，患肢外展。运动时呈混合跛行，并表现外展肢势，后退运动时疼痛明显。视诊和触诊患部，病初无明显变化，他动运动有疼痛反应，尤其是在做内收肢势时更为明显。慢性经过时，臀肌萎缩，大转子明显突出，推动转子有疼痛反应。

三、关节挫伤

马、骡和牛经常发生关节挫伤（contusion of the joint），多发生于肘关节、腕关节和系关节，其他缺乏肌肉覆盖的膝关节、跗关节也时有发生。

（一）病因

打击、冲撞、跌倒、跳越沟崖、挽曳重车时滑倒等常引起关节挫伤。牛舍卧床垫料太少或牛舍地面（畜床）不平，不铺垫草，缰绳系绊得过短，牛在起卧时腕关节碰撞饲槽，是发生腕关节挫伤的主要原因。

（二）病理

致病的机械外力直接作用于关节，引起皮肤脱毛和擦伤，皮下组织的溢血和挫灭。关节周围软组织血管破裂形成血肿以及急性炎症。损伤黏液囊时，引起黏液囊炎。外力过大损伤翼状韧带及滑膜层的血管，在纤维层与滑膜层间形成血肿，有时血液渗入关节周围软组织中。大量血液进入关节内，引起关节血肿，进入关节腔的血液与滑液混合，血小板虽能被黏液素破坏，但纤维蛋白原被滑液和黏液渗出物的高度稀释，以及关节的自动运动，部分血液脱纤，因而血液的凝固比血肿慢。进入关节内的红细胞受机械性或有溶血作用细菌的破坏而发生溶血。若患病关节长时间固定不动，能引起粘连性滑膜炎，关节活动受限制，有时关节软骨、骨膜和骨骺受到损伤，形成关节粘连。擦伤感染时，能引起关节周围蜂窝织炎、化脓性关节周围炎及化脓性黏液囊炎。

（三）症状

轻度挫伤时，皮肤脱毛，皮下出血，局部稍肿，随着炎症反应的发展，肿胀明显，有指压痛，他动运动时患病关节有疼痛反应，轻度跛行。

重度挫伤时，患部常有擦伤或明显伤痕，有热痛、肿胀，病后经24～36h则肿胀达到高峰。初期肿胀柔软，以后坚实。关节腔血肿时，关节囊紧张膨胀，有波动，穿刺可见血液。软骨或骨骺损伤时，症状加重，有轻度体温升高。病畜站立时，以蹄尖轻轻支持着地或不能负重。运动时出现中度或重度跛行。损伤黏液囊或腱鞘时，并发黏液囊炎或腱鞘炎。

（四）预后

治疗除按关节捩伤处理外，对皮肤创面，应按创伤处置，注意消毒，预防感染，清除伤内泥沙和挫灭坏死组织，包扎绷带。大水瘤可进行手术剥离。对反复发生挫伤（习惯性挫伤）的患关节，在进行治疗的同时，要使用胶皮、毛毡制成的护膝预防反复发生。为了预防复发，注意修理牛床，平整畜舍地面、垫草，对肢体弱常发挫伤的牲畜注意使役管理。

（五）各种关节挫伤

1. 肘关节挫伤（contusion of the elbow joint） 主要发生于马、骡，常挫伤肘关节外侧，伤后局部肿胀疼痛，一般在病后第二天肿胀达最高潮。关节改变原形，紧张，跛行重于捩伤。

2. 腕关节挫伤（contusion of the carpal joint） 驮马、挽马都常发生腕关节挫伤，牛也多发，挫伤部位多在腕关节前面。

马、骡发病原因是在肢势不正或过度疲劳的基础上，驮载超重，突然跪倒，挽马在爬坡时跪倒，辕马在下坡路上滑倒，粗暴倒马时摔伤腕的前部等。

在牛常因牛床或地面不平、牛栏过窄，不断反复地挫伤腕关节，或在重病及其恢复期，肢体无力，起卧不便，挫伤腕的前部等。

腕关节挫伤多发生在腕部前面。轻度挫伤皮肤或皮下软组织，即使发生擦伤，如及时合理治疗，可迅速治愈。如挫伤程度不重，但反复发生，常能引起皮肤、皮下组织慢性炎症，患部皮肤肥厚或形成瘢痕。在牛损伤皮下黏液囊时，黏液囊积水形成大的水瘤，有波动，皮肤硬肿角化，呈胼胝状。挫伤严重，关节血肿时，局限性肿胀，初期波动、热痛，有明显混合跛行。出现蜂窝织炎时，腕关节高度肿胀，热痛，并发骨折时，症状更明显。有时并发腱鞘炎。

3. 系关节挫伤（contusion of the fetlock joint） 马、骡及奶牛较多发生系关节挫伤，伤后患部立即出现疼痛、肿胀，经过20～30h肿胀达高潮。站立时，屈腕以蹄尖着地，并表现中等或重度跛行。组织损伤严重时，伤后出现剧烈的疼痛和肿胀，关节腔大量出血时，明显跛行，经2～3h，随出血量的增加跛行同时加重，一时体温升高。关节肿胀波动并有捻发音，他动运动时患病关节有剧痛，感染并发关节周围蜂窝织炎时，关节囊初期炎症反应剧烈，肿胀疼痛温热。慢性经过时关节囊肥厚，发生关节周围炎或关节粘连，运动不便。

四、关节创伤

关节创伤（wound of joint）是指各种不同外界因素作用于关节囊导致关节囊的开放性损伤，有时并发软骨和骨的损伤。是马、骡及奶牛常发疾病，多发生于跗关节和腕关节，并多损伤关节的前面和外侧面，但也可以发生于肩关节和膝关节。

（一）病因

锐利物体的致伤，有刀、叉、枪弹、铁丝、铁条、犁铧等所引起的刺创或枪创；钝性物体的致伤，如车撞、蹴踢，特别是冬季冰掌的踢伤，在冬季路滑挽曳重车时跌倒等引起的挫创、挫裂创等。

（二）症状

根据关节囊的穿透有无，分为关节透创和非透创。

1. 关节非透创 轻者关节皮肤破裂或缺损、出血、疼痛，轻度肿胀。重者皮肤伤口下方形成创囊，内含挫灭坏死组织和异物，容易引起感染。有时甚至关节囊的纤维层遭到损伤，同时损伤腱、腱鞘或黏液囊，并流出黏液。非透创病初一般跛行不明显，腱和腱鞘损伤时，跛行显著。

为了鉴别有无关节囊和腱鞘的透创时，可向关节内、腱鞘内注入带色消毒液，如从关节囊伤口流出药液，证明为透创。诊断关节创伤时，忌用探针检查，以防污染和损伤滑膜层。也可以做关节腔充气造影X射线检查。

2. 关节透创　特点是从伤口流出黏稠、透明、淡黄色的关节滑液，有时混有血液或由纤维素形成的絮状物。滑液流出状态，因损伤关节的部位以及伤口大小不同，表现也不同，活动性较大的跗关节胫距囊有时因挫创损伤组织较重，伤口较大时，则滑液持续流出；当关节创为刺创，组织被破坏的比较轻，关节囊伤口小，伤后组织肿胀压迫伤口，或有纤维素块堵塞，只有自动或他动运动屈曲患关节时，才流出滑液。一般关节透创病初无明显跛行，严重挫创时跛行明显。跛行常为悬跛或混合跛行。诊断关节透创时，需要进行X射线检查有无金属异物残留在关节内。

如伤后关节囊伤口长期不闭合，滑液流出不止，抗感染力降低，则出现感染症状。临床常见的关节创伤感染为化脓性关节炎和急性腐败性关节炎。

急性化脓性关节炎，关节及其周围组织广泛的肿胀、疼痛、水肿，从伤口流出混有滑液的淡黄色脓性渗出物，触诊和他动运动时疼痛剧烈。站立时患肢轻轻负重，运动时跛行明显。病畜精神沉郁，体温升高，严重时形成关节旁脓肿，有时并发化脓性腱炎和腱鞘炎。

急性腐败性关节炎，发展迅速，患病关节表现急剧的进行性水肿性肿胀，从伤口流出混有气泡的污灰色带恶臭味稀薄渗出液，伤口组织进行性变性坏死，患肢不能活动，全身症状明显，精神沉郁，体温升高，食欲废绝。

（三）治疗

治疗原则：防治感染，增强抗病力，及时合理的处理伤口，争取在关节腔未出现感染之前闭合关节囊的伤口。

创伤周围皮肤剃毛，彻底消毒。

1. 伤口处理　对新创彻底清理伤口，切除坏死组织，清除异物及游离软骨和骨片，消除伤口内盲囊，用消毒液穿刺洗净关节创，由伤口的对侧向关节腔穿刺注入，切忌由伤口向关节腔冲洗，以防止污染关节腔。最后涂碘酊，包扎伤口，对关节透创应包扎固定绷带。

限制关节活动，控制炎症发展和渗出。关节切创在清净关节腔后，可用肠线或丝线缝合关节囊，缝合皮肤，然后包扎绷带，或包扎有窗石膏绷带。如伤口被凝血块堵塞，滑液停止流出，关节腔内尚无感染征兆时，不应除掉血凝块，注意全身疗法和抗生素疗法，慎重处理伤口，可以期待关节囊伤口的闭合。

对陈旧伤口的处理，已发生感染化脓时，清净伤口，除去坏死组织，用消毒液穿刺洗涤关节腔，清除异物、坏死组织和游离骨块，用碘酊凡士林敷盖伤口，包扎绷带，此时不缝合伤口。如伤口炎症反应强烈时，可用青霉素溶液敷布，包扎保护绷带。

2. 局部理疗　为改善局部的新陈代谢，促进伤口早期愈合，可应用温热疗法，如温敷、石蜡疗法、紫外线疗法、红外线疗法、超短波疗法以及激光疗法，或用低功率氦氖激光或二氧化碳激光扩焦局部照射等。

3. 全身疗法　为了控制感染，从病初开始尽早的使用抗生素、磺胺类药物、普鲁卡因封闭（腰封闭）、碳酸氢钠、自家血液和输血治疗及钙治疗（处方：氯化钙10g、葡萄糖30g、安钠咖1.5g、生理盐水溶液500mL，灭菌，一次注射，或氯化钙酒精治疗，氯化钙

20g、蒸馏酒精 40mL、0.9%氯化钠溶液 500mL，灭菌，马一次静脉内注射）。

（四）各种关节创伤

1. 腕关节创伤（wound of the carpal joint） 发生部位常在关节背面，多为挫裂创或挫灭创，往往发生桡腕关节透创，组织损伤比较严重，经常并发腱及腱鞘的损伤，但也有时发生切创。

治疗时应注意进行早期的局部外科处理，控制感染，闭合关节囊伤口。如为单纯的新鲜切创，可根据情况进行腕关节创伤整形手术，包扎无菌绷带或石膏绷带。

2. 跗关节创伤（wound of the hock joint） 多发生于马、骡，牛有时发生，常于胫距关节发生透创。一般未损伤软骨和骨骺的关节透创，流出的滑液混有血液，他动运动时患病关节滑液流出量增多。病初 1～2d，无明显的机能障碍，当出现急性化脓性炎症时，跛行剧烈，关节肿胀、热痛，关节腔内充满脓性渗出物，关节囊高度紧张，病畜出现全身症状，体温升高。并发软骨和骨骺损伤的透创，临床症状比较重，表现为重度支跛。

五、关节脱位

关节骨端的正常的位置关系，因受力学因素、病理因素以及某些作用，失去其原来的状态，称为关节脱位（dislocation），也称为脱臼。关节脱位常是突然发生，有的间歇发生，或继发于某些疾病。本病多发生于牛、马和犬的髋关节和膝关节，肩关节、肘关节、指（趾）关节也可发生。

（一）分类

按病因可分为先天性脱位、外伤性脱位、病理性脱位、习惯性脱位。按程度可分为完全脱位、不全脱位、单纯脱位、复杂脱位。

（二）病因

外伤性脱位最常见。以间接外力作用为主，如蹬空、关节强烈伸屈、肌肉不协调地收缩等，直接外力是第二位的因素，使关节活动处于超生理范围的状态下，关节韧带和关节囊受到破坏，使关节脱位，严重时引发关节骨或软骨的损伤。

少数情况是先天性因素引起的，由于胚胎异常或者胎内某关节的负荷关系，引起关节囊扩大，多数不破裂，但造成关节囊内脱位，轻度运动障碍，但不表现疼痛症状。

如果关节存在解剖学缺陷，或者是曾经患过结核病、马腺疫、肌色素尿病、产后虚弱或者维生素缺乏的病畜，当外力不是很大时，也可能反复发生间歇性习惯性脱位。牛、马有时发生髋关节或者膝关节的髌骨上方脱位，犬易发生习惯性髌骨脱位。

病理性脱位是关节与附属器官出现病理性异常时，加上外力作用引发的。这种情况分以下 4 种：因发生关节炎，关节液积聚并增多，关节囊扩张而引起扩延性脱位；因关节损伤或者关节炎，使关节囊以及关节的加强组织受到破坏，出现破坏性关节脱位；因变形性关节炎引发变形性关节脱位；由于控制、固定关节的有关肌肉弛缓性麻痹或痉挛，引起麻痹性脱位。

（三）症状

关节脱位的共同症状包括关节变形、异常固定、关节肿胀、肢势改变和机能障碍。

1. 关节变形 因构成关节的骨端位置改变，使正常的关节部位出现隆起或凹陷。

2. 异常固定　因构成关节的骨端离开原来的位置被卡住，使相应的肌肉和韧带高度紧张，关节被固定不动或者活动不灵活，他动运动后又恢复异常的固定状态，带有弹拨性。

3. 关节肿胀　由于关节的异常变化，造成关节周围组织受到破坏，因出血、形成血肿及比较剧烈的局部急性炎症反应，引起关节的肿胀。

4. 肢势改变　呈现内收、外展、屈曲或者伸张的状态。

5. 机能障碍　伤后立即出现。由于关节骨端变位和疼痛，患肢发生程度不同的运动障碍，甚至不能运动。

由于脱位的位置和程度的不同，上述 5 种症状会有不同的变化。在诊断时根据视诊、触诊、他动运动和双肢的比较不难做出初步诊断。但是，当关节肿胀严重时，X 射线检查可以做出正确的诊断。同时，应当检查肢的感觉和脉搏等情况，尤其是骨折是否存在。

（四）预后

影响因素包括动物的种类、关节的部位、发生的时间长短，关节及周围组织损伤的程度、关节内是否出血，骨折、骨骺分离，韧带、半月板和椎间盘的损伤情况等。临床实践表明，小动物关节脱位的整复效果比大动物好。当未出现合并损伤而且整复及时的时候，固定的好坏决定预后的效果。如果并发关节囊、腱、韧带的损伤或者有骨片夹在骨间并且并发骨折时，很难得到令人满意的整复效果。病理性脱位时，整复后仍可能再次发生关节脱位。

有些病例没有经过治疗，当肿胀逐渐消退后，患病关节可以恢复到一定的程度，但是会遗留比较明显的功能障碍；当关节囊和关节周围软组织发生结缔组织化时，关节的功能不能完全恢复正常。

（五）治疗

治疗原则：整复、固定、功能锻炼。

整复就是复位。复位是使关节的骨端回到正常的位置。整复越早越好，当炎症出现后会影响复位。整复应当在麻醉状态下实施，以减少阻力，易达到复位的效果。

整复的方法有按、揣、揉、拉和抬。在大动物关节脱位的整复时，常采用绳子拴系患肢拉开反常固定的患关节，然后按照正常解剖位置使脱位的关节骨端复位；当复位时会有一种声响，此后，患关节恢复正常形态。为了达到整复的效果，整复后应当让动物安静 1～2 周。

为了防止复发，固定是必要的。整复后，肢下部关节可用石膏或者夹板绷带固定，经过 3～4 周后去掉绷带，牵遛运动让病畜恢复。在固定期间用热疗法效果更好。由于肢上部关节不便用绷带固定，可以采用 5%的灭菌盐水或者自家血向脱位关节的皮下做数点注射（总量不超过 20mL），引发周围组织炎症性肿胀，因组织紧张而起到生物绷带的作用。

在实施整复时，一只手应当按在被整复的关节处，可以较好地掌握关节骨的位置和用力的方向。犬、猫在麻醉状态下整复关节脱位比马、牛相对容易一些。整复后应当进行 X 射线检查。对于一般整复措施无效的病例，可以进行手术治疗。

（六）各种关节脱位

1. 髋关节脱位（dislocation of the hip joint）　常见于牛，马也有发生。大型犬因髋关节发育异常以及髋臼窝与韧带的异常，也有出现髋关节脱位的。髋关节窝浅、股骨头的弯曲半径小、髋关节韧带（尤其是圆韧带、副韧带）薄弱是主要内因，有些牛没有副韧带。

种公牛的发病率比一般奶牛高，与采精、配种时的用力爬跨和突然倒转有关。分娩的奶牛突然摔倒时后肢外伸，也有发生髋关节脱位的。马在突然滑倒时容易出现髋关节脱位，保定粗暴或者保定失当时，也可能引起髋关节脱位。

髋关节脱位的类型：当股骨头完全处于髋臼窝之外时，是全脱位；股骨头与髋臼窝部分接触时是不全脱位。根据股骨头变位的方向，又分为前方脱位、上方脱位、内方脱位和后方脱位。

马的髋关节脱位常并发韧带断裂或骨折，出血严重。牛常出现关节组织的轻度损伤，以上方脱位和前方脱位为主。

(1) 症状：

①前方脱位：在牛，股骨头转位固定于关节前方，大转子向前方突出，髋关节变形隆起，他动运动时可听到捻发音；站立时患肢外旋，运步强拘，患肢拖曳而行，肢抬举困难；患病时间比较长时，起立、运步均困难；如果新增殖的结缔组织长入髋臼窝，股骨头也会被关节囊样的结缔组织包裹，此时已经失去复位的希望。在马，股骨头被异常地固定在髋关节窝的前方，大转子明显地向前外方突出；站立时患肢短缩，股骨几乎成直立状态；患肢外展，蹄尖向外，飞端向内；他动运动时，有时也可以听到股骨头与髂骨的摩擦音；运动时呈三肢跳跃，患肢向后拖拉前进，表现为混合跛行。

②上外方脱位：股骨头被异常地固定在髋关节的上方。站立时患肢明显缩短，呈内收肢势或伸展状态，同时患肢外旋，蹄尖向前外方，患肢飞节比对侧高数厘米。他动运动时患肢外展受限，内收容易。大转子明显向上方突出。运动时，患肢拖拉前进，并向外划大的弧形。

③后方脱位：股骨头被异常固定于坐骨外支下方。站立时，患肢外展叉开，比健肢长，患侧臀部皮肤紧张，股二头肌前方出现凹陷沟，大转子原来位置凹陷，如突然向后牵引患肢时，可听到骨摩擦音。运动时三肢跳跃，且患肢在地上拖曳，明显外展。

④内方脱位：股骨头进入闭孔内时，站立时患肢明显短缩。他动运动时内收、外展均容易。运动时患肢不能负重，以蹄尖着地拖行。直肠检查时，可在闭孔内摸到股骨头。

以上几种脱位是髋关节全脱位的典型症状（图 15-11、图 15-12）。

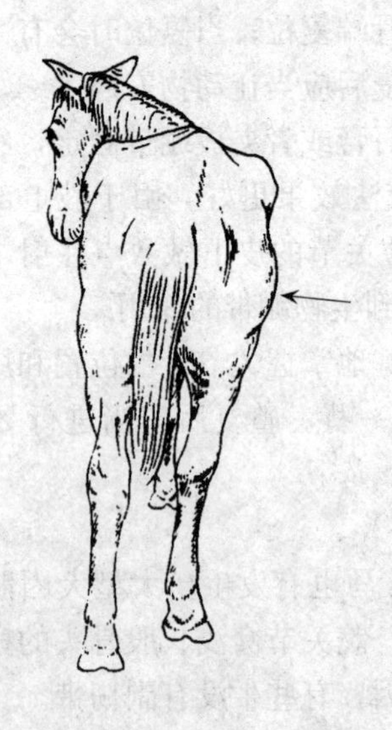

图 15-11 马的髋关节脱位

图 15-12 牛两侧髋关节脱位

关节不全脱位时，突发重度混合跛行，但多数患肢能轻轻负重，关节变形不明显，并无患病关节的反常固定和肢势的明显变化。诊断时应注意与骨折鉴别，可进行X射线摄影。

(2) 预后：马、牛的髋关节完全脱位，预后不良。牛的不完全脱位，预后不定，有时不良。其他动物的不全脱位，如能及时整复，妥善固定，一般预后良好。有时由于脱位时损伤软组织比较严重，可能引起变形性关节炎及损伤性关节粘连。

(3) 治疗：治疗的原则是正确的整复，妥善的固定。

①整复：对牛的整复，侧卧，全身麻醉，患肢在上且稍外转，向与脊柱约成120°的方向强牵引。术者手抵大转子用力强压试行整复，可取得成功。如整复不成功，常形成假关节。马的整复，患肢在上侧卧保定，全身麻醉。整复上外方脱位时，助手握住患肢，向前方拉直，同时术者用手从前向后推压股骨头，如股骨头复位时，可听到股骨头碰撞声。后方脱位时，双手紧握患肢的跖部和飞节上方，将患肢向侧方轻轻移动，突然用力向躯干推腿，同时再向外方旋转即可整复。整复内方脱位时，患肢在上侧卧保定，患肢球节部系一软绳由助手用力牵引，再用一圆木杠置于患肢的股内部，由两人用力向上抬，与此同时牵引患肢，术者两手用力向下压大腿部，如感觉到或听到一种股骨头碰撞的声音，即已复位。牛、马的完全脱位多整复困难，一旦整复，容易再发。髋关节脱位整复的方法很多，国内各地都有行之有效的好方法。犬、猫在闭合性复位困难时，可采用手术方法复位。

②固定：整复后，让病畜侧卧1d，等待局部炎性反应出现可借以固定。或向患病关节涂1∶5的碘化汞软膏，以加速炎性反应。或在髋关节周围分点注射盐水，也可以达到诱发炎性反应的目的。复位后数日内禁忌病畜卧倒，应吊起保定，预防再发。

2. 膝盖骨髌骨脱位（dislocation of the patella） 膝盖骨髌骨脱位多发生于牛、马和犬，可分为外伤性脱位、病理性脱位和习惯性脱位。外伤性脱位比较多见，习惯性脱位是病理脱位中的一种。根据膝盖骨髌骨的变位方向有上方脱位、外方脱位及内方脱位，而牛以上方脱位和习惯性脱位较为多见，有时两后肢同时发病。在犬，多发生于小型品种犬，且以内方脱位多见；在大型犬也可发生，多发生外方脱位。

(1) 病因：牛、马营养状态不良，突然向后踢，或由卧位起立时后肢向后方强伸、跌倒、在泥泞路上的剧烈使役、跳跃、撞击、竖立时，由于股四头肌的异常收缩，常能引起膝盖骨髌骨上方脱位。膝关节直韧带或膝盖内侧韧带剧伸和撕裂、慢性膝关节炎、营养不良均能引起膝盖骨髌骨外方脱位。马和犬有先天性膝盖骨髌骨脱位。股骨滑车形成不全，可能与遗传有关，或损伤外侧韧带时，则可能发生内方脱位。

(2) 症状：

①上方脱位：突然发生。是运动中在滑车面滑动的膝盖骨髌骨由于上述原因被固定于滑车的近位端，患病关节不能屈曲，相对较短的膝内直韧带，转位滞留于内侧滑车嵴上，不能复位，又称为膝盖髌骨骨垂直脱位。站立时大腿、小腿强直，呈向后伸直肢势，膝关节、跗关节完全伸直而不能屈曲。运动时以蹄尖着地拖曳前进，同时患肢高度外展，或患肢不能着地以三肢跳跃。他动运动时患肢不能屈曲。触诊膝盖骨髌骨上方移位，被异常固定于股骨内侧滑车嵴的顶端，内直韧带高度紧张。如两后肢膝盖骨髌骨上方脱位同时发生时，病畜完全不能运动（图15-13）。

上方脱位有时在运动中，突然发出骨复位碰撞声，脱位的膝盖骨髌骨自然复位，恢复正常肢势，跛行消失。如症状长期持续，常并发关节炎、关节周围炎。

习惯性上方脱位牛多发生，马也发生。多并发于某些全身疾病（如马腺疫等）的恢复期。其特征是经常反复发作，病畜在运动中毫无任何原因突发上方脱位，继续前行，可自然复位，症状立即消失。如此反复发作。再发间隔时间不定，有的仅间隔几步，有的时间长些。

②外方脱位：因外力作用引起膝内直韧带受牵张或断裂，膝盖骨髌骨向外方脱位。站立时膝、跗关节屈曲，患肢向前伸，以蹄尖轻轻着地。运动时除髋关节能负重外，其他关节均高度屈曲，表现支跛。跛行状态与股四头肌麻痹症状类似。触诊膝盖骨髌骨外方变位，其正常原位出现凹陷，同时膝直韧带向上外方倾斜（图 15-14）。

图 15-13　右后膝盖骨髌骨上方脱位

图 15-14　左后膝盖骨髌骨外方脱位

习惯性外方脱位，牛、马多呈直飞肢势，屈膝关节，膝盖髌骨下方移动，越过外滑车嵴转位于外侧，固定瞬间，患肢伸展困难步幅短缩，在出现强拘步样数步之后，膝盖骨髌骨复位。步样恢复正常。

③内方脱位：因股膝外侧韧带断裂，膝盖骨髌骨固定于膝关节的上内侧方，膝直韧带向上内方倾斜。

（3）诊断：应注意牛的膝盖骨髌骨上方脱位与股二头肌转位的鉴别诊断。股二头肌转位时，患肢伸展程度比较小，膝盖仍保持活动性，膝盖骨韧带也不甚紧张，明显摸到突出的大转子。这些症状在膝盖骨髌骨髌骨上方脱位时不出现。

在马的膝盖骨髌骨外方脱位应与股神经麻痹及膝盖骨的伸肌断裂鉴别诊断。股神经麻痹时膝盖骨髌骨不移位，并无带痛性肿胀，这与膝盖骨髌骨外方脱位不同。膝盖骨的伸肌断裂时，在急性期可摸到断裂凹陷处，膝盖骨髌骨外方脱位无此症状。

（4）预后：损伤性膝盖骨髌骨上方脱位时，如及时整复，预后尚可。外方及内方脱位时，预后不定，常为不良。习惯性脱位，预后多不良。

（5）治疗：新发生的脱位，可给病畜注射肌松剂后强迫使其急速侧身后退或直向后退，脱位的膝盖骨髌骨可自然复位。这是比较简易而又行之有效的方法，但应耐心的反复做如上动作。如确实不能整复再改用牵引整复法，即用长绳系于患肢的系部，从腹下部向前，由对侧颈基部向上、向前，从颈部上方紧拉该绳，可将患肢向前上方牵引，使膝关节屈曲，同时术者以手用力向下推压脱位的膝盖骨髌骨，促进复位。

还可以倒卧复位，患肢在上侧卧保定，全身麻醉，对患肢做前方转位，用力牵引，同时术者从后上方向前下方推压膝盖骨髌骨，可复位。

上述复位方法无效时，可进行手术疗法。

①牛膝盖骨髌骨上方脱位内直韧带切断术：病牛柱栏保定或侧卧保定（患肢在下）。术部剃毛消毒，适当使用镇静剂，先确定胫骨结节，可摸到软骨样棒状内直韧带，周围局部麻醉。在胫骨结节稍上方内直韧带与中直韧带之间的沟内，纵行切开皮肤6～7cm，切开皮下组织、深筋膜，用手触诊膝内直韧带，在内直韧带一侧，将球头弯刃刀插入，由内向外切断韧带，一旦切断膝内直韧带，髌骨立即复位，向后伸展状态的肢恢复正常姿势。创内撒布抗生素或磺胺类药物，缝合筋膜和皮肤，包扎绷带。马的内侧直韧带附着于胫骨嵴，内侧直韧带与中直韧带间沟不如牛明显。

②犊、驹膝盖骨髌骨外方脱位手术复位法：常规准备，沿膝盖骨外缘做10cm切口，暴露股阔筋膜张肌，在中直韧带与外直韧带间纵切股阔筋膜张肌，然后切断股二头肌抵膝外侧韧带的抵止点，膝盖骨很容易复位。注意勿伤关节囊。切口常规缝合，皮肤再做水平褥式缝合。最后在关节前面沿股骨内侧滑车嵴内方做10cm弧形切开，露出关节囊，沿此滑车嵴内侧做伦勃特式缝合关节囊，直至膝盖骨髌骨顶端（间隔0.5cm），将膝盖骨固定在滑车沟内，闭合伤口。此法的优点是可预防再脱、肌肉萎缩、畸形性关节病等。

对习惯性脱位，可沿弛缓的韧带皮下注入25％葡萄糖溶液30～40mL，有些病例经1次注射后不再复发。亦可使用皮肤烧烙法。对此也有用削蹄疗法的，即切削患肢的外侧蹄负面，踵壁多切削，蹄尖壁少切削，使蹄负面造成内高外低的倾斜状态。患肢在运动时可表现内向捻转步样，对外侧蹄负面倾斜度的切削应分数次逐渐的调整，直至机能障碍消失。如患肢蹄壁较低，无法切削时，可装内侧支高尾蹄铁，也可以根据病情需要在切削外侧负面的同时装着内侧支高尾蹄铁，以能造成捻转步样为目的，借以治疗习惯性脱位。在犬，习惯性脱位可采用侧韧带重建术、胫骨结节移位术、股骨滑车沟加深术等方法进行治疗。

六、关节滑膜炎

滑膜炎（synovitis）是以关节囊滑膜层的病理变化为主的渗出性炎症。常发生于马和奶牛，猪、羊、犬也有发生。

按病原性质可分为无菌性和感染性滑膜炎；按渗出物性质可分为浆液性、浆液纤维素性、纤维素性、化脓性及化脓腐败性滑膜炎；按临床经过可分为急性、亚急性和慢性滑膜炎。

（一）浆液性滑膜炎

浆液性滑膜炎（serosynovitis）的特点是不并发关节软骨损害的关节滑膜炎症。临床常见的有马、牛的肩关节、系关节、膝关节及跗关节的急性和慢性滑膜炎。

引起该病的主要原因是损伤，如关节的捩伤、挫伤和关节脱位都能并发滑膜炎；幼龄马过早重役，马、牛在不平道路、半山区或低湿地带挽曳重车，肢势不正、装蹄不良及关节软弱等也容易发生；有时也是某些传染病（流行性感冒、马腺疫、布氏杆菌病）的并发病；急性风湿病也能引起关节滑膜炎。

本病的特点是滑膜充血、滑液增量及关节的内压增加和肿胀。急性炎症病初滑膜及绒毛充血、肿胀，纤维蛋白的浆液渗出物大量浸润，以后关节腔内存有透明或微浑浊（因内含有白细胞、剥脱的滑膜细胞及大量蛋白）的浆液性渗出物，有时含有纤维素片。重外伤性滑膜炎滑膜破损较重，滑液（渗出物）有血红色。一般病例关节软骨无明显变化。

如若原发病因不除去，例如轻度的挨伤、挫伤等反复发生或有肢势不良及关节软弱等因素存在时，则容易引起慢性滑膜炎，但也有个别病例不是来自急性滑膜炎，而是逐渐发生的。慢性过程的特点是滑膜，特别是纤维囊由于纤维性增殖肥厚，滑膜丧失光泽，绒毛增生肥大、柔软，呈灰白色或淡蓝红色。关节囊膨大，储留大量渗出物，微黄透明，或带乳光，黏度很小，有时含有纤维蛋白丝，渗出物量多至原滑液的15～20倍，其中含有少量淋巴细胞、分叶核白细胞及滑膜的细胞成分。慢性关节滑膜炎多发生于马和奶牛的系关节、跗关节和膝关节，役牛有时发生。

1. 症状

（1）*急性浆液性滑膜炎*：关节腔积聚大量浆液性炎性渗出物，或因关节周围水肿，患关节肿大、热痛，指压关节憩室突出部位，明显波动。渗出液含纤维蛋白量多时，有捻发音。他动运动患病关节明显疼痛。站立时患病关节屈曲，免负体重。两肢同时发病时交替负重。运动时，表现以支跛为主的混跛。一般无全身反应。

（2）*慢性浆液性滑膜炎*：关节腔蓄积大量渗出物，关节囊高度膨大。触诊有波动，无热痛，临床称此为关节积液。他动运动屈伸患病关节时，因积液串动，关节外形随之改变。一般病例无明显跛行，但在运动时患病关节活动不灵。还由于流体动力的影响，关节屈伸缓慢，容易疲劳。如积液过多时，常引起轻度跛行。

2. 治疗 治疗原则：制止渗出，促进吸收，排出积液，恢复功能。

急性浆液性滑膜炎时，病畜安静。为了镇痛和促进炎症消退，可使用2%利多卡因溶液15～25mL患病关节腔注射，或0.5%利多卡因青霉素关节内注入。

为了制止渗出，病初可用冷疗法，包扎压迫绷带或石膏绷带，适当制动。

急性炎症缓和后，为了促进渗出物吸收，可应用温热疗法，一般用干温热疗法，或用饱和盐水、饱和硫酸镁溶液湿绷带，或用樟脑酒精、鱼石脂酒精湿敷，也可以使用石蜡疗法及离子透入疗法等。制动绷带一般两周后拆除即可。

对慢性滑膜炎可用碘樟脑醚合剂涂擦后结合用温敷，或应用理疗，如碘离子透入疗法、透热疗法等。还可用低功率氦氖激光患关节照射或二氧化碳激光扩焦患部照射。

关节积液过多，药治无效时，可穿刺抽液，同时向关节腔注入盐酸利多卡因青霉素溶液，包扎压迫绷带。

可的松疗法效果较好，可用于急、慢性滑膜炎，常用醋酸氢化可的松2.5～5mL加青霉素20万IU，也可用0.5%盐酸利多卡因溶液1∶1稀释，患关节内注射，隔日1次，连用3～4次。在注药前先抽出渗出液适量（40～50mL）然后注药。还可以使用强的松龙。

对奶牛产后关节炎（如跗关节炎）用可的松加水溶性抗生素（青霉素加链霉素）关节内注射，有显效。对马慢性浆液性滑膜炎关节积水时，关节穿刺排出滑液（同时取检样）并注入醋酸泼尼松（25mL），如滑液再增多，可再用药。

3. 各种浆液性滑膜炎

（1）*肩关节浆液性滑膜炎*：马多发生，有时见于牛。主要原因是损伤，如肩部挫伤、捩伤、打击、跌倒、急转、急停等引起发病，肩的角度不良、肢势不正及削蹄、装蹄失宜也是发生本病的基本素因。渗出物为浆液性或浆液纤维素性。

运动中突然发生跛行，呈悬跛，有时为混合跛行，随运动跛行加重。他动运动屈伸、内外转时均有疼痛。局部热痛肿胀，关节改变原形。站立时，患肢悬起或以蹄尖着地。转为慢性时，无疼痛肿胀，仅有程度不同的机能障碍。有时肩部肌肉萎缩，肩关节突出。

（2）系关节浆液性滑膜炎：起因于捩伤、挫伤、脱位。多发生于马的前肢。急性炎症时患病关节迅速肿胀并有热痛。肿胀部位在掌骨下端与悬韧带之间内、外侧。触诊关节憩室突出部位有明显波动，当含有大量纤维蛋白时，可听到捻发音。他动运动有明显疼痛，运动时出现中等程度混跛。

慢性炎症时，只有明显肿胀、波动，没有热痛。多形成关节积液或轻度跛行。

（3）膝关节浆液性滑膜炎：发病原因主要是损伤，如捩伤、挫伤、膝关节脱位等，有时膝关节长期持续性的负担过重压力（因对侧肢骨折不能负重）可引起慢性滑膜炎，牛的关节结核也能并发慢性滑膜炎。

此病在牛、马经常发生。并且多数是股胫和股膝两个关节同时发病，因为两关节互相通连。在马很少单一关节发病。临床常发生浆液性和浆液纤维素性滑膜炎。

根据牛的解剖学上的特点，第三腓骨肌、趾长伸肌及趾内侧伸肌的共同起点下，在胫骨近端前面的肌沟中有滑液囊，与股胫关节囊相通。因此，当股胫关节炎症时，可扩延到滑液囊，引起滑液囊炎。

急性浆液性或浆液纤维素性滑膜炎时，患部热痛、肿胀，有波动，关节囊滑膜层肿胀向外突出很紧张，关节变形。肿胀部位在前面和侧面，特别是在膝直韧带之间的滑膜盲囊最明显。如为纤维素性肿胀较轻，但有捻发音。病畜站立时屈曲患肢或仅以蹄尖着地。运动时，表现中度或重度混跛。

慢性浆液性滑膜炎时，患关节有明显的波动性、无痛性或微痛性的肿胀，特别是在韧带间隙的关节憩室突起的地方肿胀的更明显。关节内浆液渗出物蓄积量过大时，能窜入第三腓骨肌、趾长伸肌及趾外侧伸肌腱下的滑液囊中。病畜一般无明显的跛行，如快步运动或在疲劳后则出现跛行。倘若关节腔积水过多时（关节积液），运动间出现轻度或中度跛行，日久患肢的股部和臀部的肌肉逐渐萎缩。

（4）跗关节浆液性滑膜炎：过度的运动、装蹄失宜是发生本病的主要原因，关节的结构不良、肢势不正（直飞）是发病的素因。多发生于马，特别是发生于未成年马时较为严重。发病部位主要在胫距关节滑膜层，常因关节积液呈慢性经过。一般一肢发病，有时两后肢同时发病。

跗关节浆液性滑膜炎主要发生于胫距关节。

胫距关节急性和亚急性浆液性滑膜炎时，患关节热痛、肿胀，有波动，关节囊突起处可明显看到三个椭圆形的软肿，一个在前面（前憩室），另两个在胫骨下端后方的内外两侧（内侧憩室、外侧憩室）。如指压其一，则浆液性渗出物可串到其他憩室中。病畜站立时跗关节屈曲，运动时表现轻度或中度混跛。

慢性浆液性滑膜炎时，因患病关节大量积聚浆液性渗出物，高度肿胀，有波动，无热痛。一般无机能障碍。运动时容易疲劳。如积液过多、运动量过大时，表现混跛。

胫距关节急性和亚急性浆液纤维素性滑膜炎时，关节肿胀不甚明显，反之热痛反应和机能障碍非常明显，表现中度以上的混跛。他动运动和触摸患关节均有疼痛。当渗出液中含纤维素过多时，可听到捻发音。有时因滑膜囊变性和增厚，致使患肢的活动受到限制。

在临床诊断上应注意慢性胫距关节滑膜炎与慢性胫骨后肌及趾屈肌腱鞘炎的鉴别。关节滑膜炎的肿胀为圆形，指压一憩室滑膜囊积液可窜入另一憩室，他动屈曲患关节时渗出物在关节腔内移动，憩室肿胀随之变小。在腱鞘炎时，肿胀为长椭圆形，沿腱纵行，指压和他动运动屈曲关节，肿胀不变形、不缩小。

（二）浆细胞-淋巴细胞滑膜炎

浆细胞-淋巴细胞滑膜炎是发生在犬的与滑膜浆细胞和淋巴细胞渗出有关的免疫介导性关节疾病。它常发生于犬的膝关节，导致前十字韧带退化或断裂、关节不稳和退行性疾病。

1. 症状 患病犬常一侧或双侧发生急性或慢性跛行，表现与十字韧带断裂后的前拖症状。由于关节渗出和慢性关节周围软组织纤维变性，关节僵硬加重。

2. 诊断 根据病史、临病表现、关节滑液检查、关节被动运动检查等可做出诊断。浆细胞-淋巴细胞关节滑膜炎引起的前十字韧带断裂应与外伤性断裂相区别。依据前十字韧带断裂的快慢程度不同，膝关节X射线平片上关节渗出和关节退行性病变也不同。血象和血清生化检查结果正常。滑液通常较稀薄和浑浊，淋巴细胞和浆细胞较多，滑膜活检显示其表面绒毛增生，滑膜和十字韧带有淋巴细胞和浆细胞浸润。

3. 治疗 采用糖皮质激素进行治疗，剂量应控制在最小量。若皮质激素治疗效果不好，可用环磷酰胺和咪唑硫嘌呤治疗。

（三）化脓性滑膜炎

化脓性滑膜炎（suppurative synovitis）是关节化脓性炎症的初发阶段，化脓感染仅局限于关节滑膜层，临床所见的关节化脓感染多为此种类型。但是，由于原因、组织损伤的程度、病原菌的种类和毒力、机体抗感染能力的强弱以及治疗效果等的不同，关节的感染化脓的程度也不同。如若病势不断发展，可能感染侵害关节纤维层和韧带（化脓性关节囊炎）、软骨和骺端（化脓性全关节炎），则往往并发关节周围组织的化脓性炎症、骨髓炎等，严重时可引起全身化脓性感染。此病常发生于马的肘关节、腕关节及系关节，牛也发生。

1. 病因及病理 本病主要是化脓菌引起的关节内感染。病原菌的侵入径路为：关节创伤感染；邻近软组织或由骨的感染所波及（如牛、猪、羊的趾间腐烂的蔓延）；血行性感染如牛的乳房和子宫的化脓灶、膈肌脓肿、心内膜炎，猪、马等去势创化脓病灶的转移，牛、羊、马等的败血病所引起多发性关节炎。

病原菌多为葡萄球菌、链球菌、大肠杆菌、坏死杆菌、嗜血杆菌、支原体等。初生畜的血行感染常为大肠杆菌和链球菌。还有脐带感染（初生驹的副伤寒杆菌、初生仔猪的猪丹毒菌、犊牛的沙门菌等），或为某些传染病（腺疫、流行性感冒、牛结核等）的并发症。除细菌性感染外，还有支原体、病毒和真菌性感染。

病初首先是化脓性滑膜炎，滑膜和滑膜下层充血，渗出液增多浑浊，内含大量白细胞，滑膜下层白细胞浸润，滑膜肿胀粗糙，绒毛增生肥厚，滑膜表层增生灰红色肉芽，脓性渗出物大量积聚于关节腔。关节纤维层肿胀，关节周围蜂窝组织出现炎性水肿和脓性浸润，关节囊蜂窝织炎，关节软骨有时浑浊、粗糙，尚无实质的破坏。此时脓液呈乳脂样稠度，为灰黄色或淡绿色，脓液中含有各种分叶核白细胞，变性的滑膜细胞、黏液及大量的细菌，有时含有纤维蛋白块。化脓性渗出物侵入关节旁组织，形成脓肿或关节旁蜂窝织炎。当关节的化脓性炎症发展到最后阶段，引起软骨的破坏和剥离，关节面的破坏，并引起骨髓的化脓性炎症，甚至出现脓毒败血症。有时关节骺端骨膜出现骨质增生。

2. 症状

(1) 化脓性滑膜炎：比浆液性滑膜炎的症状剧烈，并有明显的全身反应，体温升高(39℃以上)，精神沉郁，食欲减少或废绝。患关节热痛、肿胀，关节囊高度紧张，有波动。站立时患肢屈曲，运动时呈混合跛行，牛、马同样在严重时卧地不起，穿刺检查容易确诊。

关节透创时，由伤口流出混有滑液的脓液，但有时因伤口过小或被纤维蛋白凝块堵塞时，只有在屈伸病患关节时，能明显流出脓液。

(2) 化脓性关节囊炎：是化脓性滑膜炎症的感染进一步发展，感染发展至侵害纤维层和韧带。在关节软组织中形成脓肿或蜂窝织炎。患部显著肿胀，关节外形展平，发热疼痛。如有瘘管或伤口则由此处流出脓液。他动运动有剧痛，病畜高度跛行，患肢不能负重。精神沉郁，食欲减退，体温增高。

(3) 化脓性全关节炎：化脓性滑膜炎经 2～3 周后，如病势过重或治疗不当，有时发展到关节的所有组织，滑膜层、关节囊、软骨、骺端及关节周围组织都引起发病，并发关节周围炎及蜂窝织炎。由于关节腔脓液蓄积过多，关节囊扩大，易引起扩延性关节脱位。关节囊、软骨及骺端的破坏是引起破坏性关节脱位的原因。患病关节热痛、肿胀硬固，关节旁组织形成脓肿或瘘管，患肢炎性水肿。病畜站立屈曲患肢，常卧地不起，重度跛行。患肢肌肉表现萎缩。病畜精神沉郁，无食欲，体温 39～41℃。慢性病例表现间歇热型，病畜逐渐消瘦。

初生畜常多数关节同时发病（多发性关节炎），重度跛行，甚至不能起立。并发脐静脉炎，且常在肝、心内膜等部位形成新的病灶。

临床诊断时，做滑液的实验室检查可识别滑膜炎类型、病原体、病的发展阶段及组织的受害程度。在区别诊断方面应注意与化脓性黏液囊炎、化脓性腱鞘炎鉴别。

3. 预后　急性化脓性滑膜炎，及时妥善治疗，一般预后良好。化脓性关节囊炎、化脓性全关节炎多数并发全身症状，预后不定或不良，往往死于治疗不当和不及时。慢性化脓性滑膜炎常遗留关节僵直后遗症，高度运动障碍，失去其经济价值。

4. 治疗　早期控制感染，排出脓液，减少吸收，提高抗感染能力。

原发性关节创伤，做周密的创伤处理，按关节创伤处置。

为了控制感染，参照滑液检查结果，全身应用大剂量的抗生素和磺胺制剂，患病关节包扎制动绷带。排除脓液，局部外科处理后，穿刺排脓，然后用 0.5%盐酸利多卡因溶液冲洗关节腔至滑液透明为止，再向关节内注入利多卡因青霉素和链霉素。

患关节肿胀严重时，可用普鲁卡因封闭。

化学疗法药物很多，药物的选择应注意到对病畜用药的反应，用药的经过史，现症及病的发展趋势等。有的病例需做早期大剂量抗生素疗法，可取得明显效果。某些病马体内产生抗青霉素的青霉素酶，对青霉素有抗药性。葡萄球菌感染，当用青霉素无效时，应及时选用其他抗生素，由于新青霉素Ⅰ在滑液中持续时间较长，对马的化脓性滑膜炎、化脓性全关节炎效果显著。当马感染金黄色葡萄球菌性化脓性滑膜炎和化脓性全关节炎时，用新青霉素Ⅰ效果良好。

在使用化学疗法已控制住局部化脓情况下，在治疗用药的第 5～6 天，为了加强抗炎、抑制渗出和预防转为慢性，作为辅助手段可用类固醇激素和蛋白分解酶进行治疗。

系关节化脓性滑膜炎蓄脓过多时，可切开。正面切开部位在系关节前面指总伸肌腱侧方，垂直切开 5～6cm；侧面切开部位在内、外两侧掌骨远端与悬韧带之间，垂直切开 3～4cm。切开后用 0.25%～0.5%盐酸利多卡因青霉素溶液、生理盐水冲洗关节腔。

关节周围脓肿时，切开按化脓创处理。严重的关节囊蜂窝织炎时，切口要大，便于排脓和洗涤。

在治疗中注意全身疗法，广泛使用抗菌、强心、利尿及健胃剂。对原发传染病进行彻底治疗。

对病畜加强护理，起立困难、长时间侧卧时，注意褥疮的预防和治疗，特别是驹、犊不能采食、吸乳时，需加强人工喂饲，以防衰竭。

七、关节炎

关节炎（arthritis）是指关节组织的炎症性疾病。关节炎根据有无感染可分为感染性关节炎和非感染性关节炎。感染性关节炎可由细菌、立克次体、螺旋体、真菌、支原体、原虫等引起。非感染性关节炎又可分为侵蚀性和非侵蚀性的，前者包括风湿性关节炎、猫慢性进行性多发性关节炎、骨关节炎，后者包括突发免疫介导的非侵蚀性多关节炎、慢性非侵蚀性多发性关节炎、浆细胞-淋巴细胞滑膜炎等。根据关节液的性质可分为浆液性关节炎和化脓性关节炎。浆液性关节炎实质上为浆液性关节滑膜炎。化脓性关节炎与化脓性关节滑膜炎的病理变化基本相同，化脓性关节滑膜炎侧重于关节滑膜的病理改变，在一定阶段伴随有关节软骨和关节面的损害，而化脓性关节炎侧重于整个关节（包括关节软骨和骨）的病理改变。下面重点介绍立克次体性多发性关节炎、突发的非侵蚀性的免疫介导的多发性关节炎和慢性非侵蚀性多发性关节炎。

（一）立克次体性多发性关节炎

立克次体性多发性关节炎可由埃利希体或立氏立克次体引起，由后者引起的也称为落基山斑疹热，蜱为传播媒介。

犬埃利希体病临床表现为急性或慢性发热、厌食、淋巴结病、体重下降、跛行、关节疼痛、出血斑和神经症状。犬落基山斑疹热通常为急性发病，表现为多肢跛行、关节疼痛、发热、点状出血、淋巴结病、神经症状、面部水肿和四肢水肿。

立克次体多发性关节炎可根据病史、临床症状、流行病学做出初步诊断，结合血液学、生化试验、病原分离与鉴定、血清学试验等可做出确切诊断。立克次体多发性关节炎的血小板异常减少，关节液中非退化多形核白细胞数量增加，X 射线平片变化特征包括关节渗出、关节周围软组织肿胀、骨和软骨表面正常。

立克次体性多发性关节炎应早期治疗，首先使用四环素、强力霉素治疗几天，急性期治疗 48h 病情明显改善，应继续用药 10～14d。慢性者，除抗生素治疗外，应配合一定的支持疗法。

（二）突发非侵蚀性免疫介导的多发性关节炎

突发非侵蚀性免疫介导的多发性关节炎没有明确病因，反复突然性发作，早期软骨和骨组织不受损害。临床上主要见于犬，少见于猫。

患病动物呈急性或慢性跛行，关节僵硬，提举困难，发热、厌食，有时出现精神沉郁。尽管多个关节发病，但常一肢出现跛行。患病关节触诊疼痛、活动范围减少。椎关节患病时，颈部和脊椎高度敏感。皮炎、肾小球肾炎、视网膜炎也有发生。

此病可根据滑液检查、X射线检查以及排除其他多发性关节病因（如化脓性关节炎、立克次体性关节炎、风湿性关节炎、炎性非侵蚀性关节炎、退行性关节病等）做出诊断。患病关节X射线平片显示无可见软骨和骨异常，无关节液渗出和关节周围软组织肿胀。关节滑液稀薄而浑浊，黏蛋白凝集试验正常，非退化性白细胞数显著增加，未见微生物，细菌培养阴性。滑膜组织活检显示滑膜内层肥大，多形核或单核细胞浸润。多数犬血清抗核自身抗体阳性，风湿因子试验阴性。

治疗选用糖皮质激素，泼尼松每天每千克体重2～4mg，连用2周，然后每天每千克体重1～2mg，连用2周，若临床症状好转则再将剂量减少或隔日使用3～4周。有些动物需终身用药。如皮质激素治疗临床症状仍然存在，可用环磷酰胺和咪唑硫嘌呤治疗。这些药物抑制骨髓生成，应每两周或不适时进行血象检查。环磷酰胺还可引起无菌性膀胱炎，咪唑硫嘌呤可引起肝病和胰腺炎。

（三）慢性非侵蚀性多发性关节炎

该病可继发于任何慢性炎症疾病或持久刺激。此外，一些疾病（如慢性感染、细菌性心内膜炎、胃肠炎、溃疡性结肠炎、肿瘤）和药物（如磺胺甲噁唑-甲氧苄啶、磺胺嘧啶-甲氧苄啶）可以诱导免疫复合物形成，从而引起关节炎。

患病关节滑膜增厚、充血、水肿、纤维蛋白沉积。有时关节软骨表面有纤维蛋白层，但骨和软骨没有受损。患病动物常有急性或慢性跛行，关节僵直，起立困难，发热、厌食，有时精神沉郁。关节触诊疼痛，活动范围减少。原发病的症状有时也会同时表现出来。

此病应根据滑液检查、原发病鉴别进行诊断。注意与化脓性关节炎、突发性非侵蚀性关节炎、退行性关节病等鉴别。患病关节无可见异常或明显渗出液，滑液稀薄、浑浊，黏蛋白凝集试验正常，有核细胞数量增多，非退行性白细胞占绝大多数。多数犬血清抗核抗体和类风湿因子滴度较低。滑膜活组织检查显示滑膜内层肥大，并有单核或多形核细胞浸润，关节细菌学检查阴性。

治疗应直接消除原发病。严重病例，可以通过短期口服或注射糖皮质激素来控制滑膜炎。

八、关节周围炎

关节周围炎（periarthritis）是在关节囊及韧带抵止部所发生的慢性纤维性和慢性骨化性炎症，但不损伤关节滑膜组织。此病多发生于马和奶牛的腕关节、跗关节、系关节和冠关节，特别是前二者比较多见，牛也发生。

（一）病因

常继发于关节的捩伤、挫伤、关节脱位及骨折等，因关节剧伸，韧带、关节囊的抵止部的滑膜发生撕裂，有时并发于关节囊的蜂窝织炎，以及凡能使关节边缘的骨膜长期受刺激的慢性关节疾病，关节烧烙和涂强刺激剂，牛的布氏杆菌病等，都能引起关节周围炎。

（二）症状

本病可分为慢性纤维性关节周围炎和慢性骨化性关节周围炎两种。

慢性纤维性关节周围炎时，患病关节出现无明显热痛、界限不清的坚实性肿胀，关节粗大，外形稍平坦，关节活动范围变小，他动运动有疼痛。运动时关节不灵活，特别是在休息之后，运动开始时更为明显，继续运动一段时间后，此现象逐渐减轻或消失，久病可能因增生的结缔组织收缩，发生关节挛缩。

慢性骨化性关节周围炎时，由于纤维结缔组织增殖、骨化，关节粗大，活动性小，甚至不能活动，肿胀、坚硬、无热痛。硬肿部位根据骨赘或骨瘤的部位不同，有的在某侧，有的在关节的屈面或伸面，有的包围全关节。肿胀部位皮肤肥厚，可动性小。运动时，关节活动不灵活（强拘）、屈伸不充分，并根据骨质增生的程度、部位的不同，机能障碍的程度也不同。有的跛行明显，有的仅在运动开始时出现跛行，有的不出现跛行。休息时不愿卧倒，卧倒时起立困难。病久患肢肌肉萎缩。诊断本病时，对有疑问的病例，可进行传导麻醉或X射线检查。

(三) 治疗

对慢性纤维型关节周围炎，应用温热疗法、酒精温敷、可的松皮下注射、透热疗法及碘离子透入疗法。还可试用二氧化碳激光扩焦患部照射。

已发展到骨化性关节周围炎时，可参考骨关节炎和骨关节病疗法。

(四) 各种关节周围炎

1. 腕关节周围炎（periarthritis of the carpal joint） 腕关节周围炎的特点是病程为慢性经过，病后早期阶段患关节周围呈现弥散性热痛肿胀，指压韧带经过处及附着点，肿痛热显著。自动、他动运动有明显疼痛。站立时，腕关节屈曲以蹄尖着地，运动时呈混合跛行。转为骨化性炎症时，患关节粗大、变形，无痛或微痛性硬固肿胀。关节运动不灵活，如强迫患肢屈伸时，有明显疼痛反应。运动时呈轻度或中度跛行，患病关节活动性降低。运动或使役时间过长时，患肢易疲劳，病畜起卧困难，患肢肌肉萎缩。

2. 跗关节周围炎（periarthritis of the hock joint） 病初跗关节周围弥散性肿胀、硬固，无热痛。有时肿胀面积波及很广，可由胫骨下端到跖骨上端的各列关节骨上。患部的皮肤与皮下结缔组织、腱鞘及关节囊纤维层粘连，经常是完全不动。在韧带的附着点可摸到外生骨赘，关节粗大。他动运动时，患关节疼痛，活动范围很小。站立时，轻度屈跗。两后肢同时发病时，交替负重，起卧困难。运动时，表现不同程度的混合跛行（患关节机能障碍取决于骨赘及外生骨瘤的部位、大小，如外生骨赘和骨瘤位于跗关节外侧时，则不出现跛行）。病程经过比较慢。病久患畜臀部、股部肌肉萎缩。

九、骨关节炎

骨关节炎（osteoarthritis）是关节骨系统的慢性增生性炎症，又称为慢性骨关节炎。在关节软骨、骨骺、骨膜及关节韧带发生慢性关节变形，并有机能障碍的破坏性、增殖性的慢性炎症，所以又称为慢性变形性骨关节炎，最后导致关节变形、关节僵直与关节粘连。

骨关节炎和骨关节病均是慢性经过的骨关节疾病。其不同点是：第一，骨关节炎是来自急性炎症转化的慢性骨关节炎或原发性慢性型骨关节炎，而骨关节病是骨关节的慢性变性疾病；第二，骨关节炎最终引起关节骨性粘连，骨关节病却不发生粘连。

骨关节炎常见于马、骡，牛偶有发生。常单发于某个关节，偶有对称性发病，多见于肩、膝、跗及系关节。

(一) 病因

骨关节炎是急性关节炎症过程的晚期阶段，各种关节损伤，如关节的扭伤、挫伤、关节骨折及骨裂等，都是发生骨关节炎的基本原因。甚至关节骨组织的轻微损伤，如骨小梁破坏、骨内出血及韧带附着部的微小断裂等引起轻微的或几乎不易见到临床症状的病理过程，最后都可发展为骨关节炎。此外，也可能继发于风湿病、布氏杆菌病和化脓性关节炎。

动物的肢势不正、关节的结构不良、削蹄和装蹄不当等为发生骨关节炎的内在素因。

(二) 病理

骨关节炎是由关节各组织急性炎症过程发展而来的，病理发生决定于原发性炎症的部位，有的可能由关节软骨、骨骺或骨膜先开始发病；有时是单一组织发病，有时是几种组织同时发病。骨膜的炎症过程，由急性炎症转为慢性骨化性骨膜炎；形成骨赘或外生骨疣。当关节软骨受损伤时，软骨迅速破坏。发生于骨的变化是骨质损伤及骨关节面的破坏，随后出现骨性肉芽组织；骨关节粘连，骨质硬化，关节滑液量减少。有的可能开始于关节囊的纤维层、滑膜层以及关节韧带和周围的软组织慢性增生性炎症，引起结缔组织增生。

骨关节炎常发生于关节的内侧面，与肢体的负重和承受压力有关，在肩关节和跗关节更为显著。

(三) 症状

骨关节炎的主要临床症状是跛行和关节变形（畸形）。原发性急性关节炎时有关节急性炎症病史，转为慢性炎症过程表现骨关节炎的特有症状。关节骨化性骨膜炎时，形成骨赘或外生骨疣，关节周围结缔组织增生，关节变形以及关节粘连。因此，表现跛行，跛行的特点是随运动而加重，休息后减轻。这些病状较为明显。发生于反复微小的损伤时，只在病的晚期逐渐呈现临床症状，病初不明显。

(四) 诊断

病初诊断有一定困难，当已发展为慢性变形性骨关节炎时，容易诊断。为了与骨关节病、关节周围炎的鉴别诊断，必须进行 X 射线检查，判明有无外生骨赘和关节粘连。但在骨关节病时，可见骨质增生，无关节粘连。

跗关节骨关节炎在 X 射线像上表现患关节粘连，关节间隙消失，骨赘形成和关节韧带骨化。关节屈曲试验阳性（具体做法是马站立下，用手抓住马的跖部，用力向上抬举患肢，使跗关节屈曲，经 3min 后放下，让马快步运步，马的患肢跛行严重甚至跳跃前进称为实验阳性），与骨关节病相同。

慢性骨关节炎晚期常发生患肢肌肉萎缩及蹄变形。

为了区别患肢的某一关节发病，可进行传导麻醉。

(五) 预后

跗关节骨关节炎发生于活动性较小的关节（中央跗骨与第三跗骨间）时，最终关节粘连，跛行减轻或消失，预后尚可；胫跗关节骨关节炎常伴发顽固性难以消除的跛行，预后不良。

(六) 治疗

合理地治疗早期的急性炎症，可以在初病阶段控制与消除炎症，有利于防止本病的发生。当在临床上已发现慢性渐进性骨关节炎症状时，必须给病畜 45～60d 的休息；患部涂刺激性药物，或用离子透入疗法。为了消除跛行，促进患关节粘连，可用关节穿刺烧烙法（如跗关节骨关节炎）。顽固性跛行，可进行神经切断术。

（七）各种骨关节炎

1. 慢性肩关节骨关节炎 患关节边缘骨质赘生，形成骨赘或骨疣，关节变形粗大，或弥漫性肿胀，肿胀硬固，轻微疼痛或无痛，皮肤硬固。关节进行性僵直、跛行，站立时患肢屈曲。运动时，活动性变小，他动运动有疼痛。跛行随使役的增加而加重，休息后减轻，病马起卧感到困难，患肢肌肉萎缩。

2. 慢性系关节骨关节炎 常在患关节内侧或背侧面形成外生骨赘，变形粗大，或弥漫性肿胀，肿胀硬固，疼痛轻微或无痛。患关节进行性僵直，表现中度支跛。站立时患病关节屈曲，运动时迈出困难，他动运动患病关节有疼痛。跛行特点同前。

3. 慢性膝关节骨关节炎 病初缺乏临床上的形态学变化，有轻度支跛。跛行程度随关节软骨和骨骺的破坏性变化的发展逐渐加重，站立时屈曲患肢的膝、跗关节，高抬患肢。两膝关节同时发病时表现交替负重。运动时患肢蹄尖轻轻着地，磨损蹄尖。快步运动感到困难。患病关节变形时，特别是关节周围型骨关节炎，患部硬固、粗大、无痛，以患病关节内侧胫骨头附近最明显。股四头肌和臀肌明显萎缩。

4. 慢性跗关节骨关节炎 患病关节肿胀部位不规律，有时位于胫距关节的内侧和外侧面，肿胀硬固。关节仍有一定活动性，此时表明病变主要集中于关节囊。当患病关节已失去活动性时，表明关节发生粘连，肿胀、硬固、无热痛。有时胫距关节、中央跗骨与第三跗骨及第三跗骨与第三跖骨间同时发病，关节变形粗大，患肢运动开始跛行较重，随运动逐渐减轻。

十、骨关节病

四肢关节慢性非渗出性关节骨组织系统的退行性变性疾病，称为骨关节病（osteoarthropathy），又称为变形性关节病。该病缺乏病理解剖的炎症变化，表现为明显的变性、破坏与反应性修复的慢性病理过程。病变发生于关节软骨、骨骺及关节小骨之间。

常发于肩关节、腕关节、膝关节、跗关节及系关节，是马、骡的多发关节疾病，特别多发于跗关节，役牛也有发生。跗关节骨关节病曾有惯用旧名“飞节内肿”之称，实际是包括骨关节病和骨关节炎。跗关节骨关节病常发生在缺乏活动性的关节（多在中央跗骨与第三跗骨之间），发病部位多在该关节的内前侧。

（一）病因

在正常情况下，四肢关节不论在静止或运动时，关节面的接受压力与抗压力、摩擦与抗摩擦，都保持着相对的平衡状态。马、骡的钙磷代谢失调、骨软症、维生素 D 缺乏、肢势不正（内弧肢势、外弧肢势、外向肢势）、肢体内侧负重偏大、关节发育不良（关节狭小与负重需要不适应）等是本病的主要内因；削蹄、装蹄失宜，幼驹过早使役，突然在坚硬不平道路上剧烈使役，奔驰中的急转、急停，辕马用力后退等诱因，能促使具有上述内因的马、骡的关节接受压力过重、过激，以及超生理范畴的摩擦与压迫，使关节的动力平衡受到破坏，均容易引起骨关节病。

（二）病理

骨关节病初期有关节软骨的慢性变性，关节软骨失去光泽，弹性减退，在磨损、破坏及消耗变性过程中，软骨表面凹凸不平、粗糙、纤维解离，在软骨上发生大小不等的缺损，关节骨面暴露。在失去软骨的关节骨面，由于相互摩擦和冲击压迫，使骨组织受到损伤，松质骨的骨小梁有的遭到轻微的破坏，在骨的边缘由于骨膜受刺激发生骨质增生。在骨组织系统的变性破坏的基础上，引起反应性修复，骨组织发生增生，增生的骨质一般比较疏松，最终出现关节变形。关节面的密质骨增厚，致密硬化。关节滑液常为浑浊，有时含有少量絮状物。

（三）症状

骨关节病是逐渐发生、发展而形成，早期症状不明显，不易确诊，只有在疾病的发展中，关节功能出现障碍时，一般在临床上只见跛行，无明显的局部变化（如跗关节骨关节病时，一般称为隐性飞节内肿）。当骨质增殖形成骨赘时，骨赘多在韧带附着处，关节变形，跛行明显，以混合跛行为主，其特点是随运动减轻。有时患关节虽明显变形，但跛行不甚明显。患病过久，患肢肌肉萎缩，关节不粘连。

（四）诊断

跗关节骨关节病的诊断较难，应注意与跗关节骨关节炎鉴别诊断。常用下列四种方法：

（1）跗关节屈曲试验阳性，与关节骨关节炎、膝关节骨关节炎及骨关节病均表现相同反应。因此，必须参考其他诊断方法做细致的鉴别。

（2）用诊断麻醉确定病变部位。

（3）触摸跗关节沟，正常马、骡的跗关节，在剪毛或剃毛后可摸到4道关节沟：一是第二跖骨与第三跖骨，第四与第三跖骨之间的垂直沟；二是第三跗骨与第一、二跗骨之间的垂直沟；三是第三跗骨与第三跖骨之间的横沟；四是第三跗骨与中央跗骨之间的横沟。第三、四条横沟表现不清是骨关节病的特征。

（4）骨关节病的X射线影像特点：一是患关节骨间隙比正常的狭窄，在中央跗骨与第三跗骨间最狭窄，不论病程长短与症状轻重，患关节的间隙都不消失。反之，跗关节骨关节炎因关节粘连，见不到骨间的间隙。二是中央跗骨、第三跗骨及第三跖骨的近端骨质因硬化，表现骨的影像改变。三是中央跗骨及第三跗骨内侧面有骨质增生（骨赘）。

根据上述X射线影像的表现特点，可进一步确定骨关节病的病性和病理过程的阶段时期。

（五）预后

发病早期，预后慎重，少数不良；慢性经过至晚期并长期存在跛行者，预后不良。

（六）治疗

早期发现，早期治疗，消除跛行，恢复功能。

早期治疗以镇痛和温热疗法为主，或用封闭疗法。温热疗法用透热疗法、短波疗法等调节代谢，促进修复。

晚期治疗以消除跛行、恢复功能为主。为使已形成骨赘、能微动的患关节发生粘连，消除跛行，保存畜力，可应用强刺激疗法，诱发患部骨关节出现急性炎症，以达到关节粘连，消除跛行。涂擦5%碘化汞软膏、斑蝥软膏（牛用10%重铬酸钾软膏），包扎绷带，观察疗效。或用1∶12的升汞酒精溶液涂于患部，每天1次，用至皮肤结痂为止，休息7d可再用药，连用3次。或用穿刺烧烙疗法促进关节粘连，局部剃毛、消毒、麻醉后，于中央跗骨与第三跗骨之间骨赘明显处向深部穿刺烧烙2～3点（跗关节骨关节病时），用碘仿火棉胶封闭烧烙孔，包扎无菌绷带。此外，需要配合进行削蹄、装蹄疗法。蹄踵过低的马、骡，削蹄时应注意保护蹄踵，或在装蹄时加橡胶垫，或装着特殊蹄铁，如用内侧铁支剩缘宽、剩尾长的蹄铁及铁头部不设上弯的蹄铁等。

胫前肌腱内支切断术，可消除跛行，效果较好。

（七）预防

加强饲养管理，注意补给维生素C和钙盐。不饲喂霉败饲料，预防骨软病。提高使役技术，改善使用方法，调整使役，如轮换使辕马等。普及护蹄知识，提高削蹄、装蹄质量。对不正肢势、不正蹄形的马、骡，做好矫形装蹄。定期检查护蹄、饲养管理和使役情况，发现问题及时排除。

（八）骨关节病

1. 跗关节骨关节病 常发生于辕马（骡）的某后肢，两后肢同时发病较少，有时一肢发病，经过一定时间另肢又发病。以跛行和关节变形为主要症状。

跛行的特点是在整个病程中都存在跛行，但程度不同，发病早期常为支跛，随病势激化表现以支跛为主的混跛。病畜站立以蹄尖着地或屈曲系关节，不时起落患肢。如两后肢发病则交替负重。他动伸展，患病关节有疼痛。运动时跗关节屈曲不全，患肢提起慢而低，蹄尖先着地。运动开始时跛行明显，随运动逐渐减轻，甚至消失。经过短时间休息后再运动，仍跛行明显。

关节变形来源于骨质增生。骨赘多发生于中央跗骨和第三跗骨之间、第三跗骨与第三跖骨之间（比较少些）的关节边缘，很少发生在距骨与中央跗骨之间。变形部位多在患关节的内前面，呈扁平形，无痛、无热。

2. 腕关节骨关节病 发病部位常在腕掌关节和腕间关节，主要症状是跛行和关节变形。跛行特点是站立时负重不确实，运动时腕关节活动不灵活，表现轻度或中度的混跛。快步易跌倒。

关节变形部位多在腕关节的内侧或背侧，骨质增生形成骨赘，一般不侵及桡腕关节。患关节粗大、肿胀、硬固，无热、无痛。他动运动患病关节屈伸不灵活，有抵抗感，表现疼痛。

十一、骨软骨炎

骨软骨炎（osteochondritis）是动物软骨内骨化障碍，即骨发育不良所致。常危害关节骨骺和干骺端软骨，以肩关节、肘关节、系关节、髋关节、膝关节和跗关节多发。

本病可引起多种临床症状，最常见的有分离性骨软骨炎和软骨下囊状损伤（骨囊肿）两种。马、牛、猪、犬和禽均可发病，更多见于赛马。近些年发病率逐渐增多。

（一）病因和病理

1. 营养和生长速度关系 喂饲高价营养饲料和处于生长时期的动物发病率高。生长快的和喂精料过多的动物易患本病。但是不同动物也有一定的区别，例如猪的增重率和发病率呈显著的正相关。马属动物若摄入的其他营养成分正常，仅蛋白质过剩，对软骨和钙的吸收利用并无影响，很少发病，但蛋白和能量同时过剩，则发病率显著上升。生长快的雄性犬比雌性犬发病率高两倍，且主要发生于大型犬，20kg以下的小型犬几乎不发病。

2. 外伤 广泛的压迫可影响成熟过程中的软骨细胞的正常生长，反复的外伤可能造成软骨骨折以及骨的离断。

3. 遗传因素　目前认为归因于动物遗传性生长速度过快。

4. 激素代谢失调　骨钙化过程是在激素控制下进行的。雌性激素和睾酮抑制软骨细胞的增殖；糖皮质激素抑制骨骼生长；生长激素调节软骨细胞的有丝分裂；甲状腺素是软骨细胞成熟和增殖所必需的。已知激素代谢失调可引起骨生长紊乱。但激素在本病发生中的作用机理尚未完全清楚。

本病的发生一般认为主要因外伤引起软骨下骨缺血性坏死所造成。从临床形态和X射线所见，在马与其他家畜基本相似。其早期变化是软骨内骨化异常。软骨内骨化包括软骨增殖、成熟和钙化，最后形成骨。软骨基质的钙化导致软骨细胞的死亡，结果形成新的骨质。

在本病发生时软骨细胞正常增殖，但其成熟和分化过程异常。在病的进展中随着软骨细胞继续增殖，而被保留于周围的软骨下骨内。接着，较深层的软骨发生坏死，于是在坏死软骨内出现许多裂隙。如发病面积大，这些裂隙可延伸到关节表面，导致分离性骨关节炎。反之面积局限较小，坏死软骨就成了软骨下骨内的一个局部缺损——软骨囊状损伤。

这两种情况，软骨下骨小梁都变得很致密，同时骨髓腔内发生纤维性组织增生。

（二）症状

分离性骨软骨炎多发于两岁以下幼龄动物的股膝关节和胫跗关节。股骨远端发病往往跛行，而胫跗关节则无跛行，关节渗出性病变明显。

软骨下囊状损伤多发于老马，病初跛行不明显或间歇性跛行，晚期有时跛行严重。一般不出现渗出性病变。

患病关节滑液检查，一般正常或有轻度炎症反应。有核细胞总数在1 000个/mm^3以下，蛋白质水平一般为1.5～3g/100mL。

病理学和X射线检查可见，胫骨正中嵴远端常出现一块以上的碎片，附于胫骨上。患部在股骨远端侧滑车嵴时，出现疏松骨片，或在关节内呈游离小体。患部周围的软骨出现皱缩和变软。X射线照片上显示出软骨下骨轮廓不规则并有断裂。

镜检可见软骨退化、裂隙、软骨下骨小梁变粗，骨髓间隙出现纤维组织增生。

（三）治疗

本病有保守疗法和手术疗法两类，以何为主尚待探究。

1. 保守疗法　主要针对症状轻微、发病时间短的病畜。休息静养。应用非甾体类抗炎药物，在犬主张用阿司匹林，剂量为每千克体重10mg，每天3次，连用1周，最多不超过10d。

2. 手术疗法　主要针对症状严重、病程持续2个月以上的病畜。若X射线摄影有明显的分离性骨软骨炎和脱落的软骨片者，必须采取手术治疗。

（1）*常规关节手术*：首先切开关节，暴露患部，取出游离软骨片，用钻或匙刮除损伤部的软骨达骨实质。然后闭合关节。

（2）*关节镜手术*：有条件的可借助关节镜完成手术过程。

3. 各种骨软骨类的治疗

（1）*胫跗关节骨软骨炎*：跛行兼有渗出时，进行关节手术，摘除骨软骨片。有渗出而无跛行时，手术效果较好，特别是对赛马。

（2）*股膝关节骨软骨炎*：X射线证明存在骨碎片和疏松小体，宜手术，效果较好。若膝盖骨滑车侧嵴有明显缺损，不宜手术。膝盖骨远端损伤也可以手术。

（3）肩部骨软骨炎：很少见到游离骨碎片，但一般都出现第二次退行性关节病，以保守疗法为主。

（4）指（趾）关节骨软骨炎：若一肢发病，存在骨碎片时可行手术，多肢则不可手术。

（5）软骨下囊状损伤：过去很多人主张保守治疗，加大病畜的运动量，可使病情好转，囊消失，但不排除手术的疗效。要根据患部、病情酌情决定治疗方法。

十二、骺　炎

骺炎（epiphysitis）是一种以动物长骨骺部肿大为特征的关节肥大症，多发于马属动物。典型病例多见于小马，4～8月龄的幼驹发病率最高，病变主要发生于第三掌（跖）骨的远端和第一指（趾）骨的近端的内侧；1岁小马则常见于桡（胫）骨的远端（远骺端）；成年马甚少发生，而老马不发生此病。常发生于赛、骑马，一般两肢或多肢发病。其他动物也可发生。

（一）病因

本病系多因素引起发病，但骨骺的机械性压迫是该病的主要原因：育成赛马、骑马常因艰苦的调教，桡骨远端骨骺（正常骨骺需在生后24～27个月完全封闭）受持续性过度压迫；一肢患腱炎，对侧健肢负担过重，骨骺受到过重压迫；发育较快的轻骑赛马，肢体负担过重；弓形腿和内向蹄均为发生本病的原因。

营养缺乏也是发病原因之一。小马的正常生长期未补给足够的谷物，日粮中蛋白质不足能引起骺炎。日粮中维生素A、锌、钼过多能够引起类似骺炎的症状，但并非典型病因，钙磷代谢失衡是骺炎的诱因。有人研究认为甲状旁腺激素的分泌增多时，可增加骨的吸收而引起骺的变弱受损，发生骺炎。

（二）症状

临床上对此病首先注意查寻病因，调查研究病的发生。病马临床可见腕关节上方和系关节迅速肿胀，有温热和压痛，跛行程度不定。中等程度骺炎时X射线检查变化不明显。严重病例临床表现与X射线拍片变化一致，患部肿胀、疼痛、跛行。X射线变化为骺板变厚和不规则，干骺端和骨骺接近的生长板外伸和唇端突出而接近的骨密度增加。

（三）治疗

治疗原则是消除病因，充分休息，辅助以病因疗法。

外伤性骺炎应立即停止训练和竞赛，让病马充分休息，进行炎症的对症疗法。

起因于饲料问题，如谷物过多，粗饲料太少引起的，尽快改善饲料比例，减少精料，降低骨板生长的速率，限制病马活动1～2个月。

因铜缺乏或过多摄取钼的骺炎病马，需补铜，查找多钼的原因，除去病因，加强护理。如喂小马含锌过多的饲料（日粮的0.54%），也会出现类似骺炎的症状。钙、磷代谢明显失调时（钙缺乏<0.15%，磷过高0.3%～0.5%），注意补钙，并进行对症疗法。

十三、髋部发育异常

髋部发育异常（hipdysplasia）是生长发育阶段的犬出现的一种髋关节病，病犬股骨头与髋臼错位，股骨头活动增多；临床上以髋关节发育不良和不稳定为特征，股骨头从关节窝半脱位到完全脱位，最后引起髋关节变性性关节病。本病多见于大型、快速生长的品种，如圣伯纳、德国牧羊犬等，但在小型犬（比格犬、博美犬）和猫也有报道。

（一）病因

该病病因是多因素的，与遗传、营养、骨盆部肌肉状态、髋关节的生物力学、滑液量等都有关系。

在未成年犬，医源性原因也可引起本病。

（二）症状

4～12 月龄的病犬常见活动减少、关节疼痛。几年以后出现变性性关节病症候。病犬后躯摇摆、运步不稳，后肢拖地，以前肢负重，后肢抬起困难，运动后病情加重。股骨头外转时疼痛，触摸可感知髋关节松弛。负重时出现跛行，髋关节活动范围受限制。后肢肌肉可见萎缩。

病犬髋关节受损，出现炎症、乏力等表现。最终骨关节炎加重、滑液增多，环状韧带水肿、变长，可能断裂；关节软骨被磨损，关节囊增厚，髋关节肌肉萎缩、无力。

（三）诊断

根据病史、临床症状、被动运动检查及 X 射线检查可做出诊断。

1. 被动运动检查　动物侧卧位保定，患肢在上，检查者一手握住膝关节，其大拇指抵住股骨中部外侧，其他手指在内侧。另一手掌顶住髋关节，其食指抵在大转子上。提起股骨使其与诊疗台平行，向上推压膝关节，使股骨头产生不全脱位，然后膝关节外展，股骨头就会滑回髋臼窝中，并产生一种震动感，关节严重松弛时可听到“咔嚓”声。在成年犬有时可能因关节囊增生变厚关节松弛感不明显。

2. X 射线检查　动物可镇静或全身麻醉，使肌肉处于松弛状态。动物行仰卧保定，两后肢向后拉直、放平，并向内旋转，使两膝髌骨朝上，X 射线球管对准股中部拍摄。轻度时髋关节变化不明显；中度以上时可见髋臼变浅，股骨头半脱位到脱位（是本病的特征），关节间隙消失，骨硬化，股骨头扁平，髋变形，有骨赘。X 射线检查所见不一定与临床症候成正相关。

（四）治疗

控制运动，减少体重，给镇痛药。手术治疗可用髋关节成形术。耻骨肌切断，可减轻疼痛。

限制幼犬的生长速度，避免高能量的食物是预防本病发生的基础。本病有遗传性。

十四、累-卡-佩氏病

累-卡-佩氏病（Legg-Calve-Perthes disease）是以股骨头血液供应中断和骨细胞死亡为特征的综合征。在综合征修复期间，股骨头的一部分可能出现萎缩，引起关节面不相称和变性性关节病。此病最常见于 4～11 月龄小型犬。

（一）病因

病因不清楚。由于关节内压力增加，使骨髓血流减少，骨骺血管脂肪栓塞，细胞毒因素，遗传因素等可使本病发生和发展。

（二）症状

一侧或两侧后肢出现跛行，后肢肌肉出现萎缩。用手做髋关节他动运动时，动物有疼痛反应，并可听到“噼啪”音。

X射线检查可见股骨头软骨下面不规则或变平，股骨骨骺和干骺区放射学密度不规整，干骺区股骨颈的宽度明显增加，关节间隙宽度增加。

（三）治疗

股骨头尚无解剖畸形的犬，可用窄笼控制饲养6～12周。阿司匹林，每千克体重10～25mg，口服，2～3次/d，以控制疼痛。股骨头有解剖畸形的犬，或已经出现变性关节病的犬，需要切除股骨头和股骨颈，术后72h，髋部开始被动活动，每次15～20min，2次/d。缝线拆除后，可开始运动，拉着步行10～20min，2次/d。

十五、类风湿关节炎

类风湿关节炎（rheumatoid arthritis）是慢性进行性、侵蚀性和免疫介导的多发性关节病。通常侵害成年小型的和玩赏品种的犬（平均4岁）。

（一）病因和病理

确切病因不清楚，可能是多种致病因子相互作用的结果。这些因素包括药物（如普鲁卡因、青霉素、链霉素、四环素、灰黄霉素、磺胺、保泰松）和感染。细菌、支原体和病毒能通过人工感染引起近似类风湿性关节炎的症状，但没有一种病原从自然发生的类风湿关节炎病例中分离出来。

发病机理与免疫机制有关。机体产生抗内源性IgG的免疫球蛋白IgG和IgM（称之为类风湿因子），类风湿因子与IgG结合形成的免疫复合物，任何原因引起宿主滑膜免疫球蛋白G（IgG）改变，形成免疫复合体，沉积于关节滑膜，都可激活补体，产生白细胞趋化因子，进而引起滑膜炎症反应，滑膜渗出、水肿、纤维蛋白沉积，滑膜增生。随着病程发展，滑膜增厚、肥大，形成一种血管化的肉芽组织，干扰软骨来自滑液的营养，引起软骨坏死，并侵蚀软骨下骨，产生局部骨溶解，使关节面萎缩。严重者可累及关节韧带和肌腱。

（二）症状

开始的症候包括关节渗出和疼痛，关节轻度或明显肿胀，常累及几个关节发病，跛行时重时轻，反复发作。有的出现精神沉郁、发热和厌食等全身性症状。当经过几周到几个月后，患病关节（最常在腕关节和跗关节）变得松弛，触摸时有“噼啪”音，可发生脱位和成角畸形。

放射学摄片变化，早期可见关节周围软组织肿胀、骨质疏松和关节囊、韧带抵止区的骨溶解缺损。后期可见窄的、不规则到萎陷的关节间隙，骨膜增殖，关节囊钙化，骨硬化和关节畸形，有时也有半脱位和脱位。滑液黏液试验通常产生很少的块状物，白细胞数常常升高。

（三）治疗

给予泼尼松，第1～2天，每千克体重1.5～2.0mg，2次/d，口服；第3～14天，每千克体重2.0～3.0mg，口服，1次/d，早晨服；以后隔日1次，维持在每千克体重1.0mg，口服，无限期服用。

给予环磷酰胺，犬、猫体重小于 10kg 者，每千克体重 2.5mg。犬体重 10～35kg 者，每千克体重 2.0mg；体重超过 35kg 的，1.5mg。口服，1 次/d，午前服，每周连用 4d。治疗 4 个月后，或发生出血性膀胱炎、滑膜炎，停药 1 个月。

手术疗法：滑膜切除术和关节固定术。

十六、猫慢性进行性多发性关节炎

猫慢性进行性多关节炎（feline chronic progressive polyarthritis）是公猫的一种免疫介导性疾病，表现为骨膜的渐进行性增生和侵蚀性的多发性关节炎。通常侵害 1.5～5 岁的猫。

（一）病因和病理

病因不清楚，可能与猫的白血病病毒和猫合胞体病毒（FeSFV）有关。但通过这些病毒不能复制出该病。本病为免疫介导性关节炎。骨膜增生导致骨质疏松和关节周围骨膜内新骨形成。关节周围侵蚀和关节空间缩小导致关节僵硬。侵蚀导致的关节变化与犬类风湿关节炎相似。滑膜有淋巴细胞和浆细胞渗出。

（二）症状

发热，跛行，厌食，精神沉郁。关节周围肿胀、疼痛，常发生在跗关节和腕关节。区域淋巴结肿大，体重减轻。

（三）诊断

根据病史、临床症状、X 射线检查和实验室检查可做出诊断。应注意与脓毒性关节炎、退行性关节病和维生素 A 过多症相区别。

发病关节 X 射线平片显示关节表面新骨增生，软骨下骨密度下降和关节空间消失，软骨下骨、关节边缘不规则。关节周围软组织肿胀，关节出现融合。猫合胞体病毒和猫白血病病毒检测阳性。虽然仅能抽取少量的滑膜液，但它较黏稠且含有大量的非退化中性粒细胞。滑膜液和滑膜的细菌和真菌培养为阴性。

（四）治疗

同类风湿性关节炎。

十七、关节强直

关节强直（ankylosis）是指受损关节在愈合过程中因纤维组织增生或肉芽组织钙化造成的关节活动丧失。关节强直分为纤维性关节强直和骨性关节强直两种。

（一）病因和病理

该病可发生于关节骨折，特别是关节内骨折后，复位不当；骨化性肌炎；肌肉、肌腱、韧带、关节囊等损伤引起的广泛严重粘连；关节创伤后治疗不当，如长期固定、强力活动、治疗不当等；关节感染；关节手术。纤维性强直表现为关节软骨破坏，软骨下骨暴露，大量肉芽组织形成，并逐渐转变为成熟纤维组织，使关节完全丧失功能。骨性强直则表现为关节软骨被破坏后，骨端间肉芽组织填充，并通过骨化而使两骨端连接。

（二）症状

关节和肌肉僵硬，关节不能活动，初期伴有疼痛，后期疼痛减轻，完全丧失关节功能，出现跛行。若脊椎关节发生强直，动物站立时弓背，运步不灵活，起卧困难，椎体腹面形成外生骨瘤时，运步可出现摇摆，严重时可出现截瘫。纤维性强直时，X射线表现为关节间隙变窄、关节骨质破坏。骨性强直X射线表现为骨端破坏，关节间隙模糊，有骨小梁通过关节间隙。

（三）治疗

要早期发现，早期治疗。可使用镇痛剂和糖皮质激素。后期病例无有效治疗方法。

十八、关节挛缩

关节挛缩（articular contracture）是因肌肉、关节囊及韧带纤维化，引起以关节僵直为特征的综合征。本病可发生于多种动物。

（一）病因

分先天性和后天性原因。先天性病因不清，可能与胚胎早期受内外因素的影响引起发育异常有关。后天性可因营养不良、肌肉风湿、佝偻病、腱炎、关节炎、关节周围炎、关节扭伤、关节脱位、关节骨折、骨瘤等诱发。

（二）症状

患病关节出现不同程度的变形或屈曲，受累肢体肌肉明显萎缩，跛行。幼驹常发生球节挛缩，以蹄尖负重，行走时易蹉跌，重者球节不能伸展，球节前面接触地面，常继发创伤或化脓性关节炎。小型犬常见膝关节挛缩，后肢站立困难。

（三）治疗

需遵循下列原则：①早期采取软组织松解，切开或切除某些阻碍关节运动的关节囊、韧带和挛缩的肌肉。②支具固定具有一定的辅助作用。③治疗原发性病因，如关节内骨折、膝盖骨脱位等。④适度运动，改善关节功能。

十九、关节软骨分离

关节软骨分离是指处于生长发育阶段的幼龄动物发生关节软骨和骺软骨内骨化障碍为特征的一种关节骨软骨病。本病主要发生在快速生长期的犬、猪、马、牛等。

（一）病因

软骨分离或破裂的原因不清楚，可能与循环障碍或过度牵引和压迫性外伤有关。矿物质缺乏、氧张力降低、激素失调、维生素缺乏及代谢病等为诱因。本病有遗传倾向性。

（二）症状

患病动物主要表现跛行。触诊患部（多为单侧性）有时可出现疼痛反应。多数轻症病例可能因不注意而被忽略。病损严重，患部肌肉可出现萎缩。有时无外伤史。在马，多发于1～2岁，约70％是单侧性的，胫跗关节是发病较多的部位，胫骨远端中间嵴发生最多，也发生于胫跗骨滑车嵴。犬主要发生于3～10月龄的大型品种，常发生于肩关节臂骨头（也偶见肘关节臂骨内髁）、膝关节股骨内、外侧髁及跗关节距骨内滑车后面等。

（三）诊断

病史、年龄和体征具有诊断价值，良好的X射线平片对诊断极为有用。若肩关节发病，侧位X射线摄影时，在后1/2臂骨关节面的中央位置可见类似扁平、不规则的病变物；股骨髁患病时，最好侧位X射线摄影，其两髁骨不重叠；跗关节患病时，关节充分伸展，施前后位X射线摄影，可观察到缺损的关节面。关节造影可用于寻找潜在病灶或软骨瓣。

（四）治疗

临床症状轻，其病程未超过1个月，X射线检查未发现软骨矿物化时，可采用保守治疗。多休息，少运动，疼痛严重时给予镇痛药对症治疗。保守治疗无效时，应采取手术治疗，取出软骨瓣，刮除软骨下骨的病变组织，直至出血为止，以刺激纤维软骨生成。有条件者，可用关节镜手术，其预后更好。一般来说，肩关节手术效果最好，膝关节和肘关节次之，跗关节手术治疗的效果预后差。

第三节　肌肉疾病

一、肌肉的解剖和生理

肌肉接受刺激而收缩，为机体的活动提供动力。根据其形态、机能和位置的不同，分为平滑肌、心肌和骨骼肌。平滑肌主要分布于内脏和血管；心肌分布于心脏；骨骼肌又称为横纹肌，主要附着在骨骼上。骨骼肌收缩能力强，受意识支配，所以也称为随意肌。

骨骼肌由肌纤维组成肌纤维束，肌纤维束再集合成为大束，大束组成整条肌肉。每一肌纤维外包有肌内膜，肌纤维束外被覆有纤维性肌束膜，整条肌肉外周被覆有肌外膜（肌鞘）。肌外膜较厚，由胶原纤维、网状纤维、弹力纤维及多数结缔组织细胞构成，并进入到肌纤维束之间。骨骼肌分布有血管、淋巴和神经，两末端的肌纤维逐渐移行为腱，腱抵止于骨。

正常肌肉的生理机能具有严格的规律性，其拮抗作用与协同作用相互调节，同时肌肉与肌纤维的收缩频率、强度和顺序协调有序。如肌肉遭到机械性、温热性和生物学刺激时，则引起肌肉组织的生物化学和解剖学的变化，致使动力学规律发生紊乱，表现出临床症状。

关节周围的肌肉都是按每一关节的运动轴所分布的，某关节的每一运动轴都有作用相反的两组肌肉。像肘关节、指关节等单轴关节，只有伸、屈两组肌肉。伸肌分布于关节的伸面，即关节角的角外面；屈肌分布于关节的屈面，即关节角的角内面。像髋关节等多轴关节，除分别有伸肌和屈肌外，还分布有内收肌、外展肌以及旋前（内）肌和旋后（外）肌。运动时，一组肌肉紧张收缩，相反的一组就弛缓舒张，相互协调配合，牵动骨骼及躯体运动。

常见的肌肉疾病有肌炎、肌肉断裂、肌肉转位以及肌肉病和嗜酸细胞性肌炎等。

二、肌　　炎

肌炎（myositis）是指肌纤维发生变性坏死，同时肌纤维之间的结缔组织、肌束膜和肌外膜也发生病理变化。肌炎多发生于马，牛、猪也有发生。

（一）病因和分类

按发病原因，可将肌炎分为外伤性肌炎、风湿性肌炎和感染性肌炎等；按炎症的性质又可分为无菌性肌炎、化脓性肌炎、实质性肌炎、间质性肌炎、纤维素性肌炎和骨化性肌炎等。

各种机械性损伤，如挫伤、蹴踢、牛顶、跌落、剧伸和马具的压迫等，对肌肉造成直接或间接的损伤而发炎，即外伤性肌炎。马匹、工作犬平时缺乏锻炼，突然繁重使役、过度训练或狂奔，轻者可导致肌纤维断裂、溢血和炎性渗出；重者出现血肿和肌肉断裂等无菌性肌炎，即所谓的伤力性肌炎。护蹄不当，肢势异常，蹄形不正，易诱发外伤性肌炎。

当局部肌肉感染葡萄球菌、链球菌、大肠杆菌等，以及周围组织炎症的蔓延或转移，如关节炎、化脓灶、脓肿、蜂窝织炎等；向肌肉内误注有强烈刺激性药物，均可造成化脓性肌炎。化脓放线菌可引起牛、猪的化脓性肌炎。放线菌、旋毛虫也可引起肌炎。

患肌红蛋白尿症时可发生症候性肌炎。此外，还有风湿性肌炎。

（二）症状

1. 急性肌炎 突然发病，患部指压有疼痛、增温、肿胀。机能障碍明显，多数为悬跛，少数为混跛或支跛，有的呈外展肢势。

2. 慢性肌炎 多来自于急性肌炎，或由致病因素长期反复刺激而引起。患病肌纤维变性、萎缩，逐渐由结缔组织所取代。患部脱毛，皮肤肥厚，缺乏热、痛和弹性，肌肉肥厚、变硬。患肢机能障碍。

3. 化脓性肌炎 在炎症的发展期，局部有明显的热、痛、肿和机能障碍。随着脓肿的形成，局部软化并有波动感。深在性病灶，虽无明显波动，但可见到弥漫性肿胀。穿刺检查，有时流出灰褐色脓汁。自然破溃后，易形成窦道。

4. 风湿性肌炎 主要侵害活动性较大的肌群。其特征是肌肉疼痛，呈现运动障碍，步态强拘，可发生于一肢、两肢及四肢。依所侵害肌肉的不同而呈现支跛、悬跛或混合跛行；跛行随运动时间的延长或增加活动量而减轻或消失；侵袭部位自行转移，即呈游走性；肌肉肿胀，表面硬度增强，触诊时有凹凸不平的感觉；急性期触压患肌出现痉挛性收缩。

（三）治疗

1. 治疗原则 除去病因，消炎镇痛，防治感染，恢复功能。

2. 治疗方法 急性肌炎时，病初停止使役，先冷敷后温敷，控制炎症发展或促进吸收。用青霉素盐酸普鲁卡因液封闭，涂刺激剂或软膏。为了镇痛消炎，可注射安替比林合剂、2%盐酸普鲁卡因、维生素 B_1 等，也可以使用安乃近、安痛定、水杨酸制剂及类皮质激素等。

慢性肌炎时，可应用针灸、按摩、涂强刺激剂、透热疗法、碘离子透入疗法、石蜡疗法、超短波和红外线疗法等。对猪可向股部肌肉注射碘化乳剂（处方：鲜牛乳 5～10mL、10%碘酊 5～10 滴），同时注射青霉素。每隔 3d 用药 1 次，注意适当运动。

化脓性肌炎时，前期应用抗生素或磺胺类药物，脓肿形成后，适时切开，根据病情注意全身疗法。

风湿性肌炎时，用水杨酸制剂、保泰松或消炎痛等，也可用其他类固醇类药物。

（四）各种肌炎的特点

1. 臂头肌炎（myositis of the brachiocephalicus） 臂头肌位于颈的两侧，主要作用是使头颈左右摆动和提举前肢。

（1）病因：在剧烈运动中突然猛勒一侧缰绳，使颈部向一侧强行屈曲，而另侧臂头肌剧伸；拉车中滑倒及冲撞，夹板压迫；蹄角度过低，蹄铁上弯不足，铁头突出等因素均可导致本病。多发生于马。

(2) 临床表现：常在该肌的颈基部有压痛点（同时指压左右两侧同名肌的同一部位，比较观察），痛点有时在该肌的上中部。重者局部肿胀、热痛，一侧发病时表现颈部歪斜，两侧发病时低头困难。他动肩关节时，疼痛明显。运步时呈现悬跛。

(3) 治疗：除一般治疗法外，应注意装蹄疗法，蹄铁上弯要大，使蹄离地返回从容自如，可轻快前进。

2. 臂三头肌炎（myositis of the triceps brachii） 臂三头肌位于肩胛骨与臂骨后侧。其功能是固定肘关节，伸张肘关节和屈曲肩关节。在支持前肢和负担体重上起着决定性作用。

(1) 病因：本病多发于乘马，在快步急走前肢着地负重时，该肌因固定肘关节而处于高度紧张状态，且在此瞬间承担着一前肢的全部负重，易造成该肌的剧伸，特别是缺乏锻炼的马、骡更容易发病。削蹄不当，蹄内侧过削，或假性内向蹄，造成蹄内侧负重较大，致使臂三头肌过度紧张而发病。

(2) 临床表现：发病部位多在长头和外头的抵止部，或长头的中部，沿肌沟有指压痛。局部热肿，表现支跛或以支跛为主的混合跛行，临床检查时应注意与肩关节炎的鉴别诊断。

(3) 治疗：除理化疗法外，注意装蹄疗法，多削外侧，造成内向肢势，疗效显著。

3. 臂二头肌炎（myositis of the biceps brachii） 臂二头肌位于臂骨前方，起始端臂二头下有黏液囊，臂二头肌常与黏液囊同时发病。臂二头肌的作用是屈曲肘关节，固定肩关节和肘关节，提伸前肢。

(1) 病因：除机械性损伤外，装蹄不良也容易发病。

(2) 临床表现：在站立时，肘关节以下各关节屈曲。运动时，举肢困难，呈悬跛，重者三肢跳跃，但后退正常。肩端轻度肿胀，指压肌肉下端有压痛。他动患肢时，向后牵引疼痛显著，反之向前疼痛不明显。

(3) 治疗：在进行一般治疗的同时，注意装蹄疗法，调整蹄的角度，便于肢体运动。

4. 背最长肌炎（myositis of the longissimusdorsi） 该肌位于胸椎、腰椎的棘突和横突之间的三棱形夹角内（背最长肌段），有伸张腰背和左右活动躯干的作用。

(1) 病因：当马、骡剧烈运动，在上坡时后肢用力踏着，背最长肌最劳累。马、骡在蹴踢或交配时，该肌高度紧张，以及蹄踵过低，均容易发生本病。

(2) 临床表现：本病多为两侧性肌炎，单侧发病很少。表现为悬跛，后肢蹄的踏着位置不确定，容易发生交突；或后肢步样强拘，运步短缩。喜卧，卧下时后肢伸直，不愿起立。局部温热、肿胀、疼痛。触诊腰部两侧肌肉时及凹腰反射有疼痛。

(3) 治疗：令病畜休息，应用镇痛剂，沿两侧肌肉分点注射。装蹄时，加大蹄的角度。

5. 股二头肌炎（myositis of the biceps femoris） 股二头肌位于股骨后方（臀浅、中肌的后方）。主要作用是伸展和外展后肢以及推进躯体和后肢站立。

(1) 病因：主要是外伤，以及装、削蹄不当，如过削外侧蹄尖和蹄踵部。

(2) 临床表现：病畜站立时，为减轻患肢负重，以蹄尖着地。慢步运动时，表现中度混合跛行，患肢向前迈步不充分，并支持困难。触诊患部疼痛、肿胀、温热，肌肉僵硬。慢性经过，久病不愈，可引起肌肉萎缩。

6. 半腱肌和半膜肌炎（myositis of the semitendinosus and semimembranosus） 半腱肌位于股二头肌与半膜肌之间，半膜肌位于半腱肌和腓肠肌的内侧面。其主要作用是蹴踢、屈膝、伸髋、后肢站立和推进躯体。

（1）病因：机械性损伤，激烈的挽曳，保定不当，肢势不正（前踏肢势），卧系、蹄角度过低，以及蹄踵发育不良等因素都可诱发本病。

（2）临床表现：病畜站立时，患肢前伸，以蹄全负面负重。运动时，呈以悬跛为主的混合跛行。伸膝不充分，运步缓慢。于坐骨结节部出现弥漫性肿胀，在股骨后面及坐骨结节附近，有明显的指压痛。慢性经过时，可发展成为纤维性肌炎，甚至引起肌肉萎缩。

（3）治疗：在进行一般疗法的同时，应注意装蹄疗法，装厚尾蹄铁或胶垫蹄铁，加大蹄的角度，以便于蹄的运动。

7. 犬多发性肌炎（polymyositis） 是一种特发性、全身性、炎症性和非感染性肌肉疾病。可呈急性或慢性经过，无品种、性别和年龄差别，但多发生于大型品种犬。

（1）病因：是对组织的一种免疫介质反应。

（2）临床表现：运步不正常，易疲劳，可见肌肉颤抖，休息后运步状态发生改善。吞咽和咀嚼困难，可见食管扩张，有时发生呕吐、误咽。有的全身肌肉萎缩，肌肉的近端有疼痛。发热、厌食、嗜睡、沉郁及声音有变化等。

（3）治疗：用泼尼松，也可应用免疫抑制剂。

三、嗜酸细胞性肌炎

嗜酸细胞性肌炎（eosinophilic myositis）主要发生于青年牧羊犬，咀嚼肌常受到侵害，以嗜酸性粒细胞增多为特征，是肌肉的一种急性复发性非化脓性炎症。致病原因不明，可能与变态反应和自身免疫有关。

（一）症状

突然发病，特征为咀嚼肌群肿胀、疼痛，以翼状肌肿胀最为显著。病犬不安，体温略高。眼睑因紧张而闭合不全，结膜水肿，瞬膜、眼球突出。拒绝开口，口呈半开状，采食困难。病程可持续数日乃至数周。反复多次发作后，咀嚼肌明显萎缩。扁桃体发炎，下颌淋巴结肿胀，除咀嚼肌外其他肌肉也有肿胀僵硬感，轻度跛行或运动失调。脊髓反射正常，而姿势有改变。

（二）诊断

血液检查，急性期和发作期嗜酸性粒细胞增多，血清谷草转氨酶、肌酸磷酸激酶、乳酸脱氢酶、血清蛋白及β球蛋白含量升高。活组织检查，患部肌肉有大量嗜酸性粒细胞浸润（70%）。临床检查，根据周期性发作和发病部位及品种的特异性，不难诊断。

（三）治疗

病初使用抗组胺剂、抗生素、皮质类固醇，或大剂量使用 ACTH 及输血疗法。但是，目前尚无阻止本病复发的治疗方法。加强病犬护理，用胃管投食以避免肌肉活动。注意补给全价营养。

四、肌肉断裂

肌肉断裂（rupture of muscles）常发生于肌肉弹性小的部位，如肌肉在骨上的附着点或肌纤维及腱的移行部。肌肉断裂分为部分断裂和完全断裂。

（一）病因

肌肉断裂多发于机械性损伤，如牛顶、马踢、冲撞等。牵引重车时肌肉过度牵张，后肢踢空、跌倒、跳跃障碍、四肢陷于洞穴内用力拔出等直接、间接暴力所引起。

代谢性疾病，如骨软症、佝偻病等；某些传染病的发病过程中，肌纤维组织变性、萎缩、弹性降低，肌肉中结缔组织瘢痕形成，易发生症候性肌肉断裂。

（二）症状

功能障碍有轻有重，视断裂部位和程度而异。支撑作用肌肉断裂时，跛行明显。提伸作用肌肉断裂时，跛行较轻或不明显。新发生者，可在断裂处触知有凹陷，随着炎症的发展，局部肿胀、温热、疼痛，常出现血肿。临床上常见的肌肉断裂如下：

1. 冈下肌断裂（rupture of the infraspinatus）　常发生于臂骨结节附近的浅腱支。突然发生重度支跛，肩关节显著外展，常诱发腱下黏液囊炎。应注意与肩胛上神经麻痹相鉴别。

2. 臂二头肌断裂（rupture of the biceps brachii）　断裂部位多发生在肌与腱质的移行部。全断裂，站立时肩关节和指关节屈曲，支撑困难。运动时，表现混合跛行。肌肉断裂处有凹陷，局部疼痛、肿胀、温热。应注意与该肌的腱下黏液囊炎相鉴别。

3. 臂三头肌断裂（rupture of the triceps brachii）常发生于肘突附近。站立时，患肢负重困难，重度支跛。运动时，患支关节屈曲，拖曳前进。注意与桡神经麻痹相鉴别。

4. 胫骨前肌和第三腓骨肌断裂（rupture of the anterior tibialis and peroneus tertius）　断裂部位多在骨的附着点，由于该肌位于深筋膜下，故不易判定断裂的部位。站立时，患肢膝关节高度屈曲，跗关节伸直，跗关节与趾部几乎成一直线向后方伸展。向后方牵拉患肢，无阻力（图 15-15）。在运动时呈悬跛，患肢股部高度提举，膝关节过度屈曲，跗关节处于反常伸展状态，病畜基本不能后退（图 15-16）。当两后肢的胫骨前肌和第三腓骨肌同时断裂时，病畜站立时将两后肢置于后方，行动困难（图 15-17）。

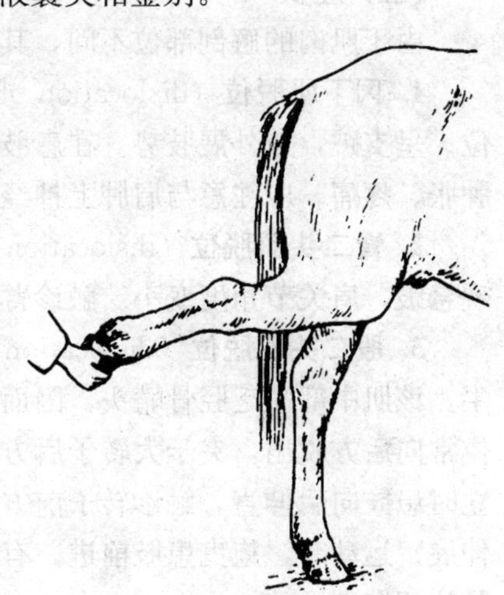

图 15-15　右后胫骨前肌和第三腓骨肌断裂

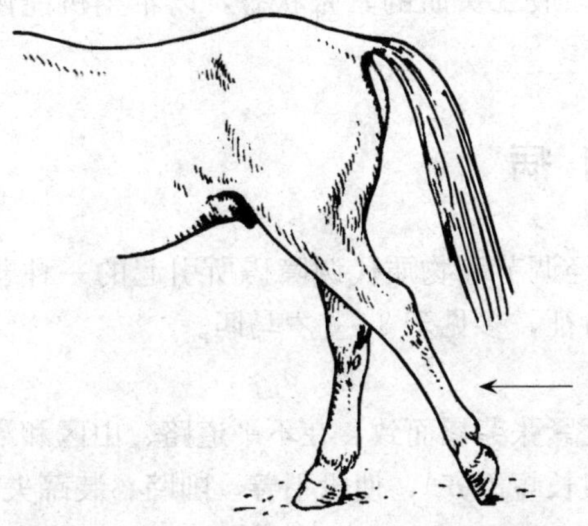

图 15-16　左后胫骨前肌和第三腓骨肌断裂

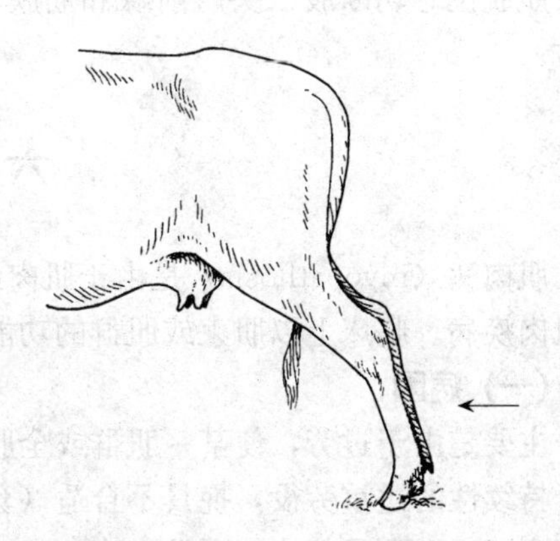

图 15-17　牛两后肢胫骨前肌和第三腓骨肌断裂

（三）治疗

病初保持绝对安静，根据部位的不同，使断裂肌肉处于弛缓状态后尽可能进行外固定（石膏绷带及其他固定绷带），有利于促进肌肉的再生修复。局部可应用红外线照射、钙离子诱入疗法、石蜡疗法和刺激剂疗法。治疗经过1～2个月后，根据病情，可进行少量的牵遛运动，切忌在痊愈后立即进行重度使役或比赛，注意防止复发。

五、肌肉脱位

肌肉脱位（dislocation of the muscles）常发生在肌肉的腱质部，其腱下多有黏液囊。

（一）病因

在剧烈运动中，突然急转、急停、滑倒，后肢蹴踢、跳跃障碍、配种以及在泥泞路面强度使役等，皆能引起某些肌肉的突然收缩而发生脱位。长期舍饲缺乏运动（牛）、维生素缺乏症和过度瘦弱等，均可视为本病的诱因。

（二）症状

由于肌肉的解剖部位不同，其症状各异。

1. 冈下肌脱位（dislocation of the infraspinatus） 常发生于浅支，越过臂骨突向后转位。呈支跛，兼外展肢势。在患肢的支撑瞬间，肩关节明显与前躯离开，臂骨近端表现轻度肿胀、疼痛。应注意与肩胛上神经麻痹相鉴别。

2. 臂二头肌脱位（dislocation of the biceps brachii） 自滑车沟向外脱位。运动瞬间出现悬跛，肩关节角度变小。触诊臂骨上端有肿胀和轻度疼痛。

3. 股二头肌脱位（dislocation of the biceps femoris） 多见于营养不良呈臀部倾斜的牛。该肌中部缺乏胫骨嵴头，因而不稳定。其前支为腱样结构，肌下有黏液囊。股二头肌脱位常向后方脱出，夹于大转子后方（马有时脱于大转子前方），造成髋关节不能屈曲，故站立时患肢向后伸直。触诊转子前方出现凹陷，股二头肌前支高度紧张，患肢不能他动屈曲和伸展。运动时，拖曳患肢前进。有的病例可自行复位，但反复发作。临床上应与膝盖骨上方脱位相鉴别。

（三）治疗

一般在全身麻醉下进行整复，整复后局部涂刺激剂。不能整复时，可行手术疗法，如股二头肌脱位时切断股二头肌前缘和筋膜，即可消除股二头肌的紧张状态，以希望机能恢复正常。

六、肌 肉 病

肌肉病（myopathosis）是由于肌肉组织的神经调节和物质代谢障碍所引起的一种非炎性肌肉疾病。临床上以肌束或肌群的功能失调为特征，多见于3～4岁马匹。

（一）病因

主要是由于过劳，使某一肌群或全肢肌肉过度紧张劳累而致。在不平道路、山区和沼泽地区持续性的过重劳役，挽具不合适（套绳、车辕长短不齐），使役不善，削蹄、装蹄失宜，长期舍饲运动不足等均能引发本病。

肌肉病有时只是在一组协同或拮抗肌肉束之间，有时也可在许多肌群肌束之间发生协调障碍。使每个肌束的收缩频率、强度和顺序性发生改变，因而某些肌肉过度紧张，另一些肌肉过度弛缓。无论是过度紧张，还是过度弛缓，对肌肉的新陈代谢都会产生不同的影响，其结果是临床上发生机能障碍，而且肌肉内部也会导致生物化学变化。

(二) 症状

病畜容易疲劳、出汗、肌肉震颤。运步时表现特殊的机能障碍，病畜行动无力，步态蹒跚，不灵活，步幅随之发生改变。如侵害多个肌群时，则症状更为明显复杂，机能障碍明显，甚至有全身性变化，体温升高、脉搏频数等。严重时，病畜不能起立。详细触诊，可触知患肢肌肉有结节状隆起，并感知有肌肉痉挛。本病有时在关节或腱鞘内迅速出现渗出物。

1. 肩臂部肌束肌肉病（myopathy of the thoracic girdle）　患肢在运动时表现不协调，运动缓慢，出现轻度功能障碍。触诊患病肌肉（臂头肌、冈上肌、冈下肌及三角肌），可见到移行部位肌束痉挛、坚实、表面不平，有疼痛反应。常并发腕、指关节炎，以及腱鞘内迅速出现浆液性渗出物。肌腱的紧张度减退，易疲劳。慢性经过时，患病肌肉的深部组织坚实，从而降低使役能力，肌肉逐渐萎缩。临床上应注意与多关节炎相鉴别。

2. 腰带肌束肌肉病（myopathy of the sublumbar girdle）　常发生于臀肌和背最长肌。病畜站立时，无显著变化。运动时，如单侧肌肉患病，则表现轻度跛行，如两肢同时发病，步样紊乱，臀部摇摆，共济失调。触诊患部肌肉有疼痛性反应，有时后肢的关节腔、腱鞘腔及黏液囊腔中出现浆液性渗出物。慢性经过者引起肌肉萎缩。

(三) 治疗

首先除去病因，应用物理疗法，如按摩、温敷、热泥疗法、石蜡疗法、透热疗法、电离子疗法。为了镇痛可于患部肌肉注射 0.25%盐酸普鲁卡因注射液 150～200mL。当关节和腱鞘内渗出物增多时，应装置压迫绷带。全身可应用钙制剂。

在药物治疗的同时，根据病情做适当的活动，

第四节　腱及腱鞘疾病

一、腱、腱鞘的解剖和生理

腱由致密结缔组织所构成，含有大量胶原纤维束，这些胶原纤维束相互平行排列，向同方向延伸。胶原纤维束之间分布着具有突起的纤维细胞，由起着胶粘作用的无定行物质将其相连。腱束共分三级：每小束胶原纤维是构成腱的最基本的一级腱束，外被覆有疏松结缔组织性的腱内膜。数条一级腱束构成二级腱束，外被覆有结缔组织束膜，即腱束膜。数条二级腱束构成三级腱束，外被覆有腱膜，即腱外膜。腱外膜与腱束膜相连。各级腱束膜中均分布有神经、血管和淋巴管。在腱中有大量的传入、传出神经末梢，多与血管、淋巴管并行，分布于一、二级腱束膜，能感受来自外界的机械性刺激。供给各级腱束营养的血液，部分来自于肌肉，其余部分来自附近的动脉。指总伸肌腱的血液来自第 1、2 指骨背侧动脉的回旋支；指深屈肌腱的血液来自第 1、2、3 指骨掌侧动脉支；指浅屈肌腱的血管来自指动脉的分支，其末端靠第 2 指骨掌侧动脉分支供给血液。一、二级腱束膜的结缔组织中有腱细胞，具有再

生修补作用。当腱组织受到损伤时，该细胞开始增殖，并分化形成胶原纤维束，修补被损伤的腱组织。

腱的机能是传导来自肌肉的运动和固定关节。指浅屈肌腱和指深屈肌腱在肌腹的下方各有其副腱头，固定于前臂和掌部，构成肢体稳定的弹性装置，以加固系骨和系关节的正常位置，协助支撑体重。腱的活动要比任何组织都大。

腱在通过关节和骨的突出处，具有起"滑车"作用的黏液囊和腱鞘。腱鞘构成囊状的滑膜鞘包在腱外，它由纤维层和滑膜层两层所构成。纤维层位于外层，坚固致密，起固定腱的作用。滑膜层在内，由双层围成筒状包于腱外。在滑膜脏层与壁层折转处有腱系膜联系，为神经、血管和淋巴管的通路（图 15-18）。在两层滑膜壁上，有扁平上皮状结缔组织细胞，分泌滑液。当腱鞘发生炎症时，滑膜液增多。

在四肢的背侧主要有指总伸肌腱和指外侧伸肌腱，在掌侧主要有指（趾）浅屈肌腱、指（趾）深屈肌腱和悬韧带。

（1）腕部腱鞘：主要有腕桡侧伸肌腱鞘、腕外侧屈肌腱鞘、指外侧伸肌腱鞘、指总伸肌腱鞘、腕斜伸肌腱鞘、腕桡侧屈肌腱鞘、腕部指浅肌腱和指深屈肌腱鞘（图 15-19、图 15-21）。

（2）跗部腱鞘：主要有趾长伸肌腱鞘、趾外侧伸肌腱鞘、跟腱和趾浅屈肌之间的腱鞘、趾深屈肌腱鞘和趾长屈肌腱鞘（图 15-20、图 15-22）。

（3）指（趾）部腱鞘：主要有指（趾）浅和指（趾）深屈肌腱鞘（图 15-21）。

马、骡四肢的腱及腱鞘常发生屈腱炎、腱断裂和腱鞘炎，牛也可发生腱炎和腱鞘炎。

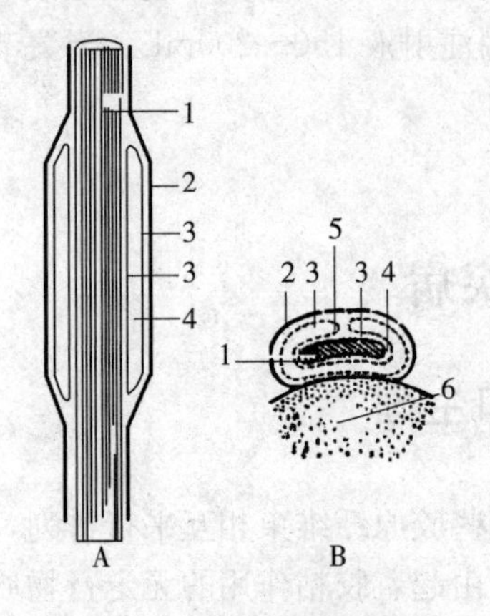

图 15-18 腱与腱鞘的关系模式图

A. 纵断面 B. 横断面
1. 腱 2. 纤维层
3. 滑膜层的壁层和脏层 4. 滑膜腔
5. 腱系膜 6. 骨横断面

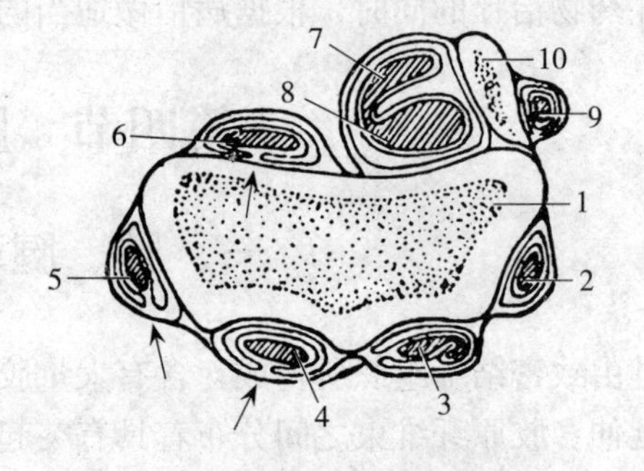

图 15-19 腕部腱及腱鞘横断模式图
（↑示腱系膜）

1. 桡骨 2. 指外侧伸肌腱及腱鞘
3. 指总伸肌腱及腱鞘 4. 腕桡侧伸肌腱及腱鞘
5. 腕斜伸肌及腱鞘 6. 腕桡侧屈肌腱及腱鞘
7. 指浅屈肌腱及腱鞘 8. 指深屈肌腱及腱鞘
9. 腕外侧屈肌腱及腱鞘 10. 副腕骨

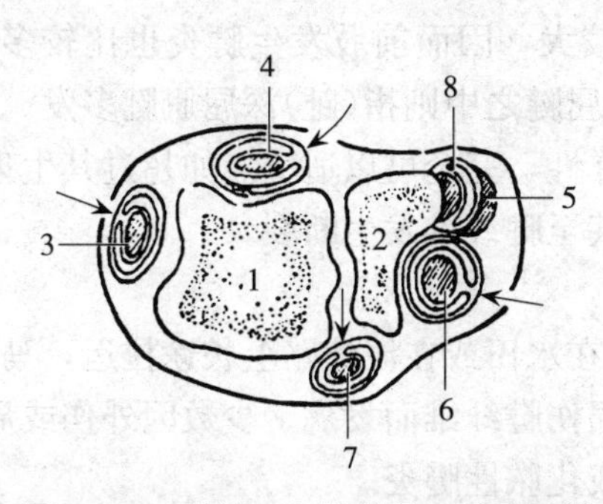

图 15-20　跗部（上排跗骨）腱及腱鞘横断模式图（↑示腱系膜）

1. 距骨　2. 跟骨　3. 趾长伸肌腱及腱鞘　4. 趾外侧伸肌腱及腱鞘　5. 趾浅屈肌腱及腱鞘　6. 趾深屈肌腱及腱鞘　7. 趾长屈肌腱及腱鞘　8. 跗跖侧韧带

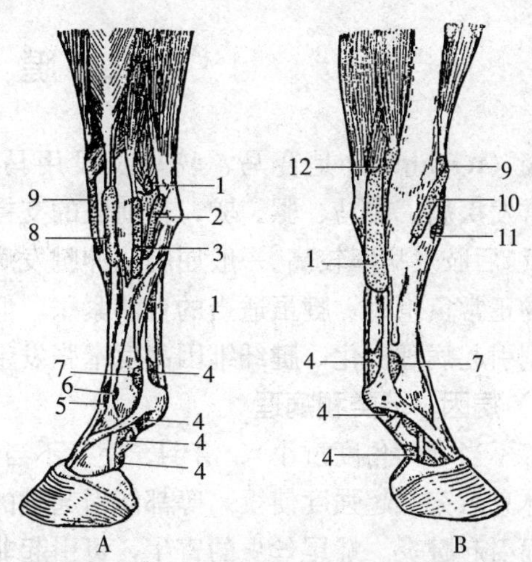

图 15-21　马左前肢腕、指部的腱及腱鞘

A. 外侧面　B. 内侧面

1. 腕鞘　2. 腕外侧屈肌长腱的腱鞘　3. 指外侧伸肌的腱鞘　4. 指鞘　5. 指总伸肌腱下囊　6. 指外侧伸肌腱下囊　7. 系关节囊　8. 指总伸肌腱鞘　9. 腕桡侧伸肌腱鞘　10. 腕斜伸肌腱鞘　11. 腕桡侧伸肌腱下囊　12. 腕桡侧屈肌腱鞘

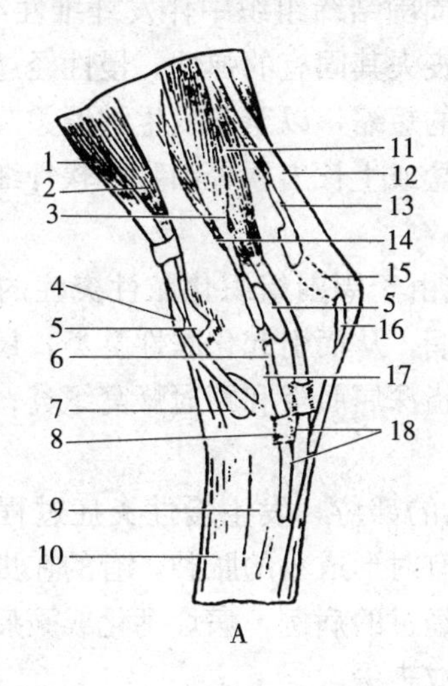

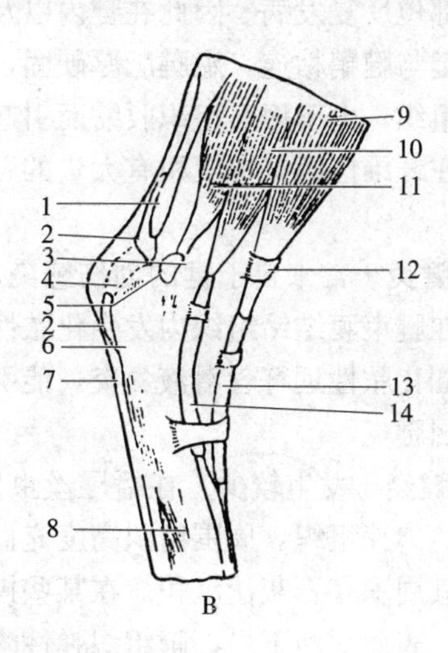

图 15-22　马跗关节部的腱及腱鞘

A. 内侧面：1. 趾长伸肌　2. 胫骨前肌　3. 趾深屈肌内侧头（趾长屈肌）　4. 第三腓骨肌和胫骨前肌腱鞘　5. 胫跗关节关节囊　6. 趾伸屈肌腱鞘　7. 胫骨前肌内侧腱腱下黏液囊　8. 筋膜带　9. 内侧小跖骨　10. 大跖骨　11. 趾深屈肌　12. 趾浅屈肌腱　13. 腓肠肌腱　14. 胫骨　15. 跟结节　16. 趾浅屈肌腱腱下黏液囊　17. 跗骨　18. 趾深屈肌腱鞘

B. 外侧面：1. 腓肠肌腱　2. 趾浅屈肌腱腱下黏液囊　3. 胫骨　4. 跟结节　5. 跗关节囊　6. 跗骨　7. 趾浅屈肌腱　8. 跖骨　9. 趾长伸肌　10. 趾外侧伸肌　11. 趾深屈肌　12. 环韧带　13. 趾长伸肌腱鞘　14. 趾外侧伸肌腱鞘

二、腱　　炎

腱炎（tendintis）是赛马、骑马及役用马、骡、驴和牛的常发疾病。在马、骡、驴，其前肢的支持作用比较大，因而前肢发生腱炎也比较多。牛则相反，后肢发病率较高。一般屈腱比伸腱发病多，而在屈腱之中则指（趾）深屈肌腱多发。

动物正常负重时，腱虽适当的自然紧张，但因其有弹性，完全可以适应。如超过其生理范围，则引起病理变化，腱纤维因高度牵张发生炎症，甚至腱纤维发生断裂。

（一）病因、分类和病理

装蹄不当（蹄角度过小）、滑倒、使役不当（如役牛在水田或在泥泞路上长途拉运，马、骡长期休息后突然超强度使役）等都能引起腱的剧伸，损伤腱纤维而发病。少数因外伤或局部感染而引起腱炎。蟠尾丝虫的寄生，可引起非化脓性或化脓性腱炎。

1. 非化脓性腱炎　主要是发生于机械性损伤，多发生在腱的止点或分支的部位，腱的一级腱束或某些二级腱束发生断裂，在胶原纤维之间和疏松结缔组织内发生轻度溢血，局部血管扩张，血管渗透性发生改变，血管内液体渗出，腱内组织液积聚，胶原纤维发生肿胀，局部水肿。在腱束断裂的部位，发生细胞浸润，腱束断裂处出血。析出纤维蛋白作为支架，组织细胞在此处分裂增殖，形成肉芽组织，最后机化形成瘢痕组织。腱炎发病后由于病因犹存，常在原发部位反复发病。因此在腱内以及其周围结缔组织中伴发纤维性结缔组织增生，有时会导致患腱与腱鞘粘连。患腱肥厚硬固，并丧失其固有的弹性。慢性经过时，患部增生有大量的瘢痕组织，由于瘢痕组织收缩而引起腱的短缩，以至于发生腱性关节挛缩。有个别的慢性腱炎，在纤维性组织中沉积有大量的石灰盐或生长出软骨细胞，软骨细胞骨化后引起骨化性腱炎。

2. 化脓性腱炎　常来自于腱的创伤感染，或由于周围组织化脓性炎症的蔓延。侵入的病原微生物常在腱束膜结缔组织内发生化脓性浸润，从而引起化脓性腱炎，最终可导致腱组织的坏死。例如化脓性远籽骨滑液囊炎，能引起指深屈肌炎和蹄冠蜂窝织炎；牛的腐蹄病可能引起化脓性屈腱炎。

3. 侵袭性腱炎　发生较少。在蟠尾丝虫侵入的部位，发生慢性炎症过程，其特征为局部增生有脆弱的肉芽组织，周围组织高度充血，有时形成小的脓肿，有的在虫体外形成纤维素包囊，并在其周围有石灰盐沉积。在某些慢性经过的病例，病灶钙化或瘢痕组织增生，最终腱组织肥厚，表面凹凸不平，腱组织弹性降低或丧失。

4. 屈腱炎　较常发，主要有指（趾）浅屈肌腱炎、指（趾）深屈肌腱炎和系韧带炎。马、骡和役牛的屈腱炎是一种使役性疾病，由于使役性质不同所引起各腱的发病情况也不同。一般说来指（趾）屈肌腱炎可由内因和外因双重因素引起。

外因，主要是不合理的使役与管理。例如挽驮超载，在深而泥泞的水田里耕地，或突然持续性的长时间飞跑，以及跳跃障碍物，特别是在泥泞或不平的道路上激烈的强度使役，使屈肌腱反复受到超生理范围的活动，引起腱纤维或部分腱束的断裂。有时也可能发生于偶然的挫伤、踢伤或邻近组织（如腱鞘炎）炎症的蔓延。

内因，马、骡的腱质纤细，肢势不良（起系或卧系），蹄踵过低以及装蹄不当，铁尾过短、过薄等；牛则主要因为后肢蹄的角度明显地低于前肢，故在挽曳时后肢的趾深屈肌腱高度紧张。使役情况不同，每个腱的紧张与弛缓程度也不同，故不可避免地致使某个腱受到损伤而导致发病。

（二）症状

1. 急性无菌性腱炎　突然发生程度不同的跛行，局部增温、肿胀及疼痛。如病因不除或治疗不当，则容易转为慢性炎症，腱变粗而硬固，弹性降低乃至消失，结果出现腱的机械障碍。抑或因损伤部位的肉芽组织机化而形成瘢痕组织，腱发生短缩，甚至与之有关的关节活动受限制，即为腱挛缩。腱的挛缩和骨化，常引起腱性突球。

2. 慢性无菌性腱炎　经常反复损伤，可引起慢性纤维性腱炎，其临床特征是患部硬固、疼痛及肿胀。运动开始时，表现严重的跛行，随着运动的持续，则跛行减轻或消失。休息之后，慢性炎症的患部迅速出现淤血，疼痛反应加剧。故在诊断慢性腱炎之前，必须保持病畜较长时间的安静休息。

3. 化脓性腱炎　临床症状比无菌性炎症时剧烈，常发部位在腱束间的结缔组织，因而经常并发局限性的蜂窝织炎，最终能引起腱的坏死。

（三）治疗

治疗原则是减少渗出，促进吸收和血液凝固，防止腱束的继续断裂，恢复功能。

1. 急性炎症　首先使病畜安静，如因肢势不正或护蹄、装蹄不当，必须在药物治疗的同时进行矫形装蹄（装厚尾蹄铁或橡胶垫）和削蹄，以防止腱束的继续断裂和炎症发展。

急性炎症初期，为控制炎症发展和减少渗出，可用冷却疗法。病后1～2d内进行冷疗（利用江、河、池塘进行冷水浴），亦可使用冰袋、雪袋、凉醋、明矾水和醋酸铅溶液等冷敷，或用凉醋泥贴敷。

急性炎症减轻后，为了消炎和促进吸收，使用酒精热绷带、酒精鱼石脂温敷，或涂擦复方醋酸铅散加鱼石脂等。抑或使用中药消炎散（处方：乳香、没药、血竭、大黄、花粉、白芷各100g，白芨300g，碾成细末加醋调成糊状）贴在患部，包扎绷带，药干时可浇以温醋。

封闭疗法，将盐酸普鲁卡因注射液注于炎症部位，效果较好。

2. 亚急性炎症和转为慢性炎症最初期　应当使用温热疗法，如电疗、离子透入疗法、石蜡疗法。或试用可的松，3～5mL加等量0.5%盐酸普鲁卡因注射液，在患肢两侧皮下进行点注，每点间隔2～3cm，每点注入0.5～1mL，每4～6d一次，3～4次为一疗程。

3. 慢性腱炎中后期　可以涂擦碘汞软膏（处方：水银软膏30g、纯碘4g）2～3次，用至患部皮肤出现结痂为止，但在每次涂药后，应包扎厚的保护绷带。或涂擦强刺激性的红色碘化汞软膏（处方：红色碘化汞1g、凡士林5g），为了保护系凹部，应在用药同时涂以凡士林，然后包扎保温绷带，用药后注意护理，防止咬舔患部。经过5～10d更换绷带（夏季时间应短，冬季应长些）。对顽固的病例可使用点状或线状烧烙，在烧烙的同时涂强刺激剂，注意包扎保温绷带，加强护理。此法借以诱发皮肤及皮下组织出现急性炎症，形成炎性水肿，白细胞增加，在酶的作用下，可以促进腱病变的结缔组织软化。在治疗过程中应保持病畜的适当运动。

当腱已发生挛缩时，可进行切腱术。对化脓性腱炎，应按照外科感染疗法治疗。

（四）预防

贯彻“预防为主”的方针，对于降低屈腱炎的发病率有着重大意义。在预防腱炎工作中，应宣传普及防病知识，建立健全使役管理制度。

1. 科学使役 对不满两岁或不老实的马、骡、役牛，以及刚刚拉车和病后体弱的家畜，必须注意使役，防止载运过重和激烈奔跑，尤其是道路不良时更应当注意。

2. 合理装、削蹄 在农村应注意对役畜的削蹄工作（不装蹄马的削蹄，小马、骡以及役牛、水牛的削蹄），削蹄要正确适时，合理正确装蹄，使肢蹄经常保持正常的肢势和蹄的角度，这是预防屈腱炎的关键问题。发现肢势和蹄形不正，应及时进行矫形装蹄。

3. 役后管理 在偶然剧烈使役之后，估计有可能发生腱炎时，应当因地制宜地利用河流或水池，把牲畜牵到水里进行冷蹄浴。

4. 及时检查 养马、骡、役牛较多时，应建立槽头、使役前后、田间检查制度，做到早期发现，早期治疗。对慢性腱炎应注意使役、管理。

（五）常见腱炎的特点

临床上常见的腱炎有指（趾）浅屈肌腱、指（趾）深屈肌腱和悬韧带的炎症，是四肢的常发病之一。马、骡的屈腱炎多发生于前肢。三条屈肌腱中单一发病的较多见，有时二、三条腱同时发病，尤其是指深屈肌腱的下翼状韧带发病率最高，并主要多发生于挽马和驮马。而指浅屈肌腱则次之，悬韧带炎更少些，这两种腱炎常见于骑马和赛马。牛则多发生后肢的指深屈肌腱炎，常是一后肢发病（图 15-23）。

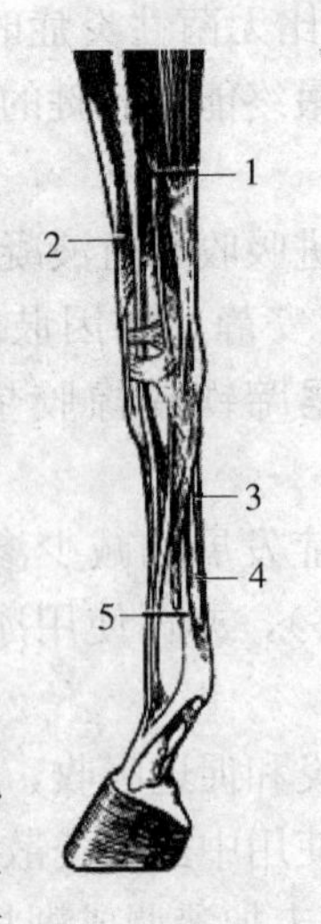

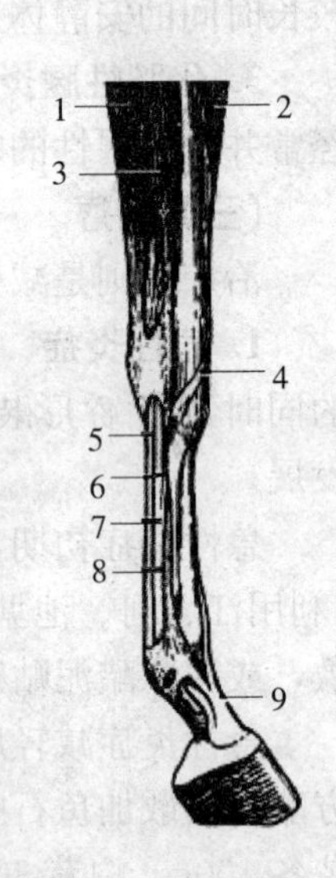

图 15-23 马前肢的伸腱及屈腱模式图
A. 左前肢外侧：1. 指外侧伸肌 2. 腕斜伸肌 3. 指浅屈肌腱 4. 指深屈肌腱 5. 悬韧带
B. 左前肢内侧：1. 腕尺侧屈肌 2. 腕桡侧伸肌 3. 腕桡侧屈肌 4. 腕斜伸肌腱 5. 指浅屈肌腱 6. 指深屈肌建头 7. 指深屈肌腱 8. 悬韧带 9. 指总伸肌腱

正常站立者，负重肢的各指骨位于侧方指轴的直线上与各指关节方向一致时，三条屈肌腱同时处于自然紧张状态，球节保持在正常位置上。随着动物的运动，前进肢势改变。当肢开始负重时，压力增加，球节明显下沉，第1、2指骨几乎呈水平位置。此时，指浅屈肌腱和悬韧带负重最大、最紧张，而指深屈肌腱则处于弛缓状态。随着肢体的继续向前运动，在负重肢即将离地前的时段，各指关节伸张，第1、2指骨呈垂直位置，肢体向前倾，球节直立，指深屈肌腱因负重而最紧张，此时指浅屈肌腱和悬韧带处于弛缓状态。因此，骑马、赛马多发生指浅屈肌腱炎和悬韧带炎，而挽马、驮马则多发生指深屈肌腱炎（图 15-24）。

1. 指浅屈肌腱炎（digital superficial flexor muscle tendonitis） 指浅屈肌腱起自于臂骨内上髁及桡骨掌侧面骨嵴，至腕关节上方 10cm 处形成腱质，并在腕部上方有上翼状韧带，在系关节处有指屈肌腱鞘，其一部分下降抵止于第1指骨远端与第2指骨近端。本腱有屈曲腕和指关节、制止冠关节背屈、支持球节达到适当的下沉角度及辅助悬韧带的作用。因此，二者往往同时发炎。

指浅屈肌腱炎根据发病部位的不同可分为四个类型：

第一种是发生于全指浅屈肌腱的腱纤维破裂，纤维破坏严重时呈乱麻样，沿腱的长轴呈

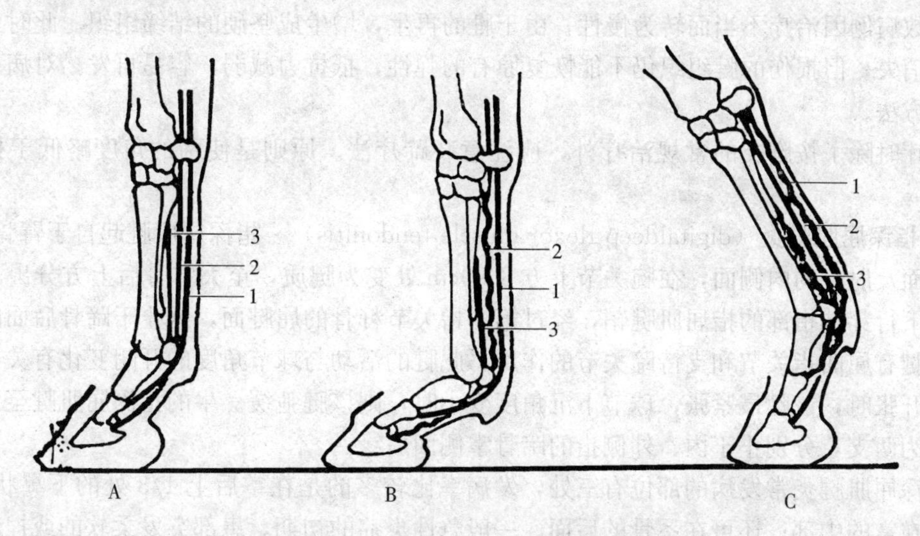

图 15-24　马的前肢屈腱负重模式图
A. 站立负重状态　B. 运动支柱期球节下沉对冲击的弛缓阶段
C. 运动支柱期球节峻立，各指关节开张阶段
1. 指浅屈肌腱　2. 指深屈肌腱　3. 悬韧带
曲线表示屈腱弛缓状态

弥漫性肿胀（图 15-25）。

第二种是发生在籽骨的上方，局部腱束断裂，局限性肿胀，常能摸到断端的间隙，病久形成坚硬的瘢痕组织，有时与指深屈肌腱粘连，呈球状硬结（图 15-26）。

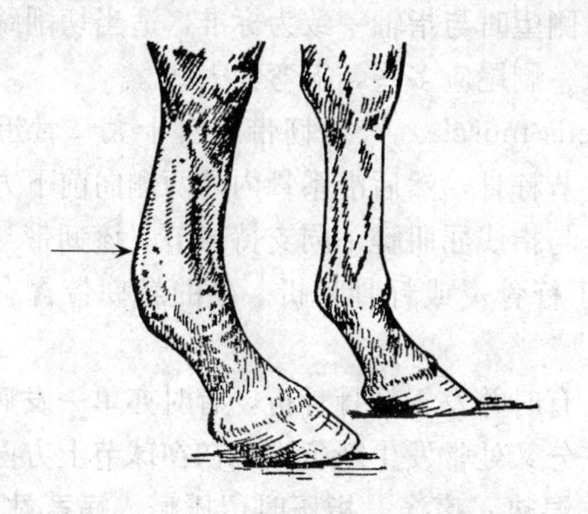

图 15-25　指浅屈肌腱炎（全腱肿胀）

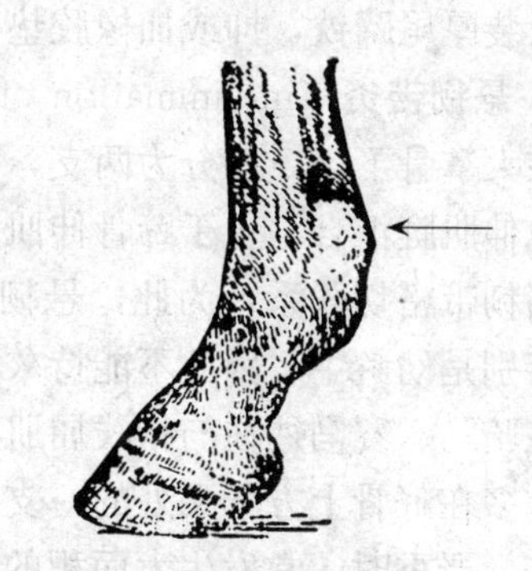

图 15-26　指浅屈腱炎（籽骨上方肿胀）

第三种是发生于系骨侧方腱附着点附近的炎症，在系骨两侧呈斜长形索状肿胀，该处炎症预后多不良。

第四种发生于腕上方的上翼状韧带（在桡骨下 1/3 内后面），初期为拇指粗的肿胀，以后在其附近出现弥漫性肿胀。

以上几种炎性肿胀，病初指压患部均有剧痛和温热。病畜在站立时，患肢以蹄尖着地，球节屈曲（上翼状韧带炎症时，腕关节、系关节屈曲）。运动时，表现中、轻度支跛，仅在上翼状韧带炎症时出现混合跛行，跛行的时间较长。为了避免屈腱紧张，球节不敢背屈，快步时常猝跌。

多数病例因治疗不当而转为慢性，由于腱的再生，增生成坚硬的结缔组织。此时虽然临床症状消失，但损伤的腱组织仍不能恢复原有的弹性，抵抗力减弱，容易再发。对病畜应注意使役方法。

治疗时除了按腱炎的常规治疗外，应注意装蹄疗法。原则是使蹄的角度略低于指轴为标准。

2. 指深屈肌腱炎（digitaldeep flexor muscle tendonitis） 指深屈肌腱起自于臂骨内面、桡骨后面及肘突的内侧面，在腕关节上方 8～9cm 处变为腱质，至大掌骨后上方分出下翼状韧带，下行穿越指部的指屈肌腱鞘，经过第 3 指关节籽骨的屈腱面，抵止于蹄骨后面的屈肌面。该腱有屈曲指关节和支持蹄关节的作用。此腱的活动与球节角度的开闭变化有关，即球节高度开张时，该腱最紧张，球节下沉角度变小时，则该腱弛缓。牛的指深屈肌腱至系关节上方分为两支，分别止于内、外侧指的蹄骨掌侧面后缘。

指深屈肌腱炎常发病的部位有三处，发病率比较多的是在掌后上 1/3 处的下翼状韧带；其次是在掌的中部；还可在系骨的后面。一般急性炎症的初期，患部突发柔软的或捏粉样的肿胀，温热、疼痛。病畜站立时，为了减轻患肢的负担，将患肢伸出置于前方。运动时，表现重度支跛，仅下翼状韧带炎时为混合跛行。

慢性经过时，跛行不甚明显，多在快步运动时才能出现。患部由于结缔组织增殖而硬固，无热痛，呈结节状，有时腱的肥厚处类似假骨，永不消散。由于瘢痕收缩使腱缩短，因而引起腕关节及指关节的腱性挛缩，表现腱性突球（滚蹄）。

水牛、役牛的趾深屈肌腱炎，主要发生在后肢的趾深屈肌腱，患病部位多在跖下部以及系骨的后面，其临床症状基本与马相同。

治疗时的装蹄疗法，原则是加大蹄的角度，侧望时与指轴一致为标准，适当切削蹄尖部负面，装厚尾蹄铁，抑或加橡胶垫。蹄铁的剩缘、剩尾应多些，上弯稍大些。

3. 悬韧带炎（inflammation of the interosseus muscle） 悬韧带起自于大掌骨近端后面，在大掌骨下 1/3 处分为两支，固定第 1 指关节籽骨，然后沿系骨内外两侧向前下方斜行与指总伸肌腱汇合，止于蹄骨伸肌突。其作用是与指浅屈肌腱一同支持球节。该韧带与籽骨及其诸韧带密切联系，为此，悬韧带炎常并发于籽骨炎或籽骨骨折。牛的悬韧带含有肌纤维，特别是幼龄牛，因此不能持久站立。

在骑马、赛马往往与指浅屈肌腱同时发病，有时并发于籽骨骨折，有时亦单一发病。发病部位多在籽骨上方分叉处的一支或两支，并在分叉处常发生断裂。病初在球节上方两侧出现肿胀，严重时，常发生大面积的弥漫性肿胀，温热、疼痛，指压时留压痕。病畜站立时，半屈曲腕、系关节，并伸向前方，保持系骨直立状态。运动时呈支跛。

慢性经过时，肿胀变硬。X 射线检查患病韧带时，局部可见岛屿状骨化，悬韧带肥厚，但跛行不明显，只是在运动中出现猝跌。临床检查时，应注意与籽骨炎和籽骨骨折的鉴别诊断。

蟠尾丝虫引起的悬韧带炎为慢性炎症过程，患部呈结节状无痛性肿胀，有时水肿。有的病例形成小脓肿，内有虫体。经过良好的病例，患部钙化，增生纤维组织，韧带粗而厚，表面凹凸不平。

治疗装蹄时，原则是使蹄的角度略低于指轴为标准。悬韧带分支发生炎症时，轻度切削发炎侧蹄踵负缘，但要求蹄负缘的内外应当等高。

三、腱断裂

腱断裂（rupture of the tendons）是指腱的连续性遭到破坏而发生分离。牛、马发病较多，其他动物也偶有发生。临床上屈腱断裂和跟腱断裂较常见，伸腱断裂发生的较少。腱断裂按病因可分为外伤性腱断裂和症候性腱断裂，前者又可分为非开放性（皮下）腱断裂和开放性腱断裂；按发生部位可分为腱鞘内腱断裂和腱鞘外腱断裂；按损伤程度可分为部分断裂（少数腱束断裂）、不全断裂（多数腱束断裂）和全断裂。腱的全断裂多发生于肌、腱的移行部位或腱的骨附着点。

（一）病因

1. 非开放性腱断裂　多因其突然受到过度牵张所致。在马、骡常由于剧烈的运动，过重的驮运、挽曳、飞越、疾驰、蹴踢、保定失宜等所造成。在牛因拖拉重载、滑倒和跨越沟壕时，使腱组织突然受到过度牵张而引起，皮肤仍保持完整。

2. 开放性腱断裂　发生的较少。由于犁铧、耙齿、镰刀、锹铲、草叉等的切割以及枪弹的损伤等，引起皮肤和腱组织同时发生损伤，且常为鞘外腱断裂。

3. 症候性腱断裂　是由于新陈代谢紊乱所引起的全身性疾病，如骨软病、佝偻病等。腱及腱鞘的炎症、腱化脓坏死、蹄骨及籽骨的骨坏疽，切神经术后腱组织代谢失调、弹性降低、抵抗力减弱等，易诱发腱的断裂。并发于腱鞘炎的腱断裂属于渐进性鞘内断裂。

（二）症状

腱断裂的共同症状是腱弛缓，断裂部位形成缺损，又因溢血和断端收缩，断端肿胀，断裂部位温热、疼痛。开放性腱断裂，常感染化脓，预后不良。患肢表现相应的机能障碍，有的呈异常肢势。

（三）治疗

原则是使病畜安静，缝合断端，固定制动，防止感染，促进愈合。

首先进行病因调查，看有无骨病史，钙和磷的代谢水平等，考虑对原发病的治疗。其次是保持安静，固定制动，加强护理。第三是进行全身麻醉，在断腱处于弛缓状态下，进行皮外或皮内缝合。第四是装着特殊蹄铁，使断腱处于弛缓状态。

（四）各种腱断裂的特点

1. 屈腱断裂（rupture of thedigital flexor tendons）　屈腱断裂是指（趾）浅屈肌腱、指（趾）深屈肌腱和悬韧带所发生的开放性和非开放性断裂，三条屈肌腱断裂，有的单独发生，有的同时发生。非开放性腱断裂的发生部位多在其骨的附着处。

（1）症状：皮下断裂时，主要表现为患腱弛缓和指（趾）轴改变。发病当时腱的断端有间隙，经过12h后因软组织的肿胀，则不易识别。患部温热、肿胀、疼痛。开放性断裂时，腱的断面多为横断或斜断，因其收缩在伤口内不易见到断端。

指（趾）深屈肌腱皮下断裂，多发生于深屈肌腱蹄骨的附着点。开放性断裂多在掌部或系凹部。完全断裂时，突然显现支跛。站立时，以蹄踵或蹄球着地，蹄底向前，蹄尖翘起，系骨呈水平位置。运动时，患肢蹄摆动，以蹄踵或蹄球着地，球节高度背屈、下沉。断裂处发生于骨的附着部位时，系凹蹄球间沟部热、痛、肿胀，腱明显迟缓。如发生于球节下方，则可触到断端裂隙及热、痛性肿胀。如与指（趾）浅屈肌腱同时发生断裂，则蹄尖的翘起更明显。

指（趾）浅屈肌腱完全断裂时，突发支跛。站立时，以蹄尖着地，减免负重。运动时，患肢着地负重的瞬间球节显著下沉，蹄尖稍翘离地面。触诊冠骨上端两侧腱的附着点或球节上方的掌后侧，可摸到腱的断痕，患部有疼痛性肿胀及温热。

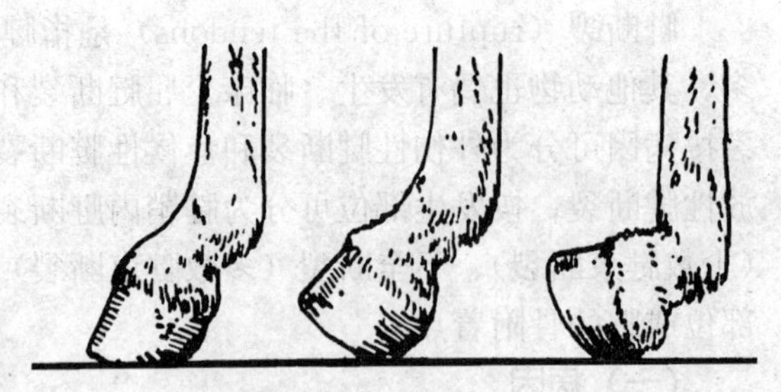

图 15-27 屈腱完全断裂

1. 悬韧带断裂 2. 指浅屈肌腱断裂 3. 指深屈肌腱断裂

悬韧带断裂，单独发生的较少，常发生于分支处。病后突发支跛，患肢负重时，球节明显背屈、下沉，但蹄尖并不上翘，患肢蹄负面可以着地。牛的悬韧带单独断裂时，患肢负重时球节明显下沉，以蹄踵着地，蹄尖翘起稍离地面。如断裂发生在两个分支处，局部有疼痛性肿胀。如并发籽骨骨折，可听到骨摩擦音（图 15-27）。

屈腱的不全断裂与腱炎的区别有一定难度，但比腱炎的跛行症状重，几乎不能负重。

（2）预后：不全断裂时，一般多可完全治愈。完全断裂时，愈合时间虽然较长，如能早期合理地治疗，也能够治愈，但有时遗留下顽固性跛行。发生在骨的附着部腱断裂时，腱的缝合和固定都很困难，一般预后不良。马、骡的腱断裂比牛的预后好，犊和驹的腱断裂比成年家畜的治愈率要高。

（3）治疗：治疗原则是合理固定，吻合断端，防止感染，促进再生。

腱断裂的治疗，关键在于固定，只有在充分固定的基础上，促进腱断端的紧密结合，以利腱的再生，否则预后多为不良。

腱断裂的固定方法很多，如石膏绷带、夹板绷带等。效果较好的是在包扎石膏固定绷带，并结合使用镫状支架、支撑蹄铁以及长尾连尾蹄铁（图 15-28，图 15-29）。

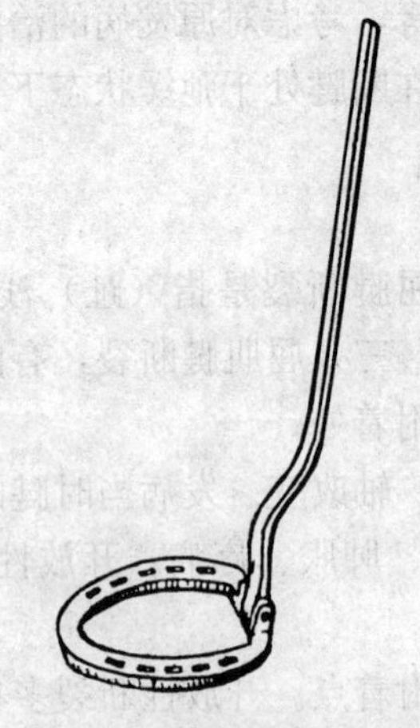

图 15-28 腱断裂固定用支撑蹄铁

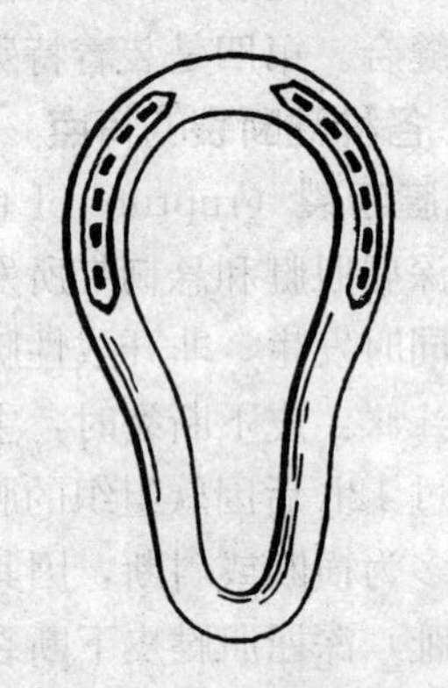

图 15-29 长尾连尾蹄铁

全断裂（包括开放性腱断裂）时，在一般外科处理后，可进行腱的缝合术，促进断端的尽量接近，以加速修复。腱的缝合方法有皮外和皮内（创内）缝合法两种。皮外缝合应在充分剃毛消毒的基础上，使用粗（18 号线）缝线，从腱的侧面穿线，进针部位距断端 3～4cm，进针前先将皮肤向创口外侧推移，做单扣绊或双扣绊（目字形）缝合，将两断端拉近并打结固定，以便于使断端尽量接近，然后包扎石膏绷带。皮内（创内）缝合法，用粗线做双交叉扣绊缝合（8 字或双 8 字缝合），进针部位距离断端 5～8cm，交叉穿线，然后拉紧打结固定。用普鲁卡因青霉素液清洗，缝合皮肤，然后包扎石膏绷带。为了增加抗张强度，防止缝线拉断，可先实行皮外缝合，再行皮内缝合，借助皮肤的张力减轻缝线所受的拉力（图 15-30、图 15-31）。

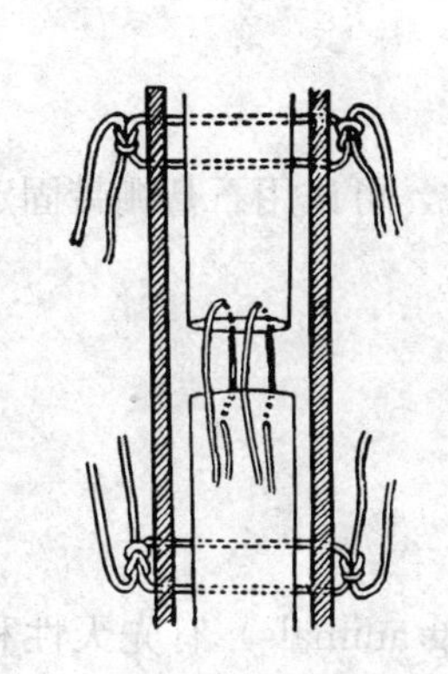
图 15-30　皮外腱缝合法

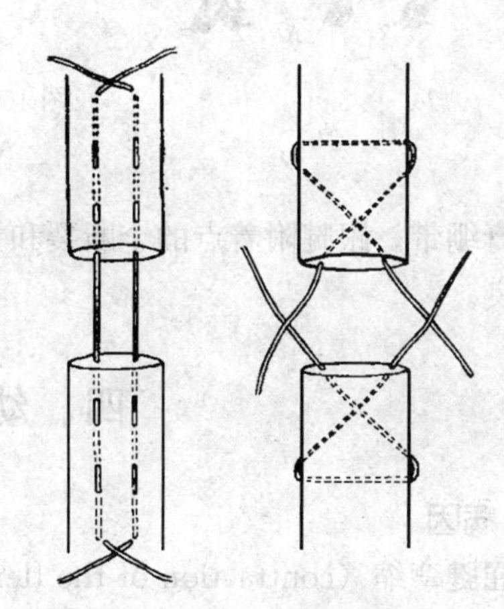
图 15-31　创内腱缝合法

对于不全断裂和球节以下的完全断裂，可不做腱的缝合，应用石膏绷带固定即可。包扎绷带时，为了使断端接近，应将患肢的指关节固定在适当的屈曲状态。完全断裂时，固定石膏绷带更换的时间应不少于 1 个月。以后改装长尾连尾蹄铁，病畜需要休息 3 个月以上，逐渐进行功能锻炼。使用长尾连尾蹄铁是利用蹄铁的长尾向后扩大患肢的负重面积，防止蹄尖上翘和腱断端被拉开。在愈合过程的后期，蹄铁的长尾应逐渐缩短。注意，在包扎固定绷带后，需将病畜吊起保定。

开放性腱断裂在新鲜创的初期，伤口做一般外科处理后，以青霉素、链霉素液清洗，同时用 0.1％呋喃西林溶液湿敷，对控制感染有较好的效果。根据腱断裂的具体情况，进行腱的缝合，并包扎固定绷带。拆除绷带后，注意功能锻炼。

2. 腓肠肌和跟腱断裂（rupture of the gastrocnemius and the tendon achillis）　腓肠肌和跟腱有伸展与固定跗关节的作用。腓肠肌与跟腱断裂常发生于牛、马，除腱断裂的一般原因之外，特别是当挽曳重车行走在坡度大的路面上，飞节高度屈曲，抑或强屈后肢，突然滑倒，以及母牛在分娩前后，均容易引起跟腱断裂。

断裂部位多在跟结节处，患部肿胀、疼痛，有时可以摸到断裂的缺损部。提举后肢屈曲跗关节时，无抵抗。完全断裂，在站立时患肢前踏，跗关节高度屈曲并下沉，膝关节伸展，患侧臀部下降，小腿与地面垂直，跖部倾斜，跟腱弛缓。运动时，表现为以支跛为主的混合跛行，如两后肢同时发病，则运步困难（图 15-32）。

跟腱完全断裂在治疗时，如跟腱完全断裂发生在肌、腱的移行部位，可试用缝合法，然

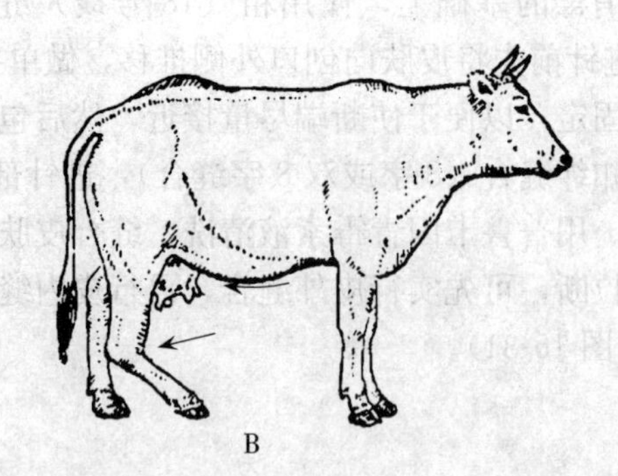

图 15-32 跟腱断裂
A. 马 B. 牛

后包扎石膏绷带。跟腱附着点的全断裂和并发跟骨结节骨折时，可试用石膏绷带固定，但一般预后不良。

四、幼畜屈腱挛缩

（一）病因

幼畜屈腱挛缩（contraction of the flexor tendons in young animals）有先天性和后天性之分。先天性者主要是由于屈腱先天过短，同时伸肌虚弱所造成，可发生于一肢、两肢或四肢。常发生于马、骡幼驹和犊牛，并常发生在两前肢，而后肢发生较少。

后天性幼畜屈腱挛缩，主要是因幼畜在发育期间完全舍饲、运动不足、全身肌肉不发达、消化障碍、营养不良等所引起。风湿性肌炎、佝偻病等也能诱发此病。

（二）症状

幼驹、犊牛的屈腱挛缩，程度不同，临床表现多种多样。轻度先天性挛缩，以蹄尖负重，行走时容易猝跌，球节腹屈。重度挛缩病例球节基本不能伸展，以球节背面接触地面行走（图 15-33、图 15-34）。

图 15-33 幼驹先天性屈腱挛缩

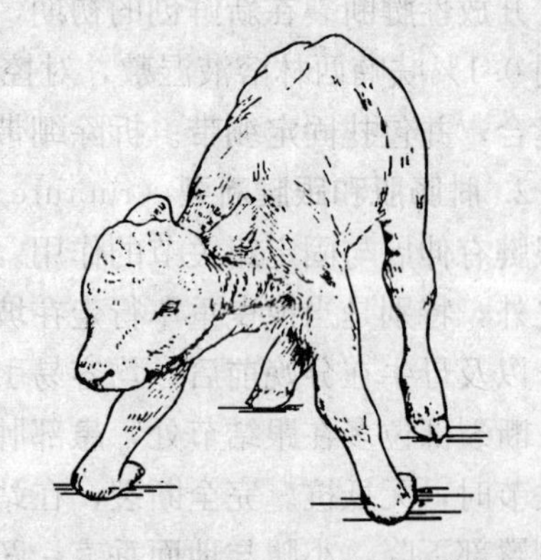

图 15-34 犊牛先天性屈腱挛缩

后天性屈腱挛缩，初期以蹄尖负重，随着病势的发展，蹄踵逐渐抬高，球节向前方突出

(图 15-35)。球节前面接触地面后，不久便引起创伤，损伤关节，往往并发化脓性关节炎。

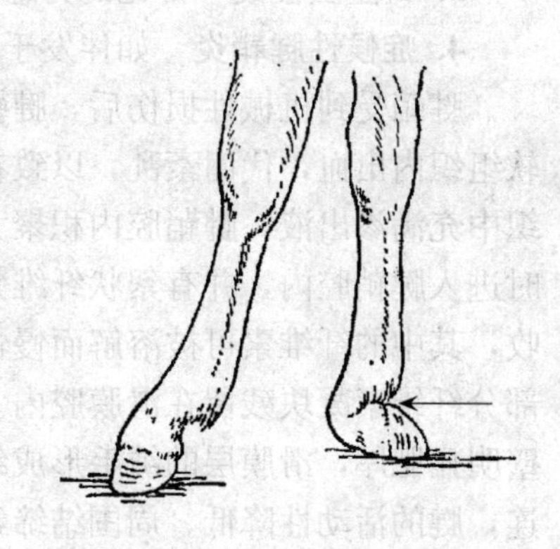
图 15-35　幼驹后天性屈腱挛缩

(三) 治疗

先天性幼畜屈腱挛缩，可包扎石膏绷带或夹板绷带进行矫正。在打绷带时应将患肢的球节拉开至蹄负面完全着地，用石膏绷带固定。后天性挛缩，首先是除去病因，然后可试用石膏绷带固定矫正，也可以装铁脐蹄铁。屈腱挛缩较重的幼畜，可行切腱术。

术前修整蹄形，术部在掌（跖）中 1/3 腱的侧方。术部剃毛消毒后，可用 1%盐酸普鲁卡因液进行浸润麻醉。于术部切开皮肤及筋膜，分离结缔组织，寻找出深屈腱。半“工”字形或斜形切断屈腱（图 15-36、图 15-37），并做延长缝合。处理缝合创口后，装着石膏绷带最少 3 周。

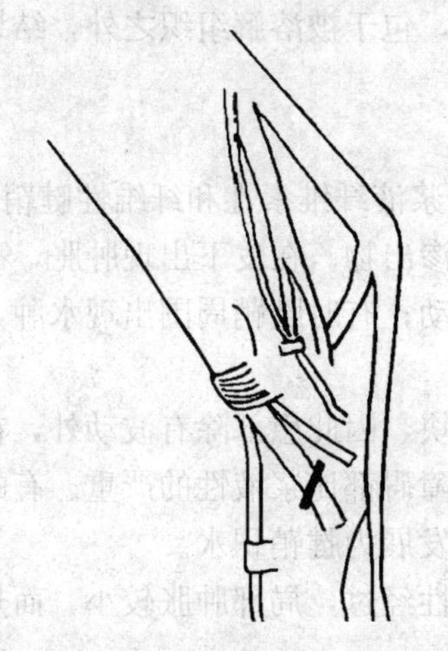
图 15-36　腱的斜形切断及缝合法

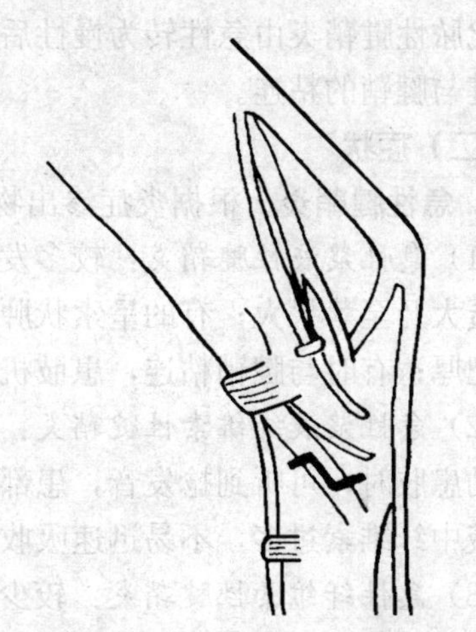
图 15-37　腱的半“工”字形切断及缝合法

五、腱 鞘 炎

腱鞘炎（tendovaginitis）是马、骡的常发疾病，拉车的役牛也发生，猪很少发生，屈腱的腱鞘比伸腱多发，腕部、跗部、指（趾）部腱鞘多发。按临床经过分为急性和慢性腱鞘炎。按渗出物的性质，又可分为浆液性、浆液纤维素性、纤维素性和化脓性腱鞘炎。还有症候性腱鞘炎，多伴发于某些传染病。

腱炎和腱鞘炎往往是互为因果，相互影响而发病。

(一) 病因和病理

1. 机械性损伤　例如挫伤、打击、压迫、刺创，腱的过度牵张，保定不当，挽驮重载在不平或泥泞道路上疾驰等。

2. 感染　脓毒血症、传染病时并发；周围组织炎症（蜂窝织炎、脓肿、化脓性黏液囊炎、化脓性关节炎）的蔓延。

3. 寄生虫侵袭 常见的为蟠尾丝虫病等。

4. 症候性腱鞘炎 如伴发于结核、腺疫、布氏杆菌病以及传染性胸膜肺炎等。

腱鞘受到机械性损伤后，腱鞘壁和腱系膜的血管被破坏，在腱鞘腔、腱鞘壁及其周围的软组织内出血，代谢紊乱，以致在腱鞘壁及其周围结缔组织中发生无菌性炎症。被损伤的组织中充满渗出液，腱鞘腔内积聚大量渗出液和滑液，呈黏稠的红黄色，有时血液和渗出液同时进入腱鞘腔内，并有絮状纤维素沉降于腱鞘底部。以后随着炎症的平息，渗出液逐渐被吸收，其中的纤维素可被溶解而慢慢吸收。转为慢性过程时，一部分渗出液被吸收，部分或大部分纤维素凝块残留在滑膜腔内。有时因纤维素的沉积而导致腱鞘的粘连。腱鞘的纤维层外壁明显肥厚，滑膜层的绒毛形成纤维性增生物，呈肉芽组织样构造，严重时腱鞘各层互相粘连，腱的活动性降低。周围结缔组织高度增生，有的病例常因腱鞘组织中钙盐沉积，引起腱及腱鞘的骨化。

腱鞘创伤内侵入病原菌时，初期为浑浊的浆液性炎性渗出物，而后变为脓性。此时滑膜层内皮脱落，腱鞘腔内充满肉芽组织，绒毛肿胀体积增大，常因治疗不及时而最终导致穿孔。化脓性腱鞘炎由急性转为慢性后，常有结缔组织增生，包于被溶解组织之外，结果必然导致腱与腱鞘的粘连。

（二）症状

1. 急性腱鞘炎 根据炎症渗出物的性质分为浆液性、浆液纤维素性和纤维性腱鞘炎。

（1）急性浆液性腱鞘炎：较多发，腱鞘内充满浆液性渗出物。在皮下出现肿胀，有的可达鸡蛋大乃至苹果大；有的呈索状肿胀，温热疼痛，有波动；有时腱鞘周围出现水肿，患部皮肤肥厚；有时与腱鞘粘连，患肢机能障碍。

（2）急性浆液纤维素性腱鞘炎：渗出物中有纤维素凝块，因此患部除有波动外，在触诊和他动患肢时，可听到捻发音，患部的温热、疼痛和机能障碍都比浆液性的严重。有的病例渗出液中纤维素过多，不易迅速吸收，转为慢性经过，常发展为腱鞘积水。

（3）急性纤维素性腱鞘炎：较少见，多为亚急性与慢性经过，局部肿胀较小，而热痛严重，触诊腱鞘壁肥厚，有捻发音。

2. 慢性腱鞘炎 同急性腱鞘炎，亦分为3种。

（1）慢性浆液性腱鞘炎：常由急性型转变而来，也有慢性渐进发生的。滑膜腔膨大充满渗出液，有明显波动感，温热、疼痛不明显，跛行较轻，仅在使役后出现跛行。

（2）慢性浆液纤维素性腱鞘炎：腱鞘各层粘连，腱鞘外结缔组织增生肥厚，严重者并发骨化性骨膜炎。患部仅有局限的波动，有明显的温热、疼痛和跛行。

（3）慢性纤维素性腱鞘炎：滑膜腔内渗出多量纤维素，因腱鞘肥厚、硬固而失去活动性，轻度肿胀、温热、疼痛，并有跛行。触诊或他动患肢时，表现有明显的捻发音，纤维素越多，声音越明显，病久常引起肢势和蹄形的改变。

3. 化脓性腱鞘炎 分急性经过和亚急性经过。滑膜感染初期为浆液性炎症，患部充血和敏感，如有创伤，流出黏稠含有纤维素的滑液。经2～3d后，则变为化脓性腱鞘炎，病畜体温升高，疼痛，跛行剧烈。如不及时控制感染，可蔓延到腱鞘纤维层，引起蜂窝织炎，出现严重的全身症状。跛行严重，并有剧痛。进而引起周围组织的弥漫性蜂窝织炎，甚至继发败血症。有的病例引起腱鞘壁的部分坏死和皮下组织形成多发性脓肿，最终破溃。愈后往往遗留下腱和腱鞘的粘连或腱鞘骨化后遗症。

4. 症候性腱鞘炎 由分枝杆菌所引起的牛、猪结核性腱鞘炎，类似纤维素性炎症，肿胀逐渐增大，周围呈弥漫性肿胀，硬而疼痛。马、骡有时因腺疫、布氏杆菌病以及传染性胸膜肺炎等导致多数腱鞘同时或先后发病。

（三）治疗

以制止渗出、促进吸收、消除积液、防治感染和粘连为治疗原则。

急性炎症初期在病初1～2d内应用冷疗，如2％醋酸铅溶液冷敷、硫酸镁或硫酸钠饱和溶液冷敷。同时包扎压迫绷带，以减少炎性渗出，并安静休息。

急性炎症缓和后，可应用温热疗法，如酒精温敷、复方醋酸铅散用醋调温敷等。如腱鞘腔内渗出液过多不易吸收时，可做穿刺术，同时注入1％盐酸普鲁卡因青霉素溶液10～50mL，注后慢慢运动10～15min，同时配合热敷2～3d。如未痊愈，可间隔3d后，再穿刺1～2次，穿刺后包扎压迫绷带。

亚急性或慢性腱鞘炎，可应用鱼石脂或鱼石脂酒精外敷，涂擦水银软膏、樟脑水银软膏，亦可采用热浴、热泥疗法、透热疗法、石蜡疗法、碘离子透入疗法。还可以应用醋酸氢化可的松50～200mg加青霉素20万～40万IU，注入腱鞘内，每3～5d注射1次，连用2～4次。

如腱鞘腔内纤维素凝块过多而不易分解吸收时，可手术切开排除，切开部位应在腱鞘的下方，注意防止局部感染。对慢性者应进行适当运动。

化脓性腱鞘炎，初期可行穿刺排脓，然后使用盐酸普鲁卡因青霉素溶液冲洗，伤口用0.1％呋喃西林溶液湿敷。手术疗法效果较好，应根据病情，不失时机地早期切开，充分排脓，切除坏死组织和瘘管。手术创口可应用青霉素、磺胺类制剂、2％氯亚明溶液、0.2％过氧化氢利凡诺溶液。对腐败性腱鞘炎，应使用氧化剂。

（四）各种腱鞘炎的特点

1. 指（趾）部腱鞘炎（tendovaginitis of thedigits） 本病是指球节部指（趾）屈腱鞘的炎症，常发生于马、牛，多为浆液性炎症，有时发生化脓性炎症。发病部位在球节上方和下方的系凹部。

发病原因主要是运动过急，腱鞘剧伸，有的原因不明。初生仔畜由血源感染而得或继发于马腺疫、副伤寒等。

（1）急性浆液性炎：症肿胀位于球节上部近籽骨上韧带与指（趾）浅屈之间的内外侧。肿胀呈椭圆形、柔软波动、温热、疼痛。重度炎症大量渗出液蓄积腱鞘内时，沿系骨两侧直至系凹部出现明显肿胀，运动时呈支跛。慢性经过时，渗出液显著增多，肿胀明显而有波动，冷感无痛，一般无跛行。

（2）急性浆液纤维素性炎：症肿胀小而疼痛剧烈，触诊时患部上方有轻微波动，下方有捻发音，呈支跛。慢性过程时，肿胀增大，无热痛和跛行（图15-38）。

图15-38 指腱鞘炎

（3）纤维素性炎：症除温热、肿胀外，有剧痛和捻发音以及重度支跛。慢性经过时腱鞘肥厚，常因钙盐沉积而骨化。指关节活动受限，长期存在支跛，并随运动而加重。

（4）化脓性炎：症呈弥漫性蜂窝织炎性肿胀，从破溃口或瘘管流出脓液。体温升高，跛行严重，患肢不能负重。病畜长期倒卧，缺乏食欲，消瘦，易并发褥疮，常因败血病而致死。化脓性腱鞘炎愈合后，往往造成腱与腱鞘的粘连。

此病应注意与浆液性系关节炎的鉴别诊断。

2. 腕部腱鞘炎（tendovaginitis of the carpus） 腕部腱鞘炎主要是因剧烈的运动，使腱急剧伸展而引起。在骑马、赛马常与装蹄和调教有关。其他原因同腱鞘炎。腕部腱鞘炎多发生于马，牛偶发症候性腱鞘炎。临床上常见的腕部腱鞘炎有以下几种：

（1）指总伸肌腱鞘炎：发病部位在腕关节前面正中线稍外方，自桡骨远端至掌骨上端呈细长条状肿胀。急性炎症时，出现椭圆形肿胀，增温，疼痛，呈明显支跛（图 15-39）。

（2）指外侧伸肌腱鞘炎：肿胀部位在腕关节外侧稍上方，椭圆形肿胀，有波动，时有疼痛。无菌性炎症一般不影响运动机能，当腱鞘增殖肥厚时患肢提举、伸扬不充分。

（3）腕桡侧伸肌腱鞘炎：肿胀在前臂下 1/3 至掌部上端，急性浆液性炎和浆液纤维素性炎症时，肿胀呈椭圆形，灼热而疼痛。运动时，呈轻度运跛。常为慢性经过，全腱鞘逐渐肿胀，患肢负重时，患部明显紧张，弛缓时有波动，运动时无跛行。牛的慢性浆液性腱鞘炎时，高度肿胀，渗出液可多达 2～3L（图 15-40）。化脓性炎症时，呈弥漫性肿胀，灼热剧痛。从病灶排脓，腕部肿大，有时并发腱鞘周围蜂窝织炎，体温升高。站立时，患肢不能负重。

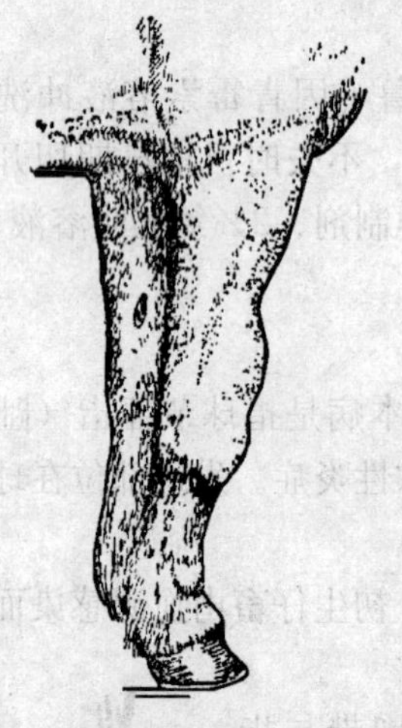

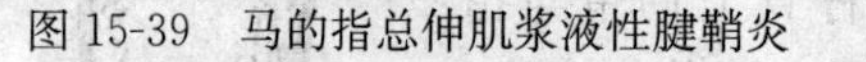

图 15-39 马的指总伸肌浆液性腱鞘炎

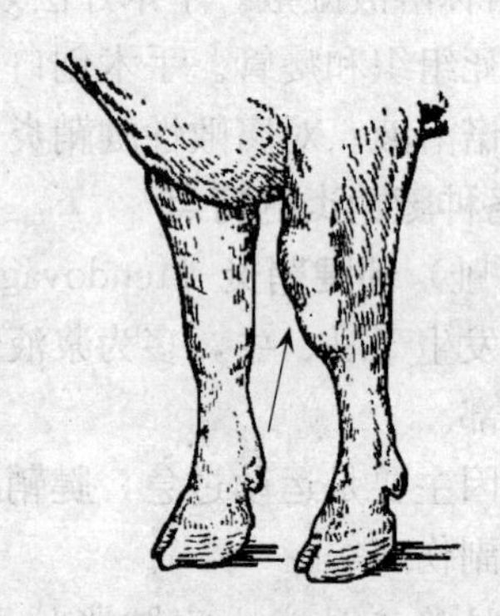

图 15-40 牛腕桡侧伸肌慢性浆液性腱鞘炎

（4）腕斜伸肌腱鞘炎：在腕关节上半部的背外侧面，沿腕关节前面斜向内侧小掌骨头出现小的肿胀，有热痛。慢性经过时，临床症状不明显，站立时，无异常变化。慢步运动有轻度跛行，快步时则跛行加重。因腕部活动不灵活，运动速度降低，易疲劳。化脓性炎症时则症状较重。

（5）腕部指屈肌腱鞘炎：当腱鞘内充满大量渗出液时，则出现三个长椭圆形肿胀，其中较大的位于外侧副腕骨的稍上方；另一个位于腕内侧的正中沟内桡骨与腕内屈肌之间；第三个位于掌骨上 1/3 处的内侧。有波动，压迫其一侧可感知渗出液相互串通。站立时，为避免负重，屈曲患肢。运动时，急性者呈混合跛行，慢性者无跛行，但在运动后病畜容易疲劳，使役后常躺卧不起。因此腱鞘与桡腕关节囊相通，常并发桡腕关节囊的膨胀。化脓性炎症时，全腱鞘肿胀，并发蜂窝织炎，剧痛肿胀，由破溃口或瘘管流出脓液，他动患肢时，流量增多。病情严重者，出现明显的全身变化，如治疗不当，能发展为败血病。

牛在腕部常发生结核性浆液性腱鞘炎，此时全腕关节弥漫性肿胀，支跛，肩部诸肌萎缩，全身消瘦。腕部腱鞘炎应注意与腕前黏液囊炎的鉴别。

治疗腕部腱鞘炎时，除上述腱鞘炎的疗法外，应当注意装蹄疗法，即切削蹄尖外侧，使外蹄尖容易返回。

3. 跗部腱鞘炎（tendovaginitis of the tarsus）

（1）趾长屈肌（趾深屈肌内头）腱鞘炎：肿胀部位在跗关节内侧，趾深屈肌外侧深头的前方。浆液性炎症时症状不甚明显，只有化脓性炎症时症状才明显。此腱鞘炎发病率较低。

（2）趾长伸肌腱鞘炎：肿胀部位在跗关节前面，呈长椭圆形，长达18cm，外面被三条横韧带压迫，隔成节段，肿胀、波动、温热、疼痛。站立时，屈曲跗关节，呈混合跛行。慢性炎症时，肿胀、无痛、无跛行。急性化脓性炎症时，中度肿胀，跛行严重并有全身症状。有时并发腱坏死。

（3）趾外侧伸肌腱鞘炎：肿胀呈小椭圆形，位于跗关节外侧，紧靠趾长伸肌腱鞘。此腱鞘发病率低（图15-41）

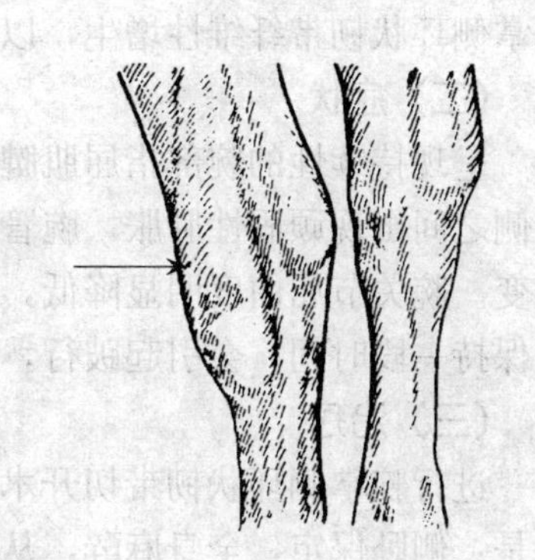

图15-41 牛左右趾外侧伸肌腱鞘炎

（4）趾浅屈肌和跟腱的腱鞘炎：急性浆液性炎症时，腱鞘腔内充满渗出液，出现两个肿胀，一个在跟结节上，另一个在前者下方，长达10～15cm，温热、疼痛。站立时，伸展跗关节，屈曲跗关节时剧痛。运动时，有跛行，肢外展。化脓性炎症时，症状剧烈，并有全身症状。病畜消瘦，肌肉萎缩，长卧不起。化脓性炎症应注意与化脓性跗关节炎鉴别。

关节滑膜囊炎、腱鞘炎和黏液囊炎肿胀部位的鉴别见表15-1。

表15-1 关节滑膜囊炎、腱鞘炎、黏液囊炎的肿胀部位鉴别

部位	关节滑膜囊炎	腱鞘炎	黏液囊炎
肩部	于臂骨大结节前上方之凹陷处，呈圆形肿胀	无	肩关节前下方，臂骨上端，臂二头肌沟中，出现肿胀
肘部	肘头前下方的肘窝处，出现肿胀	无	肘结节顶端直后皮下，呈圆形肿胀
腕部	副腕骨上内方，桡骨之后，呈圆形肿胀	指总伸肌腱鞘，于腕前有2～3个肿胀，其他腱鞘均在各自径路上出现长椭圆形肿胀	腕前皮下，出现一个圆形肿胀
指（趾）部	球节后上方，掌骨与膝韧带之间内外侧，呈圆形肿胀	球节后上方，屈腱两侧，呈长椭圆形肿胀	球节前面、指总伸肌腱下呈圆形或左右压扁的半圆形肿胀
膝部	三条膝直韧带之间，出现两个圆形肿胀	无	膝关节前面稍外下方皮下出现一个圆形肿胀
跗部	跗关节前内侧及胫骨之后与肌腱之间的两侧出现3个互相连通的圆形肿胀	在各条腱的径路上呈长椭圆形肿胀	跟骨结节顶端皮下，呈圆形肿胀

六、腕管综合征

因腕管发生占位性病变，使腕管口径变小而引起的慢性跛行，统称为腕管综合征(carpal canal syndrome)。主要发生于马，且多发生于年青种马，常一肢发病。

(一) 病因

主要是因为腕管内容物容积变大，腕管口径变小，使腕管内的屈肌腱受到压迫，其活动受限；腕管内的血管、神经受到压迫，影响其机能，从而发生慢性跛行。引起腕管口径变小的原因有副腕骨骨折，特别是复杂骨折或粉碎性骨折时并发腕管部腱组织增厚，骨折部位的腕掌侧环状韧带纤维性增生，以及软组织损伤造成的结缔组织增生。

(二) 症状

呈现持续性的腕部指屈肌腱鞘炎，在腕尺侧伸肌和尺侧屈肌之间或腕桡侧屈肌和指屈肌内侧之间出现顽固性肿胀，腕管内容物增大，副腕骨部组织变性增厚，而腕关节背侧无任何改变。腕关节屈曲度明显降低，屈曲腕关节时出现疼痛反应，当突然屈曲腕关节或屈曲腕关节保持一段时间，会引起跛行，但可随运动逐渐减轻或消失。严重者，指动脉波动消失。

(三) 治疗

进行腕掌侧环状韧带切开术，可望消除或缓解腕管的压迫症状，恢复使役能力。手术方法是：侧卧保定，全身麻醉，从腕关节上方 3cm 到副腕骨下方 5cm，与指总静脉平行，做 15cm 长的皮肤切口，然后沿指轴平行切开腕掌侧环状韧带，在环状韧带的两静脉间切开腱鞘，探查狭窄部，切除增生的内容物。缝合皮下组织和皮肤，包扎绷带。包扎绷带应避开突起的副腕骨，以防压迫引起疼痛。

第五节　黏液囊和滑液囊疾病

一、黏液囊和滑液囊局部解剖与生理

在皮下、筋膜下、韧带下、腱下、肌肉与骨之间及软骨突起的部位，为了减少摩擦常有黏液囊存在。黏液囊有先天性和后天性两种。后天性黏液囊是由于摩擦而使组织分离形成裂隙所成。黏液囊的形状和大小各异，这与局部组织活动的范围、紧张性及状态，组织被迫易位的程度，以及新形成的组织间隙内含物（淋巴、渗出液）的数量和性质有关。

黏液囊壁分两层，内被覆一层间皮细胞，外由结缔组织所包围。在诸多黏液囊中，只有枕部、鬐甲部、肘部、腕部、坐骨结节部、膝前部、跟结节部的黏液囊易引起炎症。当这些黏液囊发炎时，黏液囊内液体增多。

滑液囊是指与关节腔或腱鞘腔相通的囊。诸如臂二头肌下面的结节间滑液囊、冈下肌腱下的滑液囊、指（趾）总（长）伸肌滑液囊及舟状骨滑液囊。

二、结节间滑液囊炎

结节间滑液囊炎（intertubercular bursitis）多发生于挽马。

(一) 局部解剖

当屈伸肩关节时，臂二头肌腱质部在被覆有软骨的臂骨结节间沟上滑动，即在此处形成一个大的滑液囊，称为结节间滑液囊。滑液囊的腔体以一团脂肪与肩关节腔隔开。在猪和肉食兽，这一滑液囊则与肩关节腔相连，所在位置比马的更靠近体躯的中线（图 15-42）。

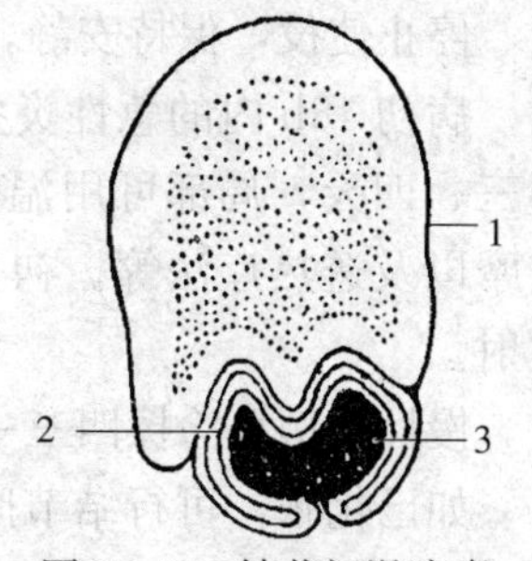

图 15-42　结节间滑液囊横断面
1. 臂骨　2. 结节间滑液囊腔　3. 臂二头肌腱

(二) 病因

常因肩端严重的挫伤所致，如碰撞、打击或挽具的压迫等。脱缰马及持续重役的马，由于臂二头肌过度紧张，使滑液囊受到强力或持续挤压而发病。如果滑液囊遭受创伤，可继发化脓性炎症。

(三) 症状

1. 急性炎症　在站立时，腕关节屈曲，以蹄尖着地，患肢后置（图 15-43）。运动时，患肢提举困难，表现重度运跛，严重者拖曳患肢而三腿跳跃。甚至在疼痛减轻之后，病肢仍为前方短步，后退时并无多大困难。患部有增温、肿胀和疼痛等炎性症状。

2. 慢性炎症　除快步运动外，一般无跛行。如果两侧结节间滑液囊同时发病，病畜肩部强拘。病久者相关肌肉（臂二头肌、冈下肌）出现萎缩。

(四) 诊断

急性者可根据站立肢势、跛行特点及触诊情况等容易诊断。但应与肩关节炎、臂二头肌炎等做鉴别诊断。对可疑病例，可行穿刺检查，或行囊内注射麻醉试验（3%盐酸普鲁卡因注射液 10mL）。注射时站立保定，先在臂骨外侧摸到臂二头肌，沿此肌上缘，从后下方向前上方肌腱的下面，略向外刺入针头，深度 3～4cm。正常时，穿刺物系透明的黏胶状滑液（图 15-44）。

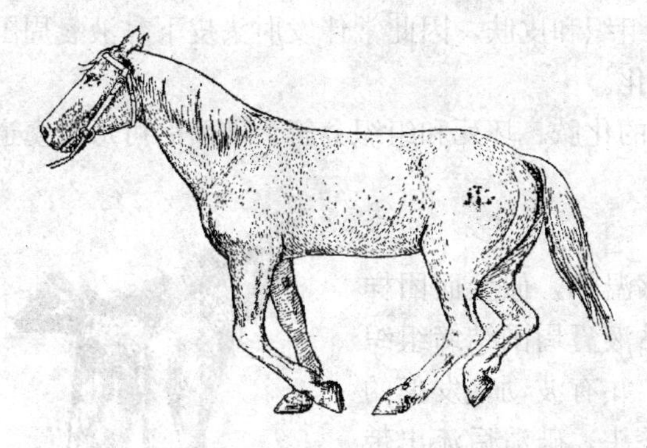
图 15-43　左前肢结节间滑液囊炎的悬跛肢势

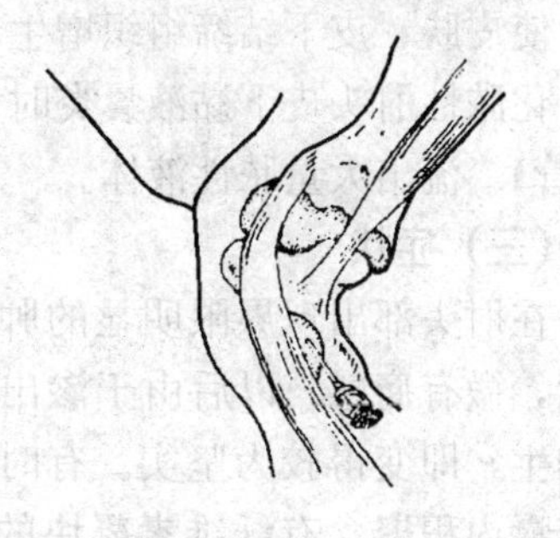
图 15-44　结节间滑液囊炎的穿刺

(五) 预后

急性结节间滑液囊炎有时经过良好，但有转为慢性的倾向，需要数月之久才能恢复，并容易转为慢性跛行。如病情严重引起化脓及败血症时，病畜不能起立，长久卧于一侧，可导致死亡。局部症状较轻，患肢尚能负担体重，跛行轻者，可在 6～8 周之后恢复健康。

慢性结节间滑液囊炎的预后要慎重。虽然疾病过程较慢，病畜尚能服轻役，但往往反复发生，不易治愈。

（六）治疗

停止使役，保持安静，充分休息。

病初48h内的急性炎症可行超短波电疗或用冷疗，例如冷敷、装设冰袋或冷水淋浴。第三、四天，局部可用温热疗法，如热敷、红外线照射等，或用碘离子透入疗法、轻度按摩以及透热疗法等。初发的滑液囊炎可用2%盐酸普鲁卡因注射液或可的松进行囊内注射。

慢性病例可涂擦四三一合剂等刺激剂。

如已化脓，可行结节间滑液囊穿刺排脓，然后注入溶有青霉素80万IU的0.25%盐酸普鲁卡因注射液20mL。必要时可切开排脓，清洗脓腔，注入青霉素盐酸普鲁卡因溶液，同时肌肉注射青霉素及链霉素。

三、肘头皮下黏液囊炎

肘头皮下黏液囊炎（olecranon bursitis）俗称“肘肿”，或称为肘结节皮下黏液囊炎。多发生于马和大型犬，有时一侧发病，有时两侧同时发病。牛及其他家畜很少发生此病。

（一）病因

局部挫伤可导致急性肘头皮下黏液囊炎，多因长期对肘突的压迫和冲击所引起。如马或大型犬因长时间卧于坚硬地面上，卧下和起立时肘头皮下黏液囊受到压挤和摩擦。体瘦的马在狭窄的厩舍内被迫采取牛的姿势卧下时，肘突部常被同侧蹄铁尾端反复碰撞。当马患有呼吸困难性疾病时，以胸骨部卧地，屈曲前肢休息，肘后面恰好被蹄踵所冲击。快步时过度屈曲腕关节，骑马方式不当、马镫撞击肘部等均可引起肘头皮下黏液囊炎。

（二）病理

肘头皮下黏液囊炎常波及周围的疏松结缔组织和皮肤，因此常伴发肘头皮下黏液囊周围炎，使皮肤、皮下结缔组织增生肥厚，甚至骨化。

化脓性肘头皮下黏液囊炎时，由于黏液囊的化脓、坏死和组织分解，破溃后可形成窦道（瘘管），流出大量脓性液体。

（三）症状

在肘头部出现界限明显的肿胀。初期可感温热，似生面团样硬度，微有痛感。以后由于渗出液的浸润和黏液囊周围结缔组织的增生，即变得较为坚实。有时黏液囊膨大，并有波动。发炎的黏液囊内积聚含有纤维素凝块的液体，大如拳头，破溃后流出带血的渗出液。黏液囊内容物有时可被吸收，黏液囊周围的炎症亦随之消失，膨大的皮肤形成松弛的皱襞。本病一般没有跛行（图15-45）。

图15-45　马的左侧肘头皮下黏液囊炎

（四）预后

急性炎症如及时治疗，可以痊愈。如病因不除，易变为慢性炎症，不能完全吸收，周围组织硬化和增生肥厚。预后良好者，不妨碍使役。

（五）治疗

病初宜用冷疗或囊内注射可的松 2%～3%的盐酸普鲁卡因注射液。除去病因，预防局部继续受挫伤。

呈慢性经过时，可多次涂擦松节油或四三一合剂等刺激剂，促使炎症的消散。若已成为化脓性黏液囊炎，可在外下位切开排脓，用复方碘溶液涂擦囊内壁，肌肉注射抗生素。当黏液囊增大、坚实、肥大时，可施行手术，彻底摘除。对病畜进行全身麻醉，局部剃毛消毒，沿前肢的长轴在肿大部的外后侧做纵向切口。切开皮肤后，从周围组织剥离出整个增大的黏液囊。用消毒剂处理创腔，结节缝合手术创口，并做纽扣减张缝合，细胶管引流。注意手术后的护理和治疗（图 15-46）。术后将病畜放置于保定栏内，吊起保定 1～2 周，防止术后病畜因起卧而使手术创口裂开，待创口愈合。同时要加强饲养管理。

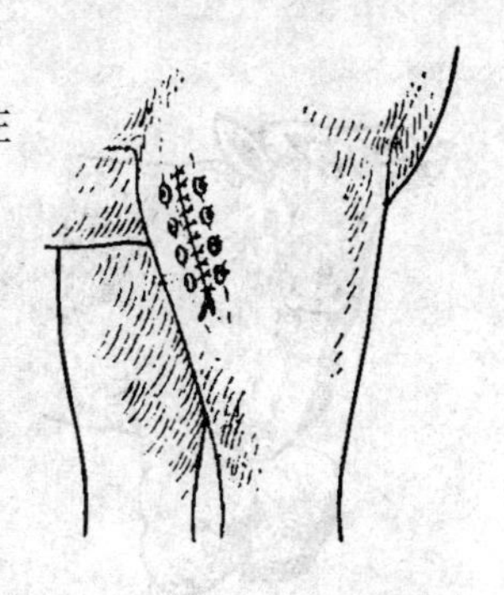

图 15-46　手术摘除后的肘头皮下黏液囊炎

（六）预防

针对致病的原因采取预防措施，平时应注意铺垫草及合理的饲养管理，注意平整畜舍地面。检查马、骡蹄铁的内侧铁尾，装蹄时必须注意铁尾不得过长。

四、腕前皮下黏液囊炎

腕前皮下黏液囊炎（subcutaneous bursitis of the anterior surface of the carpal joint）俗名“腕瘤”。主要发生于牛，马次之，其他家畜很少发生。多为一侧性的，有时两侧同时发病。

马的腕前皮下黏液囊位于第 3 腕骨及桡骨远端的前面，在指总伸肌腱鞘附近。该囊与桡腕关节腔相通，并通过桡腕关节腔与指屈肌的腕腱鞘相通。

（一）病因

地面坚硬而粗糙，牛床不平，钉头外露，垫草不足或不给垫草，当牛起卧时腕关节前面不免反复遭受挫伤。马有牛卧姿的恶习，系缰甚短全卧有困难，腕关节前面易碰撞饲料槽等，均易引起腕前皮下黏液囊炎。在不平的硬地上发生猝跌，亦可导致腕前皮下黏液囊炎。布氏杆菌病可并发或继发腕前皮下黏液囊炎。

（二）症状

腕关节前面发生局限性、带有波动性的隆起，逐渐增大，无热无痛，时日较久，患病皮肤被毛卷缩，皮下组织肥厚。牛的腕前膨大，可增至排球大小，脱毛的皮肤胼胝化，上皮角化，呈鳞片状。肿胀的内容物多为浆液性，并混有纤维素小块，有时带有血色。如有化脓菌侵入，则形成化脓性黏液囊炎。

若腕前皮下黏液囊由于炎症积液多而过度增大，运步时出现机械障碍（图 15-47、图 15-48、图 15-49）。

（三）诊断

应注意与腕关节滑膜炎和腕桡侧伸肌腱鞘炎做鉴别诊断。本病的肿胀位于腕关节前面略下方；腕关节滑膜炎时，肿胀主要位于腕关节的上方及侧方；腕桡侧伸肌腱鞘炎时，呈纵行

图 15-47 牛的两侧性腕前皮下黏液囊炎

图 15-48 马的腕前皮下黏液囊炎

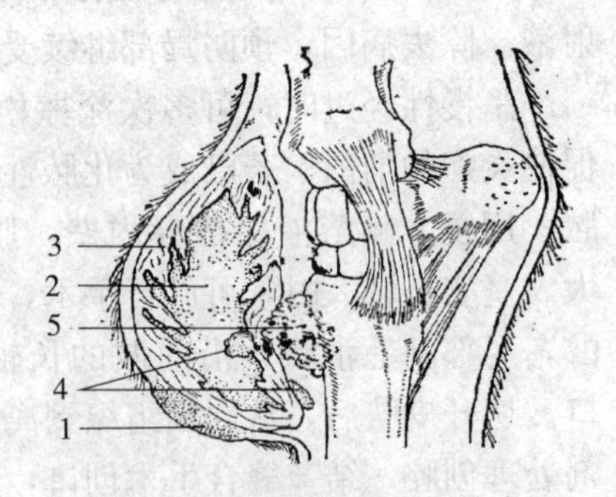

图 15-49 牛的腕前皮下黏液囊炎横剖面

1. 脱毛的皮肤 2. 囊腔及渗出液 3. 结缔组织增生 4. 纤维素凝块 5. 外生骨疣

的分节状肿胀。当急性滑膜炎及腱鞘炎时，病肢跛行显著；而浆液性黏液囊炎时，通常无跛行，或跛行轻微。穿刺检查可判定黏液囊内容物的性质。

(四) 预后

治疗及时则预后良好，很少转为化脓性炎症。若为布氏杆菌病并发或继发，预后慎重。

(五) 治疗

可实行姑息疗法，即穿刺放液后注入适量的复方碘溶液或可的松。局部装置压迫绷带。

对特大的腕前皮下黏液囊炎，应实行手术切开或摘除。在肿大的前面正中略下方，做梭形切口，将黏液囊整体剥离。结节缝合手术创口，对过多的皮肤做数行平行的纽扣状缝合，皮肤皱褶置于一侧，装置压迫绷带。以后每 5d 拆除一行纽扣状缝合（先从靠近肢体的一行开始），最后拆除手术创口的结节缝合。同时肌肉注射青霉素及链霉素，或投以磺胺类药物。

(六) 预防

注意地面、牛床的平整，铺垫干燥而柔软的垫草。加强饲养管理。对布氏杆菌病应定期检查。

五、跟骨头皮下黏液囊炎

跟骨头皮下黏液囊位于跟骨结节的顶端，故跟骨头皮下黏液囊炎（subcutaneous bursitis of the tubercalcis）俗称“飞端肿”。本病主要发生于马和骡，其他家畜则少见。

(一) 病因

跟骨头皮下黏液囊炎是蹴踢或是与坚硬物体碰撞、滑跌、过度用力造成损伤的结果。厩舍狭窄，跟骨头经常碰到墙壁上；车船运输引起的局部碰伤；车套较短，动物拉车时跟骨头经常与车前横木发生冲击等，都是导致跟骨头皮下黏液囊炎的原因。

（二）症状

跟骨头皮下黏液囊炎，因跟骨头顶端的特定部位出现肿胀，比较容易诊断。但是仍需注意触诊，黏液囊发炎时肿胀具有弹性。触诊，急性跟骨头皮下黏液囊炎时，局部增温，触之疼痛。如为化脓性炎症，皮下肿胀显著增大。肿胀位于飞节的顶端，有时可达拳头大，乃至小儿头大。

单纯的皮肤或黏液囊的损伤时，无跛行，甚至有化脓过程时，也很少出现跛行（图 15-50）。

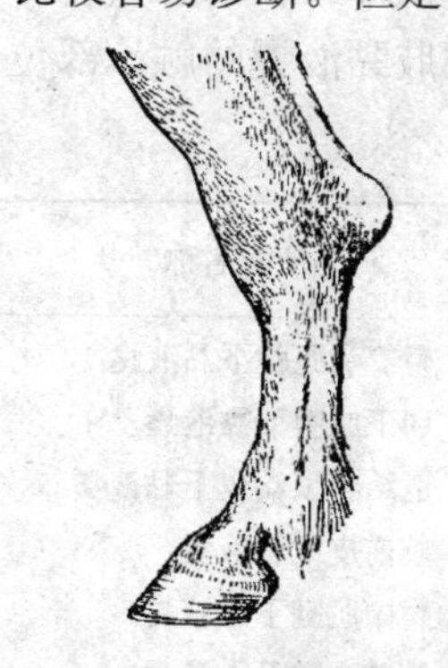

图 15-50　跟骨头皮下黏液囊炎

（三）预后

单纯性黏液囊炎预后良好，化脓性的预后要慎重。

（四）治疗

病初可用浸以 3%～5%醋酸铅溶液的脱脂棉缠敷局部。陈旧性的跟骨头皮下黏液囊炎可擦四三一合剂。如有波动或积有脓液，可穿刺排除，然后注入适量的复方碘溶液、1%蛋白银溶液或青霉素盐酸普鲁卡因溶液。包扎压迫绷带。对经久不愈的顽固性病例，可行跟骨头皮下黏液囊摘除术。病畜患肢在上侧卧保定，轻度全身麻醉，配合局部浸润麻醉，术部剃毛、消毒。在飞端及两侧做“U”形切开，对所剥离的黏液囊及肥厚组织，均予切除。对手术创口做结节褥式缝合，后下方留排液口。包扎压迫绷带。术后肌肉注射抗生素（图 15-51）。

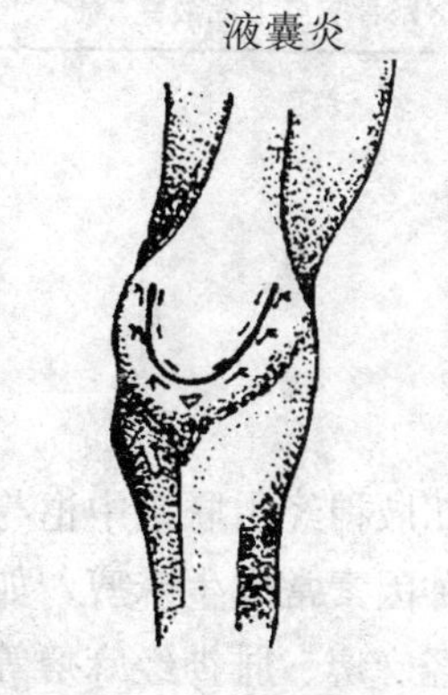

图 15-51　手术摘除后的跟骨头皮下黏液囊炎

（五）预防

对有蹴踢癖的马、骡要专栏饲养，尤其是在夜间要装设防踢栅或束以防踢绳套。

六、膝盖前皮下黏液囊炎

膝盖前皮下黏液囊位于膝盖骨前面正中央或稍偏于外侧皮下的疏松结缔组织中，当发生膝盖前皮下黏液囊炎（distension of the subcutaneous bursa in front of the patella）时，膝盖骨前面肿胀，故俗称“膝瘤”。常发生于马和牛。

（一）病因

机械性损伤，如剧伸、挫伤、强烈牵张等；继发于某些传染病的经过中，如腺疫、流感及马胸疫等；临近组织炎症的蔓延等所引起。

（二）症状

在膝盖骨前方正中央或稍偏于外侧，呈现局限性肿胀，有明显的波动感。急性炎症时，其肿胀有热有痛，并有轻度跛行。当有纤维素渗出时，可感知有捻发音。慢性炎症时，由于纤维组织增生，肿胀致密而坚硬，疼痛不明显，无跛行。化脓性炎症时，黏液囊及其周围组织呈现弥漫性肿胀，温热及疼痛明显，呈现重度跛行。化脓性炎症时，可形成脓肿，当手术切开或自溃排脓后，跛行明显减轻。

（三）预后

无菌性炎症预后良好，感染化脓者预后慎重。

四肢黏液囊的触诊部位见表15-2。

表 15-2 四肢黏液囊触诊部位

黏液囊名称	触诊部位
臂二头肌腱下黏液囊	肩关节前下部，臂骨上端，肱二头肌沟与臂二头肌腱之间
冈下肌腱下黏液囊	臂骨外侧肌结节的冈下肌腱浅支
肘结节顶端皮下黏液囊	肘头直后方皮下，呈圆形肿胀
腕前皮下黏液囊	腕关节前面稍下方，呈圆形肿胀
臀中肌腱下黏液囊	中转子外下方
膝前皮腱下黏液囊	膝盖骨前面稍下方或稍外侧
跟骨端皮下黏液囊	跟骨结节顶端皮下，呈圆形肿胀

第六节　四肢神经疾病

一、外周神经的解剖与生理

四肢神经由联系中枢与外周器官之间的神经纤维所组成，故属于外周神经。四肢神经由于各种因素常发生麻痹，如前肢的肩胛上神经麻痹、桡神经麻痹；后肢的闭孔神经麻痹、坐骨神经麻痹、腓神经麻痹等。由于神经的麻痹，导致其所支配的肌肉功能丧失，常出现特有的运动障碍。四肢神经来源于脊神经，当脊髓受到损伤时，四肢神经也出现麻痹症状，而造成四肢的机能障碍。

脊神经由脊髓发出后，分布到背、腰及四肢等与运动有关的部位。神经干内含运动、感觉和植物三种神经，属于混合神经。有的神经干内感觉神经纤维较多，如正中神经、尺神经、坐骨神经等，称为感觉神经；有的神经含运动神经纤维较多，如肩胛上神经、桡神经、腓神经等，称为运动神经。另外，每条神经干内都含有一定数量的植物性神经，对肌肉起营养作用，因此当神经麻痹时，其所支配的肌肉很快发生萎缩。

外周神经呈白色带状或条索状，基本组成部分是神经纤维（神经轴）。神经纤维浸泡于半流动的神经浆中，外包有一层轴膜或髓鞘。许多神经纤维被结缔组织包围而成束，即为神经干（神经）。

外周神经纤维以其髓鞘的有无，分为有髓纤维和无髓纤维。有髓纤维内含神经轴突、髓鞘和神经膜。髓鞘由髓磷脂构成，起绝缘作用。髓鞘外面有一层膜，即神经膜，由雪旺氏细胞所组成，又称为雪旺氏鞘。在神经膜上有许多环形凹陷部，使髓鞘呈有规律性的间断，此处神经纤维也呈狭窄状，即郎飞氏节。在相邻的两个郎飞氏节之间，神经膜内有一个带状细胞核。这种细胞在神经损伤后的修复过程中起着重要作用。神经膜呈桶状，具有保护神经纤维的作用，并在神经被切断后的修复过程中起到桥梁作用。

神经小束在解剖学上并非呈直线状，在神经不同部位的横断面上，呈不同方向排列，因此当神经损伤过长时，临床上不易寻找到相对应的神经小束。但在神经横断时，能将神经小束群准确对应，缝合神经束膜是十分必要的。

1. 四肢神经的生理机能　运动神经纤维的末端，终止于骨骼肌纤维的表面，形成扁平丘状椭圆形效应器，即运动终板，将来自中枢的应答反应传递给骨骼肌，使其发起运动。感觉神经纤维，其末端形成各种不同的感觉器，当其接受刺激后，将刺激转变为冲动并传向中枢。植物性神经纤维，也属传出纤维，具有营养机能。当外周神经受到损伤后，它所支配的组织即呈现感觉异常、运动障碍、营养失调乃至萎缩变性。

2. 神经纤维变性与再生　神经元的轴突被截断后，因距离不同，其近端与神经元的细胞体部的变性程度也不一样。细胞体是神经元的营养中枢，因此近端变性能迅速恢复，其远端因已断绝营养供应，故很快发生变性，最后消失。但神经膜并不变性，而且神经膜细胞增殖分裂，在断端有序排列，起连接断端的桥梁作用，引导由细胞体再生的轴突从伤口近端进入远端的神经膜管之中，最后到达原来所分布的器官，恢复其机能。如轴突被截断后，产生大量结缔组织时，可阻碍新生轴突的前进，影响其机能的恢复。

二、外周神经损伤

外周神经损伤（injuries of the peripheral nerves）在动物经常发生，分为开放性损伤和非开放性损伤两种。前者往往是伴随软硬组织的开放性损伤，而引起神经的部分截断或全截断；而后者并发于组织的钝性非开放性损伤，引起神经干的震荡、挫伤、压迫、牵张和断裂等。

有机体各部位的组织都有神经分布，因此组织的开放性损伤，不可避免地伴发神经的损伤。软组织（肌肉、腱、韧带）和骨的开放性损伤，经常破坏神经干，引起部分或全部截断，使所属部位的机能紊乱与破坏。当损伤细的分支时，对机体的影响比较小。

（一）病因

神经干的震荡，常见于火器创，即枪弹、弹片等穿过软组织时，分布在该部的神经受到强烈的震荡，引起神经组织发生小的溢血、髓鞘水肿和变性，虽在外观上看不到明显的变化，但可引起神经的麻痹，此症状一般很快消失。

1. 外周神经的挫伤　常发生于跌倒、在硬地面上或破旧失修手术台上的粗暴侧卧保定、打击蹴踢、枪弹的冲击等引起神经的挫伤。此时，受伤神经干仍保持其解剖上的连续性，神经纤维尚完整，仅髓鞘变性吸收，神经内发生小溢血和水肿，有时被损伤的神经纤维发生变性。神经干发生挫伤后，相应肌肉发生机能减退或丧失，有时出现神经过敏现象。一般表现是反射减弱，神经仍保持其兴奋性，压迫损伤远端，能引起疼痛反应。神经挫伤，一般经过治疗可以恢复。

2. 神经干受到压迫　常发生于手术台或硬地面上长时间的保定过程中，石膏绷带和夹板绷带包扎不合理，四肢长时间紧扎止血带，骨病过程中增殖骨胼胝及外生骨赘，骨折片及滞留的枪弹等都能压迫神经。由于病因和受压迫的程度及时间长短不同，可引起程度不同的机能障碍。因髓鞘脆弱，在坚硬物体的压迫下，可引起神经组织的部分退行性变性。所表现的临床症状，如同部分和全部截断的综合症状。如能妥善治疗和护理，经过适当的时间，可以恢复正常机能。临床上，常见于长时间横卧保定引起的桡神经麻痹。

3. 神经的牵张和断裂 常见于暴力或超生理范围的外力作用于机体，引起神经纤维的部分或全断裂。神经受到牵张时，神经的完整性没有变化，仅在临床上出现部分麻痹症状，类似神经挫伤的症状，该神经所支配的肌肉或某些肌群发生弛缓。如果感觉神经被过度牵张时，则该部的感觉减退或丧失，患部的机能减退。此时，经过精心治疗可恢复。当神经发生断裂时，或多或少神经束的完整性受到破坏，其断端发生抽缩，因而出现神经完全麻痹症状，神经机能完全丧失，且不可恢复，相应肌肉出现弛缓，失去弹性，时间稍长出现萎缩，肌纤维缩短，肌肉横纹消失，呈现退行性变性。肌内结缔组织增生，以替代某些肌肉纤维。如感觉神经断裂，该区知觉完全丧失，针刺无反应。在诊断时，应考虑到某些组织器官是受两种以上的神经所支配，故仍有知觉存在。神经的完全断裂，能引起血管的扩张、充血、末梢水肿，时间过久可出现营养性溃疡或骨质疏松等。

外周神经损伤后，神经再生修复的综合表现是麻痹区域逐渐消失，肢体损伤下部的疼痛感觉逐渐出现；血管运动、分泌及营养障碍逐渐恢复正常；肌肉的紧张度和收缩力以及电反射逐步恢复，萎缩现象减轻。

（二）症状

由于被损伤的神经和部位以及程度的不同，外周神经麻痹的临床症状，根据被损伤神经纤维的机能有以下3个主要症状。

1. 运动机能障碍 因运动神经纤维受到损伤，使运动神经陷于麻痹状态，受其支配的肌、腱的运动机能减弱或丧失，表现肌、腱弛缓无力，丧失固定肢体和自动伸缩的能力。患肢出现关节的过度伸展、屈曲或偏斜，表现特异的跛行症状。

2. 感觉机能障碍 外周神经属混合神经，伤后会程度不同地出现感觉机能障碍，特别是富含感觉纤维的感觉神经陷于麻痹时，感觉减弱或丧失，针刺皮肤时疼痛反应减弱或消失，腱反射减退等。

3. 肌肉萎缩 外周神经损伤麻痹时，不可避免地要伤及该神经的植物性神经纤维，引起营养失调。再加之患肢由于神经麻痹运动不足，因而病后经过一定时间，受其所支配的肌肉则出现萎缩，表现为肌肉凹陷、体积变小等。

（三）预后

外周神经损伤预后判定的标志是：临床上的神经麻痹症状，一般经过1～2周左右逐渐恢复者，预后良好。如经过4周以上尚不能恢复时，表明神经组织损伤严重，预后不良。

（四）治疗

治疗原则是除去病因，恢复机能，促进再生，防止感染、形成瘢痕及肌肉萎缩。

1. 保守疗法 为了兴奋神经，可应用电针疗法。

为了促进机能的恢复，提高肌肉的张力和促进血液循环，可进行按摩疗法，病初每天2次，每次15～20min。在按摩后配合涂擦刺激剂。可在应用上述疗法的同时，配合使用维生素（B_{12}、B_1）。

为了防止形成瘢痕和组织粘连，可在局部应用透明质酸酶、链激酶或链道酶。透明质酸酶，2～4mL，神经鞘外一次注射。链激酶10万IU、链道酶25万IU，溶于10～50mL灭菌蒸馏水中，神经鞘外一次注射。必要时，24h后可再注射。

为了预防肌肉萎缩，可试用低频脉冲电疗法、感应电疗法、红外线疗法。为兴奋骨骼肌，可肌肉内注射氢溴酸加兰他敏（galanthamin hydrobromidi）注射液，每日每千克体重

0.05～0.1mg。此外，可在应用兴奋剂注射后，每天用0.9%盐水溶液150～300mL，分数点注入患部肌肉内。加兰他敏能提高胆碱能受体的感受性，使骨骼肌中受阻抑神经与肌肉间的传导恢复，改善因神经肌肉传导障碍所引起的麻痹状态，从而增强其运动机能。进行牵遛运动，有助于肌肉萎缩的恢复。对患外周神经损伤或神经麻痹的病畜，混在放牧群中放牧，可望自然康复。针灸疗法对神经麻痹有良好效果。

2. 手术治疗

（1）神经松解术：分神经外松解术和神经内松解术。适用于神经损伤后连续性未中断，功能仅部分丧失者；神经内血肿，神经外膜或束膜因外伤、炎症、放射、药物注射而瘢痕化者。

神经外松解术，可以在肉眼下或手术放大镜下进行，目的是将神经干从周围的瘢痕中或骨痂中游离出来，并将附着于神经干表面的瘢痕组织予以清除。必要时还应将神经外膜切开减压，同时应将神经周围软组织中的瘢痕切除，使松解减压后的神经干处于比较健康的软组织中。

神经内松解术，应在手术放大镜或手术显微镜下进行，目的是将神经外膜切除后，再用锐利器械将束膜间瘢痕组织切除，使每条神经束全部游离。此手术中应注意神经束丛形结构不被破坏，以免损伤神经束。神经松解减压后，应在局部应用醋酸氢化可的松5mL，以减少神经干周围组织疤痕的增生。

其优缺点是：神经粘连松解减压术对神经未中断，仅因瘢痕压迫而发生功能障碍者，疗效十分明显，术后短期内即可恢复功能。关键是如何在手术时判断神经束是否中断，是行神经瘤切除术，还是行神经瘤松解术。若判断错误，则疗效差。判断的方法，可依据临床检查中主要功能是否丧失，神经瘤的大小与形态，神经电刺激反应等决定手术方案。

（2）神经外膜缝接法：适应于急性外伤中及时修补神经者，且神经缺损在3cm以内。

在肉眼或显微镜下进行外膜缝合，要对合正确，防止神经束外露、扭曲、重叠或错开（图15-52）。

缺点是难以精确地对合神经束，不能进行神经束的定位缝接，因外膜发生创伤后易发生增生，影响再生的轴突通过吻合口。一般吻合处张力较大影响神经内微循环，结缔组织增生影响神经的再生。

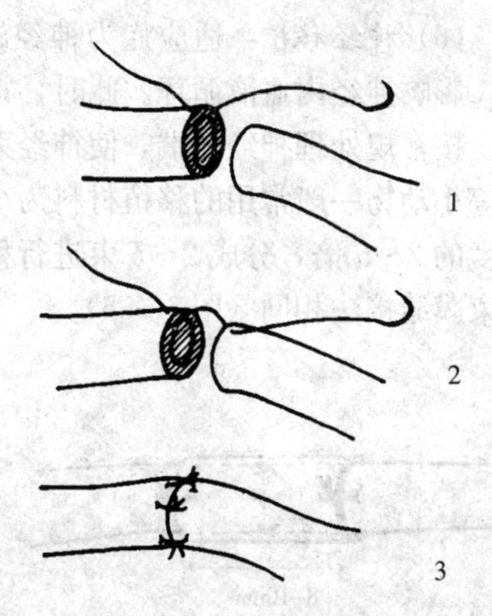

图15-52　神经外膜缝合法
1. 进针达神经外膜下约0.5mm
2. 断端结节缝合　3. 缝合后同时打结

（3）神经束膜或束组缝合法：常规处理神经断端，使神经束充分外露。切除1～2cm神经外膜，按神经束大小多少分成4～5束组。分辨神经断端束的性质，神经近端一般根据神经束大小作为标志进行对合，因此处大多为混合神经束。神经干中段一般应用显微感应电刺激进行鉴别；神经下段应用神经束图进行定位。也可采用组织化学鉴别法，以测定的神经断端乙酰胆碱酯酶含量为标记，运动束含量多，感觉束含量少。

优点是精确，对位准确性超过外膜缝合法，神经束对合无分离的可能。缺点是神经束稚嫩，易损伤；抗张力弱；手术时间长，创伤较大。

(4) 神经内缝合法：又称为单线纽扣缝合法：缝合线两端各穿一根针，分别从断端刺入神经干，然后从两侧穿出，在两针穿出部位各加一小块筋膜或硅胶片，拉紧线后分别打结（图 15-53）。注意一端打方结，另一端先打滑结，然后再打成三叠结，以避免过度紧张引起神经干位置偏离。

此法的最大优点是术后神经瘤少见，结缔组织增生少。缺点是对手术技术要求高，若进针未在神经干中心，极易导致神经扭曲和固定不稳。

(5) 神经袖套缝合法：神经袖套缝合法不是一种独立的方法，而是在神经缝合的基础上，在其周围加上一个袖套进行保护和固定，避免周围结缔组织大量增生，影响神经组织的迅速愈合和有规律的再生。

选择壁薄、柔软、直径均匀的硅胶管，浸泡于灭菌的玻璃管内保存。在进行神经断端吻合术前，应先把硅胶管套到神经干的一端，并用组织镊或小止血钳暂时固定。在神经吻合术完成后，将套管移到缝合处，包裹损伤部位。并在套管的两端各缝合一针，进行固定，以免套管移动或扭曲（图 15-54）。

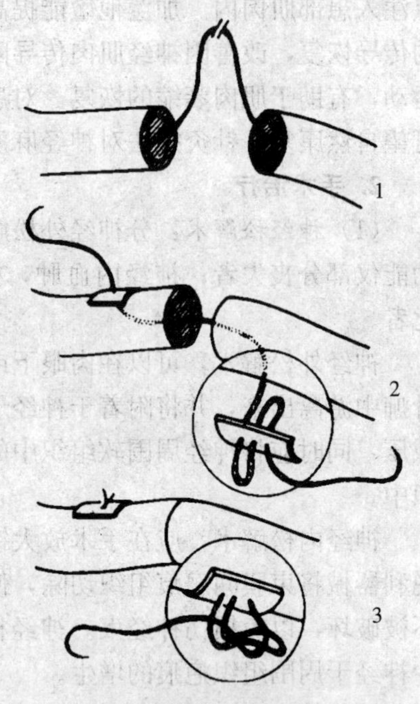

图 15-53 神经内缝合法（单线纽扣缝合）

1. 神经干中央入针，进针 6～7mm
2. 出针部位放筋膜或硅胶片 3. 打结

优点是保护和固定受损的神经，能抑制神经吻合部的结缔组织增生，使损伤的神经迅速再生和愈合。

缺点是对袖套的直径和长度选择很严格，一般直径应是神经干直径的 2～3 倍，过细压迫损伤部位，使神经干肿胀；过粗则硅管塌陷，也挤压神经干。套管长度一般 8～10mm，过长影响神经干周围的血液循环，过短起不到固定和保护作用。

(6) 神经移植：适应症为神经缺损在其直径的 4 倍以上，神经断端拉拢后张力明显增加，影响神经内血液循环。此时，神经移植效果明显优于直接缝合法。

按常规处理神经断端，使神经束充分显露。根据神经缺损长短取移植神经材料，在犬、猫等小动物一般常用的移植材料为小腿外侧皮神经和前肢的正中神经。所取长度一般是缺损长度的 2～5 倍，分成 2～5 束进行移植。移植神经之间可用尼龙单丝线固定数针。缝接方法与束膜缝接法相同（图 15-55）。

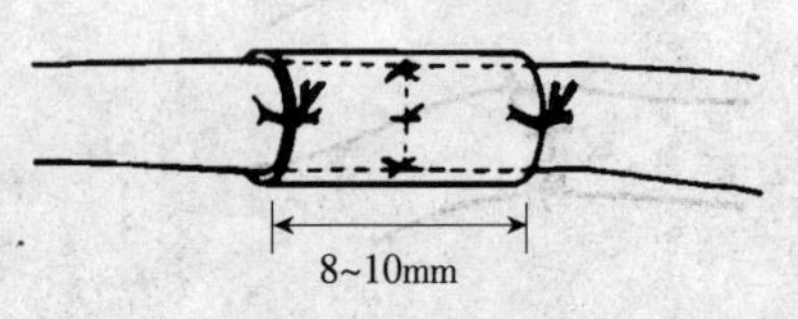

图 15-54 神经袖套法

袖套直径是神经干直径的 2～3 倍，长至少 8～10mm

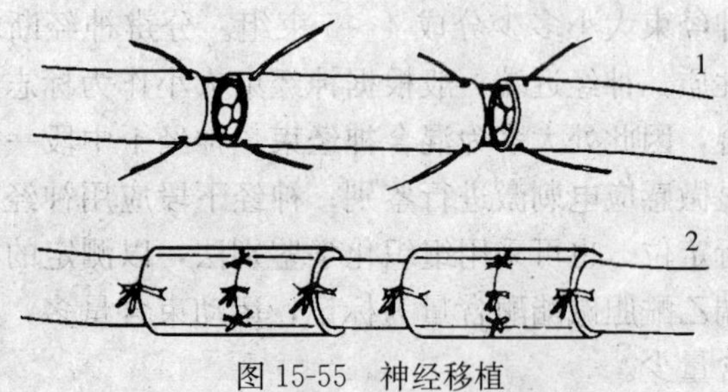

图 15-55 神经移植

1. 移植神经断端缝合 2. 吻合处加袖套

优点是能保证在显微镜下进行束膜的缝合，吻合口处瘢痕少，神经再生快。消除神经吻合处张力，保证神经内循环血氧供应，神经再生良好。

三、遗传性犬肥大性神经病

遗传性犬肥大性神经病（inherited canine hypertrophic neuropathy）是一种外周神经系统的遗传性慢性脱髓鞘病，主要侵害藏獒。

（一）病因

这种遗传性疾病，可能是常染色体隐性性状。初步研究提示，是雪旺氏细胞形成和保持髓鞘能力的遗传性先天缺陷。

（二）症状

从 7～12 周龄开始出现四肢软弱，首先侵害后肢，几天之内发展至前肢。严重者在 3 周内发展到躺卧，一些犬虽能站立，但呈拖曳的跖行步态。

临床检查时，反射减弱、张力减退和肌肉轻度萎缩。疼痛感觉正常。

肌电图检测时，运动神经传导速度明显减慢。

（三）治疗

尚无有效疗法。

四、急性多神经根神经炎

急性多神经根神经炎（acute polyradiculoneuritis）又称为猎浣熊猎犬麻痹（coonhound paralysis）。最初发生于猎浣熊猎犬，在接触浣熊 7～10d 后发病，为急性上行性麻痹。现在本病可见于许多品种的犬。本病与人的急性多神经根神经炎非常相似，是犬外周神经系统多部位神经的炎症性疾病。

（一）病因

原因尚不很清楚，推测是损害髓鞘的免疫性障碍。

（二）症状

后肢突然发生半麻痹状态和反射减弱。迅速发生上行性传导减弱和麻痹，在神经征候出现 24～48h 内，病犬出现四肢半麻痹。少数前肢征候发生在后肢之前；脊髓反射下降或没有脊髓反射，病变所涉及的肌肉张力减弱，疼痛反应常加强，可能表现为皮肤感觉过敏；尾运动、排粪排尿能力通常正常，会阴反射也正常；迅速发生肌肉萎缩，可能见于发生麻痹后 7d 内；脑神经受侵不常见，动物的声音可能变弱，有些病例两侧面神经出现不全麻痹，也可发生呼吸麻痹。病犬精神一般良好。

（三）诊断

应做系列的神经学检查，以评估疾病的进展情况。

（1）电生理学检查：征候出现后 5～7d，肌电图可证明广泛失去神经支配。肌肉复合动作电位幅度降低，可能出现多相性。运动神经传导速度减弱或正常。

（2）腰部脑脊液检查：蛋白含量可能增高，但脑脊液内细胞数无明显增高。

(四) 治疗

因为病因不明，尚无治疗本病的特异性疗法。

应用皮质类固醇治疗，只能在发病后的 2～3d 内给予，因为在此时间后使用，可增高泌尿道感染的几率和引起继发性肺炎。

为了防止发生褥疮、泌尿和呼吸道感染，减轻肌肉萎缩，必须进行支持性护理，保证适当的垫草，经常翻身和洗澡，头和颈部用沙袋垫高，被动伸屈四肢，按摩肌肉。呼吸麻痹时应供应氧。从症候发生到康复通常需要 3～6 周，康复后可遗留肌肉萎缩和缺乏耐力等后遗症，有些动物还可能复发。

五、远端失神经支配病

远端失神经支配病（distaldenervatingdisease）是侵害犬远端运动神经轴索的一种变性性神经疾病。

(一) 病因

病因不明，病理学异常似乎只限于远端轴索，推测中毒性因素可能与此变性有关。

(二) 症状

急性发作时，几天内可见四肢半麻痹，亚急性发作时，需 3～4 周。发病后，仍能咀嚼、吞咽、呼吸、自主排尿和摇尾。严重病例颈部软弱，不能吠叫。肌肉张力减弱，可发生严重的肌肉萎缩，脊髓反射降低或缺失。但仍保持感觉机能，脑神经机能障碍不常见。

电生理学检查，可见全身性肌电图异常，运动神经传导速度减慢，肌肉复合动作电位幅度降低，感觉神经传导速度通常正常。肌肉组织活检，肌内神经的神经纤维减少，神经源性萎缩。

(三) 治疗

给予支持性护理，通常在 4～6 周内康复。

六、犬急性特发性多神经病

犬急性特发性多神经病（canine acute idiopathic polyneuropathy）是运动神经的多神经病。无品种、年龄或性别差异。无全身性疾病史和接触有毒化学物质史。

(一) 病因

目前尚不清楚。

(二) 症状

在 3 周内，出现后肢半麻痹、四肢半麻痹或麻痹症状。肌肉张力和脊髓反射降低或缺失。感觉机能似乎正常。脑神经正常。

肌电图可显示运动神经传导速度减慢。神经束活检，可见轻度变性变化。

(三) 治疗

给予支持性护理，可望在 4～6 周内恢复。

七、糖尿病性多神经病

糖尿病性多神经病（diabeic polyneuropathy）是一种犬和猫逐渐加重的慢性多神经病，

其发生与糖尿病有关。

（一）病因

长期血糖过高和肌肉肌醇代谢改变，使神经纤维变性。

（二）症状

可见慢性和逐步加重的全身性肌肉软弱和肌肉轻度萎缩。

后肢症候明显，姿势反应减弱，节段反射正常或降低。疼痛反应正常。猫可出现特征性的后肢跖行运动。

有时可见低血压、膀胱和胃肠机能紊乱。

（三）诊断

先诊断是否有糖尿病。肌电图检查，许多肌肉群失去神经支配电位，运动神经传导速度减慢，感觉神经传导速度也减慢。神经组织活检，光镜下最明显的变化是髓鞘变薄。

（四）治疗

首先治疗糖尿病，在几日到几周内使神经病症候消除或改善。给予支持性护理和治疗。

八、脊髓及脊髓膜炎

脊髓及脊髓膜炎（myelitis and meningomyelitis）是指脊髓实质、脊髓软膜及蛛网膜的炎症。临床上以感觉、运动机能障碍和肌肉萎缩为特征。多发生于马、羊，其他动物也有发生。

（一）病因

除椎骨骨折、脊髓挫伤及出血外，还常伴发于马传染性脑脊髓炎、流行性感冒、胸疫、脑脊髓丝虫病、媾疫及霉败饲料和有毒植物中毒。

（二）症状

因炎症部位、范围及程度的不同而异。

1. 脊髓炎　发病初期多表现精神不安，肌肉震颤，脊柱凝硬，运动强拘，易疲劳，出汗。

（1）*局灶性脊髓炎*：仅表现患病脊髓节段所支配区域的皮肤感觉减退和肌肉萎缩。

（2）*弥漫性脊髓炎*：炎症波及的脊髓节段较长，且多发生于脊髓的后段，除所支配区域的皮肤感觉过敏或减弱、肌肉麻痹和运动失调外，常出现尾、直肠以及肛门和膀胱括约肌麻痹，以致排粪、排尿失常。

（3）*横贯性脊髓炎*：表现相应脊髓节段所支配区域的皮肤感觉、肌肉张力和反射减弱或消失等下位运动神经元损伤的症状，发炎节段后方肌肉张力增高、腱反射亢进等上位运动神经元损伤的症状。病畜共济失调，两后肢轻瘫或瘫痪。

（4）*播散性脊髓炎*：是个别脊髓传导径受损，表现相应的局部皮肤感觉减退或消失以及肌肉麻痹。

2. 脊髓膜炎　主要表现脊髓膜刺激症状。脊髓背根受到刺激时，呈现体躯某一部位感觉过敏，用手触摸被毛或皮肤，动物即躁动不安、拱背、呻吟等；脊髓腹根受刺激时，则出现背、腰和四肢姿势的改变，如头向后仰，屈背，四肢挺伸，运步紧张小心，步幅短缩，沿脊柱叩诊或触摸四肢，可引起肌肉痉挛性收缩，如纤维性震颤、肌肉战栗等。随着疾病的进展，脊髓膜刺激症状逐渐消退，表现感觉减弱或消失、运动麻痹等脊髓炎症状。

重症者常于 2～3d 死亡，轻症亦很难恢复，预后不良。

（三）治疗

应以静养为主，对症治疗为辅。

九、四肢神经麻痹

四肢神经麻痹（paralysis of four limbs nerves）是动物常发的一种疾病，临床上马、牛、犬等均可见到，分为完全麻痹、部分麻痹和不全麻痹三种。有中枢性的，也可能是末梢性的，有一侧性的，也有两侧同时发病的。

（一）病因

引起神经麻痹的原因是多方面的，如外力的直接作用，也可继发于其他疾病。

1. 完全麻痹 因组织器官受到损伤，使神经干及其分支的机能完全丧失。如压迫、牵张、震荡等。经及时治疗可以恢复，若神经干完全断离，则预后不良。

2. 部分麻痹 是外周神经的某一分支发生机能障碍。这种障碍有时只是暂时性的，也可能永久不能恢复。

3. 不完全麻痹 神经机能处于半麻痹状态，是某神经干内若干神经纤维受损或神经鞘被破坏。经过治疗可恢复。

（二）症状

由于损伤的程度和部位不同，其临床表现也不一样，但外周神经麻痹有其共同症状。

1. 运动机能障碍 运动神经处于麻痹状态，使其所支配的肌腱运动机能减弱或丧失。表现弛缓无力，丧失固定肢体和自动收缩能力。运步时，患肢出现关节过度伸展、屈曲或偏斜等异常表现。

2. 感觉机能障碍 感觉神经麻痹时，其支配之区域知觉迟钝或丧失，如针刺时，痛觉减弱或消失，腱反射减退等。

3. 肌肉萎缩 当外周神经受到损伤时，必然要伤及植物性神经纤维，导致神经营养失调，进而很快出现肌肉萎缩现象。

（三）治疗

治疗原则是除去病因，恢复机能，防止肌肉萎缩。

1. 药物疗法 使用硝酸士的宁，适用于运动神经麻痹，尤其是脊髓性神经麻痹。使用浓度为 0.1%的溶液，大动物 5～10mL，小动物 0.5～2mL，行皮下注射，也可行静脉或尾椎内注射。连用 6～7 次为一疗程。本品有蓄积作用，不能连续应用，必要时可间隔一段时间再用第二个疗程。在使用后如出现不安、恐惧、肌肉痉挛、强直等症状时，应尽快使用水合氯醛或巴比妥类药物进行急救。

3%盐酸毛果芸香碱 1～2mL，0.1%肾上腺素 0.5～1mL，混合后尾椎内或皮下注射，每日或隔日 1 次。维生素 B_1，行皮下、静脉或尾椎内注射。

对肌无力者，可应用新斯的明、异氟磷等。对末梢性神经麻痹、风湿性麻痹等，可使用抗风湿类药物，如水杨酸制剂、阿司匹林、氨基比林等。

2. 物理疗法 应用针灸、电刺激或电热疗法，均可收到一定效果。为预防肌肉萎缩，可进行按摩。

3. 中药疗法　以舒筋活血为原则。

(四) 四肢各种神经麻痹的特点

1. 肩胛上神经麻痹（paralysis of the suprascapular nerve）　肩胛上神经麻痹常发生于马和牛，常为一侧性麻痹，很少两侧发病。肩胛上神经是来自臂神经丛比较粗的神经分支，由第 6、7、8 颈神经组成，从肩胛骨下进入肩胛下肌和冈上肌之间，绕经肩胛骨前缘的切迹转到外面，并分布于冈上肌、冈下肌。在前肢负重时，这些肌肉起制止肩关节外偏的作用。

当肩胛上神经完全麻痹时，因肩关节失去制止外偏的机能，所以病畜站立时，肩关节偏向外方与胸壁离开，胸前出现凹陷，同时肘关节明显向外支出，表现明显的支跛。如提举对侧健肢，则症状更为明显。运步前进时，患肢提举无任何障碍，当在患肢着地负重时，表现明显支跛，肩关节外偏，并出现交叉步样，患肢向前内方叉出（马、骡）。如在泥泞地面或以患肢为中心做圆周运动时，跛行程度加重。病后 1～2 周，麻痹的冈上肌、冈下肌迅速发生萎缩，肩胛冈明显露出（图 15-56）。

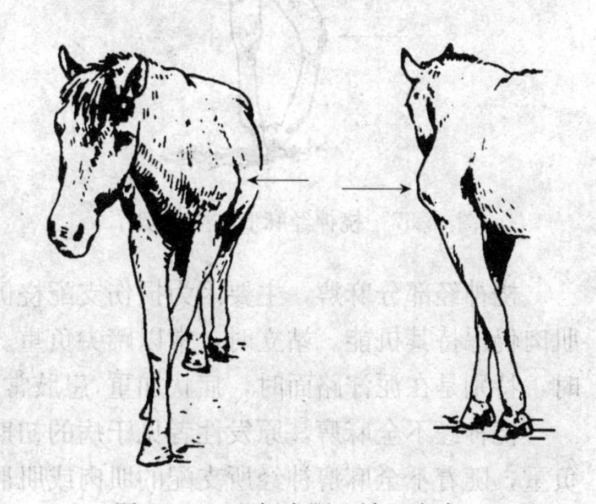

图 15-56　左侧肩胛上神经麻痹

肩胛上神经不全麻痹时，上述症状较轻微或不明显。病初在运动时，可见到肩关节外偏。病久，肌肉发生萎缩，并可见到肩关节与胸壁明显离开。

2. 桡神经麻痹（paralysis of the radial nerve）　多发生于牛、马。原因主要是不合理的倒卧保定、冲撞、挫伤、蹴踢等外伤而引起本病。特别是侧卧保定或手术台保定时，过紧地系缚臂骨外髁附近部位（此处桡神经比较浅在），尤其是在不平坚硬的地面上侧卧保定过久，前肢转位，使臂部和前臂部受地面或粗绳索的压迫。吊起保定时绳索从腋下通过的压迫。也可并发于肌红蛋白尿病。

桡神经是以运动神经为主的混合神经，出臂神经丛后向下方分布于臂三头肌、前臂筋膜张肌、臂肌及肘关节，并分出桡浅和桡深两大分支。桡浅神经分布于前臂背侧皮肤，桡深神经分布于前肢腕指伸肌。因该神经主要分布于固定肘关节的肌群和伸展前肢的所有肌群，所以当桡神经麻痹时，由于掌管肘关节、腕关节和指关节伸展机能的肌肉失去作用，因而患肢在运步时提伸困难。负重时腕关节及肘关节等不能固定而表现过度屈曲状态。

桡神经全麻痹站立时，肩关节过度伸展，肘关节下沉，腕关节形成钝角，此时掌部向后倾斜，球节呈掌屈状态，以蹄尖壁着地（图 15-57、图 15-58）。运动时，患肢各关节伸展不充分或不能伸展，所以患肢不能充分提起，前伸困难，蹄尖曳地前进，前方短步，但后退比较容易。由于患肢伸展不灵活，不能跨越障碍物，在不平地面快步运动容易跌倒，并在患肢的负重瞬间，除肩关节外，其他关节均屈曲。患肢虽负重不全，如在站立时人为地固定患肢于垂直状态，尚可负重。此特征与炎症性疾患不同，临床诊断上应注意此特征。此时如将患肢重心稍加移动，则又回复原来状态。快步运动时，患肢机能障碍症状较重，负重异常，臂三头肌及臂部诸伸肌均陷于弛缓状态。皮肤对疼痛刺激反射减弱，以后肌肉萎缩。

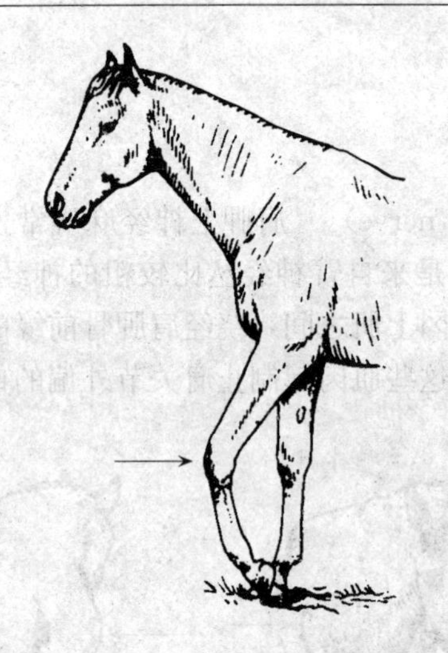

图 15-57 桡神经麻痹站立肢势

图 15-58 牛桡神经完全麻痹

桡神经部分麻痹，主要因为损伤支配桡侧伸肌及指伸肌的桡深支，而桡浅支及其支配的肌肉仍保持其机能。站立时，常以蹄尖负重。运动时，腕关节、指关节伸展困难。快步运动时，特别是在泥泞路面时，症状加重，患肢常蹉跌(打前失)，球节和系部的背侧面接触地面。

桡神经不全麻痹，原发性者见于病的初期，或全麻痹时的恢复期。站立时，患肢基本能负重，随着不全麻痹神经所支配的肌肉或肌群过度疲劳，可能出现程度不同的机能障碍。运动时，肘关节伸展不充分，患肢向前伸出缓慢，为了代偿麻痹肌肉的机能，臂三头肌及肩关节的其他肌肉发生强力收缩，将患肢远远伸向前方。同时在患肢落地负重瞬间，肩关节震颤，患肢常蹉跌，越是疲劳或在不平地面上运动时，症状越明显。不全麻痹症状不明显时，可在站立状态下，提起对侧健肢，变换头位，牵引病畜前进或后退，转移体重的重心，此时肘关节及以下所有各关节屈曲。

3. 坐骨神经麻痹（paralysis of the sciatic nerve） 常见于马、牛、犬。分为全麻痹和不全麻痹，一侧性或两侧性麻痹。两侧性麻痹发生于中枢性和肌红蛋白尿病，一侧性麻痹主要由损伤引起，如骨折、摔倒及蹴踢等。此外，中毒、牛的产后截瘫、马腺疫、马媾疫、犬瘟热、牛和马的布氏杆菌病也能引起本病。

坐骨神经穿出坐骨大孔，沿荐坐韧带的外侧向后下行，在大转子与坐骨结节之间绕过髋关节后方至股后部，并沿股二头肌与半膜肌、半腱肌之间下行，分为胫神经和腓神经。坐骨神经还在臀部有分支分布于闭孔肌，在股部的分支分布于半膜肌、股二头肌和半腱肌。

坐骨神经全麻痹是坐骨神经的全神经干受侵害，除股四头肌外，后肢所有肌肉的主动运动能力全部丧失。除趾关节外，其他关节丧失屈曲能力，患肢变长，不能支持体重。站立时，患肢几乎完全用系部前面着地，跟腱弛缓（图 15-59）。若人为地扶助使各关节伸直，则能用患肢负重，当除去外力扶助，立即恢复病态。运动时，运步困难。久病，半膜肌、半腱肌和股二头肌萎缩。病畜逐渐消瘦。

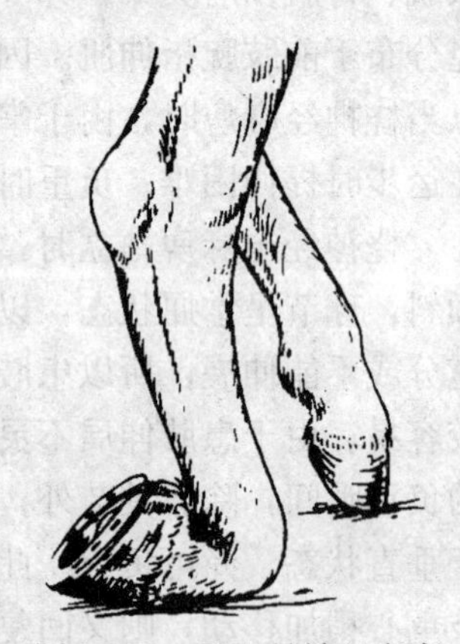

图 15-59 马坐骨神经麻痹

坐骨神经不全麻痹多发生在坐骨神经的分支，即胫神经或腓神经的损伤。关节不能主动伸展，变为被动屈曲，趾关节随之屈曲。站立时，跗、球、冠关节屈曲，置于稍前方，略能负重。运动时，尚有髂腰肌的收缩作用，患肢能提伸，各关节过度屈曲，蹄高抬，然后以痉挛样运动向下迅速着地。病畜不能快步运动。患肢股后、胫后部肌肉弛缓，迅速萎缩。

牛坐骨神经麻痹，站立时，患肢膝关节稍屈曲。运动时，肌肉震颤，以蹄尖着地前进。

4. 股神经麻痹（paralysis of the femoral nerve）　常发于马的外伤，或并发于肌红蛋白尿病。

股神经属混合神经，由第3、4、5、6腰神经组成，其运动纤维分布于股四头肌、缝匠肌、髂腰肌、股薄肌，而其感觉纤维分布于股、胫、跖部内侧的皮肤。股神经分布于膝关节的伸肌、内收肌和向前提腿的肌肉。股神经麻痹时，这些肌肉弛缓无力，迅速发生萎缩，丧失机能。站立时，以蹄尖轻着地，膝盖骨得不到固定，膝关节以下各关节呈半屈曲状态（图15-60）。病畜常试探以患肢负重，但因膝关节不能伸展，膝、跗关节出现突然屈曲，并同时表现膝关节明显下降。同侧前肢肘关节也出现假性下降，着地时表现典型支跛。运动时，患肢提起困难，呈外转肢势。股、胫、跖内侧的皮肤感觉丧失。

图15-60　股神经麻痹

如两侧发病，既不能站立，也不能运动。

5. 闭孔神经麻痹（obturator paralysis）　闭孔神经是运动神经，由第5、6、7腰神经组成，沿髂骨体内面和骨盆伸延，经闭孔的外侧穿出，分布于腿内侧的肌肉，如闭孔内肌、内收肌、耻骨肌和股薄肌等。乳牛常发此病，特别是分娩后多见，犬也可发生。

闭孔神经在与骨接触的部分易受损伤，如分娩时胎儿过大压迫神经，或助产时强力牵引，引起神经损伤。耻骨骨折、骨盆骨有骨痂或新生物等都可压迫神经，引起麻痹。动物滑倒时叉开两肢，或因某种原因后肢强力挣扎，也可引起闭孔神经损伤。

成年牛一侧闭孔神经麻痹，站立时患肢外展。运步时，即使是慢步，也可见步态僵硬，小心翼翼地运步。两侧闭孔神经麻痹时，病畜不能站立，力图挣扎站立时，两后肢向后叉开，呈蛙坐姿势。犬两侧麻痹时，在滑的地面上，肢向外侧滑走，两后肢叉开。

6. 胫神经麻痹（paralysis of thc tibial nerve）　常发生于马、牛。

胫神经是坐骨神经的一个分支，属混合神经，分布于股二头肌、半腱肌、半膜肌、腓肠肌、比目鱼肌及趾部屈肌。其运动纤维分布于上述肌肉，感觉纤维直达肢的末梢。若胫神经麻痹时，则上述肌肉丧失机能。站立时，跗关节、球节及冠关节屈曲，稍向前伸，以蹄尖着地（图15-61、图15-62）。此时因有跟腱固定跗关节，股四头肌和股阔筋膜张肌仍可固定膝关节，故患肢尚能负重。运动时，因有髂腰肌协助，患肢能抬高，所有关节高度屈曲。经久的病例肌肉萎缩，股部和臀部两侧明显不对称。

7. 腓神经麻痹（paralvsis of the pertonel nerve）　多发生于牛、马。分为全麻痹和不全麻痹。

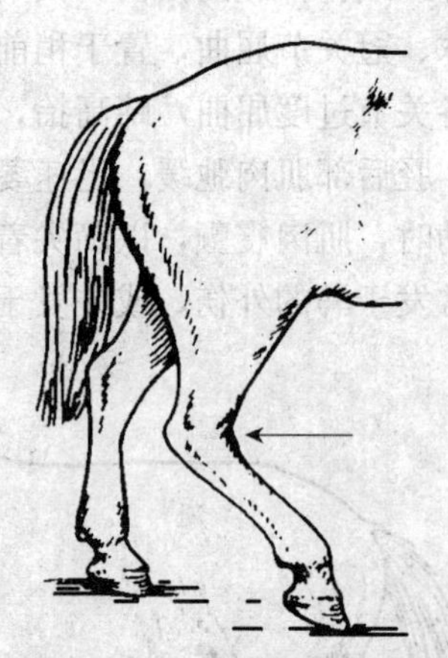

图 15-61 马的胫神经麻痹

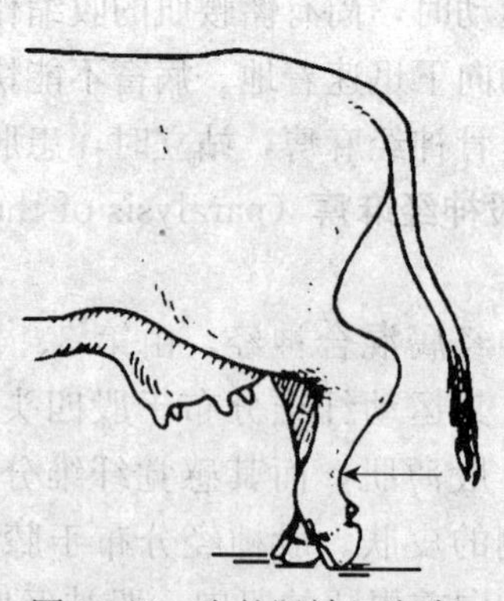

图 15-62 牛的胫神经麻痹

腓神经为坐骨神经的一个分支，在膝关节附近分出背侧皮肤分支，分布于胫部，在股二头肌转为腱质处，又分出一支到胫外侧皮肤。腓神经主干行至腓骨头时，在皮下分成腓浅神经（较细）和腓深神经（较粗）。腓浅神经在趾长伸肌及趾侧伸肌之间沿肌沟下行，分布于小腿和跖部外侧的皮肤；腓深神经在趾长伸肌及趾外侧伸肌之间的深部下行，向胫部背侧肌肉分出一些分支，同时在趾伸肌及跖骨之间下行。在胫骨前肌腱下分成内侧支和外侧支。内侧支分布到跖骨前面皮下，分布于该区皮肤；外侧支有一小支伸至趾短伸肌，分布于跖骨和系关节外侧皮肤。

腓神经全麻痹，站立时跗关节表现高度伸展状态，以系骨及蹄的背侧面着地（图 15-63、图 15-64）。运动时，患肢借髂腰肌和股阔筋膜张肌的作用而提伸，此时跗关节在膝关节的带动下能被动的屈曲，但趾部不能伸展，以蹄前壁接地前行，若人为固定患肢的趾部，则可以驻立，但重心转移时蹄前壁立即着地。

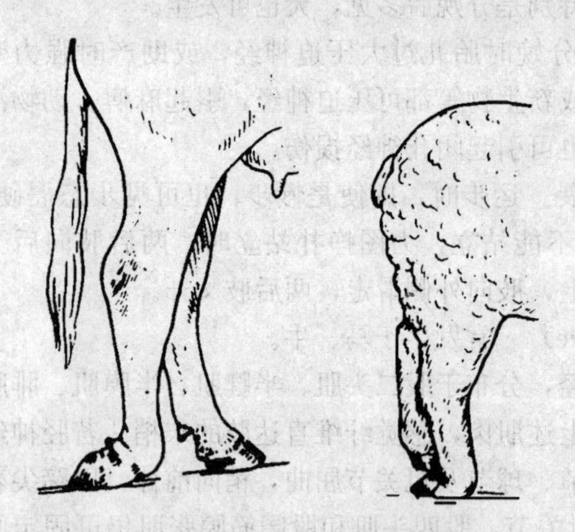

图 15-63 牛、羊的腓神经麻痹

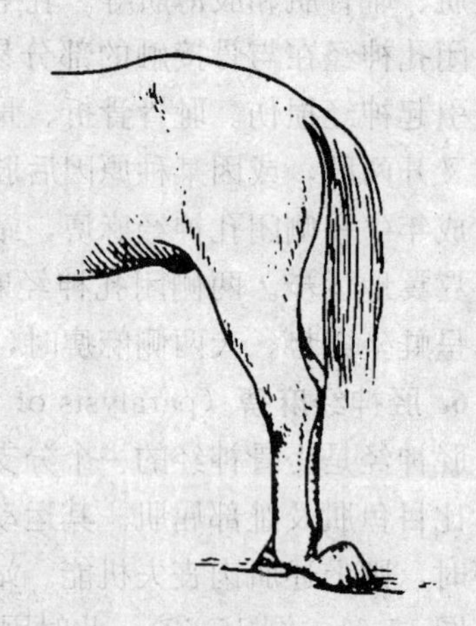

图 15-64 马的腓神经麻痹

腓神经不全麻痹时上述症状较轻微。站立时，无明显变化或有时出现球节掌屈。运动时，有时出现程度较轻的蹄尖壁触地现象，特别是在转弯或患肢踏着不确实时，容易出现球节掌屈。

第七节　其他疾病

一、系部皮炎

系部皮炎（dermatitis of the palmar surface of pastern region）又称为系部皲裂，是一个包含各种病因和病程的皮肤炎症性疾病。系部皮炎可分为损伤性、药物性、温热性、疣性和坏疽性皮炎等，主要发生于系部掌侧面的皮肤。

各种体型的马、骡、驴均可发病。最常发生于两后肢，有时四肢可同时发病。

（一）病因

因表皮受到损伤，失去保护能力，是系部皮炎的主要原因。例如小而尖锐的物体（碎玻璃、植物秸秆的碎块等）附着于距毛下方系凹部横的皮肤皱褶之间，引起表皮的损伤；或由于局部污染粪、尿、沙土、烂泥，表皮被浸渍致使其与真皮脱离；装蹄失宜，举踵蹄形造成起系，使系凹部皱襞增多，招致不洁物的附着；当用器械提举后肢或倒卧家畜时，用绳索缠绕系部，引起系部机械性的损伤，对皮肤的护理不良等。

随着局部的损伤，病原微生物乘机侵害动物机体。因细菌的种类、组织损伤的深度、病变部位的组织反应不同，所表现的皮炎症状也不一样。

（二）症状

单纯性的系部皮炎，如果受刺激不重，仅见患部肿胀、潮红以及疼痛，有时疼痛剧烈，可导致跛行。一旦有病原菌侵入，则病情加重。最初为浆液性渗出，被毛部分脱落或相互黏着，甚至形成黏稠的脓液，局部皮肤肿胀加剧，并在系部掌面出现明显的皮肤皱褶，随即成为皲裂状。缝隙间露出潮红的真皮，有时溢出血液及脓汁。分泌物干燥后形成痂皮。

坏疽性皮炎是坏死杆菌侵害的结果，多发生于后肢。系部掌面、第1趾关节及系部侧面的皮肤有剧烈肿胀和疼痛，肿胀中心有界线明显的坏死灶，呈紫黑色。病畜呈现高度支跛，出现全身症状。

（三）治疗

系部皮炎的治疗，应根据疾病的类型以及机体的全身状况，确定治疗方案。

局部治疗的主要原则是使系部干燥。首先是除去病因，用温肥皂水洗涤系部，局部剪毛，对损伤可涂碘酊或3%龙胆紫，或撒布粉剂（磺胺50g，碘仿25g，高锰酸钾25g），包扎绷带。病初不宜使用软膏剂。

对化脓性炎症，宜用3%过氧化氢溶液、0.1%高锰酸钾溶液或0.1%黄色素溶液彻底冲洗，涂敷铋糊剂（次硝酸铋8g、碘仿16g，液状石蜡180mL）或敷以涂有氧化锌软膏的纱布，包扎绷带。同时肌肉注射青霉素及链霉素。

坏疽性皮炎可将发病组织切除，用0.1%黄色素溶液浸泡系部及蹄部，手术创面撒布水杨酸粉剂，并缠裹绷带。同时肌肉注射抗生素。

（四）预防

为了预防皮肤发病，驯养马、骡等家畜的场所应保持干燥、清洁。定时清刷畜体的皮肤。

装蹄要适宜，不应造成举踵及起系，但也不应造成低蹄及卧系。装蹄、倒马及治疗用的保定绳，应柔软光滑。如因保定损伤了系部组织，应及时涂以碘酊溶液，早期治疗。

浴蹄：5%硫酸铜或5%甲醛溶液，每天1次，连用4～6d，可有效预防系部皮炎的发生。

二、母牛爬卧综合征

母牛爬卧综合征（downer cow syndrome）是指母牛产前或产后不能起立的一类疾病。

（一）原因

引起本病的原因很多，除了有意识障碍的乳热、镁缺乏症、肝昏迷及酮病外，如意识正常，一般健康也正常，排除代谢病的低钾血症、低磷血症和低钙血症，就要考虑是四肢骨、关节、肌肉和神经受到损伤所引起的外科疾病。

意识正常，一般健康异常，可能是由于严重的腹部疾病而引起不能起立。如有疝痛症候，应怀疑进行性阻塞或非典型性创伤性网胃腹膜炎；如有休克症候，应怀疑穿孔性真胃溃疡、肠破裂；如有中毒症候，应怀疑产褥性子宫内膜炎。

对于外科疾病，如患肢有异常活动，并有骨摩擦音，可能是骨折、荐坐韧带断裂、脱位（特别是髋关节脱位）；如患肢有异常活动性，但无骨摩擦音，某些肌肉又有疼痛性肿胀，可能是肌肉断裂、变性或坏死；如某些肌肉弛缓无力，肢势及运步发生改变，并有局部感觉消失，可能是四肢的某神经麻痹。

（二）治疗

不能确诊时，应采取诊断性治疗。如确诊时，应针对引起不能起立的原发病进行治疗。

无论确诊与否，都应注意本病的护理，否则会造成许多并发症和继发症，如脱位、骨折、褥疮、缺血性肌肉坏死等。

（侯加法，丁明星，周昌芳）

第十六章 蹄 病

第一节 蹄的解剖结构和功能

一、马蹄的解剖结构和功能

蹄在马支撑体重和运步时都非常重要，蹄为很好的缓冲装置，蹄内有丰富的血管网。

马前蹄较圆，最大横径在蹄的中部，后蹄呈尖圆形，最大横径在蹄的后 1/3。前蹄角度为 50°～55°，后蹄为 55°～60°。

蹄由第2指（趾）骨下端、第3指（趾）骨、远籽骨（舟状骨）组成蹄的基础。在蹄内由第2指（趾）骨下端和第3指（趾）骨上端形成蹄关节。远籽骨位于第3指（趾）骨后上缘，参与蹄关节的构成。指（趾）伸腱抵于蹄骨的伸肌突，深屈腱通过远籽骨抵于蹄骨屈肌面，在腱和远籽骨之间有滑膜囊（图16-1）。

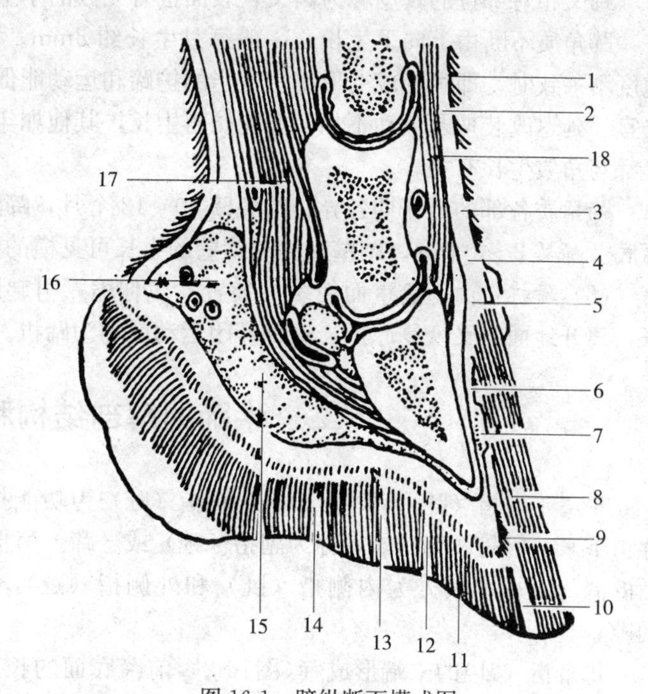

图 16-1 蹄纵断面模式图

1. 表皮 2、3. 真皮 4. 肉缘 5. 肉冠 6. 肉壁 7. 肉小叶 8. 蹄壁 9. 角小叶 10. 白线 11. 蹄底 12. 肉底 13. 肉叉 14. 蹄叉 15、16. 枕 17. 屈肌腱 18. 伸肌腱

蹄软骨和指（趾）枕是蹄内重要的缓冲装置。蹄软骨位于蹄骨后上方两侧，突出于蹄踵壁蹄冠的上方。指（趾）枕为楔形，位于蹄骨的后下方，上面靠深屈肌腱，下面为肉叉，后部膨大部为蹄球的基础。

蹄外面由角质组成，称为蹄匣，起保护蹄内组织的作用。

蹄分为蹄缘、蹄冠、蹄壁、蹄底和蹄叉等几部分。

（1）蹄缘：为蹄与皮肤相连的无毛部分，宽 0.5～0.6cm。

（2）蹄冠：紧接蹄缘下方，蹄冠直接转为蹄壁。

（3）蹄壁：分蹄尖壁、蹄侧壁、蹄踵壁。蹄负缘在蹄后部形成蹄支，为蹄后部支柱，能防止蹄踵狭窄和压开。蹄支的折转部为蹄支角。蹄壁内面有许多小叶，称为角小叶，这些角小叶与真皮的肉小叶相互嵌合在一起。

(4) 蹄底：蹄下面蹄壁之间，除蹄叉外，即为蹄底。蹄底有一定的穹隆度，前蹄较小，后蹄较大。如穹隆度消失，达到与蹄负缘一致时称为平蹄；突出于蹄负缘称为丰蹄。

(5) 蹄叉：在蹄支蹄底之间，为楔状的软角质，在蹄叉的中央纵沟称为蹄叉中沟，在蹄叉与蹄支之间的深沟称为蹄叉侧沟，蹄叉的前端称为蹄叉尖，由蹄叉中沟前端至蹄叉尖称为蹄叉体。蹄叉可缓冲地面的反冲力，并可预防滑走和蹄踵狭窄，对蹄机有重要作用。

蹄壁和蹄底之间相连接的黄白线，称为白线，也是由软角质组成。白线是装蹄下钉的部位。从白线可看出蹄壁的厚薄。

蹄缘相对的真皮称为肉缘，为扁平带状部，上方与皮肤的界限不明显，下方与肉冠的界限因有肉冠沟很易识别，肉缘生长蹄壁的外层。

蹄冠相对部位的真皮称为肉冠，位于肉缘和肉壁之间，为隆起的环带状部，生长蹄壁的中层。

蹄壁相对部位的真皮称为肉壁，表面排列约有600个肉小叶，与相对的角小叶相嵌合。

蹄底相对部位的真皮称为肉底，具有无数的绒毛，生长蹄底的角质。

蹄叉相对部位的真皮称为肉叉，表面也有无数的小绒毛，生长蹄叉的角质。

蹄角质不断由上向下生长，一般每月生长约8mm。由于某种原因，使各部分角质生长速度不一致时，即可变成变形蹄。适当的护蹄和运动能促进角质的生长，如护蹄不良、装蹄失宜、延迟改装期及运动不足，均能妨碍生长，其他如年龄、饲料、土壤、季节、健康状态等都与角质生长有关。

蹄角质各部的更新期各异，蹄尖壁10～12个月，蹄侧壁6～8个月，蹄踵壁4～5个月，蹄底及蹄叉2～3个月。蹄壁表面随蹄壁的生长可见横的细沟及隆起，称为蹄轮。

(6) 蹄机：由于负重而使缓冲装置发生伸缩，引起蹄后部的开闭，即蹄后部负重时开张，离开地面时又恢复原形，这种开闭运动就称为蹄机。

二、牛蹄的解剖结构和功能

牛属于四指（趾）动物，第Ⅲ、Ⅳ指（趾）为功能指（趾）；而第Ⅱ、Ⅴ指（趾）虽然存留下来，但是没有功能，称为副指（趾）或悬蹄。第Ⅲ、Ⅳ指（趾）在上部连起来成为所谓的偶蹄，每个肢分为内侧指（趾）和外侧指（趾），内外侧指（趾）之间形成指（趾）间隙。

每个指（趾）的末端形成蹄（图16-2），前蹄底面的长度比后蹄略长，宽度也略宽。蹄的角度，前蹄比后蹄大。前肢的两内侧指大于两外侧指，但后肢的两外侧趾又大于两内侧趾。

每个蹄的组成部分与马相似，但牛没有蹄软骨，也没有蹄叉。

1. 指（趾）间隙 长约7cm，前宽后窄，前面约宽1cm。指（趾）间隙皮肤厚4mm，没有被毛，没有皮脂腺，真皮内弹力纤维也少，皮下组织疏松。不负重时，指（趾）间隙皮肤形成纵的皱折，负重时，皮肤可展平。指（趾）间隙与地面呈倾斜状态，前面离地面约5cm，后面离地面约3cm。

2. 蹄匣 蹄匣也是蹄的角质层，分为蹄壁、蹄底和蹄球三部分。蹄匣呈三面棱形，区分为轴面（趾间面）、远轴面和底面，蹄壁分为远轴侧面和轴侧面，两者在前面相接处，为

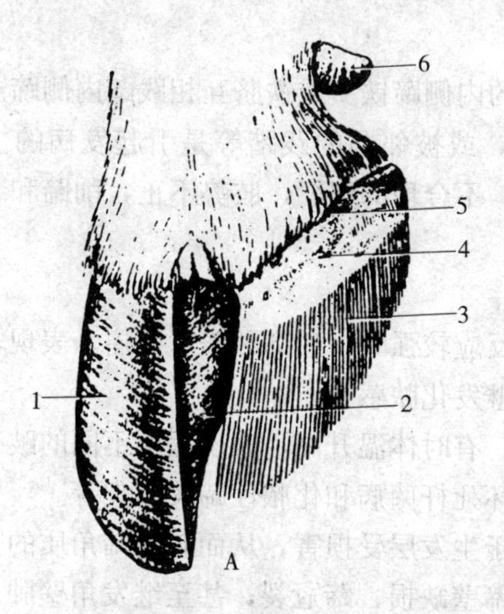

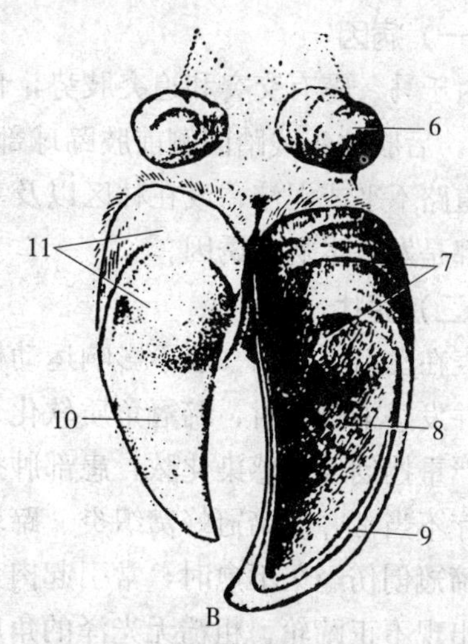

图 16-2 牛蹄（除去一侧蹄匣）

A. 背面 B. 底面

1. 蹄壁的远轴面 2. 蹄壁的轴面 3. 肉壁 4. 肉冠 5. 肉缘 6. 悬蹄 7. 蹄球 8. 蹄底 9. 白线 10. 肉底 11. 肉球

明显的背侧缘。轴面凹，仅后面与对侧的蹄相接触；远轴面凸，呈弧形弯向轴面。蹄壁内面有狭窄而数目众多的角质小叶。底面的前部靠近“蹄尖”的一个微凹的小三角区域为蹄底；后部为隆起的蹄球。蹄球的角质较柔软，常成层裂开，其缝隙可成为蹄的感染径路。蹄底周围以淡色较软的角质与蹄壁底缘相连接，形成所谓的“白线”，白线易裂开而成为蹄的感染径路。

正常牛蹄匣底面的远侧面稍凹，主要由球部和远轴侧壁负重。

在一般正常饲养管理条件下，运动适宜，蹄的生长速度每月平均为 6mm，但品种、年龄、性别、饲料、健康状态、土质、温度、湿度、地形和舍饲或放牧等条件对蹄角质生长都有影响。

3. 肉蹄 肉蹄由真皮和皮下组织（仅蹄球有）构成。肉蹄的染色鲜红，富含血管和神经，蹄的营养供应：肉蹄的形状与蹄匣相似。肉壁的表面有肉小叶，其与蹄壁的角质小叶相嵌合，底面的前部为肉底，后部为肉球。肉球由真皮和皮下组织构成，皮下组织内含有弹性纤维和脂肪组织，所以肉球是指（趾）端的弹性结构，又因富含神经，也是重要的感受器。

4. 悬蹄 悬蹄呈短圆锥形，不与地面接触。角质囊内亦为真皮，但只有数枚不规则的小骨。

第二节 马、骡的蹄病

一、蹄冠蹍伤

蹄冠部和蹄球部的皮肤组织因受蹄的踏蹍引起的损伤称为蹄冠蹍伤（tread of the coronet）。损伤性质常为擦伤、挫创或挫裂创，有时引起严重的并发感染。

(一) 病因

由于马、骡有交突和追突肢势，自身左右蹄的内侧蹄铁支或铁脐互相践踏内侧蹄冠（交突时），后肢铁头践踏同侧前肢蹄球部（追突时），或被邻马的践踏等是引起发病的主要原因；道路不平或泥泞，或在林区以及雪地上使役，不合理的驾驭，肢势不正，削蹄和装蹄不良等都是发生本病的诱因。

(二) 症状

表在性新鲜擦伤一般不影响运动机能，炎症反应较强时，患部肿胀、疼痛，表现轻微跛行，并发感染较重时，蹄冠角质软化、剥离，可继发化脓感染。

严重挫创经常感染化脓，患部肿痛，蹄温高，有时体温升高，表现程度不同的跛行。早期治疗不当常并发蹄冠蜂窝织炎、蹄软骨坏死、坏死杆菌病和化脓性蹄关节炎等。

蹄冠创伤经久不愈时，常引起肉芽赘生。由于生发层受损害，从而破坏蹄角质的正常生长。出现不正蹄轮、粗糙无光泽的角质，或造成蹄壁缺损、蹄冠裂，甚至继发角壁肿。

本病一般预后良好。重症时因破坏角质的正常生长，甚至引起严重并发症，常预后不良。

(三) 治疗

首先对交突、追突病马改装交突、追突蹄铁。除去患部污物及坏死组织，剪毛，用肥皂水或煤酚皂溶液洗涤患部，拭干。对新创涂5%碘酊、2%～5%龙胆紫酒精、5%甲醛酒精溶液等，包扎绷带。出血较多时，包扎压迫止血绷带。挫创时用3%过氧化氢溶液清洗伤口，除去坏死组织，包扎绷带。

化脓性蹄冠蹑伤，可用抗生素疗法，应注意消灭脓窦和切开创囊，去除剥离的角质，薄削角壁，以防压迫创面，影响愈合。

创面肉芽组织过度增生时，可烧烙，也可应用腐蚀剂，包扎压迫绷带。已形成窦道的，可用手术治疗。方法为切除坏死的管道，清除深部的坏死组织，并打蹄绷带。

(四) 预防

对交突、追突的马、骡装着交突、追突蹄铁，对步样异常的马、骡，注意冬季的装蹄。加强群马的管理，预防在密集运动中互相践踏蹄冠部，在不平、泥泞的道路上或森林灌木茂密地带以及冰雪较多地区使役时，应减慢运动的速度，不要过劳。在使役前后经常注意检查，做到早发现、早治疗。

二、蹄　　裂

蹄裂（sand crack）亦名裂蹄，是蹄壁角质层分裂形成各种状态的裂隙。

(一) 分类

按角质层分裂延长的状态可分为负缘裂、蹄冠裂和全长裂；按发生的部位则有蹄尖裂、蹄侧裂、蹄踵裂；根据裂缝的深浅，可分为表层裂、深层裂；按照裂隙的方向，即沿角细管方向的裂口谓之纵裂，与角细管的方向成直角的裂口是横裂。

比较严重的为蹄冠或全长的纵向深层裂。马、骡的蹄裂前蹄比后蹄多发，冬季比夏季多发。

（二）病因

倾蹄、低蹄、窄蹄、举踵蹄等不良蹄形；肢势不正，蹄的各部位对体重的负担不均；蹄角质干燥、脆弱以及发育不全等，均为发生蹄裂的素因。

草原育成的新马，一时不能适应山区或城市的坚硬道路，又不断在不平的石子路上奔走，蹄负面受到过度的冲击和偏压，容易发生蹄裂。

骡、马的饲养管理不良，不能保持正常的健康状态或蹄部的血液循环不良，均能诱发蹄裂。蹄角质缺乏色素时，角质脆弱而发生本病。

遭受外伤及施行四肢神经切断术的马，也易引起蹄裂。

（三）症状

新发生的角质裂隙，裂缘比较平滑，裂缘间的距离比较接近，多沿角细管方向裂开；陈旧的裂隙则裂缝开张，裂缘不整齐（图 16-3），有的裂隙发生交叉。

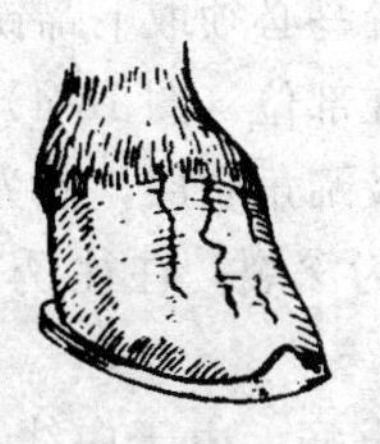
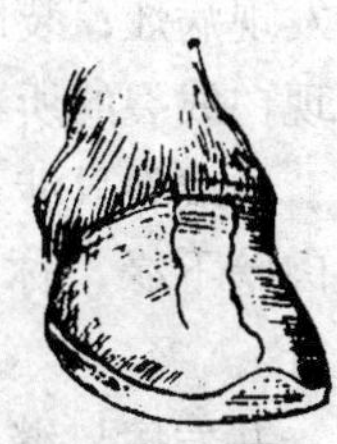

图 16-3　马的蹄角质纵裂

蹄角质的表层裂不致引起疼痛，并不妨碍蹄的正常生理机能；深层裂，特别是全层裂，负重时在离地或踏着的瞬间，裂缘开闭，若蹄真皮发生损伤，可导致剧痛或出血，伴发跛行。如有细菌侵入，则并发化脓性蹄真皮炎，也可能感染破伤风。病程较长的易继发角壁肿。

（四）预后

由于素因而引起的蹄裂，要比外伤性的蹄裂预后不良。如有并发症则治疗困难。按发病的部位，蹄尖壁的蹄裂预后不良。

（五）治疗

要使已裂开的角质愈合是困难的，主要是防止继发病和裂缝不继续扩大，应努力消除角质裂缘的继续裂开。为了避免裂隙部分的负重，可行造沟法。在裂缝上端或两端造沟，切断裂缝与健康角质的联系，以防裂缝延长。沟深度 5～7mm，长 15～20mm，深达裂缝消失为止，以减轻地面对蹄角质病变部的压力，避免裂隙的开张及延长。主要适用于浅层裂或深层的不全裂。

薄削法用于蹄冠部的角质纵裂，在无菌的条件下，将蹄冠部角质薄削至生发层，患部中心涂鱼肝油软膏，每天一次，包扎绷带。促进瘢痕角质的形成，经过一定时间，逐渐生长蹄角质。

用医用高分子黏合剂黏合裂隙，在黏合前先削蹄整形或进行特殊装蹄，再清洗和整理裂口，并进行彻底消毒后，最后用医用高分子黏合剂黏合。

为了防止裂缝继续活动和加深，可用金属锔子锔合裂缝。此法可单独应用，也可以配合其他方法应用。

（六）预防

对不正肢势、不正蹄形的马、骡进行合理的削蹄与装蹄，矫正蹄形和保护蹄机。需经常注意蹄的卫生，适时的洗蹄和涂油，防止蹄角质干燥脆弱。

三、白 线 裂

白线裂（separation of the wall and laminar corium of the toe）是白线部角质的崩坏以及

变性腐败，导致蹄底和蹄壁发生分离。多发生于马、骡的前蹄蹄侧壁或蹄踵壁。

（一）病因

广蹄、弱踵蹄、平蹄等蹄壁倾斜，还有白线角质脆弱，均为发生本病的素因。

装蹄时过度烧烙、白线切削过多、蹄部不清洁、环境卫生不好、干湿急变、地面潮湿、钉伤、白线部的踏创，均为发生白线裂的诱因。对广蹄、平蹄、丰蹄等装着铁支狭窄及斜面少的蹄铁，蹄钉过粗也是引起白线裂的原因。

（二）症状

通常多在白线部充满粪、土、泥、沙。跣蹄马举肢检查，易于发现病灶；装蹄马必须取下蹄铁进行检查，多在装蹄、削蹄时发现白线裂的所在部位（图 16-4）。

图 16-4　白线裂

白线裂只涉及蹄角质层，视为浅裂，不出现跛行；若裂开已达肉壁下缘，称为深裂，往往诱发蹄真皮炎，引起疼痛而发生跛行。

并发病与继发病：由于白线裂可引起蹄底下沉，易形成平蹄、丰蹄。如果白线裂向深部伸展，可以转变为空壁，并可以引起化脓性蹄真皮炎。此时病灶对壁真皮比底真皮的影响更大，感染可向上方深部蔓延，引起蹄冠脓肿、远籽骨滑膜囊炎和化脓性蹄关节炎，有的病例侵害到腱和腱鞘。

陈旧性的白线裂可使患部蹄壁向外发生凸弯。

（三）治疗

白线已经分裂即难于愈合，所以对本病的治疗主要是防止裂缝的加大和促进白线部角质的新生。

要求合理削蹄，不能过削白线。注意蹄部的清洁卫生，清除蹄底的污物，对患部涂以松馏油。蹄壁向外部扩展者，即在该蹄铁部位设侧铁唇。蹄壁薄弱者使用广幅连尾蹄铁，以使蹄叉及蹄底外缘分担体重。

如继发化脓性蹄真皮炎，应清理创部，涂碘酊，塞以浸有松馏油的麻丝，包扎蹄绷带或垫入橡胶片。经几次换药，感染完全控制，炎症解除时，也可用黏合剂或黄蜡封闭裂口。

四、蹄冠蜂窝织炎

蹄冠蜂窝织炎（phlegmon of the coronary band）是发生在蹄冠皮下、真皮和蹄缘真皮以及与蹄匣上方相邻被毛皮肤的真皮化脓性或化脓坏疽性炎症。

（一）病因

主要原因是病菌侵入蹄冠部的皮下组织。往往因蹄冠蹑伤未能及时进行外科处理，以致引起严重化脓而继发蜂窝织炎。亦可由于附近组织化脓、坏死转移所致。在道路不良或经常在阴雨天作业，畜舍不卫生，蹄冠部长时间地遭受粪尿的浸渍，微生物侵入，也能发生本病。

（二）症状

在蹄冠形成圆枕形肿胀，有热、痛（图 16-5）。蹄冠缘往往发生剥离。患肢表现为重度支跛。病畜体温升高，精神沉郁。以后可形成一个或数个小脓肿，在脓肿破溃之后，病畜的全身状况有所好转，跛行减轻，蹄冠部的急性炎症平息。

如炎症剧烈，或没有及时治疗，或治疗不当，蹄冠蜂窝织炎可以并发附近的韧带、腱、蹄软骨的坏死，蹄关节化脓性炎，转移性肺炎和脓毒血症。

（三）预后

本病预后要极为慎重，尤其并发蹄关节病时更应注意。严重病例可造成蹄匣脱落。

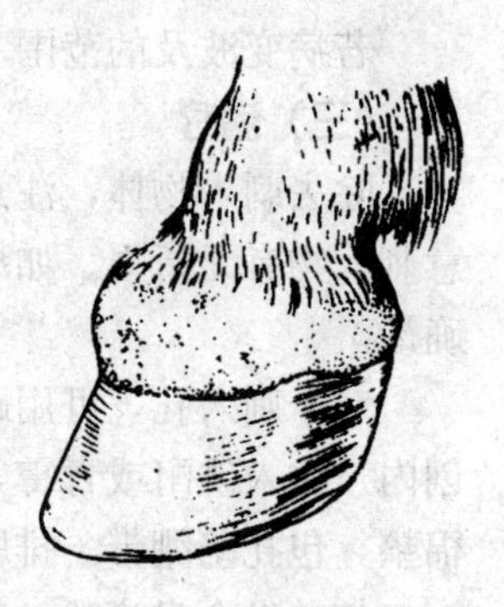

图 16-5　蹄冠蜂窝织炎

（四）治疗

首先应将动物放在有垫草的马厩内，使动物安静，并经常给以翻身，以免发生褥疮。全身应用抗生素控制感染，同时应用各种支持疗法，如输液、注射维生素 C 和碳酸氢钠液等。处理蹄冠皮肤，用蹄刀切除已剥离的部分。病初的几天，在蹄冠部使用 10%樟脑酒精湿绷带，不宜用温敷及刺激性软膏。同时肌肉注射抗生素或口服磺胺类制剂。如病情未见好转，肿胀继续增大，为减缓组织内的压力和预防组织坏死，可在蹄冠上做许多长 2～3cm 和深1～1.5cm 的垂直切口。手术后包扎浸以10%高渗氯化钠溶液的绷带。以后可按常规进行创伤治疗。当并发蹄软骨坏死时，可将蹄软骨摘除。

（五）预防

主要包括蹄冠创伤的预防、及时的外科处理和注意蹄部感染创的治疗。

五、蹄底刺伤

（一）病因

蹄底刺伤（solar penetration）是由于尖锐物体刺入马、骡的蹄底、蹄叉或蹄叉中沟及侧沟，轻则损伤蹄底或蹄叉真皮，重则导致蹄骨、屈腱、籽骨滑膜囊的损伤。蹄底刺伤往往引起化脓感染，也可并发破伤风。

马的蹄底刺创，前蹄比后蹄多发，尤其多发生在蹄叉中沟及侧沟。

蹄角质不良，蹄底、蹄叉过削，蹄底长时间地浸湿，均为刺创发病的素因。

刺入的尖锐物体以蹄钉为最多见，多因装蹄场有散落旧蹄钉及废弃的带钉蹄铁所致。另外，也有木屑、竹签、玻璃碎片、尖锐石片等引起刺创。如果马在山区、丛林地带作业，由于踏上灌木树桩、竹茬，在田间踏上高粱茬、豆茬等亦可致本病。

（二）症状

刺创后患肢突然发生跛行。若为落铁或蹄铁部分脱落，铁唇或蹄钉可刺伤蹄尖部的蹄底或蹄踵部。如果刺伤部位是在蹄踵，运步时即蹄尖先着地，同时球节下沉不充分。

有时刺伤部出血，或出血不明显，切削后可见刺伤部发生蹄血斑，并有创孔。经过一段时间之后，多继发化脓性蹄真皮炎。

从蹄叉体或蹄踵垂直刺入深部的刺创，可使蹄深层发炎、蹄枕化脓、蹄骨的屈腱附着部发炎，继发远籽骨滑液囊及蹄关节的化脓性炎症，患肢出现高度支跛。

蹄叉中、侧沟及其附近发生刺创，不易发现刺入孔，约 2 周后炎症即在蹄底与真皮间扩散，可从蹄球部自溃排脓。

若病变波及的范围不明确或刺入的尖锐物体在组织内折断，可行X射线检查。

(三) 治疗

除去刺入物体，注意刺入物体的方向和深度，刺入物的顶端有无脓液或血迹附着，并注意刺入物有无折损。如果刺入部位不明确，可进行压诊、打诊，切削患部的蹄底或蹄叉以利确诊。

对于刺入孔，可用蹄刀或柳叶刀切削成漏斗状，排出内容物，用3%过氧化氢溶液冲洗创内。注入碘酊或青霉素、盐酸普鲁卡因溶液，填塞灭菌纱布块，涂松馏油。然后敷以纱布棉垫，包扎蹄绷带。排脓停止及疼痛消退后，装以铁板蹄铁保护患部。

如并发全身症状，应施行抗生素疗法或磺胺类药物疗法。应注意注射破伤风抗毒素。

(四) 预防

要注意厩舍、系马场及装蹄场的清洁卫生。应合理装蹄，蹄底、蹄叉不宜过削。

六、蹄底挫伤

蹄底挫伤（corns and bruised sole）是由于石子、砖瓦块等钝性物体压迫和撞击蹄底，引起蹄底真皮发生挫伤，有时也伤及更深部组织，通常伴有组织溢血，如挫伤的组织发生感染，可引起化脓性过程。

马多发生于前肢，因前肢负重较大，而蹄底的穹隆度又小。大多数蹄底挫伤发生于蹄底后部，如蹄支角。

(一) 病因

肢势和指（趾）轴不正，蹄的某部分负担过重；某些变形蹄，如狭蹄、倾蹄、弯蹄、平蹄、丰蹄、芜蹄等，因蹄的负担不均匀，或蹄的穹隆度变小；蹄底过度磨灭，或蹄支角质软、脆、不平，弹性减弱等，都易引起蹄底挫伤。

直接引起蹄底挫伤的原因是装蹄前削蹄失宜，蹄负面削得不均匀、不一致，多削的一侧容易发生挫伤，蹄底多削时，多削的蹄底处变弱，容易受到压迫；装蹄不合理，如蹄铁短而窄，蹄铁过小；护蹄不良，蹄变软或过分干燥；马匹在不平的、硬的（如石子地、山地等）道路上长期使役，蹄底经常受到挫伤，甚至小石子可夹到蹄叉侧沟内或蹄和蹄铁之间，引起挫伤。

(二) 症状

轻度挫伤可能不发生跛行，只是在削蹄时，可看到蹄底角质内有溢血痕迹。

挫伤严重时，有不同程度的机能障碍，患肢减负体重，患肢以蹄尖着地，运步时呈典型的支跛，特别是在不平的道路上运步时，可见跛行突然有几步加重，这是挫伤部又重新踏在坚硬的石头或硬物上引起疼痛所致，患侧的指（趾）动脉亢进，蹄温可增高，有时在蹄球窝可看到肿胀，以检蹄器压诊，压到挫伤部时，动物非常疼痛。

削蹄检查时，在挫伤部可看到出血斑，这是由于发生挫伤时，常使小血管发生破裂溢血，如为毛细血管破裂时，出血呈点状，如为较大的血管时则呈斑状，由于流出的血液分解，可呈现不同的颜色，如红色、蓝色、褐色或黄色等。重度的挫伤，有时在挫伤部形成血肿，在蹄底角质下形成小的腔洞，其中蓄有凝血块。

挫伤部发生感染时，可形成化脓性过程，脓汁可向其他部位蔓延，致使角质剥离，形成潜洞或潜道。有时顺蹄壁小叶，引起蹄冠蜂窝织炎，并可从蹄冠处破溃。一般局部化脓时，常从原挫伤处破溃，流出污秽灰色脓汁，有恶臭。蹄部化脓时，常伴有全身症候。化脓过程蹄冠或蹄底破溃时，跛行可减轻，全身症状可消失。

（三）治疗

治疗原则是除去原因，采取外科治疗措施，实行合理装蹄。

轻度无败性挫伤，除去原因后，使动物休息，停止使役，配合蹄部治疗，一般在 2～3d 后，炎症可平息。

如果采取上述措施炎症不消除时，可能已发生化脓过程，应该去除蹄铁，机械清蹄后用消毒液浸泡病蹄，擦干后在挫伤部将角质切除，之使成倒漏斗状，这时脓性渗出物即可从切口流出。充分排除蹄内渗出物和脓汁后，灌注碘酊或碘仿醚到蹄内，外敷松馏油或其他消毒剂浸泡的纱布，外装蹄绷带，或装铁板蹄铁，全身应用抗生素。

如已蔓延到蹄冠，引起蹄冠蜂窝织炎时，应采取相应治疗措施。

七、蹄 钉 伤

在装蹄时，应从白线的外缘下钉。如果蹄钉从肉壁下缘、肉底外缘嵌入，损伤蹄真皮，即发生蹄钉伤（pricks in shoeing and nail bind）。蹄钉直接刺入蹄真皮，或蹄钉靠近蹄真皮穿过，持续压迫蹄真皮，均能引起炎症。前者为直接钉伤，后者为间接钉伤（图 16-6）。

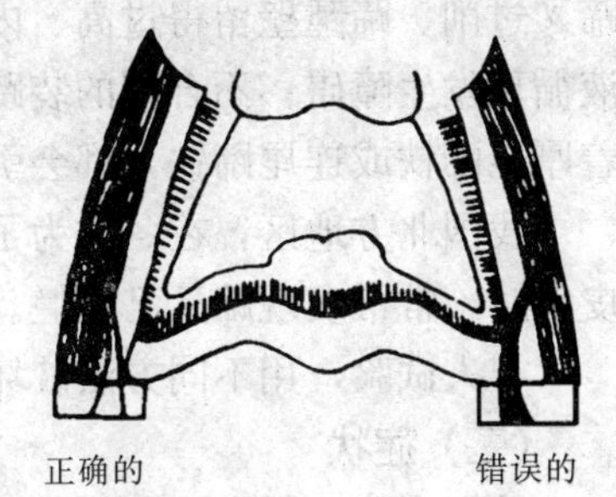

图 16-6　下蹄钉正误示意图

（一）病因

倾蹄或高蹄的蹄壁薄而峻立者，蹄壁脆弱而干燥者，过度磨灭的跣蹄，均易引起钉伤。蹄的过削，蹄壁负面过度锉切，蹄铁过狭，蹄钉的尖端分裂，不良蹄钉、旧蹄钉残留在蹄壁内，向内弯曲的蹄钉等；装蹄技术不熟练，不能合理下钉或反下钉刃，均为发生钉伤的原因。

（二）症状

直接钉伤在下钉时就发现肢蹄有抽动表现，造钉节时再次出现抽动现象。拔出蹄钉时，钉尖有血液附着，或由钉孔溢出血液。装蹄当时，受钉伤的肢蹄即出现跛行，2～3d 后跛行增重。

间接钉伤是敏感的蹄真皮层受位置不正的蹄钉压挤而发病，在装蹄的当时不见异常变化，多在装蹄后 3～6d 出现原因不明的跛行。蹄部增温，指（趾）动脉亢进，敲打患部钉节或钳压钉头时，出现疼痛反应，表现有化脓性蹄真皮炎的症候。如耽误治疗，经一段时间后，可从患蹄的蹄冠自溃排脓。

（三）治疗

直接钉伤可在装蹄过程中发现，应立即取下蹄铁，向钉孔内注入碘酊，涂敷松馏油，再用蹄膏（等份松香与黄蜡分别加火融化，混合而成）填塞蹄负面的缺损部。在拔出导致钉伤的蹄钉后，改换钉位装蹄。在装蹄时，患部的蹄负面设凹陷。

如有化脓性蹄真皮炎发生，扩大创孔以利排脓。用 3%过氧化氢溶液或 0.1%高锰酸钾溶液冲洗创腔，注入碘酊或每毫升溶有1 000IU 青霉素的盐酸普鲁卡因溶液 5～10mL。填塞灭菌纱布块，涂敷松馏油，包扎蹄绷带。每隔 3～5d 换药一次，直至化脓停止。如炎症反应强烈，宜同时肌肉注射抗生素，防止继发败血症。

(四) 预防

要按操作规程削蹄、装蹄，不能用质量不良或钉尖分裂的蹄钉。

为了预防破伤风，应注射破伤风抗毒素。

八、蹄叉腐烂

蹄叉腐烂（thrush）是蹄叉真皮的慢性化脓性炎症，伴发蹄叉角质的腐败分解，是常发蹄病。本病为马属动物特有的疾病，多为一蹄发病，有时两三蹄，甚至四蹄同时发病。多发生在后蹄。

(一) 病因

蹄叉角质不良是发生本病的素因。

护蹄不良，厩舍和系马场不洁潮湿，粪尿长期浸渍蹄叉，都可引起角质软化；在雨季，动物经常于泥水中作业，也可引起角质软化；马匹长期舍饲，不经常使役，不合理削蹄，如蹄叉过削、蹄踵壁留得过高、内外蹄踵壁切削不一致等，都可影响蹄叉的功能，使局部的血液循环发生障碍；不合理的装蹄，如马匹装以高铁脐蹄铁，运步时蹄叉不能着地，或经常装着厚尾蹄铁或连尾蹄铁，都会引起蹄叉发育不良，进而导致蹄叉腐烂。

我国北方地区，在冬季为了防滑，给马匹整个蹄底装轮胎做的厚胶皮掌，到春天取下胶皮掌时，常常发现蹄叉已腐烂。

有人试验，用不同方法破坏肢的淋巴循环，可引起临床上的蹄叉腐烂。

(二) 症状

前期症状，可在蹄叉中沟和侧沟，通常在侧沟处有污黑色的恶臭分泌物，这时没有机能障碍，只是蹄叉角质的腐败分解，没有伤及真皮。

如果真皮被侵害，立即出现跛行，这种跛行走软地或沙地特别明显。运步时以蹄尖着地，严重时呈三脚跳。蹄底检查时，可见蹄叉萎缩，甚至整个蹄叉被腐败分解，蹄叉侧沟有恶臭的污黑色分泌物。当从蹄叉侧沟或中沟向深层探诊时，患畜表现高度疼痛，用检蹄器压诊时，也表现疼痛。

因为蹄踵壁的蹄缘向回折转而与蹄叉相连，炎症也可蔓延到蹄缘的生发层，从而破坏角质的生长，引起局部发生病态蹄轮（图 16-7）。蹄叉被破坏，蹄踵壁向外扩张的作用消失，可继发狭窄蹄。

(三) 预后

大多数病例预后良好，在发病初期，还没有发生蹄叉萎缩、蹄踵狭窄及真皮外露时，经过适当的治疗，可以很快痊愈。如已发生上述变化时，需要长期治疗和装蹄矫正。

(四) 治疗

将患畜放在干燥的马厩内，使蹄保持干燥和清洁。

用 0.1%升汞液、2%漂白粉液或 1%高锰酸钾液清洗蹄部，除去泥土、粪块等杂物，削除腐败的角质。再次用上述药

图 16-7 蹄叉腐烂的不正蹄轮

液清洗腐烂部，然后再注入 2%～3%福尔马林酒精溶液。

用麻丝浸松馏油塞入腐烂部，隔日换药，效果很好。

可用装蹄疗法协助治疗，为了使蹄叉负重，可适当削蹄踵负缘。为了增强蹄叉活动，可充分削开绞约部，当急性炎症消失以后，可给马装蹄，以使患蹄更完全着地，加强蹄叉活动，装以浸有松馏油的麻丝垫的连尾蹄铁最为合理。

引起蹄叉腐烂的变形蹄应逐步矫正。

九、蹄叶炎

蹄真皮的弥散性、无败性炎症称为蹄叶炎（laminitis）。

（一）分类和病因

蹄叶炎可广义地分为急性、亚急性或慢性之类。常发生在马、骡等家畜的两前蹄，也可发生在所有四蹄，或很偶然地发生于两后蹄或单独一蹄发病。

我国北部地区，骡、马的蹄叶炎多发生于麦收季节。骑马、赛马时有发生。有的国家曾报道，骟马患蹄叶炎比母马和公马的发病率低。

（二）病因

致病原因尚不能确切肯定，一般认为本病属于变态反应性疾病，但从疾病的发生看，可能为多因素的。

广蹄、低蹄、倾蹄等在蹄的构造上有缺陷，躯体过大使蹄部负担过重，均为发生蹄叶炎的素因。

蹄底或蹄叉过削、削蹄不均、延迟改装期、蹄铁面过狭、铁脐过高等，均能使蹄部缓冲装置过度劳累，成为发生蹄叶炎的诱因。

运动不足，又多给难以消化的饲料；偷吃大量精料，分娩、流产后多喂精饲料，引起消化不良；同时肠管吸收毒素，使血液循环发生紊乱，也可导致本病。

长途运输；在坚硬的地面上长期站立；有一肢发生严重疾患，对侧肢进行代偿，长时期、持续性担负体重，势必过劳；马匹骤遇寒冷、使体力消耗等，均能诱发本病。

蹄叶炎有时为传染性胸膜肺炎、流行性感冒、肺炎、疝痛等的并发病或继发病。

目前认为，急性蹄叶炎开始是循环变化引起生角质细胞的代谢性改变。

在实验研究方面，组胺、乳酸可引起血管痉挛、血管扩张和血液凝结。但每种学说只能说明部分病因，不能解释所有的现象。

（三）症状

患急性蹄叶炎的家畜，精神沉郁，食欲减少，不愿意站立和运动。因避免患蹄负重，常常出现典型的肢势改变。如果两前蹄患病时，病马的后肢伸至腹下，两前肢向前伸出，以蹄踵着地（图 16-8）。两后蹄患病时，前肢向后屈于腹下。如果四蹄均发病，站立姿势与两前蹄发病类似，

图 16-8　两前蹄蹄叶炎的站立姿势
（前肢向前伸出，后肢置于躯体之下，
并以蹄踵承担体重）

体重尽可能落在蹄踵上。如强迫运步，病畜运步缓慢、步样紧张、肌肉震颤。

触诊病蹄可感到增温，特别是靠近蹄冠处，指（趾）动脉亢进。叩诊或压诊时，可以查知相当敏感。可视黏膜常充血，体温升高（40～41℃），脉搏频数（80～120 次/min），呼吸变快（50～60 次/min）。

亚急性病例可见上述症状，但程度较轻。常是限于姿势稍有变化，不愿运动。蹄温或指（趾）动脉亢进不明显。急性和亚急性蹄叶炎如治疗不及时，可发展为慢性型。

慢性蹄叶炎常有蹄形改变。蹄轮不规则，蹄前壁蹄轮较近，而在蹄踵壁的则增宽。慢性蹄叶炎最后可形成芜蹄，蹄匣本身变得狭长，蹄踵壁几乎垂直，蹄尖壁近乎水平。当站立时，健侧蹄与患蹄不断地交替负重。X 射线摄影检查，有时可发现蹄骨转位以及骨质疏松。蹄骨尖被压向后下方，并接近蹄底角质。在严重的病例，蹄骨尖端可穿透蹄底（图 16-9）。

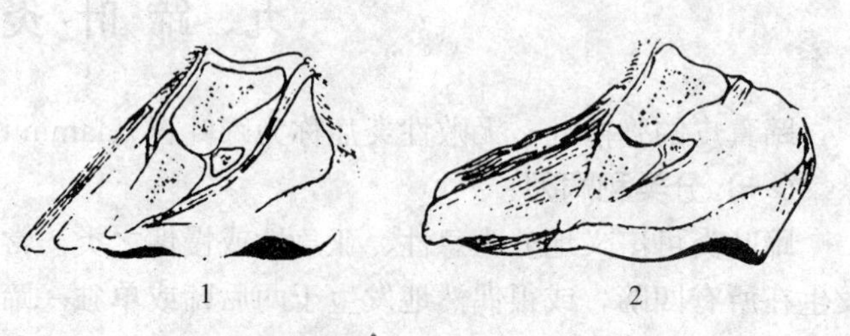

图 16-9 患蹄叶炎 3 个月后蹄病的纵断面
1. 白线部的病变 2. 角细管的扭转使蹄骨下陷

（四）病理

蹄叶炎的发病机理尚没有确定，许多学者从各方面进行了研究。有人用放射酶法检查了患蹄叶炎病马的血浆，证明血浆中组胺水平明显升高，说明组胺与本病发生有关。

更多的学者认为血液循环障碍或紊乱是引起本病的重要因素。许多学者观察真皮微血管形成栓塞与马蹄叶炎的发生有直接关系。有人从血小板数、血小板存活时间、血小板在血管壁的黏性，凝血时间和全血再钙化时间而确定患蹄叶炎马的凝血机理发生改变。

有人用放射性同位素闪烁图研究、组织学检查和反向动脉造影，证实马蹄叶炎时，蹄壁真皮血管有血栓形成。

（五）预后

马、骡蹄叶炎的预后与病的程度、患蹄数目和恢复的速度有关。

几天内恢复的预后良好，多于 7～10d 的病例，预后应慎重。蹄骨尖已穿破蹄底的，预后不良。

（六）治疗

治疗急性和亚急性蹄叶炎有四项原则，即除去致病或促发的因素、解除疼痛、改善循环、防止蹄骨转位。

必须尽可能早地采取治疗措施，形成永久性伤害后则治疗不易收效。

急性蹄叶炎的治疗措施，包括给予止痛剂和消炎剂、抗内毒素疗法、扩血管药疗法、抗血栓疗法，合理削蹄和装蹄，以及必要时的手术疗法。

限制患畜活动。

慢性蹄叶炎的治疗，首先应注意护蹄，并预防急性型或亚急性型蹄叶炎的再发（如限制饲料、控制运动等）。首先，应注意清理蹄部腐烂的角质以预防感染。刷洗蹄部后，在硫酸镁溶液中浸泡。蹄骨微有转位的病例（例如蹄骨尖移动少于 1cm 而蹄底白线只稍微加宽），即简单地每月削短蹄尖并削低蹄踵是有效方法（图 16-10）。

如蹄骨已有明显的转位，就更加需要施以根治的措施，即在蹄踵和蹄壁广泛地削除角质，否则蹄骨不能回到正常的位置。

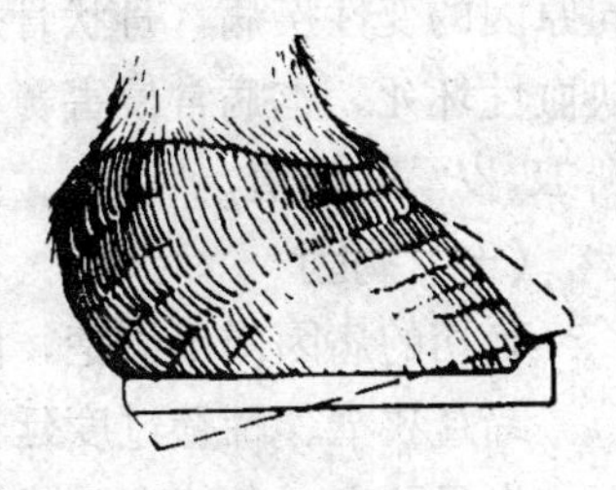

图 16-10 蹄叶炎病蹄的装蹄
（虚线代表削切的部分）

如小叶间渗出物很多时，可在白线处充分消毒后手术扩开，排除渗出物。有人对手术和保守治疗进行了对比，施行手术的 11 匹矮马完全康复，保守治疗的 10 匹矮马 2 匹完全康复，4 匹仍有跛行，另外 4 匹淘汰。

另有人采用在系中部切断指深屈肌腱的方法治疗慢性顽固性蹄叶炎，13 匹手术马有 5 匹基本康复，6 匹马得以改善，其他 2 匹无效。

如已形成芜蹄，可用装蹄疗法矫正。矫正的目的主要是为了便于运动，其方法是锉削蹄尖的隆起，蹄底及负面不削，多削蹄踵负面。如蹄尖部有疼痛感觉，可在铁头部设侧铁唇，其间并设空隙。应用稍微向后突出的连尾蹄铁最为合理，装此种蹄铁时，部分体重可由患病的蹄尖部移到横支上，向后突出的横支可防止蹄踵负重时患肢向后过度弯曲。为了使过薄的蹄底不着地，也可装铁脐蹄铁。

十、蹄软骨化骨

蹄软骨化骨（ossification of the lateral cartilages）多发生于老龄马，并多为外侧蹄软骨。

（一）病因

蹄踵狭窄、蹄冠狭窄、举踵蹄，还有蹄叉腐烂等，均对蹄机有妨碍；蹄铁过狭、削切不均、在蹄铁最大横径部以后继续下钉等，均易导致本病。

在坚硬的土地上或不平坦的道路上服重役，长时期不削蹄、装蹄以致蹄角质过长等，是招致蹄软骨化骨的诱因。

（二）症状

蹄冠周围增大，化骨部的蹄冠隆起，蹄壁变狭窄或蹄轮不正等。

步样强拘，站立时呈前踏姿势。蹄角质干燥，在装蹄不良的情况下出现跛行。

蹄软骨的骨化是从前下部开始，逐渐向后上方扩展，从蹄冠上方触诊可以感觉此处的蹄软骨变坚硬、丧失弹性。结果可妨碍蹄机，故蹄铁上面的沟状磨灭很小或不清楚。

可用放射学摄片检查蹄软骨化骨的程度和确诊。

（三）治疗

已经骨化的蹄软骨不易恢复其固有弹性，治疗应着重维持马、骡的能力，减轻跛行，除去上述诱因。为此，削蹄要适合肢势与蹄形，使体重的负担平均，装蹄时在骨化侧的铁支要宽，在蹄枕要用橡胶插片，在病变一侧蹄与蹄铁之间可使用革质插片或橡胶插片，借以减弱地面的反冲力。还可采取蹄踵部的蹄壁薄削、造沟以便减轻对该部的压迫。

十一、蹄舟状骨病

舟状骨病（navicular disease）是舟状骨及其滑膜囊的炎症，也可扩延到远端籽骨关节面、舟状骨的支撑韧带、指深屈肌腱的滑膜囊面、中间指骨的关节面等。过去认为本病是一种慢性无败性滑膜囊炎，也有人认为是舟状骨的慢性骨炎。现在研究证实，它是一种涉及不同原因的变性疾病，舟状骨病的血液供应有变化，舟状骨内动脉硬化，动脉内有血栓，骨有缺血性坏死。本病常侵害赛马和跳跃型马的前肢。多侵害6～12岁马，但也有发生于6月龄到18岁马的报道。

(一) 病因

确切的病因尚不清楚，但认为是一种综合征，应多从生物力学上考虑本病的发生。

蹄踵狭窄、蹄壁过度延长、蹄叉过高是发生本病的素因。系部过长、负重时球节过度下沉、失足蹬空、急速奔驰或转弯、坚硬地面作业、超载挽曳等都是发生本病的诱因。

(二) 症状

舟状骨因其周围有关结构受牵引或压迫而发生变性，使有关软组织，特别是舟状骨支撑韧带出现疼痛反应。

发病后，首先注意到的症状是患蹄负重时，蹄踵不着地，以蹄尖支持体重；两前蹄同时发病时，可见交互负重。运步时蹄踵不着地，呈后方短步，指部有典型的震颤运动。圆周运动时，患肢在内侧跛行加重。将球节和冠关节屈曲30～60s后令患马运动，在前4～12步跛行可大大加重，斜板试验也可证明有疼痛反应。

变性过程中可导致反复不定的临床症状，有一半以上的马跛行是两侧性的。尽管跛行是潜在性的，但临床上可突然出现。有的患马拒绝跳跃。

为了缓解患蹄运步时的疼痛，常以蹄尖着地和运步，所以蹄尖部磨灭的多，蹄踵部相对变高，破坏了正常的蹄机。时间较长后，可见蹄叉萎缩变小，形成蹄踵狭窄。

急性经过时，指动脉触诊可感到亢进，增加屈腱负重，可使跛行明显。叩诊和压诊接近蹄叉体部位，有疼痛反应。

封闭指神经掌支或蹄关节麻醉，可看到本病的疼痛程度有改善（但需排除有关的其他疾病），但对侧不麻醉的肢如也有本病，跛行可加剧，这也可诊断两侧性舟状骨病。

放射学摄片检查可支持临床诊断，放射学变化包括远端边缘右角的骨营养孔增大，屈侧骨终板有变性性变化，近侧缘和侧韧带抵止点有骨刺形成，骨内有空洞区。

(三) 治疗

舟状骨病是一种畸形性骨关节病，治疗措施可用减轻疼痛的方法。矫形装蹄可有帮助，特别是病的早期，单独用矫形装蹄即可得到效果。但在病的进行期，矫形装蹄只能改善症候。

矫形装蹄时，多削蹄尖，装设上弯的连尾蹄铁。

马可放在草地上或软地上放养，也可缓解疼痛。

近些年有些学者研究了舟状骨内的血管变化，认为舟状骨内血管有动脉硬化和血栓，导致缺血性病变，应用一些抗血凝药(如华法令)、扩外周血管药(如盐酸苯氧丙酚胺)，都有一定效果。更近的报道是用盐酸异舒普林，该药更为安全，用法是每千克体重0.6mg，每日2次，3周为一疗程。用切断舟状骨悬韧带或指神经掌支的方法治疗本病，也可取得一定效果。

十二、远籽骨滑膜囊炎

远籽骨滑膜囊炎（synovitis of the navicular bursa）是远籽骨（舟状骨）滑膜囊的炎症。该滑膜囊是远籽骨与深屈腱之间的滑膜腔，常与蹄关节腔相通。滑膜囊炎可能是无败性的，但常常是化脓性的。

(一) 病因

无败性远籽骨滑膜囊炎常由屈腱过度紧张引起，踏创也常引起本病。化脓性远籽骨滑膜囊炎常由蹄底刺伤继发，因致伤过程中将微生物带到滑膜腔引起化脓性过程。化脓性蹄关节炎、蹄内深屈腱的化脓坏死，以及蹄内其他组织的化脓坏死性疾患，都可蔓延至滑膜囊，引起化脓性滑膜囊炎。

(二) 症状

无败性远籽骨滑膜囊炎时，找不出什么致病因素，但临床上可出现明显的机能障碍。驻立视诊时，可见患畜减负体重，常以蹄尖负重，系部直立，球节不敢下沉。运步视诊时，呈典型的支跛，后方短步，蹄踵不着地，在石子地或不平地运步时，跛行变得更明显，上坡时跛行也可加重。检查患蹄时，在蹄底和蹄叉常找不到致病的痕迹，有时可在蹄叉沟内夹着石子等异物。蹄温一般不高，但指动脉可见亢进，以检蹄器压迫蹄叉时，动物敏感。蹄关节他动运动时可有疼痛。如果做楔木试验，动物可显出异常疼痛。

化脓性远籽骨滑膜囊炎时，驻立和运步机能障碍都比无败性滑膜囊炎时明显，甚至还会出现全身性症候。化脓性滑膜囊炎时，可见蹄球窝肿起，用手指压迫时，动物有疼痛反应。蹄温可增高，指动脉明显亢进，蹄关节他动运动时疼痛明显，如在蹄叉体处向滑膜囊穿刺时，可流出浑浊液体。如为刺伤引起，仔细清蹄后，可发现刺伤痕迹。

(三) 诊断

根据临床症状和放射学摄片可以确诊，必要时可进行穿刺诊断。

(四) 预后

陈旧的病例预后可疑或不良，新发病也应慎重。

(五) 治疗

无败性滑膜囊炎时，令动物休息，在掌（跖）部用普鲁卡因封闭，隔日一次，全身可用抗生素和非激素类消炎剂，同时应用温脚浴。

化脓性滑膜囊炎时，除全身应用抗生素控制感染外，应用手术方法处置化脓的滑膜腔。蹄用防腐液浸泡，彻底清除蹄上的污物。严格消毒后，从蹄叉体用粗针头穿刺，抽出滑膜囊内的化脓性渗出物，再注入抗生素或其他防腐剂。

如果已发生屈腱坏死或穿刺治疗无效时，应手术切除蹄叉体，暴露出坏死的深屈腱和化脓的滑膜囊，彻底切除。手术前应充分浸泡患蹄，并彻底消毒，在全身麻醉下，横卧保定，患肢在上面，肢装驱血带和止血带，坏死的深屈腱切除后，仔细清理滑膜囊。除去一切失去生机的组织，用消毒液彻底清洗，敷以松馏油纱布。绷带包扎后，解除止血带，每日或隔日更换绷带。手术成功后，患蹄可逐步负重。

第三节　牛的蹄病

一、指（趾）间皮炎

指（趾）间皮炎（interdigitaldermatitis）是指没有扩延到深层组织的指（趾）间皮肤的炎症。特征是皮肤呈湿疹性皮炎的症状，有腐败气味。

(一) 病因

潮湿不卫生为其病因，条件菌感染为其诱因。有人已从病变处分离出结节状杆菌和螺旋体。

(二) 症状

本病不引起急性跛行，但可见动物运步不自然，蹄表现非常敏感。病变局限在表皮，表皮增厚和稍充血，在指（趾）间隙有一些渗出物，有时形成痂皮。

当初次发现时，病程常常已到第二阶段，在球部出现角质分离（通常在两后肢外侧趾），在这以前，与球部相邻的皮肤可发生肿胀，并有轻度跛行。到第二阶段时，跛行明显，在角质和下面的真皮之间，很快进入泥土、粪便和褥草等异物，使角质和真皮进一步分离。在少数病例，化脓性潜道可深达蹄匣内，严重的可引起蹄匣脱落，病牛被迫淘汰。如果不发展成潜道，病变可平静下来转为慢性。本病常常发展成慢性坏死性蹄皮炎（蹄糜烂）和局限性蹄皮炎（蹄底溃疡）。

(三) 治疗

首先保持蹄的干燥和清洁，其次局部应用防腐和收敛剂，2 次/d，连用 3d。病畜也可进行蹄浴。

二、指（趾）间蜂窝织炎

指（趾）间蜂窝织炎（interdigital phlegmon）是指（趾）间及其周围软组织的急性化脓性炎症。感染达指（趾）间皮肤的真皮层，并自此向深部扩散，表现为指（趾）间皮肤、蹄冠、系部、球节的肿胀，皮肤坏死和裂开，跛行，体温升高。在许多国家，本病是牛场最普遍的疾病之一，但命名曾经很不一致，例如美国称为腐蹄病（foot rot），德国和法国称为瘭疽（whitlow）。常引起奶牛一肢或多肢的急性跛行，北方常在春季及夏季的某一牛群内引起地方性流行。多发于 2～4 岁的牛，犊牛也可发病。

(一) 病因

从临床病例分离到的微生物多为坏死梭杆菌或该菌与产黑色素拟杆菌，故本病又被称为指（趾）间坏死杆菌病（interdigital necrobacillosis）。美国有人用从腐蹄病活体标本上分离出的坏死杆菌和产黑色素杆菌，混合接种于划破的指（趾）间隙皮肤或皮内，可引起典型的腐蹄病病变；但是，从感染蹄获得的细菌纯培养后再用于传播试验，则不能感染成功。

此病具有传染性，在雨季或放牧季节可在某些牛场流行。是带菌牛将致病菌散播于环境中，还是细菌本来存在于流行此病牛场的土壤、污泥或湿地中，还不清楚。通常在某一地方性流行的农场内，1%～5%的牛在一个月内一肢或多肢发生感染；也可能见到散发性病例。两种微生物同时感染，可能是由于它们产生的毒素有相互协同作用，借助对方可促进自身的生长和进一步侵入、破坏组织。创伤（例如在有植物残茬的草场放牧、草场通道上有石子或草场上有尖锐的石片、运动场异物刺伤）和潮湿（例如泥泞地段或雨季稀泥、粪尿浸渍）使得厌氧菌易于进入指（趾）间的皮肤。

(二) 症状和诊断

病初有轻度跛行，系部球节屈曲，以蹄尖轻轻着地，随后跛行加重，出现患肢免负体重或卧地不起。畜主可能反映其他牛在近期或过去的几年中表现相似的症状；在第一个病例出现的几周后，其他牛也可能发病；在给病牛挤奶时闻到难闻的组织坏死气味（这是坏死梭杆菌感染的特点）。

病蹄指（趾）间背侧及蹄冠带的软组织红肿，疼痛明显。在某些病例，软组织的肿胀可延至系部，尤其是掌侧或跖侧；皮肤上出现小裂口、溃疡和伪膜，有恶臭味；严重的病例，出现指（趾）间组织腐败剥脱，坏死达深部组织时可发生蹄匣脱落。75%的牛见于后肢发病。病牛体温升高，食欲下降，反刍、泌乳减少。

典型的病例，在发病后几小时内病牛出现一个或多肢轻度跛行，系部和球节屈曲，患肢以蹄尖轻轻负重。18～36h 后，指（趾）间隙和冠部出现肿胀，皮肤上有小的裂口和伪膜，有难闻的恶臭气味。36～72h 后，病变可更加显著，指（趾）间皮肤坏死、腐脱，指（趾）部甚至及球节均出现明显的肿胀，站立时病肢常试图提起。体温升高，食欲减退，泌乳量明显下降。再过一两天，指（趾）间组织可完全腐脱，病牛常卧地不起。某些病例，坏死可持续发展到深部组织，出现蹄匣脱落。转归好的病例，病变组织以后出现机化或纤维化。

（三）治疗

根据病的严重程度，可施行局部治疗、全身治疗或二者相结合。早期较小的病灶通过清洗，去除指（趾）间的异物和坏死组织，使用防腐剂及抗生素可收到疗效。例如，在局部应用硫酸铜和磺胺粉（1∶4）或抗生素（如环丙沙星、呋喃唑酮等）均有效。治疗期间，病牛所处环境保持干燥，直至痊愈。病变严重的病例，全身应用抗生素，例如青霉素与链霉素、头孢菌素、磺胺嘧啶钠、恩诺沙星、强力霉素等，连用 3～5d 可收到疗效。疏于治疗的或慢性病例，感染有侵及深部软组织引起脓毒性指（趾）间关节炎的危险。因此，当病史及临床指征表明为慢性病例时，应进行积极的全身治疗和局部治疗，例如用温热的硫酸镁溶液浸蹄。在浸蹄的间隔期，应该用轻型绷带保护蹄部，以防发生进一步的外源性感染；绷带要环绕两指（趾）包扎，不要装在指（趾）间，以免影响创伤的愈合。口服硫酸锌，可增强治疗的效果。

（四）预防

预防奶牛腐蹄病的主要方法是防止它们接近泥泞的运动场及粪道。改善排水设施或将泥泞的场地隔离开。在牛群用消毒剂浴蹄是有效的，将 4%～5%甲醛或 5%硫酸铜溶液置于牛舍或挤奶厅的出入口，奶牛通过时进行浴蹄。药液在药浴过 500～1 000头奶牛后应更换。

接种疫苗预防腐蹄病，在高发牛群或羊群可施行这一方法。用坏死梭杆菌甲醛灭活苗可收到一定的效果。坏死梭杆菌仅是导致腐蹄病的常见菌，其他病原菌（厌氧菌）也可引起或参与蹄部软组织的感染。因此，疫苗预防必须与加强管理相结合，方能取得满意的效果。

三、指（趾）间皮肤增殖

指（趾）间皮肤增殖（interdigital skin hyperplasia）是指（趾）间皮肤和（或）皮下组织的增殖性反应。在文献中曾有不同名称，如指（趾）间瘤、指（趾）间结节、指（趾）间赘生物、指（趾）间纤维瘤、慢性指（趾）间皮炎、指（趾）间穹隆部组织增殖等。

各种品种的牛都可发生，发生率比较高的有荷斯坦牛和海福特牛，中国荷斯坦乳牛发病率也较高。本病的特征是指（趾）间皮肤或（及）皮下组织生成增殖物，引起轻度至中度跛行。增殖物具有皮肤组织的各层结构，但都增厚十几倍甚至几十倍，皮下组织也增生肥厚。

（一）病因

引起本病的确切原因尚不清楚。最常见于肥胖、体重大的公牛和成年母牛，两指（趾）叉开呈八字脚（也称开蹄）的牛易患此病，两指（趾）叉开与过度负重或遗传有关。两指（趾）向外过度扩张（开蹄），引起指（趾）间皮肤紧张和剧伸，或某些变形蹄，泥浆、粪尿等异物对指（趾）间皮肤的长期刺激等因素，都与发病有关。有人认为指（趾）骨有外生骨瘤、机体缺锌与本病有关。运动场为沙质土壤、蹄部比较清洁的牛群，发病率明显降低。

（二）症状

单肢或左右肢同时发病，也可多肢同时发病，后肢较多见。从指（趾）间背侧视诊，有时可见到皮肤隆起或增殖物，最好对患肢加以保定进行确诊，通过削蹄和检蹄器排除其他引起跛行的蹄病。虽然触诊可引起疼痛，但将两指（趾）并拢夹住病变时可更好地确定疼痛程度。

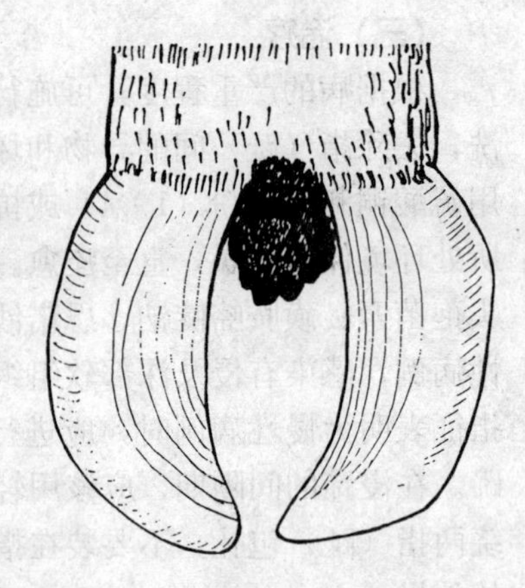
图 16-11　指（趾）间皮肤增殖

在指（趾）间隙一侧增殖的小病变，一般不引起跛行。病变增大后，指（趾）间隙前面皮肤红肿、脱毛，有时有破溃面。指（趾）间穹隆部皮肤进一步增殖时，形成舌状突起或草莓状（图 16-11）。随病程进展，突起物增大变厚，在指（趾）间隙向蹄底面延伸，表面可因压迫坏死或受伤而发生破溃、渗出、感染，气味恶臭。根据病变大小、位置、感染程度和患指（趾）受到的压力，出现不同程度的跛行。患牛站立小心，因局部碰到物体或两指（趾）压迫时感到剧痛。增殖物在后期可角质化。有跛行后，奶牛泌乳量下降。由于指（趾）间有增殖物，可造成指（趾）间隙扩大或出现变形蹄。

（三）治疗

在有炎症期间，清蹄后用防腐剂包扎，可暂时缓和炎症和疼痛。对小的增殖物，用腐蚀的方法进行治疗，常不能根治。手术切除增殖物是根治本病的方法。将患畜侧卧或站立保定，用静松灵镇静，2%利多卡因蹄部环状阻滞或神经传导麻醉。用肥皂、水和消毒剂清洗蹄部，如需要可削蹄。通过指（趾）间皮肤、用外科刀在增殖物基部的皮肤上做椭圆形切口，切口与指（趾）间隙的形状一致。切口不可太深，只限切至皮下组织，以免伤及指（趾）间韧带和血管。皮肤切口完成后，用创巾钳夹住增殖物的一端，用剪刀在病灶基部边分离边剪除增殖物。伤口上放置抗感染药或抗生素（如 1∶4 硫酸铜-磺胺粉）和药棉敷料，用“8”字形绷带固定药棉。如果牛必须回到较脏的环境中去，纱布和棉花之外应有防水层（防水蹄套）。绷带对保护创口和止血有重要作用。一旦解开保定绳，术部会大量出血。用钻在指（趾）尖部钻孔，用金属丝在指（趾）尖部拧紧，将两指（趾）固定在一起有利于创口愈合和避免复发。如果软组织有炎症或切除物较大，可全身应用抗生素。

四、蹄 裂

蹄裂（hoof cracks）是指与背侧面平行（蹄纵裂）或与冠缘平行（蹄横裂）的蹄壁角质裂开（图 16-12）。多发于前肢，常为慢性经过，暴露出真皮的蹄裂可导致急性跛行和出血。

图 16-12 蹄裂
1. 纵裂 2. 横裂

（一）病因

引起牛蹄裂的原因主要有直接损伤和间接损伤，外力直接作用于蹄壁，常引起蹄壁的挫伤和小的裂隙；间接损伤多见于蹄壁受到剧烈的震荡，例如奔跑、爬跨、跌倒时发生的蹄壁损伤，常是不完全裂开。长蹄失修、蹄壁负面过度磨灭、过度干燥、热性病和蹄壁营养代谢有缺陷时，在外力作用下蹄壁更易发生裂开。当蹄陷于狭窄的缝隙中，如两条管道之间，粪沟篦子或隔板之下时，可发生急性蹄裂。偶可引起蹄壳脱落。

（二）症状

蹄裂分为完全裂开（暴露出真皮）和不完全裂开（未暴露真皮），在完全裂开和暴露出真皮前，一般不会有跛行，除非致病因素同时引起蹄部软组织的损伤。完全裂开病例，突然发生跛行，在裂开的蹄冠部有明显的肿胀，有时出现化脓性过程。局部肿胀、热痛，从裂口中排出脓性渗出物。深部组织感染时，化脓可向深部扩散（沿角质小叶与真皮之间），引起深部组织的化脓与坏死或扩延到指（趾）关节，引起指（趾）关节炎。病牛卧地不起，严重的病例可出现蹄匣脱落。

许多全裂通常裂隙是细而短的，不仔细检查，很难发现。当异物、泥土、粪尿等从裂口进入时，引起软组织感染和蹄跛行。裂缘之间有肉芽组织长出时，或裂开的角质尚与真皮小叶相连时，动物运动时可感到非常疼痛。大的横裂蹄角质与蹄冠分开，当新角质从老角质层下形成时，则缺损逐步向远端推移（图 16-13）。

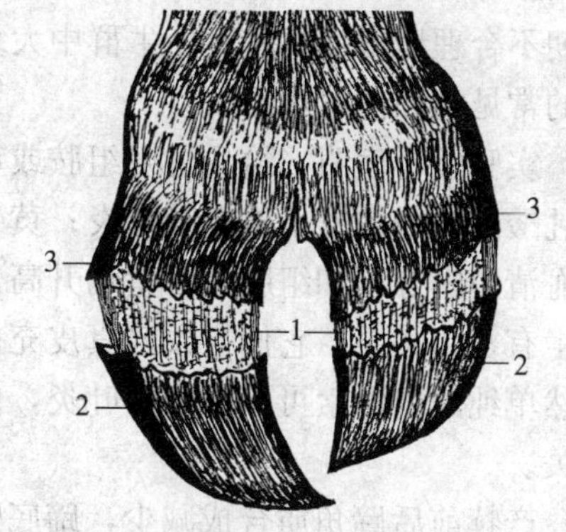

图 16-13 蹄裂后角质再生
1. 横裂的裂隙 2. 陈旧角质 3. 新生角质

通过切削及使用检蹄器来辨别敏感部位，排除其他原因引起的急性跛行，如挫伤、刺伤等。

（三）治疗

患蹄彻底清洗消毒后，去除过长或翘起的角质，以免进一步裂开；修整裂缘或造沟，用防腐剂绷带包扎。当蹄裂尚未侵入真皮深部时，可用松馏油绷带包扎。对有跛行的病例，将蹄角质泡软，在麻醉下用手术的方法去除部分离断角质，使裂隙处形成蹄角质沟，以减轻疼痛和防止继续裂开。蹄冠处有急性病变，并在裂开处形成脓肿时，为了使病变不蔓延到关节，可在麻醉下从蹄冠真皮脓肿部位去除一块三角形角质，三角形底部接皮肤，三角形顶点延伸到裂口最远处。手术时病变内严禁搔刮，清洁处理后用防腐剂绷带包扎，如不包扎，肉芽组织可过度生长。若已侵害深部组织，要防止地面粪尿对裂口的污染。软组织化脓的蹄裂，用0.1%高锰酸钾和3%过氧化氢交替冲洗后，涂抗生素软膏，外打松馏油绷带，穿防水蹄鞋。治疗时动物要限制活动，避免感染蔓延到关节。

在严重病例，需在健指（趾）下固定木块或打筒形石膏，使得患指（趾）不负重，以利于患指（趾）痊愈。这种筒形石膏尤其适合愈合较缓慢的病例。

对于过度干燥的蹄壁，平时可用热豆油涂擦蹄壁，预防蹄裂。

五、弥散性无败性蹄皮炎

弥散性无败性蹄皮炎（diffuse aseptic pododermatitis）又称为蹄叶炎（laminitis），是真皮小叶的炎症，临床上分为急性、亚急性和慢性三种类型。奶牛、肉牛、青年公牛均可发生。病畜通常四肢均不同程度发病，但某些牛仅表现前肢或后肢跛行，病变多以前肢的内侧指、后肢的外侧趾较明显。病牛出现跛行、蹄过长、出现蹄轮及蹄底出血等症状。

蹄叶炎可能是原发性的，也可能继发于其他疾病，如严重的乳腺炎、子宫炎和酮病。母牛发生本病与产犊有密切关系，而且年轻母牛和以精料为主的牛发病率高。

（一）病因

牛蹄叶炎的确切原因尚不清。依据临床资料，可能与过食碳水化合物精料、不适当运动、遗传和季节等因素有关。

过食高能饲料是最为常见的原因。生产中为了促进生长和提高奶产量，大量饲喂易发酵的谷物饲料（如玉米）或混合精料，结果可导致犊牛、青年牛、泌乳牛的蹄叶炎。瘤胃内过多的高能饲料，特别是头胎牛首次采食高能量日粮，胃肠功能不适应，易引起一定程度的瘤胃酸中毒，产生的乳酸、内毒素及其他血管活性物质通过瘤胃吸收而引起蹄叶炎。若同时受到因脓毒性乳腺炎、子宫炎、肺炎所产生的内毒素或其他介质的作用，更易发生蹄叶炎。泌乳期不合理地增加精料，使牛群中大多数牛发生亚临床型瘤胃酸中毒，结果使蹄叶炎成为奶牛的常见病和多发病。

实验资料表明，给牛注射组胺或革兰氏阴性杆菌内毒素，均可诱发蹄叶炎；向瘤胃内注射乳酸成功地诱发了羊的蹄叶炎；黄牛过食精料后，其血浆中的内毒素含量增高；变形蹄奶牛血清中内毒素和组胺的含量均升高。所以，组胺、内毒素和乳酸等物质被认为与蹄叶炎的发生有密切关系，它们导致蹄真皮充血、水肿、血栓形成和出血，表皮内生角质物质缺乏。虽然单纯的内毒素可引起牛蹄叶炎，但大多数蹄叶炎与过量饲喂发酵迅速的碳水化合物饲料有关。

产犊前后蹄角质合成减少，蹄底壁变薄；过多增加精料，发生瘤胃酸中毒，是产后母牛易发生蹄叶炎的主要原因。

（二）症状

急性蹄叶炎时，症状非常明显。病牛运步困难，特别是在硬地上两前肢或四肢跛行明显。若仅前肢发病，站立时弓背、头颈伸直，后肢向前伸至腹下，以减轻前肢的负重；前肢向前伸出以免蹄尖负重，有时见前肢交叉站立，以减轻两前肢内侧患指的负重（通常内侧指疼痛更明显）；一些动物常用腕关节跪着采食或饮水。后肢患病时，常见后肢运步时划圈。患牛不愿站立，长时间躺卧；强迫站起时弓背，四肢集于腹下；病牛运步时，患蹄轻轻落地，并表现蹄踵比蹄尖部先着地；强迫其转弯时，患肢表现异常疼痛。在初期可见明显的出汗和肌肉颤抖，体温升高，脉搏加快，血压降低。

局部症状可见蹄冠的皮肤发红，触诊病蹄可感到增温，特别是靠近蹄冠处；指（趾）动脉亢进。用检蹄器压迫时两指（趾）异常敏感，后肢外侧趾、前肢内侧指疼痛明显。削蹄后见蹄底角质褪色变黄，有不同程度的出血。发病后不久（1 周以后），放射学摄片时可看到蹄骨尖轻度移位（转位）。

亚急性蹄叶炎时，很少能检查到全身症候，许多牛局部症候也很轻微。多数病牛可能没有被发现或被误诊为其他疾病。亚急性蹄叶炎是白线分离、蹄底脓肿、蹄裂、蹄壁过度生长等疾病的重要病因。

急性型如果不在早期抓紧治疗，常转为慢性型。由于生角质层被破坏，慢性蹄叶炎不仅可以引起不同程度的跛行，也是发展为其他蹄病的重要原因。慢性蹄叶炎的临床症状没有急性型严重，一般没有全身症状，但由于长期疼痛、多躺卧和采食能力下降，结果导致患牛体重减轻，生产能力和繁殖能力降低。患蹄角质过度生长，出现蹄变形、蹄延长，蹄前壁和蹄底形成锐角；站立时以球部负重，蹄底负重不确实。由于角质生长紊乱，出现异常蹄轮。由于蹄踵下沉、蹄球部负重（蹄球部变为假蹄底），放射学摄片可见蹄骨明显移位（转位）、蹄底角质变薄，甚至出现蹄底穿孔。病蹄常出现蹄壁、蹄尖及蹄壁崩裂、蹄底挫伤及出血。由于蹄壁生长较快，导致白线分离和蹄底脓肿的发病率升高。

病牛由于较长时间躺卧，体表骨性突起的部位常发生褥疮和压迫性损伤，并继而造成肌肉骨骼的多处损伤、脓肿及撕裂。

（三）治疗

（1）首先应除去病因。例如，若在某一牛场头胎奶牛数例发病，应对饲料配方和饲喂量做全面分析。及时治疗子宫炎、乳腺炎、肺炎等感染性疾病。

（2）急性蹄叶炎可用镇痛、抗炎药物，如阿司匹林、保泰松、芬必得、氟尼辛葡甲胺等，至少连续给药 1 周以上。资料介绍，可应用氟胺烟酸葡胺（每千克体重 0.55～1.10mg，2 次/d）或二甲亚砜（每千克体重 1g，用等量 5%葡萄糖稀释后缓慢静脉注入）治疗奶牛急性蹄叶炎。

（3）给抗组胺制剂及皮质类固醇药物，以缓解局部的急性炎症反应。

（4）瘤胃酸中毒时，静脉注射或口服碳酸氢钠，并用胃管投给健康牛瘤胃内容物和缓泻剂。

（5）慢性蹄叶炎时注意削蹄、护蹄，维持其蹄形（蹄角度），防止蹄底穿孔。

（6）加强护理。牛床铺有垫草，在软地面或土地面上自由运动；用冷水浸蹄。

（四）预防

分娩前后应避免饲料的急剧变化，产后增加精料的速度应慢。给精料前后应给适量的饲草。依据产奶量分群饲养，防止低产牛过量采食精料。饲料内可添加碳酸氢钠，让牛自由舔盐，以增加唾液分泌，提高瘤胃的 pH。

六、局限性蹄皮炎

局限性蹄皮炎（pododermatitis circumscripta）又称为蹄底溃疡（Sole ulcers）、Ruster-

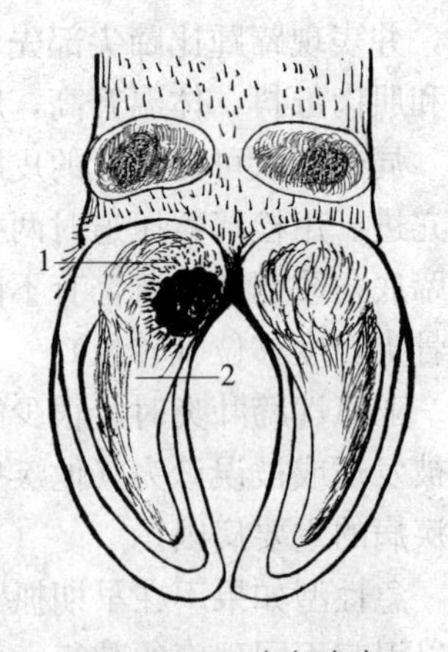

图 16-14 蹄底溃疡
1. 蹄球部 2. 蹄底

holz 氏溃疡（Rusterholz ulcers），是蹄底和蹄球结合部（蹄底后 1/3 处）的非化脓性坏死，通常靠近轴侧缘，真皮有局限性损伤和出血，角质后期有缺损（图 16-14）。常常侵害后肢的外侧趾，后肢内侧趾和前蹄内侧指偶可发病，常左右肢同时发病。公牛更常侵害前肢的内侧指。高产奶牛、产奶高峰期多发。

（一）病因

本病的确切原因尚不清楚。长期站立在水泥地面，或在铺炉灰渣的运动场运动，护蹄不良，牛舍或运动场过度潮湿、地面泥泞，运动场有粪便堆积或有石子、砖瓦、玻璃碎片等异物，冬天运动场有冻土块、冰块以及冻牛粪等情况下，都易使牛蹄底发生损伤，继而发生本病。饲料缺锌、X 状肢势、直腿、小蹄、卷蹄、大外侧趾、延蹄、芜蹄等情况下，易发生本病。

对发病机理的解释有很多理论。例如，远端趾节骨近端受到某种压力，使深屈腱牵张，结果导致蹄底溃疡（Rusterholz 氏假说）。或固有指（趾）动脉终支和外或内指（趾）动脉之间的吻合支的血栓，或精料过多、瘤胃代谢紊乱、组胺、细菌内毒素等引起微循环不良，引起局部缺血性坏死，导致蹄底溃疡。或由于蹄变形，或各种原因导致病变部角质生长过度，使蹄底和蹄球结合部成为蹄负重的支撑点，深部组织发生挫伤、出血或压迫性坏死，最终引起该部的小叶层坏死，形成溃疡。

（二）症状

依病程、病变的严重程度及患病指（趾）的数量不同，病牛表现轻度至重度跛行。发生于后肢外侧趾时，病牛驻立或运步时患肢稍外展，以内侧的健趾负重。有些动物后肢患病时，则倾向于用蹄尖负重，驻立于排水沟沿上，蹄踵部不负重以减轻疼痛。也可看到肢的抖动，在硬地上跛行增重。两侧肢患病的病例，不易发现，患牛后肢常交互负重，比通常躺卧的时间长，运步时很笨拙。

患蹄指（趾）动脉搏动增强，蹄匣温度升高。通常见不到指（趾）近端软组织的肿胀。清洁蹄底、切削蹄壁后可发现病灶。早期可看到蹄底和蹄球结合部有局限性脱色、崩解，压迫时感到变软和局部有压痛，局部有出血区或坏死区。组织溶解后有黑色脓汁流出，恶臭味。严重的病例，蹄角质可出现缺损，暴露出真皮，或者已长出菜花样肉芽组织；粪尿、泥土等异物从角质缺损处进入组织内引起感染，形成不同方向的潜道或化脓性蹄皮炎，或并发深部组织的化脓性过程，在蹄冠部形成脓肿。慢性病例可见圆形角质缺失，周边是由真皮增生而来的肉芽组织突出于角质表面。

由于病变的大小和继发感染的程度，可出现不同程度的跛行，跛行通常持续时间较长，病牛长时间卧地，采食量减少，可引起产奶量下降，甚至被迫提前淘汰。

（三）治疗

清蹄后，首先暴露病变组织，切除游离的角质和过剩的肉芽组织，然后用防腐剂和收敛剂包扎。蹄底切削不可过度，以免延误愈合。正确的削蹄应减少病变部负重，适当切削蹄底轴侧部及蹄球部，尽量使健康的白线部多负重。

病灶内敷用防腐剂（硫酸铜：磺胺为 1：4 的粉剂），并包扎绷带以防污染。每 7～10d

更换一次药物和绷带。为了避免患指（趾）负重，在健指（趾）下粘一木块负重，有助于康复。如继发深部组织化脓性感染时，应采取相应的措施。

治疗期间，病牛放在松软地面活动；调整饲料比例，减少精料；口服硫酸锌，每头每天5～8g，连用1周。

七、外伤性蹄皮炎

外伤性蹄皮炎（traumatic pododermatitis）是由各种刺伤、挫伤或偶发伤引起的蹄底真皮炎症。若继发感染则引起化脓性蹄皮炎（suppurative pododermatitis）。

（一）病因

如果牛蹄受到尖锐物体、草场或泥土中的尖硬石块、金属异物、垃圾中的金属等异物，都可引起牛的蹄壁刺伤或挫伤。营养代谢性疾病等因素导致蹄壁营养不良，长蹄失修、蹄壁负面角质过度磨灭及蹄壁过软，都易被异物损伤；重型牛、肥育牛和怀孕牛更容易受伤。

（二）症状

受伤后跛行是常见的临床症状。刺创可引起急性跛行，蹄底化脓则表现迟发性跛行；跛行的程度取决于损伤的类型、程度和大小等。若异物还存在，容易找到患部；如异物已脱落，必须仔细检查才能确定患部，要注意刺伤处有湿的痕迹。蹄底挫伤时引起轻度至中度跛行，检蹄器压迫挫伤处，可感到角质有弹性，动物表现疼痛、敏感；在削蹄后可见有大小不等的出血斑痕迹，颜色随红细胞的分解出现不同的颜色。若已经感染形成化脓性蹄皮炎，可有脓性渗出物从伤口流出，或脓汁向深部或沿小叶蔓延。当引起蹄内化脓性炎症时，蹄的炎性病变明显，跛行更为重剧，甚至有全身症候。

刺伤或已化脓时，要清理、切削刺伤角质的边缘以寻找铁丝、尖锐石子及玻璃碎片等异物；扩开角质，以除去异物、排出渗出物或脓汁；用防腐剂清洗后灌注碘仿醚或其他药剂（如硫酸铜松馏油、环丙沙星凡士林等药膏），用消毒的纱布和脱脂棉包扎。注射抗破伤风血清，全身应用抗生素。

轻度的挫伤，消除致病因素，给予阿司匹林等镇痛药；停止运动，用甲醛或硫酸铜蹄浴，使角质变硬和防止感染；若挫伤严重或已感染化脓时，要扩创治疗（同上述刺伤）并做好引流。

八、白线病

白线病（white linedisease）是因刺创及过度生长引起的蹄壁和蹄底沿着白线的分离。刺伤或分离后导致真皮感染形成蹄底脓肿（sole abscess）并引起严重跛行。壁小叶比底小叶受感染更明显，也更容易，结果可在蹄冠处形成脓肿；脓肿破溃形成窦道。虽然后蹄外侧趾和前蹄内侧指多发，但并不是绝对的。奶牛远轴侧白线易遭损伤，公牛则多为蹄尖部白线病。

（一）病因

白线是蹄底角质和蹄壁的结合部，由不含角小管的角质构成，与含有角小管的蹄底、蹄壁角质相比，更为薄弱。引起真皮炎的病因，也可引起白线病。正常运动时，远轴侧白线常承受最大的牵张，特别是在硬地上运步或爬跨时，更加重对白线的牵张。若发生蹄变形，如卷蹄、延蹄、芜蹄，白线处易遭受刺伤，特别是牛舍和运动场潮湿、角质变软时，更易发病。

长期站立，或采食、挤奶时间过长致真皮损伤；瘤胃酸中毒引起生物素合成减少，使白线角质营养不良；因地面过度潮湿引起蹄角质变软；产犊期间角质生长不足使蹄底变薄等，均可引起蹄底真皮的损伤，继而导致白线病。

（二）症状

本病多侵害后肢的外侧趾。白线部受到损伤后血清渗入白线，白线变黄，血液渗入则变红。白线分离后有泥土、粪尿等异物进入，并填塞、扩张白线处的间隙（图 16-15），白线处的真皮感染可向蹄冠、向深部蔓延，引起蹄冠部、蹄底的脓肿和深部组织的化脓性感染；角质与真皮分离，沿白线有脓汁流出，或在冠状带处形成肿胀、破溃。病牛体重减轻，泌乳量下降。

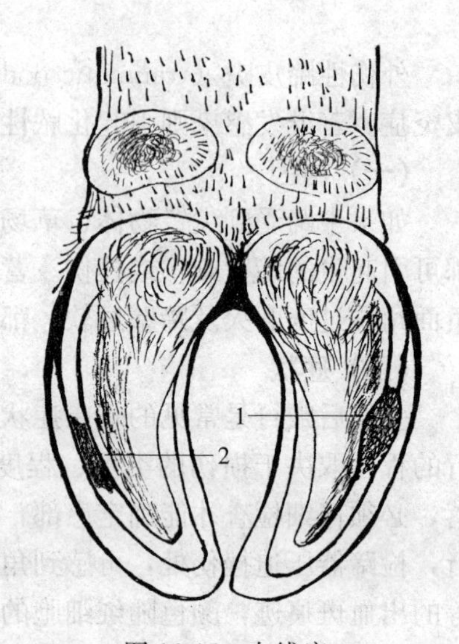

图 16-15　白线病
1. 白线裂开，间隙进入异物　2. 白线出血

开始跛行表现得不明显，但一旦感染化脓或形成脓肿，跛行表现剧烈，特别向深部组织侵害时突然发生跛行，类似发生了蹄损伤。跛行程度从中度跛行到患肢不能负重的重度跛行。若强迫运步，病牛总是试图以健指（趾）负重。若两后肢外侧趾患病，病牛将叉开后肢以内侧趾多负重；但运步时跛行可能不明显，直到一个蹄出现感染化脓时才表现出明显的跛行。

蹄部检查时，提举患蹄、清蹄，常发现患指（趾）温度升高；球部肿胀，常在蹄冠部出现窦道。用检蹄器检查时患指（趾）疼痛明显。早期病例因病变轻微，容易被忽略，必须清除脏物、仔细削切蹄底后才能看到病变，确定感染的位置与范围。可明显见到黑色线条或角质坏死灶，进一步检查，可发现较深处的泥沙和渗出物混合的污物。

（三）治疗

用蹄刀的一端或挖槽器探查创道，并用蹄刀从负面将裂口扩开。尽可能清除碎屑杂物。如果创道（通常为一个黑斑或一条黑线）延伸应继续探查，扩大伤口使脓汁排出，但常常不可能到达深部化脓处。在蹄底伤口处造成一个倒漏斗形的开口，彻底引流；但不要去掉过多的角质，以免影响愈合。

如果感染在壁角质下，从蹄底延至冠状带，应对创道进行灌洗，灌洗液加入抗感染药物（如碘酊）并保证创道上下畅通，将异物冲洗干净。用麻丝浸松馏油填入创道引流。每日用温 10%硫酸镁溶液浸蹄 1 次或 2 次，以促进引流。蹄部绷带包扎以免污染及异物进入创内。深部或蹄冠部感染时，全身应用抗生素。注意预防破伤风。

九、蹄糜烂

蹄糜烂（erosion of the hoof）是蹄底和球负面的角质发生坏死、糜烂，又称为慢性坏死性蹄皮炎，是奶牛常发的蹄病。

（一）病因

牛舍和运动场潮湿、泥泞，蹄长期受到粪水和尿液的浸泡并继发细菌的感染；结节状杆菌也是引起蹄糜烂的微生物。蹄皮炎、指（趾）间皮炎与发生蹄糜烂有直接关系，一些导致蹄皮炎、指（趾）间皮炎的病因也可导致蹄糜烂，或蹄糜烂进而发展成蹄皮炎。若蹄变形，如过长蹄、芜蹄等病蹄易患本病。

（二）症状

本病进展较慢，除非有并发症，初期较少引起跛行。初期只是底部、球部、轴侧沟的原有角质发生糜烂，出现小的深色坑，坑内呈黑色；进行性病例，坑融合到一起呈片状糜烂，外观很破碎；有时形成沟状，感染向深部扩散。后期，糜烂向深部延伸并暴露出真皮，时间长的可长出肉芽，病牛出现明显的跛行。

糜烂可发展成潜道，偶尔在球部发展成严重的糜烂，长出恶性肉芽，引起剧烈跛行。

（三）治疗

整个蹄应彻底清理，削除不正常的角质。轻度病例，保持环境清洁、干燥，或将牛移到牧场，可自然康复。暴露真皮后，需要彻底清创，形成潜道的，要扩开潜道，消除死腔，然后应用硫酸铜松馏油等防腐剂油膏绷带包扎。治疗期间，保持病牛环境清洁、干燥。

十、蹄深部组织化脓性炎症

蹄深部组织化脓性炎症（purulent inflammation of deep structures of thedigit）包括化脓性蹄关节炎、化脓性腱炎、化脓性远籽骨滑膜囊炎和关节后脓肿。

（一）病因

常继发于蹄底和指（趾）间隙的化脓性疾病。例如，白线脓肿、蹄底脓肿的破溃、蔓延，Rusterholz 溃疡继发深部感染，铁钉及其他尖锐异物刺伤，蹄冠部外伤以及未及时治疗的指（趾）间软组织感染（腐蹄病）等，均可因感染扩散引起蹄深部组织化脓性炎症。患败血症的犊牛，偶可因血源性感染而发病。

（二）症状

蹄关节、指（趾）部屈腱系统、远籽骨滑膜囊，它们在位置上非常密接，某一部位发生感染时，常常互相蔓延，临床上可同时发生化脓性蹄关节炎、指（趾）部脓毒性腱鞘炎及远籽骨滑液囊的脓毒性炎症。

蹄深部组织感染化脓时，蹄冠部出现肿胀，重则肿胀可延伸到球节，呈一致性肿胀，关节僵直，蹄部发热，指（趾）动脉亢进。病蹄疼痛，有重度跛行并免负体重。病牛大多数时间躺卧，在试图起立或躺卧时由于动作笨拙，易发生肌肉和骨骼的其他损伤及褥疮；迅速消瘦。一个肢体的两个指（趾）很少同时发病。脓汁可从形成的窦道或附近感染灶的伤口排出，但有时这些开口被肉芽组织闭合，脓汁不能被排出；脓汁顺组织间隙向上蔓延，向周围扩散，这时可出现全身性症候。

单纯远籽骨滑膜囊炎时，环绕冠部和球部后一半发热和肿胀，压迫时疼痛。滑膜囊在感染后短时间内即破裂，感染可局限在中间指（趾）节骨和深屈腱之间，形成关节后脓肿，在球部后上方有明显的局限性肿胀。

化脓性腱炎时，常常在腱鞘内蓄脓，在球节后上方可出现波动性肿胀。感染可使深屈腱坏死、溶解、断裂，蹄尖出现向上翘起并免负体重，是脓毒性蹄关节炎的严重并发症。

化脓性蹄关节炎时，蹄球部软组织、蹄冠带及系部高度肿胀，触诊剧烈疼痛，组织压力大，皮肤呈蓝紫色。由于过度的炎性肿胀，蹄壁可在蹄冠带处与皮肤发生分离；如果感染侵害到周围的软组织，蹄冠带或球部可发生破溃。

检查病蹄往往可以发现蹄底或球部的感染来源（如蹄底脓肿、刺伤）。屈曲患指（趾）可使疼痛加剧。对蹄底的瘘管、脓肿及溃疡进行探查时，可发现窦道长达 5cm 以上，其方向指向蹄关节。X 射线平片可证实诊断并显示第 2 指（趾）骨骨膜增生及蹄关节异常。早期病例的关节腔可变宽，晚期或慢性病例关节腔可变窄或闭合。运用瘘管成像技术、X 射线造影拍片或放置探针后进行拍片，均可更清楚地揭示病变状况。晚期或疏于治疗的病例，感染可波及系部或球节，在 X 射线平片上显示骨膜增生或骨溶解。

蹄关节脓毒性关节炎的预后应慎重。常因上行感染、相邻指（趾）的交叉感染、角质蹄壳腐脱、深屈腱脓毒性腱鞘炎、指（趾）深屈腱的断裂以及由于对侧肢过度负重等问题，造成病情复杂化，甚至淘汰病牛。

（三）治疗

注意治疗原发病。如果病牛确有价值，而且畜主愿进行护理，在保守疗法（全身与局部用药）无效时，可采用手术方法（引流、搔刮和固定），必要时进行截指（趾）术。

（1）对深部化脓灶（蹄关节）充分引流、灌洗：在早期病例，扩开原发病灶或腔道使之与深部化脓灶相通。如果感染已超过 1 周，常在蹄踵或冠状带区出现第二个破溃点，可通过这一破溃点对化脓灶做双向灌洗。

如果不存在引流孔道，或通过原发感染病灶达不到满意的引流效果，可手术切开引流。可在远轴侧的冠状带区或穿刺能抽吸到脓汁的地方行手术切开。手术引流也可以从远轴侧壁，皮肤与角质交界处下方 1～2cm，从蹄尖至蹄踵距离的 2/3 处，或在远轴侧蹄壁上，从蹄冠到蹄负面距离的 2/3 处用钻头或套管针打通与深部化脓灶的通道。钻头朝向背上方钻入，从指（趾）间部背侧冠状带附近钻出。然后用一硬的塑料管对化脓灶用抗生素生理盐水或稀碘液进行灌洗，直至流出液清亮、不含有脓汁。

灌洗后可以采用药物浸泡患蹄。患蹄浸入温 10%硫酸镁溶液中 10min，1～2 次/d。在浸泡间隔期，用弹力绷带保护蹄部以防伤口污染。

（2）全身疗法：治疗期间，全身应用抗生素，例如青霉素、头孢菌素、环丙沙星等；给予止痛剂，减轻疼痛，例如阿司匹林、保泰松和氟胺烟酸葡胺等。

（3）加强护理：如果患肢有一健康指（趾），应在该指（趾）下固定一块 1.25～2cm 厚的木块，使全部体重由健指（趾）负担而患指（趾）免负体重。在治疗期间，应将病牛圈在一小型牛栏内，减少运动量；增加垫料、辅助起卧，预防发生褥疮及因站起及卧下时造成的损伤。如果指（趾）深屈腱断裂，患指（趾）蹄尖翘起，需要多次修蹄，并用铁丝将两指（趾）并拢固定，以防蹄球部软组织受伤。

（4）截指（趾）术：如果上述方法无效，可施行截指（趾）术。蹄部进行手术准备，用线锯从指（趾）间向近端指（趾）骨（系骨）的中部截除患指（趾）。患指（趾）截除后可行开放疗法，创口敷以抗感染药物，绷带包扎。术后 1～2 周，全身应用抗生素及止痛剂；每 5～7d 更换一次包扎绷带，直至创口痊愈。奶牛后肢外侧趾截除后，留下的内侧趾易发生损伤和跛行。

第四节 其他动物的蹄病

一、绵羊蹄间腺炎

绵羊蹄间腺炎（inflammation of the interdigital glands in sheep）多发生于秋冬季节，个别畜群患病的羊可达10%～15%。主要是侵害一肢。

（一）病因

蹄间腺被刈割作物后遗留的干茬所损伤，植物毛刺的侵入，蹄间腺排泄孔被泥封闭。

（二）症状

患肢蹄间裂张大，出现支跛。当视诊时，可以看到有小束的植物毛刺侵入，突出于蹄间腺的孔口，或有肿胀和黏稠的脓液流出。在蹄间腺区，形成局限性的、带有痛感的小脓肿。如病程延长，能在此处形成窦道或发生蹄冠蜂窝织炎、化脓性蹄真皮炎及蹄壁的部分剥离。

（三）治疗

用常规手术方法进行切开；或通过小切口用外科钳钳住腺体，将蹄间腺摘除。用带有等份松馏油与凡士林相混合的油膏绷带进行包扎。全身应用抗生素，例如青霉素与磺胺嘧啶钠等药物。治疗期间，要把羊放在干燥、清洁的单栏内饲养。

（四）预防

羊群要避免在多刺的刈割植物干茬的地带放牧。建立健全羊群的检查制度，早期发现，早期治疗。当蹄间腺排泄管被堵塞时，要及时清洗去掉泥块，并用镊子及纱布清除污垢。然后，在病部涂搽碘酊或涂抹防腐剂软膏。

二、绵羊腐蹄病

绵羊腐蹄病（foot rot in sheep）是一种急性或慢性接触性、传染性蹄皮炎，特征为角质与真皮分离。本病遍及全世界，侵害各种年龄的羊只；长时间圈养的山羊也可发生类似的情况。由于患病后生长不良、掉膘、羊毛质量受损，偶尔也引起死亡，造成经济损失。

（一）病因

由结节状梭菌和坏死厌氧丝杆菌相互作用致病，有时也能分离出一些其他细菌。阴雨潮湿、环境不洁，蹄被浸渍是其病因。

（二）症状

先是一蹄或几个蹄出现不同程度的跛行，甚至跪行或卧下不愿起立。检查病蹄时发现指（趾）间潮湿、红肿，皮肤可出现坏死，皮肤和角质分离，除去游离角质后，可见组织坏死，并有恶臭脓汁，有的形成潜洞，向远处蔓延。陈旧病例蹄出现变形，蹄缘存在裂隙和空洞。羊可有全身性症候。

（三）治疗

将病羊隔离，对环境进行消毒。

病羊进行10%硫酸铜溶液蹄浴后，削蹄，除去坏死角质，病变处进行外科处理。全身应用抗生素。必要时反复削蹄和蹄浴。

三、猪指（趾）间腐烂

指（趾）间腐烂（interdigital foot erosion）是外伤后继发感染所致。

（一）原因

常因猪舍地面粗糙和卫生不良，引起蹄角质磨损和软化，细菌侵入引起，曾分离出葡萄球菌、坏死梭菌、化脓性棒状杆菌等。新铺装的粗糙水泥地面常大批群发本病。

（二）症状

大部分只侵害一个蹄，最早发现的症状是跛行，病蹄减负体重或不敢负重。清蹄后，可见踵部肿胀、疼痛、发热，后期可见角质剥离，轻轻压迫，动物即有疼痛表现。发病时间较长时，可向深部发展，压迫时可有脓汁流出，此时常见到蹄变形。

（三）治疗

清蹄后，用5%～10%硫酸铜溶液清洗，手术切除游离角质，外科处理包扎。全身应用抗生素，将猪放在干燥、清洁的猪舍内饲养。

四、猪蹄裂

蹄裂（sand crack）是蹄壁角质纵裂或横裂，常常成群发生。

（一）原因

猪蹄长期处于干燥状态，蹄壁角质湿度降低，失去弹性，蹄匣缩小，若负重不均，引起蹄壁角质裂开。若感染时，可引起化脓性真皮炎。另据报道，饲料中缺锌或含钙多而影响锌吸收时，猪群不但可发生蹄裂，种公猪的精液质量也受到影响。

（二）症状

蹄壁缺乏光泽，有纵向或横向的裂隙，猪常多肢发生蹄裂。裂隙未波及真皮时不出现运步障碍。若波及真皮，且有感染时，临床上可见不同程度的跛行。蹄尖壁裂时，用踵部负重，前肢两侧蹄都有蹄裂时，猪用腕部着地负重。

（三）治疗

防止蹄裂继续发展，保持蹄的湿度，避免在硬地上运动。

大群猪发生蹄裂时，应反复进行蹄浴。

因缺锌引起的蹄裂，可在饲料中添加硫酸锌，成年猪的用量为每天每头0.3～0.5g。

五、犬指（趾）间皮肤增殖

犬指（趾）间皮肤增殖（interdigital skin hyperplasia）是指（趾）间发生的慢性炎症性损伤，多发于前肢3～4指间。

（一）原因

各种不同原因引起指（趾）间皮肤损伤后，导致皮肤增殖。

（二）症状

指（趾）间皮肤肥厚，初期为小丘疹状，逐渐增大到1～2cm，此时犬可出现跛行。

(三) 治疗

局部外科消毒和麻醉后，手术切除。

六、犬爪周炎

爪周炎（paronychia）是爪周围组织的急性和慢性炎症，一般多为慢性经过。

(一) 原因

爪周围组织受伤后，继发细菌或真菌感染。

(二) 症状

爪周围皮肤呈赤紫色，肿胀，压迫时疼痛，爪松动。有的局部被毛脱落，有结痂形成。

(三) 治疗

外科清洗消毒后，将松动的爪拔除，排脓。局部用一般外伤处理，必要时全身应用抗生素。真菌感染时，可将第3指（趾）节切除，或局部涂搽碘酊。若为蠕形螨感染，需应用伊维菌素、多拉菌素等杀虫药。

七、犬指（趾）部新生物

犬指（趾）部新生物（digital neoplasms）最常见的为鳞状细胞癌，常发于爪床和指（趾）枕。黑色被毛大型犬多发，小型犬也有发生的报道，发生倾向于纯种犬。发病后可出现不同程度的跛行。治疗可用断指（趾）术将病变连同指（趾）节骨一起切除。

八、犬指（趾）甲过长

犬指（趾）甲过长（mecism of digital nails）多发生在前肢第1指，其他指（趾）发病少。过长的指（趾）甲可伤及爪垫，小型犬多发，一般为慢性经过。

(一) 病因

犬的第1指离地面较高，不负重，指甲无磨灭；由于局部被毛浓密，指甲过长时不易被发现，致使过长、尖锐、弯曲的指甲尖逐渐嵌入爪垫内。其他指的指甲若磨灭不充分或未及时修剪，也可长入爪垫内，导致发病。

(二) 症状

病犬跛行，患指敏感，局部肿胀、疼痛，有时出现化脓过程，检查时可见甲尖嵌入爪垫内。

(三) 治疗

局部消毒后，将过长的指甲剪除。爪垫的损伤按一般外伤处理。

第五节 护 蹄

(一) 实行科学的饲养和管理

1. 坚持饲喂全价饲料，确保钙磷营养平衡 饲喂全价的混合日粮（TMR），补饲维生素和微量元素，例如维生素D、维生素A、铜、锌、锰等；补充氨基酸，如蛋氨酸等。

2. 加强运动，尤其冬季每天要坚持一定量的运动 集约化饲养场，奶牛常年舍饲，运动不足（运动场面积过小或根本不设运动场），蹄部的血液循环不良，蹄角质的质量下降；若合并饲料营养不全或不足，奶牛极易发生蹄病。

3. 保持地面清洁、干燥 无论过度潮湿或过度干燥，均对蹄角质的硬度和弹性有不良的影响。为了保持蹄角质的正常湿度和弹性，马蹄和牛蹄定时用清水刷洗干净，或在每次修整时都用湿润的拭布擦拭。羊、猪的蹄角质干燥和脆弱时，可在早晨放牧时先到有露水的草场，或赶到小溪里半小时。为了预防蹄角质的浸渍，不利用潮湿、多沼泽的牧场。饲养场的地面要保持清洁，及时清除畜舍内堆积的粪和尿。舍内要排水通畅，不存水、无泥泞，动物蹄不宜长期滞留和长时间浸泡在泥泞和污水中，否则，易引起蹄角质生长不良、蹄变形、蹄腐烂等。若运动场为黏土或三合土地面，长期不给动物清蹄，黏结的泥土和污物可黏附在蹄壁（底）周围和指（趾）间隙，形同铠甲，影响蹄的运动和代谢，常诱发蹄冠炎、指（趾）间皮炎和蹄球糜烂，严重时引起蹄深部组织的化脓。马、骡连日阴雨或长期在泥泞道路和水稻田作业时，蹄角质易遭浸泡变软，蹄铁也易松动脱落，需及时紧钉或加钉。

4. 保持地面平整，无可损伤蹄部的坚硬突起物 运动场高低不平，运动场为混凝土地面或砖铺地面，补饲槽和饮水槽附近混凝土地面损坏，山区或半山区的运动场碎石太多，设置防滑棱，路面坚硬使蹄长期受到震荡等，是造成奶牛损伤性蹄病的常见因素，并可进而引起蹄角质生长不良和变形蹄。例如，在挤奶厅集中挤奶的牛群，如果通道太长、路面为混凝土并有坡度或设置防滑棱，造成蹄负缘、球部甚至蹄底的过度磨灭，易发生白线裂和蹄底溃疡。

在牧场上要清除垃圾和易发生损伤的物体，例如铁丝、碎木片、金属块等。有交突和追突的马，要装交突蹄铁或追突蹄铁。车船运输马、骡和马、骡通过铁路、石路、板桥、丛林或裂缝地段时，常容易箝夹马蹄或蹄铁，引起蹄铁松动、脱落或蹄角质的崩损。马、骡在冰雪地带作业，应装冰上蹄铁，并注意检查铁脐的磨灭情况，如有松动或折断应及时更换。

（二）定期查蹄、修蹄、护蹄

1. 定期检查家畜的蹄部，有计划的合理修蹄 舍饲动物，蹄长时间受粪便侵蚀、蹄壁潮湿变软，粪便的刺激使角质过度生长。用蹄刀除去过度生长、突出、变形的角质，修整蹄壁，特别是纠正不正常的蹄壁与蹄底，是防治病蹄的基础工作。

修蹄，牛、绵羊、山羊和猪一年不少于1～2次（最好是在未放牧之前），切削过长的角质并对蹄底进行清理；种牛一年4次削蹄为好；开放式牛舍内饲养的奶牛每年进行两次削蹄，有结构缺陷而易于引起角质过度生长的奶牛及患过蹄叶炎的奶牛，可能需多次削蹄；役用的马，必须有计划地每4～6周改装一次蹄铁，装蹄时恰当削除异常生长的角质。

奶牛蹄角质的过度生长多发生在指（趾）的远轴侧壁、球部和指（趾）尖部。指（趾）的长度增加时，蹄角度（蹄与地面相接形成的角度）变小，踵部下沉，使屈腱受到牵张；远轴侧壁的过度生长，使该部形成圆而凸起的负面；如果蹄球部角质过度生长，则踵部变圆，指（趾）尖翘起，蹄角度进一步变小，并能发展成蹄踵角质分层。健康牛蹄应以白线区和球部负重。球部角质的过度生长使得该部成为蹄的主要负重点，易诱发球部的非感染性压迫性坏死。修蹄时，轴侧应削成凹面，球部过多的角质应削掉，以免形成重叠角质；如果蹄尖过长，应将其修短，增加蹄角度；远轴侧若呈圆形，应将其削成与白线垂直。有些牛的蹄角质过度生长很严重，若一次削蹄将其完全矫正，常暴露真皮层导致蹄跛行。

修蹄除要有专门的修蹄架、削蹄刀、蹄铲、蹄锉等修蹄器械外，还要有电动修蹄机。一些奶牛场用木工电刨修蹄，效果很好。

2. 认真做好护蹄工作 在护蹄方面，我国长江以北地区，可在5～10月份，用4%硫酸铜或5%福尔马林喷洒与蹄浴，11月至来年的4月，采用生石灰浴蹄。我国南方地区，可常年应用上述药液浴蹄。浴蹄可有效地杀灭病原微生物，增加蹄角质硬度，提高蹄部皮肤抵抗力，减少蹄部的感染机会。牛蹄药浴夏季可每隔1d药浴一次，冬天可每3～4d药浴一次，方法是在牛舍的出入口或挤奶厅通道上处设一浴蹄消毒池，池内放入5%硫酸铜或5%甲醛，药液以淹没牛蹄为宜，牛经过消毒池回到牛舍，达到消毒的目的。

为了避免蹄过度干燥，可定期水浴、药浴、涂油。可用作涂蹄油的有豆油、棉子油、葵花油等，但切忌使用废机油。蹄底、蹄踵部多涂，蹄冠、蹄壁薄涂，特别是蹄底负面与蹄踵部要经常仔细涂油。在蹄水洗或药浴半干后、削蹄后以及将蹄壁锉修光滑、蹄冠处理干净后再涂油。

（三）改善牛卧床环境

用材要适当，即建造牛床的原材料应是不良导热体，有一定的弹性且不易破损。如选用土质牛床就较好，且取材方便、造价低、容易清扫。具体做法是将牛舍地表铲平、整实，上铺一层沙石或碎砖石，再覆盖一层“三合土”（沙、灰、土），夯实即可。用砖铺地或建造水泥地，对护蹄十分不利。为了便于打扫，可在水泥地面上铺上橡胶垫。

床面应呈一定坡度，前高后低，以利排除粪尿，保持床面卫生干燥，但坡度不能大于15°。

牛床大小要适中。一般肉乳兼用型牛或改良牛，要求床长160～180cm，每头床位宽110～120cm。地方品种牛体长偏小，可适当小些。

（四）加强人员的管理

要对兽医人员和装蹄员有计划地加强技术训练，提高削蹄、装蹄和治疗蹄病的技术水平。建立健全各项管理制度，做好蹄病的预防工作。

（高利，李建基）

第十七章 皮肤病

第一节 皮肤病概述

皮肤是可以看到、触摸并嗅到的器官。动物的皮肤病是世界范围内兽医临床的常见疾病，随着犬、猫等伴侣动物饲养数量的增加，小动物皮肤病在国内兽医临床病例中占有的比例越来越大。皮肤病的发生和治愈率受动物的品种、季节、环境、诊断水平和临床用药等因素的影响。因为兽医临床中最常见到的是犬、猫皮肤病，所以本章以小动物皮肤病为主进行叙述。

一、皮肤的结构和功能

从组织结构上看，皮肤由表皮、真皮、附属系统、竖毛肌、肌膜、皮下脂肪层等多种细胞和组织成分组成。表皮产生角蛋白和黑色素，表皮内的郎氏细胞是一种树枝状的非神经细胞，在主动免疫中起作用，在角蛋白形成中可能起调节作用。表皮最重要的是角质层，角质层的完整性依赖于所含角蛋白的分布，并且可能与脂类含量有关。表皮承担着免疫信使的功能，抗原和过敏原经过郎氏细胞的处理转移给局部淋巴结中的 T 淋巴细胞，以诱发过敏反应。表皮蛋白质可以和外源半抗原结合，增强其抗原性。7-脱氢胆固醇、维生素 D 的前体也在表皮中合成。

附属系统是由表皮衍生而来，由毛囊、皮脂腺和顶泌腺组成。动物的被毛是季节性脱落的，主要发生在初春和初秋，与光周期性有关；而毛的生长受神经、激素、血液供应等因素控制，也受蛋白质、脂肪、维生素等营养因素的影响。犬的外分泌腺存在于脚垫和鼻镜处。

真皮由纤维（胶原纤维、网状纤维、弹性纤维）、细胞（成纤维细胞、肥大细胞、组织细胞）、大量的神经丛和血管丛组成，功能是感觉热、冷、痛、痒和触压。

皮肤的主要功能是保护屏障（机械性保护、过滤系统、隔离层）。毛发通过机械性过滤作用和带阴性电荷的毛角蛋白对带阳性电荷的分子吸附，有利于阻止有毒物质或者过敏原通过皮肤。阻隔光辐射，紫外线经过被毛的过滤，被表皮和毛内的黑色素吸收。

二、皮肤病的临床表现

皮肤病的一般表现是脱毛或者掉毛。在兽医临床的皮肤病中，犬、猫皮肤病的发生率最高。在皮肤病的诊疗工作中，了解皮肤病的分类非常重要，临床上犬、猫的皮肤病可以大致分为 16 种，包括寄生虫性皮肤病、细菌性皮肤病、真菌性皮肤病、病毒性皮肤病、与物理性因素有关的皮肤病、与化学性因素有关的皮肤病、皮肤过敏与药疹、自体免疫性皮肤病、激素性皮肤病、皮脂溢、中毒性皮炎、代谢性皮肤病、与遗传因素有关的皮肤病、皮肤肿瘤、猫的嗜酸性肉芽肿和其他皮肤病。

在皮肤病的发生过程中，皮肤上出现各种各样的变化，总结起来分为原发性损害和继发性损害两大类。

（一）原发性损害

原发性损害是各种致病因素造成皮肤的原发性缺损，它又分为 9 种。

1. 斑点 斑点和斑是指皮肤局部色泽的变化，皮肤表面没有隆起，也没有质度的变化。斑点的形态是：皮肤表面平整，有颜色变化，这些颜色变化可能主要是由于黑色素的增加，也可能是色素的消退，如白斑，或急性皮炎过程中因血管充血而出现的红斑。

2. 斑 斑点的直径超过 1cm 称为斑，比如华法令中毒时可见到犬皮肤上的中毒性出血斑。

3. 丘疹 是指突出于皮肤表面的局限性隆起，其直径在 7～8mm 以下，针尖大至扁豆大。形状分为圆形、椭圆形和多角形，质地较硬。丘疹的顶部含浆液的称为浆液性丘疹，不含浆液的称为实质性丘疹。皮肤表面小的隆起是由于炎性细胞浸润或水肿形成的，呈红色或粉红色。丘疹常与过敏和瘙痒有关。

4. 结或结节 是突出于皮肤表面的隆起，直径在 7mm 到 3cm，它是深入皮内或皮下有弹性的坚硬病变。

5. 肿瘤 是由含有正常皮肤结构的肿瘤组织构成，可以很大，其种类很多。

6. 脓疱 脓疱是皮肤上小的隆起，它充满脓汁并构成小的脓肿。常见葡萄球菌感染、毛囊炎、犬痤疮（粉刺）等感染所致的损害。

7. 风疹 风疹界限很明显，为顶部平整的隆起，这是因水肿造成的。隆起部位的被毛高于周围正常皮肤，这在短毛犬更容易看到。风疹与荨麻疹反应有关，皮肤过敏试验呈阳性反应。

8. 水疱 水疱突出于皮肤，内含清亮液体，直径小于 1cm。泡囊容易破损，留下湿红色缺损，且成片状。

9. 大疱 大疱的直径大于 1cm，由于易破损而难以被观察到。在犬大疱病损处常因多形核白细胞浸润而出现脓疱。

（二）继发性损害

继发性损害是皮肤受到原发性致病因素作用引起皮肤损害之后，继发的其他损害。

1. 鳞屑 鳞屑是表层脱落的角质片。成片的皮屑蓄积是由于表皮角化异常。鳞屑产生于许多慢性皮肤炎症过程中，特别是皮脂溢、慢性跳蚤过敏和全身性蠕形螨感染的皮肤病过程中。

2. 痂 痂是由干燥的渗出物形成的，它包括血液、脓汁、浆液等。它们黏附于皮肤表面，病患部常出现外伤。

3. 瘢痕 皮肤的损害超越表皮，造成真皮和皮下组织的缺损，由新生的上皮和结缔组织修补或替代因为纤维组织成分多，有收缩性但缺乏弹性而变硬，称为瘢痕。瘢痕表面平滑，无正常表皮组织，缺乏毛囊、皮脂腺等附属器官组织。肥厚性瘢痕不萎缩，高于正常皮肤。

4. 糜烂 当水疱和脓疱破裂时或由于摩擦和啃咬，使丘疹或结节的表皮破溃而形成的创面，其表面因浆液漏出而湿润，当破损未超过表皮则愈合后无瘢痕。

5. 溃疡　是指表皮变性，坏死脱落而产生的缺损，病损已达真皮，它代表着严重的病理过程和愈合过程，总伴随着瘢痕的形成。

6. 表皮脱落　它是表皮层剥落而形成的。因为瘙痒，动物会自己抓、摩、咬。常见于虱感染，特异性、反应性皮炎等。表皮脱落为细菌性感染打开了通路。经常见到的是犬泛发性耳螨性皮肤病造成的表皮脱落。

7. 苔藓化　因为瘙痒，动物抓、搔、磨、啃咬皮肤，使皮肤增厚变硬，表现为正常皮肤斑纹变大。病患部位常呈高色素化，呈蓝灰色。一般常见于跳蚤过敏的病患处。

8. 色素过度沉着　黑色素在表皮深层和真皮表层过量沉积造成色素沉着，它可能随着慢性炎症过程或肿瘤的形成而出现，而且常常伴随着与犬的一些激素性皮肤病有关的脱毛。在甲状腺功能减退过程中的脱毛与犬色素沉着有关，未脱掉的被毛干燥、无光泽和坏死。

9. 色素改变　色素的变化中以黑色素的变化为主，其色素变化和脱毛可能与雌犬卵巢或子宫的变化有关。

10. 低色素化　色素消失多因色素细胞被破坏，使色素的产生停止。低色素常发生在慢性炎症过程中，尤其是盘形红斑狼疮。

11. 角化不全　棘细胞经过正常角化而转变为角质细胞，它含有细胞核并有棘突，堆积较厚者称为角化不全。

12. 角化过度　表皮角化层增厚常常是由于皮肤压力造成的，比如多骨隆起处胼胝组织的形成。更常见于犬瘟热病中的脚垫增厚、粗糙，鼻镜表面因角化过度而干裂，以及慢性炎症反应。

13. 黑头粉刺　黑头粉刺是由于过多的角蛋白、皮脂和细胞碎屑堵塞毛囊而形成的。黑头粉刺常见于某些激素性皮肤病。如犬库兴氏综合征中可见到黑头粉刺。

14. 表皮红疹　表皮红疹是由于剥落的角质化皮片而形成的，可见到破损的囊泡、大疱或脓疮顶部消失后的局部组织。常见于犬葡萄球菌性毛囊炎和犬细菌性过敏反应的过程中。

三、皮肤病的诊断

临床兽医在诊断皮肤病时，需要通过问诊了解病史和用药情况，同时做体检以获得详细的资料，不要忽视其他可能存在的疾病，然后做皮肤病的临床化验和必要的实验室分析，以便综合判断病因。

问诊主要了解病程和病史。病程部分包括：病初期动物的表现；用过什么药，用药后症状逐步减轻还是继续加重；犬、猫生活的环境，有无地毯、垫子，是否常去草地戏耍；有无接触过病犬、病猫；用什么洗发液，如何使用洗发液以及洗澡的方式和次数；犬、猫哪个部位皮肤有病损，是否瘙痒等。病史的调查涉及动物是否患过螨虫感染、真菌感染；是否处于分娩后期；有无药物过敏史、接触性皮炎史和传染病史。

一般检查项目的内容主要是皮肤局部观察：被毛是否逆立，有无光泽，是否掉毛，掉毛是否是双侧性的；局部皮肤的弹性、伸展性、厚度，有无色素沉着等；病变的部位、大小、形状，集中或散在，单侧或对称，表面情况（隆起、扁平、凹陷、丘状等），平滑或粗糙，湿润或干燥，硬或软，弹性大或小，局部的颜色等。

实验室检查是必不可少的，因为在许多情况下仅凭兽医的肉眼进行判断会出现误差。临床常做的实验室检查包括以下几项：

1. 寄生虫检查　①玻璃纸带检查，即用手贴透明胶带，逆毛采样，易发现寄生虫。②皮肤病料检查。③粪便检查。

2. 真菌检查　①剪毛要宽些，将皮肤挤皱后，用刀片刮到真皮渗血后，将刮取物放到载玻片上镜检。②Wood's 灯检查。③真菌培养，即在健康处与病灶交界处取毛，放入真菌培养基中培养。

3. 细菌检查　直接涂片或做成触片标本进行染色检查、细菌培养和药敏试验等。

4. 皮肤过敏试验　局部剪毛消毒后，用装有皮肤过敏试剂的注射器，分点做不同的过敏原试验，局部出现黄色丘疹者则为过敏。

5. 病理组织学检查　直接涂片或活体组织检查。

6. 变态反应检查　皮内反应和斑贴试验。

7. 免疫学检查　如免疫荧光检查法。

8. 内分泌机能检查　如测定甲状腺、肾上腺和性腺的机能。

第二节　寄生虫性皮肤病

一、疥螨病

疥螨可以引起瘙痒性皮炎，主要侵害牛、羊、犬、猫和狐狸等动物。特点是皮肤红疹和剧痒。

(一) 病原

疥螨病是动物常见皮肤病，夏季是主要发病期。疥螨交配后，雌虫在犬皮内打洞，并在洞内产卵，卵经 3～8d 孵化，幼虫移至皮肤表面蜕皮，相继发育为一期若虫、二期若虫和成虫。雄虫和未交配的雌虫也在皮肤内开凿洞穴，但交配是在皮肤表面进行的。整个生活史需要 10～14d。犬疥螨是通过直接接触而感染的，幼龄犬的疥螨感染率高，犬的疥螨病发生率高于猫。

(二) 症状

犬、猫被疥螨感染后的主要表现为皮肤红，剧痒；一般症状为掉毛，皮肤变厚，出现红斑，小块痂皮和鳞屑，犬、猫可自己抓伤，可继发细菌感染。疥螨常寄生在外耳，严重时波及肘和跗关节部。在临床上，常见耳缘皮肤厚痂，肘后、跗关节后和尾部脱毛，患部剧痒。有时侵害背部、腹下部。

(三) 诊断

主要根据临床症状和皮肤刮取物的显微镜检查（发现疥螨）结果来确诊，耳部、背部红疹处皮肤刮取物检出率较高。

(四) 治疗

治疗主要是皮下注射伊维菌素或者阿维菌素、赛拉菌素、多拉菌素或者净灭等，这些药物也可以外用。当瘙痒严重时可以短时间（一般 3d）服用皮质类固醇制剂，但是长时间使用类固醇类药物则可加重细菌的感染。有细菌继发感染的病例可以根据细菌分离培养和药敏试验结果使用抗生素。犬疥螨可以暂时地侵袭人，引起瘙痒、丘疹性皮炎，但不能在人身上繁殖，所以人不用治疗即可自愈。

二、蠕形螨病

（一）病原

蠕形螨主要侵害犬。犬蠕形螨寄生在犬的皮肤，而且多寄生在皮肤的疱状突起内，并在此完成生活史，共需要 24d。皮肤上可见到数量不等、与周围界限分明的红斑。蠕形螨造成的皮肤病在夏季多发，藏獒、北京犬、巴哥犬、德国牧羊犬、沙皮犬、腊肠犬等品种患蠕形螨性皮炎的几率高；食物中肉食比例过高的犬发生蠕形螨病的比例高。

（二）症状

临床上蠕形螨引起的犬皮肤病病灶主要有局部性的和全身性的。

局部感染多在年轻犬的头部，以眼眶周围、口唇周围脱毛为主。犬并无痒感，只有当继发细菌感染时才发生瘙痒现象。病变呈圆形，局部被毛脱落、红肿和皮肤异味，慢性感染还引起皮肤苔藓化。红斑代表皮肤的炎症过程。严重感染治疗不当或不予治疗，可造成全身感染，被蠕虫寄生的毛囊，膨胀、破溃后螨虫扩散，细菌和碎屑进入皮肤中引起异体反应，并有脓疱和脓肿形成。螨虫也产生免疫抑制性血清因子，它易助长细菌的感染。

全身性蠕形螨病常见于面部、腹部、背部和指（趾）间，以红疹、脱毛、瘙痒和患部皮肤增厚为主。全身性螨虫感染伴随严重的瘙痒以及明显的自我损伤。

犬蠕形螨病是可造成犬死亡的寄生虫病，严重感染的犬，身体大面积脱毛，水肿。当出现红斑、皮脂溢出和脓性皮炎时，病犬瘙痒，并常见体表淋巴结病变。

（三）诊断

诊断可根据病史、体表皮肤症状、皮肤刮取物镜检结果（发现蠕形螨）进行综合判断。刮取皮肤检样时应当适当用力将皮肤挤一挤，蠕形螨的检出率高一些。

（四）治疗

治疗原则是同时治疗螨病和细菌感染。治疗蠕形螨感染可皮下注射伊维菌素或多拉菌素，每次间隔 7d，4～5 次为一个疗程；全身严重瘙痒时可短时间应用地塞米松或口服醋酸泼尼松、扑尔敏，但是最好不要超过 3d；出现脓胞或脓肿时，必须给予抗生素配合治疗。用含伊维菌素的浴液涂布患犬皮肤，是有效的辅助疗法。使用抗生素治疗细菌性毛囊炎时，要根据致病菌的药敏试验结果用药，使用时间需要根据临床症状来确定，全身用药配合局部用药的效果好。

三、犬、猫耳痒螨病

（一）病原

犬、猫的耳痒螨是通过直接接触进行传播的，特别是在犬的哺乳期。耳痒螨的整个生命过程是在耳壳表面完成的，常造成耳部瘙痒和继发感染。

（二）症状

此病有高度传染性。有瘙痒感，犬、猫常自己抓伤，常见摇头，有时甚至出现耳血肿、发炎或过敏反应，在外耳道有厚的棕黑色痂皮样渗出物。早期感染常是双侧性的，进一步发展则整个耳廓广泛性感染，鳞屑明显，角化过度，并自己抓伤。更严重的感染则双耳廓有厚的过度角化性鳞屑，并漫延到头前部。常见侵害外耳道，但是也可引起耳部、同侧后肢远端（搔抓病耳）和尾尖部瘙痒性皮炎。

（三）诊断

耳部取样镜检可以发现耳痒螨。

（四）治疗

治疗时应先清洁外耳道，再向耳内滴注、涂擦伊维菌素类药物杀螨，皮下注射伊维菌素后，应当局部配合应用抗生素和皮质类固醇。临床经验表明，对于拒绝耳部涂药的犬、猫，可以使用赛拉菌素滴剂，或直接将伊维菌素类药物滴加到外耳道内，效果较好，但是使用剂量不要超过注射用药量。

预防犬、猫的耳痒螨病，可以每月使用一次赛拉菌素滴剂等药物。对于因耳痒螨引起的耳道炎症，可以使用复方克霉唑，每日 2 次。

四、犬姬螯螨感染

（一）病因

犬姬螯螨寄生于皮肤的角质层内，以组织液为食。它的生活史全部都在宿主身上完成，通过直接接触传播。

（二）症状

轻度瘙痒，犬背部、臀部、头部和鼻部有黄灰色的鳞片，运动时掉下。也有的犬带虫但无临床症状。姬螯螨可以感染人。

（三）治疗

治疗时应洗净并除去鳞片，止痒可用皮质类固醇。伊维菌素、多拉菌素和多数杀虫剂都有效。

五、蜱　　病

（一）病因

蜱俗称狗豆子或壁虱，褐色，长卵圆形，背腹扁平，芝麻粒大到大米粒大。雌蜱吸饱血后，虫体可膨胀达蓖麻籽大小。蜱的卵较小，呈卵圆形，一般为黄褐色。蜱的幼虫、若虫和成虫分别在 3 种宿主寄生，吸饱血后离开宿主，落地进行蜕皮或者产卵。

（二）症状

蜱通常附着在犬的头、耳、腹下部或者脚趾上吸血，其附着部的皮肤受到刺激并出现炎症反应。一般来说，只有幼犬被蜱严重感染才出现贫血，而这种因蜱造成的贫血和蜱麻痹的现象在家养犬中非常少见。蜱是细菌、病毒、立克次体和原虫的传播媒介。

（三）诊断

在多数情况下，养犬者在给犬梳理被毛时，可以看到并剥下犬身上蜱，从小米粒至黄豆大小不等。

（四）治疗

在蜱数量少时，可直接用手把蜱剥下，注意用力的方向应与皮肤表面垂直。如果大量蜱寄生时，应进行药浴，或清洗被毛后撒药粉进行治疗。在屋内养犬的家庭应定期喷药以预防蜱。有院子的养犬者要注意犬窝的卫生，割掉或烧掉杂草，使蜱无栖息之地。新的高效杀蜱专用药物已经在国外临床应用。

六、犬的虱病

（一）病原

虱病的发生与动物及环境的卫生状况有一定关系。引起犬虱病的主要有犬毛虱和犬长颚虱两种。犬毛虱还是犬复孔绦虫的传播者，它外形短宽，长约 2mm，黄色带黑斑。雌虱交配后产卵于犬被毛基部，1～2 周后孵化，幼虫脱 3 次皮，经 2 周发育为成虱。成熟的雌虱可以活 30d 左右，它以组织碎片为食，离开犬身体后 3d 左右即死亡。犬长颚虱为吸血性寄生虫，身体呈圆锥形，长 1.5～2.0mm。它终生不离开犬的身体。于犬的被毛上产卵，卵经 9～20d 孵化为稚虱，稚虱经 3 次蜕化后发育为成虱，从卵到成虱的发育过程需 30～40d。

（二）症状和诊断

因为犬毛虱以毛和表皮鳞屑为食，所以它造成犬瘙痒和不安，犬啃咬瘙痒处而造成自我损伤，引起脱毛，继发湿疹、丘疹、水疱、脓疱等。严重时食欲差，影响犬的睡眠，造成营养不良。长颚虱吸血时分泌有毒的液体，刺激犬的神经末梢，产生痒感。大量感染时引起化脓性皮炎，可见犬脱毛或掉毛，患犬精神沉郁，体弱，因慢性失血而贫血，对其他疾病的抵抗力差。

（三）治疗

治疗虱感染使用二氯苯醚菊酯-吡虫啉滴剂，药效确实，每月使用一次可以有效预防虱感染。预防虱感染也可用相应的浴液定期洗澡，给予伊维菌素类药物，也有助于预防虱感染。药物香波的使用有很好的辅助治疗作用。

七、跳蚤感染性皮炎

（一）病原

侵害犬和猫的跳蚤主要是犬栉首蚤和猫栉首蚤，它们引起犬、猫的皮炎，也是犬绦虫的传播者。猫栉首蚤主要寄生于猫和犬，而犬栉首蚤只限于犬和野生犬科动物。栉首蚤的个体大小变化较大，雌蚤长，有时可超过 2.5mm，雄蚤则不足 1mm。跳蚤是小、棕色、侧面狭窄的昆虫，在体表活动时可被发现。其卵为白色、小、球形。跳蚤在犬被毛上产卵，卵从被毛上掉下来，在适宜的环境条件下经过 2～4d 的孵化。它有三种幼虫：一龄幼虫和二龄幼虫以植物和动物性物质（包括成年跳蚤的排泄物）为食物。三龄幼虫只作茧，不吃食。茧为卵圆形，不易被人发现，它通常附在犬的垫料上，几天后化蛹，总过程大约需要两周时间，即从卵发育为成年跳蚤。温度和湿度对跳蚤影响很大，在低温、高潮湿度的情况下，跳蚤不吃食也能存活1年多，而在高温（干燥）低湿条件下，跳蚤几天后就死亡。犬、猫是通过直接接触或进入有成年跳蚤的地方而发生感染的。

（二）症状

犬、猫最容易发现跳蚤的部位是腹下部、背部和腹股沟。跳蚤刺激皮肤，使犬因瘙痒而自己抓咬或摩擦患部；长期跳蚤感染可造成贫血。跳蚤感染还可能出现过敏性皮炎，此时犬感到非常瘙痒，脱毛，患部皮肤上有粟粒大小的结痂。在长毛犬身上不太容易找到跳蚤，但是跳蚤存在的确凿证据是发现它们的粪便，在犬体表被毛深处发现硬、黑、发亮的蚤粪，把这些蚤粪团放在一片潮湿的白色吸墨纸上，因跳蚤有吸食血液的习惯，可有血红蛋白被滤出。

（三）诊断

根据临床症状，观察到跳蚤或跳蚤粪便的存在，发现犬复孔绦虫结片的存在，也可根据跳蚤抗原的皮内试验结果做出诊断。

（四）治疗

治疗跳蚤感染，最佳的方法是使用赛拉菌素滴剂或者二氯苯醚菊酯-吡虫啉滴剂，一般用药后2～3d不要洗澡；预防跳蚤感染，每月使用一次，效果确实。

佩戴犬项圈（主要成分是增效除虫菊酯、拟除虫菊酯、氨基甲酸酯）方法简单牢靠，药效可持续2～3个月，但是刺激味大，且幼犬、幼猫不能使用。用洗发剂洗犬、猫被毛，可以将跳蚤洗掉或杀死跳蚤，但无持续效果，单独用洗发剂不能控制跳蚤的感染。内服有效的杀跳蚤的药剂也可以杀死跳蚤。

第三节 脓皮症

脓皮病（pyoderma）是化脓菌感染引起的皮肤化脓性疾病。犬的脓皮病是兽医临床的常见病之一。

临床上犬的细菌性皮肤病主要有皮褶脓皮病、黏膜皮肤的脓皮病、化脓创伤性皮炎、脓疱病、表面细菌性毛囊炎、下腭脓皮病（犬痤疮）、鼻部脓皮病（鼻毛囊炎和鼻疖病）、细菌性脚部皮炎（指间脓皮病）、深部脓皮病、皮下脓肿（犬猫打闹或咬伤性脓肿）、葡萄球菌病（皮下细菌性肉芽肿）、L-型细菌感染、放线菌病、奴卡菌病、猫麻风综合征、犬类麻风肉芽肿综合征（犬麻风）、结核病和鼠疫。

（一）病因

脓皮病可分为原发性的和继发性的两种。临床上根据发病情况也可分为浅层脓皮病和深层脓皮病，或者局部性和全身性脓皮病。大动物皮肤不洁、毛囊口被污物堵塞、局部皮肤过度摩擦以及引起皮脂腺机能障碍等因素都可以引起皮肤病的发生，葡萄球菌是主要的致病菌。在犬脓皮病中凝固酶阳性的中间型葡萄球菌是主要的致病菌，金黄色葡萄球菌、表皮葡萄球菌、链球菌、化脓性棒状杆菌、大肠杆菌、铜绿假单胞菌和奇异变形杆菌等也是常引起动物脓皮病的致病菌。临床上以北京犬、大麦町、德国牧羊犬、大丹犬、腊肠犬等品种患脓皮病的比例高。过敏（皮肤的穿透性增大）、外寄生虫感染、代谢性和内分泌性疾病（影响皮肤的生理屏障）是浅层脓皮病的主要病因；有些脓皮病是特发性的。影响皮肤微生态环境的因素（皮肤表面的酸碱度、湿度、温度等的改变）可能是脓皮病发生的诱因。

（二）症状

犬的脓皮症在临床上主要表现为幼犬脓皮症、浅表（浅层）脓皮症和深部脓皮症三种类型。主要致病菌是中间型葡萄球菌、金黄色葡萄球菌、表皮葡萄球菌等。

浅层脓皮病是犬常见的皮肤病，因为临床上此病的症状极类似于人的癣病，因此经常被误诊为癣（皮肤真菌病）来治疗。病灶多为圆形脱毛、圆形红斑、黄色结痂、丘疹、脓疱、斑丘疹或结痂斑，这些都是犬的浅表脓皮病的典型症状。

2～9个月的幼犬在患脓皮症时，在腹部或腋窝处稀毛区出现的非毛囊炎性脓疱，常被误认为是螨虫感染。破溃的脓疱会出现小的淡黄色结痂或环状皮屑，瘙痒可能会出现。

深部脓皮症的患犬精神萎靡，食欲不振，发烧和淋巴结病可能出现。发病部位不确定，以口唇部、眼睑和鼻部为主。因跳蚤或者螨虫感染引起细菌性继发感染的病犬，其病变部位以背部、腹下部最多，大型犬的四肢外侧（深部脓皮病）脓痂多，比较顽固。病变处皮肤上出现脓疱疹、小脓疱和脓性分泌物，多数病例为继发的，临床上表现为脓疱疹、皮肤皲裂、毛囊炎和干性脓皮病等症状。应注意毛囊崩解的角化碎屑可助长异物性肉芽肿反应的发生，病灶会阻碍抗生素穿透到深层的脓皮病病灶，影响药效。

（三）诊疗

根据临床症状结合实验室检查可以确诊。实验室诊断是可以做皮肤的直接涂片、细菌培养和活组织检查；主要致病菌包括中间葡萄球菌、金黄色葡萄球菌、表皮葡萄球菌、链球菌、化脓性棒状杆菌和奇异变形杆菌等细菌。根据药敏实验结果指导临床用药。

（四）防治

全身和局部应用抗生素是治疗的基本措施。红霉素、林可霉素、克拉维酸-阿莫西林、头孢菌素类药物、甲硝唑、利福平、洛美沙星、阿米卡星和恩诺沙星等药物可以用于治疗，注意用药的方法、剂量、疗程与药物使用的顺序。一般情况下，治疗犬的脓皮症需要4～6周的时间。当临床上脓皮症症状消失的时候，建议继续使用抗生素7～10d，以减少复发。

使用抗脓皮症香波、使用犬重组γ干扰素等，有助于本病的康复。

在最初的脓皮病治疗中，并不推荐使用糖皮质激素。在脓皮病清除后，评估滞留的瘙痒十分重要。使用糖皮质激素会延缓此病的治愈时间，并且增加复发的可能。糖皮质激素的使用会为临床评估带来假象，并有可能引发继发感染。为了最大限度地减少该病的复发，引发此病的诱因应尽可能找出并清除。

如果犬的食物中蛋白质过量，建议犬主减少（狗粮中已经足够）蛋白质的额外供给，可以减轻因毛囊分泌过旺引发的细菌性毛囊炎的发生率。

第四节　内分泌失调性皮肤病

临床上犬、猫的内分泌失调性皮肤病常见于犬甲状腺机能减退、肾上腺皮质机能亢进、公猫雄激素分泌过度性皮炎、去势犬的脱毛症、母犬卵巢囊肿和子宫内膜增厚等疾病。本节主要介绍甲状腺机能减退症和肾上腺皮质机能亢进症造成的皮肤病。

一、甲状腺机能减退性皮肤病

（一）病因

该病通常与淋巴细胞性甲状腺炎或自发性甲状腺萎缩引起的原发性甲状腺机能障碍有关。在犬较常见，中年到老龄犬发病率最高，青年成年犬和巨型犬偶发，先天性甲状腺机能减退极其罕见。

（二）症状

可见多种皮肤症状。虽然在一些犬可见鼻梁脱毛等早期症状，但是多数患病犬的皮肤脱毛主要出现在颈部向后、前肢肘关节和后肢膝关节之上；被毛粗糙、暗淡、干燥并变脆。患犬可能发生双侧对称性脱毛，仅余头部和四肢被毛，但被毛易脱落。脱毛皮肤可能色素过度沉着、增厚，或触摸皮温较低。可能出现皮肤黏蛋白沉积、慢性干性或油性脂溢性皮炎或耵聍外耳炎引起的皮肤增厚或下垂。脂溢性皮炎患犬可能继发酵母菌和细菌感染。在一些犬，唯一可见的症状是再发性脓皮症或成年犬全身性蠕形螨病。瘙痒不是甲状腺机能减退的原始特征，如果发生瘙痒则表明继发了脓皮症、马拉色菌感染或蠕形螨病。

（三）诊断

类症包括其他病因导致的内分泌性脱毛和脂溢性皮炎、浅表性脓皮症、马拉色菌性皮炎以及蠕形螨病。

血象和血清生化指标：非特异性检查结果可能包括轻度非再生性贫血、血胆固醇过多或肌酸激酶浓度升高。

皮肤组织病理学检查：通常可见与脓皮症、马拉色菌性皮炎或脂溢性皮炎相符的非特异性内分泌变化和指征。若存在皮肤黏蛋白沉积，则高度提示甲状腺机能减退，但是该现象在一些品种的犬（如沙皮犬）可能是正常结果。

通过平衡透析法和内源性促甲状腺素（TSH）分析法检测血清总甲状腺素（TT_4）、离甲状腺素（FT_4）含量：低 TT_4，低 FT_4，且高 TSH 则高度提示甲状腺机能减退，但是可能出现假阳性或假阴性结果，尤其是 TT_4 和 TSH 结果。例如，虽然 TT_4 是一项良好的筛查检验，但是不能仅凭该项检查结果进行诊断，因为它的血清水平可能由多种因素引起假象增高或降低，如非甲状腺性疾病、自身抗体以及药物治疗。

（四）治疗

对继发的脂溢性皮炎、脓皮症、马拉色菌性皮炎或蠕形螨病要进行适当的局部和全身治疗。

每 12h 每千克体重给予 0.02mg 左旋甲状腺素，口服，直到症状消失（8～16 周）。此后，可每 24h 每千克体重口服 0.02mg 进行维持治疗。治疗 2～4 个月后，应在给药后 4～6h 检测血清 TT_4 水平，结果应该在高于正常或超常范围内。如果水平低或在正常范围内以及如果临床改善不明显，应将左旋甲状腺素剂量增加，并在 2～4 周后再次检测 TT_4 水平。

如果出现由于用药过量导致的甲状腺毒症（如精神紧张、气喘、烦渴多饮、多尿），则需要检测血清 TT_4。如果水平显著升高，应暂时停止给药，直到副作用消失；然后在一个较低的剂量或较低的给药频率开始重新给药。虽然甲状腺机能减退导致的神经肌肉异常可能不能完全消失，但终生用甲状腺素替代治疗预后良好。

伴有肾上腺机能减退者，宜同时口服泼尼松 2～5mg，每天 2 次。伴有贫血者加用铁剂、叶酸、维生素 B_{12} 等。

二、肾上腺皮质机能亢进性皮肤病

（一）病因

自发性肾上腺皮质机能亢进与肾上腺皮质分泌的内源性类固醇激素（主要是糖皮质激素，但有时为盐皮质激素或性激素）过量有关。机能亢进的肾上腺肿瘤（15%～20%的病例）和脑垂体肿瘤（80%～85%的病例）可导致该病发生。促肾上腺皮质激素（ACTH）的过度分泌导致垂体性肾上腺皮质机能亢进（PDH），根源通常是一个脑垂体微腺瘤或粗腺瘤。医源性肾上腺机能亢进继发于外源性糖皮质激素的过量使用。医源性肾上腺皮质机能亢进可见于任何年龄段的犬，并较常见，在使用长效糖皮质激素控制的患有慢性瘙痒症以及免疫介导性疾病的犬尤为常见。自发性肾上腺皮质机能亢进同样常见，中年到老龄的犬易发，在拳师犬、波士顿㹴、腊肠犬、贵宾犬以及苏格兰㹴的发病率高。

（二）症状

被毛通常变得干燥且无光泽，通常呈渐进性双侧对称性脱毛。可能出现全身广泛性脱毛，但通常不会累及头部和四肢。残存的被毛易脱落，脱毛皮肤通常变薄、松弛且色素过度沉着。腹底壁可能见到皮褶和粉刺。皮肤可能轻度皮脂溢（大而干燥的皮屑），易擦伤，并出现创伤愈合缓慢。肾上腺皮质机能亢进常继发慢性浅表性或深部脓皮症、皮肤真菌病或蠕形螨病。可能出现皮肤钙质沉着症，尤其常在颈部背侧中线附近、腹底壁或在腹股沟处出现。

患病动物常出现多尿和烦渴多饮（摄入水量＞每千克体重 100mL/d）以及食欲亢进。通常表现出肌萎缩或肌无力，腹围膨大（肝肿大、脂肪再沉积以及腹壁肌肉无力导致），易发生感染（结膜、皮肤、尿道、肺），呼吸急促，以及多种行为异常或神经症状（垂体大腺瘤）。

（三）诊断

类症鉴别包括其他原因导致的内分泌性脱毛、浅表性脓皮症、蠕形螨病和皮肤真菌病。

血象：通常可见中性粒细胞增多，淋巴细胞减少，嗜酸粒细胞减少。

血清生化指标：碱性磷酸酶水平典型升高（90%的病例）。丙氨酸转氨酶活性也可能轻度或显著升高。胆固醇、甘油三酯或葡萄糖的水平均升高。

尿液检查：尿比重通常降低，同时可能出现菌尿、蛋白尿或糖尿。亚临床型尿道感染很常见。

皮肤组织病理学检查：通常不能得到与任何内分泌疾病相符的诊断学变化。营养不良性皮肤矿化（皮肤钙化）、真皮层变薄以及竖毛肌缺少高度提示肾上腺皮质机能亢进，但是这些变化不是任何时候都存在的。

腹腔超声波影像检查：可检测肾上腺皮质增生或肿瘤，彩超的确诊率高。

计算机断层成像（CT）或核磁共振影像（MRI）检查：可检测脑垂体肿块。

促肾上腺皮质激素（ACTH）刺激试验（皮质醇）、促肾上腺皮质激素（ACTH）刺激试验（17-羟孕酮）、小剂量（每千克体重 0.01mg）地塞米松抑制试验、大剂量（每千克体重 0.1mg）地塞米松抑制试验和内源性 ACTH 检测等临床检测试验都是常用的诊断方法。ACTH 水平升高表明是脑垂体疾病，而 ACTH 水平降低表明肾上腺肿瘤。

（四）治疗

对所有并发感染（如脓皮症、蠕形螨病、尿道感染）都应进行适当治疗。对于医源性病例的处理方法是逐渐减少，并最终停止糖皮质激素治疗。肾上腺肿瘤的处理方法是实施肾上腺切除术。不能进行手术治疗的肾上腺肿瘤患犬或已出现转移灶的患犬，可给予氯苯二氯乙烷或曲洛司坦。

氯苯二氯乙烷：口服，每千克体重 50mg，每天 1 次，连用 7～14d。每周进行一次 ACTH 刺激试验。如果皮质醇抑制持续不充分，剂量增加至每千克体重 75～100mg/d，继续给药 7～14d，每周进行 ACTH 刺激试验监控。如果皮质醇抑制充分，剂量保持在每千克体重 50mg，每周 1 次，或每千克体重 25mg，每周 2 次，进行维持治疗。

在维持治疗阶段复发的患犬，应该每天给药，并连续 5～14d，直到再次控制病情，然后按照每千克体重 62～75mg，每周 1 次，或每千克体重 31～37.5mg，每周 2 次，进行维持治疗。

也可口服曲洛司坦，体重小于 5kg 的犬，30mg，每天 1 次；在 5～20kg 之间的，60mg，每天 1 次；在 20～40kg 之间的，120mg，每天 1 次；大于 40kg 的，240mg，每 4 小时 1 次。同时在治疗后第 10 天、第 4 和第 12 周后以及此后每 3 个月，分别进行一次 ACTH 刺激试验，根据结果对治疗效果进行评定。曲洛司坦禁用于妊娠、哺乳、患有原发性肝脏疾病及肾脏机能不全的犬。

三、甲状腺机能低下症

甲状腺机能低下症是由于甲状腺素缺乏，导致动物全身活动呈进行性减慢为特征的临床疾病。中年犬易患此病，有的甚至从 2 岁开始；德国牧羊犬、爱尔兰赛特、金色猎犬、拳师犬和阿富汗猎犬等纯种犬发病率高。

（一）病因

原发性甲状腺机能低下症主要是由慢性淋巴细胞性甲状腺炎和非炎性甲状腺萎缩引起的。继发性甲状腺机能低下症是因垂体受损伤，甲状腺素分泌不足引起，分为先天性和后天性两类。第三类甲状腺机能低下症是由下丘脑分泌的促甲状腺激素释放激素不足引起的，也分为先天性和后天性两类。

（二）症状

临床上常可见到犬鼻梁上毛稀少，毛短而细，精神差，不愿走动，很易死亡；身上有异味；可能脱毛，皮厚而苔藓化，有色素沉着，皮屑多，甚至出现变态性皮肤病，如皮脂溢；由于细菌繁殖，造成炎症。

（三）治疗

治疗甲状腺机能低下症可服用甲状腺素。一般用甲状腺素治疗时最快 3 周见效，有时 3 个月见效。先用 T_4，仍不见效时再用 T_3（比 T_4 强几十倍）。

四、公猫种马尾病

（一）病因

本病是发生于繁殖期公猫的内分泌性疾病，由于雄性激素分泌过盛，使尾部出现痤疮，并且可能继发细菌感染。

（二）症状

繁殖期公猫的整个尾背部皮脂腺和顶浆腺分泌旺盛，在尾背部出现黑头粉刺，可能发展成为毛囊炎、疖、痈，甚至于蜂窝织炎，皮肤溃烂并且向周围健康组织扩散。

（三）治疗

尾部剪毛后，用70%酒精涂擦黑头粉刺发生的部位，将黑头粉刺挤出，涂布抗生素软膏，尾部用绷带包扎或者不包扎。如果出现皮下蜂窝织炎，先用3%双氧水溶液清洗患部，再用生理盐水冲洗干净，局部涂布抗生素软膏，全身应用抗生素。此类型的公猫在几年之内常有复发，去势是根治的措施。

五、母犬卵巢囊肿性皮肤病

（一）病因

母犬卵巢囊肿包括卵泡囊肿和黄体囊肿。卵泡囊肿是由于卵泡不破，使促卵泡素增多，雌激素含量高，需要促黄体素治疗；发生黄体囊肿时，促黄体素增多，使孕酮含量上升，造成母犬不发情。

（二）症状

卵巢囊肿的母犬常见躯干背部慢性对称性脱毛，皮肤增厚，皮肤色素过度沉着。卵泡囊肿时母犬持续发情、性欲亢进、阴门红肿，有时有血样分泌物，常爬跨其他犬、玩具或者人的裤腿等处，但是拒绝交配；黄体囊肿的母犬在此期间不发情，也拒绝公犬的交配。

（三）治疗

卵泡囊肿的母犬可以肌肉注射促黄体激素20～50μg，1周后不见效则再次注射并且剂量稍大些；或者肌肉注射绒毛膜促性腺激素50～100μg。对于黄体囊肿的母犬可以肌肉注射前列腺素（$PGF_{2\alpha}$、PGE_1、PGE_2、$PGF_{1\alpha}$）0.3～0.5mg；或者肌肉注射绒毛膜促性腺激素50～200μg。如果药物治疗无效时，可以手术摘除卵巢。

第五节　皮肤瘙痒症

（一）病因

犬的皮肤瘙痒症是一种症状而非疾病。一般因变态反应、外寄生虫、细菌感染和某些特发性疾病（如脂溢性皮炎等）引起。对于瘙痒的原因，一般认为传递介质是组胺和蛋白水解酶；痒觉经神经末梢传递到脊髓，再经脊髓腹侧的脊髓丘脑通道上升至大脑皮层；真菌、细菌、抗原-抗体反应和肥大细胞脱颗粒时均能释放或产生蛋白水解酶。白细胞三烯、前列腺素、凝血恶烷A_2（均为花生四烯酸的分解产物）都能诱发炎症的产生，而必需脂肪酸、特

别是 γ 亚麻酸可以用于消除白细胞三烯和凝血恶烷 A_2 引起的炎症反应。

（二）症状

犬反复或频繁抓挠（或蹭）皮肤，引起掉毛、皮肤红疹等现象；严重时发生皮肤严重的损伤，局部用药只能缓解搔抓的表现，不能杜绝患犬瘙痒时的自我损伤。

（三）诊断

诊断内容包括临床问诊、视诊和实验室检查等步骤，以区分真菌、细菌、变态反应原等病因，必要时做活组织检查。注意瘙痒症有原发性和继发性的，如内分泌失调出现皮肤病后，可能继发细菌性脓皮病或者脂溢性皮炎，引起皮肤的继发性瘙痒。

（四）治疗

可使用皮质类固醇或者非类固醇类抗瘙痒药物（如阿司匹林、抗组胺药或者必需脂肪酸等）。应当注意，尽管皮质类固醇类的药效确实，但是许多动物可能会终生需要服用以控制瘙痒，因此先用非类固醇类抗瘙痒药物治疗 1 个月，如果有临床治疗效果，则可以避免长期服用皮质类固醇类药物给患病动物带来的副作用。

对于特发性皮炎引起的皮肤瘙痒，给予 γ 干扰素有一定疗效。

使用犬专用的药物香波，有助于本病的治疗和康复。

诊疗注意事项：必要时，使用防治犬搔抓的措施是非常重要的。首先排除外寄生虫感染、食物过敏的因素；微生物学诊断是治疗继发感染的基础。

临床上有部分病例是因为主人在给犬洗澡时，使用的水温过高、香波使用量过大引起犬皮肤瘙痒，必须通过问诊确定洗澡方式。

第六节 过敏性皮肤病

犬、猫的过敏性疾病主要包括荨麻疹、过敏性吸入性皮炎、犬食物过敏、跳蚤过敏性皮炎、猫遗传性过敏、猫食物过敏、蚊叮过敏、犬面部嗜酸性疖病和接触性皮炎。

一、荨麻疹

（一）病因

荨麻疹和血管性水肿是一种免疫学性或非免疫学性刺激的皮肤过敏反应。诸如药物、疫苗、菌苗、食品和食品添加剂、昆虫叮咬、植物等都可以是免疫刺激因素。

（二）症状

本病通常急性发作，出现各型瘙痒疹块（荨麻疹），或者大的水肿性肿胀。荨麻疹病变可能一处消退而在身体别处出现。血管性水肿常常是局部发病，尤其常发生在头部，而荨麻疹可以是局部也可以是全身发病。病变皮肤常有红斑，但无脱毛现象。可出现呼吸困难，这由鼻、咽、喉的血管性水肿引起。很少发展成伴有低血压、虚脱、胃肠道症状的过敏性休克或死亡。

（三）诊断

玻片压诊法：用玻片按压红斑区域。若按压处变白，说明这种红斑是由血管扩张引起（荨麻疹）。若按压处仍是红色，说明是出血点或出血斑（可能是血管炎、蜱传染性疾病）。

皮肤组织病理学：浅表及中层真皮的血管扩张和水肿，或浅表性血管周围或间质性皮炎。皮炎时有数量不等的单核细胞、嗜中性粒细胞、肥大细胞增加，很少有嗜酸性粒细胞。

类症鉴别：毛囊炎（细菌、皮肤癣菌、蠕形螨）、血管炎、多形性红斑、增生物（淋巴网状内皮细胞、肥大细胞）。

（四）治疗

泼尼松或氢化泼尼松通常是有效的。每千克体重2mg，一次口服、肌内或静脉注射。同时应用苯海拉明可能有帮助，每千克体重2mg口服或肌内注射，每8h一次，连用2～3d。如果血管性水肿影响呼吸，应使用快速起效的类固醇激素，如磷酸钠地塞米松（每千克体重1～2mg，一次静脉注射）、丁二酸钠泼尼松（每只犬100～500mg，一次静脉注射）。若过敏反应危及生命，应静脉注射1∶10 000肾上腺素0.5～1.0mL（严重过敏反应），或皮下注射0.2～0.5mL（轻到中度过敏反应）。在瘙痒症状减轻后，使用氯雷他定止痒的临床副作用小。

找到致敏原因，以后避免接触。长期抗组胺疗法可能有助于预防或治疗不明原因的慢性荨麻疹。

没有发展为过敏性休克的动物预后良好。

二、过敏性吸入性皮炎

（一）病因

犬遗传过敏症是遗传性易感个体吸入或黏膜吸收了环境中的过敏原而出现的过敏反应。在犬常见，6月龄到6岁都可发病。但大多数遗传过敏症患犬在1～3岁间开始出现症状。

（二）症状

病初出现皮肤红斑和瘙痒（犬舔、咬、抓、擦患部）。因过敏原不同分为季节性或非季节性两类。瘙痒常发生在足部、胁腹部、腹股沟、腋窝、面部和耳部。自我损伤常引起继发性皮肤损伤，包括唾液黏附、脱毛、表皮脱落、鳞屑、结痂、色素过度沉着和皮肤苔藓化。常见继发性脓皮症、马拉色菌性皮炎和外耳炎，也可见慢性肢端舔舐性皮炎、复发性脓性创伤性皮炎、结膜炎、多汗症，罕见过敏性鼻炎或支气管炎。

（三）诊断

过敏试验（皮内、血清学）：过敏试验结果可因检查方法不同而有很大差异。对牧草、杂草、树木、霉菌、昆虫、皮屑或室内环境性过敏原呈阳性反应。假阳性和假阴性都可能发生。

皮肤组织病理学（无诊断意义）：在浅表血管周围性皮炎可见皮肤棘细胞层水肿或增生。炎性细胞主要是淋巴细胞和组织细胞，嗜酸性粒细胞不常见。出现嗜中性粒细胞或浆细胞提示继发感染。

类症鉴别：其他过敏反应（食物性、蚤叮性、接触性）、寄生虫病（疥螨病、姬螯螨病、虱病）、毛囊炎（细菌、皮肤真菌、蠕形螨）、马拉色菌性皮炎。

（四）治疗

外耳炎和马拉色菌性皮炎，控制继发感染是过敏犬治疗中的重要一环。

减少过敏犬接触过敏原的机会，尽可能将过敏原从环境中移除。应该用高效粒子空气和活性炭滤过器减少屋内的花粉、霉菌和灰尘。对于尘螨过敏犬，每月 1 次用杀螨剂苯甲酸苄酯处理地毯、褥子和室内装饰品，连用 3 个月左右，此后每 3 个月 1 次，这样可有效地将尘螨从环境中清除。

采取措施控制跳蚤，防止蚤叮加重瘙痒症状。控制瘙痒有外用疗法和全身疗法，如使用抗组胺剂、必需脂肪酸补充剂、糖皮质激素、环孢菌素或免疫疗法等。H1 受体阻断剂氯雷他定有一定止痒效果。

外用疗法：每 2～7d 或根据需要使用香波、调节剂、喷雾剂（内含燕麦片、丙吗卡因、芦荟油、抗组胺剂或糖皮质激素），这样有助于减轻临床症状。

在很多病例，全身抗组胺疗法可减轻临床症状。抗组胺剂可以单独使用，也可以和糖皮质激素或必需脂肪酸联合使用以起到协同效果。为了确定哪种抗组胺剂是最有效的，可能要用不同的抗组胺剂进行 1～2 周的治疗性试验。

在 20%～50%的病例，口服含二十碳五烯酸（EPA）的必需脂肪酸补充剂（180mg/10lb）有助于控制瘙痒，但是在使用 8～12 周后才能看出明显效果。而且，当必需脂肪酸和糖皮质激素或抗组胺剂联合使用时其协同作用也很显著。

己酮可可碱，虽然它自身效果不大，但可作为减少糖皮质激素使用频率的辅助药物。每 8～12h 每千克体重口服 10～25mg。

在一些犬，米索前列醇可能有助于控制瘙痒。每 8h 每千克体重口服 6mg。

阿片拮抗物右美沙芬可辅助控制过敏性皮炎患犬的舔、嚼、咬行为，每 12h 每千克体重口服 2mg。2 周内应该看出疗效。

全身性糖皮质激素疗法在控制瘙痒方面通常是有效的（75%）。如果过敏时间短（<4 个月）可以采用，但可能导致严重的副作用，尤其是长期使用时。口服泼尼松每千克体重 0.25～0.5mg（或者甲基氢化泼尼松 0.2～0.4mg），每 12h 服用一次，直至瘙痒停止（要 3～10d）。然后口服泼尼松每千克体重 0.5～1mg（或者甲基氢化泼尼松 0.4～0.8mg），每 48h 用一次，连用 3～7d。如果需要长期维持治疗，那么泼尼松剂量应逐渐减至小于每千克体重 0.5mg（甲基氢化泼尼松小于 0.4mg），每 48h 服用一次。

在 60%～75%遗传过敏犬，环孢菌素有助于控制瘙痒。每 24h 每千克体重口服 5mg 直到出现疗效（要 4～6 周）。然后给药频率要渐减到每 48～72h 使用一次。在长期治疗中，大约 25%的病犬需要每天给药，50%可隔天给药，25%可每两周给药一次。最开始联用糖皮质激素可加速疗效产生。

虽然大多数犬都需要终身控制治疗，但本病的预后良好。复发（突发瘙痒，伴有或不伴有继发感染）常见，所以需要定期调整治疗方案，以适应个体病情的变化。在那些病情难以控制的患犬，应排除继发感染（如由细菌、马拉色菌、皮肤癣菌引起）、疥螨病、蠕形螨病、食物过敏、蚤叮过敏或者接触过敏。

三、犬食物性皮肤不良反应

（一）病因

犬食物过敏是由某些食品或食品添加剂引起的不良反应。在任何年龄，从刚断奶的幼犬到吃同一种犬粮多年的成犬，都可能发生。大约 30%的被诊断出食物过敏的犬小于一岁。

在犬常见。

(二) 症状

犬食物过敏的特征是与季节无关的瘙痒，类固醇疗法有效或无效。这种瘙痒可以是局部性或全身性的，通常包括耳部、指/趾部、腹股沟或腋部、面部、颈部和会阴部。发病皮肤常出现红斑，并且可能出现丘疹。自我损伤导致的病变包括脱毛、表皮脱落、鳞屑、结痂、色素过度沉着和苔藓化。常见继发性浅表性脓皮症、马拉色菌性皮炎和外耳炎。其他可能看到的症状有肢端舔舐性皮炎、慢性皮脂溢、复发性脓创性皮炎。一些犬几乎没有瘙痒症状，仅仅表现为反复发作的皮肤感染，如脓皮症、马拉色菌性皮炎或耳炎。在这些病例中，瘙痒仅在继发感染未得到治疗时发生，偶尔会出现荨麻疹或血管性水肿。

(三) 诊断

低过敏性日粮饲喂试验：在饲喂纯粹自制食品或商品处方日粮（单一蛋白和碳水化合物来源）后的10～12周内症状改善。这种日粮不能含有以前饲喂过的犬粮、药物或剩饭中的成分，而且在此期间也不能给予心丝虫预防药、药剂、营养补充剂或可嚼物（猪耳朵、牛蹄、生牛皮、狗饼干、拌药物喂的奶酪或花生酱等食品）。牛肉和牛奶是犬最常见的过敏原，其他常见过敏原包括鸡肉、鸡蛋、大豆、玉米和小麦。

激发试验是将可疑过敏原重新引入饮食后几小时至几天内过敏症状再次出现。

类症鉴别：其他过敏反应（遗传性、蚤叮性、接触性）、寄生虫病（疥螨病、姬螯螨病、虱病）、毛囊炎（细菌、皮肤癣菌、蠕形螨）和马拉色菌性皮炎。

(四) 治疗

正确的治疗继发性脓皮症、外耳炎和马拉色菌性皮炎。控制继发感染是食物过敏患犬治疗中的重要一环。

采取措施控制跳蚤，防止蚤叮加重瘙痒症状。

应避免食入食物性过敏原，应提供均衡的自制食品或商品性低敏日粮。

为了确定并避免过敏原（食物过敏的激发期在饮食试验中已得到证实），每2～4周向低过敏性日粮中加入一种新的食物成分。若这项成分是过敏原，则在7～10d内症状复发。注意，一些犬（大约20%）必须饲喂自制食品才能维持无过敏状态。对这些犬，商品性低敏日粮无效，可能是由于它们对食品防腐剂或食用色素过敏。

另外，可以尝试单一药物治疗，如犬遗传性过敏症中所述，包括全身性应用糖皮质激素、抗组胺剂、脂肪酸或局部疗法，但是效果不定。

对那些浅表性脓皮症反复发作的患犬来说，长期低剂量抗生素单一治疗可能控制病情。每8h每千克体重口服头孢菌素Ⅳ20mg，或每12h每千克体重30mg（最少4周），并且在脓皮症症状完全消失后至少再使用1周。维持剂量为每24h每千克体重口服30mg，或者剂量加倍用1周停1～3周。

对于有复发性耳炎的患犬，主人应该每2～7d用溶耵聍剂辅助清洁其耳部，这样可以防止耳蜡和耳垢堆积。每周持续耳部清洁对于防止耳炎复发是必要的。棉棒不推荐使用（可能损伤耳部上皮）。

预后良好。在那些病情难以控制的患犬，应排除主人不遵医嘱、对低敏日粮成分的过敏反应、继发感染（由细菌马拉色菌皮肤癣菌引起）、疥螨病、蠕形螨病、遗传性过敏症、蚤过敏皮炎和接触性过敏等情况。

第七节　脂溢性皮炎

(一) 病因

犬的脂溢性皮炎分为原发性和继发性两类。

先天性遗传性皮脂溢（原发性皮脂溢）是由基底层细胞的活性异常引起的。本病被认为是一种基因缺陷病，多发生于美国可卡犬、英国激飞猎犬、拉布拉多犬、西部高地白、德国牧羊犬、巴塞特犬、腊肠犬、雪纳瑞犬等。

继发性脂溢性皮炎常因甲状腺激素减退，发生细菌性继发感染。

(二) 症状

患病犬表现为上皮和毛囊的基底层细胞活性加强，导致细胞分裂的时间缩短，使得粒细胞层与基底层的转化时间增加。毛囊与皮脂腺都会受到影响。细胞的更替加快使黏附的角层鳞片大量脱落，并伴随脱毛与皮脂溢出。

皮肤患部出现红斑、苔藓化、角化过度、鳞屑和结痂，可能会出现在体表褶皱处［唇、颈、肘前、腋下、腹股沟、指（趾）间、肋部、跗关节前部或头部］。可能继发浅表脓皮病、马拉色菌皮炎、外耳耵聍腺炎等疾病。

(三) 诊断

通过对品种的确认和排除其他继发原因来确诊。鉴别诊断常用于确定体表寄生虫感染、遗传性过敏症、内分泌疾病、过敏（食物、遗传性过敏症、跳蚤）、营养缺乏、脓皮病、厚皮马拉色菌感染等情况。

(四) 治疗

恰当的外用角质疏松剂和角质促成剂、抗生素、抗酵母剂可以防止浅表脓皮病和酵母感染，并可以相应减少口服药剂量。谨慎使用小剂量糖皮质激素对于某些犬可以取得较好的效果。有兽医师通过给美国可卡犬口服钙制剂，并通过检查血钙来评价疗效。

使用专用的药物香波有一定的疗效。

第八节　真菌性皮肤病

犬、猫的皮肤真菌病主要是由犬小孢子菌、马拉色菌和念珠菌等引起的，脱毛、断毛、少毛、易拔毛是主要的症状。

一、马拉色菌病

(一) 病因

厚皮病马拉色菌是一种单细胞真菌，经常少量被发现于外耳道、口周、肛周和潮湿的皮褶处。在犬机体发生超敏反应或该菌过度生长时会引起皮肤病。对于犬，马拉色菌过度生长通常与潜在因素有关，比如遗传性过敏、食物过敏、内分泌疾病、皮肤角质化紊乱、代谢病或长期皮质激素治疗。对于猫，马拉色菌过度生长引起的皮肤病可继发于其他疾病（如猫免疫缺陷病毒、糖尿病）或体内恶性肿瘤。特殊情况下，广泛性马拉色菌皮肤病可发生于猫胸腺瘤相关皮肤病或癌旁脱毛症。犬马拉色菌病比较常见，尤其是腊肠犬、英国雪达、巴吉度犬、美国可卡犬、西施犬、史宾格犬和德国牧羊犬等，这些品种的犬更容易受到影响。猫的马拉色菌病较少见。

（二）症状

犬可发生轻度到严重的瘙痒，伴有局部或广泛性脱毛、慢性红斑、脂溢性皮炎。随疾病缓慢发展，受影响的皮肤可发生苔藓化、色素沉积和过度角质化，通常有难闻的体味。病变可涉及趾间、颈部腹侧、腋窝部、会阴部及四肢折转部，可发生伴有黑色或棕色甲床分泌物的甲沟炎，并发的真菌性外耳炎也较常见。

猫的症状包括黑色蜡样外耳炎、慢性下腭粉刺、脱毛和多发性到广泛性的红斑和脂溢性皮炎。

（三）诊断

1. 细胞学检查（胶带检查、皮肤压片） 单细胞真菌过度生长可通过每个高倍镜视野（×100）下多于2个圆形至椭圆形出芽的单细胞真菌确诊。但在真菌过敏时可能较难找到菌体。

2. 皮肤组织病理学检查 浅表血管周围及间质淋巴细胞性皮炎，角质层有单细胞真菌或假菌丝。菌体可能数量稀少并很难找到。

3. 真菌培养 常见厚皮病马拉色菌

4. 鉴别诊断 包括其他原因引起的瘙痒和脂溢性皮炎，如蠕形螨病、浅表性脓皮病、皮肤癣菌病、外寄生虫病和过敏。

（四）治疗

找出并确认引发皮肤病的潜在原因。

对于程度较轻的病例，单纯体表用药通常有效。患病动物应每2～3d使用含2%酮康唑、1%酮康唑及2%洗必泰、2%咪康唑、2%～4%洗必泰或1%二硫化硒（仅限于犬）的香波进行药浴。药浴后可浸润于2%硫石灰溶液、0.2%恩康唑或1∶1稀释的白醋中。治疗必须持续进行，直至病变消退，复诊时细胞学检查中没有菌体（需2～4周）。

治疗中度至重度病例时，可每12～24h和食物一起口服酮康唑（犬），每千克体重5～10mg；每24h同食物一起服用伊曲康唑（斯皮仁诺），或每周连续两天随食物一起服用伊曲康唑（斯皮仁诺）（犬），每千克体重5～10mg。治疗必须持续进行，直至病变消退，复诊时细胞学检查中没有菌体（需2～4周）。

二、念珠菌病

（一）病原

念珠菌病（鹅口疮）是由于念珠菌过度生长引起的机会性表皮感染。念珠菌是栖息于黏膜上的正常双相型真菌。该菌的过度生长通常由某潜在因素引起，如慢性创伤或潮湿引起的皮肤损伤，免疫抑制疾病或长期使用细胞毒性药物或光谱抗生素。念珠菌病较少发生于犬猫。

（二）症状

损伤涉及黏膜的标志为黏膜与皮肤结合部的腐蚀或浅表溃疡，或单发至多发性经久不愈的黏膜溃疡，上面覆盖灰白色斑点，周围有红斑。损伤涉及表皮的标志是不愈合的、有红斑的、潮湿的、腐蚀的、渗出的、结痂的皮肤或甲床损伤。

（三）诊断

细胞学（渗出物）检查：化脓性炎症渗出物，含有较多的出芽单细胞。

皮肤组织病理学检查：浅表性表皮炎，角质化不全或过度角质化，出芽的单细胞真菌，有时伴有角质层中的假菌丝或菌丝。

真菌培养：念珠菌，因为念珠菌是黏膜上的正常菌群，真菌培养阳性结果应该通过组织学检查确认。

鉴别诊断包括蠕形螨病、化脓性皮炎、浅表型脓皮病、黏膜型脓皮病、其他真菌感染、自身免疫紊乱、血管炎、表皮药物反应和表皮淋巴肉瘤。

（四）治疗

必须找出并纠正引起疾病的潜在原因。

对于局灶性表皮或黏膜与皮肤结合处的病灶，其周围区域应剃毛、清洁，并用收敛剂干燥。之后再外用抗真菌药物直至损伤痊愈（需 1～4 周）。有效的外用药物包括如下几种：制霉菌素，100 000IU/g，乳膏或软膏，每 8～12h；3%两性霉素 B 乳膏，洗液或软膏，每 6～8h；1%～2%咪康唑软膏，喷雾剂或洗液，每 12～24h；1%克霉唑，软膏、洗液或溶液，每 6～8h；2%酮康唑，软膏，每 12h。

对于口部及广泛性病损，应使用全身性抗真菌药物（最少 4 周），并在临床症状消失后持续用药至少 1 周。有效药物包括如下几种：酮康唑，每千克体重 5～10mg，与食物共同口服，每 12h；伊曲康唑（斯皮仁诺），每千克体重 5～10mg/kg，与食物共同口服，每 12～24h；氟康唑，每千克体重 5mg 口服，每 12h。

预后良好至一般，由是否能发现并纠正潜在因素决定。

三、皮肤癣病

（一）病原

皮肤癣病是由嗜毛发真菌引起的毛干和角质层的感染，主要致病真菌是犬小孢子菌，其次是石膏状小孢子菌、毛发癣菌等。幼犬和幼猫、免疫功能低下的动物及长毛猫发生率高。波斯猫和约克夏㹴、杰克罗塞尔㹴较容易受此病影响。

（二）症状

皮肤感染可为局灶性或全身性的。如果发生瘙痒，程度多轻微或中等，但偶尔有剧烈瘙痒。损伤通常包括环形、不规则或弥散性脱毛及结痂。残余的毛发可为毛茬或折断。犬、猫感染后的其他症状包括红斑、丘疹、结痂、脂溢性皮炎及一趾或多趾甲沟炎。少数情况下，猫还会伴发粟粒状皮炎和皮肤瘤。犬的其他表皮症状包括毛囊炎和类似鼻脓皮病的疥病，四肢及脸部脓癣，以及躯干上的皮肤瘤。猫常有无症状的带菌者，尤其是长毛品种。

（三）诊断

紫外线（伍德氏灯）检查：当有犬小孢子菌时发黄绿色荧光。此项检查较简便，但伪阴性和伪阳性结果均较常见。

显微镜检查（氢氧化物处理过的毛发或鳞屑）：寻找浸润于菌丝和节孢子中的毛发。真菌菌体通常较难找到。

皮肤组织病理学检查：可有多种检查结果，包括毛囊周炎、毛囊炎、疥病、浅表性血管周围或间质性皮炎、表皮及毛囊角质化。毛干或角质层中的真菌菌丝和节孢子。

真菌培养：小孢子菌或发癣菌。

犬的鉴别诊断包括蠕形螨和浅表性脓皮病。如有小瘤，还应与肿瘤和肢端舔舐性皮炎区别。

猫的鉴别诊断包括寄生虫病、过敏及猫精神性脱毛。

（四）治疗

若病变为局灶性的，应在周围大范围剃毛，并每12h在表面使用一次抗真菌药，直至病变消失（有些皮肤病专家相信剃毛有益，但也有人认为这样会促使病变扩散并可能污染环境）。针对局灶性病变有效的外用药包括如下几种：1%特比萘芬乳膏，1%克霉唑乳膏、洗液或溶液，2%恩康唑乳膏，2%酮康唑乳膏，1%～2%咪康唑乳膏、喷涂剂或洗液，4%赛苯咪唑溶液。

若对局部用药反应不佳，应全身使用抗皮肤癣药，尤其是毛发内真菌感染的病例，每天口服1次特比萘酚（每千克体重10mg），直到患部真菌培养阴性为止。

若动物有多发性或全身性病变，如动物为中至长毛，应剃去全身毛发。外用抗真菌药物冲洗或浸润应每周进行1～2次，至少持续4～6周，直至复诊时真菌培养结果为阴性。药物浸润前使用含洗必泰、咪康唑或酮康唑的香波为动物洗浴对治疗有帮助。犬患有全身性皮肤癣病时可只使用外用药，但猫几乎都需要同时全身用药。

对于全身性皮肤癣的猫和外用药无效的犬，应在外用药的同时长期（至少4～6周）使用全身抗真菌疗法，在复诊时真菌培养阴性后持续用药3～4周。有效的全身抗真菌药包括如下几种：特比萘芬（常作为首选药物使用）、萘替芬，也可以选择伊曲康唑和酮康唑，或者微量灰黄霉素，每24h与食物同口服，但是特比萘芬的临床药效更确实。

所有受感染的动物，包括无症状的携菌者，均应确认并隔离饲养。经暴露但未感染的犬、猫在感染的犬、猫的治疗期应预防性的每周外用抗真菌药冲洗或浸润。应彻底清洁环境（使用吸尘器可能会进一步污染环境）并消毒。

预后基本良好，但是免疫功能低下的动物预后不良。皮肤癣病是人和其他动物的共患病。

对于多动物家庭，猫舍及动物实验室真菌性皮肤病的治疗措施包括：对所有动物进行真菌培养，以确定动物感染的程度和位置；环境取样做真菌培养（笼子、柜台、家具、地板、电扇、通风系统等）以确定消毒范围；全部感染动物全身使用抗真菌药，直至每个动物在两次连续的相隔1个月的真菌培养结果均为阴性；每3～7d对所有感染动物和暴露动物外用2%～4%硫石灰溶液，以预防传染病和共患病；直至每个动物在两次连续的相隔1个月的真菌培养结果均为阴性。不要为猫剪毛，这样会污染剪刀和设备，并增加传染的危险。每3d清洁并消毒所有区域表面，直至所有动物在两次连续的相隔1个月的真菌培养结果均为阴性。恩康唑是有效的环境消毒剂，家用含氯衣物漂白剂（5%次氯酸钠）用水1∶10稀释后可有效杀菌，是廉价的环境消毒剂。

第九节　黑色棘皮症

黑色棘皮症是多种病因导致皮肤中色素沉着和棘细胞层增厚的临床综合征。在小动物中主要见于犬，尤其是德国猎犬。

（一）病因

病因包括局部摩擦、过敏、各种引起瘙痒的皮肤病、激素紊乱等。黑色棘皮症中有些是自发性的，还有些是遗传性的。

（二）症状

主要症状是皮肤瘙痒和苔藓化，患病的犬、猫搔抓皮肤引起红斑、脱毛、皮肤增厚和色素沉着，皮肤表面常见油脂多或者出现蜡样物质。黑色棘皮症发生的部位因病因不同而不确定，主要患病部位是背部、腹部、前后肢内侧和股后部。

（三）诊断

通过实验室化验确定病因，包括活组织检查、过敏原反应检测、激素分析和外寄生虫检查等。有些犬的黑色棘皮症是自发性的。

（四）治疗

根据病因采取相应的治疗方法。对于自发性黑色棘皮症的病例，推荐给予褪黑色素制剂，每只犬 1IU，每日 1 次，连续使用 3d。或者根据需要决定使用方法，但是治疗效果不一定十分理想。口服 1～2 个月的维生素 E，200IU/次，2 次/d，对某些自发性黑色棘皮症病例有效。减肥和外用抗皮脂溢洗发剂对患黑色棘皮症的肥胖犬有益处。

（林德贵）

主要参考书目

丁明星主编．2009．兽医外科学．北京：科学出版社．

董常生主编．2007．家畜解剖学．第 3 版．北京：中国农业出版社．

郭定宗主编．2005．兽医内科学．北京：高等教育出版社．

侯加法主编．2002．小动物疾病学．北京：中国农业出版社．

林德贵主编．2004．兽医外科手术学．第 4 版．北京：中国农业出版社．

迈克尔沙尔主编．2004．犬猫临床疾病图谱．林德贵主译．沈阳：辽宁科技出版社．

彭广能编著．2009．兽医外科与外科手术学．北京：中国农业大学出版社．

粟占国主编．2004．风湿病．北京：中国医药科技出版社．

唐兆新主编．2005．兽医临床治疗学．北京：中国农业出版社．

汪世昌，陈家璞，张幼成编译．1992．兽医外科学．北京：农业出版社．

汪世昌，陈家璞主编．1998．家畜外科学．第 3 版．北京：中国农业出版社．

王方凌主编．2003．风湿病治疗与护理．广州：广东旅游出版社．

王洪斌主编．2002．家畜外科学．第 4 版．北京：中国农业出版社．

王洪斌主编．2010．现代兽医麻醉学．北京：中国农业出版社．

王书林主编．2001．兽医临床诊断学．第 3 版．北京：中国农业出版社．

徐英泉，李哲，韩永才，等．1985．家畜外科学．长春：中国人民解放军兽医大学印刷所．

朱坤熹主编．1997．家畜肿瘤学．北京：中国农业出版社．

祝俊杰主编．2005．犬猫疾病诊疗大全．北京：中国农业出版社．

Theresa Welch Fossum 主编．2008．小动物外科学．张海彬主译．第 2 版．北京：中国农业大学出版社．

Barnett S W. 2007. Manual of Animal Technology. Wiley-Blackwell.

Blowey R W. 1999. A Veterinary Book for Dairy Farmers. Farming Press Miller Freeman.

Charles S Farrow. 2003. Veterinary Diagnostic Imaging：The Dog and Cat. Mosby Ltd.

Cheryl S Hedlund，Donald A. 1993. Textbook of Small Animal Surgery. 2nd. Philadelphia：W. B. Saunders.

Colin E H，Charles D N. 1990. Small Animal Surgery. Lippincott Williams and Wilkins.

Doherty T，Valverde A. 2006. Manual of Equine Anesthesia and Analgesia. Wiley-Blackwell.

Fowler M E，Miller R E. 1999. Zoo and Wildlife Medicine：Current Therapy. 4th ed. W. B. Saunders Company.

Fowler M E. 2008. Restraint and Handling of Wild and Domestic Animals. 3rd ed. Wiley-Blackwell.

Fubini S L，Ducharme N G. 2004. Farm Animal Surgery. W. B. Saunders Company.

Hoskins J D. 2003. Geriatrics and Gerontology of the Dog and Cat. 2nd ed. W. B. Saunders Company.

James M Giffin . 1989. Horse Owner's veterinary Handbook. Howell Book House.

John M Williams，Jacqui D. 2005. Manual of Canine and Feline Abdominal Surgery. Wiley，John & Sons Incorporated.

Joseph Harari. 1996. Small Animal Surgery. Williams & Wilkins.

Karen H，Leticia M. 2006. Clinical Laboratory Animal Medicine：An Introduction. 3rd ed. Wiley-Blackwell.

Michael M Pavletic. 2010. Atlas of Small Animal Wound Management and Reconstructive Surgery. 3rd ed. Wiley-Blackwell.

Michael S. 2003. Clinical Medicine of the Dog and Cat. Manson Pulishing Ltd.

Usan L F，Norm G. 2004. Ducharme. Farm Animal Surgery. Elsevier Inc.

Victoria Aspinall . 2008. Clinical Procedures in Veterinary Nursing . Butterworth-Heinemann.